22. Kongreß von Frauen in Naturwissenschaft und Technik

16. bis 19. 5. 1996
in Braunschweig

DOKUMENTATION

22. Kongreß von Frauen in Naturwissenschaft und Technik

16. bis 19. 5. 1996
in Braunschweig

DOKUMENTATION

Frauen in der Technik - FiT - Verlag Darmstadt

Herausgegeben von der Braunschweiger Vorbereitungsgruppe:
Andrea Häusler, Anja Steinhoff, Anka Tobias, Annegret Thieken, Anschela Sellschopp, Beate Klimaschewski, Birgit Wonerow, Christine Müller, Dorothea Dikty, Janina Onigkeit, Natalie v. Götz, Nathali Jänicke, Sabine Höhler, Silke Eckstein, Stefanie Schuchardt, Susanne Niemitz-Bolle, Susanne Weber

Kontaktadresse:
22. Kongreß von Frauen in Naturwissenschaft und Technik,
c/o AStA der TU Braunschweig,
Katharinenstr. 1, D-38106 Braunschweig

Gesamtherstellung:
Döring Druck, Druckerei und Verlag GmbH
Koppestraße 6, 38104 Braunschweig,
Tel. (05 31) 37 39 30, Fax (05 31) 37 20 28

Redaktion:
Anka Tobias, Anschela Sellschopp, Susanne Niemitz-Bolle, Susanne Weber

Fotografien:
Bärbel Mauß (Seite 19/33/225/313/433), Claudia Mayr (Seite 85)
Karin Holzapfel (Seite 5/25/415), Silke Kindt (Seite 107/375/407), Dagmar Ludewig (Seite 417/423)

Umschlaggestaltung:
Anka Tobias, Anke Niebuhr, Christine Müller
Fotografien: Bärbel Mauß (oben links, Mitte, unten links), Karin Holzapfel (oben rechts, unten rechts)

Auflage: 900 Exemplare

Verlag und Vertrieb:
Frauen in der Technik - FiT - Darmstadt 1996
Schloßgartenstr. 45, D-64289 Darmstadt, Fax: +49 65151/71 33 00

ISBN 3-980 4855-8-7

Gedruckt auf Recycling-Papier

Danksagung

Wir möchten uns an dieser Stelle bei all denjenigen bedanken, die den Kongreß und uns bei der Vorbereitung dessen in jeglicher Hinsicht unterstützt und ermutigt haben und uns vielerlei praktische Hilfe zuteil werden ließen:

Unser besonderer Dank gilt der zu der Zeit amtierenden Vizepräsidentin der TU Braunschweig, Frau Dr. Adelheid Ehmke, sowie Frau Claudia Batisweiler, der Frauenbeauftragten der Universität. Frau Batisweiler und ihre Mitarbeiterinnen Frau Dr. Elisabeth Lembeck und Frau Petra Schefe ließen uns jegliche Unterstützung zuteil werden, stellten uns das Frauenbüro als Kongreßbüro sowie ihre Infrastruktur zur Verfügung. Ebenfalls zu Dank verpflichtet sind wir der Gleichstellungsbeauftragten der Stadt Braunschweig, Frau Maybritt Hugo, da in Zusammenarbeit mit ihr der Stadtrundgang zum Thema "Frauen in Braunschweig – quer durch die Geschichte" und die Kulturveranstaltung im Freizeit- und Bildungszentrum stattfinden konnte, und der ehemaligen Frauenbeauftragten der FH Braunschweig/Wolfenbüttel, Frau Jünemann, für ihre Hilfe.

Die Universitätsverwaltung stellte uns freundlicherweise Räumlichkeiten der TU für die Kongreßveranstaltungen zur Verfügung. Das Studentenwerk unterstützte uns, in dem es uns die Mensa für das Kalte Büffet und die Party überließ sowie die Kindertagesstätte zur Kinderbetreuung und den Gruppenraum der Psychosozialen Beratungsstelle als Ruheraum.

Weitere Unterstützung erhielten wir vom AStA der TU Braunschweig, insbesondere vom Frauen/Lesben-Referat, sowie von der Fachschaft Mathematik, welche ihren Fachschaftsraum als Lesbencafé zur Verfügung stellte.

Für die gute Zusammenarbeit danken wir der Braunschweiger Verkehrs-AG (BVAG), der AG Schacht Konrad, den Hamburger FilmFrauen (FH Hamburg, Anlagen- und Medienbetriebstechnik), Frau Claudia Paul und ihrer Helferin, den Bediensteten der Poststelle sowie der Betriebstechnik der Universität. Unser Dank gilt ebenfalls dem Pilotprojekt Hochschuldidaktik, insbesondere Dr. Jürgen Osterloh, sowie Frau Kramer (Dezernat 5), Frau Bärbel Mauß fürs Photographieren, Frau Barbara Hartz für den Plakatentwurf und Frau Andrea Häusler für die Anregung zur Umschlaggestaltung.

Nicht zuletzt sei den vielen Kongreßhelferinnen gedankt, allen, die Schlafplätze in ihren Wohnungen und WGs zur Verfügung gestellt haben und besonders den Frauen aus der Karlsruher Vorbereitungsgruppe, die immer ein offenes Ohr für unsere Fragen hatten.

Es unterstützten uns mit Finanz- und Sachleistungen:

- das Bundesministerium für Bildung, Wissenschaft, Forschung und Technologie
- das Niedersächsische Ministerium für Wissenschaft und Kultur
- die Technische Universität Braunschweig
- der AStA der TU Braunschweig
- die Fachschaft Maschinenbau

Wir danken diesen Institutionen sowie allen weiteren SpenderInnen für Ihre Unterstützung.

Vorwort

Nach wie vor stellt der "Kongreß von Frauen in Naturwissenschaft und Technik" ein wichtiges Forum für die kritische Auseinandersetzung von Frauen mit Inhalten, Strukturen sowie ihrer eigenen Situation innerhalb dieser Bereiche dar, sowohl in Forschung und Lehre als auch in den Betrieben. Diese Auseinandersetzung hat nicht an Aktualität verloren, im Gegenteil, angesichts der hohen Arbeitslosigkeit insbesondere unter hochqualifizierten Frauen ist der Austausch untereinander wichtiger denn je. Da die Arbeitsmarktsituation für Frauen wie eh und je sehr stark mit der wirtschaftlichen Entwicklung in Deutschland und in Europa verbunden ist und sich der Wille zur Förderung qualifizierter Frauen allerorten in *verbalen* Bekenntnissen erschöpft, ist es für Frauen unabdingbar, weiter aktiv und ideenreich für ihre Rechte zu kämpfen und der zunehmenden Vereinzelung in Betrieben und Institutionen entgegenzuwirken. Es gilt, eine starke Interessengruppe zu bilden, um die Möglichkeiten der politischen Einflußnahme zu verbessern. Darüber hinaus sind innerhalb der Forschung und Wissenschaft sowie deren Anwendung bei weitem nicht alle Möglichkeiten der Veränderung ausgeschöpft: Die verstärkte Einflußnahme von Frauen auf Inhalte und Gestaltung von Technik und Naturwissenschaft ließe die spannendsten Innovationen zu Tage treten. Was derzeit betrieben wird, ist eine Verschwendung intellektuellen Potentials und handwerklich-technischer Geschicklichkeit, da Frauen nicht in angemessener Weise an der Entwicklung und Gestaltung von Technik und Naturwissenschaft beteiligt sind.

In Braunschweig trafen sich in diesem Jahr vom 16.-19. Mai 480 Frauen zum "22. Kongreß von Frauen in Naturwissenschaft und Technik", um sich über ihre Situation innerhalb des Wissenschaftsbetriebes, an ihren Arbeitsplätzen bzw. angesichts ihrer Arbeitslosigkeit auszutauschen und Handlungsmöglichkeiten zu beraten. Seit sich 1977 in Aachen Naturwissenschaftlerinnen und Technikerinnen erstmalig zu einem derartigen Treffen zusammenfanden, ist die Notwendigkeit zu Vernetzung und Austausch auch insbesondere im Hinblick auf die Entwicklung neuer Technologien sowie deren gesellschaftliche Konsequenzen eher noch weiter angewachsen.

Aufgegriffen wurde dieser Diskurs nicht zuletzt in der Wahl des Schwerpunktthemas des diesjährigen Kongresses: Zum Themenbereich Kommunikation und Informationsgesellschaft wurden zahlreiche Veranstaltungen angeboten, in denen aktuelle Positionen vorgestellt und Aspekte wie die Frage nach demokratischen Strukturen innerhalb der sogenannten "Neuen Medien", Datenschutz und die Zugangsmöglichkeiten zum Internet diskutiert wurden. Dabei wurden die potentiellen Gestaltungsmöglichkeiten von Computernetzen durch Frauen von den Teilnehmerinnen als besonders wichtig erachtet, um an der Entwicklung und Nutzung dieser Technologie teilhaben und nachhaltig darauf einwirken zu können.

Regen Zulauf fanden darüber hinaus die Einführungsveranstaltung zum Umgang mit dem Internet sowie das "Internet-Café". In diesem Zusammenhang stieß auch die Vorstellung von WOMAN e.V. – einem Netz von Frauen-Mailboxen – auf großes Interesse. Sehr kritisch zu sehen ist hingegen die Diskussion um Teleheimarbeit, deren Zielgruppe eindeutig Frauen sind. Die in diesem Zusammenhang von Arbeitgeberverbänden und PolitikerInnen proklamierte ach-so-glückliche Vereinbarkeit von Familie und Beruf schreibt längst überholte Zuständigkeiten und Aufgaben, wie die Kindererziehung und Pflege von Angehörigen, erneut fest.

Das zweite Schwerpunktthema, die Auseinandersetzung mit den Auswirkungen der Atompolitik auf die Region Braunschweig, stand an Aktualität nicht nach: Erst kurz zuvor, Anfang Mai 1996, rollte unter großen Protesten ein weiterer Castor-Behälter zur Einlagerung nach Gorleben. Darüber hinaus jährte sich im April der Tag des Reaktorunfalls in Tschernobyl zum zehnten Mal. Aus diesem Anlaß und im Hinblick auf die Standorte der geplanten bzw. bereits genutzten Atommüllendlagerstätten in Salzgitter, Morsleben, Gorleben sowie bei Wolfenbüttel gewann die Thematisierung dessen auf dem Braunschweiger Kongreß eine besondere Bedeutung. Im Verlaufe des Kongresses fanden mehrere Veranstaltungen statt, in denen die Teilnehmerinnen neben umfangreichem Hintergrundwissen auch Informationen über die ortsansässigen BürgerInnen-Initiativen erhielten. In Zusammenarbeit mit den Frauen der AG Schacht Konrad wurde ein Aktionsfrühstück am Schacht Konrad bei Salzgitter initiiert, welches, neben der Demonstration, die es darstellte, auch der Vermittlung von Informationen durch Rezitation von Texten und Aktionstheater diente.

Weitere zentrale Themen des Kongresses sind nach wie vor Überlegungen zur Entwicklung einer feministischen Naturwissenschafts- und Technikkritik sowie die Diskussion erster feministischer Ansätze innerhalb dieser Bereiche. Neben der Vorstellung von Modellprojekten zur Förderung von Frauen und Mädchen innerhalb von ingenieurwissenschaftlichen Studiengängen fanden weitere Veranstaltungen zu Berufs- und Karriereplanung sowie zum Umgang mit Arbeitshemmungen statt. Ebenfalls großen Raum nahm die Auseinandersetzung mit Arbeitslosigkeit und in dieser Hinsicht denkbaren Perspektiven ein, verschiedene Workshops setzten sich mit diesem Thema ebenso auseinander wie mit der speziellen Situation von Lesben am Arbeitsplatz. Vielfältige fachwissenschaftliche Beiträge aus den unterschiedlichsten Forschungsbereichen rundeten das Kongreßprogramm ab.

Leider sind nicht zu allen Veranstaltungen, die im Rahmen des Kongresses stattgefunden haben, Beiträge und Manuskripte bei uns eingegangen. Der Vollständigkeit halber werden jedoch auch die hier nicht dokumentierten Veranstaltungen mit ihrem Titel und unter Angabe der Referentin aufgeführt. Am Ende der Dokumentation befindet sich darüber hinaus eine Adressenliste der auf dem Kongreß vertretenen Vereine, Verbände und Projekte.

Unser Dank gilt an dieser Stelle nochmals allen Referentinnen und Teilnehmerinnen, die zum guten Gelingen des Kongresses beitrugen und dafür sorgten, daß wir interessante und intensive vier Tage verbringen konnten. Viel Vergnügen beim Lesen dieser Dokumentation!

Braunschweig, im November 1996

Für die Vorbereitungsgruppe:
Anka Tobias, Anschela Sellschopp, Susanne Niemitz-Bolle, Susanne Weber

Inhaltsverzeichnis

Begrüßungsreden

Rede von Frau Claudia Batisweiler

Frauenbeauftragte der TU Braunschweig, zur Eröffnung des „22.Kongreß von Frauen in Naturwissenschaft und Technik" in Braunschweig am 16. Mai 1996

Liebe Frauen,
ich freue mich außerordentlich darüber, daß der diesjährige Kongreß von Frauen in Naturwissenschaft und Technik hier in Braunschweig stattfindet. Als Frauenbeauftragte dieser Technischen Universität stellt sich für mich ein solches Ereignis als ein hoffnungsfroher Lichtblick im grauen, trüben Alltag dar. Wenn es nicht die Vernetzung von Frauen gäbe, die Vernetzung von Frauen an Universitäten und an dieser Universität - wenn es nicht die Organisatorinnnen des Kongresses gäbe, von deren sich immer mehr steigernder Betriebsamkeit wir im Frauenbüro in den letzten Monaten einiges mitbekommen haben, - dann wüßte ich nicht, warum ich optimistisch sein sollte. Wie an allen Universitäten - und in anderen Bereichen sind die Verhältnisse ähnlich - lassen sich Frauen in den hohen und wichtigen Positionen, Professorinnen fast an den 10 Fingern abzählen: sie kommen so gut wie gar nicht vor. Das bedeutet, Entscheidungen werden in der Regel ausschließlich von Männern getroffen, insbesondere Personalentscheidungen. Den Frauen auf der untersten Ebene, den Studentinnen, fehlen weibliche Vorbilder. Unvorstellbar für die meisten von ihnen, daß eine Frau Professorin werden kann.

„Hier bei uns werden keine Frauen diskriminiert." Diese Worte klingen natürlich jeder Frauenbeauftragten täglich in den Ohren. Weiterhin erfährt sie den wichtigsten Grundsatz für alle universitären Abläufe. „Wir machen das so, wie wir es schon immer gemacht haben. Bloß keine Veränderungen. Das sind jahrhundertelang gewachsenen Strukturen, die sich bewährt haben." Nur leider kommen keine Frauen darin vor. Der Grund hierfür aus Professorensicht: „Sie, die Frauen, wollen ja nicht!"

Die Pfade der Wissenschaft in ihre schwindligen Höhen sind von den Männern so klug angelegt, daß viele, auch entschlossene Frauen, nicht oben ankommen. Neben den Widerständen, gegen die eine Frau anzukämpfen hat – je mehr, je höher sie hinaus will und je mehr, je untypischer sie in ihrem Bereich durch ihr Geschlecht ist - als Technikerin zum Beispiel -, neben diesen Widerständen spielen auch noch andere Faktoren eine Rolle: Welche Frau meint, das Leben sollte mehr bieten als Forschung und Streben nach wisssenschaftlicher Anerkennung, als Beruf und Karriere, die wird es schwer haben. „Eine Professur als Teilzeitstelle - völlig unvorstellbar!" so der entsetzte Ausruf der Professoren. Nur der Ganztagsforscher bzw. der sein ganzes Leben lang 16-Stunden-am-Tag-Forscher zählt."

Voraussetzung dafür, daß Frauen in Zukunft mehr als nur marginal vorkommen, ist auch, daß wir an diesem Forscher-Mythos kratzen. Viele der Professoren, die härteste Auslesekriterien anlegen, haben sich selbst schon längst in ihrer sicheren Position gemütlich zurückgelehnt. Ich bin der Überzeugung: Eine Verwirklichung der Chancengleichheit der Geschlechter wird zukünftig nur durch die Beteiligung der Frauen an allen Lebensbereichen und Fachgebieten möglich sein.

Für die nächsten drei Tage gilt:
– Umkehr der Verhältnisse – Ausschluß von Männern. In den normalen Strukturen ergibt sich der Ausschluß von Frauen ja immer so schön automatisch.
– Und eine Zusammenführung von überall sonst nur in kleinster Dosis Vorhandenem: Wissenschaftsansätzen aus Frauenperspektive, feministischer Wissenschaftskritik.

Ich wünsche uns lebhafte Diskussionen, Anregungen, auch Streit natürlich und Spaß - insgesamt also einen wunderbaren Kongreß.

Rede von Frau Beate Schober

2. Bürgermeisterin der Stadt Braunschweig, zur Eröffnung des „22. Kongreß von Frauen in Naturwissenschaft und Technik" in Braunschweig am 16. Mai 1996

Sehr geehrte Organisatorinnen und Kongreßteilnehmerinnen,
als 2. Bürgermeisterin möchte ich Sie im Namen von Rat und Verwaltung der Stadt sehr herzlich hier in Braunschweig willkommen heißen und mich gleichzeitig für Ihre Einladung bedanken, heute zu Ihnen sprechen zu dürfen.

Der Kongreß von Frauen in Naturwissenschaft und Technik tagt zwar nun schon zum 22. Mal, jedoch zum ersten Mal in unserer Stadt, und so möchte ich die Gelegenheit ergreifen, Ihnen Braunschweig als Stadt der Forschung ein wenig vorstellen zu dürfen.

Braunschweig ist der Sitz einer Vielzahl bedeutender, nicht zur TU gehörender Forschungseinrichtungen wie wahlweise der Physikalisch-Technischen Bundesanstalt, der Deutschen Forschungsanstalt für Luft- und Raumfahrt, der Bundesforschungsanstalt für Landwirtschaft, der Gesellschaft für Biotechnologische Forschung und der Biologischen Bundesanstalt für Land- und Forstwirtschaft, des Institutes für Angewandte Mikroelektronik, des Fraunhoferinstituts für Holzforschung, des Internationalen Forschungsinstituts für Futtermitteltechnik und so fort. Allein die Aufzählung der Institute bestärkt Sie sicherlich in der Annahme, sich hier in Braunschweig auf dem Boden eines Forschungsstandortes von internationalem Rang zu befinden, und dieser Eindruck ist richtig.

Braunschweig ist in der Tat der größte naturwissenschaftliche deutsche Forschungsstandort nach Karlsruhe. Die TU Braunschweig feierte im vergangenen Jahr ihr 250jähriges Bestehen als älteste Technische Hochschule Deutschlands. Ihren heutigen Standort an der Pockelsstraße bezog sie im Jahre 1877 und es wird Sie sicherlich verwundern, daß die Pockelsstraße **nicht** nach Agnes Pockels benannt ist, der Chemikerin, Physikerin und ersten Ehrendoktorin der TU Braunschweig. Letztere Auszeichnung erhielt sie übrigens 1932 im zarten Alter von 70 Jahren.

Agnes Pockels wurde 1862 in Venedig geboren und zog mit der Familie, der Vater war Hauptmann, 1871 nach Braunschweig. Als Agnes Pockels studieren wollte, ließ die Universität noch keine Frauen zu. Als sie es endlich tat, verweigerten die Eltern ihre Zustimmung zum Studium. Als einzige unverheiratete Tochter wurde sie zu weiblicher Pflichterfüllung an Heim und Herd herangezogen und pflegte über einen langen Zeitraum nicht nur ihre Eltern, sondern auch ihren jüngeren kränklichen Bruder- mit dem Erfolg, daß dieser später in Göttingen studierte und dann Professor in Heidelberg wurde.

Agnes Pockels lernte autodidaktisch und machte ihre Entdeckungen innerhalb des ihr nach Tradition und Herkommen zugestandenen Wirkungskreises - nämlich in der Küche und ausgerechnet mit Spülwasser. Sie erforschte dessen Oberflächenspannung und erfand zum Beispiel die „Schieberinne", die auch heute noch, in etwas abgeänderter Form, von Chemikern zur Untersuchung von Flüssigkeitsoberflächen benutzt wird.

Agnes Pockels grundlegende Erkenntnisse wurden in Deutschland aus verschiedenen Gründen lange Zeit nicht anerkannt. Zum einen zeigte niemand Interesse an ihrem Forschungsgebiet, zum anderen dachte sie in ihrer wissenschaftlichen Isolation lange Zeit nicht an eine Veröffentlichung.

Erst 1891 schrieb sie auf Anraten ihres Bruders an den britischen Wissenschaftler Lord Rayleigh, der sich mit dem gleichen Forschungsgebiet befaßte. Dieser zeigte sich interessiert, veröffentlichte die Arbeiten der unbekannten Amateurin in der Zeitschrift „Nature“ und konnte gar nicht glauben, daß eine Frau sich solche Kenntnisse erworben haben könnte. Agnes Pockels schrieb ihm: “Bezüglich ihrer Frage nach meinen persönlichen Umständen, bin ich in der Tat eine Dame.“

Beachtung in der Fachwelt folgte, sie fand nun auch Anerkennung durch deutsche Physiker, bekam Arbeitsmöglichkeiten im physikalischen Institut in Braunschweig angeboten, wurde zu wissenschaftlichen Tagungen und Versammlungen eingeladen und bekam Gelegenheit zu Gastvorlesungen in anderen Städten. Sie übersetzte wissenschaftliche Werke aus dem Englischen, das sie sich wahrscheinlich wie auch die Differentialrechnung im Selbststudium beigebracht hatte, schrieb noch mehrere Aufsätze - dies alles allerdings immer mit dem Hintergrund häuslicher Krankenpflege.

1931 erhielt Agnes Pockels den Laura-Leonhard-Preis für ihre „Quantitativen Untersuchungen der Eigenschaften von Oberflächenschichten und -filmen.“ Und im darauffolgenden Jahr die Ehrendoktorwürde der TU Braunschweig. Im selben Jahr erhielt der Wissenschaftler Langmuir den Nobelpreis für Chemie. Sein wissenschaftlicher Erfolg baut auf den Originalversuchen der achtzehnjährigen Agnes Pockels auf, die sie als Autodidaktin mit einem Knopf und einem Zinntrog entwickelte. Als Weiterentwicklung wurde dieses „Filmwaageverfahren“ zu einem wichtigen Bestandteil chemischer Untersuchungsmethoden. Agnes Pockels starb 1935 im Alter von 73 Jahren.

Sehr geehrte Tagungsteilnehmerinnen, ich habe diese Geschichte nicht erzählt, um ein weiteres Beispiel zu liefern für eine historische Frauenfigur, deren Lebenslauf offen steht für alle möglichen Spekulationen, was wohl geworden wäre, wenn sie Arthur Pockels geheißen hätte. Ich habe diese Geschichte erzählt, um zu zeigen, daß es bei allem demokratischen Wandel zugunsten der Frauen noch immer grundsätzlich Probleme gibt, die sich am Beispiel von Agnes Pockels auch für heutige Verhältnisse noch gültig ablesen lassen: nicht nur mangelnde Unterstützung, sondern sogar Behinderung, Zerrissenheit zwischen Karrierewunsch und privatem, familiärem Anspruch, sowie eine gewisse, auch innere Isolation, überspitzt ausgedrückt: „Allein unter Männern.“

Gerade Frauen in Naturwissenschaft und Technik sind noch immer stark unterrepräsentiert und eine Änderung in dieser Beziehung ist nur durch Zähigkeit und auf lange Hand zu erreichen. Doch daß dies erreicht wird, daß Frauen die gleiche berufliche Unterstützung und Anerkennung erhalten wie Männer, ist für die Zukunft von großer Bedeutung. Bedenkt man das rasante Anschwellen und Ausbreiten gerade von neuer Technologie und zukunftsweisenden Forschungsgebieten in jüngerer Zeit, müssen sich die Frauen ihren Platz erobern, quantitativ und qualitativ, denn Frauen gehen an viele Fragen auch anders heran als Männer. Wichtig ist aber auch, in Zukunft nicht etwa weiter aus den zukunftsweisenden Forschungsfeldern abgedrängt zu werden, sondern im Gegenteil aktiv zu formen und mitzugestalten. Gerade solche Tagungen, wie der Kongreß von Frauen in Naturwissenschaft und Technik, sind dabei außerordentlich wichtig, um Frauen die Gelegenheit zum wissenschaftlichen Austausch und zur konstruktiven Vernetzung zu geben.

Auch in diesem Sinne freue ich mich, daß der heutige Kongreß seinen Weg nach Braunschweig gefunden hat. Ich wünsche Ihnen in unserer Stadt einen angenehmen Aufenthalt und gute Ergebnisse.

Eröffnungsvorträge

Die Moderatorinnen während des Eröffnungsplenums

„Auseinandersetzung mit der Atompolitik"

Ursula Schönberger, Mitglied des Bundestages, Bündnis 90/Die Grünen

Liebe Kolleginnen und Freundinnen,

ich möchte in diesem Einleitungsbeitrag zum Schwerpunktthema „Auseinandersetzung mit der Atompolitik" zu zwei ganz unterschiedlichen Aspekten etwas sagen:

- Zum einen zur Rolle von Frauen in der Auseinandersetzung um die Atomtechnik,
- zum anderen zur aktuellen Entwicklung nach dem Castor-Transport nach Gorleben.

Mitte Februar diesen Jahres fand in Lüchow-Dannenberg ein internationales Meeting mit TeilnehmerInnen aus 12 Ländern statt. Zur Einführung wurden den ausländischen Gästen die Atomanlagen im Wendland gezeigt und anschließend saßen wir in einer Gaststätte zusammen und drei Frauen von örtlichen Gruppen berichteten von ihrer Arbeit. In der Diskussion stellte Agus Dodi aus Indonesien nachdenklich fest, daß er seit er in Deutschland angekommen sei, ständig auf politische Frauen gestoßen und von ihnen informiert worden sei. „Woran liegt denn das und wo sind denn die Männer", fragte er und bat um eine Bewertung. Diese Frage gab Anlaß zu heftigen Diskussionen.

Ein Anwesender verwies auf das Wyhler Beispiel. Daß die Auseinandersetzung um das Atomkraftwerk Wyhl Anfang der 70er Jahre zum Zeichen eines Aufbruches wurde, lag nicht zuletzt an der Rolle, die Frauen in dieser Auseinandersetzung spielten, vor allem Bäuerinnen und Hausfrauen. Sie waren mit die ersten bei der Besetzung des Bauplatzes, und sie waren die Beständigsten bei der Bewachung. Am Ende dieser Besetzung stand eine Art Vertrag, die Offenburger Vereinbarung, zwischen der baden-württembergischen Landesregierung und der Kaiserstühler Bevölkerung. Daß eine Landesregierung sich auf eine solche Vereinbarung einließ, war eine rechtsgeschichtliche Einmaligkeit und ein großer Erfolg der Hartnäckigkeit des Widerstandes. Bemerkenswert sind aber die Umstände: Die Vereinbarung wurde nicht auf dem besetzten Platz ausgehandelt, sondern unter Ausschluß der Öffentlichkeit im relativ fernen Offenburg, die Vereinbarung wurde unter Männern ausgehandelt und beinhaltete als Vorleistung der KaiserstühlerInnen die Aufgabe des besetzten Platzes.

In dem Buch „Lieber heute aktiv als morgen radioaktiv", zitiert die Filmemacherin Nina Gladitz einen Bauern, der die Härte und Kompromißlosigkeit der Frauen im Kampf in Wyhl mit den Worten kommentiert: ***„Die Weiber stehen halt viel näher am Leben, wie wir Männer"***. Da ist natürlich was dran. Aber ich denke, es geht dabei nicht um persönliche biologische Eigenschaften. Dazu gibt es auch zuviele Gegenbeispiele. Daß etwa Frau Ministerin Merkel näher am Leben sei als ihr niedersächsischer Kontrahent Gerhard Schröder, vermag ich nicht zu sehen.

Ich sehe in der Rolle der Frauen im Wyhler Widerstand zwei historisch bedingte, strukturelle Aspekte:

1. Die Männer mußten arbeiten, die Frauen konnten es damals noch nicht in dem Umfang, wie es zwischenzeitlich zumindest zeitweise möglich war; sie waren aufgrund ihrer Zeitverfügbarkeit - übrigens ähnlich den Studenten und Studentinnen aus dem nahen Frei-

burg - anders als die Männer in der Lage, sich der gesellschaftlichen Aufgabe der Platzbesetzung zu widmen. Was vielleicht neu war, war die gemeinschaftliche Auffassung, daß es sich hierbei um eine wichtige gesellschaftliche Aufgabe handelte, und daß diese Aufgabe nur von Männern und Frauen gemeinsam gelöst werden konnte, daß Männer demzufolge auch hinnahmen und hinnehmen mußten, daß der Haushalt etwas anders aussah als vordem. Dahinter steckt auch die fundamentale Erkenntnis, daß es tödlich enden könnte, die Daseinsvorsorge auf Geldverdienen und häusliche Reproduktion zu beschränken und die Gestaltung der Welt den Herren im grauen Flanell zu überlassen.

2. Die Auseinandersetzung um die Atomtechnik war zu Beginn keine cognitive Diskussion um Technik; am Anfang stand das Unbehagen, daß Regierungen auf Fragen nicht antworteten, daß vermutet wichtige Fragen über die Köpfe der Betroffenen hinweg entschieden wurden. Dies, das Batelle Institut sprach seinerzeit von einem „Partizipationskonflikt", zu einer Zeit, in der Frauen zunehmend über ihre eigene Teilhabe an gesellschaftlichen Prozessen nachdachten.

Nicht nur in der konkreten Situation Wyhl, sondern in den sozialen und ökologischen Bewegungen insgesamt ist die Frage der gesellschaftlichen Teilhabe, der Gestaltungsfreiheit, letztlich auch der Entscheidungsmöglichkeit und Macht ein entscheidender Punkt. Aus dieser - ich sage mal - „Formfrage" - entwickeln sich Meinungen, Positionen und Positionierungen, Bedarf an Wissen und ganze Lebensläufe. Meinem Eindrucke nach engagieren sich in den sozialen und ökologischen Bewegungen sehr viel mehr Frauen, als in anderen gesellschaftlichen Organisationsformen bis hin zu den Parteien. Und ich habe im Laufe der Zeit sehr viele Frauen getroffen, die sich anfangs gefühlsmäßig gegen Projekte wie Atomkraftwerke gewehrt haben und die im Laufe der Auseinandersetzungen über Jahre hinweg sich selbst sehr stark emanzipiert haben. Bewegung wurde so zur Volksbildung. Frauen, die vormals „nur" Hausfrauen waren, konnten über Reaktortechnik und die Auswirkungen von Radioaktivität auf den menschlichen Organismus ganze Vorlesungen halten.

Um ein wenig Wasser in den Wein zu kippen, will ich noch auf das meines Erachtens tragische Beispiel der Situation nach Tschernobyl zu sprechen kommen. Ich fand die Situation beklemmend, daß alles was über ein Jahrzehnt lang prognostiziert worden war, noch schrecklicher eintrat, als wir es uns zuvor hatten ausmalen können und zu merken, wie wenig wir selbst mental auf dieses Grauen vorbereitet waren. Natürlich gibt es dafür gute Gründe, niemand kann ständig in konzentrierter Erwartung der Katastrophe leben, usw. Ich meine aber noch etwas anderes: Wie ernst haben wir unsere eigenen Prognosen genommen, wie ernst war uns selbst im tiefsten Innern z.B. auch die immer wohlbegründete Forderung nach dem Ausstieg aus dieser Technik ? - Es gab damals einige größere, allerdings örtliche Demonstrationen. Auf einem bundesweiten Treffen der Anti-AKW-Bewegung in Frankfurt wurde diskutiert - übrigens auch von Frauen - ob denn die Atomenergie überhaupt noch ein relevantes Betätigungsfeld sei, wenn die Herrschenden nach dieser Katastrophe schon selbst von Ausstieg redeten.

Während die „alte Bewegung" praktisch verstummte, gab es dann die breite Bewegung von Eltern-, v. a. aber Mütterinitiativen. Im Zentrum ihrer Arbeit stand, zumindest solange diese Bewegung eine relevante Größe hatte, die Frage der unmittelbaren, persönlichen Reproduktion und der Gesundheit der Kinder. „Wie hoch sind welche Lebensmittel verstrahlt", „Wo bekomme ich unbelastete Nahrung her", daß waren zentrale Fragen. Viele, die sich zuvor vehement für ökologische Ernährung eingesetzt hatten, stürmten jetzt die H-Milch-Regale bei aldi. Ich sage dies ohne alle Zynik, es ist eben auch eine Seite davon, daß Frau näher am Leben ist. Mit dem erforderlichen Respekt vor der konkreten historischen Entwicklung (an der ich im übrigen teilgenommen habe) sehe ich in beiden Bewegungen ein gemeinsames Manko: die entscheidende Frage nach der Atomenergie selber wurde sekundär, die Frage, wer denn überhaupt das Recht hat, so mit Mensch und Natur umzugehen.

Die Atomtechnik selber ist eine typisch männliche Technik, und ich meine dies sowohl in einem unmittelbar soziologischen, wie einem prinzipiell ideologisch - kulturellen Sinne. Die soziologische Seite ist schnell erfaßt, wenn man sich das ansieht, was gemeinhin als Atomlobby bezeichnet wird. Ich sehe mir das immer an, wenn ich zur Jahrestagung Kerntechnik fahre: 98% Männer in grauen und schwarzen Anzügen, Durchschnittsalter 60 Jahre - Natürlich gibt es mittlerweile auch in kerntechnischen Berufen mehr Frauen. 1992 gründete die berufsständische „Kerntechnische Gesellschaft“ sogar eine eigene Frauensektion, deren Ziel es u.a. ist „die emotionalen Ängste vieler Frauen besser auffangen zu können“ (atw/ März 1993, Seite 160). Es gibt eine internationale Organisation „Women in nuclear energy“, der u.a. der lobbyistische Informationskreis Kernenergie angehört und dessen Arbeit „vorwiegend auf Öffentlichkeitsarbeit in der Akzeptanz der Kernenergie orientiert ist“ (Zitat atw). Ich will den Frauen, die in diesem Bereich arbeiten, nicht zu nahe treten und bin zur kritischen Auseinandersetzung gerne bereit. Aber diese Art der Frauenbewegung erinnert doch etwas an die Rolle der Sozialausschüsse in der CDU. Das die vom Aussterben bedrohte Standesorganisation KTG mitlerweile versucht, den Mitgliederverlust durch verstärkte Werbung unter Röntgenschwestern zu kompensieren, ist dabei nur eine Glosse am Rande.

Der prinzipielle Aspekt: Die Zerstörung immer kleinerer Teile der Materie zur Energiegewinnung steht in der Tradition der Bacon's und Descartes, des „die Natur auf die Folter zu spannen, bis sie ihre Geheimnisse“ - hier ihre energetischen Potentiale „preisgibt“. Am Beginn der Kernspaltung standen ein Mann und eine Frau, Otto Hahn und Lise Meitner. Lise Meitner, mit dem doppelten Manko behaftet, jüdisch und Frau zu sein, mußte Deutschland bald nach den gemeinsamen Entdeckungen verlassen, bevor sie noch richtig gedeutet waren. Otto Hahn, selbst Jude, aber Weltkriegsveteran und wissenschaftlicher Giftgas-Pionier an der Front, wollte bei der Interpretation der Experimente auf die Kollegin im Ausland nicht verzichten. Die vorher schon mehrmals für den Nobelpreis nominierte Lise Meitner ging allerdings letztendlich leer aus, während Otto Hahn den Nobelpreis erhielt. Ich finde dieses persönliche Schicksal symptomatisch.

Hahn bot seine Dienste dem Reichswehrbeschaffungsamt an. Auf amerikanischer Seite waren es Leute von Edward Teller bis Alfred Einstein, die den destruktiven Nutzen dieser Technik erfaßten und die Atombomben - aus welchen persönlichen Motiven auch immer - entwickelten. Das Denken kam später, setzte erst ein, als die Bomben fertig waren. Doch da war es zu spät, die Wissenschaftler hatten die Anwendung ihrer Technikentwicklung schon längst nicht mehr in der Hand. Hahn und Einstein handelten logisch, aus ihrem Wissen, aus der Eingebundenheit in Strukturen und sog. Sachzwänge, die allerdings allzu oft Denkzwänge sind.

Ich glaube, daß viele Frauen - beileibe nicht alle - eine größere Freiheit haben. Um es nochmal ganz deutlich zu sagen: Ich rede nicht von ausschließlich biologischen Eigenschaften oder persönlichen Charakterstrukturen. Das, was ich meine hängt, wie ich es am Beispiel Wyhl versucht habe zu zeigen, z.T. mit geringerer struktureller Einbindung zusammen. Es hängt damit zusammen, daß man uns nicht jahrhundertelang beigebogen hat, uns logisch-linear in Paradigmen-, letztlich also Glaubensgebäuden zu bewegen. Die Freiheit zu fragen, auch vermeintlich „dumme“ Fragen zu stellen, d.h. einfach das zu fragen, was frau nicht versteht, statt die Begründetheit von Aussagen zu unterstellen, ist bei Frauen viel verbreiteter als bei Männern. Frauen haben halt oft noch weniger zu verlieren. Es sind übrigens oft gerade diese „dummen" Fragen, die den Herren (und Damen) der Wissenschaft die größten Schwierigkeiten bereiten. Schließlich spielt die praktische (Alltags-)Erfahrung, das unmittelbare Empfinden von und in Situationen bei Frauen ein deutlich größere Rolle, nicht weil sie bei Männern nicht vorkommen, sondern weil sie einfach zugelassen werden. Und es gibt noch eins, was mir sehr wichtig erscheint und da bin ich dann fast bei der aktuellen Situation: Ich meine die Bereitschaft zur einfachen Negation, Nein zu sagen, wenn frau meint, das dies oder jenes nicht sein kann und darf, und dies auch dann zu tun, wenn frau es nicht bis ins letzte technische Detail hinein begründen kann.

Als Anti-AKW-Bewegung wird uns immer wieder vorgehalten,

- wenn wir gegen die Atomenergie sind, müßten wir sagen, wie es denn ohne gehen soll,
- wenn wir den Umgang mit dem Atommüll kritisieren, müßten wir sagen, wie man denn dann damit umgehen soll.

Es wird von uns immer wieder verlangt, nicht immer „nur" NEIN zu sagen, sondern positiv zu argumentieren.

Natürlich kann ich als Frau, die praktische Politik macht, sagen, wie der Ausstieg funktioniert, daß er nachgerade notwendig ist, um die entwickelten Energiealternativen durchzusetzen. Ich halte das nicht für das Entscheidende, aber ich habe mich selbstverständlich damit beschäftigt. Wir haben Anfang diesen Jahres beim Ökoinstitut Freiburg untersuchen lassen, welche Effekte eine sofortiger Ausstieg aus der Atomenergie hätte. Und ich muß sagen, die Effekte waren positiver als ich selbst gedacht hätte. Vom Energieverbrauch her ist es überhaupt kein Problem, sofort auf Atomenergie zu verzichten. In den letzten Jahrzehnten wurde von den Energieversorgungsunternehmen soviel an Überkapazitäten aufgebaut, übrigens alle bezahlt von den StromkundInnen, daß wir selbst bei einem sofortigen Ausstieg aus der Atomenergie immer noch 15% Reservekapazitäten am Tag der Stromspitzenlast hätten, für etwaige Kraftwerksausfälle. Darüberhinaus wurde aber in dieser Untersuchung klar, daß wir bei einem Festhalten an der derzeitigen Kraftwerksstruktur keine Chance haben, das CO_2-Reduktionsziel der Bundesregierung zu erreichen. Erst der Ausstieg aus der Atomenergie macht überhaupt den Weg frei für Investitionen in Energieeinsparung, die Nutzung hocheffizienter Gaskraftwerke und den Ausbau von Kraft-Wärme-Kopplung und regenerativer Energieträger.

Für eine gestaltende Energiepolitik ist es wichtig zu wissen, welche Auswirkungen ein Ausstieg aus der Atomenergie auf die Energieversorgung und den Klimaschutz hat. Aber ich denke, daß das nicht die Voraussetzung für unsere Entscheidung sein kann. Wenn wir feststellen, daß diese Technik tödlich, destruktiv und nicht akzeptabel ist, dann haben wir als Betroffene das Recht, prinzipiell Nein zu sagen. Das ist positiv und produktiv und ich denke, da haben Bäuerinnen und Hausfrauen genauso viel Recht wie Wissenschaftler und Wissenschaftlerinnen.

Und da sind wir bei der aktuellen Situation.

Es hat in den letzten 1 1/2 Jahren, seit der ersten Ankündigung eines Castor - Transportes ins Wendland, einen von vielen schon gar nicht mehr erwarteten Aufschwung der Auseinandersetzung um die Atomenergie gegeben.

Die Atomenergie ist weltweit stagnativ. Nicht weil die Interessierten unsere Argumente einsehen würden, sich Sorgen um die Sicherheit machen oder aus Harrisburg und Tschernobyl gelernt hätten, nein, weil sich die Atomenergie schlicht und ergreifend betriebswirtschaftlich nicht lohnt. Natürlich führt dies nicht zu Verzicht und Abkehr von dieser Technik, sondern zu einer ängstlichen Besitzstandswahrung. Von einstmals in Deutschland geplanten knapp 600 Atomanlagen wurde nur ein Bruchteil realisiert, sind derzeit nur 18 Reaktoren netzverfügbar, aber diese Reaktoren sollen trotz evidenter Sicherheitsprobleme und der ungelösten Entsorgung bis zur bitteren Neige betrieben werden.

1992 versuchte eine denkwürdige Quadriga aus Gerhard Schröder, Hermann Rappe und zwei Vorstandsvorsitzenden von Energiekonzernen einen Befreiungsschlag. Man wollte im Konsens der Parteien einen langfristigen Ausstieg aus der „derzeit genutzten Leichtwasser-Reaktortechnik“ vereinbaren. Dieser sog. Ausstieg wäre ein Freifahrtschein für den Weiterbetrieb der installierten Anlagen gewesen, nebst einer Neueinstiegsoption und einer formalen Lösung der Entsorgungsfrage. Das Projekt scheiterte. Der 10. Tschernobyl-Jahrestag hat uns die Folgen dieser Technik noch einmal vor Augen geführt und unsere eigenen Erfahrungen damit vitalisiert. Im Wendland und im gesamten Bundesgebiet haben sich sehr viele Menschen unterschiedlichsten Alters und unterschiedlichster sozialer Gruppen getraut, ein klares Nein in Wort und Tat zu demonstrieren.

Jetzt, nach dem zweiten CASTOR-Transport, ist plötzlich wieder von neuen Konsens-Gesprächen die Rede. Ich fände es fatal, wenn es jetzt zu einem technokratischen Kompromiß zwischen den Parteien gegen die Mehrheit der Bevölkerung käme. Denn eigentlich ist die historische Situation für den Ausstieg gereift. Aber er wird eben nicht von selbst kommen, wir brauchen den Mut, NEIN zu sagen und die Kompromißlosigkeit, von Ausstieg nicht nur zu reden, sondern ihn auch tatsächlich (nicht nur moralisch oder theoretisch) zu wollen und für seine Durchsetzung zu arbeiten.

Blicke auf die Informationsgesellschaft: Präsentationen - Assoziationen - Interaktionen

Heide Schelhowe, Gabriele Winker

„Wie wird die vielbeschworene ´informierte´ Gesellschaft des 21. Jahrhunderts aussehen? Wer wird Zugang zu den neuen Kommunikationstechnologien haben? Worüber wird informiert und was wird verschwiegen? Was bedeutet „Information“? Die neuen Medientechnologien und die von vielen Seiten favorisierte Datenautobahn sollen auf ihre Möglichkeiten und Risiken hin befragt werden. Speziell möchten wir uns mit ihren Auswirkungen, insbesondere auf das Leben von Frauen, auseinandersetzen und überlegen, in welcher Form Frauen Einfluß auf die Entwicklung dieser Technologien nehmen können.“ So fragen und schreiben die diesjährigen Veranstalterinnen des Kongresses Frauen in Naturwissenschaft und Technik in ihrer Tagungsankündigung.

Auf die Frage nach der Informationsgesellschaft und ihrer Gestaltbarkeit gibt es bis heute noch wenig zufriedenstellende Antworten und erst recht keine befriedigenden Zukunftsvisionen aus der Frauenbewegung. Wir haben deshalb versucht, uns auf einem etwas ungewöhnlichen Weg dem Schwerpunkt der diesjährigen Veranstaltung zu nähern.

Wir wollen Euch widersprüchliche Auffassungen zum Thema als Textpassagen und als Bilder präsentieren. Wir gehen davon aus, daß Ihr beim Zuhören und Zuschauen weitere Assoziationen zum Thema „Leben, Arbeiten und Kommunizieren in der Informationsgesellschaft“ entwickelt. Wir bitten Euch, eine Assoziation am Ende der Präsentation stichpunktartig auf eines der verteilten Kärtchen zu schreiben. Wir hoffen, daß es uns gelingt, Eure Assoziationen zusammenzuweben und zusammenzuknüpfen zu einem Bild, das Interaktionen herausfordert und ermöglicht. Dieses Bild aus Euren Kärtchen wird Grundlage für den Workshop am Samstag um 14 Uhr sein. Dort werden wir aus unseren gemeinsamen und unterschiedlichen Befürchtungen, Hoffnungen und Vorschlägen die Informationsgesellschaft kritisch betrachten. Gleichzeitig möchten wir in diesem Workshop nach für uns Frauen gangbaren Wegen suchen, um unsere Zukunft widerständig, aber auch aktiv mitzugestalten.

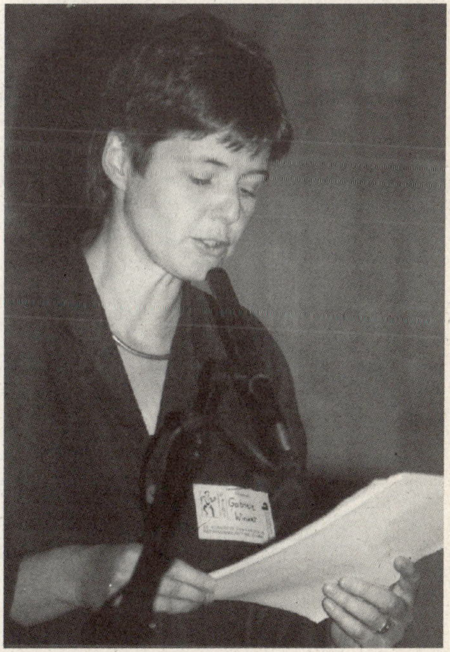

Prof. Dr. Gabriele Winkler während des gemeinsam mit Heidi Schelhowe gehaltenen Eröffnungsvortrages „Blicke auf die Informationsgesellschaft – Präsentationen und Assoziationen“

Doch zunächst zu unseren Präsentationen zur Informationsgesellschaft.

1. Information = Fortschritt / wir informieren uns zu Tode

Mit dem Begriff „Informationsgesellschaft" wird ausgedrückt, daß jede und jeder die Möglichkeit haben soll, sich jederzeit und an jedem Ort über Fragestellungen aller Art zu informieren. Keine Gruppe und kein Individuum muß mehr ausgeschlossen sein vom weltweiten Zugang zu Informationen. Der Zugang zu Wissen war immer und ist auch heute eine entscheidende Grundlage dafür, daß wir gesellschaftliche Probleme lösen können, seien sie ökonomischer, ökologischer, politischer, psychologischer oder gesundheitlicher Natur.
Die Fülle der Informationen führt zu einer Reizüberflutung unbekannten Ausmaßes. Die chaotische Organisation der Informationsflüsse verlangt nach Suchverfahren und nach Strukturierung. Doch trotz neuer Suchstrategien ist der Mensch überfordert, mit dem neuen Medium gewinnbringend umzugehen, das heißt die richtigen Informationen zu finden und zu nutzen.

2. Mythos Informationsgesellschaft – Ablenkung von entschlossenem Handeln/aus Information folgt verantwortungsvolles Handeln

Mit dem Begriff Informationsgesellschaft wird ein Mythos aufgebaut. Er suggeriert, daß das Problem der heutigen Zeit in mangelnder Informiertheit bestehe. Damit wird von den realen, materiellen Problemen und Gegebenheiten unserer heutigen Gesellschaft abgelenkt. Zentrales Problem der heutigen Zeit ist der schonende Umgang mit Ressourcen. Ziel ist ein „sustainable development", die nachhaltige, zukunftsfähige Gesellschaft. So gilt es z.B., neue Wege der Energiegewinnung und -verwendung zu finden, die uns weder in eine atomare Katastrophe noch in ein Treibhaus führen, in dem die nächsten Generationen nicht mehr leben können. Die Informationen dafür liegen auf dem Tisch, es ist notwendig, zu handeln.
Umweltprobleme sind globale Probleme. Mit der „Informationsgesellschaft" lassen sich die zentralen ökologischen Herausforderungen in länderübergreifender Kooperation mit gemeinsamer Anstrengung besser lösen. An vielen Orten werden Umweltdaten aufgenommen und dokumentiert. Mit weltweiten Expertenrunden über Videokonferenzen lassen sich neueste Informationen und Untersuchungen ohne Zeitverzögerungen austauschen und rechtzeitig Maßnahmen ergreifen.

3. neue Freiheiten / alte Reproduktionsaufgaben

Durch Automatisierung und Rationalisierung wird die Arbeit, die zur Erhaltung des Lebensstandards notwendig ist, erheblich reduziert. In der nachindustriellen Gesellschaft werden sich neue Aufgaben und Tätigkeiten rund um die Speicherung, Aufbereitung, Gewinnung und Verbreitung von Informationen ergeben. Der Mensch wird dann zum erstenmal tatsächlich Mensch sein, nämlich ein Spieler mit Informationen; und diese „Informationsgesellschaft" wird im wahren Sinn dieses Wortes die erste tatsächlich freie Gesellschaft sein, befreit von den Mühen schwerer körperlicher Arbeit.
Nur kleine, privilegierte Schichten in den hochentwickelten Industrienationen werden die Informationsarbeiter sein. Unter den „Spielern mit Informationen" werden nur wenig Frauen sein. Es wird weiterhin die materielle Arbeit geben, die weltweit nicht weniger wird. Allerdings verschwindet sie immer mehr aus dem Zentrum der Aufmerksamkeit. Körperliche Arbeit wird entrechteter und unerträglicher werden. Es werden weiterhin die Frauen und nicht die Männer sein, die die Hauptlast der nicht automatisierten und nicht automatisierbaren Reproduktionsaufgaben tragen. Diese werden immer noch mehr privatisiert und unsichtbar.

4. auf dem Weg in die Zweidrittelgesellschaft / Wohlstand für alle

Monat für Monat stehen wir vor weiter steigenden Arbeitslosenzahlen. Der weitere Verlust von Arbeitsplätzen bedeutet in sozialer Hinsicht die Konsolidierung einer Spaltung der Gesellschaft in die, die Arbeit haben und jene, die keine haben. Die Armut der Länder in der sogenannten Dritten Welt steigt an und wird auch in den Industrienationen mehr und mehr offensichtlich. Frauenförderprogramme, die vor kurzem Frauen noch erste Aufstiegschancen eröffneten, haben in dieser Krisensituation kaum Chancen auf Realisierung. Frauen haben auf allen gesellschaftlichen Ebenen gegen Backlash-Argumente zu kämpfen, die Frauen wieder auf ihre angestammten Plätze in der Familie oder auf unqualifizierte Arbeitsplätze zurückverweisen wollen.

Beim „offenen System" der Netze handelt es sich um ein kraftvolles Konzept, das die Ökonomie stimuliert und durch neue Phantasie zu weit ausgedehnten flexiblen Verbindungen führt. Dies wird nicht nur zu einer Stärkung großer, erfolgreicher Unternehmen führen, sondern auch die Gründung einer Vielzahl dezentraler, innovativer, kleiner Unternehmungen mit hoher Eigeninitiave ermöglichen. Die neue Infrastrukturen unterstützen rasche Veränderungen und flexibles Eingehen auf die Bedürfnisse der KonsumentInnen. Dieses Netz ist für jedermann und jedefrau zugänglich als eine Basis, auf der er oder sie sich eine berufliche Existenz aufbauen kann. Viele Frauen haben bereits entdeckt, daß der Computer im Netz ihnen den Aufbau, die Aufrechterhaltung, und den Ausbau wichtiger Geschäftskontakte, auch von zu Hause aus, erleichtert.

5. das Ende der starren Zeit / die Geschlechterstarrheit bleibt

Es ergeben sich Möglichkeiten zur Arbeitszeitflexibilisierung in bisher unbekanntem Ausmaß. Die Unternehmensberatung McKinsey spricht davon, daß bereits heute 60 % aller Arbeitsplätze teilbar und damit teilzeit-tauglich sind und 38% aller Vollzeit-Beschäftigten Interesse an Teilzeitarbeit haben. In 24 % der Fälle decken sich die Wünsche der Beschäftigten mit den Möglichkeiten des Arbeitsplatzes. Daraus ergeben sich neue Lebensentwürfe, bei denen Frauen und Männer ihre Arbeitszeit frei einteilen und damit Berufstätigkeit, Kindererziehung, Freizeit und Selbstverwirklichung verbinden können.

Es sind immer noch und beinahe ausschließlich Frauen, die Teilzeitangebote wahrnehmen. Durch die schlechtere Bezahlung und die fehlenden Aufstiegsmöglichkeiten bleiben sie damit hauptsächlich zuständig für Haushalt und Kindererziehung. Haupternährer bleibt der Familienvater. Die Flexibilität der Arbeitszeit richtet sich nach den Erfordernissen des betrieblichen Ablaufs, nicht nach den Reproduktionsbedürfnissen. Die alte geschlechtshierarchische Arbeitsteilung wird zementiert.

6. Verbindung von Beruf und Familie durch Telearbeit /Telearbeit - Arbeit ohne Pause

Mit der Vernetzung wird es immer unwichtiger, wo jemand arbeitet. Frauen und Männer können ihren Arbeitsort frei wählen; orientiert an ihren jeweiligen Bedürfnissen entweder zuhause oder in einem mit anderen geteilten Nachbarschaftsbüro. Telearbeit ermöglicht Frauen neue attraktive Arbeitsmöglichkeiten. Als - in der Regel selbständige - Telearbeiterin sind sie ihre eigene Chefin und haben eine angenehme Arbeitsumgebung. Gleichzeitig eröffnet Telearbeit neue Optionen für die Vereinbarkeit von Berufs- und Familienarbeit - und zwar für Frauen und Männer. Sie können ihre Erwerbsarbeit flexibler einteilen; damit ergibt sich die Chance, Hausarbeit, Kindererziehung, Freizeit und bezahlte Arbeit nach eigenen Vorstellungen zu kombinieren. Durch wegfallende Fahrtzeiten gibt es mehr Zeit für Familie und FreundInnen. Auch wenn die Gründe für Telearbeit sehr unterschiedlich sind - Frauen wegen Kindererziehung, Männer wegen Arbeitslosigkeit - findet eine langsame Anpassung der Geschlechterrollen statt. Männer beschäftigen sich, wenn sie zu Hause arbeiten, mehr mit den Kindern als vorher.

„Haben sie jemals 24 Stunden täglich und 365 Tage im Jahr am Arbeitsplatz verbracht? Sie werden es bald tun!" Erwerbsarbeit wird unkontrollierbar ausgedehnt, es gibt keine tariflichen

Schranken der Ausbeutung. Frauen sehen bereits heute die Nachteile der Telearbeit in den fehlenden beruflichen Aufstiegschancen, der geringen Bezahlung, einem fehlenden Arbeitsraum, in der sozialen Isolation, im Mangel an Unterstützung bei der Problemlösung durch KollegInnen. Kunden rufen 24 Stunden rund um die Uhr an. Es gibt keine klaren Grenzen zwischen Erwerbsarbeit und anderen Aktivitäten und Tätigkeiten im Haus. Auch gibt es zu viele Unterbrechungen durch die Familie. Bezahlte Arbeit zuhause mit Kindererziehung zu verbinden, halten die meisten Frauen für kaum durchführbar. Für sie wird alle Zeit zur Arbeitszeit - Erwerbsarbeit, Hausarbeit, Erziehungsarbeit, Arbeit aus Liebe. Während Männer das dreckige Geschirr stehen lassen, können Frauen die anfallende Hausarbeit kaum ignorieren. Männer arbeiten zwar zuhause, aber sie sind kaum ansprechbar für Aufgaben der Reproduktion und für die Bedürfnisse ihrer MitbewohnerInnen.

7. Ruhe auf den Straßen - Hektik im Netzwerk/Hektik auf den Straßen und im Netzwerk

In einer Gesellschaft, in der viele Menschen zuhause arbeiten, wird die Nutzung des Autos nicht mehr primär von den täglichen Pflichten diktiert. Die Menschen in der multimedialen Gesellschaft stehen den eigenen Bedürfnissen gemäß früher oder später auf und machen sich in der Hauptsache zuhause an die Arbeit. Anstatt um halb acht ins Auto zu steigen, öffnen sie irgendwann einfach die Tür zum Arbeitszimmer, nehmen Platz und schalten die Medienstation an. Auf diese Weise entfällt die tägliche Fahrt zum Arbeitsplatz. Insgesamt werden weniger Autos auf den Straßen unterwegs sein, so sind der umweltfreundlichen Verkehrsentwicklung insgesamt keine Grenzen gesetzt.

Über 50 % des Individualverkehrs ist bereits heute Urlaubs- und Freizeitverkehr. Dieser wird als Ausgleich zur bewegungs- und reizarmen Telearbeit eher zunehmen. Um etwas außerhalb der vier Wände zu erleben, setzen sich noch mehr Menschen in ihrer Freizeit ins Auto und erkunden die belebte Realität. Auch wenn die Autofahrer und Autofahrerinnen durch eine Windschutzscheibe von der Wirklichkeit getrennt sind, empfinden sie nach Stunden der Arbeit in virtuellen Räumen Blicke auf Natur und Menschen als angenehme, wohltuende Abwechslung.

8. Telematik - Lösung des Verkehrsproblems / Telematik - Zunahme des Verkehrs

Systeme der Kommunikations-, Leit- und Informationstechnik im Verkehrsbereich, sogenannte Telematik-Systeme, steigern die Effizienz im Verkehrsbereich. Selbst das durch die Just-In-Time-Produktion zunehmende Verkehrsaufkommen läßt sich darüber so steuern, daß Staus bald der Vergangenheit angehören. Auch lassen sich über Verkehrsleitsysteme die vom Verkehr verursachten Umweltschäden abbauen, da der Verkehr weniger steht und gleichmäßiger fließt.

Die multimedialen Telematik-Systeme, die Milliarden verschlingen, erhöhen das Verkehrsaufkommen noch. Der Verkehr wird gleichmäßig auf die Fläche verteilt. Statt Förderung des Radfahrverkehrs und statt Attraktivitätserhöhung der öffentlichen Verkehrsmittel erhält der Individualverkehr Vorfahrt. Der ÖPNV wird nur als Notanker benutzt. Durch die neuen Mobilitätshoffnungen, die sie wecken, suggerieren Verkehrsleitsysteme freie Fahrt, freie Parkplätze und erzeugen zusätzlichen Verkehr. Damit lösen Verkehrsleitsysteme keine Umweltprobleme, sondern erzeugen neue.

9. Zugang für alle - Informationsreiche und Informationsarme

Gerade über das Internet wird es einen breiten Zugang zu allen verfügbaren Informationen für alle Bevölkerungsschichten, Männer wie Frauen, Menschen aus den Industrienationen und der sogenannten Dritten Welt geben. Frauen in allen Ländern können jederzeit Zugang zu Informationen über Politik, Ökonomie und Umwelt, über Ernährung, Gesundheit und Verhütung bekommen. Sie können rückfragen, den Zeitpunkt, die Reihenfolge, die Gründlichkeit, in der sie die Informationen haben wollen, wählen. Sie können in Frage stellen, was sie hören und sehen und sich andere Informationen besorgen. Männliche Autorität läßt sich untergraben.

Vor allem viele Frauen werden auch in Zukunft keinen Zugang zu den Informationen im Internet haben. BürgerInnenterminals stehen in Europa kaum zur Verfügung. Der Zugang über die Privathaushalte scheitert an dem - aller Propaganda zum Trotz - geringen Verbreitungsgrad des PC selbst in Europa sowie den Kosten für die Datenverbindung. Auch fehlt Frauen aufgrund der unveränderten Doppelbelastung zwischen Beruf und Familie die Zeit, um sich surfend im Netz treiben zu lassen. So wird sich die soziale Kluft vertiefen zwischen den Informationsreichen und den Informationsarmen, den Informations-Begüterten und den Informations-Habenichtsen, den Industrienationen und der sogenannten Dritten Welt, zwischen den Generationen und nach wie vor zwischen Männern und Frauen.

10. young white men only / Frauen im Netzwerk aktiv
Die Internetsurfer sind männlich, weiß, jung. Wie in jeder anarchistischen Gesellschaft hat sich im Internet eine Aristokratie gebildet, die aus denen besteht, die sich am meisten auskennen, die meiste Zeit im Internet verbringen und sich verdient gemacht haben. In dieser oligarchischen Gemeinschaft gibt es durchaus auch Zensur, nur eben nach den unausgesprochenen Regeln der Mehrheit der Netzteilnehmer. Davon leben 71 Prozent in den USA, sind 90 Prozent weiße Männer im Alter von 26 bis 35 Jahre, meist mit Hochschulabschluß und überdurchschnittlichem Einkommen. Das Netz ist also nicht besser als das wirkliche Leben, was Frauen- und Minderheitenrechte angeht, sogar schlechter.
Darüber, wieviele Frauen tatsächlich im Netz aktiv sind, gibt es durchaus widersprüchliche Zahlen. Offensichtlich ist nur, daß unterschiedliche Netzwerke Frauen unterschiedlich stark anziehen. Feministische Newsgroups und Internet-Adressen, die umfangreiche Materialsammlungen zu den Themen Frauen und Business, Computer, Kultur, Erziehung, Unterhaltung, Feminismus und Mädchen bieten, werden von Frauen aufgebaut, gepflegt und breit genutzt. Frauen senden E-Mails und beteiligen sich an politischen Aktionen über das Netz.
Frauen versorgen sich gegenseitig weltweit mit aktuellen frauenpolitischen Nachrichten. Auch Frauen aus Naturwissenschaft und Technik, die in ihrer Hochschule oder in ihrem Betrieb in der Minderheit sind, stellen über Netz Verbindungen zu anderen Frauen her. In den USA hat eine Frau einen elektronischen Kultursalon vergleichbar mit dem Wohnzimmer von Gertrude Stein in Paris aufgebaut. In diesem Netz sind über die Hälfte des Auditoriums Frauen. Es gibt Schulen, in denen Frauen technische Hilfe bekommen und in den Cyberspace eingeführt werden.

11. das Heim wird öffentlich / technische Rationalität im Wohnzimmer
Die Menschen gehen nicht mehr in eine Öffentlichkeit hinaus, um sich zu informieren und um zu diskutieren. Marktplatz, Schule und vergleichbare öffentliche Räume sind der gegenwärtigen Kommunikation nicht angemessene Räume und werden aufgegeben. Die Individuen können sich unmittelbar über das Netz, ohne institutionelle Zugangsbeschränkungen, zu einer Art Öffentlichkeit konstituieren und daran teilnehmen. Auch das Private wird Gegenstand öffentlicher Diskussionen. Der alte Gegensatz, in dem Öffentlichkeit und Privatheit gegenübergestellt werden, ist in der bürgerlichen Gesellschaft eine der wichtigsten Grundlagen für die Unterdrückung von Frauen. Mit dem Brüchigwerden dieser Grenze verliert auch die Geschlechterungleichheit ein Stück Substanz. Die neue Öffentlichkeit ist das Netz. Der Marktplatz verschwindet, aber über die zentralen Verteilstationen werden dem Privaten die Regeln des öffentlichen Lebens aufgezwungen. Die technische Rationalität beherrscht zunehmend auch die privaten Räume, in denen sich früher Widerständiges und Unangepaßtes herausbilden konnte.

12. Einschränkung personaler Kommunikation / Aufhebung sozialer Isolation
Multimediale Kommunikation kann menschliche Begegnung nicht ersetzen. Wieviel lebensfroher, befriedigender, wärmer ist ein direkter Kontakt mit einem anderen Menschen als der Informationsaustausch über die neuen Medien. Mit der Benutzung der unterschiedlichen Kommunikationsmöglichkeiten im Netz werden Menschen personale Kommunikation eines Tages gar nicht mehr vermissen, weil sie sie nicht mehr kennen. Eine Fähigkeit, die bisher immer den Frauen zugeschrieben wurde, wird entwertet.
Gerade für Hausfrauen, ältere Mitbürgerinnen sowie behinderte Frauen und Männer ergeben sich ganz neue Möglichkeiten der Teilnahme am öffentlichen Leben über das Netz. Sie müssen sich nicht mehr ausgeschlossen fühlen. Sie werden zu gleichberechtigten TeilnehmerInnen am gesellschaftlichen Leben im Netz.

13. weltweite Kommunikation / weltweite Kommunikation ohne Frauen
Die Datenautobahn sorgt dafür, daß die Welt immer schneller zusammenwächst. „Der digitale Planet besitzt die Größe und Form eines Stecknadelkopfs.“ Je mehr wir uns miteinander vernetzen, desto mehr werden die Wertvorstellungen eines Staates oder einer Nation den Werten größerer und kleinerer Gemeinschaften weichen. Wir werden uns in „digitale Nachbarschaften“ zusammenfinden, in denen der physikalische Raum keine Rolle mehr spielt und in denen Zeit eine ganz neue Bedeutung bekommen hat. Frauen unterschiedlichster Nationalitäten werden sich in solchen digitalen Nachbarschaften zusammenschließen, sich gegenseitig den Rücken stärken und feministische Visionen über Kontinente hinweg leben.
In vielen Teilen der Welt gibt es noch kaum Auffahrten auf die Datenautobahn, dies wird sich auch in den nächsten Jahren kaum ändern. Heute hat die Hälfte der Menschheit noch nicht einmal die Chance, ein Telefon zu benutzen. In Afrika gibt es gerade einmal so viele Telefonanschlüsse wie in ganz New York. An den wenigen Auffahrten werden es in erster Linie Männer sein, die die weltweite Kommunikation aufnehmen, während Frauen in den Hütten ihre Kinder ernähren und aufziehen und im Netz unsichtbar bleiben.

14. Demokratie / alte Informationseliten
Die zentralen Schaltstellen der Macht haben im offenen Netz keine Überlebenschance. Frauen wie Männer, Weiße wie Schwarze, gestalten ihre eigenen Programme, die Medien sind interaktiv. Die Netze dienen den Menschen zur Kommunikation und Verbindung untereinander. Aus der digitalen Landschaft erwächst eine neue Generation, die frei von alten Vorurteilen in Bezug auf Rasse und Geschlecht ist. Die digitale Technik kann wie eine Naturgewalt wirken, die die Menschen zu größerer Weltharmonie bewegt. Durch bessere, vielseitige Informationen erreichen Männer wie Frauen eine größere Urteilsfähigkeit und eine umfassendere Teilhabe an politischen Entscheidungen.

Auch in Zukunft werden weiße Männer die Politik bestimmen. Informationen allein verändern diesen Zustand nicht. Auch heute befürwortet z.B. die Mehrheit der Frauen die Möglichkeit eines Schwangerschaftsabbruchs, aber ihre Stimmen werden nicht gehört. Auch auf der Datenautobahn wird ein Großteil der Informationsangebote unter der Kontrolle mächtiger Anbieter sein. Informationen werden wie bei allen alten Medien nur für diejenigen produziert und gesendet, die das Geld haben, sie zu kaufen. Die neuen Informationen werden die alten Geschichten sein, die Männer über die Welt erzählen. Es werden Informationen sein, die die alte patriarchale Gesellschaftsordnung stabilisieren. Demokratie entsteht nicht über eine Datenautobahn.

15. die gläserne Bürgerin / informationelles Selbstbestimmungsrecht
Unsere Lebens- und Konsumverhältnisse werden als Datenspur über die ganze Welt gezogen. Ob ich in einer WG lebe, lesbisch bin, mich als graue Panterin politisch betätige, nichts

wird mehr unbekannt bleiben. In einzelnen Ländern kann dies zu gezielten politischen Verfolgungen führen. Es wird keine Information über mich mehr geben, die nicht für Zwecke der Konsumsteigerung genutzt wird.

Mit den Möglichkeiten der neuen Technologien ist die Aufmerksamkeit für das Selbstbestimmungsrecht über die persönlichen Daten gewachsen. Technisch läßt sich auch weltweit der personenbezogene Datenschutz realisieren. Mit unterschiedlichen Kryptographie-Verfahren lassen sich Daten geheimhalten, die Bürger und Bürgerinnen nicht bekanntgeben wollen.

16. multimediales Lernen als Chance / personengebundenes Lernen Fehlanzeige
Multimedia und Zugang zu Netzen ermöglichen Lernen nach lernpsychologischen Kriterien. Sie erlauben eine individuelle, situationsbedingte und selbständige Organisation von Wissenserwerb, wie es die übliche, lehrerzentrierte Didaktik in Schule und Hochschule nie erreichen konnte. Auf der Ebene des Hörens, Sehens und der Interaktion können Wissen und Erfahrungen realitätsnah vermittelt werden.

Internetzugang an den Schulen und die bisher entwickelten Multimedia-Anwendungen sind alter Wein in neuen Schläuchen. Die Ideen vom programmierten Lernen schienen überholt und widerlegt, jetzt tauchen sie wieder auf. Es sind die alten Vorstellungen vom Abfüllen von Wissen. Das behindert ein kreatives Nachdenken über die Organisation von Lernen als Erfahrung im Alltag und als Umgang mit Menschen. Damit verpassen Kinder in der Zukunft das Einüben sozialer Fähigkeiten und verlernen den Umgang mit Emotionen. Sie verlieren die Fähigkeit, Realität und Fiktion auseinanderzuhalten, für sie sind lila Kühe genauso real wie schwarz-weiße Holsteiner.

17. geschlechtstypische Kommunikation im Netz / Wechsel der Geschlechtsidentität
Das Netz reproduziert alte geschlechtshierarchische Realitäten. Frauen können nur in Nischen überleben. Frauen und Männer können nicht in gleicher Weise an der Netz-Kommunikation teilhaben. Vielmehr dominiert eine kleine männliche Minderheit die Diskussion. Wenn Frauen sich beteiligen, werden ihre Beiträge häufiger als die von Männern diskriminiert, ignoriert oder verächtlich gemacht. Die Gesprächsrunden im Netz sind damit genauso undemokratisch, hierarchisch und an alten Machtstrukturen orientiert wie die konventionellen Diskussionen in Betrieb und Hochschule.Der Cyberspace ist ein Ort, in dem Geschlecht, Hierarchie, Aussehen, Stimme keine Rolle spielen. Eigentlich hat mensch überhaupt kein Geschlecht im Internet. Bis du den Leuten sagst, daß du eine Frau bist, wissen sie es nicht, denn kein Mensch kann dich sehen. Jede und jeder kann sich dort in gleicher Weise informieren und einbringen, egal welches ihre Herkunft, ihre Profession, ihr Geschlecht ist. Unterschiede verschwinden vor dem einheitlichen Computer-Interface. Manchmal benutzen Frauen Männernamen und Männer Frauennamen. Dies ermöglicht ihnen, ihre und die Identität anderer besser zu verstehen. Es bietet die Chance zu entdecken, daß sowohl die weibliche wie auch die männliche Identität gesellschaftlich konstruierte Identitäten sind.

18. Cybersex - Pornografie im neuen Gewande /Cybersex - neue virtuelle Erfahrungen
In der Computerpornografie können Männer sich willfährige Puppen selbst basteln, die für all ihre Bedürfnisse offen sind. Sie üben damit ein, Frauen zu erniedrigen und zu demütigen. Die Einführung neuer Technologien - von der Fotographie bis zum Video - ging immer mit ihrer Nutzung zu pornographischen Zwecken einher. Computernetzwerke bilden hier keine Ausnahme. Frauen werden über E-Mail oder bei Konferenzen und Gesprächen im Netz sexuell belästigt. Interaktivität im Netz bietet neue Formen der sexuellen Anmache. Die relative Anonymität in den elektronischen Medien führt dazu, daß sich frauenfeindliche, sexistische und

pornografische Inhalte ungehindert und unkontrolliert von der Öffentlichkeit ausbreiten können. Sie stehen unter dem Schutz einer angeblichen Freiheit des Zugangs zum Internet, jede Äußerung dagegen wird als Eingriff in die Meinungsfreiheit und als Zensur geächtet. Frauen werden damit von einem freien Zugang ausgeschlossen. Sie wollen sich dieser Erniedrigung nicht aussetzen, sie spüren die Frauenfeindlichkeit dieser Kultur.

Cybersex schafft die Möglichkeit, sexuelle Szenarien durchzuspielen, die sonst reine Fantasie bleiben müßten. Einerseits können daran andere Personen beteiligt sein, andererseits können aber diese Personen doch nicht konkret einbezogen werden. Cybersex gibt auch Frauen die Möglichkeit, mit ganz unterschiedlichen, auch gesellschaftlich diskriminierten Formen von Sexualität zu spielen und zu experimentieren. Die „Netiquette", die internen Regeln im Internet, werden dazu führen, daß sexistisches Material aus dem Netz verschwindet. Das System regelt sich selbst. Leute, die Pornos ins Netz geben, werden mit Protesten zugemüllt.

19. Überwindung körperlicher Beschränktheit / Körperlichkeit gehört zu mir
Im Cyberspace und in der Virtual Reality geraten die Grenzen zwischen „Natur" und „Künstlichkeit", zwischen „Realität" und „Virtualität" zunehmend ins Wanken. Die fortschreitende technische Aneignung des Körpers über die Telemedizin hat durch fortschreitende Visualisierung des Inneren die Haut als körperbegrenzende Form aufgelöst. Der Körper als sinnlich Wahrnehmbares verliert an Bedeutung. Wir können über uns selbst hinauswachsen. Wir können die Beschränktheit unserer körperlichen Funktionen überwinden und vollkommen neue Erfahrungen machen, unseren spirituellen Kräften ein Bild geben. Wir lassen unserer Fantasie Flügel wachsen und entfalten unsere Kreativität ins Grenzenlose.

Über die Telemedizin wird ein mechanistisches patriarchales Verständnis von Körperlichkeit forciert. Ein Antrieb des Forscherdrangs ist die Idee, die Reproduktion des Menschen außerhalb des Frauenleibes zu erreichen und alles Leben mit technischen Mitteln zu schaffen und zu kontrollieren. Die Stärke der Frauenbewegung war und ist eng verbunden mit Körperlichkeit, mit dem Stolz auf die weiblichen Körper. Sinnliche Erfahrungen lassen sich nicht durch eine virtuelle Realität ersetzen.

20. Grenzüberschreitungen auf der Datenautobahn /
Internet als Ersatz für gesellschaftliche Utopie
Die klare Unterscheidung von Organismus und Maschine, von Körper und Geist, von öffentlich und privat, von Frauen und Männern wird durch die neuen Entwicklungen in Frage gestellt. Es waren Unterscheidungen, die der Sicherung von Herrschaft gedient haben. Als Feministinnen sollten wir das Durchlässigwerden alter Grenzen genießen. Wir können großen Gewinn aus dem Zusammenbruch dieser Gegensätze ziehen.

Internet wird zur Ersatzutopie für gesellschaftliche Veränderungen. Es ist aber nicht die Technik, die per se etwas verändert. Frauenunterdrückung und Frauendiskriminierung ist auch heute nur zu überwinden durch Frauenpolitik und durch ein konkretes gesellschaftliches Eingreifen von Frauen. Technologie muß erst über konkretes Handeln von Frauen angeeignet und politisch gestaltet werden.

Mit dem Schwung und Elan der tanzenden Frauen von Matisse überlassen wir Euch Euern Phantasien und Assoziationen zur Informationsgesellschaft und würden uns freuen, wenn Ihr **einen** Gedanken, **eine** Angst oder **einen** Wunsch, den Ihr mit der Informationsgesellschaft verbindet, auf ein Kärtchen schreiben könnt. Danke fürs Zuhören!

Kommunikation und Informationsgesellschaft

Einführung ins Internet

Tele(heim)arbeit – Zukunftsperspektive für Frauen?

Cornelia Brandt

Telearbeit hat viele Gesichter

Überschriften in Zeitungen zeigen die vielen Facetten, unter denen dieses Thema diskutiert wird:

„Telearbeit ist die Rückkehr in eine fast handwerkliche Welt" (Hans-Werner Richter, Personalgeschaftsführer bei IBM Deutschland, Frankfurter Allgemeine Zeitung, 11.12.1995)

„Die holprige Zufahrt zur abgasfreien Datenautobahn - Telearbeit bietet ein großes Potential zur Verminderung der Verkehrsbelastung" (Frankfurter Rundschau, 19.9.95)

„Telearbeit stellt Führungsverhalten auf die Probe" (Handelsblatt, 8.3.96)

„Die Teleheimarbeit wird überschätzt. Ein hohes Maß an Disziplin und Eigenmotivation ist notwendig" (Frankfurter Allgemeine Zeitung, 9.3.96)

„Bald trifft man sich nur noch am Bildschirm" (Handelsblatt 6.3.96)

„In Socken auf den Datenhighway. Was sie früher in der Firmenzentrale tat, erledigt eine Berliner Telearbeiterin heute zwischen Baby und Bügelbrett" (Berliner Zeitung, 7.3.96)

Informationstechnik verändert unsere Arbeitswelt. Auch die zeitlichen und organisatorischen Strukturen von Unternehmen und Betrieben sind in einem Prozeß der Veränderung begriffen. Schlagworte wie lean management und Verwaltungsmodernisierung haben die Diskussion um die „Verschlankung" der Betriebe geprägt. Nun nimmt eine neue Diskussion Platz in den Medien ein: Telearbeit/Teleheimarbeit. Ist das Büro der Zukunft bei uns zu Hause? Treffen wir unsere Kolleginnen und Kollegen nur noch in der Bildschirmkonferenz?

Tatsache ist: Angesichts immer schnellerer und kostengünstigerer Datenfernübertragung ist zu erwarten, daß der Umfang der Telearbeit in Zukunft zunimmt. Welche Dimensionen dies annehmen wird, ist völlig offen, es gibt keine belegbaren Zahlen. Nach Schätzung des Bundesforschungsministeriums liegt das Potential bei ca. 3 Millionen möglichen Telearbeitsplätzen in der Bundesrepublik. Eine Arbeitsgruppe beim Bundesministerium für Arbeit und Sozialordnung kommt auf derzeit 3.000 Arbeitsplätze. Alle weitergehenden Angaben, so die Meinung dieser Gruppe, basieren auf Schätzungen, Prognosen und Hochrechnungen.

Nicht nur Gewerkschaften, auch Arbeitgeber stehen der Entwicklung durchaus skeptisch gegenüber. Während wir befürchten, daß soziale Isolation immer weiter um sich greift, klassische Mitbestimmungsstrukturen zerstört und eine Welle neuer (Schein)selbständigkeit entsteht, befürchten Arbeitgeber den Verlust ihrer Einfluß- und Kontrollmöglichkeiten auf ihre Beschäftigten.

Was ist unter Telearbeit zu verstehen?

Telearbeit ist ein Oberbegriff und umfaßt verschiedene mögliche Formen:

- Teleheimarbeit, findet statt in der Wohnung der Arbeitnehmerin, wird z. T. ausgeübt nach dem Heimarbeitsgesetz, häufig auch als (Schein-)Selbständige in geringfügigen Beschäftigungsverhältnissen, sie arbeiten „auf Abruf" zum Ausgleich von Auftragsspitzen des Unternehmens.
- Die alternierende Telearbeit wird teils zu Hause, teils im Büro ausgeübt, es existiert also noch eine betriebliche Anbindung.
- Satellitenbüros sind Zweigstellen eines Unternehmens, die wohnortnah liegen und online mit dem Betrieb verbunden sind.
- Nachbarschaftsbüros bieten Büroräume für Mitarbeiter verschiedener Unternehmen, wohnortnah (in der Nachbarschaft).

Gemeinsames Kennzeichen dieser Arbeitsplätze ist: Die Tätigkeit wird ausschließlich oder alternierend außerhalb der eigentlichen Betriebsstätte unter Nutzung von informationstechnischen Telekommunikationsgeräten/-netzen erbracht.

Regelungsbedarf aus gewerkschaftlicher Sicht

Damit soziale Standards bei Telearbeit ausgehandelt werden können, ist der Arbeitnehmerstatus eine wichtige Voraussetzung. Auch die betriebliche Interessenvertretung ist gefragt, um die Bedingungen der Telearbeit auszuhandeln und mitzugestalten.

Wichtige Regelungspunkte sind aus unserer Sicht:
- die Abgrenzung von Arbeitszeit und Arbeitsort
- die Eingliederung in die betriebliche Organisation, d.h. auch eine Teilhabe an der betrieblichen Weiterbildung und am beruflichen Aufstieg
- Die Übernahme von Telearbeit darf nur freiwillig erfolgen.
- Es muß ein Rückkehrrecht in den Betrieb geben.
- Ein ausreichendes Maß an Zeitsouveränität muß vorhanden sein, Telebeschäftigte müssen auch das Recht haben, einmal nicht erreichbar zu sein.
- Die Aufrechterhaltung der Kontakte zu Kolleginnen und Kollegen muß sichergestellt sein, dies kann am besten durch die alternierende Form der Telearbeit geschehen.
- Die Telearbeit stellt neue Herausforderungen an den Arbeits- und Gesundheitsschutz. Der „Heim"arbeitsplatz muß durch den Arbeitgeber ergonomisch eingerichtet werden. Durch die Einrichtung des Arbeitsplatzes zu Hause auf den Beschäftigten übertragene Kosten wie Miete, Energie- und Telefongebühren muß der Arbeitgeber anteilig übernehmen.
- Ein weiterer, bisher nicht geregelter Punkt ist das Zugangsrecht zur Wohnung. Aus gewerkschaftlicher Sicht ist es zur Wahrung der ergonomischen Vorschriften u. a. erforder-

lich, daß ein Zugangsrecht für Arbeitgeber, Betriebsrat, Personalrat, Gewerkschaft geschaffen wird, selbstverständlich nach Absprache, Vorankündigung und nur innerhalb bestimmter festgelegter Tageszeiten.

- Das Haftungsrisiko für die vom Unternehmen bereitgestellten Geräte darf nicht zu Lasten der ArbeitnehmerIn gehen (insbesondere bei der Beschädigung durch „Unbefugte“, Gäste und Kinder).

Vor- und Nachteile von Telearbeit

In der Diskussion um Telearbeit werden folgende Vorteile genannt:

- von Arbeitgeberseite:
– Für die Unternehmen ist die Kostenersparnis ein wichtiger Gesichtspunkt. Arbeitsplätze werden „ausgelagert“, Kosten für Miete und Energie werden, wenn überhaupt, vom Arbeitgeber nur anteilig bzw. mit einer Pauschale ersetzt.
– Von der erhöhten Motivation der Arbeitnehmerin/des Arbeitnehmers wird in allen Studien berichtet.
– Telearbeit erlaubt eine stärkere Flexibilität/Flexibilisierung. Die beklagten „starren“ Tarifvertragsstrukturen werden aufgelöst, Arbeits“spitzen“ können besser bewältigt werden, Nacht- und Wochenendarbeit wird zur Norm!

- Vorteile aus ArbeitnehmerInnensicht:
– weniger Verkehrsaufkommen, geringere Wegezeiten, Fahrtkosten entfallen
– gewünscht wird eine bessere Vereinbarkeit von Beruf und Familie
– Arbeitszeitsouveränität

- Als Nachteile sind zu befürchten:
– Soziale Isolation, Wegfallen des Kontakts zu ArbeitskollegInnen, das Arbeits“team“ löst sich auf
– Abkopplung vom betrieblichen Geschehen, von der betrieblichen Weiterbildung, vom betrieblichen Aufstieg
– Die Auflösung der Interessenvertretungsstrukturen im Betrieb
– Die Rollenverteilung in der Familie wird weiter verfestigt, die Frau bleibt zuhause wegen der Kinder, das Problem der Vereinbarkeit von Beruf und Familie wird auf die Familie zurückverlagert, der Betrieb muß sich nicht mehr der Forderung nach familienfreundlichen Arbeitszeiten stellen.
– Befürchtet wird von unserer Seite eine weitere Zunahme von Scheinselbständigkeit und ungeschützten Arbeitsverhältnissen.

Zielgruppen der Telearbeit

Die Bundesregierung sieht als Zielgruppe für eine Inanspruchnahme von Telearbeit vor allem Frauen. Das Versprechen einer besseren Vereinbarkeit von Beruf und Familie/Kindern sowie von Beruf und Pflege von Angehörigen soll dies den Frauen schmackhaft machen.
Während der Ausübung von Telearbeit ist jedoch ebenso eine Kinderbetreuung erforderlich wie bei der Arbeit außer Haus. Gleichzeitig ein Baby wiegen und am Bildschirm neue Modelle der Zukunft entwerfen - das geht eben nicht!

Wird Telearbeit speziell Frauen in Hinblick auf eine bessere Vereinbarkeit von Beruf und Familie angeboten, so kommt es zu einer weiteren Verfestigung von Rollen und einer Festlegung der Zuständigkeit von Frauen für die Familie. Unsere Forderung bleibt weiter, daß der Betrieb der Familie und nicht umgekehrt angepaßt werden sollte. Familienfreundliche Arbeitszeiten können schon jetzt vereinbart werden.

Zufriedenheit von Frauen mit Telearbeit/Teleheimarbeit

Zur Telearbeit gibt es viele Untersuchungen,
wenige haben speziell Frauen befragt:

- Die bei IBM beschäftigten Frauen, die 1995 befragt wurden, äußerten ihre Zufriedenheit mit der Telearbeit. (Die Studie zu den außerbetrieblichen Arbeitsstätten bei IBM wurde mit einer Gruppe von 38 Personen durchgeführt, hiervon waren 12 (!) Frauen.)
  Wichtige Faktoren für diese Zufriedenheit sind unseres Erachtens die angemessene Bezahlung und gute Rahmenbedingungen. Die hier befragten Frauen konnten sich ohne weiteres eine zusätzliche Kinderbetreuung leisten.
  Die Einführung der Telearbeit war ein Modellprojekt, das vom Unternehmen entsprechend sorgfältig vorbereitet und betreut wurde.

- Weniger zufrieden äußern sich die von Goldmann und Richter 1987 befragten Frauen: Die Frauen, die wenig qualifizierte Teleheimarbeit leisten, häufig als „Selbständige" beschäftigt sind, Arbeit auf Abruf leisten, keinen eigenen Arbeitsplatz in der Wohnung haben, kein Geld für einen Kindergartenplatz aufwenden können, fühlen sich meist völlig überlastet. Neben ihrer Berufstätigkeit sind sie allein zuständig für Hausarbeit und Kindererziehung, die traditionelle familiäre Arbeitsteilung wird verfestigt.
  Aus unserer Sicht besteht die Befürchtung, daß es sich hier um eine zunehmende Zahl von sozial nicht abgesicherten, prekären Beschäftigungsverhältnissen handelt. Telearbeit kann zu einem neuen Boom von 590,-DM-Jobs führen.

- Auch die Frauen aus dieser Studie, die eine hochqualifizierte Tätigkeit ausüben, haben oft erhebliche Probleme bei der Vereinbarkeit von Familien- und Berufsaufgaben. In der Befragung von Goldmann/Richter äußerten sich die Befragten dazu:
  Sie halten die Teleheimarbeit nicht für die beste Lösung, sondern möchten längerfristig zu einem betrieblichen Arbeitsverhältnis zurückkehren. Sie stellen fest, daß sie durch die

Ansprüche ihrer Kleinkinder oft nicht so leistungsfähig sind, wie es angesichts der hohen Konzentration, die ihre Arbeit erfordert, nötig wäre. Auch das „selbständige Arbeiten zuhause“ erscheint ihnen meist als langfristige Perspektive wenig verlockend. Für sie ist gerade die Arbeit im Team, die Kooperation und der Austausch mit anderen Kollegen ein wichtiger Gesichtspunkt. Der mangelnde betriebliche Kon takt wird häufig beklagt.

Telearbeit - ideal für Frauen?

Deutlich wird hoffentlich aus diesem Beitrag, daß die politische Gestaltung gefragt ist. Die Veränderungen, denen unsere Arbeitswelt zur Zeit unterliegt, bergen ernstzunehmende Risiken - stellen aber auch eine soziale Herausforderung dar, der wir uns heute stellen müssen. Im Sinne einer humanen Gestaltung der Arbeitswelt und einer gleichberechtigten Teilhabe von Frauen im Erwerbsleben sind daher aus unserer Sicht Formen alternierender Telearbeit und Satelliten- und Nachbarschaftsbüros, wenn schon Telearbeit geleistet werden muß, bei weitem vorzuziehen. Frauen dürfen nicht zur speziellen Zielgruppe für Telearbeit gemacht werden, mit dem Versprechen, daß Familie und Beruf hier besser vereinbart werden könnten. Die Teleheimarbeit lehnen wir aus den oben genannten Gründen weiterhin ab. Welche Regelungspunkte für die sozialverträgliche Gestaltung der Telearbeit von uns gesehen werden, haben wir bereits dargestellt.

Eines ist sicher: Telearbeit ist nicht der neue Königsweg für Frauen, weder in Hinsicht auf eine bessere Vereinbarkeit von Beruf und Familie, noch im Hinblick auf eine Gleichstellung im Beruf.

Virtuelles Flirten *)

Bärbel Epp

Mailboxnetze nur für Frauen – ein feministisches Projekt?

WOMAN - Women only Mail and News - so heißt eines der zwei Frauenmailboxnetze in Deutschland. Teams von ehrenamtlich arbeitenden FrauenLesben betreiben die einzelnen Mailboxen in verschiedenen Städten. Mailboxnetze ausschließlich für Frauen sucht frau in unseren europäischen Nachbarländern vergeblich. Außer einer Frauenmailbox in Wien, die mit dem FEMNET (das zweite Frauenmailboxnetz in Deutschland) verbunden ist, scheint es sich um ein deutsches Phänomen zu handeln.

Setzen Frauen hier auf eine altmodische Technik und verpassen dadurch den Anschluß im Informationszeitalter, oder wird ein virtueller Frauenraum aufgebaut, der neue Möglichkeiten der feministischen Vernetzung und Kommunikation eröffnet? Diese Frage wurde auf einer Veranstaltung von WOMAN Mitarbeiterinnen auf dem Kongreß in Braunschweig aufgeworfen. Eine Diskussion war nicht möglich, da die Vorkenntnisse der anwesenden Frauen zu unterschiedlich waren. Einige der gestellten Fragen werden im folgenden beantwortet, damit ihr euch eine eigene Meinung über Sinn und Unsinn von Frauenmailboxnetzen machen könnt.

Was ist ein Mailboxnetz?
Technisch gesehen besteht das Mailboxnetz aus normalen PCs, die, über Modems miteinander verbunden, in derzeit 10 verschiedenen Städten aufgestellt sind. Der Anschluß jedes einzelnen PCs über ein Modem ans Telephonnetz ermöglicht zweierlei: zum einen können die Userinnen in der Mailbox anrufen, zum anderen können sich die Mailboxen über Software geregelt mehrmals täglich gegenseitig anrufen, um reihum ihr Angebot zu aktualisieren.
Mailboxen bieten zwei Dienste an: Userinnen können zum einen private elektronische Nachrichten (emails) an alle möglichen elektronischen Adressen verschicken und zum anderen über sogenannte „Bretter" (auf englisch „newsgroups" genannt) Meinungen und Nachrichten, die allen Userinnen zugänglich sind, austauschen.

Was ist der Unterschied zwischen Internet und Mailbox?
Mailboxnetze laufen technisch unabhängig vom Internet, bieten jedoch zum Teil die gleichen Dienste an (email und Bretter). Bei der Diskussion um die Vor- und Nachteile von Internet und Mailbox ist es wichtig, Information und Kommunikation auseinander zu halten. Die Stärke der Mailbox liegt eindeutig auf der Kommunikationsseite. Auf der anderen Seite ist das Internet als Informationspool nicht zu übertreffen. Der Zugang zum Internetserver ist einer Mailbox nur über einen Provider wie z.B. T-Online möglich.
Jede Mailbox meldet sich mehrmals täglich bei einem nahegelegenen Internet-Server, um übers Internet elektronische Nachrichten (emails) weltweit zu verschicken.

Wer betreibt das Netz?
Hinter jeder Mailbox steht ein Team von Systembetreiberinnen (kurz Sysopins - weibliche Form von „system operator"- genannt), die sich wenigstens einmal im Jahr alle zusammen persönlich treffen. Ihre Aufgabe ist die Aufrechterhaltung der Hard- und Software, sie beant-

*) erschienen in der Koryphäe Nr. 20, Oktober 1996

worten Anfragen von Userinnen, richten neuen Userinnen einen Zugang ein, machen meist Öffentlichkeitsarbeit vor Ort und bieten Computerkurse für Frauen an. Redaktionelle Kontrolle über die Inhalte der Bretter üben sie nicht aus. Die Größe der Sysopin-Teams variiert von Stadt zu Stadt. Sie sind fast alle Autodidaktinnen, was Hard- und Softwarebetreuung angeht.

Tanja Paulitz - ursprünglich Russistin - ist Systembetreuerin bei FEMAIL in Frankfurt: „Ich belegte direkt nach der Eröffnung von FEMAIL im Herbst 1993 einen Kurs, in dem ich lernte, mit einer Mailbox umzugehen. Ich war dann so begeistert, daß ich unbedingt Userin werden wollte. Eine ausschlaggebende Motivation, ins Netz einzusteigen, war auch die Erfahrung mit Frauen aus Osteuropa. Ich habe festgestellt, daß in Deutschland dieses Medium sehr viel weniger für die Verknüpfung von Frauenprojekten eingesetzt wird als in Osteuropa. Gerade in Rußland liegen manche Projekte so weit voneinander entfernt, daß sie verstärkt über Datenleitungen miteinander kommunizieren. Meine ganzen Erfahrungen mit Mailboxen habe ich von Anfang an mit Frauenmailboxen gemacht. Ein Jahr nach der Eröffnung von FEMAIL bin ich in das Sysopinnen-Team eingestiegen".

Nicola Tiling, Mitbegründerin und eine von sieben Betreiberinnen der Frauenmailbox FENESTRA in Hamburg, ist ursprünglich Sozialwirtin und arbeitet derzeit in einer Computerfirma. „Ich betrachte das Projekt im Rahmen von feministischer Politik. Zum einen ist mir wichtig, Frauen ein neues Kommunikationsmedium zur Verfügung zu stellen, zum anderen, ihnen die Technik nahezubringen. Es gibt da diesen schönen Satz: wenn sich Frauen die Computertechnik nicht aneignen, werden sie die Analphabetinnen von morgen sein. Feministische Politik heißt für mich auch mit der FENESTRA kein Geld zu verdienen, um mich nicht zwischen verschiedenen, sich ausschließenden Erfordernissen zerreissen zu lassen.
Es gibt keine staatliche Förderung für Frauenmailboxen. Wir haben also alle am Anfang draufgezahlt. Es gab Anschaffungskosten für den PC, das Modem und die Software. Die laufenden Kosten zur Benutzung des Internets und die Telephonkosten können wir inzwischen durch den Mitgliedsbeitrag bezahlen."

Welche Ziele verfolgen die Netzbetreiberinnen?
„Drei Fragen müssen wir getrennt betrachten, wenn wir uns mit den Zielsetzungen von WOMAN auseinandersetzen wollen", erklärt Tanja. „Wer hat Zugang zu den Netzen? Wer bestimmt die Inhalte, und wer entscheidet über die Ressourcen?
Auf die erste Frage können wir eindeutig antworten, daß Frauen in Deutschland aufgrund von Erziehung, Studienschwerpunkten und aus finanziellen Gründen erschwerten Zugang zu den Netzen haben. Wir wollen mit unserem Frauennetzwerk explizit Frauen ansprechen und darstellen, wie die Technik funktioniert. Wenn Frauen durch eine Fachfrau eingewiesen werden, dann erleichtert eine gewisse Identifikation den Zugang.
Nun zu der Frage der Inhalte: Thematisch dominieren der technische und naturwissenschaftliche Bereich sowie der Austausch über Computerspiele etc. die Netze. Das sind alles Bereiche, in denen Frauen gesellschaftlich eher unterpräsentiert sind. Wir wollen also ein Netz schaffen, das sich inhaltlich an Frauenpolitik und Frauenalltag ausrichtet.
Zur Frage der Ressourcen kann ich sagen, daß die meisten Zugänge von Männern bereitgestellt werden. Damit sind sie es, die Organisationsstrukturen festlegen. Wir wollen Zugänge durch Frauen schaffen und uns mit Frauen darüber austauschen, in welchen Strukturen wir arbeiten wollen".

Wer nutzt das Netz?
Inzwischen nutzen rund 300 Frauen - vorwiegend Feministinnen - die Kommunikationsstrukturen des Mailboxnetzes von WOMAN. Es werden etwa 100 Bretter mit einem breiten

Spektrum von Themen angeboten: Sport und Reisen, Frauenrechte und Menschenrechte, Gewerkschaft, behinderte Frauen und verschiedene Lesbenbretter. Jederzeit können auf Wunsch von Userinnen Bretter für neue Themen eingerichtet werden. Tanja glaubt, daß nicht so sehr Frauen aus dem Bildungsbürgertum das Mailboxnetz nützen, denn diese Frauen haben ihren Internetzugang meist über die Uni:
„Meiner Ansicht nach sind es sehr viele Frauen aus dem EDV-Bereich und häufig Frauen aus Ausbildungsberufen. Es hat mich erstaunt, daß auf die Theoriediskussion, die ich versuchte zu initiieren, meist keine Resonanz kam. Mein Eindruck ist, daß die Diskussion über feministische Fragen in den Mailboxen eher entlang der Alltagserfahrungen der Frauen stattfindet. Da eine Menge Frauen tatsächlich im Beruf stehen und nicht mehr unbedingt in der Ausbildung sind, ist die Diskussion sehr stark berufsbezogen.“

Wie wird frau Userin?
Jede, die eine Mailbox nutzen will braucht einen Telephonanschluß, einen PC und ein Modem, um über die Telephonleitung die Mailbox anzuwählen. Ob sich frau für eine Mailbox des WOMAN - Netzes oder des FEMNET entscheidet, macht keinen großen Unterschied, da z. B. alle Bretter aus dem FEMNET auch im WOMAN - Netz geführt werden. Wenn frau sich zum ersten Mal bei der Mailbox einloggt, bekommt sie einen Gaststatus, der ihr den Zugang zu allgemeinen Informationen über die Mailbox verschafft: Was wird geboten? Was kostet es? Wer betreut die Mailbox?
Möchte sie Userin werden, dann stellt sie einen Antrag, z. B. gleich online mit dem Gaststatus. Die Sysopin ruft anschließend per Telephon zurück, um sicherzustellen, daß es sich um eine Frau handelt. Natürlich könnte ein Mann seine Freundin vorschicken, wenn sie das mit sich machen läßt. Für den Fall, daß auf diese Art ein Mann im Netz unangenehm auffällt, kann die entsprechende Userin im Zweifelsfall abgeklemmt werden.

Die Userin bekommt ein Paßwort, das ihr in Kombination mit ihrem Namen jederzeit Zugang zur Mailbox ermöglicht. Der erste Monat ist in allen Mailboxen zum Reinschnuppern kostenfrei. Die einzelnen Mailboxen sind finanziell autonom und legen damit ihren Mitgliedsbeitrag eigenständig fest. Die Beiträge liegen zwischen 7 und 12 DM im Monat. Zum Teil werden sie auch als Jahresbeiträge bezahlt. Jetzt braucht die neue Userin nur noch die passende Software, um mit der Mailbox möglichst einfach kommunizieren zu können. Dazu stellen die Sysopins das Programm „Crosspoint“ zu Verfügung. Es bietet die Möglichkeit deine persönlichen Mails und die Nachrichten, die seit deinem letzten Anruf bei der Mailbox auf den von dir bestellten Brettern eingegangen sind, durch einen Anruf abzuziehen und dann offline (ohne offene Telephonverbindung zur Mailbox) zu Hause in Ruhe zu lesen. Jede kann zu Hause emails oder neue Nachrichten für die Bretter schreiben, und schickt sie wiederum mit einem einzigen Anruf zurück zur Box. Damit werden zusätzlichen Telephongebühren sehr gering gehalten. Die Online-Benutzung der Box ist auf eine Tagesbegrenzung von 60 Minuten beschränkt. Da die meisten Frauen mit Crosspoint arbeiten, sind die Zugänge eigentlich nicht überlastet.

Wie ist das mit dem Datenschutz?
Im Bezug auf staatliche Kontrolle und Datenschutz herrscht eine gewisse Ratlosigkeit. Einerseits handelt es sich um ein geschlossenenes Netz, so daß die gespeicherten Daten nur in der Mailbox zugänglich sind. Andererseits müssen MailboxbetreiberInnen nach §90 des Telekommunikationsgesetzes u. a. den Verfassungsschutzbehörden automatisierten Zugang zu aktuellen Kundendaten gewähren. (Das Gesetz ist am 1.8.96 in Kraft getreten.)
Außerdem werden alle Faxe und emails, die ins Ausland gehen, vom Bundesnachrichtendienst auf bestimmte Schlagworte hin „gescannt“ (Verbrechungsbekämpfungsgesetz von 1994).

Ein privates email ist also wie eine Postkarte. Eine Möglichkeit beim Austausch von geschützten Mails stellt pretty good privacy (PGP) dar. Dies ist ein Verschlüsselungsprinzip aus den USA. Der Entwickler dieser Software hatte deshalb einen Prozeß am Hals, den er vor kurzem nach fast neun Jahren gewonnen hat. Die Solidaritätskampagne - NutzerInnen von PGP weltweit sollten Geld für die Prozeßkostenführung in die USA schicken - hat also etwas gebracht. Das Programm PGP in der aktuellen Version 2.6 ist für private, nicht kommerzielle Anwendungen samt Manual auf Englisch kostenlos in vielen Mailboxen und im Internet zu haben.

Im Gegensatz zu anderen Verschlüsselungssystemen ist bei PGP der Code zum Verschlüsseln (öffentlicher Schlüssel) verschieden von dem Code zum Entschlüsseln (privater Schlüssel). Du kannst also jedem Menschen deinen öffentlichen Code per email zuschicken, ohne daß es datenschutztechnisch problematisch wäre. Deine Gesprächspartnerin verschlüsselt mit diesem öffentlichen Schlüssel Nachrichten an dich, die du mit deinem privaten Schlüssel lesen kannst. International muß jede Nutzerin von PGP vorsichtig sein, denn in Frankreich ist es z.B. bereits verboten. Auch in Deutschland ist ein Verbot in Diskussion.

Können Unifrauen Userinnen werden?
„Der Zugang zu den Mailboxen ist Unifrauen nicht möglich", betont Nicola. „Für den Bezug unserer Bretter ist z. Zt. sowohl ein eigener PC als auch ein eigenes Modem erforderlich. Eine Möglichkeit für Unifrauen, an der Diskussion in den Mailboxen teilzunehmen, stellen PCs in Frauenräumen dar, die mit Modem ausgestattet sind. Z. B. wird in Hamburg gerade ein Fraueninternetcafé in den Räumen von 'Denk(t)räume' aufgebaut.
Über die Verbindung der Mailboxen mit Internetservern (sog. 'Gateways') können allerdings emails von Unifrauen an Nutzerinnen der Mailbox geschickt werden und umgekehrt. Auch bauen wir z. Zt. zusammen mit dem Hamburger Fraueninternetprojekt u. a. einen Internetserver auf, auf dem Frauenprojekte und Einzelfrauen kostenlos ihre Seiten präsentieren können. Ebenfalls können hier Veranstaltungshinweise usw. abgerufen werden. (http://www.comlink.de/frauen oder http://www.woman.de/database. html).

Welche Vor- und Nachteile hat die Nutzung der Mailboxen?
Tanja fragt sich, wie tragfähig ihre Mailboxstruktur in den Zeiten des Internetfiebers ist: „Was dafür spricht, ist die Tatsache, daß es sich im Gegensatz zum Internet bei den Mailboxen um eine billige und einfache Technik handelt. Als Userin braucht frau keinen Rechner, auf dem Windows läuft, um an der Mailbox teilzunehmen. Das sind Vorteile, die Frauen den Zugang erleichtern und die Barrieren runterschrauben. Außerdem ist die Struktur der Informationen in Mailboxen übersichtlicher. Nicht zuletzt ist die Kommunikation unter den Benutzerinnen von WOMAN wesentlich familiärer, frau lernt sich mit der Zeit schon ein bißchen kennen."

Und die Nachteile? Userin einer Mailbox zu werden bedeutet für mich, noch mehr Zeit vor dem Computer zu verbringen. In dieser Zeit könnte ich mich mit Freundinnen im Café austauschen. Beim Kennenlernen über die Netze wächst bei mir immer ziemlich schnell der Wunsch, die hinter der elektronischen Adresse stehende Häckerin persönlich kennenzulernen. Bei 300 Userinnen, bundesweit verteilt, ist das wohl nicht immer möglich.
Doch neugierig bin ich trotzdem auf die Mailboxwelt. Wenn ich mal ganz viel Zeit habe... dann treffe ich vielleicht die eine oder andere Leserin der Koryphäe auf einem der Bretter einer Frauenmailbox im virtuellen Raum . . . oh wie romantisch!

FEMAIL in Frankfurt: Tel. 069-747952 – email: sysopin@femail.rhein-main.de
✉ Frauen-Softwarehaus e.V., Hohenstaufenstraße 8, 60327 Frankfurt
FENESTRA in Hamburg: Tel. 040-240304

Information und Kommunikation via Computer

workshop: learning by doing

Corina Hartmann

Einleitung

Während des Workshops wurde an vernetzten UNIX - Rechnern gearbeitet. In den meisten Universitäten und Forschungseinrichtungen wird mit vernetzten Rechnern gearbeitet, entweder auf der Grundlage von Personalcomputern oder Workstations, welche oft mit dem Betriebssystem UNIX arbeiten. Selbstverständlich können alle Dienste, die im folgenden beschrieben werden, auch mit Macintosh oder IBM-Rechnern durchgeführt werden. Ebenso können mit einem PC auch von zu Hause aus mit einem Modem (**Mo**dulator/**Dem**odulator) Kontakte in alle Welt gepflegt werden. Wie ein solcher Arbeitsplatz eingerichtet werden kann ist u.a. in *FrauenUmweltNetz, 1995* beschrieben. Im folgenden werden die Themen in der Art beschrieben, daß sie sich selbständig erarbeiten lassen. Alle im Text mit einem ⇧ versehene Begriffe werden in einem Glossar kurz erläutert, der dem Artikel beigefügt wurde. Die gegebenen Literaturhinweise dienen einer entsprechenden Vertiefung der Lehrinhalte bzw. bilden eine sinnvolle Ergänzung und Erweiterung dieses Artikels, der die Themen und die benutzte Software nur sehr knapp behandeln kann. Englischkenntnisse sind gerade im Bereich Internet und internationale Kommunikation von großem Vorteil, vor allem, wenn es um die Handhabung entsprechender Programme geht. Ein bißchen Zeit und Geduld sollte aufgebracht werden, vor allem, wenn die Leserin nicht mit dem Betriebssystem Unix und einem Editor vertraut ist.

Grundlegende Kenntnisse für die Arbeiten an vernetzten Computern

1.1 Ein- und Ausloggen

Wenn an einem vernetzten Rechner gearbeitet werden soll, werden andere Anforderungen gestellt als an einen Personalcomputer, der in der Regel einer Person vorbehalten ist. Verschiedene Benutzerinnen haben Zugriff auf ihre entsprechenden Arbeitsbereiche und sollen natürlich keinen Zugriff zu Arbeitsbereichen anderer Benutzerinnen haben. Wenn eine Benutzerin auf ihrem Arbeitsbereich arbeiten will, muß sie sich anmelden. Dieser Vorgang heißt **login** oder „einloggen“⇧.

Dabei wird die Benutzungskennung (synonym: UserID, Bereichsname) eingegeben, die beispielsweise der eigene Vor- oder Zuname oder ein beliebiges anderes Wort oder Kürzel sein kann. Das System fordert danach ein Passwort⇧, welches nicht zu einfach gewählt werden sollte.

Das „ausloggen“ (Abmelden) erfolgt in der Regel mit dem Befehl **logout**. Bei einer grafischen Benutzungsoberfläche kann oft ein Menüpunkt ausgewählt werden (z.B. quit, beenden).

1.2 Das Dateisystem

In einer Datei können unterschiedliche Informationen gespeichert werden, u. a. selbstverfaßte Texte. Um eine Übersicht über Dateien zu erhalten, besteht die Möglichkeit, sich im eigenen Arbeitsbereich Verzeichnisse anzulegen. Vergleichbar ist solch ein Verzeichnis mit einem Regal, in dem verschiedene Ordner stehen. In den Ordnern werden Dokumente unter bestimmten Rubriken einsortiert. Dieser Vorgang der Verfeinerung ist in beliebiger Tiefe wiederholbar. Auf den Rechner übertragen ergibt sich eine Baumstruktur, wobei die oberste Ebene das Heimatverzeichnis (engl. Homedirectory⇧) ist oder einfach Bereich (engl. account⇧) genannt wird. Nach dem Einloggen befindet man sich zunächst im Heimatverzeichnis, erkennbar daran, daß die Bereichskennung vom System ausgegeben wird. Jetzt können weitere Eingaben erfolgen, beispielsweise der Aufruf eines Mailprogrammes.

Die folgende Abbildung zeigt einen solchen Verzeichnisbaum beispielhaft.

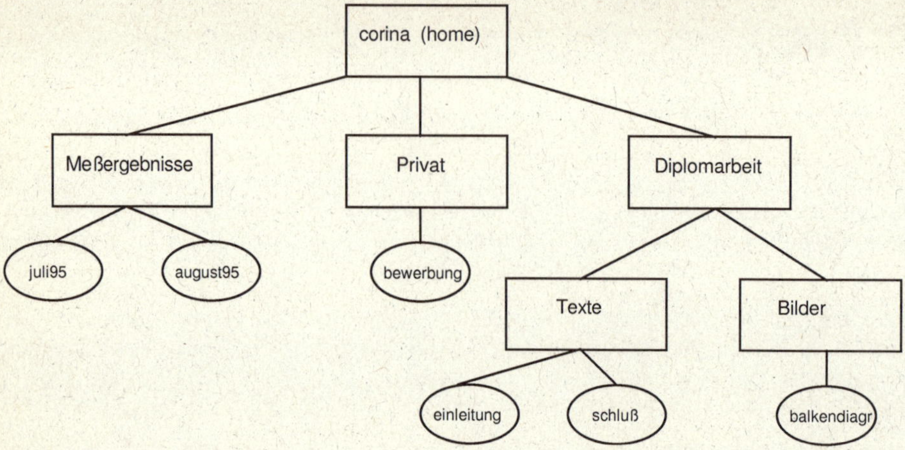

Die Rechtecke symbolisieren Verzeichnisse und die Ovale einfache Text- bzw. Grafikdateien. Die folgenden Befehle erlauben einen Umgang mit dem Betriebssystem UNIX, um grundlegende Arbeiten durchzuführen.

Arbeitsgang	Unix-Befehl	Erklärung
Verzeichnis anlegen	mkdir Privat	(engl. **make dir**ectory) Es wird das Verzeichnis "Privat" angelegt
Verzeichniswechsel	cd Privat	(engl. **c**hange **d**irectory) Es wird in das Verzeichnis "Privat" gewechselt.
Datei kopieren	cp alt neu	(engl. **c**o**p**y) Die Datei "alt" wird dupliziert und ist ebenso unter "neu" zu finden
Verzeichnis löschen	rmdir Privat	(engl. **rem**ove **dir**ectory) Das Verzeichnis "Privat" wird gelöscht. Das zu löschende Verzeichnis muß leer sein, d. h. die Dateien, die sich in diesem Verzeichnis befinden, müssen vorher gelöscht werden.
Datei anzeigen	more Dateiname	Anzeigen einer Datei: Es kann die Datei "Dateiname" angezeigt werden. Falls der Dateiinhalt nicht auf die Seite paßt, kann mit der Leertaste im Text weitergegangen werden: Um die Anzeige vor dem Textende abzubrechen, kann dies mit dem Befehl q (engl. quit) erreicht werden.
Datei löschen	rm Dateiname	(engl. **rem**ove) eine bestimmte Datei wird gelöscht.
Datei drucken	lpr -Pdruckername dateiname	Eine Datei im Postscript-Format ⇧ oder eine Textdatei wird ausgedruckt.
Postscript-Format	enscript -Pdruckername	Eine Textdatei wird in Postscript-Format gebracht. Erst danach kann sie von einem Laserdrucker gedruckt werden.
Drucker-Auftragsschlange	lpq -Pdruckername	Der Drucker gibt alle Druckaufträge, die bei ihm eingegangen sind, auf dem Bildschirm aus.
Druckauftrag löschen	lprm -Pdruckername [Jobnummer]	Falls sich der Druckauftrag noch nicht im Stadium des Druckens befindet (active), kann er gelöscht werden (nicht die Datei selbst).
Beschreibung	man emacs	Es erfolgt die Ausgabe einer nähere Beschreibung des Programmes emacs incl. weiterer Verweise auf andere man(ual)-pages⇧.

1.3 Der Editor emacs

Ein Editor⇧ ist ein Programm, das, wie der Name vermuten läßt, zum Schreiben verwendet wird. Dabei spielt es zunächst keine Rolle, welcher Editor benutzt wird. Benötigt wird ein Editor zur Benutzung der später vorgestellten Programme, mit denen eine E-Mail⇧ geschrieben werden kann bzw. News⇧ benutzt werden können. Einige Befehle des **emacs** sind in untenstehender Tabelle aufgeführt. Es kann jedoch auch der **vi** benutzt werden, ein Editor, der auf allen Unix - Rechnern zur Verfügung steht.
Mit der Eingabe des Befehls **emacs** wird der Editor geöffnet und steht für Schreibarbeiten zur Verfügung. Die neueren Versionen des **emacs** sind menügesteuert, sodaß sich aus den Feldern, die oberhalb des Fensters angeordnet sind die wichtigsten Funktionen herausfinden lassen. Die Befehle können aber auch als Tastenkombination eingegeben werden.

Datei anlegen/öffnen	Control x - f	die Controltaste halten und x und f der Reihe nach eingeben, danach den Dateinamen. Die Datei wird angezeigt (sofern sie gefunden wurde) oder eine neue Datei angelegt.
Zeilenanfang	Control x - a	Der Cursor springt an den Zeilenbeginn.
Zeilenende	Control x - e	Der Cursor springt an das Zeilenende.
nächster Wortanfang	Meta f	wortweises vorwärtsgehen im Text
nächstes Wortende	Meta b	wortweises rückwärtsgehen im Text
Zeichen löschen	Control d	ein einzelnes Zeichen wird gelöscht
Zeile löschen	Control k	die Zeile wird von der Cursorstellung an gelöscht
Befehl löschen	Control g	Falls ein Befehl nicht ausgeführt wird, bzw. ein falscher Befehl aufgerufen wurde, kann dieser Befehl gelöscht werden.
Datei speichern	Control x - s	Die Datei wird gespeichert.
emacs beenden	Control x - c	Das Programm emacs wird geschlossen.
Hilfe	Control h	Es wird Hilfestellung gegeben.
Hilfe, Tutorial	Control h - t	Ein interaktives Tutorial für Anfänger wird zur Verfügung gestellt.

2. Elektronische Kommunikation

Alle reden heutzutage vom Information-Highway, der Datenautobahn und elektronischer Kommunikation. Durch einen Zugang zu einem Fachbereichs- bzw. Universitätsnetz gibt es die Möglichkeit, weltweit elektronische Post (engl. e-mail) zu verschicken und zu erhalten, elektronische Nachrichten zu den verschiedensten Themen zu lesen und selber zu versenden (News⇧) und multimedial die elektronische Welt des WorldWideWeb⇧ (engl. Weltweites Netz, Abk.: WWW, Web). Das WWW kann sehr benutzungsfreundlich zum Versenden und Empfangen von E-Mails⇧ und zur Arbeit mit Newsgroups⇧ verwendet werden. Wenn allerdings keine Möglichkeit besteht, einen Web-Browser⇧ aufzurufen (z.B. keine grafische Benutzungsoberfläche vorhanden), können Programme genutzt werden, die keine grafische Oberfläche⇧ brauchen. In dieser Beschreibung wird für jede Sparte der Kommunikation ein Programm vorgestellt. Für den Gebrauch von E-Mail das Programm **elm** und zur Benutzung der News der Newsreader⇧ **tin**.

2.1 Elektronische Post — E-Mail

Elektronische Post funktioniert im wesentlichen genau so, wie es der Name vermuten läßt: Es wird mit Hilfe eines Editors (anstatt eines Schreibstiftes wird ein Editor benutzt) ein Text geschrieben und anschließend adressiert. Das Versenden funktioniert weltweit (und ist für Studierende bzw. Angehörige einer Universität oder eines Forschungsinstitutes wie die gesamte Rechnernutzung kostenlos). Ebenso können E-Mails von anderen Menschen empfangen werden, wenn die eigene Adresse der Absenderin bekannt ist. Die eigene Adresse besteht aus der Benutzerkennung und ist der erste Teil der Adresse. Um weltweit zu operieren, werden weitere Angaben benötigt. Am Fachbereich Informatik der TU Berlin heißt der zweite

Teil der Adresse cs.tu-berlin.de, die gesamte Adresse sieht z.B. folgendermaßen aus:

corina@cs.tu-berlin.de

Das mit Klammeraffe oder at bezeichnete @ steht für „bei" dem folgenden Rechner oder Rechnernetz, nämlich cs (computer science) der Domain tu-berlin.de (Technische Universität Berlin in Deutschland). Normalerweise ist die letzte Bezeichnung eine Länderkennung. Eine Ausnahme bildet die USA. Dort gibt es die Endungen edu (education), com (commercial), mil (military): Der Grund ist, daß der Vorläufer des Internets ursprünglich der militärischen Nutzung in den USA diente. Interessant ist, daß kein Gesamtverzeichnis aller Benutzerinnen nötig ist. Die Hauptsache ist, wenn beispielsweise eine E-Mail aus den USA an obige Adresse verschickt wird, daß die Mail zuerst einen deutschen Knotenpunkt erreicht (steht in Dortmund) und erst dort ein Verzeichnis vorhanden sein muß mit dem Eintrag „tu-berlin". Ist die Mail an der TU Berlin angelangt, wird sie an „cs" weitergeleitet und erst hier ist der Name „corina" eindeutig einer Benutzerin zugeordnet.

2.2 Das Mailprogramm elm

Um E-Mail zu senden und zu empfangen wird ein Programm benötigt, in diesem Falle wurde **elm** (**el**ectronic **m**ail) benutzt. Es zeichnet sich dadurch aus, daß es weitgehend den Wünschen der Benutzerin angepaßt werden kann. Es gibt jedoch noch eine ganze Reihe anderer Mailprogramme, die mit grafischer Benutzungsoberfläche moderner gestaltet und sehr einfach handhabbar sind. Erkundigungen über verfügbare Mailprogramme können in den jeweiligen Rechenzentren der Universitäten oder beim Computerkauf eingeholt werden.

Das Programm **elm** kann mit gleichnamiger Eingabe gestartet und mit der Tastatur bedient werden. Das Lesen eines Briefes geschieht dadurch, daß der entsprechende Brief durch Betätigen der Return-Taste angezeigt wird. Zum Schreiben wird ein Editor (z.B. vi oder emacs) geöffnet.

<u>Beantworten und Weitersenden von Briefen</u>

Nach dem Aufruf des Mailprogrammes erscheint auf dem Bildschirm das Hauptmenü.
Die erste Zeile zeigt den Namen des vom Programm benutzten Verzeichnisses an, die Anzahl der vorhandenen Briefe und die benutzte Version des Programmes **elm**.

In der ersten Spalte sind die eingegangenen E-Mails mit **O**(ld, jedoch noch nicht gelesen) bzw. **N**(ew) oder gar nicht (schon gelesen) gekennzeichnet. Die zweite Spalte ist eine Numerierung, wobei die zuletzt eingegangene Mail als erste angezeigt wird. In der dritten Spalte wird das Datum angezeigt, in der vierten der Absender, in der fünften die Zeilenanzahl und in der sechsten die Überschrift (engl. subject) der Mail. Mit der Funktion **f**(orward) kann eine eingegangene Mail an eine weitere Person geleitet werden, mit der Funktion **r**(eply) direkt geantwortet werden, ohne daß das System die Empfängeradresse explizit als Eingabe von der Benutzerin fordert (arbeitserleichternd).

Die Zeilen darunter geben eine mögliche Konfiguration des Mailsystems an. Je nach Einstellung kann dieser Teil des Hauptmenüs unterschiedlich aussehen. Wenn er verändert werden soll, können weitere Informationen über die man(ual)-pages⇧ angefordert werden, um eine Anpassung an die eigenen Bedürfnisse zu erreichen.

In den Befehlszeilen kann zwischen verschiedenen Buchstaben gewählt werden, die in die Kommandozeile (Command:) eingegeben werden können, z.B. **m** für „mail a message" oder die vorher beschriebenen **r**(eply) und **f**(orward).

Die folgende Abbildung veranschaulicht die Programmoberfläche nach dem Start.

Mailbox is ' /usr/mail/mymail ' with 7 messages [Elm 2.4PL22]

N	1	Apr	24	Maria Kunst	(49)	How are you?
N	2	Apr	24	sabine	(84)	Mittagessen heute?
N	3	Apr	24	sunshine	(26)	Vortrag Datenautobahn
O	4	Apr	23	corina	(27)	computerkurs
O	5	Apr	22	donna1	(68)	test
	6	Apr	15	donna12	(7)	frage
	7	Apr	8	donna13	(13)	Wer hilft mir?

You can use any of the following commands by pressing the first character;
d)elete or u)ndelete mail, m)ail a message, r)eply or f)orward mail, q)uit
To read a message, press <return>. j = move down, k = move up, ? = help

Command :

Gelöscht wird ein Brief, indem er durch Verschieben des Balkens mit Hilfe der Pfeiltasten markiert wird und in der Kommandozeile **d**(elete) eingegeben wird. Wichtige Briefe können vorher selbstverständlich gespeichert werden. Der Buchstabe **C**(opy) bewirkt, daß vom Programm aus ein Ablagevorschlag gemacht wird in der Form „=Absenderinnenname“ im Verzeichnis Mail. Es kann aber auch unter einer anderen Bezeichnung gespeichert werden. Die Ablage **received** enthält die gesamte empfangene und **send** die gesendete Post. Aus Gründen der Übersichtlichkeit empfiehlt es sich jedoch, die empfangene Post unter der jeweiligen Absenderin zu speichern.

Beenden des Programms

Das Programm **elm** wird durch **q**(uit) beendet. Sind Briefe zum Löschen markiert, gibt das System folgende Frage aus: *Delete messages (y/n)*? Falls noch Briefe in der Mailbox sind, wird gefragt: *Move read messages to received folder?*
Wenn die Briefe in die Ablage (in die Datei =received) gespeichert werden sollen, muß mit **y**(es) geantwortet werden. Befinden sich noch ungelesene Briefe in der Mailbox, können diese in dieser Ablage bleiben, wenn die Frage: *Keep unread messages in incoming mailbox?* mit **y**(es) beantwortet wird, ansonsten werden diese Mails in die Ablage (in die Datei =received) kopiert.

2.3 News

Die News (engl. Nachrichten) bieten im Gegensatz zu E-Mail ein öffentliches Forum zur Diskussion und entstanden ursprünglich, um Unix-Kenntnisse auszutauschen. Es handelt sich um ein eigenständiges Netz, das usenet⇧. Es unterscheidet sich vom Internet dadurch, daß die Übertragung der Daten mit dem uucp - Protokoll (Unix to Unix Copy Protocol⇧) erfolgt; die weitere Übertragung erfolgt über Telefon, im Gegensatz zum Internet. Dort läuft die Übertragung über TCP/IP (Transmission Control Protocol/Internet Protocol⇧).
Klar zusammengefaßt heißt das: Es gibt viele unterschiedliche Netze, das usenet⇧ ist eines, das Internet⇧ ist eines und es gibt noch eine Reihe verschiedener Mailboxen, die jeweils auch eigenständige Netze sind und eine ähnliche Organisation von News bereithalten.
Was eine Person in den News schreibt, kann weltweit gelesen werden. Und jede Teilnehmerin kann Artikel schreiben. Zur besseren Überschaubarkeit gibt es sehr viele Newsgroups⇧ zu bestimmten Themen (engl. topics⇧). Diese Gruppen sind mit Schwarzen Brettern zu vergleichen, an die Zettel angeheftet werden können. Die Hauptsprache in den News-Gruppen ist

Englisch. Inzwischen gibt es aber auch schon sehr viele deutschsprachige Gruppen zu den unterschiedlichsten Themen. Allgemein sind in den News alle wichtigen und unwichtigen Themen der Welt erfaßt. In einem wesentlichen Teil der Gruppen werden Informationen zu Hard- und Software gegeben bzw. diskutiert. Ein Teil dieser Gruppen beschäftigt sich mit der Weiterentwicklung von Programmen und Rechnern, ein weiterer mit Fragen zur Lösung von Benutzungsproblemen und Programmfehlern. Außerdem gibt es Gruppen zu allen möglichen, gesellschafts- und naturwissenschaftlichen Themen bis hin zu regionalen Informationen (z.B. Berliner Themen, der erste Teil der Newsgruppenbezeichnung ist bln.). Es werden auch Bilder angeboten u.a. pornographische. Es gibt jedoch auch erfreulichere Gruppen über beispielsweise Kino, Umwelt, Frauen, Lesben und Schwule und feministische Gruppen usw.

Ein Artikel zu einem bestimmten Thema kann an eine passende Newsgroup gesendet werden („gepostet", engl. to post). Jede dieser Gruppen hat einen Namen, welcher das zugehörige Themengebiet beschreibt. So gibt es zum Beispiel eine Gruppe, in der Artikel zum Thema „Aktuelles für Frauen" zu finden sind. Diese Gruppe trägt den Namen „cl.frauen.aktionen". Wie auch bei der Adresse für elektronische Post ist der Name einer News-Gruppe aus verschiedenen Komponenten zusammengesetzt. Jede Komponente von links nach rechts gelesen, spezifiziert den Inhalt der Gruppe genauer: cl bedeutet, daß die Gruppe aus dem „Computernetzwerk Linksysteme" (nichtcommerzielles Mailboxnetz für ökologische und gesellschaftliche Fragen) stammt, frauen bedarf keiner weiteren Erklärung und das Thema ist „aktionen". Gruppen mit einem Namen der auf **.d** endet, sind explizite Diskussionsgruppen, d.h. hier finden sich Artikel in denen die Teilnehmenden ihre Standpunkte zu einem Thema diskutieren.

2.4 Der Newsreader tin

Es gibt eine große Auswahl an Newsreadern⇧. Wir verwenden das Newsreader-Programm **tin**. Die Gestaltung des Programmes ist der des **elm** sehr ähnlich. Gestartet wird durch die Eingabe **tin**. Zuerst werden einige Einstellungen und Informationen ausgegeben. In der Datei .newsrc⇧ im Heimatverzeichnis werden die abonnierten newsgroups gespeichert. Beim erneuten Aufruf des Programms einige Tage später wird auf diese newsgroups zugegriffen und aktuelle, neue Artikel zum Lesen bereitgestellt. Wurden inzwischen neue newsgroups eingerichtet, wird gefragt, ob diese Gruppen abonniert werden sollen. Auf die Frage

„Subscribe to new news group „bln.new.group" [y/n/q] ?"

sollte mit „y(es)" geantwortet werden, falls die Artikel dieser Gruppe in Zukunft von Interesse sind. Diese Gruppe wird in die Datei **.newsrc** geschrieben. Natürlich ist der Zugriff auf alle newsgroups auch ohne jegliches Abonnement von bestimmten newsgroups⇧ möglich. Nach dieser Anfrage erscheint das Hauptbild von **tin**, auch Gruppenauswahl genannt.

2.4.1 Die Gruppenauswahl

Das Bild der Gruppenauswahl besteht aus vier Teilen. Ganz oben befindet sich die Statuszeile. Die Zahl in der Klammer gibt die Anzahl der Gruppen in der darunter befindlichen Auswahlliste an. Steht dort noch ein R, werden nur Gruppen angezeigt, die abonniert wurden, ohne das R gibt es die Anzahl aller Gruppen an. Zwischen diesen beiden Listen kann mit **r** umgeschaltet werden. Die darunter befindliche Liste gibt in der ersten Spalte die Gruppennummer, in der nächsten Spalte die Anzahl der noch nicht gelesenen Artikel und danach den Namen der Gruppe an. In der letzten Spalte steht bei einigen Gruppen eine kurze Beschreibung des Themengebietes. Unterhalb dieser Gruppenliste stellt das Programm Befehle für diese Auswahl zur Verfügung. Die unterste Zeile im Bild ist für Eingaben reserviert. Folgende Abbildung veranschaulicht das eben Beschriebene.

```
                         Groupselection (4932)

1313      27        cl.europa.polen
1314      152       cl.fluechtlinge.diskussion
1315      3         cl.frauen.aktionen
1316      3         cl.frauen.allgemein
1317      10        cl.frauen.diskussion
1318      8         cl.frauen.only
1319      16        cl.freie_liebe.hetero
1320      6         cl.freie_liebe.lesben

    <n>=set current to n, TAB=next unread, /=search pattern, c)atchup,

  g)oto, j=jline down, k=line up, h)elp, move, q)uit, r=toggle all | unread

    s)ubscribe, S)ub pattern, u)nsubscribe, U)nsub pattern, y)ank in/out
```

Um die Artikel einer Gruppe zu lesen, wird ein Balken mit Hilfe der Pfeiltasten auf die Gruppe gelenkt.

2.4.2 Artikelauswahl

Bei der Auswahl der Artikel wird in ähnlicher Weise vorgegangen wie bei der Gruppenauswahl. Die Statuszeile enthält den Namen der gewählten Gruppe und einige statistische Daten. Findet sich die Angabe (3T 6A 0K 0H), so heißt das, in der Gruppe cl.frauen.aktionen gibt es 3 Threads⇧ (engl. roter Faden, oder Diskussionslinie) mit 6 Artikeln. Folgt in der Klammer am Schluß noch ein R, so beziehen sich diese Ziffern auf die Anzahl der ungelesenen Artikel.

Für die Artikelauswahl bietet sich folgendes Bild:

```
             cl.frauen.aktionen (3T 6A 0K 0H R)          h=help

1      + 3      aktuelles Programm                           radio.blau@link-l
2      +        Jetzt auch in Hamburg: Feministische Partei D  Heike Wientjes
3      + 2 II   KNIGHTRIDER CAR FOR SALE                     James R. Alger

   <n>=set current to n, TAB=next unread, /=search pattern, ^K)ill / select,

        a)uthor search, c)atchup, j=jline down, k=matk read, l)ist thread

     |=pipe, m)ail, o=print, q)uit, r=toggle all | unread, s)ave, t)ag, w=post

                            *** End of articles***
```

Mit **r** kann wieder zwischen Gruppen- und Artikelauswahl umgeschaltet werden. In der darunter befindlichen Liste werden die Themen der Threads dieser Gruppe angezeigt. Die erste Spalte enthält wieder die Nummer des Threads, das Pluszeichen in der nächsten Spalte bedeutet, daß noch ungelesene Artikel in diesem Thread sind. Steht dahinter eine Zahl, so gibt diese die Anzahl der ungelesenen Artikel an; fehlt sie, ist nur ein Artikel noch nicht gelesen worden. Dann folgt das Thema der Artikel im Thread und der Name des Autors des ersten Artikels in diesem Thread. Im unteren Teil des Bildes werden wieder die wichtigsten Befehle eingeblendet. Die letzte Zeile ist für Eingaben reseviert.
Um den ersten Artikel eines Threads zu lesen wird der Balken auf den gewünschten Thread positioniert und die Returntaste gedrückt. Wenn **l**(ist) eingegeben wird, wird eine Liste präsentiert, in der alle Artikel dieses Threads aufgezählt sind. Ein Plus kennzeichnet einen ungelesenen Artikel; in den eckigen Klammern ist die Zeilenzahl des Textes angezeigt. Die Auswahl eines Artikels erfolgt mit den Pfeil-Tasten oder der entsprechenden Artikelnummer, gefolgt von Return. Mit **q**(uit) kann auf die vorherige Auswahl zugegriffen werden.
Beim Lesen von Artikeln kann mit der Leertaste weitergeblättert werden. Ist der Artikel zu Ende, bewirkt die Leertaste den Übergang zum nächsten ungelesenen Artikel. Mit **q**(uit) wird der Lesemodus verlassen.

Das Speichern von Artikeln kann entweder in der Artikelauswahl oder beim Lesen des entsprechenden Artikels durch den Befehl **s**(ave) erfolgen. Vom System wird gefragt, unter welchem Dateinamen gespeichert werden soll, daraufhin muß ein Dateiname angegeben werden. Nun kommt die Frage: *Process n)one . . . q)uit:* hier sind für den Anfang nur die Tasten **n** (speichern als Text) und **q** (nicht speichern) interessant.

Das Schreiben eines Artikels kann in jedem Auswahlbild oder beim Lesen eines Artikels ausgeführt werden, indem **w** eingegeben wird. Anschließend muß der Titel des Artikels eingegeben werden, **tin** zeigt in eckigen Klammern den Titel des letzten selbstgeschriebenen Artikels. Wird die Returntaste betätigt ohne etwas einzugeben, wird dieser Titel wiederverwendet, ansonsten erscheint die neue Eingabe als Titel; danach wird der Editor gestartet.
Die ersten vier Zeilen enthalten den Titel (Subject:), die Newsgroup, in die der Artikel gesendet wird, eine kurze Zusammenfassung (Summary:) und Schlüsselwörter (Keywords:). Wenn der Artikel in eine andere als die vorgeschlagene Gruppe gesendet werden soll, wird in die entsprechende Zeile diese Gruppe eingetragen. Soll der Artikel gleichzeitig in mehrere Gruppen gesandt werden, müssen die Gruppennamen durch Komma getrennt dort angegeben werden. Dann wird der Text geschrieben, er wird gespeichert und der Editor verlassen.
Nun wird die Liste aller Zielgruppen des Artikels angezeigt. Mit **p**(ost) wird der Artikel abgeschickt, mit **e**(dit) kann der Text nochmal geändert werden, wird **q**(uit) gedrückt, passiert gar nichts. Nach einer gewissen Zeit erscheint der Artikel in der entsprechenden Gruppe. Falls eine Signature⇧ vorhanden ist, wird diese automatisch von **tin** an den Artikel angehängt.
Mit **q**(uit) in der Gruppenauswahl wird **tin** beendet. Das Programm kann außer beim Schreiben eines Artikels mit **Q**(uit) beendet werden, ohne erst in die Gruppenauswahl zurück zu müssen.

2.3 World Wide Web

WorldWide Web (oder kurz WWW oder Web) ist ein verteiltes Hypertextsystem. Neben dem relativ neuen Konzept der Hypertexte⇧ werden im WWW auch viele andere Internet-Dienste integriert (z.B. E-Mail, News). Mosaic und Netscape sind sogenannte Web-Browser⇧, das sind Programme, mit denen auf Web-Seiten, ausgehend von einer Homepage⇧, das Informationsangebot im WorldWideWeb angesehen werden kann. Es wird **netscape** aufgerufen. Im Gegensatz zu den Programmen **elm** und **tin** wird der Browser mit der Maus gesteuert.

Hypertexte⇧ sind im Gegensatz zu normalen Texten nicht von Anfang bis Ende lesbar, da sie beliebig verschachtelt aus verschiedenen Seiten aufgebaut sind. Ausgehend von einer Wurzel (Homepage) wird auf andere Seiten verwiesen, die auch physikalisch an ganz verschiedenen Orten dieser Erde liegen können. Diese Schlüsselwörter, auch als Anker⇧ bezeichnet, sind unterstrichen und verweisen entweder auf andere Hypertextseiten oder es können Internet-Dienste aufgerufen werden. Die Benutzung des WWW wird hier nicht näher erläutert. Verwiesen sei auf eine Adresse, wo Hinweise über das WWW zu finden sind: http://wwwwbs.cs.tu-berlin.de. Folgende Seite bietet einen interessanten Einstieg in verschiedene Themengebiete für Frauen: http://wwwwbs.cs.tu-berlin.de/kultur/frauen.

Zusammenfassung
Ich hoffe, der vorliegende Text hilft, erste elektronische Kommunikationsversuche selbständig auszuführen. Mir geht es weniger darum, die Faszination dieser „Welt" hervorzuheben und mit glänzenden Augen über Datenautobahnen und globale Dörfer zu schwadronieren. Meine Faszination ist eher pragmatischer Natur. Die Möglichkeiten, die beispielsweise E-Mail und die Einrichtung von Mailinglisten⇧ oder News bieten, können den Austausch von Informationen zwischen Frauen erleichtern. Es sollte sicherlich nicht dazu führen, daß wir nicht mehr real miteinander sprechen, im Gegenteil. Die Möglichkeiten, die Computer in dieser Hinsicht bieten, sollen dazu führen, daß wir mehr miteinander sprechen. Wenn das geschieht, und Frauen sich intensiver über Politik, Wissenschaft und und vor allem gesellschaftliche Fragen austauschen, dann hat dieser Artikel seinen Zweck erfüllt, dann ist es gelungen, Frauenvernetzung voranzutreiben. In diesem Sinne schließe ich meinen Artikel mit einem Zitat:

It's about communication between people.
The rest is technology.
Ericson

Glossar
Die wichtigsten Begriffe, die in diesem Text verwendet wurden, werden mit einer kurzen Erläuterung zusammengefaßt. Oft werden englische und deutsche Begriffe verwendet. Um doppelte Beschreibungen zu vermeiden werden Begriffe mit einem Verweis⇧ versehen, d. h. die Bedeutung dieses Begriffes ist unter einem anderen Begriff zu finden.

Account: Mit Account wird auch der Benutzerinnenbereich bezeichnet. Zu diesem Bereich gehört eine Benutzerinnenkennung (UserID) und eine bestimmte Menge Speicherplatz zum Abspeichern von Daten, die der Account-Inhaberin zur Verfügung steht.

Anker: So heißen hervorgehobene, meist unterstrichene Wörter oder Bilder, die auf Seiten im WWW zu finden sind. Diese können angeklickt werden und führen auf eine weitere Hypertext-Seite. Die neue angezeigte Seite enthält meist Informationen zu einem verwandten Thema.

Applikationen: Ein anderes Wort für Anwendungen. Typische Applikationen, die häufig verwendet werden, sind z.B. Editoren, Mail- und Newsprogramme.

ausloggen: ist die neudeutsche Bezeichnung für das Beenden der Arbeit am Computer.

Bereich: Die deutsche Bezeichnung für Account⇧.

Bereichskennung: Gebräuchlicher ist die Bezeichnung UserID (User Identification). Die Bereichskennung wird zum einloggen⇧ benötigt und ist gleichzeitig der Name des Homedirectories⇧ der Bereichsinhaberin.

Booten: (engl. to boot) bedeutet das Zurücksetzen des Rechners in seinen Ausgangszustand, ohne ihn dabei auszuschalten. Dabei werden alle gerade laufenden Programme beendet.

Button: Am deutlichsten sind die Knöpfe auf der Maus zu erkennen (Mausbuttons). Ansonsten sind Buttons bei der Benutzung des WWW zu finden. Es sind mit der Maus anklickbare Bildschirmausschnitte, meist kleine Symbole.

Datei: Das ist die Bezeichnung für eine Ansammlung von Informationen, die irgendwo (meist auf einem magnetischen Träger) gespeichert sind. In Dateien können Texte gespeichert sein, Datenbanken, aber auch ausführbare Programme.

Directory: Ein Directory heißt auch Verzeichnis oder Ordner. Es bietet die Möglichkeit, Dateien thematisch geordnet abzulegen.

.elm: Dieses Verzeichnis wird nach erstmaligen Aufruf des Programms **elm** erstellt. Darin befinden sich mehrere Dateien, u.a. elmrc, in der einige benutzungsspezifische Veränderungen bzw. Modifizierungen bzgl. des Programms getätigt werden können (siehe auch: man elm).

E-Mail: Das ist die Abkürzung für „electronic mail“ oder noch kürzer Mail.

E-Mail-Adresse: Wie bei der richtigen Post, braucht man auch für die elektronische Post eine Adresse. Innerhalb eines Netzes reicht in der Regel die UserID als Adresse völlig aus. Soll Post weltweit gesendet und empfangen werden, muß die komplette E-Mail-Adresse angegeben werden. Sie könnte beispielsweise **corina@cs.tu-berlin.de** lauten.

Editor: (engl.: to edit) Das ist ein Programm zum Schreiben von Texten und wird in vielen Zusammenhängen verwendet, z.B. zum E-Mail⇧ schreiben oder zum Programmieren.

einloggen: Es werden UserID und Paßwort eingegeben und anschließend kann in diesem Bereich gearbeitet werden.

File: Die englische Bezeichnung für Datei.

Homedirectory: Das ist das Directory⇧, in dem sich eine Benutzerin befindet, nachdem sie sich eingeloggt hat. In diesem Verzeichnis befinden sich von ihr angelegte Dateien, Dateien, die die Voreinstellung für verschiedene Programme angeben (Konfigurationsdateien), ein Verzeichnis für E-Mail und vieles mehr. Das Homedirectory⇧ trägt als Namen die UserID⇧ der Benutzerin. Das Zeichen ~ wird als Abkürzung für das Homedirectory verwendet.

homepage: (dt. Heimatseite) ist die Seite, die beim Starten eines Web- Browsers⇧ angezeigt wird.

Homeverzeichnis: Homedirectory⇧.

HTML (Hypertext Markup Language): bezeichnet das Format, in dem Hypertexte für das WWW abgelegt sind.

HTTP (Hypertext Transport Protocol): beschreibt die Übertragungsart für WWW-Seiten.

Hypertext: Ein Text, der zusätzliche, direkte Verbindungen zu anderen Texten enthält. Die Verbindungen sind durch Anker in den laufenden Text eingebunden.

Internet: Das ist ein weltweites heterogenes Netzwerk auf der Grundlage verschiedener vernetzter Computer. Mit Hilfe eines bestimmten Ablaufverfahrens (TCP/IP⇧) können Daten weltweit versendet und empfangen werden und man kann sich auf einem entfernten Rechner einloggen⇧.

Mailingliste: Das ist eine Arbeits- oder Interessengemeinschaft von Benutzerinnen, denen eine Information zugesendet wird. Wenn eine E-Mail an diese Mailingliste gesendet wird, erhalten alle Abonnentinnen der Liste diese E-Mail, Mailinglisten können alle Benutzerinnen ins Leben rufen.

Man-Pages: Das ist die Abkürzung für „Manual Pages". Es handelt sich um ein Dokumentationssystem, in dem die meisten Unix-Befehle, Tools⇧ und Anwendungsprogramme zumindest kurz erklärt werden. Die Manual-Pages sind fast durchgängig in Englisch geschrieben.

News: Wie der Name verrät, handelt es sich um eine elektronische Zeitung bzw. ein elektronisches schwarzes Brett. Die Vielzahl der Newsgroups, die in etwa den Rubriken einer Zeitung ähneln, ermöglichen eine sehr hohe Themenvielfalt. Sie reicht von computerorientierten Gruppen über Freizeitbetätigungen bis hin zu verschiedenen wissenschaftlichen Fragestellungen. Im Gegensatz zu E-Mail, ist News ein öffentliches Medium.

newsreader: Eigentlich eine falsche Bezeichnung, denn mit einem solchen Programm können nicht nur News gelesen, sondern auch eigene Artikel geschrieben werden.

.newsrc: Diese Datei befindet sich im Heimatverzeichnis und enthält die Namen aller verfügbaren Nachrichten-Gruppen. Diese Datei kann mit einem Editor verändert werden. Ein Doppelpunkt hinter dem Namen einer Gruppe bedeutet, daß diese Gruppe abonniert ist, ein Ausrufezeichen das Gegenteil.

Oberfläche: Mit Oberfläche wird auch die Arbeitsumgebung auf dem Rechner bezeichnet. Die eigentliche Arbeitsoberfläche erscheint nach dem einloggen. Meistens besteht die Oberfläche aus einem oder mehreren Fenstern, in denen Befehle eingegeben werden können, sowie einer Uhr und anderen Hilfsmitteln.

Passwort: Es sollte nicht vergessen werden, aber auch nicht aufgeschrieben oder weitergesagt werden. Denn durch das Passwort wird der eigene Bereich und damit auch die eigenen Daten vor unerlaubtem Zugriff geschützt.

PostScript: PostScript ist eine Seitenbeschreibungssprache, die von Laserdruckern verstanden wird. PostScript-Dateien haben die Endung „.ps". Um PostScript-Dateien zu erstellen, müssen normale Textdateien in PostScript übersetzt werden, bevor sie ausgedruckt werden können.

reply-to:Versenden eines elektronischen Briefes als Rückantwort auf den Artikel an den Autor.

Signature: (dt. Unterschrift) wird von einigen Programmen (elm, tin) automatisch an eigene E-Mails oder Postings (Artikel an eine newsgroup) angehängt. Sie ist ein Text von maximal vier Zeilen, in denen mindestens die Adresse für elektronische Post und der eigene Name auftauchen sollte. Die Signature wird in der Datei .signature gespeichert und kann mit einem Editor⇧ erstellt und verändert werden.

Subject: E-Mail und News fragen immer nach dem „Subject", wenn eine Mail oder ein Artikel geschrieben wird. Damit ist eine kurze Überschrift gemeint.

subscribe: Dieser Vorgang ist mit dem Abonnement einer Zeitung vergleichbar. Falls eine News-Gruppe abonniert wird, heißt das, daß der Newsreader⇧ diese Gruppe zum Lesen anzeigt.

TCP/IP(Transmission Control Protocol/Internet Protocol): Dieses Protokoll wird zur Datenübertragung im Internet benutzt.

Threads: die Themenstränge innerhalb einer Newsgroup⇧

Tools: Tools ist der englische Ausdruck für Werkzeuge. Unter Tools werden meist kleinere Programme verstanden, die das Arbeiten am Rechner erleichtern.

topic: der grobe Themenbereich einer News-Gruppe

Unix: Das ist der Name eines Betriebssystems, das an vielen Universitäten und wissenschaftlichen Einrichtungen eingesetzt wird (andere Betriebssysteme sind z.B. MS-DOS, OS/2). Für den PC gibt es die Unix-Version Linux.

URL (Uniform Resource Locator):Die eindeutige Adresse eines Dienstes im WWW. Das Format eines URL sieht beispielsweise wie folgt aus: *http://wwwwbs.cs.tu-berlin.de/kultur/frauen*

usenet: In diesem Netz befinden sich eine Vielzahl von Newsgroups.

User: Das englische und damit gebräuchlichere Wort für Benutzerin.

UserID: Das gebräuchlichere Wort, für Bereichskennung.

Userdirectory: Homedirectory⇧

UUCP(Unix to Unix Copy Protocol): Dieses Protokoll wird zwischen vernetzten Unix-Rechnern benutzt, u.a. im usenet.

Verzeichnis: Directory⇧.

Web-Browser: Ein Programm, um multimediale Seiten zu benutzen, die im HTML-Format⇧ zur Verfügung stehen.

World Wide Web: (engl. Weltweites Netz, Abk.: Web oder WWW) Es handelt sich um ein internationales Netzwerk, das aus Hypertexten⇧ besteht. Diese Texte werden von Benutzerinnen weltweit lokal abgelegt und können mittels eines Web-Browsers⇧ angesehen oder angehört werden. Mitunter kann das einige Zeit dauern, wenn z.B. eine Seite aus den USA übertragen wird. Zur Übertragung wird das HTTP-Protokoll⇧ benutzt.

Literatur

FrauenUmweltNetz (Hrsg.): Computervernetzung für Frauen, eFeF-Verlag, Bern - Dortmund, 1995

Martin Goldmann, Claus Herwig und Gabriele Hoofacker: Internet. Per Anhalter durch das globale Datennetz. Rowohlt Taschenbuch Verlag GmbH, Reinbek bei Hamburg, 1995

Multimediales Lernen in virtuellen Klassenzimmern – werden so Mädchen fit für das Arbeitsleben?

Eva-Maria Hartmann

Mit Informationstechnik gegen den Schulfrust

„Kinder melden sich innerlich von der Schule ab", so faßte dpa Anfang November 1995 eine Tagung des Deutschen Städtetags in Frankfurt „Schule in der Stadt" zusammen. Lehrerinnen und Lehrer klagen, daß es ihnen immer weniger gelingt, die Schülerinnen und Schüler zu motivieren. Viele reagieren auf das Angebot der Schule mit Passivität. Inzwischen gibt es Schülergruppen, die Ausflüge und Schullandheimaufenthalte am liebsten damit zubringen, stundenlang ohne Programm einfach irgendwo zusammenzusitzen. Sie stören nicht, tun nur einfach nichts und sind zufrieden. Sie meinen, daß die Jugendlichen damit den vollen Terminkalendern, der Reizüberflutung entfliehen.

Doch außerhalb der Schule sucht man die Schuld bei den lebensfernen Inhalten des Unterrichts. Und der Bildungsminister hat die Lösung auch gleich bei der Hand, indem er fordert, in den Schulen müßten mehr Computer installiert werden.

Denn so lesen wir es in der Presse: Vormalige Schulversager können es kaum erwarten, bis sie morgens in die Schule eingelassen werden, um sich sofort an den Computer zu setzen, wo sie mit Jugendlichen aus aller Welt über E-Mail korrespondieren, sich selbstverständlich in der Fremdsprache über ihre gemeinsamen Probleme austauschen. Natürlich arbeiten die Kinder auch im weltweiten Verbund an anspruchsvollen Forschungsprojekten, vorwiegend an Umweltproblemen, durchforsten Datenbanken, planen mit Hilfe von Simulationssoftware die Zukunft, komponieren, zeichnen und sind datenmäßig immer auf dem aktuellsten Stand. Sie sind schlicht motiviert, kreativ und denken in komplexen Zusammenhängen, wobei sie sich das notwendige Wissen ohne Zutun von Erwachsenen mit Hilfe spezieller Lernsoftware aneignen. Sie brauchen Lehrer oder Lehrerinnen höchstens noch in beratender Funktion. Schulen im herkömmlichen Sinn sind überflüssig. „Über die Infobahnen treffen sie (die Jugendlichen) sich via Videokonferenz in virtuellen Klassenzimmern." (Werbung der Deutschen Telekom). So könnte Schule nach Ansicht der verbreiteten Magazine sein, wenn da nicht die verstaubten Kultusbürokratien und ignoranten Lehrerkollegien wären, die im alten Trott bis zur nahen Pensionierung weitermachen wollen und immer noch nicht begriffen haben, daß sie damit die Schulmisere und das eigene Burn-out-Syndrom selbst hervorrufen.

Zwar sind die meisten der 35.000 allgemeinbildenden Schulen in Deutschland mit durchschnittlich zwölf Computern ausgestattet. Der Einsatz erfolgt vornehmlich in Mathematik und Informatik. Es wird eine informationstechnische Grundbildung, ITG genannt, mit eher traditionellen Inhalten gelehrt. Doch viele Ausstattungen sind hoffnungslos veraltet und mit der privaten Ausstattung der Schüler und Schülerinnen häufig nicht konkurrenzfähig. Auf einem technisch akzeptablen Stand sind höchstens die Schulverwaltungscomputer der Sekretariate. Nur etwa 300 Schulen verfügen über eine moderne, für Multimedia geeignete Computerausstattung mit Netzzugang. So eine Schätzung des Fachverbands Informationstechnik, der gemeinsam getragen ist vom Verband Deutscher Maschinen- und Anlagenbau (VDMA) und vom Zentralverband Elektrotechnik und Elektronikindustrie (ZVEI). Eine breite Anwendung findet nur in der Beruflichen Bildung und Weiterbildung und im privaten, komplementären Bildungsmarkt sowie in den Hochschulen statt. Dagegen haben angeblich 40% der 14-19jährigen einen Computer zu Hause (Frankfurter Rundschau vom 23.5.95), und 70% verbringen ihre Freizeit mehr oder weniger häufig vor dem Computer.

Die Wurzeln des Interesses an Multimedia in der Schule
Eltern fordern, die Schule müsse Basiskompetenzen schaffen, die es den Schülerinnen und Schülern ermöglicht, später mit den multimedialen, interaktiven Medienangeboten selbstverständlich umzugehen, sich in der hochtechnisierten Arbeitswelt zurechtzufinden, sonst wäre bald nur die finanzstarke Minderheit der Bürgerinnen und Bürger mit privatem PC zu Hause imstande, die Datenautobahn kompetent zu nutzen. Bis jetzt schaffe es die Schule aber noch nicht einmal, den Schülerinnen und Schülern beizubringen, wie man einen Videorecorder programmiert. Die Lehrpläne aller Schularten würden den Veränderungen gesellschaftlicher Kommunikation im Arbeits- und Freizeitbereich innerhalb der letzten zehn Jahre kaum gerecht.

Bildungsreformerisch gesinnte Lehrer und Lehrerinnen, aber auch die Technikfreaks sehen sich schon in der autonomen Schule, von der zur Zeit so viel die Rede ist. Nach den Visionen, die sich mit Multimedia verbinden, soll sich die Rolle der Lehrerinnen und Lehrer radikal verändern. Sie werden nicht mehr vor einer Klasse stehen und lehrplanmäßig vorgeschriebenen Stoff vermitteln. Ihre Aufgabe soll sein, den Unterricht zu organisieren und zu moderieren. Dadurch wird sich auch die Schulstruktur verändern. Kein 45-Minuten-Takt mehr, rund um die Uhr geöffnete Schultüren, womöglich statt Schule nur noch virtuelle Klassenzimmer.

Selbstorganisierte, an den Problemen von Jugendlichen orientierte Lernprozesse kämen in Gang. Fächerübergreifendes Arbeiten und Denken in weltweiten Zusammenhängen wären nicht weiter leere Floskeln. Die Lehrer und Lehrerinnen könnten endlich die ausgetretenen Pfade der Lehrpläne verlassen und wirklich pädagogisch tätig werden.

Finanzpolitikern und Schulträgern schwebt lean-education vor. Durch Rationalisierungsmaßnahmen, d.h. Einsparungen im Personalbereich, müßten sich die horrenden Investitionen rechnen. Im Hochschulbereich wird dies bereits heute vorgemacht. Demnächst soll es einen Vorlesungsverbund zwischen den Universitäten Heidelberg und Mannheim geben, wobei eine Vorlesung einschließlich multimedialer Demonstrationen von einer Hochschule an die andere übertragen werden soll. Zum Zweck besserer Akzeptanz sollen sich die StudentInnen interaktiv in das Geschehen einschalten können (Stuttgarter Zeitung vom 25.3.95). Im Endeffekt erhofft man sich eine Einsparung von HochschullehrerInnen im Umfang von 10 Prozent.

Eine der Lieblingsvokabeln der Finanzpolitiker ist zur Zeit „Autonomie der Schule". Sie wollen den Schulen im Rahmen der Sparpolitik ein kleines Budget zur Selbstverwaltung zu überlassen. Sie könnten entscheiden, ob sie damit Lehrpersonal oder Unterrichtsmaterialien einkaufen wollen. Die knappe Kasse müßten sie dann in eigener Regie auffüllen: durch Verkauf von Selbstproduziertem oder durch Anwerben von Drittmitteln aus der Privatwirtschaft. Mit der multimedialen Ausstattung der Schulen durch großzügiges Sponsoring wird dieser Weg vorgeführt. Ihr Ziel: Privatisierung der Schule. Es ist auch denkbar, daß die SchülerInnen in nicht allzu ferner Zeit mit dem eigenen Notebook in der Schule erscheinen müssen, und zwar aus eigener Tasche bezahlt. Wer für ein demokratisches Schulwesen eintritt, in dem alle Kinder, unabhängig von ihrer sozialen Herkunft, die gleichen Chancen haben, kann diese Entwicklung nicht wollen

Für die **Elektronik- und Softwareproduzenten und natürlich die Anbieter von multimedialen Diensten** soll Multimedia das wichtigste Geschäft des nächsten Jahrhunderts werden: „Auf dem Weltmarkt Telekommunikation wurden 1993 für Ausrüstung und Service 575 Mrd.

Dollar umgesetzt, der deutsche Anteil liegt bei rund 10 Prozent. Bis zur Jahrtausendwende erwarten Experten ein rasantes Wachstum. Ein pessimistisches Szenario prognostiziert den Jahresumsatz im Jahr 2000 auf 700 Mrd. Dollar, ein optimistisches auf eine Billion Dollar" (Bundestag Report 1/2-95, S.7). In Deutschland gibt es im Bereich der Telekommunikation zwei Wachstumsmärkte, den Mobilfunk und die Multimediadienste mit dem Ziel bis zum Jahr 2000 einen Jahresumsatz von 17 Mrd. bzw. 13 Mrd. Mark zu erreichen. Verdienen daran werden vor allem die Hard- und Softwareproduzenten, die Telefongesellschaften, die Unterhaltungselektronikindustrie und die Medienkonzerne, jede Branche an ihrem spezifischen Produkt. Zunehmend lassen sich allerdings Kooperationen und Fusionen der unterschiedlichen Branchen beobachten. Die Konturen von marktbeherrschenden Multimediakonzernen sind bereits recht deutlich.

Im Gegensatz dazu ist derzeit nicht abzuschätzen, was die Konsumenten wollen. Herbert Kubicek und seine Mitautor/innen stellen fest: „So setzen heute fast alle Telekommunikations- und Medienstrategen entschieden auf Unterhaltung, obwohl es mehr als unklar ist, ob es das wirklich ist, was die Menschen von den 'Information Highways' erwarten. Eine von der Zeitschrift MacWorld in Auftrag gegebene Umfrage stellt fest, daß ganz oben auf der Wunschliste der Nutzer elektronisches Wählen, die Beteiligung an lokalpolitischen Diskussionen und der Zugang zu Wissensressourcen, Bildungs- und Verwaltungsinformationen stehen." (in: Kurt von Haaren et al (Hrsg., Multimedia)).

In diesem Zusammenhang hat die Multimediabranche die Schulen entdeckt. Das Bildungswesen ist auf jeden Fall als Markt sehr verlockend. So ist es nicht verwunderlich, wenn die Vorzeigeschulen der Presse sowohl in den USA als auch in Deutschland von Firmen der Multimediabranche gesponsert sind. Nach Aussage des Spiegels (9/1994) finanziert Bertelsmann die multimediale Ausstattung des Evangelischen Stiftischen Gymnasiums am Ort des Firmensitzes Gütersloh mit 10 Mio. DM in 10 Jahren und Apple sponserte die staatliche Stevens Creek School im kalifornischen Cupertiano in Silicon Valley mit 1 Mio. DM und schult außerdem noch alljährlich die Lehrer und Lehrerinnen der Schule. Unter dem Namen „Comenius" startet demnächst ein 8 Mio. Mark teures medienpädagogisches Pilotprojekt im Auftrag der DeTeBarkom, einer Tochter der Deutschen Telekom. Fünf Schulen werden durch ein Glasfasernetz miteinander verbunden werden. Die Schüler und Schülerinnen sollen sich mit der Technik vertraut machen, sich mit den Möglichkeiten und Grenzen der Technik sowie mit den Chancen und Risiken auseinandersetzen.

Wie schon bei der erstmaligen Auseinandersetzung um die Aufgabe von Computern in der Schule Mitte der 80er Jahre dienen die pädagogischen Segnungen zur Kaschierung von massiven kommerziellen Interessen. Die Schule ist ein verlockender Markt und eine Institution, über die sich leicht Akzeptanz schaffen läßt. Wer mit Tele-Learning groß geworden ist, wird keine Hemmungen haben, sich auf Tele-Shopping, Tele-Banking, Tele-Medizin und womöglich Tele-Working einzulassen. Und ganz nebenbei werden die Jugendlichen, so hofft man, ihre rückständigen Eltern von der Notwendigkeit, sich in die Telewelt einzuklinken, überzeugen. Marktziel ist, daß im Jahr 2000 in jedem Haushalt ein PC steht.

Auch **die politischen Institutionen** handeln nach dem Motto „Wer bei Multimedia zu spät kommt, den bestrafen die Märkte" (Bundestag Report 10/95). Die Kultusministerkonferenz fühlt sich unter Druck und will nun weitergehende Perspektiven für den Bereich der neuen Medien im Bildungsbereich entwickeln. Hierbei interessiert vor allem, wie die eher wildwüchsigen Ansätze der Informationsvernetzung zwischen Schulen zu einem flächendeckenden zunächst nationalen, später auch internationalen Netz ausgebaut werden können und wie

Multimedia in den Unterricht einbezogen werden kann. Auch die gerade eingerichtete Enquête-Kommission des Deutschen Bundestags zu Multimedia will sich des Themas Schule annehmen.

Die multimediale Schule ist männlich – Technikbeteiligung von Mädchen in der Schule
In den letzten Jahren wurden eine Reihe empirischer Untersuchungen durchgeführt, die sich mit Einstellungen von Mädchen und Jungen zur Technik befassen. Die Ergebnisse überraschen nicht. Es zeigte sich bereits bei 10jährigen, daß Mädchen im Vergleich zu Jungen

- ein deutlich geringeres Interesse an Technik äußerten,
- daß sie bei gleicher Erfahrung weniger technisches Wissen und Verständnis haben.
- Nur 12% der Mädchen halten sich für technisch begabt im Gegensatz zu 40% der Jungen. Viele äußern aber, daß sie gerne mehr von Technik verstehen würden.
- Das geringere technische Interesse der Mädchen geht auch einher mit einer wesentlich skeptischeren Einschätzung des technischen Fortschritts.

Entsprechend sind in den Schulen die naturwissenschaftlichen und technisch orientierten Fächer nach wie vor männlich dominiert. Dies zeigt sich immer dann, wenn Wahlfreiheit besteht, und zwar unabhängig von der Schulart. So besuchten bis vor kurzem z.B. in den Klassen 5 bis 8 der Hauptschule in Baden-Württemberg alle Mädchen und Jungen gemeinsam den obligatorischen Technik- und Hauswerkunterricht (Hauswirtschaftsunterricht). In Klasse 9 konnte zwischen Technik und Hauswerk gewählt werden. Meistens wählten alle Jungen Technik und alle Mädchen Hauswerk. Das Fach wurde inzwischen unbenannt und inhaltlich verändert. Laut „schulintern", der Publikation des Kultusministeriums in Baden-Württemberg vom März 1991, findet man in Physik-Leistungskursen 5% Mädchen. Ein Mädchen, das dieses Fach als Leistungskurs wählt, muß also damit rechnen, als einziges Mädchen unter lauter Jungen zu sitzen. In Chemie, Informatik (Grundkurs 30% in Baden-Württemberg) und Mathematik sind die Verhältnisse nicht ganz so extrem.

Diese Verhältnisse finden in den Universitäten ihre Fortsetzung: studierende Mädchen im technischen Bereich sind nach wie vor sehr stark in der Minderheit. Leider muß man sagen, daß in den deutschsprachigen Ländern außer der ehemaligen DDR die Verhältnisse am schlechtesten sind. Sogar Länder wie Ägypten haben einen Anteil an Ingenieurstudentinnen von 15%. In den USA ist es durch gezielte Frauenförderung gelungen, den Anteil der Ingenieurstudentinnen von 1% im Jahr 1970 auf 25% ansteigen zu lassen.

Besonders aufschlußreich sind die Daten zum Informatikstudium. Der Frauenanteil ist im Vergleich zu den Ingenieurwissenschaften hoch, zeigt aber sinkende Tendenz.

- Eine Erklärung dafür könnte sein, daß die Informatik in den Anfangsjahren als junge Wissenschaft eine größere Offenheit hatte und damit eine Chance für Mädchen darstellte. Das Bild der Informatikerin, des Informatikers lag noch nicht fest. Heute gilt die Informatik als Ingenieurwissenschaft und ist männlich besetzt, was die Mädchen abschreckt und in die Assistentinnenberufe ausweichen läßt. Entsprechende Beobachtungen konnte man auch bereits bei der Einführung des Faches Chemie als Studienfach machen.
- Interessant ist, daß der Anteil der Frauen am Informatikstudium just seit Einführung des Informatik-Unterrichts an den Schulen sinkt. Mädchen brechen sehr häufig den Informatikkurs wieder ab.
- Gründe: zu hoher Konkurrenzdruck, fehlender Computerbesitz, zu hoher Zeitaufwand, unerfüllte Erwartungen. Dabei trauen sich nur 29% der Mädchen im Gegensatz zu 50% der Jungen ein Informatik-Studium ohne Informatik-Unterricht zu.

Jungen dominieren, Mädchen werden zum Schweigen gebracht
Mädchen und Jungen verhalten sich im Unterricht unterschiedlich. Ins Auge springt, daß die Jungen dominant sind, auch wenn sie in der Minderheit sind. Sie nehmen unsere ganze Aufmerksamkeit in Anspruch, indem sie laut sind, sich vordrängen und sich ungefragt das Wort nehmen, stören. Im übrigen sind sie, was die Arbeitshaltung anbelangt, lässig, oft schlampig und oberflächlich. Gleichzeitig ist aber die Interaktion stark von Konkurrenz geprägt. Jungen gelten als von der Biologie her technisch begabt.

Die Mädchen dagegen sind in ihrer Mehrzahl ordentlich, fleißig, zurückhaltend und zuverlässig. Ihre Leistungen sind im Durchschnitt besser als die der Jungen. Wir sind froh, daß wenigstens sie unsere Anforderungen im großen und ganzen erfüllen, ohne daß wir uns allzusehr um sie kümmern müssen. Mädchen sollen/brauchen von Technik nichts zu verstehen.

Mädchen, die männliche, z.B. technische Interessen haben oder sich wie Jungen verhalten, fallen negativ auf und haben es schwer, akzeptiert zu werden. Ganz allgemein kann man sagen, Mädchen werden für selbstunsicheres Verhalten belohnt, nicht für Eigenständigkeit und Selbstbewußtsein.

Die männlichen Rollenstereotype sind **gesellschaftlich hoch bewertet**. Dominantes Verhalten gilt als erwachsen, als Voraussetzung für Leistung und Erfolg. Entsprechend ist „weibliches Verhalten" sozial weniger geschätzt; es ist das Verhalten von Kindern und Untergebenen. Erfolg in Schule und Beruf ist demnach vor allem über die Schiene der männlichen Rollenklischees zu erreichen.

Das **traditionelle Rollenverhalten** ist in der Familie, der Schule und im Arbeitsleben **nach wie vor gefragt**. Für Mädchen heißt dies unausweichlich, daß sie sich damit auseinandersetzen müssen, ob sie bereit sind, sich den auf diesen Klischees aufgebauten Rollenerwartungen zu beugen oder sich ihnen zu widersetzen.

Egal, ob sie sich für die eine oder die andere Option entscheiden, sie ziehen den Kürzeren.

Besonders technisch interessierte Mädchen kommen in Rollenkonflikte
Diese widersprüchlichen Rollenerwartungen kommen in der Schule in naturwissenschaftli chen Fächern und Informatik besonders zum Tragen:

- Jede falsche Antwort eines Mädchens bestätigt das Vorurteil, daß Mädchen technisch unbegabt sind. Das gleiche gilt auch für die Lehrerinnen in diesen Fächern. Jeder nicht funktionierende Versuch läßt sich auf die Unfähigkeit der Lehrerin zurückführen, mit technischen Geräten umgehen zu können.
- Mädchen sind davon überzeugt, daß Jungen aufgrund ihrer privaten Beschäftigung grundsätzlich bessere Voraussetzungen in den Unterricht mitbringen und daß sie diesen Vorsprung nicht aufholen können. Dies ist allerdings nicht nur ein Vorurteil.
- Haben Mädchen Interesse an Mathematik, Naturwissenschaften oder Informatik und zeigen zudem noch gute Leistungen, kommen sie leicht in Rollenkonflikte. So etwas ist per Definition unweiblich. Das gängige Muster von „der guten Physikerin oder Ingenieurin" ist entsprechend, daß sie, äußerlich etwas zu kurz gekommen, verbiestert durchs Leben geht und sich aus lauter Frust, auf keinen Mann hoffen zu können, in der unweiblichen Beschäftigung vergräbt.
- Die gängigen Rollenklisches werden auch dadurch immer wieder bestätigt dadurch, daß Lehrerinnen in den „harten" Naturwissenschaften in der Minderheit sind.

- Mädchen haben es somit auch schwer, weibliche Vorbilder zu finden. In Schulbüchern, und dies gilt ganz besonders für die naturwissenschaftlich/technischen, kommen Frauen so gut wie nicht vor. Es gibt sie aber. Dank der Wühlarbeit engagierter Frauen wurden diese zu Tage befördert.

Nicht immer ist es die Angst vor der Konkurrenz der Jungen und der Nichtanerkennung als Frau, wenn Mädchen keine Informatik wählen.
Untersuchungen zeigen, daß sich technisch interessierte Mädchen von den Jungen und auch von technisch nicht interessierten Mädchen dadurch unterscheiden, daß sie vielseitig interessiert und häufig gesellschaftspolitisch engagiert sind. So ist es auch verständlich, daß Mädchen das Fach Informatik trotz Interesses auch deshalb nicht wählen, weil sie den damit verbundenen hohen Zeitaufwand scheuen, wenn sie mit den Jungen gleichziehen wollen. Sie sind nicht bereit, ihre Gewohnheiten und Freundschaften zugunsten des Computers einzuschränken. Insgesamt gesehen haben Mädchen manchmal auch weniger freie Zeit zur Verfügung als Jungen, weil sie stärker mit Hausarbeit belastet werden.

Mädchen haben eine andere Medienkultur als Jungen
Dieter Sinhart-Pallin setzt sich mit der Mediennutzung von Jungen und Mädchen auseinander. Er sagt, daß die Computernutzung am stärksten geschlechtdifferente Medienkulturen hervorbringt. „Das verkabelte Leben, der maschinelle Charakter, mechanisches Denken als Selbstkonzept, Technik-Zentriertheit oder Kontrollbewußtsein, das alles sind weitgehend männliche Phänomene."

- Mädchen und Jungen suchen unterschiedliche Medienumgebungen auf. Sie neigen mehr zu einer Lesekultur. Viele würden einen Literaturkurs einem Computerkurs vorziehen. Ihr Interesse gilt literarischen Ereignissen.
- Jungen zieht es mehr zu einer Bildkultur. Sie sehen und leihen mehr Videos, lesen mehr Comics, suchen technisch gestaltete Medienumgebungen auf. Bei der Auswahl von Inhalten im Fernsehen und im Lesestoff suchen sie den starken erfolgreichen Mann.
- Mädchen wählten z.B. das Fach Informatik auch aus anderen Gründen als die Jungen. Für Jungen ist der wichtigste Grund die Abdeckung der Pflichtkurse oder auch die Fortsetzung eines zu Hause gepflegten Hobbys. Für Mädchen hingegen ist hingegen der Freundeskreis wichtig oder die Aussicht auf gute Noten, aber auch die berufliche Perspektive.
- Mädchen haben einen viel weniger spielerischen Zugang zur Informatik, alles ist ernst. Sie investieren etwas von sich, reagieren deshalb empfindlicher auf Kritik und persönliche Verletzungen und nehmen deshalb auch manchmal eine stark moralisierende, intolerante Haltung ein.
- Männlich ist ein „harter" Programmierstil mit dem Wunsch nach Macht, Kontrolle, Manipulation, Fiktion. Mädchen dagegen programmieren „weich" im Sinne von Verhandlungswille, Kompromiß, Realitätsanpassung. Sie sind an Zielen und konkreten Aufgaben orientiert, wollen Programme anwenden und weniger über „harte" Informatik wissen.

Zusammenfassung
1. Mädchen mangelt es nicht am Interesse an Technik.
2. Sie trauen sich die Wahl naturwissenschaftlich/technischer Fächer einfach nicht zu.
3. Dies hat nichts mit Begabung zu tun, sondern mit einer durchgängigen geschlechtsspezifischen Benachteiligung.
4. Daraus folgt zum Nachteil der Mädchen eine geschlechtshierarchische Wissenskluft, die durch die Schule mitverursacht ist.

Auf dem Weg zu einer mädchengerechten Schule

Die Mädchen stärken, den Jungen Grenzen setzen

Transferiert man die Ziele feministischer Pädagogik auf die Schule, heißen sie
- das Selbstvertrauen und die Fähigkeit von Mädchen zur Selbstbehauptung stärken.
- Räume und Handlungsspielräume öffnen, die Mädchen oft verschlossen sind,
- der Kompetenzerwerb soll mit der eigenen Geschlechtsidentität im Einklang stehen und
- die sozialen Interaktionsformen der Mädchen berücksichtigen.

Beide, Mädchen und Jungen, bekommen gleiche Anteile an Raum, Zeit und Erwachsenenaufmerksamkeit und gleiche Möglichkeiten, ihre Erfahrungen zu symbolisieren. Dies wird bei Jungen auf Widerstand stoßen, da sich Jungen zurücknehmen, sich als soziale Wesen begreifen lernen müssen. Ihnen müssen Grenzen gesetzt werden.

Facetten eines Unterrichts, der die Mädchen im Blickpunkt hat.

Um konkreter zu werden, will ich einige Maßnahmen zur Gestaltung eines mädchengerechten Unterrichts machen. Sie sind der Broschüre zur Selbstbehauptung des Ministeriums für Gleichstellung in NRW entnommen und ergänzt:

a) Maßnahmen auf der Interaktionsebene:
- häufigeres „Drannehmen" der Mädchen und Verlängerung ihrer Redezeiten
- Stärken der Mädchen belohnen
- Mädchen ermutigen, sich mit Naturwissenschaft und Technik zu beschäftigen, bzw. einen Beruf in diesen Bereichen zu wählen
- „adäquates Loben", d.h. nicht nur Lob für Fleiß und Ordentlichkeit sowie kein übertriebenes Lob für die Bewältigung einfacher Aufgaben.
- Förderung und Anerkennung von Rücksichtnahme, Kooperation und Einfühlungsvermögen bei Mädchen und Jungen.

b) Maßnahmen auf der Ebene von Vermittlungsformen
- Erfahrungen mit allen Sinnen organisieren
- insbesondere in Mathematik und dem naturwissenschaftlichen Unterricht an konkreten Fragestellungen und Erfahrungen, z.B. aus dem Alltag ansetzen
- Verbalisleren ermöglichen und so wenig wie möglich mit abstrakten Formeln arbeiten
- die Schule verlassen, wo immer möglich.

c) Maßnahmen auf der inhaltlichen Ebene
- Berücksichtigung der Interessen der Mädchen, z.B. Tanzen im Sportunterricht, Kosmetika im Chemieunterricht ...
- Berücksichtigung der Geschlechterverhältnisse im Unterricht
- Erweiterter Arbeitsbegriff
- Mädchen und Frauen auch sprachlich vorkommen lassen
- Schaffung positiver Identifikationsfiguren durch Thematisieren starker Mädchen und Frauen im Fachunterricht: als Romanheldinnen, Künstlerinnen, Erfinderinnen, Politikerinnen ...

d) Maßnahmen im organisatorischen Bereich
- Mädchenräume und Mädchengruppen in der Schule
- selbstverständliche Arbeit in geschlechtshomogenen Arbeitsgruppen
- Selbstbehauptungsübungen und Selbstverteidigungskurse für Mädchen
- Aufhebung der geschlechtsspezifischen Arbeitsteilung in der Klasse (Mädchen gießen Blumen, Jungen bedienen technische Geräte)
- Einführung nicht-sexistischer Schulbücher
- Einrichtung von Jungengruppen zur Förderung des Interaktionsverhaltens von Jungen
- Klassenführung durch gemischte Teams.

Auf dem Weg zur besseren und mädchengerechteren Schule mit Multimedia?
Die Diskussion in den Medien um Multimedia ist maßgeblich von den Interessen derer gesteuert, die an Multimedia verdienen, nicht von Lehrerinnen und Lehrern. Die Beschäftigung mit der Medienwelt ist nur ein Teilaspekt von Unterricht, und die Qualität von Schule läßt sich nicht am Grad der technischen Ausstattung messen. Der Stellenwert einer Technik läßt sich erst auf dem Hintergrund der pädagogischen Frage nach einer guten Schule, hier frei nach Otto Herz, beantworten:

- Die zukünftig wichtigste Aufgabe der Schule wird es sein, das gemeinsame Leben, das Zusammenleben, die Gemeinsamkeit in der Arbeit, im Spiel, in der ungeteilten Verantwortung für die Um- und Mitwelt zu erproben, zu erarbeiten, zu lernen.
- Eine Schule, die Zukunft gestalten will, muß aus sich selbst heraus gestaltungsbereit sein und gestaltungsfähig werden. Auf Probleme vor Ort braucht es eine Antwort.
- Es müssen Antworten auf die Fragen und Lebenslagen, die das Leben der heutigen Kinder und Jugendlichen bestimmen, gesucht und Visionen für eine lebenswerte Zukunft entwickelt werden. Dazu braucht es viel Zeit.
- Aufgaben gemeinsam bewältigen ist wichtiger als die Konkurrenz zwischen einzelnen. Dazu gehört auch die Kooperation von Lehrerinnen und Lehrern in einer demokratischen Schule.

Frauen, denen Mädchenförderung am Herzen liegt und die gleichzeitig an Technik interessiert sind, befinden sich in einem Dilemma, wenn es darum geht, Position zu beziehen zum Stellenwert von Multimedia in der Schule:

- Mädchen sind in der Schule und im Arbeitsleben insbesondere im technischen Bereich benachteiligt. Also müssen wir sie fördern, und zwar mit speziell auf Mädchen ausgerichteten Computerangeboten.
- In der skizzierten Schule der Zukunft ließe sich auch ein Platz für mädchengerechte multimediale Projekte finden. Lehrerinnen und Lehrer wünschen sich, handlungsorientiert und nicht nur aus zweiter Hand unterrichten zu können. Im Internet zielgerichtet zu surfen, mit Gleichaltrigen zu kommunizieren, ein Lernprogramm auszuprobieren oder einfach nur zu spielen, kann kreativ sein und kommt besonders dem Zugang der Mädchen zu Technik entgegen.
- Springen wir auf den Zug auf, dienen wir sehenden Auges vordergründigen Profitinteressen. Außerdem leisten wir der Tendenz Vorschub, daß von den wenigen Mitteln, die für die Schule zur Verfügung stehen, der große Brocken in die Computerausstattung geht und anderswo fehlt. Wir dürfen uns nicht wundern, wenn die Schule zunehmend privatisiert wird.

Über einen Ausweg aus diesem Dilemma würde ich gerne diskutieren.

Literatur:
Doris Lemmermöhle-Thüsing, Regina Müller, Ellen Wendt, Birgitta Berhorst: Wir werden was wir wollen! Schulische Berufsorientierung (nicht nur) für Mädchen. Ministerium für die Gleichstellung von Frau und Mann des Landes Nordrhein-Westfalen, 1992
Der Spiegel 9/1994
Spektrum der Wissenschaft, Dossier: Datenautobahn, Februar 1995
Gewerkschaft Erziehung & Wissenschaft (Hrsg.): neue deutsche schule (nds), 15/16-1995
Kurt von Haaren, Detlef Hensche (Hrsg.): Multimedia, Die schöne neue Welt auf dem Prüfstand, Hamburg: VSA Verlag 1995
Will van Lück: Interaktives Lernen mit Neuen Medien, Hilfe für eine Qualitätssteigerung des Lernens: Vortragsmanuskript (unveröffentlicht), März 1995
Bundestags Report, 1-2/95 und 10/95
Hans Rudolf Leu: Wie gehen Kinder mit neuen Technologien um? Thesenpapier zum GEW-Expertengespräch „Informationstechnik und Kommunikationswissenschaft" am 8,6,94 in Frankfurt/Main (unveröffentlicht)
Otto Herz: Schule der Zukunft, NaSch (Nachbarschaft und Schule), Zeitschrift für Community Education Nr. 10, Februar 1995

Konzeption einer Frauen in Naturwissenschaft und Technik – Homepage im WWW

Barbara Kleinen

Meine Unentschlossenheit, ob ich in der Veranstaltung in erster Linie eine Homepage für den Verein Frauen in Naturwissenschaft und Technik (NUT e.V.) oder für den Kongreß bzw. Frauen in Naturwissenschaft und Technik allgemein machen wollte, schlug sich darin nieder, daß von den drei Teilnehmerinnen, die am Anfang da waren (es kam dann noch eine dazu), zwei dachten, wir wollten was für den Verein machen und eine dachte, es soll um Frauen in Naturwissenschaft und Technik allgemein gehen, was ja beides stimmte. Wir haben angefangen, Fragen über den Verein zu sammeln, und dann Punkte für Frauen in Naturwissenschaft und Technik allgemein, die wir dann weiter sortiert und besprochen haben. Ich habe rechteckige Zettel ausgeteilt für Inhalte: Fragen, was soll drin stehen..., dann Dreiecke für Bedenken an den genannten Punkten, die auf den Wandzeitungen dazugeklebt werden konnten, und schließlich Kreise für Ideen zur Umsetzung bzw. Gestaltung der inhaltlichen Punkte. Bedenken und Gestaltungsideen sind in den Abschriften der Wandzeitungen kursiv gedruckt.

In der Veranstaltung ging es alleine um eine inhaltliche Konzeption der Seiten, was mir wichtig war, da ein 'wie mache ich es' problemlos allein die anderthalb Stunden hätte füllen können, und meines Erachtens auch gut in den jeweiligen Städten bzw. über email abgeklärt werden kann. Wir haben unsere email-Adressen ausgetauscht und haben vor, weiter gemeinsam an den Seiten zu arbeiten - unter Ausnutzung des Internets.

Wir haben Punkte zu drei Fragestellungen gesammelt:

1. Was möchtet ihr über „Frauen in Naturwissenschaft und Technik" im WWW finden?
   a) allgemein
   b) über die Kongresse
2. Was möchtet ihr über den Verein NUT (Frauen in Naturwissenschaft und Technik) im WWW lesen?

Die 'Wunschliste' über den Kongreß werde ich weitergeben an die nächste Vorbereitungsgruppe, und die für den Verein an den Verein, d. h. ich werde mich nach Absprache mit dem Verein weiter darum kümmern.

Die Gestaltung aller dieser Seiten ist in dreifacher Hinsicht offen: Zuerst freuen wir uns über weitere Anregungen und Mitmacherinnen, zweitens kann jede, die dies kann, eigene Seiten zum Thema Frauen in Naturwissenschaft und Technik anbieten, auf die wir dann gerne einen Link einbauen, und zuletzt werden sich diese Seiten, wie alles im WWW, immer wieder verändern.

Die Wandzeitungen

1. Was möchtet ihr über „Frauen in Naturwissenschaft und Technik" im WWW finden?
   <u>a. Allgemein</u>
   * Ansprechpartnerinnen (z. B. in meiner Stadt)
   * Ansprechpartnerin zu einem Thema
   * Kontakte zu Kongreßteilnehmerinnen
     Bedenken: Belästigung
     Gestaltung: keine Adressen oder Telefonnummern veröffentlichen, sondern nur email-Adressen

* Vereine, Organisationen, Arbeitsgruppen, Kongresse, Tagungen, Vorträge, Veranstaltungen
* was ist „Frauen in Naturwissenschaft und Technik"?
* welche Vereine, Treffen, Kongresse gibt es?
* Stellenbörse (mit Kontaktfrauen, z.B. Frauenbeauftragten)
  Gestaltung: nach Orten (o. PLZ) sortiert / nach Themen / nach Berufsgruppen/ Studienfach

* aktuelle Termine
  Bedenken: viel Arbeit
  Gestaltung: aktuelle Termine über email-Verteiler (oder Maillist) verschicken, Gelder beantragen (EU?)
* Was machen die Frauen vom Kongreß das restliche Jahr?
* Beispiele für Curriculum Vitae (Lebenslauf), Resümee, Bewerbungsschreiben etc.
* Kurze Darstellung „Kritik von Frauen aus den Naturwissenschaften an Naturwissenschaften „
* Wo sind die Frauen außerhalb Deutschlands in Naturwissenschaft und Technik
  Bedenken: 'nur' Frauen in Europa / USA (Mittelstand, weiß, ...) erreichbar

* Infos über fachspezifische etc. email-Listen
* links zu anderen „Frauen-"Seiten
  Bedenken: Verzettelung
  Gestaltung: mehr Text, weniger Inhaltsverzeichnisse

* Vorbild-Frauen aus der Geschichte
  Bedenken: WWW zu öffentlich

<u>b. über den Kongreß</u>
* Infos zum Kongreß
* was passiert auf dem Kongreß?
* Geschichte und Aufbau dieses Kongresses. Themen und Umsetzung
* Geschichte der Treffen von Frauen in Naturwissenschaft und Technik
  Bedenken: darüber wird es bald ein Buch (Veröffentlichung der Dissertation von Helene Götschel) geben.
  Gestaltung: kurze Einführungen, die neugierig machen auf mehr

* laufend alle einlaufenden Veranstaltungsanmeldungen (damit ich sehe, was evtl. fehlt)
* Ergebnisse des Kongresses
  Bedenken: Buch/Dokus werden nicht verkauft!

Wenn ihr den Verein NUT (Frauen in Naturwissenschaft und Technik e.V.) nicht kennt, oder auch sonst, was würdet ihr im WWW gerne an Infos finden?

(da bei der Veranstaltungen zum Teil Frauen waren, die mit dem Verein nichts zu tun haben, haben wir hier nur Stichworte gesammelt. Die einzelnen Punkte habe ich beim Tippen noch etwas sortiert.)
* Ziele
* Ziele des Vereins (Wer wird gefördert?)
* Woher kommen finanzielle Mittel?
* Wer ist im Vorstand und was machen die Frauen?

* einige praktische Beispiele von NUT-Tätigkeiten
* Seit wann gibt es NUT? Wie entstanden? Für wen?
* Wer ist drin?
* Veröffentlichungen, Organe
* Was macht NUT, für welche Frauen. Themenschwerpunkte und Umsetzungen?
* Organisation des Vereins
* Geschichte
* Wo trifft er sich?
* Was macht der Verein? (2x)
* Mitfrauenstruktur
* Was sind das für welche?
* (Politische) Ziele des Vereins?
* Was kann ich dort tun, wenn ich mich einbringen will?
* Was habe ich mindestens vom Verein, wenn ich eintrete?

Fazit

Vor allen Dingen angesichts der kleinen Teilnehmerinnenzahl bin ich erfreut über das Ergebnis: Wir haben viele Punkte gesammelt und so einen ersten Schritt zur Realisierung einer Homepage getan. Was gefehlt hat in der Veranstaltung war eine eingehendere Auseinandersetzung mit den Möglichkeiten und dem Sinn des WWWs, die nur in Ansätzen bei einzelnen Punkten stattgefunden hat (keine Adressen reinschreiben, für aktuelle Termine nicht geeignet, Grafiken ja/nein, usw.), wobei ich diesen 'punktuellen Ansatz' im Kleinen nach vielen Diskussionen über 'Vernetzung' im Allgemeinen auch ganz erfrischend fand.

Wie es weitergeht

Wir haben vor, weiter gemeinsam an der „Frauen in Naturwissenschaft und Technik Homepage" zu arbeiten. Auf weitere Anregungen, Texte, Links und Unterstützung freuen wir uns, insbesondere auch über Frauen, die mitmachen wollen. Eigentlich müßte das über das Internet ganz gut gehen: die Koordination über email, und Frauen, die selbst keine Möglichkeit haben, WWW-Seiten anzubieten, schicken sie einfach einer, die das tun kann. Das geht natürlich auch mit der guten alten Post (aber bitte auf Diskette.)!

Kontakt:

Barbara Kleinen, email: babajaga@cs.tu-berlin.de
http://www.cs.tu-berlin.de/~babajaga
Adresse der NUT - Seiten:
http://www.cs.tu-berlin.de/~babajaga/NUT
Oder per Post:
c/o Verein Frauen in Naturwissenschaft und Technik e.V.
Haus der Demokratie, Friedrichstr. 165, 10117 Berlin

Buchvorstellung und -diskussion: "Life on the Screen - Identity in the Age of the Internet" von Sherry Turkle (1995)

Petra Lucht, Boston

Zur Einleitung: Ausschnitt aus dem Ankündigungstext für das Programm:
Mit E-mail bin ich inzwischen vertraut, fand es anfangs faszinierend, jetzt manchmal anstrengend - noch ohne Modem? Die Kongreßankündigung fand ich auf dem *WorldWideWeb*. Über E-mail konnte ich meine Adressenänderung mitteilen. In der *newsgroup* "*alt.feminism*", in der ich auf nützliche Literaturhinweise hoffte, wurden v.a. sexuelle Anmachewitze ausgetauscht und über Feministinnen hergezogen. Unsere Diskussionsgruppe "*Gender and Science*" hat ihre eigene E-mail-Adressenliste, über die wir Treffen und Themen ankündigen, einzelne ihre Teilnahme ab- oder zusagen können. Das ist schon fast gespenstisch genug für mich, die Stimme der anderen nur innerlich zu hören. —Ablehnung von Computern hat sich in Faszination, Unsicherheit und Alltäglichkeit verwandelt.

Sherry Turkle beschreibt in ihrem Buch mehr als dies. Sie hat die "Computergeneration" befragt, die weniger Abgrenzung gegenüber dieser Technologie hat als ich. In virtuellen Räumen treffen sich Leute, um miteinander zu diskutieren, zu flirten, zu leben. Menschen, die sich nie in *RL, real life*, treffen, sind auf dem Netz intime Freundinnen. Auf dem Netz kann ich mich als Mann einloggen, mir ein neutrales Geschlecht geben, ganze Charaktere selbst kreieren und ausfüllen, die sich in MUDs, (*multi user domains*, Räume für viele BenutzerInnen) mit anderen virtuellen Charakteren treffen.

Anhand einiger Beipiele möchte ich diskutieren, daß für andere Personen oder Gruppen ein überwiegender Teil ihres Lebens auf dem Netz, in *virtual reality*, stattfindet. Ihre Grenzen zwischen realem Leben und Leben vor, hinter und durch den Bildschirm hindurch sind undefinierbar geworden. Sie bewerten und verstehen solche Grenzen anders als ich - bisher(?). Welche Möglichkeiten nehmen andere war, um ihre Identität/en mit dem Netz neu oder erweitert zu definieren?

Ich erhoffe mir eine Diskussion über unsere Grenzziehungen zwischen Maschine und Mensch, zwischen Computerprogramm und Gehirn, zwischen ... . Welche Gefühle haben wir gegenüber unserer eigenen Computernutzung auf dem Netz, nicht nur auf dem isolierten PC? Nehmen wir sie schrittweise in unser Leben auf, lehnen wir sie ab, oder finden wir das alles schlicht uninteressant? Welche Grenzen ziehen wir?

Buchvorstellung:
Kommunizieren über das Netz, was heißt das eigentlich? Welche Möglichkeiten haben wir durch dieses neue Kommunikationsmedium erhalten, welche Beschränkungen und auch welche Gefahren sind gegeben? In ihrem Buch beschäftigt sich Turkle nicht mit der Ausbreitungsgeschwindigkeit des Internet und nicht damit, welchen Bevölkerungsgruppen es zugänglich ist, sondern fragt, wie Menschen das Internet nutzen und deutet diesen Umgang v.a. aus psychologischer Perspektive.

Für die Veranstaltung habe ich auf eine systematische Darstellung des gesamten Buches verzichtet und stattdessen Themen ausgewählt, die Aspekte der heutigen Computernutzung repräsentieren. Als Basis für ihre Überlegungen dienten Turkle Interviews mit InternetbenutzerInnen. Alle zitierten Menschen hat sie auch in RL - real life - gesprochen.

Zu den vorgestellten Themen gehören zunächst Beipiele der Internet-Nutzung, für die noch relativ klar ist, daß sie im als real empfundenen Leben stattfinden. Aber schon hier können Grenzen fließend sein. Weiterhin habe ich Beispiele ausgewählt, die ein zeitweises Leben von Personen im "Cyberspace" beschreiben. Schließlich stellen sich Fragen nach den Bedeutungen des Internets in unseren Gesellschaften. Für Turkle ist dies insbesondere der Bezug zu dem, was als "real" angesehen wird.

- **Computer: Isolation oder Kommunikation?**

Zu Beginn der Ausbreitung von Computern in industrialisierten Gesellschaften herrschte das Bild vor, daß Menschen, die an Computern arbeiteten, sich in Isolation befänden und kontaktarm seien. Heute kann sich dieses Bild erweitern. Computer bilden ein Netz, das ganze Länder überspannt, das Raum und Zeit überbrückt durch Datenströme und Kommunikationsmittel wie z.B. E-mail. Turkle schreibt:

> "[Der Computer] kann dich in das Zentrum von Dingen und Menschen stellen - in's Zentrum von Literatur, Politik, Kunst, Musik, Kommunikation und den Börsenmarkt." [1] [S. 61]

Menschen, die in ihren Zimmern an Computern sitzen, arbeiten sehr oft nicht mehr isoliert, sondern können mit der ganzen Welt vernetzt sein, genauer gesagt: mit den Orten, an denen es an's Internet angeschlossene Computer gibt. Die oben zitierten Räume sind sehr real: Kunst, Literatur, die Börse. Das folgende Beipiel für diese Vernetzung illustriert eine Situation, in der beide Personen das Internet als reale Personen nutzen, sie repräsentieren sich als die Personen, die sie in ihrer Arbeitswelt sind.

- **TALK während der Arbeitszeit**

Eine Programmiererin beschreibt die Unterstützung ihrer Kreativität am Arbeitsplatz durch eine andere am Projekt beteiligte Frau. Während sie programmiert, läuft in einem Fenster auf dem Bildschirm ihrer Workstation eine "talk"-Funktion[2], mit deren Hilfe sie kurze Nachrichten und Notizen über den aktuellen Stand der Arbeit am Programm austauscht.

> "Da gab es eine Frau ..., mit der ich an einem Projekt arbeitete. Wir hatten immer ein Gespräch laufen in einem TALK-Fenster auf unseren Maschinen. Dort konnten wir über das Projekt reden und die Tests, die wir laufen ließen und sagen 'Ok, tippe dieses.', 'OK, ich schau mal, ob das funktionniert.', 'OK, damit Du's weißt, ich habe diese Datei jetzt geändert.'. Dieses TALK-Fenster war eine wichtige Unterstützung für mich." [S. 245]

- **"Cycling through"**

Ein anderes Beispiel ist das einer 30 Jahre alten Lehrerin, die sich selbst als dem "Fließen verfallen" beschreibt. Sie begibt sich in ein sogenanntes "Inter Relay Chat" (IRC).[3] In IRCs werden Synonyme oder auch "handle" anstatt E-mail-Adressen oder realen Namen zur

---

1 Diese Übersetzung wie auch alle folgenden ist von mir.

2 Mit Hilfe dieser Funktion kann man elektronisch eine andere Person, die ihrerseits eingeloggt sein muß, anwählen. Das Fenster teilt sich in eine untere und eine obere Hälfte. In der oberen Hälfte erscheint zunächst die Mitteilung, daß die andere Partei angewählt wurde und es "klingelt". Wenn die andere Seite "abnimmt", d.h. einen bestimmten Befehl eintippt, mit dem sozusagen der Hörer abgenommen wird, d.h. die Verbindung zwischen den beiden Computern, an denen jeweils die beiden Personen arbeiten, hergestellt wird durch das Einverständnis der angewählten PartnerIn, dann können beide gleichzeitig Text in diesem Fenster in ihrer jeweiligen Hälfte schreiben. Der Text erscheint online, d.h. mit nur leichter Zeitverzögerung auf dem Bildschirm der anderen Person und man kann so direkt kommunizieren.

3 IRCs sind Diskussionsforen auf dem Internet. Mensch kann sich dort einen beliebigen Namen geben, in der Regel ist es nicht der eigene oder auch nicht die eigene E-mail-Adresse. Der gewählte Name wird als "handle" (Eine etwas unzureichende Übersetzung wäre "Titel".) bezeichnet und unter diesem "handle" beteiligt mensch sich an der Diskussion. Dies ist ein Unterschied zur E-mail oder talk-Funktion, bei denen die direkte E-mail-Adresse der realen Person verwendet wird.

Bezeichung eines Charakters verwendet. Die von Turkle interviewte Lehrerin sagt, sie verbringe fünf Stunden am Tag am Computer. Sie ist besorgt über die verschiedenen Rollen, die sie im IRC spielt.

> "Es ist ein komplettes Verschwinden. Im IRC bin ich sehr beliebt. Ich habe drei handles, die ich sehr oft benutze. Ein Titel ist ernst über den Krieg in Jugoslawien, ein anderer ist ein bißchen verrückt wegen Melrose Place[4], ein dritter ist sehr aktiv auf sexuellen Kanälen, hält immer Ausschau nach einer guten Zeit. Vielleicht kann ich nur entspannt sein, wenn ich das Leben als einen weiteren IRC-Kanal sehe." [S. 179]

In der Vergangenheit sei dieses schnelle Durchkreisen verschiedener Identitäten, so Turkle, keine einfach zu erlangende Erfahrung gewesen. Solch eine andere Identität oder Rolle anzunehmen war oder ist allenfalls im Theater möglich. Im Alltag ermöglicht z.B. das Telefon, daß verschiedene Rollen eingenommen werden können, um Gespräche verschieden zu gestalten. Das Besondere an Rollen auf dem Internet ist, daß Mitteilungen nicht an physische Gegebenheiten gebunden sind: Erhalten bleiben nur die schriftliche Sprache, Ausdrucksvermögen, Stil, Wissen, Ideen, aber nicht die äußere Erscheinung, nicht der Ort, an dem sich die Person befindet, nicht der Klang der Stimme. Was ist dieser Ort "Cyberspace", an dem solche Kommunikationen stattfinden?

• Cyberspace

Das Wort "Cyberspace" stammt aus dem Sience Fiction "Neuromancer" von William Gibson (1984). Die Hauptfigur dort ist ein Hacker, der als Cowboy durch die Informationswelt reist. Er verschmilzt im Verlauf des Romans mit der digitalen Welt. Gibson nennt diese Informationswelt "Cyberspace". Sie ist die "Matrix", die soziale, politische und kommerzielle Welten verbindet: die Welt, die digitalisiert ist, wie der Cowboy selbst.

• "MUDs" und "MOOs"

Die nachfolgenden Beispiele für Internetbenutzung finden in "Multi User Domains" (MUDs) statt. MUDs knüpfen einerseits an Abenteuerspiele an, die auf Computern gespielt werden können. Andererseits gibt es sogenannte soziale MUDs. Hier sprechen die SpielerInnen miteinander oder bauen an der schon vorhandenen virtuellen Welt weiter mit. Diese MUDs basieren auf Text. Mensch liest Texte darüber, wie ein Marktplatz betreten wird oder wie die Kneipe, aus der heraus der Platz betreten werden kann, aussieht. Leute, die sich an diesen Orten - per Text - aufhalten, können angesprochen werden mit dafür vorgesehenen Befehlen. Je nach Regelungen in den einzelnen MUDs gibt es verschiedenen Begrüßungs- und Anspracheregelungen. Es können einzelne Charaktere oder mehrere gleichzeitig angesprochen werden.

Eine weitere Form solcher MUDs integrieren auch Graphiken. Sie sind noch nicht so verbreitet, zumindest nicht auf dem Internet. Einzelne Teilnehmerinnen der Diskussionsveranstaltung berichteten, daß es solche mit Graphiken unterstützten, virtuellen Räume aber in Deutschland bereits auf kommerziellen Netzen gäbe. Sie werden als "Multi Object Oriented" (MOO) bezeichnet. Einer dieser Räume ist "LambdaMOO". Alle MUDs werden mit Metaphern physischer Räume beschrieben. Räume, die betreten werden, sind schriftlich beschrieben: von einer mittelalterlichen Kirche bis hin zur Abstellkammer im Haus kann alles dabei sein.

• Gender

Turkle beschreibt in ihrem Buch, wie sie sich in LambdaMOO als geschlechtsloses Wesen eingeloggt hatte. Das erzeugte zunächst Verwirrung. Später, so sagt sie, hat sie als männli-

---

[4] US-amerikanische Fernsehserie

cher Charakter gespielt. Sie beschreibt ein Gefühl von Freiheit, das sie mit der Möglichkeit, sich als Mann in einer Umgebung zu bewegen, assoziiert:

> "... Schließlich erlebte ich diese Erlaubnis, mich frei zu bewegen, die ich mir immer als das Geburtsrecht von Männern vorgestellt hatte. Ich wurde nicht nur weniger regelmäßig angesprochen, ich fand es auch einfacher, auf unerwünschte Annäherungsversuche mit Gelassenheit zu antworten ... . Natürlich sagte meine Reaktion genausoviel über meine Konstruktion von Geschlecht in meinem Kopf aus wie über die soziale Konstruktion von Geschlecht in dem MUD." [S. 211]

Während sie in MUDs spielte - ob als Mann, Frau oder neutraler Charakter - beobachtete Turkle an sich selbst, daß sie versuchte herauszufinden, welches Geschlecht andere Charaktere hätten. Ein signifikanter Anteil der als weiblich repräsentierten Charaktere in MUDs sind in RL Männer und umgekehrt. Und natürlich gibt es noch weitere Windungen: Z.B. ein Mann, der eine Frau spielt, die einen Mann in der virtuellen Welt spielt.

- **"RL is just another window ..."**

Dough, ein College-Student, spielt vier Charaktere in drei verschiedenen MUDs. Der erste Charakter ist eine verführerische Frau, der zweite ein Macho, ein Cowboy-Typ, [der dritte] Charakter ist ein Kaninchen mit unspezifiziertem Geschlecht: Carrot. "Carrot ist so unwichtig", sagt er, "daß die Leute seine Anwesenheit kaum registrieren, es kann auch bei privaten Gesprächen 'mithören'. Ich betrachte Carrot als meinen passiven voyeuristischen Charakter."[5]. Über den vierten Charakter spricht Dough nicht. Er beschreibt seine schnellen Wechsel von einem zum anderen Charakter mit Hilfe des Computers. Er sagt:

> "Ich teile meinen Geist, ich werde besser darin, ich kann mich selbst darin sehen als zwei, drei oder mehr, und ich stelle nur einen Teil meines Geistes an, dann einen anderen, wenn ich von Fenster zu Fenster [auf dem Bildschrim] gehe.[6] Ich bin in eine Argumentation mit einem Fenster verwickelt, in einem anderen gehe ich auf ein Mädchen zu, im nächsten betreibe ich ein Tabellenkalkulationsprogramm." [S. 13]

Doughs Fazit lautet:

> "RL ist nur ein weiteres Fenster und meistens nicht mein bestes."[S. 13]

- **"Acting out" - "Working through"**

Wie deutet Turkle diese oben skizzierten Phänome, daß Personen verschiedene Identitäten auf dem Internet annehmen, um mit anderen Charakteren zu kommunizieren? Sie unterscheidet als psychologische Muster "Acting out" gegenüber "Working through". "Acting cut" beschreibt ein psychologisches Verhaltensmuster, in dem eine Person in einem Kontext ein bisheriges Verhalten wiederholt - in Anpassung an die veränderte Situation. "Working through" als Gegensatz dazu benennt eine Situation, in der Verhalten verändert wird, indem ein neues Verhalten entwickelt oder integriert werden kann. Oft ist damit eine Art Moratorium verbunden, in dem innegehalten wird, bevor eine andere Verhaltensweise mit ähnlichen Situationen aufgebaut werden kann. D.h. daß es für Turkle nicht so ist, daß das Annehmen verschiedener Charaktere auf dem Internet grundsätzlich Ausdruck eines Mangels oder Fehlverhaltens oder gar einer multiplen Persönlichkeit ist. Im Gegenteil, dieses Ausprobieren und Spielen anderer Charaktere kann dazu führen, daß sich Menschen auch auf psychischer Ebene weiterentwickeln können.

---

[5] S. 13.

[6] In jedem Fenster ist ein MUD repräsentiert.

• **Psychologische Gesundheit - früher und heute**

Früher wurde psychische Gesundheit mit Stabilität verbunden: Wechsel von Arbeitsplätzen waren selten, Geschlechterrollen statisch, Menschen lebten ihr Leben an einem Ort. Heute wird gerade das Gegenteil erwartet: stabile soziale Welten sind zusammengebrochen, psychische Gesundheit wird mit Worten wie "fließend" oder "flexibel" beschrieben. Was jetzt zählt, sind Fähigkeiten sich anzupassen und sich zu verändern. Wechselnde Arbeitsplätze sind die Regel, die Ausbildung endet nicht mehr mit dem ersten Abschluß, Geschlechterrollen verändern sich zunehmend, neue Technologien erfordern Anpassungen auch im Alltagsleben.

• **"Shifts" - Verschiebungen**

Zusammenfassend beschreibt Turkle Verschiebungen in den Auffassungen über Computer, psychologische Gesundheit sowie Auffassungen über das, was als Realität definiert wird. Während der Computer zu Beginn seiner Entwicklung als mechanistisches Werkzeug betrachtet wurde, wird er inzwischen als komplexes System gesehen. Verschiedene Metaphern wurden für den Computer benutzt, um sein Funktionen zu beschreiben: Zu Anfang war er nur ein "Werkzeug", mit dem sich z.B. mathematische Aufgaben bearbeiten ließen, dann wurde er zum z.T. beängstigenden "Spiegel", in dem sich menschliche Intelligenz abbildete und jetzt mit der Verbreitung des Internet wird er zum "Tor" (Gateway) zur Datenautobahn. Ein Teil des Lebens findet auf dem Bildschirm statt, der - bildhaft gesprochen - eine durchlässige Grenze zur Informationswelt darstellt. Die Möglichkeiten des Computers, die mit diesen Symbolen korrespondieren, haben sich verändert.

Eine weitere, schon beschriebene Auffassungsänderung betrifft psychische Gesundheit, die früher in eher statischer, heute in eher dynamischer Psyche gesehen wird. Damit korrespondiert das Bild, das früher das Selbst einer Person als der "psychische Kern" angesehen wurde, während heute mehr und mehr von vielfachen Schattierungen vom Selbst oder sogar verschiedenen Selbst ausgegangen wird.

Ein weiteres Beispiel für Auffassungsveränderungen sieht Turkle in naturwissenschaftlichen Experimenten. Früher waren es v.a. reale Experimente, mit denen Wissen gewonnen wurde, heute wird Natur mehr und mehr mit Hilfe von Computern simuliert. Reale Welt wird zu virtu eller Welt.

• **Was ist real ?**

Schließlich stellt sich die Frage, was real ist. Ist der Computer inzwischen Teil unserer Realität oder auch Lebenswirklichkeit geworden oder grenzen wir ihn noch als Werkzeug aus, das nur nach Bedarf verwendet wird? Das virtuelle Leben im Internet hängt von der Selbstrepräsentation ab, die wir kreieren. Trotzdem ist es nicht so, daß diese "virtuellen Charaktere" ein Eigenleben führen könnten oder vollkommen unabhängig von unserer physischen Existenz wären. "Das Reale", so Turkle "schlägt zurück.". Menschen, die parallele Leben auf der Mattscheibe führen, sind immer noch an Wünsche, Schmerzen und Sterblichkeit ihres physischen Selbst gebunden. Aber virtuelle Gemeinschaften eröffneten dramatische neue Kontexte, in denen im Zeitalter des Internet über menschliche Identität nachgedacht werden könne. Sie seien Orte zum Lernen über gelebte Bedeutungen in einer Kultur von Simulationen. Wir stünden heute an Grenzen zwischen Realem und Virtuellem.

* * *

Am Ende der Veranstaltung wurde ich gefragt, wie meine eigene Bewertung ausfiele. Meine Antwort ist bisher vorsichtig, weil sich das Internet so sagenhaft schnell ausbreitet und verändert, daß ich Prognosen schwierig finde, zumal ich mich nicht hauptsächlich mit Statistiken und ökonomischen Hintergründen beschäftigt habe. Sicher bin ich mir, daß das Internet unsere Lebenswirklichkeit beeinflussen und auch im psychologischen Bereich Auswirkungen haben wird. Der Computer ist eben doch nicht nur ein Werkzeug.

Sherry Turkle (1995): Life on the Screen - Identity in the Age of the Internet.
Simon & Schuster, London - New York - Toronto - Sydney - Tokyo - Singapore.

Sherry Turkle (1984): The Second Self: Computers and the Human Spirit.
Simon & Schuster, London - New York - Toronto - Sydney - Tokyo - Singapore.

Zur Autorin:
Sherry Turkle beschäftigt sich seit mehr als 20 Jahren mit Computerkultur. Sie arbeitet am Massachusetts Institute of Technology (M.I.T.) im "Program of Science, Technology and Society". In diesem Programm beschäftigen sich WissenschaftlerInnen mit Wechselwirkungen von Geschellschaft und Naturwissenschaft bzw. Technik.

Für die Abfassung des folgenden ausführlichen Diskussionsprotokolls möchte ich mich bei Gabriele Klewin, Bielefeld, sehr bedanken.

Diskussion
Schriftführerin: Gabriele Klewin

Es gab einige technische Nachfragen und Bemerkungen, zum einen die Frage, ob über die Netze neben Texten auch Grafiken verschickt werden können, was für das Annehmen einer anderen Identität eine besondere Bedeutung hätte. Andere Teilnehmerinnen bestritten, daß dies eine entscheidene Rolle spiele, da auch über Texte eine andere Identität angenommen werden kann, so z.B. sich als Mann im Netz als Frau auszugeben. (Bei compu-serve soll es möglich sein, sich eine „eigene" Person aus vorgefertigten Teilen zusammenzusetzen und dadurch mit anderen zu kommunizieren.)

Zum Verständnis wurde die virtuelle Umgebung verglichen mit Fantasy-Rollenspielen (dungeons and dragons), ähnliches existiert auch in Netzen.
5% Frauen sollen das Internet nutzen, allerdings ist dabei unklar, wie dies meßbar ist, wenn Benutzerinnen sich nicht mit ihrer „wahren" Identität einloggen.

Problematisiert wurde die These Turkles, psychische Probleme durch, wie Turkle es nennt, working through zu bearbeiten. Ist nicht eher das Gegenteil der Fall, daß psychische Probleme entstehen oder verschärft werden, wenn mehrere Personen gespielt werden können, ein Versinken im Netz möglich ist und reale Probleme so nicht angegangen werden müssen?
In diesem Zusammenhang wurde die Frage gestellt, was pathologisch heißt. Nach Auskunft einer Teilnehmerin wird ein Verhalten dann als pathologisch bezeichnet, wenn dieses Verhalten, die Zusatzregulation, unverzichtbar wird und dem Individuum nicht mehr bewußt ist, daß es diese Zusatzregulation benötigt.

Worauf greift Turkle hier als psychologische Theorie zurück, Psychoanalyse oder Tätigkeitsorientiertes Konzept? Turkle beschreibt das working through als ein Extrem zum acting out, als eine Möglichkeit, die das Internet bietet. Kann dieses Agieren im Internet verglichen werden mit Psychodrama? Allerdings wird im Psychodrama der gesamte Mensch wahrgenommen. Aber nehme ich im real life wirklich den gesamten Menschen wahr oder auch nur einzelne Aspekte, habe ich nicht auch eine eingeschränkte Wahrnehmung, weiß ich nicht auch in der Realität nicht, was wirklich dahinter steht?

Ist die Unterscheidung zwischen wirklichem Selbst und virtuellem Selbst wirklich so klar, wie wir auf den ersten Blick denken?

Bezug genommen wurde auf den Fall einer virtuellen Vergewaltigung im LambdaMOO. War das, wie ein Standpunkt in der Diskussion [nicht in Braunschweig, sondern in USA] sagte, nur ein Spiel und die betroffene Frau hätte wirklich jederzeit einfach das Gerät ausschalten können? Bleibt es physisch folgenlos? Oder ist die Verbindung zwischen virtuellem Selbst und „wahrem" Selbst so stark, daß ein einfaches Abschalten gar nicht mehr möglich ist? Aber selbst, wenn ein Abschalten möglich ist, sollen sich Frauen so kampflos zurückdrängen lassen und den Raum aufgeben? Aufgrund dieses Vorfalls wurde der „Täter-Charakter" aus dem Netz ausgeschlossen, aber es ist dennoch möglich, daß sich die dahinter stehende Person als anderer Charakter wieder einloggt. Aber nicht allein die Frage, wie wirklich ist eine Vergewaltigung im Internet, ist das interessante, sondern auch die Art des Umgehens mit dem Ereignis. Die Netzgemeinschaft zeigte ähnliche Verhaltensweisen, wie sie von linken WGs bekannt sind, so daß sich die Strukturen auch im Netz erneut abbilden.

Ist das Internet ein geschützter Raum? Sollte es dies sein? Einige Teilnehmerinnen vertreten den Standpunkt, daß im Gegenteil das Netz kein Schutzraum ist, sondern Frauen dort eher (???) Gewalt etc. ausgesetzt sind, sie angreifbar sind. Verletzungen und Gewalt, die jemandem im Internet zugefügt werden, sind nicht Nichts.

Inwieweit bist Du Dein gespielter Charakter?

Eine Teilnehmerin berichtet aufgrund eigener Erfahrungen, daß sie zu den Zeiten, in denen sie täglich ca. 13 Stunden im Internet (IRC) verbracht hat, wirklich darin gelebt hat.
Ist die Unterscheidung „virtual life" und „real life" wirklich so berechtigt? Ist das reale Leben nicht ebenso geschaffen wie die virtuelle Realität, wenn wir uns Institutionen wie Schule oder Ehe betrachten? Was folgt als Konsequenz? Eine Warnung vor dem Internet? Ist die Zuordnung real life = emotio vs. virtual life = ratio berechtigt, wann verschwimmt dies?
Was unterscheidet Internet von der physischen Realität? Im Internet sind Gespräche mit „bots" (abgeleitet von robots) möglich, d.h. mit Computerprogrammen, die Charaktere spielen. Beispiel: Dialog zwischen Julia und Barry (im Buch von Sherry Turkle) In einem MUD, in dem Barry versucht herauszufinden, ob Julia weiblich oder männlich ist sowie, ob sie eine Person oder ein Computerprogramm ist.

Wieso ist uns eigentlich so wichtig zu wissen, was „wirklich" hinter einem Charakter im Internet steht; welche Theorien von Identität stehen dahinter? Bin ich zurückgeworfen auf meine eigene Identität? Woran ist Identität geknüpft? Auch unabhängig von der virtuellen Realität gibt es die Infragestellung der Identität, des festen Kerns, der unverwechselbar ist. Technik schafft keine neuen Muster, im „virtual life" zeichnen sich die gleichen Muster ab wie in „real life". Ist dann der Unterschied so gravierend?

Beispiel „newsgroup alt.feminism" („alt" steht für „alternativ". Diese „newsgroup" wird nicht zensiert.): Hier weiß ich, daß sexistische Äußerungen gemacht werden können, weil es eben unzensiert ist. Aber die Orientierung im Internet ist immer noch schwierig (Beispiel neue Zeitung, wirklich übertragbar?). Dennoch vertreten einige Teilnehmerinnen den Standpunkt, Frauen sollten sich am Internet beteiligen und Platz einnehmen.

Als positives Beispiel wird angeführt, daß Beziehungen über Internet geknüpft werden können, die auch in der Realität zum Tragen kommen, so eine Teilnehmerin, die während des

Kongresses bei jemandem übernachtet, den sie über Internet kennengelernt hat. Ein anderes Beispiel sind Treffen in Kneipen oder Cafés („channel partys"), in denen sich die Charaktere, die sich über Netz schon kennen, real erfahren können. Zwar gibt es auch Überraschungen, aber oft stimmen „Netzeindruck" und „Realeindruck" überein. Sympathie ist auch über Text erfahrbar. Es ist gar nicht so einfach, eine andere Identität anzunehmen.

Grundsätzlich sollten Ziele der Nutzung überdacht werden. Die Motivation sollte klar sein, Rollentausch (und auch Geschlechtertausch) sollte bewußt gemacht und gewählt werden. Und es sollte deutlich werden, worüber in der Diskussion um's Internet gesprochen wird; ist die eine Stunde E-mail in der Woche gemeint oder mehrere Stunden dauernde, tägliche Spiele?

Als weitergehendes Problem wurde angemerkt, ob das Neue an Kommunikation den Aufwand an Technik rechtfertige, der nur einer weißen elitären Minderheit zugute kommt. Stehen nicht auch hinter dem momentan vehementen Verbreiten des Internet letztlich ökonomische Aspekte, wie z.B. der Verkauf von Glasfaserkabeln? Können die positiven Nutzungen nicht auch über „low cost"-Zugänge realisiert werden, die dann einer breiteren NutzerInnenschicht möglich wären? Aber selbst, wenn E-mail wichtig ist, wollen wir so eine Gesellschaft?

Als Einschätzung wurde hierzu geäußert, daß sich das Spielen und die Ausgabe der Gelder nicht verhindern lassen.

Literaturtip:

Donna Harraway (1995): Monströse Versprechungen. Argument Verlag

Internet und Arbeitsmarkt

Chancen - Risiken - Datenschutz und Vorstellung des Pilotprojekts: ABIW-AbsolventInnen Bewerbungen im Web

Frauke Ysker

Einleitung

Zunächst einmal möchte ich mich Ihnen kurz vorstellen:
Mein Name ist Frauke Ysker. Von Beruf bin ich Chemieingenieurin und arbeite seit fast 15 Jahren in verschiedenen Laborarztpraxen. Seit nunmehr 5 Jahren bin ich als Laborleiterin in einer Bremer Gemeinschaftspraxis beschäftigt.

Wie Sie aus meinem Berufsbild ersehen können, befasse ich mich mit dem Internet eher von der pragmatischen Seite aus. Erwarten Sie von mir daher bitte nicht eine wissenschaftliche Analyse des Ist-Zustandes oder gar detaillierte Prognosen auf das, was uns diese neue und mindestens medial hoch umstrittene Technologie bringen wird. Dieses kann und will ich nicht leisten. Ich bin keine Expertin, das überlasse ich gerne anderen.

Für mich war und ist es jedoch außerordentlich spannend, mit welcher Inbrunst dieses Thema diskutiert wird. Heerscharen von selbsternannten hochrangigen Experten und sogar einige eingeschleuste Expertinnen arbeiten seit Jahren sowohl auf EU-Ebene als auch auf nationaler Ebene über dieses Thema. Da gibt es den „Bangemann-Report" für die Europäische Kommission, die „Empfehlungen des Rates für Forschung, Technologie und Innovation", auf dessen Grundlage der Kabinettsbericht der Bundesregierung unter dem schönen Titel: „Info 2000 - Deutschlands Weg in die Informationsgesellschaft" entstanden ist, sowie „Erste Überlegungen der Gruppe hochrangiger Experten - Ein Zwischenbericht" und vieles mehr. Alles übrigens im Internet abrufbar - Frau kann sich die Texte als Datei holen, auf der heimischen Platte abspeichern, am Bildschirm lesen oder auf dem eigenen Drucker ausdrucken. Zumindest an diesem Punkt ist ein gewisser Fortschritt in der Informationspolitik erkennbar.

Nach dem Lesen all dieser Papiere bin ich zwar auch nicht klüger als zuvor und weiß nur, daß die anderen auch nicht viel mehr wissen.

Ganz Mutige schwärmen von den Millionen neuer Arbeitsplätze und daß die Informationsgesellschaft in ihrer volkswirtschaftlichen Bedeutung die Automobilindustrie locker abhängen wird, was, ganz nebenbei, bei den viel zu vielen Autos gar nicht so schlecht wäre. In Amerika, so hört man, sei gar die Goldgräberstimmung ausgebrochen und viele träumen von der schnellen Mark, die man jetzt machen könne.

Politische Utopisten glauben, nun würden endlich die glorreichen Zeiten der großen direkten Demokratie anbrechen, wobei man sich fragen darf, wieso wir schon so lange das Telefon benutzen und immer noch eine parlamentarische Demokratie haben.

Eher skeptisch orientierte dagegen befürchten die Zwei-Klassengesellschaft, jetzt nicht mehr von Kapital und Arbeit, sondern nunmehr von der Info-Elite auf der einen und dem Info-Proletariat auf der anderen Seite und Apokalyptiker, die ohnehin vor der Jahrtausendwende wieder Hochkonjunktur haben, sehen gar den Untergang der abendländischen Kultur am Horizont heraufdämmern. Manch einer, kaum, daß er Internet buchstabieren kann, weiß bereits jetzt mit quasi-religiöser Gewißheit, daß seine Kinder vollkommen vereinsamen und zu Sozialkrüppeln werden und clevere Kenner der Szene machen ein gutes Geschäft, weil sie gemerkt haben, daß sie nur was Kritisches zu schreiben brauchen und alle, die zwar nicht wissen, wovon sie reden, aber irgendwie kritisch sein wollen, greifen begeistert nach jeder Munition, die man ihnen an die Hand gibt (Clifford Stoll: „Die Wüste Internet").

Sie sehen, verehrte Anwesende, die Bandbreite der möglichen Meinungen, Haltungen und Überzeugungen ist breit gefächert, vollkommen unübersichtlich, und niemand weiß genau, wo es wohl langgehen wird.

Von der Industrie- zur Informationsgesellschaft

Inzwischen ist es in allen westlichen Industrienationen auf Regierungsebene politischer Konsens, daß der Schritt von der Industrie- zur Informationsgesellschaft einen tiefgreifenden kulturellen und gesellschaftlichen Wandel bedeutet, der dem Übergang von der Agrar- zur Industriegesellschaft in nichts nachsteht. Die mehr oder weniger aktive Förderung und politische Mitgestaltung dieses Wandels wird als zentrale Aufgabe von Politik, Wirtschaft und Gesellschaft formuliert.

Ich war außerordentlich beeindruckt, als ich vor einigen Wochen eine Diskussion im Deutschlandfunk verfolgte und ein Reisender dort berichtete, daß vor allem Schwellenländer wie Chile jede übrige Mark in den Ausbau der Informationstechnologie stecken und dort bereits die Kinder in der Grundschule an den Umgang mit diesen Medien herangeführt werden. Der Grund dafür ist einfach: Die Industrialisierung blieb im wesentlichen auf die klassischen westlichen Industrienationen beschränkt, doch bei diesem Wandel ist der Wettbewerb wieder offen.

Viele Länder hoffen, sich durch frühzeitige Investitionen eine gute Startposition im „global play" zu sichern, und es wäre durchaus denkbar, daß die klassischen westlichen Industrienationen in den nächsten Jahrzehnten ihre Vormachtstellung verlieren. Ich sage Ihnen das nur, um ein wenig die Dimensionen anzudeuten, in denen sich dieser Wandel vollzieht.

Der technische Fortschritt hat dem Menschen immer wieder grundlegend neue Möglichkeiten eröffnet, sein Leben, sein Überleben wie auch sein Ableben komfortabler zu gestalten. Von der Informationsgesellschaft wird zwar schon seit zwanzig Jahren geredet und ihr Kommen von einigen sehnsüchtig erwartet, aber erst in den letzten Jahren wurde eine öffentliche Debatte daraus, und auch im Alltag mehren sich nun gehäuft die Anzeichen, daß die Zeit der Industriegesellschaft unwiederbringlich zur Neige geht und ein umfassender Wandel bevorsteht. In Bremen können wir ein Lied davon singen, was geschieht, wenn ganze Industriestrukturen einfach wegbrechen und vor allem die strukturkonservative SPD-Politik, aber nicht nur die, nur noch ratlos davorsteht.

Nun wissen wir zwar nicht, wie die Informationsgesellschaft der Zukunft aussehen wird, aber wir wissen, daß die Zeit vorbei ist, sich Grundsatzschlachten um die Frage zu liefern, ob wir das wollen oder nicht. Der reale Wandel spielt sich vor unseren Augen ab, und es wäre naiv, zu glauben, man könne da noch irgend etwas aufhalten. Wir können jedoch, und das ist aus meiner Sicht entscheidend, diesen Wandel an vielen Punkten mitgestalten und müssen uns nicht auf die bloß kritische Haltung zurückziehen und die Sache denen da oben überlassen.

Heute hat die Industriegesellschaft ihren Zenit überschritten. Werkzeuge und Maschinen, sowie mechanische Fortbewegungsmittel haben die körperlichen Fähigkeiten des einzelnen ins schier Unermeßliche gesteigert. Die Folge: Tätigkeiten, die früher von Menschen ausgeführt wurden, erledigen heute Roboter, und diese vernichten millionenfach Arbeitsplätze. Die Börse, ein gnadenloser Indikator, taxiert den Wert eines Unternehmens nach der Rücksichtslosigkeit, mit der Rationalisierungen und Massenentlassungen durchgeführt werden.

Die sozialen Sicherungssysteme sind über den Mehrwert, der aus der menschlichen bezahlten Arbeitstätigkeit abgeschöpft wird, nicht mehr dauerhaft zu finanzieren. Die moderne Gesellschaft befindet sich inmitten einer dritten technologischen Revolution. Doch was tun die, die nicht Schritt halten können? Wie sieht es in Zukunft mit dem sozialen Zusammenhalt aus, in welcher Weise werden Frauen, Langzeitarbeitslose, Behinderte und Menschen, die nicht mehr in die Computerwelt einsteigen können und wollen, von der Informationsgesellschaft betroffen sein? Die Informationsgesellschaft sollte eine offene Gesellschaft für alle sein und nicht nur ein Tummelplatz für Internet-Surfer und Cyber-Freaks.

Die Arbeits- und Lebensformen werden sich vermutlich weit fundamentaler ändern, als dies vielen Menschen heute noch erscheinen mag. Die Welt ändert sich, nicht nur in ihren technologischen, sondern auch in ihren wirtschaftlichen und kulturellen Strukturen. Durch die fortschreitende Vernetzung dieser Strukturen werden die räumlichen und zeitlichen Grenzen der Welt relativiert.

Der Kulturwandel, der auch einen sozialen Wandel nach sich zieht, ist bereits weit vorangeschritten. Die neuen Medien der Information und der Kommunikation eröffnen, im privaten wie im öffentlichen Bereich, neue Zugangsformen zu Informationen aller Art und neue Möglichkeiten des Umgangs mit Informationen und Kulturgütern.

In loser Folge und ganz unsystematisch nur ein paar Beispiele: Sie suchen Zeitschriftenartikel zu einem bestimmten Thema und haben nicht die Zeit, die entsprechenden Fachzeitschriften in der Bibliothek durchzuforsten - eine via Internet erreichbare und kostenlos recherchierbare Artikeldatenbank in Amerika wertet Tausende von Zeitschriften aus, sie geben ihre Stichwörter ein, und der Rechner spuckt als Ergebnis die Liste der Artikel mit genauen bibliographischen Angaben aus, und sie können sich auswählen, welche davon er ihnen, das allerdings kostenpflichtig, faxen soll.

Sie wollen wissen, welche Neuerscheinungen zu einem Thema erschienen sind oder welche Bücher es dazu gibt - Online-Recherchen in Bibliothekskatalogen werden mit Sicherheit bald zum Alltag der Studentin gehören.

Sie lesen gerade etwas über ein Gemälde von Matthias Grünewald - dummerweise ist kein Abdruck im Lexikon und die Büchereien haben schon zu. Da gibt es das Webmuseum im Internet, das den Anspruch hat, die wichtigsten Gemälde der Welt in digitaler Form zur Verfügung zu stellen. Und so holen sie sich eben auf diesem Wege die „Versuchung des heiligen Antonius" von Matthias Grünewald. Ein anderes Projekt namens Gutenberg sammelt die wichtigsten Texte der Weltliteratur und stellt sie zur Verfügung usw. Sammlungen diverser Museen lassen sich heute schon virtuell im Hause am PC begutachten, und gelegentlich kommt Frau schon ins Grübeln, ob nicht der ungestörte Genuß am PC einer Massendurchschleusung in den Museen vorzuziehen sei, zumal in der Regel Scharen von Besuchern den Blick verstellen, von der Schlange an der Kasse gar nicht zu reden.

Sie wollen nicht auf die Tagesthemen warten und die 3-Minuten-Nachrichten sind ihnen zu dürftig –American Networks informieren professionell und umfassend via Internet über das tagespolitische Geschehen mit Orginal-Ton-Interviews, Filmausschnitten und Hintergrundanalysen.

Wer über eine leistungsfähige Netzanbindung verfügt, kann sich zu allen laufenden Hollywood-Filmen sogenannte „Previews" anschauen, kurze Sequenzen, die einen ersten Eindruck vermitteln sollen. Der Phantasie sind da wenig Grenzen gesetzt.

Stellen Sie sich vor: Ein Mausklick, und Sie wählen sich in das kommunale Datennetz ein. Im virtuellen Gemeinderat wird gerade über das neue Rathaus diskutiert. Zweiter Klick mit der Maus. Auf dem Bildschirm erscheint das multimediale Plenum. Das Projekt ist umstritten, die Rednerliste lang. Wer die Baupläne noch nicht kennt, kann Sie sich im elektronischen Modell des Gebäudes ansehen. Budgetzahlen, Expertenstudien oder Presseartikel sind jederzeit abrufbar. Am unteren Rand blinkt eine kleine Urne mit der Aufschrift „zur Wahlseite" Mausklick. „Stecken Sie ihren Chipausweis bitte in den Kartenleser ihres Computers und klicken Sie auf ja oder nein." Sieht so die Zukunft der kommunalen Politik aus?

Oder noch ein utopisches Beispiel mit einer Vision des Schreckens. In der Cyberpolitik könnte man sich folgendes Szenario vorstellen. Vor einer Kriegserklärung informiert der Präsident sein Volk über den Ernst der Lage. Danach bittet er um Entscheidungshilfe: Klicken Sie auf 1, wenn wir den Krieg erklären sollen. Auf zwei, wenn Sie dagegen sind. Und klicken auf 3 für die Ziele, die wir angreifen sollen.

Ein Viele an Viele-Medium ist ein Medium, durch das große Gruppen von Menschen mit anderen großen Gruppen von Menschen effektiv kommunizieren können. Ein Einer an Viele-Medium, wie etwa eine Zeitung oder eine Fernsehstation, ist ein Medium, wo eine kleine Gruppe von Menschen Informationen an eine große Gruppe sendet. Die Reporter, Redakteure, Produzenten und Eigentümer dieser Medien bestimmen, welche Information das Publikum bekommt und welche nicht. Mit einem Modem und einem Telefonanschluß kann plötzlich jeder als Verleger tätig werden, jeder Schreibtisch kann eine Sendeanstalt werden.

Große Gruppen können, von überall her, über elektronische Mailbox-Systeme interaktiv miteinander kommunizieren, Manifeste publizieren, Debatten führen, sich Zustimmung holen, Aktionen organisieren. So schreibt der sogenannte Cyberdemokrat Jim Warren. Die großen Verlierer der Online-Techniken sind Parteien und Bürokratien. Damit wandert die Macht weiter nach unten. Hätten wir sie schon in den 60er Jahren gehabt, so wäre der Vietnamkrieg nicht möglich gewesen. Wir hätten die Pentagon-Papiere rechtzeitig in die Hände bekommen und uns erfolgreich gewehrt.

Phil Agre, ein Informatiker an der Universität San Diego, ist da eher skeptisch. Er sammelt Informationen zur Kommunikation über Computer und verschickt sie per E-Mail an einen großen Kreis von Interessierten. Mehrere hundert On-Line Experten weltweit hält der Wissenschaftler so auf dem laufenden. Für Agre bedeutet mehr Technologie nicht automatisch mehr Demokratie. Es ist gefährlich, das Internet als Allheilmittel anzupreisen, um etwa extrem niedrige Wahlbeteiligungen zu steigern.

Die neuen Medien schaffen aber nicht nur Vorteile, man darf auch den Blick für große Probleme, die sich auftun, nicht verlieren. Allein die Kluft zwischen der jüngeren computergewöhnten Generation und der älteren computerfremden Generation wird sich vergrößern.

Es zeichnen sich psychische und soziale Probleme ab, in denen Fiktion, Illusion und Realität nicht mehr zu unterscheiden sind; wo bleibt die Phantasie und Kreativität? Kann es nicht auch zu einer Überflutung durch (vielleicht unnötige?) Informationen kommen? Es gibt vielfach Möglichkeiten der Manipulation.

Die Ungleichheit von Nutzungschancen zwischen einzelnen Bürgern in Abhängigkeit von ihrem Lebensalter, ihrer Qualifikation, ihrer Finanzkraft darf nicht aus den Augen verloren gehen. Das Problem der Passivität (Konsum bis zur Sucht) muß beachtet werden. Es lohnt sich daher, einen genaueren Blick auf die verschiedenen Regierungsprogramme zu werfen, um einschätzen zu können, was auf uns zukommt.

Das Entstehen der Informationsgesellschaft als politisches Programm
In den USA wurde eine gemeinsame Initiative gestartet, in der Industrie und Regierung zusammenarbeiten, um eine flächendeckende nationale Breitband-Informationsstruktur aufzubauen. Allein in den Haushaltsjahren 1993-1997 will die US-Regierung insgesamt 1,15 Mrd. Dollar an Steuergeldern für die National Information Initiative einsetzen, bekannter unter dem Schlagwort „Information Highways". Ziel ist es, alle Regierungsinstitutionen, Schulen, Universitäten, öffentliche Verwaltungen und die Privatwirtschaft mit Hochgeschwindigkeits-Kommunikationsnetzen zu überziehen.

Allein in den Aufbau elektronischer Bibliotheken sollen 300 Mill. Dollar fließen. Weitere 300 Mill. Dollar sind jeweils für die Bereiche Erziehung und Gesundheit vorgesehen. Dabei erwartet die USA aufgrund dieser öffentlichen Investitionen eine Steigerung des Bruttosozialproduktes um 300 Mrd. Dollar und 300.000 neue Arbeitsplätze.

Die japanische Regierung hat sich im Mai 1994 das Ziel einer Glasfaserverkabelung bis in jeden Haushalt bis zum Jahre 2010 gesetzt. Im Frühjahr 1994 startete das Telekommunikationsministerium ein Pilotprojekt (3 Jahre), durch das die Möglichkeiten integrierter Telekommunikations- und TV-Anwendungen durch Glasfaserverkabelungen bis in die Privathaushalte eingeschätzt werden sollen. Also, kurz gesagt, soll herausgefunden werden, wie sich das private Konsumverhalten der Bevölkerung ändert.

Das europäische Engagement geht zurück auf eine Initiative Jaques Delors, der die Staatschefs der EU 1993 auf ein Weißbuch verpflichtete. Dieses wurde im Dezember 1993 vorgelegt und sah in der Informationsgesellschaft ein großes Potential an neuen Arbeitsplätzen. Im Mai 1994 legte eine Gruppe hochrangiger Experten unter Vorsitz von Martin Bangemann einen Bericht zum Thema Informationsgesellschaft mit großer politischer Wirkung vor. Im Ergebnis plädiert er für eine beschleunigte Liberalisierung, für einen verläßlichen Ordnungsrahmen und für gemeinsame Initiativen von öffentlicher Hand und privater Wirtschaft.

Die Fortschritte bei der Liberalisierung des Telekom-Sektors, insbesondere die Liberalisierung der Infrastruktur spätestens bis 1. Januar 1998, waren eine unmittelbare Folge dieser Initiativen. Zunächst merkt man davon nur, daß die Telefonkosten kräftig angestiegen sind, weil die Telekom noch mal kräftig abschöpfen will, um sich im Markt eine gute Position zu schaffen.

Die Bundesrepublik verfolgt im Zusammenhang mit dem Wandel Deutschlands zur Informationsgesellschaft folgende Ziele, veröffentlicht im Info 2000: Deutschlands Weg in die Informationsgesellschaft:

1. Der technisch-wirtschaftliche Wandel soll zur Modernisierung und Zukunftssicherung des Standorts Deutschland genutzt werden. Er soll helfen, neue Märkte zu erschließen, die Wettbewerbskräfte der deutschen Wirtschaften zu stärken und neue Arbeitsplätze zu schaffen. Vor allem auch, sehr wichtig: man beachte dieses kleine Wort ***auch!,*** sollen kleinen und mittleren Unternehmen dabei zusätzliche Wachstums- und Beschäftigungschancen eröffnet werden.
2. Durch Fortentwicklung und Anpassung der rechtlichen und ordnungspolitischen Rahmenbedingungen soll den Marktteilnehmern eine verläßliche Grundlage für Innovationen und Investitionen gegeben und der Freiraum für unternehmerische Aktivitäten in einer wettbewerblichen Ordnung vergrößert werden. Eine zentrale Rolle spielen in diesem Zusam-

menhang eine weitere Liberalisierung im Bereich der Telekommunikation und die Schaffung national einheitlicher rechtlicher Rahmenbedingungen für das Angebot und die Nutzung neuer Informations- und Kommunikationsdienste.

3. Durch Intensivierung des wirtschaftlich-gesellschaftlichen Dialogs sollen Hemmnisse auf dem Weg zur Informationsgesellschaft identifiziert, Möglichkeiten zu ihrer Beseitigung aufgezeigt und Impulse für notwendige Maßnahmen aller Beteiligten gegeben werden. Ziel ist es, auch die Technikakzeptanz zu erhöhen und mögliche Risiken dieser Entwicklung von vornherein zu begrenzen.
4. Menschen aller Altersstufen und Bildungsgrade müssen die Chance erhalten, an den Entwicklungen teilzunehmen, die durch den Einsatz der Informations- und Kommunikationstechnik im privaten, gesellschaftlichen, kulturellen, politischen und beruflichen Bereich möglich werden. Dabei ist von staatlicher Seite darauf zu achten, daß gleiche Zugangschancen für alle gewährleistet sind. Der Entwicklung der Gesellschaft, in der viele die neuen Techniken nutzen können und andere dazu nicht befähigt sind, soll entgegengewirkt werden. Dies setzt auch eine nutzerfreundliche Kommunikationsinfrastruktur voraus, die gesellschaftliche, soziale und kulturelle Aspekte berücksichtigen muß. Dem Bildungswesen in all seinen Stufen sowohl im staatlichen (Bund, Länder, Kommunen) wie im nichtstaatlichen Bereich kommt damit eine besondere Aufgabe und Bedeutung zu.
5. Der Beitrag von Forschung und technologischer Entwicklung ist unverzichtbar für den Wandel Deutschlands zur Informationsgesellschaft. Die Förderung von Forschung und Entwicklung im Bereich Informationstechnik wird auf hohem Niveau fortgeführt, die Schaffung von Grundlagenwissen zu innovativen Basistechnologien und von Wissensvorlauf in perspektivenreichen Anwendungsfeldern sowie die Kooperation zwischen Forschungsinstituten, Hochschulen und Unternehmen wird verstärkt.
6. Der Aufbau und Ausbau moderner und sicherer Informationsinfrastrukturen soll verstärkt in den Verantwortungsbereich privater Investoren übergehen. Sie werden sich an der aktuellen und an der erwarteten Nachfrage orientieren. Der Wettbewerb zwischen den Investoren wird dafür sorgen, daß sie den Fortschritt der Technik voll nutzen - zum eigenen Vorteil und zum Vorteil der Verbraucher.
7. Die Möglichkeiten moderner Informationstechniken für eine bürgernahe Verwaltung und für einen funktionierenden Verwaltungsverbund der Bundesregierung zwischen Berlin und Bonn sollen voll ausgeschöpft werden.
8. Die Chancen, die der Einsatz moderner Informationstechniken in Wirtschaft und in Anwendungsfeldern öffentlichen Interesses zur Erhaltung der natürlichen Lebensgrundlagen und zur Gestaltung ökologisch vertretbaren Wachstums bietet, sollen in vollem Umfang genutzt werden.
9. Für eine breite Akzeptanz der modernen Informationstechniken ist ein ausreichender Schutz der vielfältigen Rechte und Interessen von Arbeitnehmern, Verbrauchern, Anbietern und Nutzern zu gewährleisten. Dazu gehören die Bereiche Datenschutz, Arbeitsrecht, Verbraucherschutz, Jugendschutz, Schutz geistigen Eigentums, Sicherheit informationstechnischer Systeme und vorbeugende Verbrechensbekämpfung.
10. Durch den weiteren Auf- und Ausbau elektronischer Informationssysteme soll der Zugang zu den aktuellen Ergebnissen der Forschung und Entwicklung sowie zu Markt-, Produkt- und Wirtschaftsdaten verbessert werden.
11. Die konkreten Maßnahmen der Europäischen Union zur Gestaltung des Weges von Europa in die Informationsgesellschaft und die nationalen Maßnahmen sollen aufeinander abgestimmt werden und sich ergänzen.

Die einzelnen Regierungsprogramme unterscheiden sich auf den ersten Blick kaum, wesentliche Differenzen sieht frau erst, wenn sie ins Detail geht. Vieles liegt in erster Linie daran, daß es in Amerika ein anderes Verständnis und eine ganz andere Tradition von Öffentlichkeit gibt. Im Unterschied zur europäischen Tradition, in der Regierungshandeln oft eine geheime Angelegenheit ist, man denke nur an den Geheimrat Goethe (heute heißt es Klüngel oder Clique), hat in Amerika der Anspruch der Bürgerinnen und Bürger auf umfassende Information und Teilhabe am öffentlichen Geschehen Verfassungsrang.

Die Differenzen dieser Traditionen sind auch in den unterschiedlichen Ausrichtungen der jeweiligen Telekommunikationsgesetze spürbar. „In den USA", so der Bremer Informatiker Kubicek, „werden im Zusammenhang mit den neuen multimedialen Netzen und Diensten den Bibliotheken und Schulen, aber auch Gemeindehäusern oder Multimedia-Kiosken an anderen Stellen große Bedeutung beigemessen. Das vom Senat verabschiedete Telekommunikationsgesetz verpflichtet explizit Netzbetreiber und Diensteanbieter auf besonders günstige Tarife für Schulen, Bibliotheken und Einrichtungen des Gesundheitswesens.

„Konkret macht sich das an der Frage des kommunalen Wegerechts fest. Netzbetreiber, die Leitungen verlegen, nutzen damit öffentlichen, kommunalen Grund und Boden. Während sie in den USA gesetzlich verpflichtet werden, für die Nutzung dieses Bodens öffentlichen Institutionen besonders günstige Konditionen für deren Netzanschluß anzubieten, bzw. Informationsinhalte von öffentlicher Bedeutung kostenlos bereitzustellen, streitet Prof. Kubicek in Deutschland bislang vergebens dafür, dieses Modell auch in Deutschland einzusetzen. Das Bonner Telekommunikationsgesetz sieht ein Recht der Kommunen auf „Wegezoll" nicht vor. Die Netzbetreiber sollen den öffentlichen Boden kostenlos benutzen dürfen. Doch auch in der Förderpraxis lassen sich deutliche Unterschiede kenntlich machen. Während in den USA sehr breit gefächert und pluralistischer gefördert wird, weil man davon ausgeht, daß sinnvolle Erfahrungen und Einschätzungen nur in der Breite und Vielfalt unterschiedlichster Projekte zu gewinnen sind, fördert die Bundesregierung die üblichen Megaprojekte von großen Medien- und Stromkonzernen zusammen mit Versandhäusern, weil mal wieder die richtigen Lobbyisten zur rechten Zeit am rechten Ort waren. Frau darf sich fragen, was denn überzeugendes am Internet sein soll, wenn die Benutzerin lediglich als Konsumentin, nicht aber als Teilnehmerin angesprochen wird und nun statt 30 Fernsehprogrammen 300 langweilig findet.

Internet und Arbeitsmarkt

1995 wird das Jahr der Kommerzialisierung des Internet. (Peter Kabel – Kabel New Media) Wird das Internet wirklich zu einem riesigen Markt, auf dem Produkte ihre Besitzer wechseln und per Kreditkarte und digitalem Bargeld bezahlt werden?

Bei Dingen wie Software und Musik mag das funktionieren, aber bei vielen Produkten kann man sich schwer vorstellen, sie auf digitalem Wege zu kaufen, ohne sie vorher im realen Leben begutachtet zu haben. So ist der Umsatz der Konzerne Quelle und anderer Katalogkaufhäuser, die bisher an das Netz gegangen sind, auch eher verschwindend gering. Die aktuellen Umsätze im Internet sind bescheiden, 1994 wurden laut einer Untersuchung der US-Marktforschungsfirma Simba gerade 13 Mill. Dollar durch Handel umgesetzt.

Man rechnet zwar mit einer Wachstumsrate von 6000 % zu einem Marktvolumen von einer Mrd. Dollar im Jahre 1998, aber umwerfende Umsätze sind das vorerst nicht. Von großem kommerziellen Interesse wird dagegen das Netz als Werbemedium sein. Auch traditionelle Medien leben heute davon, zielgerechtes Werbeumfeld zu sein. Eine Reihe von Umfragen haben ergeben, daß der WEB-Besucher durchschnittlich 35 Jahre alt, männlich, überdurchschnittlich gebildet, weltoffen, spielfreudig und neuen Trends gegenüber aufgeschlossen ist, viel in sein Hobby investiert, ach ja, und der Besucher hat ein durchschnittliches Gehalt von 100.000 DM pro Jahr.

Also ist der Besucher überhaupt der perfekte Innovator, genau die Zielgruppe, nach denen sich Werbetreibende die Finger lecken. Zudem bietet das Computernetz noch einen enormen Vorteil. Die Werbekontakte sind genau belegbar, da die Zugriffe auf einen Web-Server exakt belegbar sind. Es geht inzwischen sogar schon so weit, daß die Zugriffe auf die jeweiligen Webseiten gespeichert und daraus Profile für jeden einzelnen erstellt werden. Diese Profile lassen sich dann in der Weise für die Werbeindustrie nutzen, daß der User vom Webserver Werbung je nach seinem Profil gezielt präsentiert bekommt und damit die Zielgenauigkeit der Werbung immens erhöht wird.

HotWired ist ein Beispiel dafür, daß ein Web-Angebot schon heute ein Geschäft sein kann. Die Seiten des ständig aktualisierten Online-Magazins aus San Franzisco werden von Sponsoren präsentiert. Pro Sponsor und Monat kassiert es 15.000 Dollar und kommt so auf einen schätzungsweisen Umsatz von 250.000 Dollar. Es wirtschaftet in den schwarzen Zahlen und hat Dutzende Mitarbeiter.

Da das Anbieten von kommerziellen Online-Diensten und Netzwerken lukrativ und zukunftsträchtig zu sein scheint, drängen immer mehr Anbieter auf diesen Markt. CompuServe wird in Deutschland von ca 100.000 Anwendern genutzt. Datex-J von der Deutschen Telekom (heute T-Online) hat inzwischen über eine Million Anwender gefunden und täglich kommen etwa 1.000 neue dazu. Selbst Softwaregigant Microsoft hat die Zeichen des Marktes erkannt und plant, aktiv am Informations-Superhighway teilzunehmen. Hier finden im Moment regelrechte Marktschlachten mit dem bisher verbreitetsten Browser Netscape statt. Während Netscape sein Programm dem Benutzer kostenlos zur Verfügung stellte und sein Geschäft mit dem Server machte, bietet Bill Gates zur Zeit beides kostenlos an, um Netscape vom Markt zu vertreiben.

Der Vorteil der Online-Dienste ist der, daß er Informationen schon vorstrukturiert abliefert. Während früher keine Vernetzung der On-Line-Dienste untereinander möglich war, ist es heute möglich, auch von privaten Netzen zum Internet zu wechseln. Den Account, d.h. den Zugang zu den Netzen, ermöglichen Firmen gegen Entgelt, die Provider. Längst beginnt sich durch die Fülle von Informationen ein neues Berufsfeld zu etablieren. Der oder die InfobrokerIn filtert Informationen aus dem Datendschungel und stellt sie bereit. Wichtigstes Arbeitsinstrument der InfobrokerIn sind Informationsdatenbanken, die er oder sie mittels Computer und Datenleitung abfragt. Weltweit bereits über 6000 Datenbanken enthalten Informationen zu nahezu jedem Fachgebiet. Markt- und Produktübersichten, technische Daten und Rechtsinformationen, Forschungsergebnisse und vieles andere können dort recherchiert werden. Gute EDV-Kenntnisse, sicherer Umgang mit Telekommunikationsnetzen und versierte Kenntnisse in den Recherchemethoden gehören zur technischen Grundbildung des oder der InfobrokerIn.

Die in der Informationsgesellschaft entstehenden Arbeitsplätze werden sicherlich vielfach über die Informationsverarbeitung hinausgehen, so muß z.B. das Feld der Schulungen abgedeckt werden. Pädagogen, die bei der Auswahl des online abrufbaren Informations- und Lehrmaterials als Ratgeber fungieren, können hier Beschäftigung finden.

Der Telearbeitsplatz wird wohl noch gut durchdacht und diskutiert werden müssen. Vorteile werden die Leute genießen, die ohnehin schon freiberuflich tätig sind und überwiegend projektorientiert arbeiten. Hier kann in Zukunft auf aufwendige Büros und vieles Reisen verzichtet werden.

So gibt es im Internet schon Übersetzerbüros, die ihre Dienste hier anbieten. Sie erhalten ihre Aufträge über die Leitung und schicken das fertige Ergebnis auf gleichem Wege wieder zurück. So werden auch Projektgruppen zusammenarbeiten, die an völlig verschiedenen Orten leben. Siemens läßt z.B. viele seiner Programme in Indien programmieren. Warum auch immer. Das kann sich ja jeder selbst ausmalen.

Die soziale Absicherung der ArbeitnehmerInnen, die Telearbeit annehmen, muß genauestens im Blick behalten werden. Was passiert z.B. mit Arbeitszeit, Entgelt, Kommunikation? Was passiert, wenn mit der Scheinselbständigkeit sowohl Arbeitsrecht als auch soziale Absicherungen flachfallen? Was passiert, wenn durch die zunehmende Internationalisierung Arbeitsplätze im höherem Maße wegfallen, als geschaffen werden können?
Die EU geht zwar von 3 bis 4 Mill., in ganz Europa wohlgemerkt, neuer Arbeitsplätze in den nächsten 6 Jahren aus, schreibt aber auch , daß die globale Komponente von Telekooperation und Telearbeit zum Verlust von Arbeitsplätzen führen kann. Also viele offene Fragen, auf die keiner so recht eine Antwort parat hat.

Auch das Thema Datenschutz und Internet muß noch viel deutlicher in den Vordergrund geschoben werden. Die bestehenden Datenschutzgesetze sind vor dem Hintergrund einer inzwischen weitestgehend überholten Technologie der siebziger Jahre entstanden.

Beim Datenschutz ist die Position der Cyberlobbyisten eindeutig. „Er ist so wichtig, wie der Umweltschutz in der realen Welt", Zitat von Marc Rotenberg, Direktor des Electronic Privacy Information Center, der Konkurrenz von Bertelsmann. Nun ja, auch beim Umweltschutz liegt noch vieles im argen. Gerade wenn frau im Internet politisch aktiv ist, fallen unglaubliche Mengen von persönlichen Daten an, die leicht durchsucht werden können.
Wer heute schon im Internet mit seiner Kreditkarte einkauft, muß von allen guten Geistern verlassen sein, seine Kreditkartennummer geht unverschlüsselt durchs Netz. Alle Mails, die in die USA gehen, laufen vorher durch den CIA-Rechner und der Mann, der den bislang sichersten Verschlüsselungsmechanismus erfunden hat (Pretty Good Privacy), darf seinen Quellcode nicht außerhalb der USA vertreiben.
Den Politikern, sowohl in der EU als auch national, ist klar, daß im Bereich der Datenverschlüsselung und natürlich des Datenschutzes noch erhebliches getan werden muß. Ein Gesetzentwurf ist zur Zeit in Vorbereitung und wird vermutlich im Herbst diesen Jahres verabschiedet.

ABIW – Vorstellung des Pilotprojekts:
HochschulabsolventInnen bewerben sich im WWW
Im Wandel von der Industrie- zur Informationsgesellschaft spielen HochschulabsolventInnen eine herausragende Rolle. Für diese Gruppe wird der alltägliche Arbeitsumgang mit den neuen Informations- und Kommunikationstechnologien am ehesten zur Selbstverständlichkeit gehören. Es liegt auf der Hand, daß HochschulabsolventInnen, die den Umgang mit Informationsbeschaffung auf elektronischem Wege gewöhnt sind, diesen auch in ihr neues Arbeitsumfeld mitnehmen und so in Betrieben für eine Änderung der Einstellung gegenüber, sowie für einen produktiven und effizienten Umgang mit den neuen Medien sorgen können.

Langzeitstudien haben ergeben, daß zwischen Hochschulabschluß und Aufnahme einer der Qualifikation entsprechenden Arbeitsstelle eine Reihe von Jahren (man spricht, je nach Disziplin von einigen, manchmal auch von fünf bis sieben Jahren) vergehen. Währenddessen schlagen sich die AbsolventInnen mit verschiedenen Jobs, AB-Maßnahmen, zeitlich befristeten Stellen und zwischenzeitlicher Arbeitslosigkeit mehr oder weniger durch. Es muß gemeinsames Ziel von Hochschulen, Betrieben und Politik sein, die Dauer dieser unnötigen Warteschleifen zu verkürzen. Die offensive Nutzung von modernen Informationstechnologien kann dazu beitragen, die Kommunikation zwischen Anbieter und Nachfrager zu verkürzen, von der Schwerfälligkeit traditioneller Medien unabhängiger zu machen und den Informationsaustausch insgesamt zu intensivieren.

Die traditionelle Bewerbungsroutine ist, nimmt man die Möglichkeit durch persönliche Kontakte an eine Stelle zu gelangen, einmal aus, an den Briefverkehr per Post und an die überregionalen Zeitungen als öffentliches Printmedium, also an die alten Medien gekoppelt. Der ganze Ablauf ist stark formalisiert, ritualisiert und zur Gewohnheit erstarrt. Stellenanbieter schalten eine Anzeige in den überregionalen Zeitungen (durchschnittlicher Kostenpunkt 2000 - 5000 DM) und bekommen daraufhin zu einem bestimmten Zeitpunkt meist Hunderte von Bewerbungsschreiben. Personalentscheider müssen innerhalb einer begrenzten Zeitspanne aus diesen Hunderten lediglich aufgrund der Bewerbungsunterlagen einige auswählen, die zum Vorstellungsgespräch geladen werden. Eine sinnvolle und einigermaßen „objektive" Prüfung findet bei diesem Auswahlverfahren nur selten statt. Oft werden diejenigen Bewerbungsschreiben herausgefiltert, die in irgendeiner Weise besonders auffallen. Das muß aber noch lange nicht bedeuten, daß der qualifizierteste Bewerber auch unter den Auserwählten landet. Auf der anderen Seite ist es für HochschulabsolventInnen keine Seltenheit, mehrere Hundert sogenannte unaufgeforderte Bewerbungen auf gut Glück an bestimmte Firmen in der ganzen Republik zu verschicken. Auch dieses ist für den einzelnen Bewerber ein erheblicher Arbeits-, Zeit- und Kostenaufwand.

Das World Wide Web (WWW) bietet nun eine völlig neue Möglichkeit, die Bewerbungsroutine deutlich kostengünstiger, schneller und effizienter zu machen.

In graphisch ansprechender Darstellung können Text, Bild und Ton in Echtzeit präsentiert werden. Präsentationen im WWW drängen sich nicht auf, sie sind 24 Stunden verfügbar, jedoch nur für den, der danach sucht und sich dafür interessiert. Die Verweisstruktur der im WWW verwendeten Hypertext-Sprache (HTML) erlaubt es, in eine Einstiegsseite (Homepage) sogenannte Links zu verschiedenen anderen Seiten aufzunehmen, zu denen der Benutzer per Mausklick springen kann. Dadurch lassen sich auch größere Texte sowie Präsentationen aufnehmen, in einer Baumstruktur sinnvoll gliedern und zugänglich machen. Während es bei einer traditionellen Bewerbung undenkbar wäre und als Zumutung empfunden würde, umfangreiche Praktikumsberichte oder gar Diplom- oder Magisterarbeiten der Bewerbung beizufügen, läßt sich dies bei einer Bewerbung im WWW problemlos bewerkstelligen. Die Möglichkeit, Audiodaten aufzunehmen, die in Echtzeit abzuhören sind, eröffnet den Personalentscheidern die neue Chance, sich mit der Stimme des Bewerbers vertraut zu machen. Kurz: Bewerbungen im WWW können ein Persönlichkeits- und Qualifikationsprofil präsentieren, das bezogen auf die traditionelle Bewerbungsroutine von seiner Aussagekraft zwischen dem Bewerbungsschreiben und der persönlichen Vorstellung liegt.

Zudem läßt sich über eine Volltextrecherche nach bestimmten Schlüsselbegriffen einfach und schnell herausfinden, wer sich mit welchen Themen intensiver beschäftigt hat.

Die nach Disziplinen katalogisierte Datenbank in Kombination mit einer Volltextrecherche ermöglicht ein effizientes Suchen. Fehlbewerbungen, die durch zu knappe oder ungenaue Stellenbeschreibungen zustande kommen, werden vermieden. Gerade kleinere und mittlere Betriebe können sich über die Datenbank ein unverbindliches Bild verschaffen.

Wie sieht das ganze jetzt praktisch aus:
Wir, das sind mein Partner Boris Blaha und ich, haben einen Verlag (ABIW) gegründet und bieten allen AbsolventInnen von deutschen Fach-, Kunst-, Technischen-, allgemeinen und

sonstigen Hochschulen an, ihre vollständige Bewerbung in der Pilotphase kostenlos im Internet zu publizieren.

Die Pilotphase ist auf ein Jahr angesetzt. Jede AbsolventIn kann uns ihre Unterlagen schikken, ganz normal auf Papier oder per E-Mail. Wir sitzen dann je nach Umfang der Bewerbung zwei bis vier, manchmal auch fünf Stunden, schreiben entsprechende Web-Seiten, digitalisieren die Fotos, scannen die Zeugnisse und Bescheinigungen als Faksimile-Bild ein und stellen die Bewerbung unter der entsprechenden Disziplin ins Netz.

Um Mißbrauch weitestgehend auszuschließen, werden die Unterlagen konsequent anonymisiert, d.h. es taucht an keiner Stelle Name, Anschrift, Telefon/Faxnummer oder E-Mail-Adresse auf. Auch in den Dokumenten werden die Personennamen herausgenommen. Die Bewerbungen werden als Chiffre-Nummer publiziert. Die Kontakte laufen über unsere E-Mail-Adresse, und wir leiten eingehende Anfragen vertraulich weiter.

Ihre Bewerbung ist damit 24 Stunden am Tag so lange lesbar, bis sie eine Stelle gefunden haben und sie löschen lassen. Das Projekt haben wir in allen relevanten Internetkatalogen registrieren lassen, d.h. wer im deutschen Internet nach Stellenmarkt Ausschau hält, stößt zwangsläufig auch auf unser Projekt: HochschulabsolventInnen bewerben sich im WWW.

Das Projekt ist noch ganz jung und in der Anlaufphase (Start war der 1. Mai), deswegen läßt sich noch nicht viel sagen. Wir erhalten sehr viele positive, z.T. richtig überschwengliche Reaktionen und es kommt durchschnittlich eine Bewerbung pro Tag neu hinzu. Heute im Juli sind ca. 80 Bewerbungen in der Datenbank enthalten. Von Personalentscheidern sind inzwischen ca. 40 Anfragen gekommen. Es ist also sehr gut angelaufen, aber Erfolgsaussichten oder gar -garantien können wir jetzt natürlich noch nicht geben. Je mehr BewerberInnen unseren Service nutzen, desto interessanter wird die Sache für Personalentscheider. Und da wir die Sache z. Zt. völlig kostenlos anbieten, gibt es eigentlich keinen Grund, es nicht zu tun.

Auseinandersetzung mit der Atompolitik

Initiative gegen das Atommüllager MORSLEBEN
Atommüllendlager Schacht Konrad

"Alles was passieren kann, passiert irgendwann auch wirklich"
(10 Jahre nach der Reaktorkatastrophe von Tschernobyl)

Aktionsfrühstück und Demonstration am Schacht Konrad, Salzgitter

Initiative gegen das Atommüllager MORSLEBEN

Dorothea Janzen-Pöhlmann

Morsleben: Skandal ohne Ende mit gefährlichem Ausgang
Der Skandal um das Atommüllager Morsleben reißt nicht ab. Sechs Jahre nach der Wiedervereinigung wehren sich Tausende von Bürgern zwischen Braunschweig und Magdeburg gegen das Atommüllager Morsleben und fordern einen sofortigen Einlagerungsstopp.

Mit dem Einigungsvertrag beschaffte sich die Bundesrepublik das erste und einzige genehmigte Atommüll-Endlager in Deutschland. Das Lager wurde vom DDR-Staat ohne Sicherheitsnachweis übernommen und darf bis zum Jahr 2000 **ohne Planfeststellungsverfahren** betrieben werden. 14.000 m^3 Atommüll lagerten 1989 dort, 40 000 m^3 sollen bis zum Jahr 2000 eingelagert werden. Die Transporter rollen täglich und weitgehend unbehindert.

Vor 1989 wurde in der Presse auf die möglichen Gefahren hingewiesen, die vom Atommüllager Morsleben ausgehen. Für mehrere Millionen DM wurde eine Trinkwasserleitung vom Harz nach Helmstedt gebaut, für den Fall einer atomaren Verseuchung des Trink- und Grundwassers.

Nach der Grenzöffnung war das Atommüllager plötzlich „sicher". Seit 1994 wird schwach-und mittelradioaktiver Müll aus der ganzen Bundesrepublik eingelagert. Täglich werden mehrere Container eingefahren. Der Müll wird in Fässern gestapelt oder einfach 15 m tief abgekippt.

Es fand **keine Umweltverträglichkeitsprüfung** statt. Es gibt **keinen Nachweis der Langzeitsicherheit**. Das Bundesamt für Strahlenschutz behauptet, das Endlager sei für zehntausend Jahre sicher. Doch in Morsleben werden Radionuklide eingelagert, die eine Halbwertzeit von 24 000 Jahren haben, z. B. Plutonium 238 oder Jod 129 mit einer Halbwertzeit von 15 700 000 Jahren.

Sicherheitsrisiken im Atommüll-Endlager Morsleben

1. In der Sicherheitsanalyse des Endlagers Morsleben werden über 100 schwere Mängel festgestellt und Empfehlungen erlassen, wie man diese Mängel beseitigen kann.
2. Die Salzschicht über dem Einlagerungsbereich ist z.T. nur 32 m dick. Normalerweise sollen es 200-300 m sein.
3. Durch das Deckgebirge dringt Wasser in die Grube ein. Klare Aussagen über die Menge der künftigen Zuflüsse gibt es nicht.
4. Die Salzschicht ist zerklüftet und mit anderem Gestein durchsetzt.
5. Das Hohlraumvolumen ist mit 10-12 Millionen m^3 sehr groß und gefährdet die Stabilität des Schachts.
6. Die Langzeitsicherheit eines Endlagers soll vor Inbetriebnahme erwiesen werden. In Morsleben soll das erst im Rahmen des Planfeststellungsverfahrens nachgeholt werden.
7. Es gibt keine Umweltverträglichkeitsprüfung nach EG-Recht.
8. Mittelradioaktive Abfälle werden abgekippt; es entsteht ein unkontrollierbares Gemisch. Fässer bersten auseinander.
9. In der Umgebung (Allertalgraben) sind schon mehrere Salzschächte „abgesoffen".
10. Die Genehmigung zur Zwischenlagerung von hochradioaktiven Abfällen ist seit 1991 abgelaufen. Damit ist die weitere Lagerung illegal.

11. Die Aufzeichnungen aus DDR-Zeit über das eingelagerte Material sind unvollständig. Nicht einmal das Bundesumweltministerium weiß, was in den DDR-Fässern enthalten ist.
12. Versprühte radioaktive Flüssigkeiten haben sich durch die Gesteinsschichten gefressen. Zum Teil dringen sie weiter vor und können mit dem Grundwasser in Verbindung kommen.

Aktuelle Informationen über das Atommüllager Morsleben
(Stand März 1996)

1. Hochradioaktive Stoffe in Morsleben
Der neueste Skandal um Morsleben wurde durch „Kennzeichen D" am 24.1.96 ausgelöst.

Am 25. Januar 96 teilte das Umweltministerium von Sachsen-Anhalt mit, daß seit 1991 hochradioaktive Abfälle in Morsleben illegal zwischengelagert sind, die 83% des gesamten Strahlenpotentials des Lagers darstellen. In Morsleben dürfen jedoch nur schwach- und mittelradioaktive Stoffe endgelagert werden. Das Bundesamt für Strahlenschutz hat sich die Genehmigung zur Zwischenlagerung durch „aufsichtliche Anordnung der Eigenüberwachung" selbst erteilt.

Bei der Aktuellen Fragestunde im Bundestag am 7. Februar 1996 kam eine weitere skandalöse Tatsache heraus: Im Sicherheitsbericht des Bundesumweltministeriums über Morsleben werden die hochradioaktiven Strahlenquellen, die dort seit Jahren lagern, nicht berücksichtigt.

Am 15. Februar räumt Bundesumweltministerin Merkel „Abweichungen vom bisherigen Erkenntnisstand" über das Atommüllager Morsleben ein. In einem Behälter wurde statt einer Neutronenquelle eine Kobalt 60-Quelle gefunden. In einem anderen Behälter waren vier statt nur einer Neutronenquelle sowie eine zusätzliche Caesium 137-Quelle.

Das Bundesumweltministerium gibt zu, daß es keine genauen Kenntnisse über die eingelagerten Stoffe hat.

2. Verkippung mittelradioaktiver Stoffe in Morsleben
Seit Mitte 1995 werden, wie schon zu DDR-Zeiten, wieder mittelradioaktive Stoffe einfach abgekippt. Bundesumweltminister Töpfer hatte dieses Verfahren untersagt, Frau Merkel ließ es wieder aufnehmen. Die Fässer mit Atommüll bersten, radioaktive Abfälle vermischen sich unkontrollierbar. Von einer geordneten Beseitigung der radioaktiven Abfälle, wie sie das Atomgesetz in § 9 a Absatz 1 Nr. 2 verlangt, kann nicht gesprochen werden. Es werden Tatsachen geschaffen, die nicht rückgängig gemacht werden können.

Das Umweltminsterium Sachsen-Anhalt wollte dies verhindern. Nach einer Weisung aus Bonn wird weiter mittelradioaktiver Abfall abgekippt und Sachsen-Anhalt lehnt jede Verantwortung ab.

3. Gerichtsverfahren vor dem Oberverwaltungsgericht Magdeburg
Seit Mai/Juni 1994 liefen beim Oberverwaltungsgericht Magdeburg drei Klagen gegen den Betrieb von Morsleben. Am 16. November 1995 wurden die Klagen von Greenpeace und der Bürgerinitiative Morsleben vom Gericht abgewiesen. Die Revision beim Bundesverwaltungsgericht in Berlin wurde zugelassen.

Das Gericht vertrat die Auffassung, daß die DDR-Betriebsgenehmigung mit einem ordentlichen Planfeststellungsbeschluß gleichzusetzen sei. Ein Planfeststellungsbeschluß ist nach dem deutschen Atomgesetz nicht anfechtbar. Deshalb wurden die Kläger als nicht klageberechtigt angesehen.

Es handelt sich allerdings um einen fiktiven Planfeststellungsbeschluß. Nach dem Atomgesetz (§ 9 b) darf ein solcher Beschluß nur nach einem Planfeststellungsverfahren erteilt werden. Die Einwendungen der betroffenen Bürger müssen berücksichtigt werden. In Morsleben gab es keine Möglichkeit Sicherheitbedenken vorzutragen. Das haben die Richter berücksichtigt, indem sie die Revision zuließen. Die Sicherheitsbedenken der Kläger wurden nicht erörtert.

Für den nächsten Schritt, die Revision, hat sich Greenpeace e.V. bereit erklärt, unsere Revision mit dem Revisionsverfahren von Greenpeace zu verbinden. Wir hoffen auf einen Erfolg, nachdem im letzten Jahr und besonders in den letzten Wochen neue Gefährdungen bekannt geworden sind.

4. Forderungen der Bürgerinitiative
Die Initiative gegen das Atommüllager Morsleben fordert weiterhin einen sofortigen Einlagerungsstopp.

Solange nicht geklärt ist,
- welche Stoffe dort lagern,
- in welchem Zustand sämtliche Behälter sind und
- ob das ehemalige Salzbergwerk für zehntausende von Jahren Radioaktivität von der Außenwelt abschirmen kann,

muß die Einlagerung von Atommüll in Morsleben gestoppt werden!

Nachtrag
(August 1996)

Fast unbemerkt von der Öffentlichkeit ist im Juli 1996 im Bundestag und Bundesrat das „Genehmigungsbeschleunigungsgesetz" (GenBeschlG) verabschiedet worden.

In Artikel 4 der Novelle ist der § 9 b des Atomgesetzes (AtG) geändert worden. Ohne Zustimmung der Genehmigungsbehörde und ohne Öffentlichkeitsbeteiligung können jetzt wesentliche Änderungen in Morsleben vorgenommen werden.

So wurde bereits vom Bundesumweltministerium beantragt, das Einlagerungsvolumen in Morsleben von 30.000 m³ auf 170.000 m³ zu erhöhen. Daraus würde sich eine Erhöhung des Strahlungsinventars um das Zehntausendfache ergeben. Die Betriebsgenehmigung aus der Zeit der DDR wird ohne Planfeststellungsverfahren wesentlich erweitert.

Atommüllendlager Schacht Konrad

Katja Müller-Erwig

Liebe Kongreßteilnehmerinnen,
Worauf kommt es eigentlich an, wenn man über die Pläne eines Endlagers für radioaktive Abfälle diskutiert? Meine persönliche Antwort auf diese Frage ist sehr grundsätzlicher Natur, da sie die Verantwortbarkeit der Atomtechnik insgesamt betrifft.

Ich möchte in diesem Vortrag einen Überblick über die äußerst langwierige Geschichte des Planfeststellungsverfahrens Schacht Konrad als Endlager für radioaktiven Müll geben. Dieser Überblick soll keine Abhandlung historischer Daten sein, sondern er soll deutlich machen, welche relevanten Aspekte der Energiepolitik das Vorhaben Schacht Konrad als Atommüllendlager beeinflussen.

Der Behandlung von radioaktiven Abfällen geht eine lange Kette der Abfallanhäufung voraus, die jeweils wiederum mit Risiken verbunden ist:
Hier sind

- die verheerenden ökologischen Auswirkungen des *Uranabbaus* zu nennen,
- die kontinuierliche Anhäufung von *abgereichertem Uran* durch die Urananreicherung zur Brennelementeproduktion,
- das immense Gefahrenpotential während des *AKW-Betriebs,*
- die gesundheitlichen Auswirkungen durch *Niedrigstrahlung*, wie z. B. im Einzugsbereich des AKWs Krümmel,
- die radioaktive Verseuchung durch die *Wiederaufarbeitungsanlagen*,
- und die Belastung durch *Atommülltransporte.*

All diese Aspekte dürfen auch bei einer Diskussion um das geplante Endlager Schacht Konrad nicht außer acht gelassen werden. Sie sind vielmehr unmittelbar miteinander verknüpft, da es in der Auseinandersetzung um Konrad mithin um den grundlegenden Politikdialog über die Atomenergienutzung geht. Verknüpft ist damit aber auch die Frage nach dem Widerstand, der sich im Verfahrensverlauf entwickelt hat. An dieser Stelle ist besonders der Raum Niedersachsen von Interesse, da speziell diese Region im Zentrum der Endlagerplanungen liegt. Neben den geplanten Endlagerstätten, Schacht Konrad und Gorleben, ist bereits von 1968 bis 1978 in der Nähe von Wolfenbüttel zu Versuchszwecken in den Schacht Asse 2 schwach- und mittelaktiver Müll eingelagert worden. Darüber hinaus hat die Bundesregierung mit dem Wiedervereinigungsvertrag das Atommüllendlager Schacht Bartesleben in Morsleben (Sachsen-Anhalt) nach altem DDR-Recht übernommen.

1987 hat sich die Arbeitsgemeinschaft Schacht Konrad e. V. gegründet. Als Forum und Lobby der atomenergiekritischen Bevölkerung ist die Arbeitsgemeinschaft Schacht Konrad e. V. eine gemeinnützige „Dienstleistungseinrichtung“, zu deren Mitgliedern verschiedene korporative Mitglieder und Gruppen sowie über 400 Einzelpersonen zählen. Die Arbeitsgemeinschaft koordiniert die Arbeit ihrer Mitglieder, fördert die betreiberunabhängige wissenschaftliche Arbeit und bietet der interessierten Öffentlichkeit Information und Beratung an. Die Aktivitäten des Vereins beschränken sich somit nicht nur, wie der Name zunächst vermuten läßt, auf eine Verhinderung von Schacht Konrad als Atommüllendlager, sondern sie umfassen die bundesweite Kooperation mit anderen atomenergiekritischen Initiativen.

Noch in den siebziger Jahren gingen Energieversorger und Bundesregierung von einem so enormen Anstieg an Energiebedarf aus, daß der Ausbau der atomaren Stromversorgung als unausweichliche Entwicklung prognostiziert wurde. Doch betrachtet man den gegenwärtigen Stand der bundesdeutschen Energieversorgung, so zeigt sich, daß sich die damalige Prognose des stetig wachsenden Energiebedarfs nicht bewahrheitet hat. Derzeitig sind 19 laufende Atomreaktoren am Netz, deren Notwendigkeit von immer mehr Menschen angezweifelt wird. Immer deutlicher zeigt sich, daß es in der BRD sofort möglich wäre, einen Ausstieg aus der Atomkraft durchzusetzen. Auch auf seiten der Energieversorger ist immer weniger Bereitschaft zu spüren, in eine Technik zu investieren, die politisch auf äußerst wackeligen Füßen steht.

Doch Probleme birgt nicht nur der AKW-Betrieb, sondern auch die ungelöste Entsorgungsfrage. Ein genehmigtes Endlager für radioaktive Abfälle existiert nach wie vor nicht. Per Atomgesetz liegt in Deutschland der Schwerpunkt der atomaren Entsorgung auf der Verwertung der Reststoffe. Abgebrannte Brennelemente werden somit nicht als Abfälle deklariert, sondern stellen Sekundär-Rohstoffe dar, die im weiteren wiederaufgearbeitet werden, um so im *nuklearen Brennstoffzyklus* zu münden. Doch dieser angestrebte Recycling-Prozeß bewahrheitet sich in der Praxis nicht. Vielmehr kommt es im Wiederaufarbeitungsprozeß zu einer ca. 15fachen Volumenvergrößerung des radioaktiven Abfalls. Insbesondere der große Anteil an gering wärmeentwickelnden Abfällen ist auf die Wiederaufarbeitung zurückzuführen.

Doch wer ist eigentlich für die atomare Entsorgung zuständig? Per Atomgesetz sind die Bundesländer verpflichtet, Landessammelstellen für schwach radioaktive Abfälle aus Schulen und medizinischen Institutionen einzurichten. Diese Landessammelstellen sind Zwischenlagerstätten. Längerfristig wird die unterirdische Endlagerung angestrebt, für deren Bau und Betrieb die Bundesregierung verantwortlich ist. So auch im derzeitig laufenden Planfeststellungsverfahren Schacht Konrad, dessen Pläne sich gegenwärtig zur internen Prüfung bei der Genehmigungsbehörde, dem Niedersächsischen Umweltministerium, befinden.

Doch nun zur Geschichte des ehemaligen Erzbergwerks Schacht Konrad in Salzgitter-Bleckenstedt. In den 30er Jahren wurde das Erzvorkommen im südlichen Teil des Gifhorner Troges bei der Suche nach Erdöl entdeckt. Nach einem Betriebszeitraum von elf Jahren wurde die Erzgewinnung 1975 eingestellt, da ausländisches Eisenerz qualitativ hochwertiger und billiger war. Seit Einstellung des Förderbetriebes wird die Schachtanlage im Auftrag des Bundes als geplantes Atommüllendlager offengehalten. Nach einer ersten Erkundung der Einlagerungsmöglichkeiten durch die GSF („Gesellschaft für Strahlen- und Umweltforschung"), die mit einer Erfolgsmeldung abgeschlossen wurde, beantragte die Physikalisch-Technische Bundesanstalt (PTB) in Braunschweig 1982 die Planfeststellung beim Niedersächsischen Sozialministerium. Nach Veränderung der Verantwortungsbereiche ist nun das Bundesamt für Strahlenschutz (BfS) in Salzgitter antragstellende Behörde und das Niedersächsische Umweltministerium (NMU) die zuständige Genehmigungsbehörde.

Auf Anweisung des Bundes erfolgte 1991 die öffentliche Planauslegung. Einwände des NMU gegen den Zeitpunkt der Planauslegung wurden auf der Grundlage der Weisungsbefugnis des Bundes abgewiesen. In einer groß angelegten Einwendungskampagne wurden im zweimonatigen Zeitraum der Planauslegung insgesamt 289.000 persönliche Einwendungen gegen das Vorhaben gesammelt. Diese nach Wackersdorf zweithöchste Anzahl an persönlichen Einwendungen zeigt, in welchem Spannungsfeld sich die Pläne um Schacht Konrad bewegen. Besonders bedeutsam ist an dieser Stelle das Verhalten des Bundes, der - gedrängt von seiner atomrechtlichen Pflicht zur Lösung der Entsorgungsfrage - von seiner Weisungsbefugnis erstmalig und wiederholt im Verfahren Gebrauch gemacht hat.

Die Zuständigkeiten sind somit trügerisch. Der Bund ist in Form der PTB Antragsteller, hat aber zugleich die oberste Aufsicht über das Planfeststellungsverfahren und kann selbst dann die Einleitung bestimmter Verfahrensschritte anweisen, wenn das Land Niedersachsen als Genehmigungsbehörde der Ansicht ist, daß diese auf keiner Rechtsgrundlage beruhen. Auf diese Weise kann sich der Bund letztlich das eigens beantragte Verfahren genehmigen.

Kommt es zu einer Genehmigung des Vorhabens, so sollen in den Hohlräumen der Grube 650.000 m „vernachlässigbar wärmeentwickelnde Abfälle" eingelagert werden. Diese machen einen Anteil von ca. 95 Volumenprozent der Gesamtmenge aller in der BRD anfallenden radioaktiven Abfälle aus. Die „konradgängigen" Abfälle werden dann zu großen Teilen aus dem AKW-Betrieb, atomaren Großforschungseinrichtungen und ausländischen Wiederaufarbeitungsanlagen herrühren.

Das Kriterium der Wärmeentwicklung des Atommülls steht neben der Endlagerungseignung im unmittelbaren Zusammenhang mit der transportfähigen Verpackung desselben. Insbesondere bei dem Atommüll aus den laufenden Altverträgen zur Wiederaufarbeitung der abgebrannten Brennelemente in Frankreich (La Hague) und England (Sellafield) birgt die Überprüfung der konditionierten Abfälle einige Schwierigkeiten. Wer garantiert die Einhaltung der Einlagerungsbestimmungen? Lediglich Stichproben können zur Produktkontrolle durchgeführt werden. Erschwerend kommt hinzu, daß der französische Atommüll anderen Kategorisierungen unterliegt als in Deutschland. Die Einteilung des Atommülls nach Bequerel in „schwach-, mittel- und hochradioaktiven Abfall" wurde in Deutschland vor einigen Jahren von der Einstufung in „wärmeentwickelnden Abfall" und „vernachlässigbar wärmeentwickelnden Abfall" abgelöst. Dies ist jedoch nicht mit einem vernachlässigbaren Gefahrenpotential gleichzusetzen. So ist beispielsweise Plutonium als Alpha-Strahler inkorporiert hochgradig radioaktiv und gesundheitsschädlich, es entwickelt aber keine Wärme. Die Bezeichnung der „vernachlässigbaren Wärmeentwicklung" ist somit leicht irreführend, da sie assoziativ zur Verharmlosung veranlaßt.

Seit der Antragstellung 1982 sind mittlerweile 14 Jahre vergangen und diese Historie ist geprägt von Bund-Land-Konflikten, ungenügenden Gutachten, Bundesweisungen und einer außerordentlich großen Anzahl von Einwendungen. Dies gibt natürlich Anlaß zu der Frage, wo denn der regionale Widerstand zu sehen und zu spüren ist. Guckt man sich den über Jahrzehnte gewachsenen Widerstand in Gorleben an, so ist dort eine Kultur und ein Mythos gewachsen, der hier in der Region nicht in der Form zu erkennen ist. Der regionale Widerstand ist auf der einen Seite sehr verhalten, doch gleichzeitig ist besonders auf seiten der SchülerInnen zu erkennen, daß sich mit viel Witz und Kreativität eine neue Widerstandsbewegung herausbildet.

Das Konrad-Verfahren neigt sich dem Ende zu, es wird somit immer wichtiger, die Auseinandersetzung wieder verstärkt in die Öffentlichkeit zu bringen. Doch dabei darf nicht außer acht gelassen werden, daß Schacht Konrad momentan nicht an oberster Stelle der „Hitliste" der drängenden Probleme steht, denn durch die kontinuierlichen Einlagerungen in das ehemalige DDR-Endlager Morsleben tickt dort eine radioaktive Zeitbombe, die schnellstmöglichen Handlungsbedarf erzeugt. Gemäß Untersuchungen ist die Salzschicht des Schachtes Bartesleben nicht ausreichend, um dort Atommüll einzulagern. Es mag nur eine Frage der Zeit sein, wann es zu radioaktiven Austrägen in das Grundwasser kommt und dadurch das Trinkwassereinzugsgebiet der Stadt Wolfsburg betroffen sein wird. Und dennoch, auch dort haben es AtomkraftgegnerInnen schwer, sich Gehör zu verschaffen.

Nach offiziellen Angaben ist Ende 1996 oder Anfang 1997 mit dem Bescheid zur Genehmigung Konrads zu rechnen. Solange jedoch die Möglichkeit besteht, in Morsleben weiterhin einzulagern, wird der Druck von einer Genehmigung Konrads genommen. Doch auch Unstimmigkeiten bei den Gutachten haben zu Verzögerungen geführt. So hat der TÜV Hannover/ Sachsen-Anhalt bereits Verträge mit der zukünftigen privaten Betreiberin des Atommüllendlagers, der „Deutschen Gesellschaft für den Bau und Betrieb von Endlagern für Abfallstoffe" (DBE), abgeschlossen, die den späteren Einlagerungszeitraum betreffen. Die Unabhängigkeit des TÜVs war somit nach Ansicht des NMU nicht mehr gegeben. Das Bundesumweltministerium (BMU) war dagegen anderer Meinung und wies das Land Niedersachsen an, eine Neubegutachtung des TÜV-Gutachtens auszuschließen.

Aufgrund der anstehenden Genehmigung Konrads hat die Arbeitsgemeinschaft Schacht Konrad e.V. mit Unterstützung verschiedener betroffener Kommunen eine erneute Einsicht der Planungsunterlagen bei der Firma INTAC (ehemals Gruppe Ökologie) in Hannover in Auftrag gegeben, um Veränderungen seit Abschluß der Erörterung festzustellen und eventuell klagerelevante Punkte herauszuarbeiten. Das Projekt gliedert sich in zwei Phasen. Eine erste Begutachtung durch die Firma INTAC fand im Herbst 1995 statt. Eine zweite Akteneinsicht, bei der es insbesondere um Fragen des Betriebszeitraums gehen wird, ist im Herbst 1996 geplant. Darüber hinaus wurde ein Rechtshilfefonds zur finanziellen Absicherung einer möglichen Verwaltungsgerichtsklage gegründet.

Wer die Auseinandersetzung um den letzten Castortransport nach Gorleben verfolgt hat, der konnte einen direkten Eindruck von dem Durchsetzungsdrang unserer Bundesumweltministerin Angela Merkel bekommen, die unter Mißachtung aller KritikerInnen eine Politik durchsetzt, bei der die Demokratie auf der Strecke bleibt. Denn für die Atomkraftnutzung gibt es in der Bevölkerung keine Mehrheit mehr. Auch unser Niedersächsischer Ministerpräsident Schröder hat mit seinem Versuch, die Energiekonsensgespräche erneut aufzunehmen, bewiesen, daß die geplanten Endlager Schacht Konrad und Gorleben bloße Verhandlungsmasse sind, bei der nicht Fragen der Sicherheit, sondern rein machtpolitische Erwägungen im Vordergrund stehen.

Gegenwärtig befindet sich die deutsche Atomlobby auf einer Gradwanderung. Seit einigen Jahren befindet sich der Ausbau der Atomkraftnutzung in der BRD im Stillstand. Während Energieversorger eher zurückhaltend gegenüber einer Erweiterung der Atomenergie sind, forciert die Bundesregierung eine Renaissance der Atomkraft. So könnten der Bau des Forschungsreaktors Garching 2 bei München oder auch der Bau des riesigen Zwischenlagers Nord bei Greifswald erste Schritte in diese Richtung sein. Doch die Akzeptanz in der Bevölkerung schwindet zunehmend. Umso wichtiger ist nun für AtomkraftgegnerInnen die kontinuierliche öffentliche Auseinandersetzung. Das Potential des Frauenwiderstands ist längst nicht ausgeschöpft. Es erfordert eine neue Aktivierung, um so die spezifische Energie eines feministischen Widerstandes zu bündeln und zu stärken. Unsere Widerstandsformen können verschieden geartet sein. Damit sind wir alle aufgerufen, uns eigene Gedanken um die persönlichen Grenzen und Möglichkeiten des Widerstands zu machen, denn letztlich betrifft das Problem des Strahlenmülls uns alle. Wollen wir mit ansehen, daß wir ein solches Erbe den nachfolgenden Generationen überlassen?

„Alles was passieren kann, passiert irgendwann auch wirklich" (10 Jahre nach der Reaktorkatastrophe von Tschernobyl)

Petra Seibert und Gabi Mraz

Der Unfall

Am 26. April 1986 ereignete sich im Block 4 des AKW Tschernobyl in der Ukraine der bisher folgenschwerste Unfall in einem Atomkraftwerk. In Tschernobyl stehen vier sogenannte RBMK-Reaktoren. Im Unterschied zu den meisten anderen Reaktoren, die heute verwendet werden, werden in diesem Reaktor die bei der Kernspaltung entstehenden schnellen Neutronen nicht durch das Kühlwasser, sondern durch Graphit abgebremst („moderiert"). Der Reaktorkern besteht daher aus einem Graphitblock von 7 m Höhe und 11 m Durchmesser mit einigen Tausend vertikalen Bohrungen. In einem Teil der Bohrungen stecken Druckröhren, durch die Kühlwasser fließt und die in der Mitte je ein Brennelement enthalten. Das Kühlwasser verdampft dabei zum Teil, dieser Dampf wird abgetrennt und treibt die Turbinen. In den anderen Bohrungen befinden sich die Steuerstäbe. Der Reaktorkern ist von dicken Betonwänden zur Abschirmung der Strahlung umgeben, innerhalb derer durch eine Stickstoffatmosphäre eine Entzündung des Graphits verhindert wird. Die thermische Leistung dieses Reaktors beträgt 3200 MW, womit 1000 MW elektrische Leistung erzeugt werden.

Der Unfall ereignete sich bei einem elektrotechnischen Experiment im Block 3, der erst drei Jahre vorher in Betrieb gegangen war. Aus Anlaß einer geplanten Abschaltung des Reaktors sollte festgestellt werden, wie lange die auslaufenden Turbinen noch die elektrische Energie zum Antrieb der Kühlwasserpumpen liefern können, falls es zu einem totalen Stromausfall kommen sollte. Bei der Vorbereitung des Experiments sackte die Reaktorleistung durch einen Bedienungsfehler statt auf 1000 MW (1/3 der Nennleistung) auf nahe Null ab. In diesem Zustand hätte der Reaktor nach den Betriebsvorschriften abgeschaltet werden müssen, da er bei so geringer Last schwer regelbar ist. Um das Experiment aber doch noch durchführen zu können, führten die Operatoren durch Herausziehen fast aller Kontrollstäbe Reaktivität zu, und es gelang ihnen, ein Leistungsniveau von 200 MW zu erreichen. Zur Regulierung der Dampfmenge im Dampferzeuger reduzierten sie schliesslich den Kühlwasserdurchsatz, wodurch sich die Menge der Dampfblasen erhöhte. In dem graphitmoderierten Reaktor bedeutete das eine Reaktivitätszufuhr, die aufgrund des instabilen Betriebszustands, in dem sich der Reaktor bereits befand, einen plötzlichen Leistungsanstieg verursachte. Die Operatoren drückten jetzt den „roten Knopf", allerdings verursachte das Einfahren der Steuerstäbe unter diesen Umständen und aufgrund der mangelhaften Konstruktion (vorübergehend) eine weitere Reaktivitätszufuhr. So kam es zu einem explosionsartigen Leistungsanstieg („Exkursion"). Es wurde geschätzt, daß die Leistung auf das 100-fache der Nennleistung anstieg. Dadurch kam es zu einer Explosion, die einen grossen Teil der Druckröhren und den Betonschild über dem Reaktor zerstörte. Aufgrund von chemischen Reaktionen ereignete sich unmittelbar darauf eine weitere Explosion, die zu umfangreichen Zerstörungen des Reaktorgebäudes führte und Bruchstücke des Kerns in die Umgebung schleuderte.

Zusammengefaßt läßt sich feststellen, daß für den Unfall sowohl Fehler der Bedienungsmannschaft (Herausziehen einer größeren als der zulässigen Zahl von Kontrollstäben, Weiterbetrieb des Reaktors bei zu niedrigem Leistungsniveau) als auch Mängel in der Konstruktion maßgeblich waren (vor allem die Möglichkeit zu gefährlicher Leistungsexkursion und die vorübergehende Reaktivitätszufuhr bei Notabschaltung; weitere, nicht unfallentscheidende Konstruktionsmängel betreffen das schlechte Notkühlsystem und das fehlende Containment).

In den folgenden 10 Tagen entwichen aus dem Reaktor sämtliche radioaktiven Edelgase, etwa die Hälfte des Jods und Tellurs, ein Drittel des Cäsiums, und ca. 4% aller schwerflüchtigen Radionuklide wie Strontium, Ruthenium, Plutonium, etc. Diese Emissionen kontaminierten grosse Teile Europas und konnten sogar in Amerika festgestellt werden. Die geographische Verteilung ist stark von den Niederschlägen geprägt: wo es während des Durchzugs der radioaktiven Wolke geregnet hat, wurde ein großer Teil der Aktivität auf den Boden abgelagert; ohne Regen lagert sich viel weniger ab. Die Umgebung von Tschernobyl hatte noch ein gewisses Maß an Glück im Unglück. Durch die große Hitzeentwicklung stieg die radioaktive Wolke in Höhen von etwa 1000m auf; zunächst zog sie über sehr dünn besiedeltes Gebiet nach Westen, und schließlich regnete es in der näheren Umgebung sowie über den großen Städten wie Minsk und Kiew kaum. Dadurch beschränkten sich unmittelbar lebensgefährliche Dosen im wesentlichen auf das Anlagenpersonal und die Feuerwehrleute, welche den auf dem Dach der Maschinenhalle ausgebrochenen Brand löschten.

Was passierte in den Tagen des Unfalls in den umliegenden Dörfern?
Die BewohnerInnen des Dorfes Chernobyl wurden in den ersten Tagen des Unfalls überhaupt nicht informiert. Zwei Tage danach erreichten die ersten Gerüchte die Menschen, der Alarm kam erst drei Tage später. In den Tagen dazwischen verlief das Leben rund um den Reaktor ganz normal weiter, es gab eine Hochzeit und einen Kirtag. Vier Tage später wurde der Ort erst evakuiert.

Anzahl der betroffenen Menschen und Dosis, die sie erhalten haben:
- **135.000 Menschen** wurden aus der 30 km Zone rund um das AKW evakuiert. Die Dosis, die diese Personen bekommen haben, wird auf 10 bis 20 mSv im Durchschnitt geschätzt, für Einzelne aber bis zu 400 mSv Ganzkörperdosis.
- Insgesamt mußten **400.000 Menschen** ihre Wohnungen aufgeben und wegziehen.
- **270.000 Menschen** leben noch heute in Gebieten mit Cäsium-137 Belastungen über 555 kBq/m^2.
- In Summe leben heute **4 Millionen Menschen** in Gebieten mit mehr als 37 kBq/m^2. (was übrigens circa der durchschnittlichen Belastung Österreichs entspricht...)
- **800.000 LiquidatorInnen**, die aus Rußland, Weißrußland, der Ukraine und anderen Staaten zusammengezogen wurden und nun wieder verteilt sind.

Als sogenannte LiquidatorInnen wurden vor allem wurden junge SoldatInnen eingesetzt, um die Folgen des Unfalls einzudämmen (Sarkophag bauen, Evakuieren der Bevölkerung, Dekontaminieren (Abwaschen) von Fahrzeugen und Häusern, Bodenabtragung etc.). Zu dieser Gruppe gehören auch z. B. ÄrztInnen und LehrerInnen, die in den kontaminierten Gebieten arbeiteten.

Für die LiquidatorInnen wurde eine Obergrenze von 250 mSv festgesetzt, die sie entweder schon in wenigen Minuten oder über Tage hinweg maximal erhalten sollten. Die Einhaltung dieses Wertes ist allerdings fraglich. Die Arbeiten wurden überwiegend ohne irgendeine Form von Schutzausrüstung durchgeführt.

Ein Großteil der LiquidatorInnen ist nicht erfaßt in staatlichen Registern, daher sind auch keine Gesundheits- bzw. Krankheits-/Sterbedaten bekannt. Nach Schätzungen der WHO sind von der 200.000 ukrainischen LiquidatorInnen bereits 15.000 gestorben (einschließlich Selbstmorde), von den 350.000 russischen 7.000.

Gesundheitliche Auswirkungen der Unfalls

Akute Strahlenkrankheit

Akute Strahlenkrankheit äußert sich in den Symptomen Übelkeit, Erbrechen, Durchfall, innere Blutungen und Infektionen mit hohem Fieber. Dazu kommen die Folgen der Explosion wie Haut-Verbrennungen. Die letale Dosis beträgt ca. 3-4 Sv.

134 Personen wurden laut Internationaler Atomenergie Organisation IAEO mit einer derart hohen Dosis verstrahlt, daß bei ihnen akute Strahlenkrankheit diagnostiziert wurde. 31 starben innerhalb weniger Tage nach dem Unfall, wobei die IAEO betont, daß von diesen 31 eine Person an Herzinfarkt starb und 2 weitere aufgrund der Explosion und nicht an akuter Strahlenkrankheit.

Längerfristige gesundheitliche Folgen

In den letzten Jahren wurden diverse Anstrengungen unternommen, die Folgen des Unfalls festzustellen. Je nach untersuchender Gruppe gibt es unterschiedliche Bewertungen der Folgen. Im folgenden gebe ich einen Überblick über die unterschiedlichen Sichtweisen:

Für die **IAEO** sind die Folgen harmlos. Von 1990 bis 1991 wurde auf Ersuchen der damaligen Sowjetunion von der IAEO mit Unterstützung von WHO und FAO das „International Chernobyl Project" (ICP) durchgeführt, in dem die radiologischen Folgen erhoben werden sollten.

Langfristige gesundheitliche Auswirkungen werden über epidemiologische Untersuchungen festgestellt. Dabei gibt es mehrere Methoden. Nachdem es unmöglich scheint, alle Millionen Daten der betroffenen Menschen zu erfassen und auszuwerten, werden bestimmte Gruppen untersucht und das über die Jahre hinweg.

Natürlich kann durch die Auswahl der zu untersuchenden Gruppe schon festgelegt werden, was als Ergebnis erwünscht ist: nämlich daß keine oder zumindest möglich wenig Strahlenschäden nachweisbar sind. Die IAEO hat das so gemacht, indem sie für ihr ICP weder die LiquidatorInnen noch die aus der 30 km Zone evakuierte Bevölkerung untersucht hat. Untersucht wurden lediglich einige 100 BewohnerInnen nahegelegener Dörfer.

Als Kontrollgruppe sollte eine Gruppe aus einer „unverstrahlten Gegend" herangezogen werden. Allerdings leben die Menschen der Kontrollgruppe auch nicht auf unverstrahltem Boden und ernähren sich ebenso von belasteten Nahrungsmitteln.

Dementsprechend lautete das Ergebnis des ICP:
„Für die Bevölkerung der von der Studie erfaßten verseuchten Siedlungen und der Kontrollsiedlungen mußten zwar signifikante, nicht durch Strahlung bedingte gesundheitliche Schäden festgestellt werden. Gesundheitliche Störungen, für die ein direkter kausaler Zusammenhang mit der Strahlenexposition festgestellt werden konnte, wurden jedoch nicht beobachtet . . ."[1]

Die Leute sind also zwar krank, aber laut IAEO kommt das vom Streß und der Radiophobie (Angst vor Radioaktivität).

Faktum ist aber, daß sowohl **weißrussische als auch ukrainische Behörden** sehr wohl schon 1990 deutliche Anstiege an Schilddrüsenkrebs, v. a. bei Kindern aufzeigten. So war z. B. in Weißrußland schon Ende 1990 die Zahl der jährlichen Neuerkrankungen 30-fach erhöht gegenüber dem 10-Jahresdurchschnitt vor 1986.

Aufgrund der Aussagen im ICP wurden diese Daten vielfach angezweifelt. Erst ein Projekt im Jahr 1991/92 unter der WHO bestätigte die weißrussischen Angaben:

Erkrankungen an Schilddrüsenkrebs bei Kindern, die zum Zeitpunkt des Unfalls 0 - 14 Jahre alt waren [2]

Land	Jahre nach dem Unfall										Summe
	86	87	88	89	90	91	92	93	94	95	
Weißrußland	2	4	5	7	29	59	66	79	82	91	424
Rußland	-	1	-	1	8	8	8	12	33	33	104
Ukraine	8	8	11	23	40	42	75	75	80	*	362*
Total	10	13	16	31	77	109	149	166	195	124*	890*

* unsichere Daten

Ab 1993 flachte der Anstieg wieder etwas ab, da zu diesem Zeitpunkt viele der betroffenen Kinder bereits zu den Erwachsenen gerechnet wurden.

Die Art des Schilddrüsenkrebses ist eine spezielle: es handelt sich um einen sehr aggressiven Typ, der sich schnell ausbreitet und Metastasen in Knochen und Lunge verursacht.

Daß die Anzahl an Schilddrüsenkrebserkrankungen zugenommen hat, ist die einzige gesundheitliche Folge, die die IAEO inzwischen eingesteht. Allerdings wurde am Kongreß in Wien (April 1996) betont, daß die Heilungschancen bei guter klinischer Behandlung hoch seien.

Sehr unterschiedliche Meinungen gibt es zu allen anderen Folgen. Hier ein Vergleich der Aussagen zum **Gesundheitszustand der LiquidatorInnen und der aus der 30 km Zone evakuierten Bevölkerung**:

1) Die IAEO stellt im April 1996 fest, daß nichts festzustellen ist, was statistisch signifikant wäre.[3]
2) Die WHO stellt im März 1996 fest, daß der Anstieg an Leukämie bei den LiquidatorInnen zweimal so groß ist wie in vergleichbaren Bevölkerungsgruppen.[4]
3) Die weißrussische Regierung stellt in ihrem National Report 1996 fest, daß sowohl Krankheitshäufigkeit als auch Sterblichkeit höher ist als die der Durchschnittsbevölkerung, Tendenz steigend.
   a) Auftretende Krankheiten sind v. a.: Herz-Kreislauf-Erkrankungen, Störungen des Nervensystems, Krankheiten der Atmungsorgane und des Verdauungstraktes, psychische Störungen und grauer Star.
   b) Bei Krebs ist der Anstieg am deutlichsten bei Harnwegstumoren, aber auch bei Lungen- und Magenkrebs.
   c) Anstiege bei Leukämie wurden noch keine festgestellt.
   d) Genetische Abweichungen wie Chromosomenaberrationen nahmen stark zu, sowohl bei Schwangeren als auch bei Neugeborenen.[5]

Eine Untersuchung der russischen LiquidatorInnen ergab ebenfalls deutlich erhöhtes Krankheitsrisiko:

Erkrankungen pro 100.000 Personen in Rußland 1993: Vergleich LiquidatorInnen und Gesamtbevölkerung [6]

Krankheiten	Russische Gesamtbevölkerung	LiquidatorInnen
Neoplasmie (Geschwulst)	788	747
maligne Neoplasmie	140	233
Krankheiten des endokrinen Systems	327	6036
Krankheiten des Blutes und der blutbildenden Organe	94	339
psychische Störungen	599	5734
Kreislauferkrankungen	1472	6306
Verdauungstraktstörungen	2635	9739
alle Krankheiten	50785	75606

Weitere gesundheitliche Folgen:

Strahleninduzierter Diabetes
Im weißrussischen Bezirk Gomel hat die Anzahl an Fällen von strahleninduziertem Diabetes mellitus v. a. bei Kindern zugenommen. Die Erkrankungsrate ist doppelt so hoch wie im Durchschnitt der Republik Weißrußland.[7]

Genetische Schäden
Bei Untersuchungen von Hiroshima-Überlebenden konnten keine Erbschäden nachgewiesen werden. Untersuchungen in Mogiljow/Weißrußland, 200 km von Tschernobyl entfernt, haben andere Ergebnisse geliefert: Die Genetiker fanden so massive Erbgutveränderungen, daß sie Schwierigkeiten hatten, die Verwandtschaft von Eltern und Kindern festzustellen.[8]
Bekannt sind inzwischen auch die „Tschernobyl-Mäuse" (leben in der 30 km Zone rund um den Reaktor): Es handelt sich um einzelne Mäuse, die sich in ihrem Erbgut stärker voneinander unterscheiden als Mäuse von Ratten. Durch die hohe Strahlendosis läuft eine künstliche Evolution der DNA im Zeitraffer ab. Die Tschernobyl-Feldmäuse schauen nur noch äußerlich gewöhnlichen Feldmäusen ähnlich.[9]

Gesundheitliche Folgen im Deutschland
1. Kindersterblichkeit im süddeutschen Raum: Laut einer Untersuchung des Umweltinstituts München hat die Kindersterblichkeit im süddeutschen Raum seit 1986 zugenommen, was auf einen Einfluß von Tschernobyl hinweist.[10]
2. Trisomie 21 (Down Syndrom) in Berlin: Eine Studie ergab eine signifikante Zunahme bei Kindern, die im April bzw. Mai 1986 empfangen wurden.[11]

Psychologische Folgen
Bedingt durch teilweise jahrelange Nicht- bzw. Falschinformationen und den Verlust ihres Lebensraumes sind die Menschen in den betroffenen Gebieten klarerweise sehr beunruhigt. Gekoppelt mit ökonomischen Unsicherheiten (Jobverlust, weniger Geld, sozialer Ausschluß („Tschernobyl-Kaste") etc.) wirkt sich das natürlich auch somatisch aus. Für die IAEO ist das ein gefundenes Fressen, da sie gerne alle gesundheitlichen Folgen mit „Streß" erklären möchten. „Radiophobie" als Erklärung ist schon ein bißchen out, jetzt wird von „chronischem Umweltstreß geredet".

Sinn kann nicht sein, gesundheitliche Auswirkungen von Angst und Streß in Frage zu stellen. Aber es ist nicht nur die Angst vor Strahlung, die krank macht, sondern durchaus auch die Strahlung selbst.

Soziale und ökonomische Folgen

Die sozialen und ökonomischen Folgen sind schwerwiegend.

- Tausende Hektar verstrahlter Böden können nicht mehr landwirtschaftlich genutzt werden.
- Für das AKW Personal mußte eine neue Stadt anstelle von Pripyat errichtet werden (Slavutich).
- Die Evakuierungen und Rücksiedelungen kosten Geld.
- Weißrußland muß jedes Jahr ein Viertel seines Budgets für die Folgen Tschernobyls aufwenden. Das Geld fehlt natürlich in anderen Bereichen. Der Großteil dieses Betrags fließt in die Verbesserung der Lebensbedingungen und Kompensationszahlungen, nur 2% werden für Gesundheitsmaßnahmen ausgegeben. Die Kompensationen beinhalten freien öffentlichen Transport, reduzierte Miete, Frühpensionen und Lebensmittelmarken. Je nach Schwere ihrer Beeinträchtigungen werden die Menschen in 4 Kategorien eingeteilt. Es entwickelt sich bereits eine „Tschernobyl-Kaste".
- Die Abhängigkeit von westlichen Geldquellen ist sehr groß. Der weißrussische Präsident sagte, daß es ohne westliche Hilfe kaum möglich ist, mit den Folgen umzugehen.
- Arbeitsplätze in den kontaminierten Gebieten sind Mangelware. Zusätzlich sinkt das Lohnniveau.
- Die sozialen Strukturen brechen zusammen durch die Umsiedlungen.

Am IAEO Kongreß zu 10 Jahre Tschernobyl in Wien (April 1996) entstand daraufhin die Diskussion, ob es nicht sinnvoller sei, die Kompensationszahlungen einzustellen und nur mehr zu warten, bis konkrete Gesundheitsschäden aufgetreten sind, die dann bestmöglich behandelt werden sollen. Diese Meinung ist verständlich, wenn frau bedenkt, daß die IAEO nur Schilddrüsenkrebs bei Kindern als gesundheitliche Folge anerkennt.

Da psychologische und soziale bzw. ökonomische Folgen nun als schwerwiegender als die gesundheitlichen eingestuft werden, sollen Katastrophenpläne danach ausgerichtet werden. Das heißt konkret, daß Evakuierungen möglichst vermieden werden und daß wenig Geld in medizinische Betreuung gesteckt werden soll.

Die einzigen, die wirklich von dem Unfall in Tschernobyl profitieren, sind die WissenschaftlerInnen, die uneingeschränkt forschen dürfen, wieweit Strahlung nun wirklich schädlich ist, was 10 Jahre nach Tschernobyl und über 50 Jahre nach Hiroshima und Nagasaki angeblich noch immer nicht ganz klar ist. Das nennt sich Arbeitsplatzbeschaffung für die Atomlobby, genauso wie westliche Atomfirmen ihre Geschäfte mit der Nachrüstung der Ostreaktoren machen.

Und was wurde daraus "gelernt"?

Die aus dieser Katastrophe im Laufe der vergangenen 10 Jahre gezogenen Lehren und die davon ausgelösten Folgen lassen sich in einem Satz zusammenfassen: ***Der „Supergau" kann wirklich passieren, und wir müssen entweder alle AKWs abschalten, oder uns ernsthaft auf den nächsten vorbereiten.***

Während einige Länder sich für die erste Variante entschieden haben, folgt die Atomlobby, wie zu erwarten, der zweiten Variante. In Österreich wurde als Folge von Tschernobyl endlich endgültig beschlossen, das AKW Zwentendorf abzuschreiben, nachdem es aufgrund einer Volksabstimmung im Jahr 1978 nie in Betrieb genommen worden war. Italien beschloß in einer Volksabstimmung den Ausstieg und legte seine AKWs still. In der Schweiz wurde zumindest das umstrittene Projekt Kaiseraugst abgesagt und ein Moratorium beschlossen.

Reaktortechnik

Die Atomindustrie begann, sich viel intensiver als bisher mit Kernschmelzunfällen zu befassen. Auch wenn es richtig ist, daß der Unfallablauf von Tschernobyl in den meisten kommerziellen Reaktoren aufgrund ihrer anderen Bauart nicht in dieser Form möglich ist, so gibt es doch genügend denkbare Unfallabläufe, die zu einer Zerstörung oder Beschädigung des Reaktorkerns und damit zur Gefahr grosser Radioaktivitätsfreisetzungen führen können. So kam es u. a. bereits 1979 bei dem Unfall im US-amerikanischen AKW Three Miles Island zu einer Kernschmelze, was allerdings erst viel später bei den Aufräumarbeiten entdeckt wurde. Moderne AKWs sind mit einem sogenannten Containment versehen, einer druckfesten Stahl- und Betonumhüllung, die sowohl für Einwirkungen von außen (Flugzeugabsturz) als auch bei schweren Unfällen die Freisetzung grosser Mengen Radioaktivität verhindern soll. Allerdings hat jedes Containment einen bestimmten Auslegungsdruck, und es sind Unfallabläufe möglich, bei denen dieser Auslegungsdruck überschritten wird. Eine der nach Tschernobyl eingeführten Verbesserungen war daher der Einbau sogenanter „Wallmann-Ventile“ (benannt nach dem damaligen deutschen Umweltminister), durch die Überdruck über eine Filterstrecke abgebaut werden kann, und damit sozusagen ein kleineres Übel ein größeres verhindert.

Daneben gibt es zahlreiche andere Verbesserungskonzepte, vor allem für die AKWs in Osteuropa, welche von der westlichen Atomindustrie als Rettung vor dem drohenden Niedergang aufgrund der gegen Null gesunkenen Aufträge für neue AKWs gesehen werden. Ausserdem hofft sie, mit sogenannten „inhärent sicheren“ Reaktoren wieder Akzeptanz zu gewinnen. Diese Reaktoren sollen, so lautet zumindest das Ziel auf dem Papier, Unfälle möglichst ohne aktive Mechanismen in einer Weise abfangen können, daß selbst im schlimmsten Fall keine Maßnahmen für die Bevölkerung notwendig werden.

Katastrophenpläne und Grenzwerte

Ein anderer Aspekt der Reaktionen betrifft die Katastrophenpläne. Während diese sich bisher auf eine Zone von etwa 25 km rund um die AKW-Standorte beschränkten, hat Tschernobyl klargemacht, daß diese Pläne flächendeckend und international sein müssen. Als Konsequenz daraus sind unter Mitwirkung der Internationalen Atomenergiebehörde IAEO internationale Abkommen über frühzeitige Benachrichtigung und über gegenseitigen Beistand bei Reaktorunfällen abgeschlossen worden.

Die wirtschaftlichen Folgen einer Reaktorkatastrophe werden ebenfalls erheblich ernster genommen. Wenn man die kontaminierten Flächen (110.000 km^2 als „Kontrollzone“, mehr als die Fläche Österreichs), die Absiedlungen und Evakuierungen (400.000 Menschen trotz relativ geringer Bevölkerungsdichte) und die Anzahl LiquidatorInnen (800.000) betrachtet, wird deutlich, daß ein Unfall vom Ausmaß Tschernobyls ein kleines Land in den totalen Ruin treiben könnte. Allein durch die Kontamination von Lebensmitteln und die dadurch bedingten Kontrollmaßnahmen (in Österreich wurden z. B. täglich Milchproben per Hubschrauber zu den wenigen Meßstellen geflogen), Verkaufsverbote, Rückgänge im in- und ausländischen Absatz, etc. wurde ein beachtlicher ökonomischer Schaden verursacht. Um diesen Schaden in Zukunft zu minimieren, bemüht sich die Atomlobby intensiv darum, möglichst großzügige Grenzwertregelungen zu erreichen und diese auch international durchzusetzen. 1986 zeigte sich nämlich, dass Länder mit mächtiger Atomlobby (z. B. Frankreich, Schweiz) und vielen

AKWs viel weniger Maßnahmen ergriffen und höhere Grenzwerte setzten als AKW-freie Länder (z. B. Österreich), siehe untenstehende Tabelle. Die Atomlobby versucht massiv, die WHO/FAO-Werte als internationale Norm durchzusetzen und diffamiert vorsichtigere Grenzwertsetzungen als "unwissenschaftlich" und "irrational", und führt sie auf den Druck der "schlecht informierten" Medien und der "unwissenden" Öffentlichkeit zurück.

Grenzwerte für Lebensmittel

	WHO/FAO Codex Alimentarius*	EU **	Österreich
	Werte in Bq/kg (oder ℓ) Lebensmittel		
Kindernahrung			
Americium-241, Plutonium-239	10	1	
Strontium-90	100	75	
Iod-131	1000	150	
Cäsium-134, Cäsium-137	1000	400	11
Milch			
Americium-241, Plutonium-239	10	20	
Strontium-90	100	125	
Iod-131	1000	500	185
Cäsium-134, Cäsium-137	1000	1000	185 - 590
andere Lebensmittel			
Americium-241, Plutonium-239	1	80	
Strontium-90	100	750	
Iod-131	100	2000	
Cäsium-134, Cäsium-137	1000	1250	75 - 590
Trinkwasser			
Americium-241, Plutonium-239		20	
Strontium-90		125	0,07
Iod-131		500	3,7
Cäsium-134, Cäsium-137		1000	1,85

* Diese Grenzwerte wurden für den internationalen Handel gemacht. Werte über diesen Grenzwerten bedeuten nicht unbedingt, daß eine gesundheitliche Gefährdung vorliegt [sic!]. Die nationalen Behörden sind zuständig für die Setzung von Maßnahmen.

** wurden 1995 außer Kraft gesetzt

Auch in allen anderen Bereichen der Notfallplanung wird zunehmend auf „realistische" anstelle „konservativer" Dosisberechnung gesetzt. Notfallplanungen werden statt auf den „worst case" auf die Ergebnisse probabilistischer Berechnungen gegründet (z. B. auf ein Szenario, bei dem die schlimmsten 5% nicht berücksichtigt werden, oder gar nur auf den Mittelwert einer Reihe von Berechnungen).

Ein Beispiel, was realistische statt konservativer Dosisberechnung bedeutet: Die Dosis zufolge der Gammastrahlung vom kontaminierten Boden wird gemäss den „Allgemeinen Berechnungsgrundlagen", die in der BRD bei der Genehmigung von AKWs zugrundegelegt werden müssen, ohne Abschirmung berechnet und es wird angenommen, daß die Dosisleistung nur durch den physikalischen Zerfall abnimmt. Damit führt eine Kontamination mit 3000 kBq Cs-137 pro m² zu einer Dosis von 560 mSv in 50 Jahren. Dagegen nimmt das von der EU für die Notfallplanung entwickelte Modell PC-COSYMA eine städtische Umgebung an, in der die meisten Menschen sich im Inneren von Gebäuden aufhalten und dadurch so gut abgeschirmt werden, daß die Dosis mit einem Faktor 0.14 multipliziert werden kann. Ausserdem wird ein rasches Abwaschen der Nuklide von den versiegelten Oberflächen durch die Niederschläge („britisches Klima") angenommen. Das führt dazu, daß eine Kontamination mit den 3000 kBq Cs-137/m² plus vieler weiterer Nuklide, wie sie bei einem typischen Reaktorunfall zusammen mit Cs-137 auftreten (Jod, Tellur, Cs-134, Ruthenium, etc.) nur 100 mSv in 50 Jahren ergibt. Ein anderes Beispiel, wie die rechnerischen Dosen herabgesetzt werden, ist die Veränderung des Gewichtsfaktors, mit dem die Organdosis der weiblichen Brust in die Berechnung der meist als Massstab verwendeten „Effektivdosis" eingeht. Er war nach der alten ICRP-26 Empfehlung 0.15 und ist in der neuen ICRP-60 nur mehr 0.05.

Atomenergie als Klimaschutz?
Eines der letzten Argumente, das die Atomlobby hervorholt, wenn es um die Rechtfertigung ihrer Existenz geht, lautet „Atomenergie als Klimaschutz". Dem sind drei Argumente entgegenzuhalten: Erstens bedeutet ein Ersatz fossiler Brennstoffe durch Uranspaltung, wenn er in relevantem Umfang erfolgen soll, eine massive Vermehrung des Risikos durch Unfälle und durch die radioaktiven Abfälle, zweitens reichen dann die Uranvorräte auch nicht länger als etwa das Erdöl, und schließlich erfordert das enorme Investitionen, während andere Maßnahmen (effizienterer Energieeinsatz, Windenergie, etc.) wesentlich kostengünstiger sind.
Ein Szenario (IEA/EVA) zur Illustration: Im Jahr 1991 trug Uran ganze 7% zum weltweiten Primärenergieverbrauch bei. Wenn man bei einem der üblichen Szenarien (Zunahme des Energieverbrauchs von 328 EJ auf 484 EJ) im Jahr 2010 durch vermehrten Einsatz von Atomenergie den CO_2-Ausstoss auf dem Niveau von 1991 halten möchte, muß die Energieerzeugung aus Uran auf das Siebenfache (von 23 EJ auf 164 EJ) gesteigert werden: statt derzeit 400 AKWs also rund 2800, oder: jedes Jahr 100 neue AKWs ans Netz!

Kleines Glossar:
- 1 Becquerel ist die Einheit für die Aktivitätskonzentration und bedeutet einen Zerfall pro Sekunde; kiloBecquerel (kBq) = 1000 Bq
- 1 Sievert ist die Einheit für die Äquivalentdosis und bedeutet 1 Joule pro Kilogramm Energiewirkung. Mit der Äquivalentdosis wird die biologische Strahlenwirkung beschrieben.
- Die Reaktivität gibt an, um wieviel Prozent sich die Anzahl der zur Kernspaltung verfügbaren Neutronen in einem Reaktor pro Sekunde erhöht oder verringert. Zum Hochfahren des Reaktors muß sie positiv sein, während des konstanten Betriebs wird sie auf Null eingeregelt. Sie hängt auf sehr komplizerte Weise von sämtlichen Reaktorparametern ab.
- IAEO: Die Internationale Atomenergie Organisation ist eine UN-Organisation mit Sitz in Wien, zu deren statutarischen Aufgaben es zählt, die Nutzung der Atomenergie zu fördern.
- WHO: World Health Organisation, gehört auch zur UNO
- FAO: Food and Agricultural Organisation, ebenfalls zur UNO gehörig

Literaturtips:

- Fairburn Bass, Corin und Kenny; Janet (1993): Beyond Chernobyl. Women Respond. Envirobook Sydney.
- Wenisch, Antonia (1996): IAEO Politik: 10 Jahre nach dem Unfall in Tschernobyl. Ein kritisches Resumee erstellt im Auftrag von Greenpeace Österreich. (kann frau bestellen beim Österreichischen Ökologie Institut, Tel: +43/1/523 61 05)

- Bossew, Peter; Fink, Ulrike; Mraz, Gabriele; Neumann, Wolfgang; Panten, Thomas; Schreiber, Hans; Wenisch, Antonia (1993): 35 Years Promotion of Nuclear Energy: The International Atomic Energy Agency. A Critical Documentation of the Agency´s Policy. Gruppe Ökologie Hannover, AntiAtomInternational, Österr. Ökologie Institut.

Hier noch zwei Hinweise auf umfangreiche Berichte im WorldWideWeb, von internationalen Organisationen aus dem "Atom-Establishment" (IAEA und NEA):

- International Conference: One Decade After Chernobyl: Summing up the Consequences of the Accident. Vienna, Austria, 8-12 April 1996. http://www.iaea.or.at/worldatom/thisweek/preview/chernobyl/
- Chernobyl – Ten Years On. Radiological and Health Impacts. An Assessment by the OECD Nuclear Energy Agency Committee on Radiation Protection and Public Health. http://www.nea.fr/html/rp/chernobyl/chernobyl.html

Anmerkungen:

1 IAEO (1991): The International Chernobyl Project. An Overview. S. 32, übersetzt.

2 WHO (1996): One Decade After Chernobyl. WHO Updating Report. April 1996

3 IAEA (1996): One Decade After Chernobyl. Conclusions and Recommendations of the Technical Symposium. 12.4.1996

4 WHO (1996): One Decade After Chernobyl. WHO Updating Report. April 1996.

5 Ministry for Emergencies and Population protection from the Chernobyl Npp Catastrophe Consequences, Republic of Belarus and Academy of Sciences of Belarus (1996): The Chernobyl Catastrophe. Consequences in the Republic of Belarus. National Report.

6 Ivanov, V. (1996): Health Status and follow-up of liquidators in Russia. Vortrag am Kongreß „The radiological consequences of the Chernobyl accident". Minsk, 18. - 22.3.1996

7 Birukowa, L.w., Tulupowa, M.I. (1996): Dynamik endokriner Erkrankungen im Gebiet Gomel in der Zeit nach der Tschernobyl-Katastrophe. Vortrag am Kongreß „Tschernobyl - 10 Jahre danach: Eine aktuelle Bilanz der Folgen". Berlin, 19. -21.4.1996

8 Der Spiegel 19/1996, S.189

9 Der Spiegel 19/1996, S.189

10 Umweltinstitut München (1996): Kindersterblichkeit nach Tschernobyl. in: Umwelt Nachrichten 10. Jg 67/96, S. 18-21

11 Sperling, K. (1996): Tschernobyl - danach: Prävalenz der Trisomie 21 in Deutschland. Vortrag am Kongreß „Tschernobyl - 10 Jahre danach: Eine aktuelle Bilanz der Folgen". Berlin, 19. -21.4.1996

Aktionsfrühstück am Schacht Konrad

Vorbereitungsgruppe des 22. Kongresses von Frauen in Naturwissenschaft und Technik in Zusammenarbeit mit AG Schacht Konrad

Angeregt durch die aktuelle Auseinandersetzung um Atommülltransporte in das niedersächsische Gorleben und den 10. Jahrestag der Reaktorkatastrophe von Tschernobyl hatte die Vorbereitungsgruppe des 22. Kongresses von Frauen in Naturwissenschaft und Technik beschlossen, die atomare Energiewirtschaft am Beispiel der Endlagerung von Atommüll zu thematisieren. Neben Diskussionsveranstaltungen organisierten wir ein Frühstück am Schacht Konrad, um Frauen, die nicht nur diskutieren, sondern auch handeln oder zumindest demonstrieren wollten, einen Rahmen für Aktivitäten zu bieten.

Etwa 50 Frauen nutzten die Gelegenheit, am Samstag morgen den Schacht Konrad in der Nähe von Salzgitter zu besuchen. Kaum waren die Frauen am Schacht ausgestiegen, kam sogleich ein Streifenwagen der Polizei, die (natürlich) kein weibliches Personal schicken konnte, um zu erfragen, was wir denn dort vorhaben!

Nach einem Frühstück auf dem freien Feld unternahmen Frauen in Einzelgruppen „Schachtspaziergänge", wurden künstlerisch tätig oder informierten sich über die Situation am Schacht. Derweil erlitt ein (simulierter) Atommülltransporter auf seinem Weg zum Schacht einen Unfall, wodurch (virtuelle) Radioaktivität freigesetzt wurde. Auf der nachfolgenden spontanen „Kundgebung" vor der Schachtzufahrt haben wir einige Texte aus dem Buch „Die Wächter des Sarkophags - 10 Jahre Tschernobyl" von Alexander Kluge (Rotbuch-Verlag, 1996) verlesen. Die zitierten Passagen möchten wir im Folgenden wiedergeben:

'An der Wende vom April zum Mai 1986 gingen reichhaltige Regenfälle über Deutschland nieder. Seither läßt sich nicht mehr unbefangen sagen: „Maienregen bringt Segen". Die Wolken trugen von Nordosten den Fallout heran, der aus dem Krater von Tschernobyl stammte. Einen Augenblick glaubte die Bevölkerung ihren Obrigkeiten überhaupt nichts mehr.' (S. 7)

'10 Jahre nach Tschernobyl
Das Cäsium in unseren Böden ist heute genauso „aktuell" und wirksam wie 1986, als wir uns fürchteten. Nichts hat seine Wirkung entschärft, wir haben die Gefahr nur einigermaßen vergessen. Wir sind als Gewohnheitstiere begabt. Der öffentliche Schrecken, den das Zeichen Tschernobyl kurze Zeit verbreitete, hat zu keinem wesentlichen Lernprozeß geführt. Gerade jetzt werden in den neuen Bundesländern Projekte verfolgt, in der französischen Atomindustrie Versuche unternommen, die sich auf eine atomare Industriestruktur beziehen und nicht weniger überraschende Explosionen auslösen können als in Tschernobyl. Sicher: Auf keinen Fall wird dasselbe passieren - aber dafür etwas anderes, das darin gleich ist, daß wir in nichts darauf vorbereitet sind und alle Vorsorgekräfte in keiner Proportion stehen zu den Naturgewalten, mit denen man hier umgeht.' (S. 19/20)

Wir möchten mit einigen Interviewzitaten an die Katastrophe von Tschernobyl erinnern. 'Die Nacht war ganz gewöhnlich, wie üblich. Und ich bin aufgewacht von der Explosion. [...] Und als ich diese Explosion hörte, da habe ich gedacht, also wenn jetzt noch eine Explosion kommt, also dann ist das Krieg.' (S. 26)

Das ist der Wachmann, der 'während der Explosion aus seinem Kabäuschen rausgegangen ist, um zu schauen, was da am Reaktor brennt. Sein Hut fiel ab, er hob ihn auf, zog ihn wieder an und jetzt hat er Geschwüre am Kopf. Er ist tot.' (S. 49)

'Ich bin Reporter, und das ist mein Beruf. Von hundert Prozent der Aufnahmen sind leider Gottes nur zwei Bilder übriggeblieben, der Rest wurde einfach von der Radioaktivität vernichtet, der Film wurde schwarz. Was übrig blieb, werde ich selbstverständlich zeigen. Die Farben sind sehr flau geworden. Man kann sagen, daß Radioaktivität meine Negative selbst entwikkelt hat. Aber hier meine Lieblingsfotos, die ich Ihnen jetzt zeige. Das sind Menschenroboter, die haben direkt auf dem Dach des dritten Blockes gearbeitet. Die haben praktisch mit ihren Händen die kontaminierten Stoffe und die Kernstäbe einfach abgerückt. Ich habe das extra so belichten lassen, damit man sieht, wie stark die Radioaktivität war. Also das war schrecklich. Sie kamen für 40 Sekunden raus, nur 40 Sekunden. Eine Schicht hat 40 Sekunden gedauert. Die haben Bleiplatten vorne, Bleiplatten hinten und oben am Kopf.
[...]

Eine richtige Ausrüstung, einen richtigen Schutz gegen diese furchtbare Strahlung gab's in unserem Land nicht. Und ich glaube, eine besondere Ausrüstung, um sich gegen solche Strahlen zu schützen, gab's in der ganzen Welt nicht.' (S. 49/50)

'Das ist ein Pferd mit acht Extremitäten, mit acht Füßen. Dieses Pferd wurde etwa 140 Kilometer von Kiew und 80 Kilometer von Tschernobyl entfernt aufgenommen, auf einem Staatsgut. 1987, 1988, 1989 war eine große Explosion der Mutationen. Es waren über 400 Fälle von Mutationen.' (S. 56)

'Dieser Junge ist fünfeinhalb Jahre alt, ich habe das damals aufgenommen, als er dreieinhalb war. In Weißrußland gibt es ein Haus für elternlose Kinder, ein Kinderheim, in dem Kinder, die mißgebildet sind, aufwachsen. Dieser junge Mann heißt Igor. Seit seiner Geburt hat er nur eine Hand und flossenartige Füße. Er ist ein ganz hübscher Junge, die Eltern haben sich von ihm losgesagt.' (S. 61)

'Was ist das hier für ein Lebewesen?
Das ist ein Kalb. Es hat nur ein Auge und nur einen halben Kiefer, als Mund hat es nur ein ganz kleines Loch. Es hat zwei Monate gelebt.' (S. 61)

'Letztlich aber halfen nicht die Roboter, sondern nur die Wissenschaftler selbst, als sogenannte „Bio-"Roboter. Sie suchten nach der Substanz, die aus dem Kernreaktor verschwunden war. Ihre Suchausrüstung war improvisiert.' (S. 88)

'5 % der Reaktormasse kann eine spontane Kettenreaktion auslösen. Aber die Sortierung der Materie, wie wir sie vorfanden, war eher chaotisch als gefährlich.' (S. 106)

'Die Offiziere wußten, daß die Strahlen Menschen töten konnten. Die Einsätze wurden deshalb so bemessen, daß die Dosis auf 20 Röntgen pro Person begrenzt blieb. Manche bekamen diese Dosis in weniger als einer Minute.' (S. 92)

'„Ich beglückwünsche Sie zur Erfüllung der verantwortungsvollen Aufgabe. Sie haben als erster Kundschafter gestern die Situation geklärt. Ich zeichne Sie mit einer Ehrenurkunde und der Ihnen angekündigten Geldprämie aus und wünsche Ihnen Gesundheit und Wohlergehen und daß Sie es zum General bringen."' (S.93)

'Durch die hohe Radioaktivität leuchtete alles und sah sehr schön aus.
So hinreißende Kristalle, wie wir sie hier gefunden haben, existieren in der Welt nirgends.
Es ist schön und faszinierend. Sie finden sie schön anzusehen? - Ja!' (S. 108)

Auch wenn alle viel Spaß am Aktionsfrühstück hatten, war spätestens nach dem Verlesen dieser Textstellen Ernst in die Gesichter zurückgekehrt. So wurden die nachfolgenden Forderungen nach einem sofortigen Ausstieg aus der Atomenergie und Plutoniumwirtschaft mit großem Beifall unterstützt. Außerdem bildete sich eine Gruppe, die eine Resolution für das Abschlußplenum vorbereitete.

PS: Die Polizei, die uns zwischenzeitlich verlassen hatte, wartete nach dieser unvorhergesehenen „Sitzblockade“ solange, bis wir alle wieder abgefahren waren...

Situation von Frauen/Lesben an der Hochschule, im Beruf, in der Arbeitslosigkeit

Veranstaltung

Integration oder Separierung? Konzepte und Instrumente zur Gleichbehandlung von Frauen und Männern in den Technik- und Naturwissenschaften

Claudia Batisweiler, Elisabeth Lembeck

Ausgehend von der quantitativen und qualitativen Situation studierender, lehrender und forschender Frauen an der TU BS, möchten wir eine Darstellung der in vielen Bereichen marginalisierten Frauen geben.

Der Rückgang der Studierendenzahlen in der Elektrotechnik und im Maschinenbau berührt das Selbstverständnis einer vornehmlich an den Ingenieur- und Naturwissenschaften orientierten Hochschule. Gleichzeitig findet eine „Öffnung" gegenüber weiblichen Studieninteressentinnen statt, mit dem Ziel, neue Kapazitäten für nicht mehr so attraktive Studiengänge zu gewinnen. Innovative wissenschaftliche Ansätze, wie sie die Frauenforschung hervorgebracht hat, spielen in den technischen Fächern keine Rolle und sind weitgehend unbekannt.

Wie kann die Lage der Frauen insgesamt verbessert werden?

- Das Frauenbüro wird sich mit geplanten Projekten dazu vorstellen und lädt Interessierte zur Diskussion ein, welche Maßnahmen geeignet sind, langfristig die Minderheitensituation von Frauen zu entschärfen und aufzuheben, auch vor dem Hintergrund der Sparzwänge, die die Hochschule betreffen.
- Wir hoffen, trotz des trüben realpolitischen Hintergrunds, auch Ideen und Visionen erörtern zu können, die herrschende Paradigmen in der Technik und den Naturwissenschaften in Frage stellen bzw. das Geschlechterverhältnis berücksichtigen. Wie könnten solche neuen „Wissenschaftsansätze" institutionalisiert oder überhaupt eingeführt werden?

Unsere folgenden Darstellungen ordnen sich ein in einen großen z.T. noch ungelösten Komplex von Fragen, die mit dem Verhältnis Männer-Frauen-Technik befaßt sind. Damit gemeint sind Fragen wie z. B.:

- Warum sind Frauen weniger an Technik interessiert?
- Hat die geringere Beteiligung von Frauen in Naturwissenschaft und Technik auch mit dem Mythos dieser Fächer zu tun, an denen sie weiterstricken? Hat das etwas mit ihrer mangelnden Transparenz und spezifischen Selbstdarstellung zu tun? (Homo faber, instrumentelle Vernunft vgl. Benjamin)
- Hat die größere weibliche Absenz auch etwas damit zu tun, daß die Arbeitsanforderungen z. B. an Ingenieurinnen sehr schwer in Einklang mit anderen Lebensbedürfnissen zu bringen sind (Freizeit, Familie, Partnerschaft etc.)?
- Muß die Hochschule und die Wissenschaftsorganisation nicht insgesamt verändert werden, herausgelöst aus seit Jahrhunderten tradierten patriarchalischen Strukturen, die Selbstdarstellung beispielsweise, old-boy-network, zu unumgänglichen Faktoren des wissenschaftlichen Werdegangs machen?

Wir können auf dem Hintergrund des sehr weiten Feldes jetzt versuchen, die Situation von Frauen in diesen Bereichen an den Hochschulen zu erfassen, zu analysieren und Lösungen zu entwickeln.

Mädchen- und Frauenanteil
in verschiedenen Ausbildungs- und akademischen Beschäftigungsbereichen

Mädchen- und Frauenanteil in Prozent (1994)	gesamt	neue Länder	alte Länder
Gymnasien	53,9	60,3	52,5
Berufsschulen	41,1	37,6	41,9
Hochschulreife	52,5	58,9	51,3
Fachhochschulreife	42,3	49,1	41,7
Studienanfängerinnen/ insgesamt	44,4	47,2	43,9
Studienanfängerinnen/ Universität	49,1	52,1	48,6
Studienanfängerinnen/ Kunst-HS	54,2	55,6	53,8
Studienanfängerinnen/ Fach-HS	35,1	40,1	34,1
Hochschulabsolventinnen (1993)	38,9	44,8	38,4
Promotionen	30,9	40	30,2
Habilitationen	13,6	-	-
Professuren	6,9	9,8	6,4
Dozentinnen, Assistentinnen	23,6	29,6	19,2
Lehrkräfte	36,9	49,5	31,4
Forschungseinrichtungen	18	-	-
Großforschungs-einrichtungen	14,4	-	-
Beratungsgremien des BMBF	8,5	-	-
Beratungsgremien der Projektträger des BMBF	3,7	-	-

Tabelle 1:
Veröffentlicht im zweiwochendienst, Nr. 111/1996, 9. Jg. S. 8. Ergebnisse einer Anfrage der Grünen an die Bundesregierung, die im März 1996 veröffentlicht wurde

Zusammenfassende Interpretation:

- Pyramidenmodell, im Verlauf der Jahre gibt es zwar Steigerungen, was die Frauenanteile an den verschiedenen Hierachiestufen angeht, strukturell hat sich jedoch nicht viel geändert.
- Promotion und Habilitation bilden die größten Hürden im Hierachieaufstieg und wirken als Selektionsmechanismen.

- Auffällig sind die fast immer höheren Frauenanteile auf allen Hierachiestufen in den neuen Bundesländern.
- Bei den Professuren sind zu unterscheiden bei den Universitäten in C4 und C3 Professuren; gerade die LehrstuhlinhaberInnen haben die größten Gestaltungs- und Forschungsmöglichkeiten, auch in bezug auf die Rekrutierung des wiss. Nachwuchses; gerade hier sinkt der Frauenanteil deutlich unter 5 %; er liegt in den alten Bundesländern bei 3,7 % (1994).
- Bezogen auf die Ingenieur- und Naturwissenschaften sehen die Zahlen schlechter aus: Von 1980 bis 1994 hat sich der Frauenanteil an den StudienanfängerInnen in den Bereichen Mathematik und Naturwissenschaften von 38,7 auf 38,1 % verringert.

Dafür mag auch die TU Braunschweig ein Beispiel sein: Tabelle 2 gibt einen Überblick über den Frauenanteil in den Technikwissenschaften.

	Studierende in %	Wiss. Mitarb. in %	Professorinnen
Bauing.	17,9	10,3	0
Vermessungswesen	50	27	0
Maschbau	5,4	3,1	0
E-Technik	3,8	2,5	0
Physik	14	0	0

Tabelle 2: Frauenanteil in den Technikwissenschaften (Stand: 20.12.1994, Abt. 52)

Wir können daraus ersehen:

- Es gibt bis heute keine einzige Professorin.
- Sehr geringe Studentinnenzahlen und wiss. Mitarbeiterinnen in den am stärksten frequentierten Studiengängen der TU, Elektrotechnik und Maschinenbau sind vorhanden.
- Hinzuweisen ist darauf, daß es seit 1995 eine wiss. Mitarbelterin in der technischen Physik und eine in der Geophysik/Meteorologie gibt.
- Es verbirgt sich hinter der Prozentzahl in der E-Technik bei den Frauen im akadem. Mittelbau eine Frau.

Absolventinnen der TU Braunschweig

Fachbereich	1990			1994		
	gesamt	Frauen	Frauen %	gesamt	Frauen	Frauen %
Mathematik und Informatik	146	31	21,3	121	19	15,7
Physik und Geowissenschaften[1]	75	13	5,8	56	11	5,1
Chemie und Pharmazie[2]	199	113	56,8	219	121	55,6
Biowissenschaften und Psychologie[3]	100	55	55,2	155	88	56,8
Architektur	73	26	35,6	103	46	44,6
Bauingenieur- und Vermessungswesen	123	12	10	86	11	12,8
Maschinenbau	372	14	3,8	399	21	5,3
Elektrotechnik	237	7	3	258	10	4
Philosophie, Wirtschafts- und Sozialwissenschaften	44	23	52,4	76	48	63,3
Erziehungswissenschaften	106	95	90,1	134	128	96,2
Insgesamt	1475	389	26,4	1607	503	31,3

Tabelle 3:
Technische Universität Braunschweig, Absolventinnen nach Fachbereichen
Stand: 17.01.1995 – Frauenbüro der TU Braunschweig – berechnet nach Angaben der Fachbereiche und des Nds. Landesamts für Statistik, Dez. 21

Hieraus wird deutlich ersichtlich, wie gering der Frauenanteil in gesellschaftlich bedeutenden Fächern ist: z. B. Maschbau, E-Technik, aber auch Informatik, Bauingenieur- und Vermessungswesen.

---

1 Unter ‘94 konnten nur Angaben des Studienjahres ‘93 erfolgen; Angaben durch das Nds. Landesamt für Statistik, Dez. 21

2 Änderung am 16.01.1996

3 Die Gesamtzahl der Absolventen ist für 1994 auch auf den neu eingerichteten Studiengang Biotechnologie (1987) zurückzuführen

Absolventinnen ausgesuchter Studiengänge der TU Braunschweig

	1990		1994	
	AbsolventInnen	davon Frauen	AbsolventInnen	davon Frauen
FB 3				
Pharmazie	128	95 (74,6 %)	106	80 (75,8 %)
Chemie (einschl. Lebensmittelchemie)	71	18 (25,38 %)	113	41 (36,7 %)
FB 1				
Mathematik	39	9 (23,1 %)	20	7 (35 %)
Informatik	107	22 (20,6 %)	101	12 (11,9 %)
FB 2			(1993)	
Physik	45	1 (2,2 %)	44	4 (9,1 %)
Geowissenschaften Geologie Paläontologie Mineralogie	13	4 (30,8 %)	11	6 (54,5 %)
FB 5				
Architektur	73	26 (35,6 %)	103	46 (44,6 %)
FB 6				
Bauing.-Wesen	123	12 (10 %)	76	9 (12 %)
Wirtschaftsing.-Wesen	-	-	10	2 (20 %)

Tabelle 4: AbsolventInnen ausgesuchter Studiengänge der TU Braunschweig

Zusammenfassende Interpretation:

- Fächer differenzieren sich aus: der bundesweite Trend der Abnahme an Studentinnen in der Informatik setzt sich auch in BS fort.
- Aufbaustudiengänge und weichere Technikfächer haben eine weit größere Attraktivität für Frauen.

Mögliche Konzepte der Frauenförderung an der Hochschule

Separierung	Integration
Technische Hochschule für Frauen	Veränderung der Curricula
Frauenstudiengänge Technikwissenschaft	Ringvorlesung zum Thema Geschlechterverhältnisse in den Natur- und Technikwissenschaften
Frauentutorien, -seminare, z.B. EDV-Kurse für Frauen	Studium integrale mit entsprechenden Veranstaltungen
Rhetorikkurse für Frauen	Studienberatung auch während des Studiums, spezielle Angebote
Absolventinnentraining	Modellprojekt zur Begleitung von Studentinnen in den Technikwissenschaften
	Praktikumsbörse für Ingenieurstudentinnen

Projekte/Vorhaben der Frauenförderstelle 1996

1. Rhetorik-Seminar für Ingenieurstudentinnen und wiss. Mitarbeiterinnen am 4./5. Mai 1996
2. Unterstützung und Mitwirkung am Kongreß „Frauen in Naturwissenschaft und Technik" Mitte Mai 1996
3. Unterstützung des „Mädchen- und Technik-Tages" (Modellprojekt: Technik zum Be-Greifen) am 30.05.1996
4. Regine Winter: „Frauendiskriminierung im BAT", Kooperationsveranstaltung mit der HBK am 27.04.1996
5. Dr. Barbara Degen: „Wie männlich ist das Recht?", öffentlicher Vortrag in Kooperation mit der HBK am 11.06.1996
6 studienbegleitende Veranstaltungen für Ingenieurstudentinnen (vgl. Tutorinnenprojekt Universität GHS Paderborn)
7. Heidi Schelhowe: „Hat die Technik ein Geschlecht?", Vortrag in Planung in der 2. Hälfte 1996

Modellversuch "Praxiskontakte für Studentinnen in ingenieurwissenschaftlichen Studiengängen"

Karin Bieske, Martina Möller

Eine Studie der HIS GmbH kommt zu dem Resümee, „daß die mutige Entscheidung von Frauen, sich für Studiengänge zu entscheiden, die sowohl gesellschaftlich, wie sozial, wie auch inhaltlich sehr stark von Männern geprägt wurden und heute noch in hohem Maße geprägt werden, im Laufe des Studiums und des Übergangs in den Beruf eher erschüttert als bestätigt wird." [Min 1996, I]. Auch Untersuchungen an der Universität-Gesamthochschule Paderborn weisen darauf hin, daß die Identifikation mit dem Beruf „Ingenieurin" für junge Frauen keine selbstverständliche Option ist, sondern Ergebnis eines langen, durch Brüche und Verunsicherungen gekennzeichneten Prozesses. Neben idealtypischen Anforderungen an die eigene Kompetenz spielt dabei die Einschätzung ihrer beruflichen Perspektiven für die Studentinnen eine zentrale Rolle [Möl, Erl, Häd 1995].

Vor diesem Hintergrund sind auch die realen Entwicklungen auf dem Arbeitsmarkt zu sehen. So verlief die berufliche Integration der Ingenieurinnen im Vergleich zu den Ingenieuren in den neuen Bundesländern nach der Vereinigung beider deutschen Staaten erheblich ungünstiger.

Berufliche Integration von Ingenieurinnen und Ingenieuren in den neuen Bundesländern

	Männer	Frauen
beruflich integriert	73 %	43 %
nicht integriert	15 %	44 %

Quelle: HIS Kurzinformation A3/93

Beruflich integriert bedeutet dabei eine Vollzeitbeschäftigung entsprechend ihrer Qualifikation und mit einer angemessenen Bezahlung. Als beruflich nicht integriert gilt, wenn eines oder mehrere dieser Merkmale fehlen. Ein ähnliches Bild ergeben die von der Bundesanstalt für Arbeit veröffentlichten Arbeitslosenquoten.

Arbeitslosenquoten von Ingenieurinnen und Ingenieuren

	Männer	Frauen
alte Bundesländer	4,8 %	10,6 %
neue Bundesländer	11,0 %	21,0 %

Quelle: Materialien des I AB Nr.: 3/1995

Ein deutlich erhöhtes Risiko der Arbeitslosigkeit haben somit nicht nur Absolventinnen gesellschaftswissenschaftlicher Studiengänge. Die geschlechtshierarchische Verteilung von Erwerbschancen kann nicht durch die "richtige" Studienwahl überwunden werden.

Auch die Studiensituation junger Frauen in ingenieurwissenschaftlichen Fächern gleicht sich bundesweit an. So ist der Studentinnenanteil in diesen Fächern in den neuen Ländern seit der Vereinigung deutlich abgesunken und hat das Niveau der alten Bundesländer erreicht.

Entwicklung des Studentinnenanteils an der Technischen Universität Ilmenau

Studiengang	92/93 in %	93/94 in %	94/95 in %	95/96 in %
TU Ilmenau gesamt	11,07	10,8	9,34	9,19
Elektrotechnik	8,05	7,77	7,55	6,95
Informatik	7,39	7,17	5,78	4,38
Maschinenbau	7,69	5,5	4,2	5,12
Wirtschaftsinformatik	30	23,9	19,67	17,3
Wirtschaftsingenieurwesen	14,65	8,86	8,38	9,87
Mathematik	37,5	33,96	33,33	30,61

Quelle: Statistiken der TU Ilmenau

Damit liegt der Studentinnenanteil der Technischen Universität Ilmenau in einigen Fächern wie Maschinenbau und Informatik noch unter dem der Paderborner Hochschule mit 5,7% bzw. 7,2 % im Wintersemester 1995/1996 [Bie, Sän, Möl, Zie 1996].

Bereits im Studienverlauf haben Studierende ingenieurwissenschaftlicher Fächer über Praktika, Praxissemester, Studien- und Diplomarbeiten sowie studienbegleitende Erwerbstätigkeit Kontakt zu möglichen späteren Einsatzfeldern und Arbeitgebern. Gerade in konjunkturell angespannter Wirtschaftslage setzen immer mehr Unternehmen diese Kontakte gezielt zur Personalakquirierung ein. Eine Absolventenbefragung des Jahrgangs 1993 ergab, daß bei steigender Tendenz mit 15 % etwa jeder/jede sechste bis siebente Ingenieur/Ingenieurin der alten Länder die erste Stelle über einen Job während des Studiums fand, in den neuen Ländern war dies bei 8 % der Fall. Dort steht die Nutzung von Kontakten durch Praktika bzw. die Diplomarbeit mit 24 % gegenüber 16 % in den alten Ländern mehr im Vordergrund [Min 1996, II]. Dies deckt sich mit den Erfahrungen an der Technischen Universität Ilmenau.

Erfolgreich verlaufende Praxiskontakte verbessern nicht nur die Berufsperspektiven, sie können durch das Erleben der eigenen Kompetenz und das Kennenlernen konkreter persönlicher Vorbilder einen enormen Motivationsschub bei den Studierenden bewirken. Studentinnen allerdings machen bei der Suche nach Praktikumsplätzen und in deren Verlauf teilweise massive Diskriminierungserfahrungen. Sie haben weniger Zugang zu Berufsverbänden und anderen männlichen Netzwerken.

Aufbauend auf diesen Fakten wurde an der Universität-Gesamthochschule Paderborn in Kooperation mit der Technischen Universität Ilmenau der Modellversuch “Praxiskontakte für Studentinnen in ingenieurwissenschaftlichen Studiengängen” initiiert. Ziel des Modellversuchs ist die Entwicklung und Erprobung eines Gesamtkonzepts zur Durchführung der berufspraktischen Studienanteile für Studentinnen in Kooperation von Hochschule und Wirtschaft, das von anderen Hochschulen übernommen werden kann. Wesentliche Bestandteile dieses Konzepts sind ein Praktikumsprogramm mit einer Gruppe von Partnerunternehmen und ein darauf abgestimmter Veranstaltungszyklus der Hochschulen.

Das Praktikumsprogramm umfaßt die Vermittlung verpflichtender Praktika entsprechend der Studienordnung ebenso wie die Erschließung freiwilliger Industriekontakte in Form von praxisnahen Studien- und Diplomarbeiten. Darüber hinaus werden neue Praktikumsformen entwickelt, die mehr an den Arbeitsbedingungen und dem Arbeitsumfeld orientiert sind. Hierzu wird eine Gruppe von Partnerunternehmen aufgebaut, die sowohl regional bedeutende mittelständische Unternehmen als auch international gegliederte Konzerne umfaßt. Das ermöglicht die Erprobung von Praxiskontakten sowohl in Studienortnähe als auch im Ausland. Den Studentinnen wird dabei verstärkt der Zugang zu Fördermaßnahmen anderer Institutionen eröffnet.

Der begleitende Veranstaltungszyklus an der Hochschule dient der besseren inhaltlichen Einbindung der Praxiskontakte in das Studium, der gezielten Förderung von Schlüsselqualifikationen sowie der gemeinsamen Reflexion der individuell gesammelten Praxiserfahrungen. Solche fächerübergreifenden praxisbezogenen Lehrangebote sind interdisziplinäre Projektgruppen, Kurse zu betriebswirtschaftlichen Inhalten, Sprachen, EDV, Kommunikations- und Präsentationstechniken sowie praktikumsbegleitende Tutorien und Kolloquien mit berufstätigen Ingenieurinnen. Den Studentinnen wird so nicht nur der Zugang zu Praxiskontakten eröffnet. Sie erhalten auch die Möglichkeit, Kriterien für die Auswahl eines ihren Interessen und Fähigkeiten entsprechenden Arbeitsplatzes zu entwickeln. Neben einem erfolgreichen Berufseinstieg sollen den Studentinnen damit zugleich Handlungs- und Gestaltungsperspektiven zur Bewältigung beruflich unbefriedigender Situationen aufgezeigt werden, um ihren beruflichen Verbleib langfristig zu sichern. Verbunden mit der Entwicklung des Praktikumsprogramms und des Veranstaltungszyklus ist an beiden Hochschulen der Aufbau einer Koordinierungsstelle.

Damit leistet der Modellversuch zugleich einen Beitrag zur allgemeinen Studienreform, denn die fortschreitende technologische Entwicklung, bei der ständigen Verkürzung der Entwicklungszyklen, und die Verknappung aller Ressourcen sowie die Globalisierung der Märkte stellen immer neue Anforderungen an die zukünftigen Ingenieurinnen und Ingenieure [The1996]. Von Seiten wichtiger Ingenieurvereinigungen werden 20 % nichttechnische Angebote innerhalb der Ingenieurausbildung gefordert [VDI 1995]. Genannt werden dabei Schlüsselqualifikationen, wie das Beherrschen von kreativen Problemlösungsstrategien, Teamfähigkeit, Kommunikations- und Präsentationstechniken sowie ganzheitliches Denken und Sprachkenntnisse. Die Vermittlung von Berufsfähigkeiten und nicht nur von Berufsfertigkeiten muß das Ziel in der Ingenieurausbildung sein. Innerhalb des Modellversuchs wird der Einfluß von Inhalten des Technikstudiums auf die Studienmotivation und die Arbeitsmarktchancen der Studentinnen untersucht. Durch eine Befragung der Studierenden sollen Defizite aufgedeckt, entsprechende Angebote organisiert und in Zusammenarbeit mit den Fachbereichen an den Fakultäten angeboten werden. Ziel ist es, notwendige Änderungen in die Curricula einzubringen.

Ansprechpartnerinnen:
Dr. Martina Möller, Westfälisches Umweltzentrum, Universität-Gesamthochschule Paderborn, 33095 Paderborn, Tel.: (0 52 51) 60 32 85, Fax: (0 52 51) 60 32 35, email: martina@sophia.uni-paderborn.de

Dipl.-Ing. Karin Bieske, Technische Universität Ilmenau, Modellversuch Praxiskontakte, PF 0565, 98684 Ilmenau, Tel.: (0 36 77) 69-1289, Fax: (0 36 77) 69-1830, email:Karin.Bieske.@maschinenbau.tu-ilmenau.de

Literatur

[Bie, Sän, Möl, Zie 1996] Bieske, Karin; Sändig, Sabine; Möller, Martina; Ziebell, Lindy: 1. Zwischenbericht Modellversuch "Praxiskontakte von Studentinnen in ingenieurwissenschaftlichen Studiengängen", Paderborn/Ilmenau 1996

[Min 1996, I] Minks, Karl-Heinz: Frauen aus technischen und naturwissensschaftlichen Studiengängen - Ein Vergleich der Berufsübergänge von Absolventinnen und Absolventen, Hannover 1996

[Min 1996, II] Minks, Karl-Heinz: Absolventenreport Ingenieure, hrsg. vom Bundesministerium für Bildung, Wissenschaft, Forschung und Technologie, Bonn 1996

[Möl, Erl, Häd 1995] Möller, Martina; Erlemann, Christiane; Hädrich-Meyer, Sibylle: Abschlußbericht des Modellversuchs "Förderung von Studentinnen im Grundstudium in natur- und ingenieurwissenschaftlichen Fächern", Paderborn 1995

[The 1996] Theilmann, Jürgen: "Anforderungen der Praxis an Hochschulabsolventen" Vortrag während des VDI-Kongresses "Chancen im Ingenieurberuf" Hannover-Messe; Hannover 1996

[VDI 1995] Ingenieurausbildung im Umbruch, Empfehlungen des VDI für eine zukunftsorientierte Ingenieurqualifikation; Düsseldorf 1995

Der Bielefelder Modellversuch "Frauen im Ingenieurstudium an Fachhochschulen - Geschlechtsspezifische Aspekte in Lehre und Studium"

Barbara Hering, Monika Noller

Anschrift: Modellversuch "Frauen im Ingenieurstudium", Fachbereich Maschinenbau, Wilhelm-Bertelsmann-Str. 10, 33602 Bielefeld, Tel.: 0521/106-2375, E-Mail: schwarze@fhzpcs3.fh-bielefeld.de

A. Allgemeine Informationen über den Modellversuch

Monika Noller

1. Einleitung

Seit einiger Zeit ist eine Veränderung des Blickwinkels festzustellen, wenn über die Frage der Erhöhung des Anteils von Frauen in den Ingenieurstudiengängen diskutiert wird. Zu Beginn der Diskussion über das (angeblich) fehlende Interesse und das Ausbleiben von Frauen im Technikbereich standen vermeintliche "Defizite" bei den Frauen selbst im Vordergrund. Es wurden daraufhin neben Werbemaßnahmen im Bereich der gewerblich-technischen Ausbildungsgänge auch an den Hochschulen spezielle Frauenfördermaßnahmen angeregt und eingeführt, um die jungen Frauen zur Beschäftigung mit Technik zu motivieren. Die Resonanz auf diese Angebote ist minimal geblieben, positive Ansätze und erste Erfolge verschwanden meist wieder, sobald die dahinterstehenden Projekte ausgelaufen waren.

Daß es nicht an der mangelnden intellektuellen, handwerklichen oder sonstigen Befähigung der Frauen lag, war offensichtlich. Daher wurde es notwendig, bei der Suche nach Gründen für die Unterrepräsentanz von Frauen in den sog. harten Ingenieurfachbereichen das Augenmerk auch auf die zugrundeliegende Struktur und die Rahmenbedingungen der Fachrichtungen selbst, auf die Institution Hochschule, auf die Art der Stoffvermittlung und auf die Repräsentanten in Forschung und Lehre zu richten. Denn ein Studium an der männlich geprägten und männerbündisch organisierten (MWK 1994) Hochschule bedeutet - v. a. in Bereichen, in denen sich Frauen so gravierend in der Minderzahl befinden - immer eine Anpassung an die Kommunikationsformen, die Verhaltensnormen und Lehr- und Lernstrukturen der Mehrheit, der Männer.

Fragnière und Sellin verwiesen bereits Mitte der 70er Jahre in ihrer Studie für den Verein Deutscher Ingenieure darauf, daß Fachhochschulen hinsichtlich der technischen Studiengänge in den westeuropäischen Ländern eine Domäne der Männlichkeit geblieben seien. Die Autoren der Studie schlugen schon damals vor, die Attraktivität der technisch-wissenschaftlichen Studiengänge auch für Frauen zu verbessern (Fragnière/Sellin 1974).

Im weiteren Verlauf der Jahre wurde aber nie wirklich hinterfragt, inwieweit Ausrichtung, Inhalt und Struktur des Studiums der Fachhochschulen spezifische Studierendengruppen - nämlich die männlichen Studienbewerber - stärker ansprechen und für andere Studierendengruppen - nämlich die weiblichen Studienbewerber - weniger attraktiv sind. Eine Ausnahme war die Plenarversammlung der Fachhochschulrektorenkonferenz in Berlin im März 1990. Dort diskutierten Professorinnen die wesentlichen Perspektiven und Strategien für eine Erhöhung des Frauenanteils auf jeder Qualifikationsebene. Unter dem Oberthema "Fachhochschulen - eine Männergesellschaft?" forderten sie eine eingehende Untersuchung der Studien-, Lehr- und Arbeitsbedingungen an Fachhochschulen. Dazu gehörten unter anderem Forderungen wie:

das Arbeitsverhalten und die Arbeitsbedingungen von Männern und Frauen an Fachhochschulen zu untersuchen, das Studieren und die Arbeit an Fachhochschulen verstärkt unter einem ganzheitlichen Blickwinkel zu sehen, Lehre und Forschung an Fachhochschulen durch feministisches Wissenschafts- und Praxisverständnis zu bereichern und schließlich Fächer und Lehrinhalte insbesondere in den technischen Studiengängen an Fachhochschulen so attraktiv zu gestalten, daß es auch für Frauen Sinn mache, sich für solche Studiengänge zu entscheiden (vgl. Dürkop 1990).

Zumindest im Bereich der Lehre sind die Fachhochschulen - respektive die Ingenieurfachbereiche - ihrem Ruf und ihrem Anspruch, besonders emanzipatorisch (bezogen auf die bis dato benachteiligten Gesellschaftsschichten), innovativ und praxisnah zu sein, nur bedingt nachgekommen. Die Institution Fachhochschule und der Großteil des Lehrkörpers erweisen sich als erstaunlich innovationsresistent, was die Inhalte und die Art und Weise der Vermittlung dieser Inhalte anbelangt. Hierauf verweisen auch die VDI Nachrichten mehrfach (letztmalig: vgl. Böhret 1996).

Dabei fordern die Entwicklungen in der Wirtschaft, europäische und weltweite Verflechtungen sowie ein neues Anforderungsprofil für IngenieurInnen eigentlich schon seit geraumer Zeit ein Umdenken: allein die "harten" Eigenschaften sind auch im Ingenieurstudium nicht mehr gefragt (wenn sie es denn je waren...). Die sog. weichen Eigenschaften - inzwischen zu berufseintrittserforderlichen Schlüsselqualifikationen avanciert -, wie z. B. die Fähigkeit zur Kooperation, zur Zusammenarbeit im Team, zur Kommunikation und zu vernetztem, ganzheitlichem Denken, werden mehr den Frauen zugesprochen. Es stellt sich jedoch die Frage, wo und wie diese Aspekte im Studium überhaupt aufgegriffen und gelehrt werden, wo Frauen ihre Fähigkeiten, Neigungen und vielfältigen Interessen (z. B. Sprachen) im Studium und später ihr Innovationspotential in den Beruf einbringen können - und wie auch Männer diese lernen können.

Eine Benachteiligung der Frauen im Studium wird von den männlichen Lehrenden meist abgestritten: "Unsere Studentinnen werden nicht diskriminiert" oder "Bei uns werden die Frauen nicht anders behandelt als die Männer". Auf den ersten Blick mag das stimmen - offene und direkte Diskriminierungen sind selten. Die Frage ist jedoch, ob die Studentinnen als Frau gleichwertig behandelt werden. Denn die Anpassungsleistungen und das Bezugssystem sind doch sehr einseitig, frau wird behandelt "wie ein Mann" - wenn sie bereit ist, sich anzupassen. Das Männliche (genauer: eine bestimmte Ausprägung davon) ist die Norm, das Normale.

Wie weit diese Anpassungsleistung gehen kann, verdeutlicht das folgende Zitat aus einem Interview mit einer Studentin. Diese Studentin erzählte von einem Gespräch, das sie mit einem Kommilitonen über die jeweiligen Berufsaussichten geführt hatte. Dabei kamen auch die wahrscheinlich größeren Schwierigkeiten zur Sprache, als Frau im Ingenieurberuf Fuß zu fassen, ja überhaupt erstmal zu Bewerbungsgesprächen eingeladen zu werden. Der Kommilitone wollte sie beruhigen und sagte zu ihr: "Wieso, Dich guckt man doch gar nicht mehr als Frau an". Kommentar der Studentin im Interview: "Und das freut mich irgendwie, wenn man- ... also ich wollte von Anfang an (....) akzeptiert werden, als - ja Objekt kann man nicht sagen, als Typ halt, wie die andern auch, man ist da, man studiert - als Studierender eben, nicht ob man nun noch Frau ist." Ob der Kommilitone von sich wohl behaupten würde, er würde sich nur als Objekt sehen, nicht als Mann? Und daß er froh wäre, wenn er nicht als Mann gesehen würde?

Fazit: Die Erhöhung des Anteils von Studentinnen in technischen Studiengängen an Fachhochschulen kann nur in einer intensiven Auseinandersetzung mit den Strukturen der Institution Fachhochschule erfolgen. Eine aktive Einwerbung junger Frauen muß begleitet werden von Veränderungen dieser Strukturen, der Lehrinhalte und der Lehrformen. Die Curricula müssen "ausgemistet" werden, und es muß Raum geschaffen werden für wirkliche Projekt- und Gruppenarbeit.

2. Der Modellversuch

2.1 Die Situation an der Fachhochschule Bielefeld

Das Gesagte trifft auch auf die technischen Fachbereiche der Fachhochschule Bielefeld zu. Sie sind aus ehemaligen Ingenieur- bzw. Technikerschulen hervorgegangen, und nicht anders als an anderen Fachhochschulen ist der Anteil der Frauen in den Studiengängen Maschinenbau und Elektrotechnik über die Jahre hinweg extrem niedrig geblieben (plus/minus 3%).

Um den "schwarzen Peter" (oder besser: die "schwarze Petra") nicht nur den studierfähigen Frauen bzw. den Eltern und Schulen zuzuschieben, wurde von den damaligen Dekanen der Fachbereiche Elektrotechnik und Maschinenbau bei der Bund-Länder-Kommission ein wissenschaftlich begleitetes Projekt beantragt, das die "geschlechtsspezifischen Aspekte in Lehre und Studium" untersuchen soll. Der Modellversuch wurde im März 1994 gestartet und hat eine Laufzeit bis Mai 1997.

2.2 Aufgaben und Methoden des Modellversuchs

Ziel ist, exemplarisch am Beispiel von theoretischen und praktischen Veranstaltungen der Fachhochschule Bielefeld zu prüfen, welche Auswirkungen die derzeitige Lehre auf die weiblichen Studierenden hat und welche Lehrelemente aufgenommen werden könnten, um Frauen verstärkt anzusprechen und einzuwerben. Als Beispiel für die theoretischen Veranstaltungsformen wurden allgemeine Mathematikvorlesungen des Grundstudiums ausgewählt, als praktisches Veranstaltungsbeispiel ein Praktikum in der Werkstoffkunde. Der Modellversuch untersucht neben den sog. harten Studienfaktoren (Lehrformen, Lehrinhalten) auch die sog. weichen Studienfaktoren (räumliche und optische Gestaltung des Studienumfeldes).

Zur Erfassung der Situation wurden unterschiedliche methodische Instrumentarien eingesetzt:

- In Zusammenarbeit mit Studentinnen vom Fachbereich Design führten wir zu Beginn des Modellversuchs eine "Stellwandbefragung" durch - "Einen Punkt für Eure Meinung" - bei der wir alle Statusgruppen der Fachhochschule aufforderten, ihre Meinung zu den Räumlichkeiten der Fachhochschule abzugeben (eine Dokumentation liegt vor).
- Acht Mathematikvorlesungen des Grundstudiums (je zwei bei vier verschiedenen Dozenten aus Elektrotechnik und Maschinenbau) wurden auf Video aufgenommen. Zusätzlich wurden bei jeder Veranstaltung Fragebögen an die Studierenden verteilt und Mitarbeiterinnen des Modellversuchs nahmen an den Vorlesungen beobachtend teil.
- Im Bereich Werkstoffkunde wurde ein neues Praktikum konzipiert und durchgeführt (s. B.). Auch hierüber soll ein kurzer Videofilm entstehen.
- Weibliche und männliche Studierende der Fachbereiche Elektrotechnik und Maschinenbau wurden qualitativ befragt. 24 der 50 im Sommersemester 95 eingeschriebenen Studentinnen wurden von uns interviewt. Die Interviews dauerten durchschnittlich drei Stunden. In der Eingangsfrage wurde kurz das Ansinnen des Modellversuchs erläutert, und die Studentinnen wurden gebeten, über ihre Studienmotivation, ihre Studiensituation und ihre Erfahrungen zu erzählen. Sie wurden aufgefordert, mit der Erzählung ab dem Zeitpunkt zu beginnen, als sie nach ihrer Erinnerung begonnen hatten, sich für Technik zu

interessieren. Sofern sie nicht oder nur oberflächlich darauf eingegangenen waren, wurden sie genauer befragt nach ihrer familiären und schulischen Sozialisation, nach Erfahrungen in Lehre-Praktikum-Beruf, nach verschiedenen Aspekten des Studiums selbst und nach ihren Änderungsvorstellungen, nach ihrer privaten und finanziellen Situation sowie nach ihren privaten und beruflichen Wünschen und Perspektiven.
Um Aussagen darüber treffen zu können, inwieweit die Daten der Studentinnen spezifisch für Frauen oder für Studierende der Ingenieurfachbereiche allgemeingültig sind, wurden im Wintersemester 95/96 noch 14 männliche Studierende interviewt.

- Die Bielefelder Ergebnisse sollen auf der Grundlage einer schriftlichen Befragung von Studentinnen der "harten" Ingenieurstudiengänge mit der Situation an anderen Fachhochschulen in Nordrhein-Westfalen verglichen werden.

2.3 Sonstige Tätigkeiten des Modellversuchs

Noch vor Anlauf des Modellversuchs wurde in Kooperation mit der Interdisziplinären Frauenforschung der Uni Bielefeld der Arbeitskreis EUROWIN (European Women in Technology and Science) gegründet. Das dahinterstehende Interesse ist, sich europaweit über Hochschulprojekte und Forschungsergebnisse im Bereich Frauen in Technik und Naturwissenschaft auszutauschen.

Aus anderen Projekten mit ähnlicher Thematik war uns die Wichtigkeit und der erhebliche Aufwand an zu leistender "Überzeugungsarbeit" bekannt. Diese ist nicht nur in der Startphase eines "Frauen"-Projekts, das sich insbesondere auch in das Gebiet der Lehrevaluation vorwagt, wichtig, sondern die ganze Zeit über. Mehr oder weniger offen vorgetragene Widerstände und Vorbehalte begegnen frau ständig. Wir gehen offensiv damit um und mischen uns aufgefordert und unaufgefordert aktiv ein in Diskussionen an den Fachbereichen.

So werden bisherige Ergebnisse und Erkenntnisse aus unseren und anderen Untersuchungen und Beobachtungen in den sich im Aufbau befindenden Studiengang "Produktentwicklung" eingebracht. Ebenso soll die Umgestaltung einer ehemaligen Kaserne, in die neben der Produktentwicklung auch der neue Fachbereich Pflegepädagogik und der schon bestehende Fachbereich Design untergebracht werden sollen, unter frauengerechten und Frauen ansprechenden Gesichtspunkten erfolgen. Beides bietet also hervorragende Möglichkeiten - inhaltlich-strukturell wie räumlich - frauen- und menschenfreundliche Aspekte in Lehre und Studium zu berücksichtigen. Außerdem findet man hier gute Voraussetzungen für ein zukünftiges interdisziplinäres Arbeiten. Frau darf gespannt sein.

Daß übrigens neue Studienangebote und Lehrformen durchaus auch bei männlichen Studienbewerbern auf eine positive Resonanz stoßen, verdeutlichte Professor Schroeder von der Ingenieurhochschule in Kopenhagen auf dem vom Modellversuch ausgerichteten Workshop "Lernen für Europa - Curriculumrevision und didaktische Aspekte in der Ausbildung von Ingenieurinnen und Ingenieuren" im November 95 in Bielefeld. In dem neu konzipierten und stark von und für Frauen geprägten Studiengang ExportingenieurIn müssen die Frauen inzwischen aufpassen, daß sich die Zahlen nicht umkehren (bislang lag der Frauenanteil bei über 50%) und Männer die Frauen aus diesem anerkannten Studiengang mit guten beruflichen Aussichten verdrängen.

B. Neugestaltung von Studienelementen - Ein Beispiel aus dem Fach Werkstoffkunde

Barbara Hering

1. Ausgangssituation

Die Fachhochschule Bielefeld führt seit Anfang März 1994 einen Modellversuch durch, in dem neue ganzheitliche Studienelemente für das Ingenieurstudium entwickelt, erprobt und darauf hin überprüft werden, inwieweit sie sich insbesondere für die Motivierung von Studentinnen eignen.

Im Verlauf der letzten Jahrzehnte wurde selten ein Zusammenhang gesehen zwischen einer ausschließlich an den "harten Fakten" des Ingenieurwesens orientierten Lehre und Studienorganisation und dem geringen Prozentsatz von Studentinnen in der Ausbildung. Erst Anfang der 90er Jahre wiesen Fachhochschulprofessorinnen und Frauenforscherinnen in Deutschland dezidiert darauf hin, daß Studienreformansätze für Ingenieurstudiengänge Frauen neue Identifikationsmöglichkeiten mit der Technik ermöglichen müßten (Kallfass 1990). Inzwischen zeigt sich über die unterschiedlichen Hochschultypen hinweg, daß der Anteil von Frauen in Ingenieurstudiengängen in Deutschland dann ansteigt, wenn die Fächer einen eindeutigen Bezug zu sozialen Themen, zu ökologischen Zusammenhängen bzw. zu konkreten Anwendungen in Bezug auf Menschen (Medizintechnik, Sicherheitstechnik, Textiltechnik) aufweisen.

Studienreformansätze, die verstärkt darauf ausgerichtet sind, Frauen für ein Ingenieurstudium zu motivieren, sollten die Schnittstellen von technischen, sozialen und betriebswirtschaftlichen Sachverhalten in die Studieninhalte genauso einbeziehen, wie Technikfolgenaspekte und ökologische Komponenten. Ähnliche Forderungen nach einer Neuorientierung in der Ingenieurausbildung und zu einer sozial und ökologisch ausgerichteten Technikentwicklung finden sich seit Beginn der 90er Jahre sowohl in der Frauenforschung als auch in der Technikforschung (Janshen 1990 bzw. Neef/Pelz 1995). Die Bemühungen um einen Paradigmenwechsel in der Ingenieurausbildung, um neue Leitbilder für die Technikentwicklung und eine neue Technikphilosophie stehen damit in engem Zusammenhang mit den Bemühungen um eine Erhöhung der Anzahl der Ingenieurstudentinnen.

Eine Projektgruppe innerhalb dieses Modellversuchs erarbeitete zum Wintersemester 1995/96 ein Praktikumskonzept für das Grundlagenfach Werkstoffkunde im Fachbereich Maschinenbau, dessen Inhalte und Methoden eng mit der entsprechenden Vorlesung und dem dazugehörigen Seminar verzahnt sind.

Den Praktika kommt im Fachhochschulstudium eine wesentliche Bedeutung zu, sie sind eine der Säulen des spezifischen Studienansatzes. Eine wechselseitige Durchdringung von Theorie und Praxis in Lehre und Studium soll dazu beitragen, den besonderen Anwendungsbezug zu sichern.

Die beruflichen Anforderungen an die Ingenieure/Ingenieurinnen haben sich innerhalb der letzten 20 Jahre verändert. VDI, VDE, VDMA, Wirtschaftsverbände und Personalleiter führender Unternehmen fordern explizit fachübergreifende, soziale und kommunikative Kompetenzen als Berufseingangsqualifikationen sowie eine ganzheitliche Sicht auf den Gesamtprozeß der Erzeugung, der Bearbeitung, des Verkaufs und der Entsorgung eines technischen Produkts. Diese Forderungen zeigen ihre Auswirkungen auf den Ausbildungssektor. Vertreterinnen der Fachhochschulen stellten auf dem Deutschen Ingenieurtag 1995 in Saarbrücken u. a. die Forderung auf, daß strukturelle Veränderungen im Ingenieurstudium und in den Lernformen erfolgen müßten, um diesen gewandelten Anforderungen Rechnung zu tragen. Die

Hochschulen müßten zukünftig die Sackgasse ihrer bisherigen *Monokultur* verlassen und attraktiver werden für Menschen mit vielseitigeren Neigungen und Begabungen und anderen Lebenserfahrungen (Greif 1995). Den "alten" Zielsetzungen der FRK und ihrer Umsetzung in Studieninhalte kommt damit eine ganz neue, aktuelle Bedeutung zu.

Das heutige Grundstudium in den klassischen Ingenieurstudiengängen kommt diesen Anforderungen kaum noch nach, wie das Bielefelder Beispiel zeigt. Es beinhaltet in hohem Umfang mathematisch-naturwissenschaftliche und technische Grundlagen, die für die Studierenden häufig nur einen geringen Bezug zur späteren Ingenieurpraxis erkennen lassen. Zwischen diesen Grundlagenfächern wie Mathematik, Physik, Chemie, Technische Mechanik u. a. besteht in der Regel kaum eine Verbindung, die Lehrinhalte werden nur selten aufeinander abgestimmt. Ein erheblicher Teil des Stoffes wird in Form des Frontalunterrichts in Vorlesungen vermittelt, Seminare und Übungen werden zumeist ebenfalls in Form des Frontalunterrichts angeboten. Möglichkeiten zu selbständiger Arbeit erhalten die Studierenden vereinzelt in den Praktika und Laborübungen, zumeist aber erst bei den Studienarbeiten bzw. in Verbindung mit der Diplomarbeit. Bei den im Studium enthaltenen praktischen Anteilen handelt es sich häufig um vorbereitete Versuche, bei denen die Studierenden nicht an dem Versuchsaufbau, der Organisation der Durchführung, an der (Gesamt-)Auswertung und am Abbau beteiligt sind. Die für sie vorbereiteten Versuche dienen vorrangig der Vermittlung von Versuchseffekten und der Durchführung von Messungen und Meßreihen. Eine selbständige Problembearbeitung findet in der Regel nicht statt.

Ein Studienfach wie die Werkstoffkunde, das bereits zu Beginn des Maschinenbaustudiums angeboten wird, eignet sich in idealer Weise für einen Neuansatz. Es knüpft an den praktischen Vorerfahrungen vieler Studierender aus Lehre oder Vorpraktikum an und steht im Vergleich zu den naturwissenschaftlich-mathematischen Grundlagenfächern in einem engeren Bezug zur späteren Berufspraxis.

2. Ein neues, ganzheitlich orientiertes Praktikumskonzept

Das neue Konzept soll innerhalb der ersten zwei Studiensemester die Möglichkeit bieten, bisher nicht explizit im Studium enthaltene überfachliche Lernziele in die Gesamtveranstaltung Werkstoffkunde - bestehend aus Vorlesung, Seminar und Praktikum - zu integrieren und im Rahmen einer *ganzheitlichen Aufgabenstellung* zu erproben. Konkret handelt es sich um folgende Themen, die in den bestehenden fachlichen Kontext eingebunden werden:

- die Herstellung eines historischen, ökonomischen und rechtlichen Zusammenhangs,
- die Vermittlung eines konkreten Bezugs zur beruflichen Praxis,
- die Herstellung eines interdisziplinären Zusammenhangs,
- die Vermittlung und den Erwerb erster Ansätze zusätzlicher Qualifikationen wie Teamfähigkeit, fremdsprachliche Kenntnisse und Präsentationsfähigkeit.

Als zentrales Leitmotiv wurde ein konkreter Schadensfall ausgewählt. Es handelt sich um ein gebrochenes metallisches Werkzeug, das dem Werkstoffprüflabor von einem mittelständischen Unternehmen zur Untersuchung vorgelegt wurde. Dieser Schadensfall stellt den "roten Faden" für die werkstoffkundlichen Veranstaltungen dar und ermöglicht den Studierenden eine logische Verbindung zwischen den theoretischen Grundlagen, den exemplarischen, praktischen Versuchen und dem ingenieurmäßigen Arbeiten.

Das Praktikumskonzept entspricht auch Anforderungen an eine frauengerechte Gestaltung des Studiums. Durch die Einbeziehung von Schnittstellenthematiken wie der Analyse der

Herstellungs-, Konstruktions- und Fertigungsbedingungen und der Einsatzsituation werden die Studierenden zusätzlich in die historischen, gesellschaftlichen und ökonomischen Hintergründe des konkreten Schadensfalles eingeführt. Während in den Praktika alter Art die einzelnen Prüfverfahren bisher zumeist unverbunden nebeneinander standen, fügen sich nun Vorgehensweise und Methode logisch zusammen, wie es die fachlichen Lernziele erfordern. Es entsteht ein deutlicher Bezug zum späteren beruflichen Vorgehen. Die Möglichkeit und Notwendigkeit, einzelne Prüfergebnisse durch weitere Untersuchungsverfahren zu ergänzen oder zu korrigieren, wird sichtbar, die Einzelergebnisse ergeben zusammen das Gesamtbild der Materialeigenschaften des Schadensteils.

Neben den fachlichen Kenntnissen werden Elemente der zu erwerbenden Schlüsselqualifikationen, wie organisatorische und soziale Fähigkeiten, aber auch sprachliche Kompetenzen und die Fähigkeit zur Präsentation trainiert. Die Zusammenführung der Einzelergebnisse der Praktikumsgruppen ermöglicht dann zum Abschluß die (Gesamt-)Schadensbeurteilung aus werkstoffkundlicher Sicht.

Übersicht über die Lernziele des Praktikums

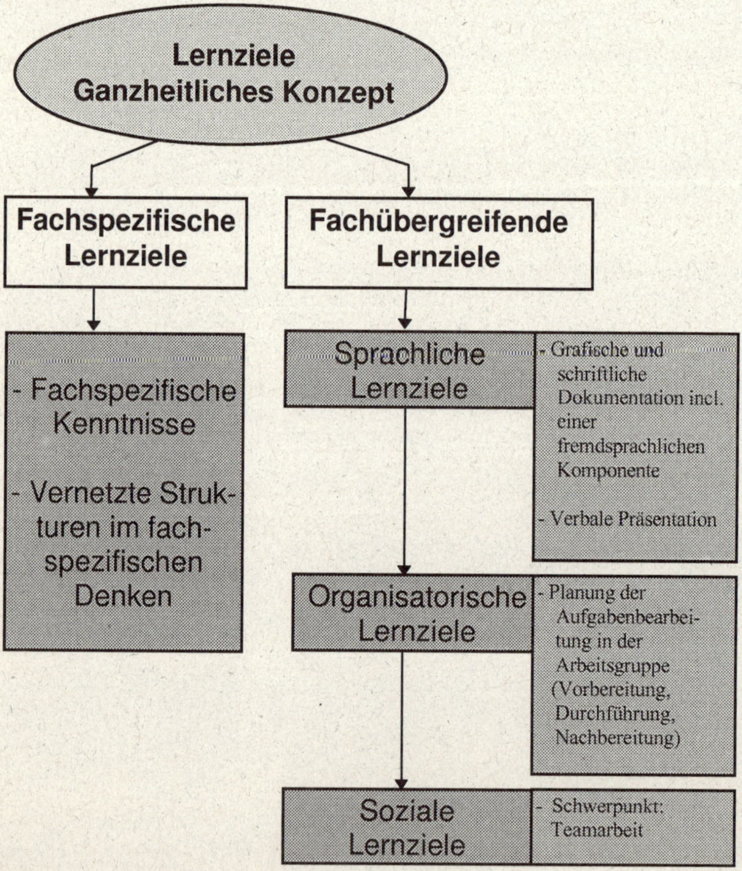

3. Fazit

Die Arbeiten des Bielefelder Modellversuchs lassen bereits jetzt erkennen, daß es möglich ist, Lehre und Studium der klassischen Ingenieurstudiengänge so zu verändern, daß sie sich einerseits an den aktuellen Qualifikationsanforderungen orientieren und andererseits die Studienwünsche neuer Studierendengruppen, speziell Frauen, berücksichtigen. Das Interesse, diese grundlegenden Veränderungen in Struktur und Inhalten des Studiums in Angriff zu nehmen, ist allerdings gering. Initiativen zu einer entsprechenden Studienreform im Sinne einer stärkeren Einwerbung von Frauen und "non-typical males" wurden europaweit erst in Angriff genommen, als die Zahl der Studieninteressenten und -interessentinnen drastisch zurückging und die Forderungen aus der Wirtschaft nach einer neuen Ausbildungsqualität ebenso drastisch zunahmen.

Ähnlich wie in Deutschland zeigen die Erfahrungen aus schwedischen, dänischen und holländischen Projekten, daß die sog. positiven Sanktionen von Ministerien und Wissenschaftsorganisationen, wie z. B. zusätzliche Mittel für Forschungsprojekte, für innovative Studiengangsmodelle etc., einen Wettbewerb um neue Formen des Ingenieurstudiums unter den Hochschulen auslösen. Sie ermöglichen auch die Berücksichtigung der Interessen von Frauen in Studienformen und -inhalten und im Studienumfeld technischer Studiengänge. Sie können aber nur dann längerfristig erfolgreich sein, wenn die Hochschulen ihre Ergebnisse oder zumindest Teile davon in ihre Studienreformbemühungen integrieren. Eine gezielte Erfolgsevaluierung durch die Auftraggeber und Auftraggeberinnen in Bundes- und Landesministerien und europäischen Institutionen könnte erheblich zu einer Implementierung der Ergebnisse in die Curricula beitragen.

(Dieser Bericht wurde während des IGIP Weltkongresses in ähnlicher Form vorgetragen (vgl. Horn/Hering/Schwarze 1996).)

Literatur

MWK, Niedersachsen (Hg.): Frauenförderung ist Hochschulreform - Frauenforschung ist Wissenschaftskritik. Bericht der niedersächsischen Kommission zur Förderung von Frauenforschung und zur Förderung von Frauen in Lehre und Forschung, Hannover 1994

Fragnière, G.; Sellin, B.: Der Ingenieur in der Europäischen Gemeinschaft. Soziales Selbstbild, Beruf und Anerkennung, Hannover 1974

Dürkop, M.: Frauen an Fachhochschulen - Perspektiven und Strategien; Vortrag anläßlich der 36. Plenarversammlung der Fachhochschul-Rektorenkonferenz (FRK) vom 26.-28.3.1990 in Berlin, in: Institut Frau und Gesellschaft (Hg.): Frauenforschung 3/90, Bielefeld

Böhret, B.: In Deutschland geht die Ausbildung der Ingenieure an der Praxis vorbei, VDI Nachrichten, Düsseldorf, 28.6.1996

Schwarze, B.: Ansätze und Konzeptionen für frauenfreundliche Technikfachbereiche, Vortrag im Rahmen der FrauenRingVorlesung: "Unsichere Wege: Frauen in Naturwissenschaft und Technik" des Gleichstellungsbüros der Universität des Saarlandes im WS 95/96

Horn, A.; Hering, B.; Schwarze, B: Neue Lehr- und Lernkonzepte im Fach Werkstoffkunde - eine Chance für die Erhöhung der Studentinnenzahl im Maschinenbau, für IGIP Weltkongress, Budapest, 02.-04.07.1996

Kallfass, S.: Ingenieurinnen und Arbeitsmarkt; in: Frauenforschung - Informationsdienst des Forschungsinstituts Frau und Gesellschaft, 8. Jahrgang, 3/1990, S. 19 - 25

Janshen, D. (Hrsg.): Hat die Technik ein Geschlecht? Denkschrift für eine andere technische Zivilisation, Berlin: Orlanda Verlag, 1990

Neef W.; Pelz T.: Ingenieurausbildung für eine nachhaltige Entwicklung; in: Wechselwirkung: Die Studie "Zukunftsfähiges Deutschland", Dezember ´95/Januar ´96, S. 32 - 37

Greif, M.: Ingenieurqualifikation im Umbruch. Aus der Sicht der Hochschulen, in: Ingenieure für die Zukunft: Ingenieurqualifikation - Basis für Innovation und Technologie im internationalen Wettbewerb/Deutscher Ingenieurtag, Saarbrücken, 30./31.5.1995, Düsseldorf: VDI-Verlag, 1995

C. Diskussion

Protokoll: C. Reitberger

In der Diskussion wurden Nachfragen gestellt zum Konzept des Modellversuchs und ersten, meßbaren Erfolgen. Kritisiert wurde, daß keine ausschließlichen Angebote für Frauen existieren, was manche der Anwesenden an ihrer Hochschule als sehr hilfreich und angenehm empfunden hatten.

Der Modellversuch verfolgt einen koedukativen Ansatz, die bestehenden Strukturen etc. sollen so verändert werden, daß sie verstärkt auch Frauen ansprechen - obgleich sicherlich auch die männlichen Studierenden davon profitieren. Ausschließliche Angebote für Studentinnen existieren nicht, da zum einen die Zahl der Frauen sehr gering ist und auch von seiten der Studentinnen keine entsprechende Nachfrage besteht. Allein durch die Existenz eines Modellversuchs wird die Zahl der Studentinnen nicht erhöht. Hier ist die Fachhochschule selbst bzw. sind die entsprechenden Fachbereiche gefragt. Von ihnen allein kann und muß eine entsprechende "Werbe-/Imagekampagne" ausgehen. Zudem ist der Modellversuch zeitlich begrenzt. Ergebnisse und Forderungen aus den Untersuchungen des Modellversuchs stehen der Hochschule zur Verfügung. Für die Dauer der Modellversuchslaufzeit bringen sich die Mitarbeiterinnen aktiv in den entsprechenden Hochschul- und Landesgremien ein, machen Vorschläge etc. Schon jetzt gibt es hoffnungsvolle Anzeichen, daß in dem neuen Studiengang Produktentwicklung, der zudem an einem neuen Standort, einer ehemaligen Kaserne, untergebracht ist, mehr Sensibilität und Bereitschaft vorhanden ist, die Interessen und Anliegen von Frauen zu berücksichtigen. Die Fachhochschulen allgemein müssen sich Gedanken darüber machen, ob sie die "Zielgruppe Frauen" für die technischen Fachbereiche erschließen wollen oder nicht. (Auf die Schwierigkeiten in diesem Zusammenhang wurde bereits hingewiesen.)

In der Diskussion wurde weiterhin auf den Aspekt der Teamarbeit eingegangen. Kritisiert wurde, daß ein Seminar dazu nicht ausreichend sei. Dieser Einwand ist gerechtfertigt und wird auch von Modellversuchsseite aus so gesehen. Die bisherigen Ergebnisse und Rückmeldungen aus dem Praktikum fließen in die nächsten Praktika ein; die Auseinandersetzung mit Aspekten der Teamarbeit und entsprechenden Methoden muß Bestandteil des Praktikums selbst werden. Bei einer Ausweitung der Lehrformen hin zu mehr Projekt- und Gruppenarbeit müssen sich Lehrende vermehrt (auch) als Moderatoren verstehen.

Für die Implementierung neuer Ansätze ist auch auf eine positive Mundpropaganda unter den Frauen wichtig. Bei speziellen Angeboten für Frauen in technischen Bereichen besteht oft das Problem, diese dafür zu gewinnen. Die Akzeptanz des Modellversuchs auf seiten der Studentinnen ist unterschiedlich. Schwierigkeiten werden oft negiert und verdrängt (Normalisierungsbestrebungen) und eher auf persönliche Probleme zurückgeführt als in der Struktur gesucht. Spezielle Angebote für Frauen werden abgelehnt, um nicht noch mehr aufzufallen. "Unverfängliche" Wege/Ansätze sind nötig. Allgemein ist wichtig, "Frauenstudien/-angeboten" den Makel zu nehmen (vgl. Bsp. der "Women Studies" in den USA). Hierfür ist auch ein positives Selbstbild der Frauen nötig! V. a. bei Frauen in den Anfangssemestern ist mehr "Reserviertheit" vorhanden, in höheren Semestern (und je näher der Berufseinstieg kommt) gibt es mehr Reflexion über Frauenthemen.

Es ergibt sich eine Diskussion darüber, welcher Weg der richtige ist (Solidarität und Netze von Frauen ermöglichen, Männer können so bleiben wie sie sind? Umstände verändern, um die Männer ertragen zu können?). Möglicher Ansatz: beide Wege verfolgen, Vernetzung von Frauen ist wichtig.

Zum Schluß noch die Frage, wie die Ergebnisse des Modellversuchs veröffentlicht werden. Es wird einen Abschlußbericht geben, und die Ergebnisse des Modellversuchs sollen zusätzlich in einer Ausstellung präsentiert werden. Bislang sind zwei Zwischenberichte und eine Dokumentation sowie mehrere Artikel erschienen. Außerdem entstehen in Zusammenarbeit mit dem Fachbereich Design verschiedene kurze Videofilme zu unterschiedlichen Aspekten des Modellversuchs.

Und warum studierst DU Informatik?

— Bremer Informatikstudentinnen gestern und heute —

Katrin Floegel, Renate Klempien-Hinrichs, Frauenbeauftragten-Kollektiv des Fachbereichs Mathematik/Informatik[1], Universität Bremen, Postfach 33 04 40, 28334 Bremen

1 Worum geht es uns?

Mitte der achtziger Jahre wurde das Informatikstudium als eine der interessantesten Berufsausbildungen für Frauen propagiert, insbesondere belegt durch den für ein Technikfach geringen Männeranteil unter den Studierenden (bundesweit nur 83.9 % im Wintersemester 1984/85; zum Vergleich: Maschinenbau/Verfahrenstechnik 93.2 %, Elektrotechnik 97.3 % [Statistisches Bundesamt Wiesbaden (1986)][2]).

Zurückgeführt wurde das darauf, daß die Informatik als relativ junges Fach nicht so frauenfeindlich sei wie die länger etablierten Technikfächer. Damit kam die Hoffnung auf, Frauen hätten endlich einen Fuß in der Tür zur Technik. Der Frage, was das für Frauen sind, die diesen Studiengang wählen und wie sie ihr Befinden darin sehen, wurde erstmalig 1985 an der Universität Dortmund nachgegangen [Roloff/Metz-Göckel/Koch/Holzrichter (1987)]. An diese Fragestellung angelehnt wurden auch an der Universität Bremen Untersuchungen durchgeführt. Wir berichten hier von zweien, die in den Jahren 1990 und 1995 im Studiengang Informatik stattfanden.

Im Sommersemester 1990 beantragten die Bremer Informatikstudentinnen Rosemarie Callies und Ingrid Rügge mit Unterstützung des Frauenbeauftragtenkollektivs des Fachbereichs ein Projekt [Callies/Rügge (1990)] mit dem Ziel, Frauentutorien einzurichten, um ein Gegengewicht zu dem männlich geprägten Studienklima aufzubauen. Während sich einige Studentinnen des Hauptstudiums bereiterklärten, ein Frauentutorium zu leiten, ergab eine Fragebogenaktion (an der sich sieben von den 27 Studentinnen im Grundstudium beteiligten) bei den potentiellen Tutandinnen eher Desinteresse (zwei positiven standen fünf negative Antworten gegenüber). Daraufhin wurde das Projektziel geändert; es wurden Interviews mit zwölf Studentinnen im Grundstudium (und mehreren Studentinnen des Hauptstudiums) durchgeführt, bei denen nun die qualitative Beurteilung der Studiensituation der Studentinnen und die Frage nach geeigneten Maßnahmen, die diese Situation verbessern könnten, im Mittelpunkt standen.

Etwa fünf Jahre später verschickten die Autorinnen dieser Ausarbeitung im Sommersemester 1995 vor dem Hintergrund eines Verfahrens zur Evaluation von Studium und Lehre an den norddeutschen Universitäten einen Fragebogen an alle 80 Informatikstudentinnen der Universität Bremen. Dieser wurde von 21 Frauen beantwortet; drei kamen außerdem zur Diskussion der vorläufigen Ergebnisse. Wir wollten ein aktuelles Bild erhalten, wie die Studentinnen ihre Studiensituation einschätzen und wie es ihnen in ihrem Studium ergeht.

An dieser Stelle wollen wir einige besonders interessante Ergebnisse aus der aktuellen Fragebogenaktion diskutieren und eine Beziehung zu der Befragung aus dem Jahre 1990 herstellen.

---

1 E-Mail: frauen@informatik.uni-bremen.de

2 In diesen Fächern waren jeweils 30 341 bzw. 105 321 bzw. 72 022 Menschen eingeschrieben.

2 Die Studiensituation von Frauen in der Informatik

Bei der Studentinnenbefragung, die wir im Sommersemester 1995 durchführten, interessierten uns eine ganze Reihe von Details, die sich auf die Studiensituation von Frauen im Studiengang Informatik an der Universität Bremen beziehen. Einige dieser Punkte sind für eine breitere Öffentlichkeit uninteressant, andere geben einen guten Eindruck der Lebens- und Studiensituation von Frauen in der Informatik.

In dieser Ausarbeitung alle Aspekte unserer Befragung wiederzugeben, würde das Ziel verfehlen, auf der Grundlage aktueller Daten die Lebens- und Studiensituation von Frauen in der Informatik zu diskutieren. Stattdessen gehen wir im folgenden auf einige für uns besonders interessante Ergebnisse ein, geben im Anhang aber auch die Möglichkeit, die meisten von uns gestellten Fragen mit den zugehörigen Antworten aufbereitet nachzulesen.
Um einen Eindruck von der Signifikanz der Antworten zu bekommen, geben wir hier als Einstieg einen Überblick über die Studierendenzahlen im Studiengang zum Zeitpunkt der Fragebogenaktion, bevor wir anschließend die ausgewählten Themenbereiche intensiver ansprechen.

Studierendenzahlen[3]	1.-4. Semester	5.-8. Semester	höheres Semester	gesamt
Rücklauf Fragebögen	4	3	14	21
eingeschriebene Frauen	10	18	53	81
eingeschriebene Männer	189	186	310	685

Sonderbehandlung - 'nein danke' oder 'ja bitte'?

Wie wünschen Frauen sich ihre Studiensituation? Viele unserer Fragen an die Studentinnen zielten in diese Richtung. Bei der Auswertung stellten wir fest, daß es praktisch keine Rolle für die übrigen Antworten spielt, ob eine Studentin in ihrer Arbeitsgruppe noch eine andere Frau hat. Spiegelt dies den Unwillen wider, das tägliche private Erleben als Teil der allgemeinen Realität wahrzunehmen? Demgegenüber konnten wir bei den Fragen, die sich auf frauenspezifische Aspekte bezogen, Häufungen von zwei unterschiedlichen Aussagen identifizieren. Diese Häufungen werden im folgenden kurz beschrieben.

Eine Schlüsselstellung scheint der Frage nach dem Interesse an Lehrveranstaltungen, die nur für Frauen angeboten werden, zuzukommen. Durch die klare Ablehnung eines derartigen Angebots wird eine Gruppe von fünf Studentinnen charakterisiert, die mit 19 bzw. 20 Jahren direkt nach dem Abitur an einem gemischten Gymnasium das Studium begonnen und mittlerweile länger als acht Semester studiert haben. Bis auf eine hatten alle Informatikunterricht in der Schule. Eine von diesen fünfen wurde durch den geringen Frauenanteil im Studium überrascht. Drei von ihnen haben im Studium keine Andersbehandlung von Frauen erlebt[4], die vierte sieht Frauen bevorzugt. Die einzigen drei Stimmen, die es nicht explizit begrüßen würden - denen es vielmehr egal wäre - wenn mehr Frauen in der Informatik vertreten wären, finden sich ebenfalls unter den genannten fünf Frauen[5]. Zu diesen Frauen gehören auch die

[3] Die Studentinnen-Befragung fand Mitte Sommersemester 1995 statt, die Zahlen der eingeschriebenen Studierenden stammen vom Ende des Wintersemesters 1994/95.

[4] Insgesamt haben vier Frauen angegeben, sie hätten noch keine Andersbehandlung von Frauen erlebt.

[5] Die 17 anderen Frauen, die auf zu dieser Frage Stellung nahmen, würden einen höheren Frauenanteil begrüßen.

einzigen drei, die sich gegen frauenspezifische Themen in der Informatikausbildung aussprechen, die anderen beiden würden solche Themen tolerieren. Eine besondere Studienberatung für Frauen wollen die fünf Frauen ebensowenig wie weitere (soziale) Einrichtungen speziell für Frauen.

Unter den Studentinnen, die speziellen Angeboten für Frauen aufgeschlossen und positiv gegenüberstehen, werden deutlich vielfältigere[6] Ansichten vertreten. Dadurch wird die Auswahl einer sie kennzeichnenden Frage schwieriger. Herausgegriffen sei der Wunsch nach weiteren (sozialen) Einrichtungen speziell für Frauen in der Informatik. Zehn Frauen wünschen sich solche Einrichtungen. Sieben von ihnen waren bei Studienanfang älter als 22 und haben vor dem Studium bereits gearbeitet. Sechs der insgesamt sieben Frauen, die ihre Hochschulzugangsberechtigung nicht auf einem gemischten Gymnasium erworben haben, gehören zu dieser Gruppe. Dies gilt auch für die beiden Frauen, die Kinder haben; bei den anderen acht aus der Gruppe ist der Wunsch nach Kindern unterschiedlich: zwei wollen welche, zwei nicht und vier vielleicht. Von den zehn Frauen würden acht ein Lehrangebot von frauenspezifischen Themen in der Informatik begrüßen, ebenfalls acht würden speziell für Frauen angebotene Lehrveranstaltungen besuchen. Neun halten eine besondere Studienberatung für Frauen für sinnvoll, von denen acht eine Frau als beratende Person wichtig finden.

In der Diskussion unseres Vortrages unterstützten die Frauen in der Diskussion deutlich, daß es - wie die Häufungen von unterschiedlichen Aussagen zu frauenspezifischen Aspekten in unserer Befragung vermuten lassen - einen Zwiespalt gibt: “Wir wollen keine Sonderbehandlung” ist die Aussage vieler Frauen auf der einen Seite, andererseits jedoch gibt es unausgesprochen oder laut geäußert den Wunsch: “Eine Unterstützung besonders im Grundstudium wäre sinnvoll”. Dieser Zwiespalt wird sicher auch von anderen Minderheiten in vielen Situationen empfunden.

Alter bei Studienanfang - junges Glück oder Lebenserfahrung?
Die 21 Studentinnen, die im Sommer 1995 den Fragebogen an uns zurückgeschickt haben, waren zwischen 18 und 35 Jahre alt (im Durchschnitt 23.2 Jahre), als sie ihr Studium begannen. Dabei waren zwölf Frauen bei Studienbeginn jünger, die anderen neun älter als 22 Jahre. Wie nicht anders zu erwarten, korreliert das Alter stark mit Berufstätigkeit vor dem Studium: Acht von zehn bereits vor dem Studium berufstätigen Frauen waren älter, neun von zehn noch nicht berufstätigen Frauen jünger als 22 Jahre, als sie das Informatikstudium aufnahmen.

Die älteren Anfängerinnen verteilen sich gleichmäßig auf die verschiedenen Studienphasen: drei sind im Grundstudium, zwei im 5.-8. und vier im höheren Semester. Demgegenüber studieren von den zwölf jüngeren Anfängerinnen zehn (!) schon mehr als acht Semester. Dies kann ein Zeichen dafür sein, daß der starke Rückgang des Frauenanteils unter den StudienanfängerInnen in der Informatik insbesondere auf die Zurückhaltung der Abiturientinnen zurückzuführen ist, dieses Fach zu studieren. Aus persönlichen Gesprächen mit den Studienanfängerinnen des vergangenen Wintersemesters[7] wissen wir, daß auch sie nicht direkt aus der Schule zum Studium kamen. Wenn dem so ist, daß sich die Abiturientinnen heute gegen die Informatik entscheiden, so müssen dringend die Ursachen für diesen Wandel herausgefunden und beseitigt werden! In diesem Zusammenhang wurde bei unserem

---

6 Als Antonym für "homogen/einheitlich/übereinstimmend" bietet der Duden nur "uneinheitlich" an, und als Synonym für das positiver besetzte "vielfältig" den u.E. hier ungeeigneten Begriff "mannigfaltig".

7 Offiziell waren in Wintersemester 1995/96 sieben Frauen eingeschrieben, von denen jedoch nur vier die Lehrveranstaltungen besuchten.

Vortrag geäußert, daß die Informatik in der Öffentlichkeit als besonders schweres Fach dargestellt werde und, daß darum die Abiturientinnen dem Informatikstudium fernblieben.

Insgesamt neun Frauen geben an, daß sie im Studium betreut werden. Nur eine unter ihnen gehört zu den älteren Anfängerinnen, die übrigen acht Frauen hatten direkt nach der Schule ihr Studium begonnen. Da alle neun Frauen sich im höheren Semester befinden, liegt die Vermutung nahe, daß individuelle Betreuung eben erst in der Diplomarbeitsphase beginnt. Allerdings erfahren nur zwei der zehn jüngeren Anfängerinnen, die mittlerweile im höheren Semester sind, keine Betreuung; bei den älteren Anfängerinnen sind es drei von vier. Das von uns beobachtete Phänomen wurde als eher zufällig angesehen. Wahrscheinlich empfinden Frauen mit Berufserfahrung ein Gespräch mit einer Lehrperson unter vier Augen nicht gleich als Betreuung, wohingegen dies von den anderen Frauen, die nur die Verhältnisse an Schulen kennen, bereits als solche bezeichnet wird.

Weitere Unterschiede zwischen den Antworten der jüngeren und der älteren Anfängerinnen betreffen vor allem den Umgang mit frauenspezifischen Fragestellungen. So wünschen sich von zehn jüngeren Anfängerinnen nur drei eine von Frauen für Frauen durchgeführte Studienberatung. Demgegenüber sprechen sich vier von diesen zehn gegen eine Studienberatung speziell für Frauen aus. Von den neun älteren Anfängerinnen wollen dagegen sieben eine spezielle Beratung von und für Frauen, nur eine ist dagegen. Ebenfalls wünschen sich sechs dieser Frauen ein frauenspezifisches Lehrangebot, einer weiteren ist es egal. Von den jungen Anfängerinnen wünschen sich dagegen nur fünf ein solches Lehrangebot, drei sprechen sich dagegen aus, dreien ist es egal. Weiterhin wollen sechs von den älteren Anfängerinnen Lehrveranstaltungen nur für Frauen, zwei würden so etwas vielleicht besuchen. Von den jungen Anfängerinnen sprechen sich nur drei dafür aus, drei würden vielleicht hingehen, und fünf sind dagegen. Weitere (soziale) Einrichtungen speziell für Frauen in der Informatik lehnen sechs (von 16) Frauen ab, die alle zu den jungen Anfängerinnen gehören und bis auf eine im höheren Semester sind. Die vier (von 16) Frauen, die angeben, im Studiengang noch nie eine andere Behandlung einer Frau aufgrund ihres Geschlechts erlebt zu haben, gehören ebenfalls zu den jungen Anfängerinnen, die heute in einem höheren als dem achten Semester sind. Zusammenfassend scheint es so zu sein, daß eine breitere Lebenserfahrung die Informatikstudentinnen für geschlechtsspezifische Fragestellungen sensibilisiert hat und sie diesen auch nachgehen möchten.

Informatikunterricht in der Schule - bringt das was?
Viele Jahre wurden InformatikerInnen an den Universitäten ausgebildet, ohne daß sie zuvor an der Schule schon Grundlagen des Faches erwerben konnten. Inzwischen hat sich Informatikunterricht an den Schulen etabliert. Was hat sich verändert? Bei unserer Befragung gaben zehn Frauen an, in der Schule bereits Informatikunterricht gehabt zu haben, weitere zehn hatten dies nicht. Demnach scheinen sich Frauen unabhängig von ihrem informatischen Vorwissen für das Informatikstudium zu entscheiden.

Vier von den sechs Frauen, die nicht auf den geringen Frauenanteil im Studium vorbereitet waren, hatten bereits Informatikunterricht in der Schule! Sind Mädchen im Informatikunterricht in der Schule tatsächlich eine extreme Minderheit? Die bei unserem Vortrag auf der FiNuT anwesenden Frauen berichteten in diesem Zusammenhang, daß die Informatikkurse in den Schulen zunächst tatsächlich von relativ vielen Mädchen besucht würden. Da sich diese Kurse jedoch meist auf reine Programmierung oder Problemstellungen im Bereich Elektrotechnik beschränkten, statt z. B. systematisches und strukturiertes Vorgehen beim Lösen von Problemen in den Mittelpunkt zu stellen, würden die Mädchen zunehmend wegbleiben.

Die fünf Frauen, die sich gleich gut wie ihre männlichen Kommilitonen auf das Studium vorbereitet fühlen, hatten Informatikunterricht. Die beiden Frauen jedoch, die ihre Vorbereitung als besser empfinden, hatten keinen. Alle sieben kommen von gemischten Gymnasien. Vermittelt der schulische Informatikunterricht ein Gleichheitsgefühl, das nicht in Frage gestellt werden darf? Begrüßen deshalb gerade drei der Frauen, die Informatikunterricht in der Schule hatten, ein Lehrangebot von frauenspezifischen Themen in der Informatik, während sich drei weitere aus dieser Gruppe gegen ein derartiges Angebot aussprechen?

Der Einfluß der zur Hochschulreife führenden Schulform läßt sich nur schwer einschätzen. Zwei Frauen waren auf Mädchenschulen, zwei auf Gesamtschulen, 14 auf gemischten Gymnasien, zwei erwarben ihr Abitur auf dem zweiten Bildungsweg und eine im Ausland. Die beiden Frauen von den Mädchenschulen sind die einzigen Mütter in der Umfrage. Ist dies ein Zufall oder nicht?

Semesterzahl - Generationenkonflikt?!
Betrachtet man die Antworten der Studentinnen getrennt nach der Studienphase, in der die Frauen sich befinden (Grundstudium: 1.-4. Semester, Hauptstudium: 5.-8. Semester, höheres Semester: mehr als 8 Semester), so lassen sich einige Unterschiede festhalten.

Die drei Studentinnen, die sich schlechter als ihre männlichen Kommilitonen auf das Studium vorbereitet fühlen, sind im 1.-8. Semester, während die zwei Frauen, die ihre Vorbereitung als besser empfinden, im höheren Semester studieren. Wächst das Selbstvertrauen der Frauen im Laufe des Studiums? Oder bleiben im Hauptstudium nur die Frauen übrig, die sich als mindestens so gut qualifiziert fühlen wie der Durchschnitt ihrer Kommilitonen?

Elf der 16 Frauen im Hauptstudium schätzen Vorträge als Prüfungsform, von den Frauen im Grundstudium wird diese Prüfungsform nicht genannt. Falls Seminare besonders Frauen ermöglichen, ihre kommunikativen Fähigkeiten positiv zu erleben, sollten sie verstärkt insbesondere für Studienanfängerinnen angeboten werden. Diese Aussage und Forderung wurde von den unserem Vortrag beiwohnenden Frauen deutlich unterstützten.

Von den vier StudentInnen im Grundstudium war nur eine auf den geringen Frauenanteil vorbereitet, von den 16 Studentinnen ab dem fünften Semester waren es hingegen 13. Wie kommt es, daß ausgerechnet in der jüngeren Vergangenheit die Frauen von dem geringen Frauenanteil in der Informatik überrascht werden? Müßte nicht aufgrund der Darstellung des Faches in der Öffentlichkeit die Situation genau entgegengesetzt sein?

. . . und wie war das vor fünf Jahren?
Die Studentinnen, die im Rahmen der Untersuchung im Jahre 1990 [Callies/Rügge (1990)] an einem Interview teilnahmen, empfanden die Atmosphäre im Studiengang Informatik als eher unangenehm. Sie berichteten, daß sie "anders" behandelt würden. Dabei versuchten die Studentinnen im Grundstudium, dumme Sprüche ihrer Kommilitonen über "Frauen und Technik!" damit zu entschuldigen, daß diese ja nicht böse gemeint seien. Sie wollten sich nicht "absondern" und hatten eher die Sorge, daß der Ausschluß von männlichen Studenten aus speziellen Veranstaltungen für Frauen die Männerfeindlichkeit (!) fördere. Kurz, sie wollten vor allem nicht (als Frauen) auffallen und sahen ihre Schwierigkeiten als individuelles Problem an. Demgegenüber nutzten die Studentinnen im Hauptstudium die Gemeinschaft in Frauenarbeitsgruppen und selbst initiierten Frauenveranstaltungen, um sich über ihre Probleme auszutauschen. Diese positiven Erfahrungen führten dazu, daß sie sich auch für das Grundstudium spezielle Veranstaltungen für Frauen gewünscht hätten.

Die Autorinnen der Untersuchung führten die Ablehnung frauenspezifischer Fragestellungen durch die Studentinnen des Grundstudiums insbesondere darauf zurück, daß der Frauenanteil unter den StudienanfängerInnen während der vorhergehenden Jahre drastisch zurückgegangen war und sich die verschärfte Minderheitensituation auf das Verhalten der Studentinnen auswirkte. Die Ergebnisse der neueren Untersuchung können insofern mit dieser Analyse in Zusammenhang gebracht werden, als daß die Frauen, die 1990 im Grundstudium waren, 1995 im höheren als dem 8. Semester studierten. Wie aber am Anfang dieses Abschnitts dargestellt wurde, stellte sich 1995 bei der späteren Befragung heraus, daß sich in diesen Studienjahrgängen - und *nur* dort - Frauen befinden, die konsequent frauenspezifische Fragestellungen ablehnen und deren Lebenslauf dem männlichen Standard entspricht. Inzwischen entscheiden sich hingegen fast nur noch Frauen für das Informatikstudium, die bereits einen Beruf erlernt oder ein anderes Studium absolviert haben. Was ist geschehen, daß die Abiturientinnen heutzutage dem Informatikstudium fernbleiben?

3 Eine Frau studiert doch nicht Informatik - oder doch?!

Mit dieser Ausarbeitung haben wir einige interessante Ergebnisse aus zwei Studentinnenbefragungen am Studiengang Informatik der Universität Bremen vorgestellt und einige zentrale Ergebnisse daraus diskutiert. Ausgangspunkt war die Fragebogenaktion, die wir im Sommersemester 1995 durchgeführt haben - ergänzt um und verglichen mit den Ergebnissen einer Befragung aus dem Jahre 1990.

Wir konnten an dieser Stelle nur die unserer Ansicht nach brisantesten Problemfelder und Thesen skizzieren, aber keinesfalls überall befriedigende Lösungen finden. Unsere Ergebnisse werfen mehr Fragen auf, als sie beantworten; sie können allenfalls Indizien für einen eventuell auch allgemeinen Trend sein. Schließlich zielten die Studentinnenbefragungen darauf ab, die Studien- (und ggf. Lebens-)situation der Informatikstudentinnen in Bremen kennenzulernen und nach Ansätzen für Verbesserungen zu suchen. Wir sind der Meinung, daß es vor dem Hintergrund des inzwischen extrem stark gesunkenen Studentinnenanteils in der Informatik dringend erforderlich ist, die Ursachen dafür zu erforschen und Gegenmaßnahmen zu ergreifen.

Wenn die Informatik den Nimbus des zu schweren Faches hat, muß sie dann nicht in Zukunft realitätsnäher "verkauft" werden? Wie kann das Außenbild der Informatik verändert werden, damit wieder mehr Frauen dieses Studienfach wählen? Noch könnte es eine Chance geben, die Informatik als einen für beide Geschlechter gleichermaßen interessanten Berufszweiges zu etablieren und sie damit vor dem Abgleiten in einen typischen Männerberuf zu retten. Dies täte nicht nur den Frauen in diesem Beruf gut, sondern ebenso der Disziplin Informatik als solcher. Frauen geben Technik neue Impulse!

4 Literatur

Callies, Rosemarie; Rügge, Ingrid: Frauenförderung im Grundstudium (Informatik). Bericht über ein Projekt im Studiengang Informatik der Universität Bremen. Internes Papier. Bremen 1990.

Roloff, Christine; Metz-Göckel, Sigrid; Koch, Christa; Holzrichter, Elke: Nicht nur ein gutes Examen. Forschungsergebnisse aus dem Projekt: Studienverlauf und Berufseinstieg von Frauen in Naturwissenschaft und Technologie - Die Chemikerinnen und Informatikerinnen. Dortmunder Diskussionsbeiträge zur Hochschuldidaktik Band 11. Dortmund 1987.

Statistisches Bundesamt Wiesbaden (Hg.): Bildung im Zahlenspiegel 1986, Stuttgart/Mainz 1986.

5 Anhang

Ergebnisse der Studentinnenbefragung im Sommersemester 1995
Studiengang Informatik, Universität Bremen,
Angeschrieben: 80 Studentinnen
Rücklauf: 21 Fragebögen

Auf den nachfolgenden Seiten die
Antworten der Studentinnen zu den folgenden (ausgewählten) Fragen:

In welchem Fach-Semester bist Du?

1.-4. Fachsemester	5.-8. Fachsemester	> 8. Fachsemester
4	3	14

Wie alt warst Du, als Du mit dem Informatik-Studium begonnen hast?

18-21 Jahre	22-30 Jahre	31-35 Jahre
12	4	4

Warst Du darauf vorbereitet, daß so wenig Frauen Informatik studieren?

Ja	Nein
14	6

Hattest Du in der Schule bereits Informatik-Unterricht?

Ja	Nein
10	10

Warst Du vor dem Studium berufstätig?

Ja	Nein
10	10

Hast Du schon als studentische Hilfskraft gearbeitet oder möchtest Du es gerne?

Ja	Nein
12	8

Warum studierst Du Informatik, welche Ziele verfolgst Du damit?
(Mehrfachnennungen möglich)

Berufschancen	Interesse	Urteilsfähigkeit	Studium	Gestaltung	keine Angabe
13	11	3	3	2	2

Welches Vorwissen / welche Fähigkeiten hältst Du für das Informatik-Studium erforderlich? (Mehrfachnennungen möglich)

Programmierung etc.	Mathe	Logik	Englisch	Soziale Kompetenz	Selbständiges Arbeiten	Anwendungen
12	11	6	6	5	2	2

Glaubst Du, besser oder schlechter auf das Studium vorbereitet gewesen zu sein als viele Deiner männlichen Kommilitonen?

Besser	Gleich	Schlechter	unterschiedlich
2	5	3	11

Würdest Du ein Lehrangebot von frauenspezifischen Themen in der Informatik begrüßen?

Ja	Egal	Nein	Vielleicht
10	4	3	1

Welche Lehr- und Lernformen findest Du für das Informatik-Studium besonders sinnvoll? (Mehrfachnennungen möglich)

Projekt	Gruppenarbeit	Übung	Praktikum	Vorlesung	Seminar	Einzelarbeit
18	16	13	12	8	7	7

Würdest Du Lehrveranstaltungen, dic nur für Frauen angeboten werden, besuchen?

Ja	Vielleicht	Nein
9	5	5

Wozu benutzt Du den Computer überwiegend? (Mehrfachnennungen möglich)

Anwendungen benutzen	Programmieren	Internet etc.	Sonstiges	Gar nicht
17	9	3	2	1

Bist Du die einzige Frau in Deiner Lern- und Arbeitsgruppe?

Ja	Nein
9	9

Welche Erfahrungen hast Du in der Zusammenarbeit mit anderen Frauen gemacht? (Mehrfachnennungen möglich)

Gute	Unterschiedliche	Schlechte	Keine	Angenehmere Atmosphäre
2	3	3	1	6

Wie möchtest Du Rückmeldung über Deine Leistungen bekommen? (Mehrfachnennungen möglich)

Persönliches Gespräch	Schriftliche Begründung	Zensur	"teilgenommen"	Informell	Sonstiges
14	11	8	4	33	3

Welche Prüfungsformen ziehst Du vor? (Mehrfachnennungen möglich)

Übungsaufgaben	Hausarbeit	Vortrag	Mündliche Prüfung	Klausur
16	15	11	9	4

Betreut Dich jemand im Studienverlauf?

weibliches Lehrpersonal	weibl. und männl. Lehrpersonal	männliches Lehrpersonal	niemand / keine Angabe
1	2	6	12

Hältst Du eine Studienberatung speziell (von Frauen) für Frauen für sinnvoll?

Ja (von Frauen für Frauen)	Ja (egal, wer berät)	Nein	?
10	2	5	2

Würdest Du es begrüßen, wenn mehr Frauen in der Informatik vertreten wären?

Ja	Egal	Nein
17	3	0

Hast Du schon einmal erlebt, daß eine Frau im Studiengang wegen ihres Geschlechts anders behandelt wurde?

Bevorzugt	Benachteiligt	Nein	Weiß nicht
3	5	4	6

Wie schätzt Du Deine Berufschancen ein?

Super	Gut	Mittel	Na ja	Schlecht
0	3	5	9	3

Warum nicht gut? (Mehrfachnennungen möglich)

Frau	Ausländerin	Kinder	Alter	fachl. Schwerpunkt	Sonstiges
3	2	4	2	3	2

Wünschst Du Dir weitere (soziale) Einrichtungen (Räume, Rechner,...) speziell für Frauen in der Informatik?

Ja	Nein
10	6

Welche Rahmenbedingungen (zeitlich, räumlich, inhaltlich, familiär, ...) müssen geändert werden, um die Studienmöglichkeiten von Frauen in der Informatik zu verbessern? (Mehrfachnennungen möglich)

Teilzeitstudium	Kinder-betreuung	Mehr Frauen	Informa-tionen	Finanzen, Ausstattung	Sonstiges	Keine Angabe
9	5	2	1	4	5	11

Weibliche Berufsorientierung und Lebensplanung und weibliches Technikinteresse

Bettina Jansen-Schulz

1. Einführung - Überblick

Mädchen und junge Frauen haben trotz vieler in den letzten Jahren durchgeführter landes- und bundesweiter Projekte und Aktionen im Ausbildungs- und Bildungssektor[1] im Erwerbsleben immer noch weniger Chancen als Jungen und junge Männer. Dies gilt insbesondere für die naturwissenschaftlichen und technischen Berufsbereiche.

Das langjährige Modellversuchsprogramm hat zum Anstieg der Anzahl von Mädchen in gewerblich-technischen Bereichen geführt. Ausbildungsbetriebe haben v. a. im Rahmen der zahlreichen Modellversuche vermehrt Mädchen in gewerblich-technische Ausbildungen übernommen.

Es hat sich jedoch gezeigt, daß ohne weitere Impulse durch Modellversuche in anderen gesellschaftlichen Bereichen, wie z. B. im schulischen und außerschulischen Bildungsbereich, kein eindeutiger Anstieg der Teilhabe von Frauen an Technik stattfindet. Daraus haben sich neue Modellversuchsphasen entwickelt[2].

Die Sozialisation im Elternhaus und familiären Umfeld einerseits, die die Mädchen von Technik überwiegend fernhält, aber auch die Ausgrenzungsmechanismen der koedukativen Schule, in den Ausbildungs-, Studien,- und Arbeitsfeldern und die damit verbundene Ambivalenz weiblicher Lebenskonzepte andererseits führen immer noch zu einer distanzierten Haltung vieler Mädchen und Frauen gegenüber Naturwissenschaft und Technik. Geschlechtsstereotypen unterstellen den Mädchen und Frauen einerseits immer noch eine stärkere Familienorientierung in ihrer Lebensplanung als Jungen und Männern und andererseits ein geringes Interesse an und geringe Fähigkeiten in naturwissenschaftlichen, technischen Fächern. Dies kann sowohl zu eingeschränkter Berufsorientierung und Berufswahl als auch zu geringer Fremd- und auch Selbsteinschätzung der Mädchen hinsichtlich Ihrer Fähigkeiten und Kompetenzen in Naturwissenschaften und Technik führen[3].

2. Die doppelte Lebensplanung von Mädchen und jungen Frauen und die Auswirkungen auf ihre Berufsorientierung

Familienorientierung ist auch bei Jungen zu beobachten, sie ist jedoch nicht auf eine zeitliche Vereinbarkeit mit dem Beruf hin ausgerichtet, sondern beruht auf der antizipierten traditionel-

---

[1] 1978-1985 Modellversuchsprogramm des Bundesministeriums für Bildung und Wissenschaft „Mädchen in gewerblich-technische Berufe"; anschließend weitere forschungs- und handlungsorientierte Modellversuche z.B. „Schnupperlehre", „Mädchenwerkstätten", „Schnupperstudien", „Mädchen-Technik-Tage" etc.

[2] Helga Ostendorff spricht von unterschiedlichen Modellversuchsphasen: 1978-85 Modellversuche im gewerblich-technischen Bereich; Subventionsphase für Betriebe; Phase der außerbetrieblichen Ausbildungsprojekte: Phase der Werbekampagnen; Phase der Rechtsänderungen; Phase der Forschungsprojekte und Erstellung von Broschüren und Handbüchern; jetzt Implementationsphase durch soziale Dienstleistungen, wie bundesweite und regionale Servicestellen (s. diesen hier beschriebenen Modellversuch) Ostendorff, Vortrag Mannheim, Oktober 1994, Dokumentation S. 44-49, 1995)

[3] vergl. Lemmermöhle-Thüsing in Rabe-Kleberg 1990; Hageman-White,C., in: Flaake,K.; King,V. (Hg). 1992; Hannover, Bettge 1993; Sommerkorn in Nauck u.a. 1994; Jansen-Schulz in KAD 1994; Hoeltje u.a. 1995; Paral, Kosuch 1994 und 1995; Wender, Bade 1995; vergl. außerdem auch die weitere (feministische) Schulforschung, Literaturangaben im Anhang.

len Rolle des Familienernährers und der Berufsunterbrechung oder -Aufgabe der Partnerin[4]. Bei Mädchen dagegen heißt Familienorientierung die Vereinbarkeit von Familie und Beruf sowohl zeitlich als auch subjektiv. Sie haben daher im Gegensatz zu der einseitigen lebenslangen beruflichen Orientierung (mit Familie nebenbei) der Jungen eine „doppelte Lebensorientierung“[5] - nämlich auf Beruf und Familie.

Diese doppelte Lebensorientierung setzt bei Mädchen sehr viel früher als bei Jungen ein. Aufgrund ihres Entwicklungsvorsprunges in der Adoleszenz[6] verschieben sich bei Mädchen die Wünsche vom geschlechtsunspezifischen zum geschlechtsrollenspezifischen realitätsorientierten Berufswunsch. Sie entwickeln zwar genau wie die Jungen ein partnerschaftliches Muster der Familien- und Berufsarbeit. Gleichzeitig aber antizipieren sie Behinderungen und Erschwernisse auf dem Arbeitsmarkt und im Erwerbsleben, insbesondere in technischen Berufen, geschlechtsstereotype Zuschreibungen (Familienorientierung) bereits sehr früh - schon mit etwa 14 Jahren - und greifen darum häufig nach wie vor auf ein eingeschränktes Berufsspektrum mit weniger Aufstiegschancen und oftmals geringerer Entlohnung zurück, weil sie sich davon eine bessere Vereinbarkeit von Familie und Beruf versprechen.

Mädchen (und auch Jungen) präferieren in der weiblichen doppelten Lebensplanung häufig noch das sogenannte „Drei-Phasen-Modell“[7] für Frauen. Dieses Lebensplanungsmodell beinhaltet jedoch große Risiken und ist im Prinzip in seiner reinen Form kaum zu realisieren. Denn durch die Familienphase erleben Frauen einen Karriereknick, die Qualifikationen, die in der Familienphase entwickelt werden, werden auf dem Arbeitsmarkt negiert. Der „Arbeitsbegriff“, der nur die bezahlte Erwerbstätigkeit als „Arbeit“ und somit als erwerbsorientierte Qualifikation akzeptiert, ist für diese Defizitzuschreibung verantwortlich[8]. Wiedereinsteigerinnen müssen mit beruflicher Dequalifizierung, geringerer Entlohnung, Verbauung der Karrierewege aufgrund von Alters- und Betriebszugehörigkeitsklauseln und Teilzeitarbeitsplätzen auf niedriger Hierarchieebene rechnen[9].

Der geschlechtsspezifisch segregierte Arbeitsmarkt mit seiner geschlechtsspezifischen Arbeitsteilung aufgrund von traditionellen Rollenzuschreibungen lebt seinerseits von der Bereitschaft der Frauen, diese Behinderungen frühzeitig zu antizipieren, sie als individuelles Problem anstatt als strukturelles zu sehen und ihre Lebensplanung darauf auszurichten[10].

Es ist jedoch nicht nur die „Vereinbarkeitsleistung“[11], die von Mädchen frühzeitig vorweggenommen wird, sondern es sind weitere subjektive Faktoren, die in der doppelten Lebens-

---

[4] Bertram u.a. 1991

[5] Ingrid N: Sommerkorn a.a.O. 1994

[6] Carol Hagemann-White a.a.O. 1992

[7] 1. Phase: Berufsausbildung und Berufstätigkeit; 2. Phase: Aussetzen der Berufstätigkeit oder Teilzeit nach der Geburt des ersten oder des zweiten Kindes in der Familienphase; 3. Phase: Bei ausreichender Reife (sehr individuell bestimmt) des Kindes (der Kinder) Wiedereinstieg in den Beruf in Teilzeit oder schrittweise. Es gibt viele andere Übergangsmodelle, die hier nicht genannt werden können. Im Laufe der Jahrzehnte hat sich die Familienphase stark verkürzt von ca. 15 Jahren bis in die siebziger Jahre hinein auf heute etwa 1-3 Jahre. Die Gründe dafür liegen hauptsächlich in der besseren Ausbildung der Frauen und damit zusammenhängenden zunehmenden Berufsorientierung und der Familiengesetzgebung (Erziehungsurlaub). Das bedeutet, daß die Familienphase heute nur noch einen kleinen Teil der Zeitspanne für Erwerbstätigkeit ausmacht (siehe auch Krüger, Axhausen 1991 und Sommerkorn 1994)

[8] Vergl. Lemmermöhle-Thüsing 1990; Lemmermöhle-Thüsing u.a. 6 Bände 1991-1994; die neue Wertediskussion um Arbeit, z.B.: Seifert u.a. 1993; Matthies u.a. 2000, 1994

[9] Krüger, Axhausen 1991

[10] Lemmermöhle-Thüsing in Rabe-Kleberg 1990

[11] U. Müller 1989

orientierung von Mädchen eine wichtige Rolle spielen. So antizipieren Mädchen auch relativ früh eine Ausgrenzung von Frauen in männerdominierten Berufsfeldern durch sexistischen Zusammenschluß der Männer. Mädchen erfahren früh eine sexistische Fremddefinition durch männliche Perspektiven. Dies geschieht häufig schon bevor die Mädchen sich selbst aufgrund der pubertären körperlichen Veränderungen nicht mehr als Mädchen sondern als Frau begreifen. Für eine Anerkennung in männlich definierten Lebensbereichen lenken die Mädchen dann frühzeitig ihr Interesse auf rollenkonformes Verhalten um. Das impliziert auch eine Einschränkung in der beruflichen Planung auf frauendominierte Berufsfelder.

Die sogenannten Frauenberufe wählen sie häufig nur, weil dort Frauen sind und sie einerseits annehmen, daß aufgrund dieser Tatsache auch die Vereinbarkeit von Familie und Beruf zu leisten ist, andererseits erhoffen sie sich eher „subjekt-kommunikationsorientierte" Tätigkeiten in Frauenberufen. In männlich dominierten Berufsfeldern - in technischen Bereichen und oberen Hierarchiebereichen - fürchten Mädchen häufig den Exotinnenstatus, der ihre Frauenrolle überdeutlich hervortreten läßt. Sie antizipieren gleichzeitig den Exotinnenstatus, die ständige Leistungslegitimation und die damit zusammenhängende weibliche Leistungsnegation durch männliche Definitionsmacht[12].

Diese hier genannten Antizipationen sind häufig nicht bewußt, sondern verlaufen im vorbewußtlichen Bereich. Je nach Altersstufe und zunehmender Realitätsnähe werden sie mehr oder weniger deutlich artikuliert. Sie bleiben jedoch immer ambivalent, da sie gleichzeitig mit einem gesellschaftlichen Gleichheits- und Partnerschaftspostulat verbunden sind, daß Mädchen mehr als Jungen für sich einfordern. Ihre Erfahrungen im schulischen Leistungsbereich geben ihnen damit ja auch Recht. Die schulischen Leistungen von Mädchen liegen in allen Bereichen - außer in den naturwissenschaftlich-technischen Fächern - deutlich über denen der Jungen. Auch ihr Entwicklungsvorsprung in der Adoleszenz vermittelt ihnen eine gesellschaftliche Gleichheit, bzw. sogar zeitweise eine Überlegenheit gegenüber Jungen. Die antizipierten Behinderungen und Probleme in den Geschlechterverhältnissen in Schule und Beruf werden von den Mädchen nicht als Defizite sondern als rollenspezifische individuell zu lösende Probleme gesehen, während ihnen diese aus männlich definierter Perspektive oftmals als Defizite unterstellt werden. Daraus ergeben sich unterschiedliche Verarbeitungsstrategien, die v. a. Mädchen und junge Frauen als gesellschaftliche Ambivalenzen erleben.

Diese ambivalenten Antizipationen in der weiblichen Lebens- und Berufsorientierung müssen stärker als bisher im schulischen und beruflichen Sektor berücksichtigt werden, insbesondere auch dann, wenn Mädchen und junge Frauen vermehrt in Naturwissenschaft und Technik integriert werden sollen und wollen. Die folgende Auflistung von Forderungen soll einen kurzen Überblick über Ansätze der Lebensplanung und Berufsorientierung von Mädchen geben.

---

[12] Zu diesen sozialpsychologischen Ausführungen siehe v.a. Hagemann-White 1992 und auch Lemmermöhle-Thüsing 1990

Forderungen:

Zentrale Forderung ist die Vereinbarkeit von Familie und Beruf für beide Geschlechter!

- Abbau der Schranken und strukturellen Behinderungen für erwerbstätige Mütter: Kinderbetreuung, Berufslaufbahnchancen auch bei Unterbrechung
- Möglichkeiten für Frauen und Männer schaffen, sich um die Familie kümmern zu können, ohne berufliche Nachteile zu haben,
- Schaffung arbeitsrechtlicher und sozialisatorischer Bedingungen in Beruf, Ausbildung, Schule, Jugendarbeit
- Thematisieren der Berufsorientierung von jungen Frauen in der Öffentlichkeit, um die Leistungsbereitschaft der Jugendlichen zu verdeutlichen,
- Neudefinition von Berufskarriere auf betrieblicher und gesellschaftlicher Ebene
- Langfristige berufliche Perspektiven für Jugendliche
- Flexibilisierung der Arbeit zugunsten der Familienarbeit
- Einrichtung von regionalen Servicestellen für MultiplikatorInnen im Berich der Berufsorientierung
- Einrichtung von Beratungsstellen für Mädchen und Jungen
- Einrichtung von Beratungsstellen für Eltern
- Ausbau der Beratungsstellen Frauen und Beruf

Handlungsmöglichkeiten in der Schule

- Über geschlechtsspezifische Berufswahl- und Lebensplanung sprechen und arbeiten
- Arbeitsbegriff erweitern auf Haus- und Familienarbeit
- Berufe der Eltern - der Mutter, des Vaters - auf geschlechtsspezifische Hintergründe abfragen lassen
- Historische Rückblicke in die Berufstätigkeit von Frauen ermöglichen
- Frauenberufe - Männerberufe analysieren
- Berufsberatungsmaterialien mädchenorientiert anwenden
- Informationsmöglichkeiten des Berufsinformationszentrums des Arbeitsamtes (BIZ) nutzen und auf Mädchenorientierung hin prüfen
- Externe ReferentInnen oder BerufsberaterInnen einladen und zu Lebensplanung von Mädchen und Jungen befragen
- Elternarbeit
- Berufsprojekttage
- Gesamtkonzept für die Schule zur Berufsorienterung und für einzelne Fächer und alle Klassenstufen entwickeln

Handlungsmöglichkeiten für Eltern zu Hause oder in der Schule

- Über die eigene Berufswahl und Lebensplanung sprechen
- Die damaligen und heutigen Lebensplanungs- und Berufswahlmöglichkeiten reflektieren
- Die familiäre Rollenaufteilung mit den Kindern diskutieren - vertauschte Rollen spielen
- Im Bekanntenkreis fragen, Betriebsbesichtigungen vereinbaren
- Die individuellen geschlechtsuntypischen Interessen der Kinder und Jugendlichen unterstützen
- Reflexion über Zusammenhänge von Geschlecht und Interessensentwicklung
- Karriereplanung für Mädchen - Familienarbeit für Jungen mitdenken und mitdiskutieren
- Geschlechtsuntypische Berufsbereiche im schulischen Betriebspraktikum heraussuchen
- Die Schule auffordern, daß sie den Eltern ihr Konzept der Berufsorientierung offenlegt
- Genauer nachfragen nach weiteren schulischen Ausbildungsmöglichkeiten
- Besuch im BIZ gemeinsam mit den Kindern

Anhang Literaturauswahl

Acker, Sandra (Hrsg): Teachers, Gender and Careers. The Falmer Press. Basingstoke 1989

Alt,C.; Wolf,B.; Arndt,H.: Thesen zur Erschließung gewerblich-technischer Ausbildungsberufe für Mädchen - Materialien zur Diskussion von Möglichkeiten und Grenzen einer Ausweitung des Berufsspektrums für junge Frauen in der Praxis. Bundesinstitut für Berufsbildung (Hrsg.) Berlin 1988

Dies. in Alt u. a. und im Anhang in Büttger, Sessar-Karpp. a.a.O.: Empfehlungen des Hauptausschusses des Bundesinstituts für Berufsbildung zur „Ausweitung des Berufsspektrums für Frauen im gewerblich-technischen Berufsbereich" vom 6. Februar 1987

Bertram,H.; Borrmann-Müller,R.; v.Below,S.; Gille,M.; Hoffmann-Lun,I.; Keddi,B.; Sardei,S.; Seidenspinner,G.;

Tölke,A.: Lebensentwürfe von Jugendlichen: Motivation und Berufsorientierung, Pläne und ihre Realisierung, Gutachten für die Enquete-Kommission „Zukünftige Bildungspolitik - Bildung 2000", Bonn 1991

Beinke,Lothar; Lüdtke Christiane; Richter,Heike; Wiegand,Ulrich: Betriebspraktika im gewerblich-technischen Bereich für Mädchen, Expert Verlag, Ehningen 1991

Beinke, Lothar: Berufswahlunterricht, Klinkhardt Verlag, Bad Heilbrunn 1992

Beinke,Lothar; Richter,Heike: Mädchen und Physikunterricht. Revision eines Lehrplanes, Klinkhardt Verlag, Bad Heilbrunn 1993

Beinke,Lothar: Geschichte der Bemühungen um Motivierung von Frauen und Mädchen zur Übernahme von Ausbildung und Berufstätigkeit in gewerblich-technischen Berufen. Verlag Arbeitslehre-Didaktik, Gießen 1994

Bigga,Regine: Berufsorientierung für Mädchen zwischen „typisch weiblichen" und „typisch männlichen" Berufen. In:

Lackmann, Jürgen; Wascher, Uwe (Hrsg.): Arbeitslehre und Polytechnik: Annäherung und Wandel, Beiträge zur technisch-ökonomischen Allgemeinbildung im vereinten Deutschland, Lexika Verlag, München 1991 S. 241-255

Dies.: „Ich arbeite und meine Frau macht den Haushalt", Berufswahlverhalten und Lebensplanung von Mädchen und Jungen. o.J. Flensburg (Eine Projektskizze des Projektes: „Mädchen und junge Frauen in der Arbeitswelt - Berufswahlverhalten von Mädchen" bei der DGB-Jugend, von 1989-1992 in Flensburg)

Bildungskommission NRW: Zukunft der Bildung - Schule der Zukunft. Denkschrift der Kommission „Zukunft der Bildung - Schule der Zukunft" beim Ministerpräsidenten des Landes Nordrhein-Westfalen, Luchterhand Verlag Neuwied, Berlin 1995

Bonnemann-Böhner,Adelheid; Welpe,Ingelore; Bleck,Dietlind; Freimuth, Angelika; Harms,Steffi; Thege,Britta: Lebens- und Berufsvorstellungen von Schülerinnen der 8. Klassen in Kiel und im Kreis Rendsburg-Eckernförde. Abschlußbericht der wissenschaftlichen Begleitung im Rahmen des Modellprojektes „Andere Berufe für Mädchen", Kiel, Februar 1992

Brehmer,Ilse; Küllchen,Hildegard; Sommer,Lisa: Mädchen, Macht (und) Mathe, Düsseldorf, Parlamentarische Staatssekretärin 1989

Bundesanstalt für Arbeit (Hrsg.): Behinderte Jugendliche vor der Berufswahl, Nürnberg 1990

Bundesinstitut für Berufsbildung BIBB (Hrsg.): Frauen geben Technik neue Impulse, Dokumentation der Auftaktveranstaltung der Initiative, Bonn, Berlin 1995

Bundesminister für Bildung und Wissenschaft: Frauen in technischen Berufen. Dokumentation einer Fachtagung, Schriftenreihe Studien zu Bildung und Wissenschaft, Nr. 73, Bonn 1989

Büttger, Anke; Sessar-Karpp, Ellen: The participation of women in technical and vocational education, in employment and further education in the city of Hambourg, Hamburg, August 1989

Colloquium zu Fragen der Frauenforschung am IZHD (Hrsg.): Beeinflußt die Schule das Technik(des)interesse von Mädchen und Frauen? Alltagserlebnisse und wissenschaftliche Ergebnisse, Universität Hamburg 1989

Cockburn,Cynthia: Die Herrschaftsmaschine. Geschlechterverhältnisse und technisches Know-how. Argument Verlag Hamburg 1988

Deutsche Kinder- und Jugendstiftung (Hrsg.): Handlungsstrategien gegen Jugendarbeitslosigkeit, Dritte Ost-West Jugendkonferenz am 3. Oktober 1994 in Mannheim, Dokumentation, Mannheim 1995

Deutscher Städtetag: Zusammenarbeit von Schule und Jugendhilfe bei ganztägigen Angeboten im Schulbereich, Köln, Umdrucknr. F 2284, 12.05.1992

Effe-Stumpf,Gertrud; Glässig,Gabriele; Habigsberg,Annette: Weibliche Wege zu Naturwissenschaft und Computer? Ambos, Arbeitsmaterialien aus dem Bielefelder Oberstufenkolleg, Bielefeld 1988

Emig,Hilke; Loer,Barbara: Berufswahl in der Lebensplanung von Mädchen. Konzepte für die Sekundarstufe I, Bremische Zentralstelle für die Verwirklichung der Gleichberechtigung der Frau, (Schmidtstr.9, 2800 Bremen 1) Bremen 1991 (Kleine Dokumentation mit konzeptionellen Hinweisen zur Berufswahl von Mädchen)

Enders-Dragässer,Uta; Fuchs,Claudia: Interaktionen der Geschlechter, Sexismusstrukturen in der Schule. München 1989.

Dies.: Jungensozialisation in der Schule, Eine Expertise. Gemeindedienste und Männerarbeit der EKHN, Darmstadt 1988

Dies. (Hrsg.): Frauensache Schule. Aus dem deutschen Schulalltag: Erfahrungen, Analysen, Alternativen, Fischer, Frankfurt 1990

Faißt,W.; Häußler,P.; Hergeröder,C.; Keunecke,K.-H.; Kloock,H.; Milanowski,I.; Schöffler-Wallmann,M.: Physik-Anfangsunterricht für Mädchen und Jungen. Konzeption und fünf ausgearbeitete Unterrichtsbeispiele, IPN-Materialien, Kiel 1994

Faulstich-Wieland,Hannelore: Weibliche Identität und technische Entwicklung, in: dies. (Hrsg.): Weibliche Identität. Bielefeld 1989, S.37-49

Faulstich-Wieland,Hannelore: Reflektierte Koedukation in GEW Zeitung und HLZ GEW Dezember 1995

Fox-Keller,Evelyn: Liebe, Macht und Erkenntnis, München, Wien 1986

Frauen in Technik und Naturwissenschaft FiT (Hrsg.): Projekte und Modellversuche zur Förderung von Frauen in ingenieur- und naturwissenschaftlichen Studiengängen an bundesdeutschen Hochschulen, Heft 4, Darmstadt, Bremen 1994

Fuchs,Margot (Hrsg.): Naturwissenschaften und Technik - doch Frauensache? Tagungsdokumentation, Frauenliteraturvertrieb Wiesbaden 1986

Giesche, Siegrid; Sachse, Dagmar (Hrsg.): Frauen verändern Lernen. Dokumentation der sechsten Fachtagung der AG „Frauen und Schule". Hypatia Verlag, Kiel 1988

Glumpler,Edith (Hrsg.): Mädchenbildung Frauenbildung. Beiträge der Frauenforschung für die LehrerInnenbildung, Klinkhardt Verlag, Heilbrunn 1992

Dies. (Hrsg.): Erträge der Frauenforschung für die LehrerInnenbildung, Klinkhardt, Heilbrunn 1993

Hageman-White,Carol: Sozialisation: Weiblich-Männlich? Gutachten für den 6. Jugendbericht, Leske und Budrich, Opladen 1992

Dies.: Berufsfindung und Lebensperspektive in der weiblichen Adoleszenz, in: Flaake,Karin; King,Vera: Weibliche Adoleszenz. Zur Sozialisation junger Frauen, Campus Verlag, Frankfurt 1992, S.64-83

Hagge, Kirsten; Muth, Hannelore; Schröder, Renate: Für eine besser berufliche Zukunft der Mädchen. Informationen und Anregungen für Lehrerinnen und Lehrer und alle Interessierten. Vorschläge für den Unterricht ab Klasse 7. Leitstelle Gleichstellung der Frau, Hamburg 1991

Hannover,Bettina: Mehr Mädchen in Naturwissenschaften und Technik, eine Studie im Auftrag der Stiftung „Jugend Forscht", Berlin, Hamburg 1989

Hannover,Bettina; Bettge,Susanne: Mädchen und Technik, Hogrefe, Göttingen 1993

Heinrichs,Ute; Schulz,Thomas: Mädchen und Naturwissenschaften in der Schule, Hamburg 1988

Dies.: Einstellung von Mädchen und Jungen zu den Fächern Physik und Geschichte, Hamburg 1989

Heppner,Gisela; Osterhoff,Julia; Schiersmann,Christiane; Schmidt, Christiane: Computer? „Interessieren tät's mich schon, aber...". Wie sich Mädchen in der Schule mit neuen Technologien auseinandersetzen. Bielefeld 1990

Hellmann,Urike; Schiersmann,Christiane: Die „Kontaktstelle zur Förderung von Frauen in gewerblich-technischen Berufen" - Evaluation eines Modellprojekts in:IFG Frauenforschung, Heft 1+2 1990, S.68 - 86 Kleine Verlag, Bielefeld 1990

Dies.: Berufsübergang und berufliche Situation gewerblich-technisch ausgebildeter Frauen; in: Bundesminister für Bildung und Wissenschaft,: Gewerblich-technisch ausgebildete Frauen, Studien Bildung, Wissenschaft Nr. 93, S.1-220, Bonn 1991

Hoeltje,Bettina; Liebsch,Katharina; Sommerkorn,Ingrid N.: Wider den heimlichen Lehrplan. Bausteine und Methoden einer reflektierten Koedukation; Kleine Verlag, Bielefeld 1995

Hoppe,Heidrun: Frauenleben: Alltag, Aufbruch und neue Unsicherheiten, Kleine Verlag Bielefeld 1993

Horstkemper, Marianne: Schule, Geschlecht und Selbstvertrauen. Eine Längsschnittstudie über Mädchensozialisation in der Schule. Weinheim, München, Juventa 1987

Hübner,Sabine; Ostendorf,Helga; Rudolph, Hedwig: Stolpersteine, Sprungbrett, Höhenflüge - Facetten von Berufsverläufen gewerblich-technisch qualifizierte Frauen in Berlin, in: Bundesminister für Bildung und Wissenschaft,: Gewerblich-technisch ausgebildete Frauen, Studien Bildung, Wissenschaft Nr. 93, S.222 - 266, Bonn 1991

Dies.: Rückenwind für Technikfrauen, Centaurus Verlagsgesellschaft, Pfaffenweiler 1992

Hynes,H.Patricia: Als es Frühling war. Von Rachel Carson zur feministischen Ökologie. Orlanda Frauenverlag, Berlin 1990

Jansen,Sarah: Naturwissenschaftlerinnen und Ingenieurinnen: Von der Forderung nach Gleichstellung zur feministischen Forschung. Schriftenreihe des Vereins: Frauen in Naturwissenschaft und Technik, Band 1, 1991

Janshen,Doris; Rudolph,Hedwig u. a.: Ingenieurinnen. Frauen für die Zukunft. de Gryter, Berlin 1987

Janshen,Doris (Hrsg.): Hat dieTechnik ein Geschlecht? Denkschrift für eine andere technische Zivilisation. Orlanda Frauenverlag, Berlin 1990

Jansen-Schulz: Mädchen-Technik-Bildung und die „heimlichen" Bremsen in Gesellschaft, Schule, Arbeitsmarkt, in: Industriegewerkschaft Metall für die Bundesrepublik: Berufsausbildung 2000. GEW Hamburg Kongreßbericht, S. 111-121, Wetzlar 1990

Jansen-Schulz, Bettina: Kahlert,Heike: Mädchen, Schule und Naturwissenschaften, In: Kongreßdokumenation „Frauen in Naturwissenschaften und Technik", Münster 1990

Jansen-Schulz, Bettina: „...Hauptsache der Mann hat Arbeit". Zur Situation von Frauen in den neuen Bundesländern und ihrem ambivalenten Verhältnis zur Erwerbsarbeit, in: Unterschiede, Zeitschrift für Lehrerinnen u. a. Heft 3, Sept./Okt. 1991

Jansen-Schulz,Bettina; Müller-Balhorn,Sigrid; Müllerwiebus,Roswitha, Nellen,Uta: Gleiche Chancen für Mädchen und Jungen in der Schule ?! Handreichung für Elternvertreterinnen, Elternvertreter, Lehrerinnen, Lehrer und alle Interessierten zur Elternarbeit in der Schule (ab Klasse 5), (Hrsg.): Netzwerk Lehrende in Informatik, Naturwissenschaft und Technik (LINT), AG Elternarbeit, Interdisziplinäres Zentrum für Hochschuldidaktik, Universität Hamburg, Januar 1992, Neuaufl. Lübeck 1995

Jansen-Schulz,Bettina: Ein Mädchen braucht doch keine Mathematik! Einflüsse der Schule auf das Technikinteresse von Mädchen. in: Dokumentation der Ringvorlesung. „Frauen in Naturwissenschaften und Technik" an der Volkshochschule Lübeck und Frauenakademie Lübeck, Frauenbüro Lübeck 1991 und in: Wächter, Christine; Konecny, Felicitas; Kapl, Gudrun (Hrsg.): Frauen in Naturwissenschaft und Technik, Profil Verlag, München,Wien 1993

Dies.: Weibliche und männliche Lebensplanung und Berufsorientierung, in: Kirchlicher Dienst in der Arbeitswelt, Ev. Akademie Segeberg, Nordelbische Jugendpfarramt (Hrsg.): Berufsorientierung für Mädchen, Materialien und Informationen für Mitarbeiterinnen und Mitarbeiter in der Jugendarbeit, Hamburg 1995

Kanter,Gustav: Berufswahl, in Bundesanstalt für Arbeit, Behinderte Jugendliche vor der Berufswahl, S. 41-62, Nürnberg 1990

Kreienbaum,Anna Maria (Hrsg.): Frauen Bilden Macht. Dokumentation des 7. Fachkongresses Frauen und Schule, Barbara Weibach Verlag, Dortmund 1989 Kreienbaum,Maria Anna; Metz-Göckel,Sigrid: Koedukation und Technikkompetenz von Mädchen. Der heimliche Lehrplan der Geschlechtererziehung und wie man ihn ändert. Juventa Verlag, München 1992

Kreienbaum,Anna Maria: Erfahrungsfeld Schule. Koedukation als Kristallisa-tionspunkt, Deutscher Studienverlag, Weinheim 1992; darin S.172-179 und 253-262

Kreisfrauenbüro Darmstadt-Dieburg: Modellprojekt Mädchen in gewerblich-technische Berufe. Ein Handbuch mit vielen Tips für Anwenderinnen.

Krüger,Helga: Gehören technische Fähigkeiten vielleicht auch zum „weiblichen Arbeitsvermögen"? In: Rabe-Kleberg: Besser gebildet und doch nicht gleich? Bielefeld 1990

Krüger,Helga; Axhausen,Silke u. a.: Frauen und Bildung. Wege der Aneignung und Verwertung von Qualifikationen in weiblichen Erwerbsbiographien, Teilgutachten I-IV für die Enquete-Kommission „Zukünftige Bildungspolitik - Bildung 2000", Bonn 1991

Leclaire, Christiane: Jahresbericht des Projektes „Mädchen und Zukunftsberufe", Stadt Neukirchen-Vluyn, Stadtdirektor, Gleichstellungsstelle 1991

Lemmermöhle-Thüsing,Doris: „Meine Zukunft? Naja, heiraten, Kinder haben und trotzdem berufstätig bleiben. Aber das ist ja fast unmöglich". Über die Notwendigkeit die Geschlechterverhältnisse in der Schule zu thematisieren: das Beispiel Berufsorientierung, in: Rabe-Kleberg: Besser gebildet und doch nicht gleich, S. 161 - 196, Kleine Verlag. Bielefeld 1990

Lemmermöhle-Thüsing,Doris und Mitarbeiterinnen: Veröffentlichungen des Projektes „Mädchen und Berufsfindung" Aus dem Projekt entstand eine sechsteilige Materialiensammlung zur Berufsorientierung von Mädchen „Wir werden was wir wollen! Schulische Berufsorientierung (nicht nur) für Mädchen".

Dies.; Höke,Christiane: Traumberufe - Berufswünsche - Berufe. Band 1, Hrsg.: Ministerium für die Gleichstellung von Frau und Mann des Landes NRW, Düsseldorf 1991

Dies.; Müller,Regina; Wendt,Ellen; Berhorst,Britta: „Arbeit? Arbeit!" Wir erkunden Arbeitssituationen in Schule, Haushalt und Betrieb. Band 2; Hrsg.: a.a.O. Düsseldorf Juni 1992

Dies.; Dokter,Andrea; Müller,Regina; Schmitz,Beate: Energie-Elektronikerin, Malerin - Fachfrauen der Zukunft? Band 3, Hrsg.: a.a.O., Düsseldorf August 1992

Dies.; Müller,Regina; Arndt,Silke: „Frauenberufe" - Zukunftsberufe?, Band 4, Hrsg.: a.a.O. Düsseldorf, September 1994

Dies.; Höke,Christiane; Dokter,Andrea; Schmitz,Beate; Wendt,Ellen: Frau setzt sich durch,Band 5; Hrsg.: a.a.O., Düsseldorf, Januar 1994

Dies.; Dokter,Andrea; Höke,Christiane; Müller,Regina; Wendt,Ellen: „Meine Zukunft? Kinder und Beruf. Aber das ist eben fast unmöglich". Berufsorientierung im Spannungsfeld widersprüchlicher Lebensentwürfe, Band 6, Hrsg.: a.a.O., Düsseldorf, April 1993

Leitstelle zur Gleichstellung der Frau in Hamburg: Empfehlungen zur Gestaltung und Differenzierung des koedukativen Unterrichts, zur beruflichen Orientierung und zum Berufswahlunterricht an allgemeinbildenden Schulen in Hamburg, Hamburg 1989

Dies.: Heide Vogt: Lernziel Gleichberechtigung. Hinweise und Anregungen für Schule und Unterricht, Hamburg 1986

Lehrke, Manfred: Interesse und Desinteresse am naturwissenschaftlich - technischen Unterricht, Kiel 1988. Institut für die Pädagogik der Naturwissenschaften (IPN)

Lopatecki, Constanze; Lüking, Irene: Bescheiden, sittsam und rein? Rollenklischees in Mathematik - Schulbüchern für die Sekundarstufe I, Bremen 1989

Luig-Arlt,H.: Geschlechtsgetrennter Unterricht in den Berufsorientierungsphasen, unver. Diplomarbeit, PH Flensburg 1993;

Maurer, Margarete: Feministische Kritik an Naturwissenschaft und Technik. Eine Einführung. Interdisziplinäres Zentrum für Hochschuldidaktik der Universität Hamburg (IZHD), Hochschuldidaktische Arbeitspapiere Nr. 23, Hamburg 1989

Matthies,H.; Mückenberger,U.; Offe,C.; Peter,E.; Raasch S.: Arbeit 200; Rowohlt, Reinbek 1994

Ministerin für Bildung, Wissenschaft, Jugend und Kultur des Landes Schleswig-Holstein: Koedukation und Naturwissenschaften. Was leistet der gemeinsame Unterricht für Mädchen und Jungen? Dokumentation zum Forum am 12. Januar 1990 in Kiel

Dies.: Gleichstellung an Schulen. Grundlagen und Anregungen für Gleichstellungsbeauftragte, Kiel 1994

Metz-Göckel,Sigrid; Frohnert,Sigrid; Hahn-Mausbach,Gabriele; Kauermann-Walter,Jacqueline: Mädchen, Jungen und Computer. Geschlechtsspezifisches Sozial- und Geschlechtsverhalten beim Umgang mit Computern. Westdeutscher Verlag, Opladen 1991

Müller,Ursula: Warum gibt es keine emanzipatorische Utopie des Mutterseins? in: Schön,Bärbel (Hrsg.): Emanzipation und Mutterschaft. Erfahrungen und Untersuchungen über Lebensentwürfe und mütterliche Praxis, Juventa, Weinheim, München 1989

Nötzel,Renate: Spiel und geschlechtsspezifische Arbeitsteilung. Centaurus Verlag, Pfaffenweiler 1987

Ostendorff,Helga: Aus Erfahrungen gelernt? - 16 Jahre Maßnahmen zur Öffnung von Männerberufen für Frauen, in: Deutsche Kinder- und Jugendstiftung, Dokumentation der dritten Ost-West Jugendkonferenz 1994, Mannheim 1995

Paral,Dana; Kosuch,Renate: Modellvorhaben: Motivation von Frauen und Mädchen für ein Ingenieurstudium an den Fachhochschulen Oldenburg, Osnabrück, Ostfriesland, Wilhelmshaven, 1. Zwischenbericht, Oldenburg März 1994, 2. Zwischenbericht, Oldenburg März 1995

Prengel,Annedore: „Erziehung zur Gleichberechtigung - Gleichberechtigung zwischen Verschiedenen" in: Die Deutsche Schule, Heft 4 1986, S.417-425

Prengel,Annedore; Schmidt,Pia; Sitals,Gisela; Willführ,Corinna (Hrsg.): Schulbildung und Gleichberechtigung, Dokumentation zum internationalen Symposium des Arbeitskreises Frauenstudien am 20. und 21. Juni 1986 am Fachbereich Erziehungswissenschaften der Johann-Wolfgang-Goethe-Universität Frankfurt am Main, Reihe „Frauenforschung sichtbar machen" des Arbeitskreises Frauenstudien in den Erziehungswissenschaften, Frauenliteraturvertrieb, Frankfurt 1987

Prengel,Annedore: Pädagogik der Vielfalt. Verschiedenheit und Gleichberechtigung in interkultureller, feministischer und integrativer Pädagogik, Leske und Budrich Verlag Opladen 1995

Rabe-Kleberg,Ursula (Hrsg.): Besser gebildet und doch nicht gleich! Frauen und Bildung in der Arbeitsgesellschaft, Kleine Verlag, Bielefeld 1990

Rapp, Ulrike; Bebensee, Maarit: Dokumentation 17. Bundesweiter Kongreß von Frauen in Naturwissenschaft und Technik, Kiel, Mai 1991

Richelmann,Doris: Frauen und neue Technologien. Eine Auswahlbibliographie mit einführender Kommentierung. Teil I.: Erwerbsarbeit und berufliche Aus- und Weiterbildung, Bielefeld 1989

Richelmann,Doris; Schmidt,Christiane: Frauen und neue Technologien. Eine Auswahlbibliographie mit einführender Kommentierung. Teil II.: Zugangsweisen und -möglichkeiten im Kontext schulischer Bildung, Bielefeld 1989

Roloff,Christine; Metz-Göckel,Sigrid; Koch,Christa; Holzrichter,Elke: Nicht nur ein gutes Examen. Forschungsergebnisse aus dem Projekt: Studienverlauf und Berufseinstieg von Frauen in Naturwissenschaft und Technologie - die Chemikerinnen und Informatikerinnen. Dortmunder Diskussionsbeiträge zur Hochschuldidaktik, Band 11, August 1987

Roloff, Cristine: Von der Schmiegsamkeit zur Einmischung. Professionalisierung der Chemikerinnen und Informatikerinnen. Centaurus Verlag, Pfaffenweiler 1989

Roloff,Christine; Evertz,Brigitte: Ingenieurin (k)eine lebbare Zukunft. Vor-Urteile im Umfeld von Gymnasiastinnen an der Schwelle der Leistungskurswahl. Deutscher Studienverlag, Weinheim 1992

Sachs,Conrad; Beinke,Lothar; Melzer,Cristiane; Rehklau, Simone; Richter,Heike (Hrsg.): Modellversuch: Berufsorientierender Unterricht an Mittelschulen im Freistaat Sachsen unter Einschluß von Betriebspraktika unter Berücksichtigung der Förderung von Berufstätigkeit für Mädchen:
1. Sachbericht Juni 1994; 2. Sachbericht Juni 1995; beide Gießen, Chemnitz;
2. Zwischenbericht, Verlag Didaktik der Arbeitslehre, Gießen 1995;
3. Zwischenbericht, Verlag Didaktik der Arbeitslehre, Gießen, Chemnitz 1995

Schelhowe,Heidi; Röhm, Anne: Entstehen durch neue Techniken neue Bildungsprobleme für Frauen? In: Rabe Kleberg (Hrsg.): Besser gebildet und doch nicht gleich? Bielefeld 1990

Schiersmann, Christiane (Hrsg.): Mehr Risiken als Chancen? Frauen und neue Technologien, Kleine Verlag Bielefeld 1988

Dies.: Computerkultur und weiblicher Lebenszusammenhang. Zugangsweisen von Frauen und Mädchen zu neuen Technologien. Bundesminister für Bildung und Wissenschaft, Schriftenreihe Nr. 49, Bonn 1987

Schlüter,Anne; Weinbach,Irmgard: Beteiligung und Einmündung von Frauen in gewerblich-technische und naturwissenschaftliche Ausbildung und Berufe. Möglichkeiten des Distanzabbaus; Diskussionspapier der Enquete-Kommission „zukünftige Bildungspolitik - Bildung 2000" des 11. Deutschen Bundestages, Bonn 1991

Seifert, Hartmut (Hrsg.): Jenseits der Normalarbeitszeit. Perspektiven für eine bedürfnisgerechtere Arbeitszeitgestaltung, Bund-Verlag Köln 1993

Sommerkorn,Ingrid N.; Hoeltje,Bettina; Liebsch,Katharina; Sachse,Claudia;

Zielcke,Renate: Geschlechterverhältnisse im Bildungswesen, Abschlußbericht des Forschungsprojektes am Interdisziplinären Zentrum für Hochschuldidaktik der Universität Hamburg, Band I. und II, Hamburg Dezember 1993
Sommerkorn,Ingrid N.: Das Geschlechterverhältnis als Bildungsaufgabe der Schule: Die doppelte Lebensorientierung - ein notwendiges Thema im Unterricht; in: Nauck u. a. Familie im Brennpunkt von Wissenschaft und Politik, Luchterhand Verlag, Neuwied 1995

Telekom: Frauenförderung bei Telekom in: Informationen Bildung und Wissenschaft 3/93, S.37

Verein Arbeit für alle e.V. (Hrsg.): „Modellprojekt: Andere Berufe für Mädchen", Alt, Gabriele; Gans,Ingrid;: Mut zum Traumberuf. Was willst Du werden? Ideen zur Berufsorientierung für Mädchen, Kiel (Frauenministerium) 1990

Wald, Renate; Garbe, Detlef: Frauen in technischen Berufen. Dokumentation einer Fachtagung. Studien Bildung Wissenschaft Nr. 73, Schriftenreihe des Bundesministeriums für Bildung und Wissenschaft, Bonn 1989

Walker,Stephen; Barton,Len (Hrsg.): Gender, Class and Education. The Falmer Press, Basingstoke 1983

Wender,Ingeborg; Bade,Anette: Modellprojekt „Technik zum Be-Greifen speziell für junge Frauen", Technische Universität Braunschweig, Seminar für Psychologie, 2. Zwischenbericht, Braunschweig April 1995

„Feminismus verpönt?“ Ein Workshop zu Akzeptanz und Nutzen von Projekten zur Förderung von Frauen in Naturwissenschaft und Technik[1]

Renate Kosuch, Birgit Quentmeier, Astrid Strohmeyer, Ingeborg Wender

„Feminismus verpönt?“ - Brainstorming

Renate Kosuch, Birgit Quentmeier, Astrid Strohmeyer, Ingeborg Wender

In den verschiedenen Projekten, deren Ziel es war und ist, Schülerinnen oder Studentinnen im Bereich der Natur- und Technikwissenschaften zu fördern, war die Resonanz auf die angebotenen Veranstaltungen, die sich speziell an junge Frauen richteten, sehr verschieden. Zum einen erfreuten sie sich großer Beliebtheit, zum anderen wurden sie eher zögernd angenommen oder sogar ganz abgelehnt. Ein Teil der jungen Frauen begegnete oder begegnet dem technischen Angebot gleichzeitig annähernd-positiv und abweisend-negativ.

Diesem unterschiedlichen und ambivalenten Verhalten der jungen Frauen sollte beim Workshop „Feminismus verpönt“ am Vormittag des 18.05.96 beim 22. Kongreß von Frauen in Naturwissenschaft und Technik nachgespürt und Schlußfolgerungen für zukünftige Förderprojekte gezogen werden.

Gemeinsam mit projekterfahrenen, betroffenen und interessierten Natur- und Technikwissenschaftlerinnnen sowie Studentinnen wurden Erfahrungen und Sichtweisen zu diesem Thema ausgetauscht, anhand von Impulsreferaten über mögliche Erklärungsansätze diskutiert und über Lösungsmöglichkeiten nachgedacht.

Die Motive der Frauen zur Teilnahme an diesem Workshop waren sehr unterschiedlich: Einige Teilnehmerinnen äußerten in der Vorstellungsrunde, vor dem gleichen Problem wie die Initiatorinnen des Workshops zu stehen, die Zielgruppe selbst, die Frauen, für die sie sich engagieren, von ihrer Arbeit für die Gleichstellung der Geschlechter erst noch überzeugen zu müssen (Mitarbeiterinnen aus Modellversuchen und in der Frauenförderung der Hochschulen aktive Frauen sowie Studentinnen) Andere waren aus persönlichem Interesse gekommen. Sie beschäftigten sich v. a. mit der Frage nach dem tatsächlichen Nutzen frauenfördernder Maßnahmen zur Überwindung persönlicher Schwierigkeiten, die sie (z.T. erst seit kürzerer Zeit) als allgemeine Probleme der Geschlechterbeziehung wahrnehmen (z. B. das Problem der Vereinbarkeit von Familie und Beruf bzw. des beruflichen Wiedereinstiegs nach längerer Familienphase in den Natur- und Ingenieurwissenschaften). Eine dritte Gruppe von Frauen fühlte sich vom Thema des Workshops v. a. aus (wissenschaftlichem) Interesse an der Problem reflexion angesprochen: Hier sollte (Selbst-)kritik geübt und die Frage der mangelnden Akzeptanz frauenspezifischer Maßnahmen offensiv diskutiert werden.

Die Teilnehmerinnen wurden aufgefordert, spontane Gedanken zum Impuls „Feminismus verpönt? Frauenspezifische Angebote oder gemeinsame Angebote für beide Geschlechter?“ auf Karteikarten niederzuschreiben und anschließend im Plenum zu erläutern. Eine gemeinsame Systematisierung dieser Gedanken, Vorstellungen und Anregungen ergab folgendes Bild:

[1] Für den Druck vorbereitet von Birgit Quentmeier, Astrid Strohmeyer und Ingeborg Wender

Box 1a-c: Äußerungen der Teilnehmerinnen zum Thema „Feminismus verpönt“

a) Grundgedanken zur Akzeptanz von frauenspezifischen Bildungsangeboten			
Ablehnung der Frauenförderung durch Frauen	***Einsicht in die Benachteiligung von Frauen***	***Ambivalenzkonflikt: Berufsrolle - Geschlechtsrolle***	***Männer-Sichtweisen aus Frauensicht***
„Geschlechterfrage“ macht einem nur das Leben schwer. *Frauenförderung ruft zwiespältige Gefühle bei Mädchen und Frauen hervor.* *Frauen wollen nicht erkennen und/oder zugeben, daß sie frauenspezifische Probleme haben.* *Viele Frauen wollen nicht anders gesehen werden als Männer (wollen auch keine Separierung); für mich persönlich ist die Trennung nie ein Thema gewesen.* *Junge Frauen fühlen sich nicht benachteiligt!* *Die Norm ist männlich. Frauen akzeptieren dies.*	*Die Sichtweisen entwickeln sich erst aus Erfahrungen.* *Erkenntnis kann nur durch einen „Schock“ erreicht werden (Konfrontation mit Fakten, Beispielen).* *Das frauenfeindliche Verhalten geschieht oft unbewußt (von Männern und von Frauen!).*	*Es liegt ein doppelter Ausbruchs prozeß vor: zum einen die ungewöhnliche Berufswahl, zum anderen das Durchbrechen der traditionellen Frauenrolle.* *Man / frau braucht ein enormes Selbstbewußtsein, um „anders“ zu sein als andere (z.B. als eine der wenigen Frauen, die Maschinenbau studiert).* *Es findet eine gewisse Anpassung an den typisch männlichen Beruf statt; auf weibliche Aspekte wird bewußt verzichtet.* *Wunschbild? Das Frausein zurücktretenlassen im Ausbildungs- und Arbeitsleben (lediglich Leistung zählt) contra Hervorhebung des Geschlechts* *Gibt es überhaupt die typische Frau? Kaum - Frauen sind untereinander auch sehr verschieden.* *Jungen u. Mädchen, Männer u. Frauen sind gleichwertig, nicht gleich.* *Frauen sollten ihr Frausein akzeptieren, nicht verleugnen.* *Die Lehrangebote sind nicht nur als Wissensvermittlung zu betrachten, sondern auch als Teil eines Sozialisationsprozesses.* *Das Geschlecht sollte nicht erst beiseite geschoben werden, sondern gleich aktiv im Hinblick auf den nächsten Schritt (Berufseintritt) eingebracht werden, sich in kein Männerschema pressen lassen.*	*Männer sagen: Frauen separieren ist künstlich - eigentlich werden alle gleich behandelt.* *Sie unterstellen, daß die Frauen blöd sind und deswegen Mathe, Physik ... anders gelehrt werden müßten.* *Unsere(!) Frauen werden nicht diskriminiert ... und deswegen brauchen wir frauenspezifische Projekte nicht.*

b) Aussagen zur Trennung der Geschlechter in Bildungsangeboten	
Befürwortung der Separierung	***Ablehnung der Separierung***
Frauen helfen sich mehr und sind offener untereinander.	*Durch Separierung auf Dauer werden zwei Welten geschaffen⇒ Männer- und Frauenwelt (Konflikte sind vorprogrammiert).*
Frauen, die in ihren Studiengängen vereinzelt vorkommen, sind von Anfang an zusammenzubringen⇒ Informationsaustausch⇒ Steigerung der Akzeptanz von Frauenprojekten.	*Strukturen der Geschlechterhierarchie werden nicht wesentlich verändert.*
Trennung ist in den Bereichen sinnvoll, in denen sich eine Gruppe (z.B. die Jungen in Schulen im naturwissenschaftlichen Unterricht) hervorspielt und die andere unterdrückt ⇒ erst durch Erfolge wird das Interesse an Technik und Naturwissenschaften gesteigert.	*Frauen wollen mit Männern gemeinsam arbeiten.*
Trennung ist auf Dauer eher negativ - zeitweilige Trennung in bestimmten Fächern (Naturwissenschaft, Technik u.a.) wäre sicherlich positiv für Frauen.	*Durch Separierung findet eine Diskriminierung von Männern statt.*
Geschlechtertrennung ist gut für die Interessenentwicklung der Mädchen (Lernen mit Gleichgesinnten, ohne Männer / Jungen).	*Separierung könnte Männerfeindlichkeit aufbauen, die nicht erwünscht ist.*
In Frauengruppen kann ein eigener Zugang in Ruhe erarbeitet werden.	*„Nur mit Frauen" heißt für die Gesellschaft „gegen Männer".*
In gemischten Gruppen nehmen sich Männer zuviel Raum.	*Wenn frau gute Leistungen erbringt, hat sie Frauengruppen nicht nötig.*
In Frauengruppen herrscht eine entspannte Arbeitssatmosphäre.	*Die Vorbereitung auf ein Berufsleben sollte hauptsächlich unter Männern - weil der Wirklichkeit entsprechend - erfolgen.*
Der seit langem geforderte Modellversuch: „Technische Uni für Frauen" sollte in die Realität umgesetzt werden.	*Wie sollen Frauen unter Frauen lernen, sich in der Männerwelt durchzusetzen?*
	Jungen und Mädchen (Männer und Frauen) sind gleich!

c) vorgeschlagene Lösungsansätze:			
Vorbildwirkung und Ermutigung	**Werbung & Information**	**Struktur-veränderungen**	**frauen- und männerspezifische Angebote**
Frauen in technischen Berufen als Vorbild gezielt einsetzen. Als Frau in der Technik braucht man ein Vorbild, jemanden, der Mut macht. *Ermutigung durch Frauen und Männer ermöglichen. Es sollten Mentorinnen bestellt werden.*	*Es finden sich Informationsdefizite besonders bei Männern, aber auch bei Frauen.* *Intensive Werbung für Veranstaltungen zur Förderung der Frauen ist zur Akzeptanzsteigerung wichtig.* *Feministische Parolen an Wänden führen häufig zu verstärkten Vorurteilen bei Männern, die sich oft persönlich angegriffen fühlen.* *Professorinnen und Professoren bzw. Lehrerinnen und Lehrer sollten mit einbezogen werden (Infos), damit sie Werbung machen.* *Die Vorurteile und Ablehnungen durch Jungen und Männer, die häufig nicht wissen, worum es geht, sollten durch gezielte Diskussionen abgebaut werden.*	*Bedingungen für Teilzeitbeschäftigung schaffen.*	*Feminismus ruft „Maskulinismus“ hervor (Männer- und Jungenarbeit)* *Männer bräuchten auch andere Angebote.* *An wichtigen Bruchstellen und Neuorientierungsphasen sind geschlechtsspezifische Angebote berechtigt und notwendig!* *Im gleichen Maße, wie es Frauenveranstaltungen geben soll, müßte es auch Männerveranstaltungen zur Sensibilisierung und Akzeptanz geben.* *Warum Projekte für Frauen? Die meisten Frauen sind o.k. - die Männer müssen sich ändern!*

Die Skizzierung des Problems durch die Teilnehmerinnen des Workshops zeigt die Komplexität des Themas, weist aber auch auf Lösungsansätze hin.

Im Anschluß an die gemeinsame Diskussion der Teilnehmerinnen folgten Darstellungen und Sichtweisen des Problems aus den beiden Modellprojekten „Motivation von Frauen und Mädchen für ein Ingenieurstudium“[2] der Fachhochschulen der Weser-Ems-Region sowie „Technik zum Be-Greifen“[2] der TU Braunschweig.

---

2 Beide Modellprojekte werden seit 1993 gefördert vom Niedersächsischen Ministerium für Wissenschaft und Kultur

Referat 1:
„Bitte, keine Antworten auf Fragen, die nicht gestellt werden!“

Renate Kosuch, Fachhochschule Oldenburg

Einleitung

„Was macht es denn aus, was Dich bisher daran gehindert hat, Dich mit Deiner Situation als Frau an einer technischen Fachhochschule zu beschäftigen“, wurde eine Studentin gefragt, die als Tutorin bei der ersten Sommerhochschule für Schülerinnen mitgewirkt hatte und ganz begeistert auf diese Veranstaltung nur für Mädchen und Frauen zurückblickte. Die Sommerhochschule wurde erstmals 1995 im Rahmen des Modellvorhabens „Motivation von Frauen und Mädchen für ein Ingenieurstudium“ an der Fachhochschule Oldenburg veranstaltet. Eine Woche lang konnten 36 Sommerstudentinnen ein Probestudium im Ingenieurbereich absolvieren. *„Da ist so eine Scham“*, war ihre Antwort, und: *„Ich weiß auch nicht so genau, was das ist.“* Dieses diffuse, unangenehme Empfinden hinderte sie gleichzeitig daran, dieser Scham auf den Grund zu gehen.

Unbehagen ist oftmals auch in die Gesichter neuimmatrikulierter Studentinnen geschrieben, wenn sie bei der Begrüßung von einer Frauenbeauftragten direkt angesprochen werden. Was genau steht dahinter? Auf der Landeskonferenz niedersächsischer Hochschulfrauenbeauftragter im Februar dieses Jahres wurde diese Frage ebenfalls aufgeworfen und als Generationenproblem diskutiert. Doch anwesende studentische Frauenbeauftragte hatten das gleiche Problem mit ihren Kommilitoninnen, die mit Befangenheit und Abwehr darauf reagieren, in ihrer Geschlechtszugehörigkeit angesprochen zu werden.

Eine Teilnehmerin der genannten Sommerhochschule lieferte eine Erklärung für die Scham (Zitat aus dem Evaluationsbericht):
„Ich finde, an dieser Angst der Frauen oder „Schülerinnen“, sich als Frauengruppe zu bekennen, muß ganz viel gearbeitet werden, was natürlich schon viel früher in der Erziehung und Schule beginnen muß. Aber trotzdem, im Grunde finden das alle gut, daß das für Frauen speziell angeboten wird, aber sie genieren sich auch, als reine Frauengruppe erkannt zu werden, meinen, die Männer belächeln das bestimmt. Dabei würden Männer (Buben oder Jungen) genauso blöd wie wir durch die FH laufen.“

Das Modellvorhaben „Motivation von Frauen und Mädchen für ein Ingenieurstudium“ arbeitet bereits seit drei Jahren daran, das Interesse junger Frauen und Mädchen für ein Ingenieurstudium zu stärken. Die Gleichstellungsstellen bzw. Frauenbüros an den vier beteiligten Fachhochschulen Oldenburg, Osnabrück, Ostfriesland und Wilhelmshaven setzen sich dafür regionale Schwerpunkte. Der Handlungsrahmen ist weiter gefaßt, als der Titel des Projektes zunächst nahelegt. Es werden Module entwickelt und erprobt, die - zusammengenommen - an allen Phasen der beruflichen Sozialisation ansetzen und so auf innere und äußere Barrieren eingehen, mit denen Frauen auf dem Weg in diese berufliche Männerdomäne konfrontiert werden. Im folgenden werden auf dem Hintergrund der Erfahrungen im Projekt nach einer kurzen Bestandaufnahme mögliche Erklärungen angeboten und Empfehlungen für die institutionalisierte Frauenförderung gegeben.

Bestandsaufnahme

„Schülerinnen finden ihren Unterricht gut,
aber nur, wenn das Wort feministisch nicht vorkommt“.

So äußerte sich Dorothee Wenzel vom „Netzwerk Frauen verändern Schule" (mündliche Mitteilung). Sie wehren sich dagegen, in die Defizitecke gestellt zu werden. Sie halten sich für selbstbewußt und gehen davon aus, daß sie machen, was sie wollen (Pfundstein, 1995).

Ältere Studentinnen interessieren sich
eher für Gleichstellungsarbeit an den Hochschulen als jüngere.
Von dieser übereinstimmenden Erfahrung wurde bei der Tagung „Berufsziel: Ingenieurin" des Modellvorhabens „Motivation von Frauen und Mädchen für ein Ingenieurstudium" und der Kooperationspartner im November 1994 in der Arbeitsgruppe „Studieneingangsphase" berichtet (Konczalla, 1996).

Ambivalenz prägt die Auseinandersetzung mit der eigenen Geschlechtsrolle.
Bei einem Informationstag für Schülerinnen an der FH Oldenburg 1994 mit 38 Schülerinnen der 11. Klassen mehrerer Gymnasien konnte bei der Abschlußdiskussion die folgende Beobachtung gemacht werden: Interventionen oder Diskussionsbeiträge, die nahelegten, daß Unterschiede im Verhalten oder in den Chancen von Jungen und Mädchen in der Gesellschaft eine Rolle spielen, wurden von den Schülerinnen vehement von sich gewiesen. Im gleichen Gespräch reagierte die Gruppe jedoch ganz anders auf Fragen wie „Wollen Sie Kinder haben? Wie stellen Sie sich das vor?" Die Schülerinnen machten deutlich, daß sie es ungerecht finden, wenn Männer nicht genausoviel Verantwortung für die Familienarbeit übernehmen wie Frauen und forderten mehr Beteiligung (Kosuch, 1994b).

Analyse
Diskriminierungserfahrungen können gleichzeitig negiert und „gewußt" werden, je nachdem mit welchem Deutungssystem sich die Frauen konfrontiert sehen. Abwehr wird z. B. dann ausgelöst, wenn der Kontext als „feministisch" wahrgenommen wird. Verantwortlich für diese Gleichzeitigkeit ist eine Konfliktbewältigungsstrategie, die von Roloff (1989) als Phantomgleichheit beschrieben wurde: Aufgrund ihrer fachlichen Ebenbürtigkeit gehen die Frauen auch von einer sozialen Gleichheit aus und ignorieren die sozial erfahrene Ungleichbehandlung. Das kann jedoch dazu führen, daß Erfahrungen, die auf soziale Ungleichheit zurückzuführen sind, stattdessen als Probleme auf der fachlichen Ebene eingestuft werden und somit zu Zweifeln an der eigenen Leistung und zur Schwächung der eigenen beruflichen Identität führen. Das Festhalten an dieser Scheinnormalität, so Roloff (1989), führt dazu, daß die Ursachen von Konflikten bei sich selbst gesucht werden. Doch diese interne Ursachenzuschreibung schwächt das Selbstbewußtsein.

Das wirft die Frage auf, warum diese Bewältigungsstrategie beibehalten wird. Die bewußte Wahrnehmung der sozialen Ungleichheit führt, anders als Roloff (1989) nahelegt, nicht unmittelbar zu einem höheren Anteil an externer Ursachenzuschreibung und somit zu größerem Selbstbewußtsein (Kosuch, 1994). Die bewußte Wahrnehmung von Diskriminierungserfahrungen bringt zunächst neue innere Konflikte mit sich. Frauen halten deshalb am Bewältigungsmuster Phantomgleichheit fest, weil so die Struktur des eigenen Konflikterlebens eindimensional ist, während Frauen, die sich mit Benachteiligungs- und Ausgrenzungserfahrungen auseinandersetzen, in komplexere Konflikte geraten (ebd.).

Durch die „kritische Frauenperspektive" nehmen die Schwierigkeiten im subjektiven Erleben also erst einmal zu. Dies ist ein Grund, warum diese Perspektive abgelehnt wird, auch wenn sie auf lange Sicht als selbstbewußtseinsstärkend wirken kann, nämlich dann, wenn der Anteil an externer Ursachenzuschreibung zunimmt.

Dieser Wendepunkt, die Ursache für Schwierigkeiten und Konflikte auf der sozialen und nicht allein auf der Leistungsebene zu suchen, ist oftmals mit einem Schlüsselerlebnis verbunden.

Fachfrauen aus dem Ingenieurinnen-Netzwerk der FH Oldenburg INFO berichten, daß dieser Perspektivwechsel zumeist in der Phase des Berufseinstiegs stattfindet, wenn das berufliche Selbstverständnis als „Gleiche unter Gleichen", wie es im Studium erlebt wurde, aufgrund der Unterschiedlichkeit der Erfahrungen im Vergleich zu den männlichen Absolventen nicht mehr aufrechterhalten werden kann. Nur wenige Studentinnen sind am Ingenieurinnen-Netzwerk interessiert, was zunächst Verwunderung unter den Fachfrauen ausgelöst hatte. Diese Verwunderung löste sich in dem Moment auf, in dem sie sich daran erinnerten, daß sie vor ihrem Schlüsselerlebnis für eine Vernetzung unter Frauen auch nicht ansprechbar gewesen sind.

Schlüsselerlebnisse lassen sich nicht vorwegnehmen oder vermitteln. Junge Frauen in der beruflichen Orientierung wollen keine Anworten auf Fragen, die sie nicht gestellt haben. Die Abwehr hat hier ihren Ursprung. Erst wenn die beschriebene Bewältigungsstrategie nicht mehr greift, z. B. der Anteil an leidvollen Erlebnissen zu groß geworden ist, entsteht das Bedürfnis, die eigenen Erfahrungen neu zu betrachten. Dann und erst dann ist eine Frage entstanden, die beantwortet werden will. Ältere Studentinnen, die bereits beruflich oder familiär tätig waren und erst anschließend ein Studium begonnen haben, sind daher eher für Belange der Gleichstellung ansprechbar als jüngere (siehe unter Punkt „Bestandsaufnahme").

Empfehlungen

Wichtig ist die Grundhaltung, in der Angebote für Mädchen und Frauen entwickelt und vermittelt werden. Dazu kann es sinnvoll sein, daß Veranstalterinnen solcher Angebote sich zurückerinnern, wie die „Geschlechterperspektive" im eigenen Leben eine Bedeutung bekommen hat. In den seltensten Fällen wird die Auseinandersetzung mit der Geschlechtsdimension auf der kognitiven Ebene begonnen haben, sondern verbunden mit Auslösern, Krisen und konkreten Anlässen. Diese Anlässe schaffen Schule und Studienalltag zunächst nicht sichtbar. Eine nondirektive Gesprächshaltung wird der Tatsache gerecht, daß sich eigene Erfahrungen nicht vermitteln lassen, sondern die Schülerinnen ihre Positionen und Erkenntnisse nur selbst erarbeiten können. Veranstalterinnen können jedoch aktive Moderatorinnen dieser Prozesse sein.

Im Modellvorhaben wurden gute Erfahrungen damit gemacht, Angebote für Mädchen und Frauen ohne Rechtfertigung *gegenüber der Zielgruppe* anzubieten. Warum soll eine Gruppe, die einer gemeinsamen (Sub)Kultur angehört, nicht als solche zusammenkommen? Wenn die Besonderheit der geschlechtshomogenen Gruppe nicht hervorgehoben wird, können die Vorteile von den Teilnehmerinnen eher wahrgenommen werden, ohne daß ein Konflikt um die Aufrechterhaltung der Phantomgleichheit entsteht.

Bei der Präsentation von Leit- und Vorbildern ist es wichtig zu berücksichtigen, daß die Frage des Ausmaßes der Abweichung von den klassischen Geschlechtsrollenstereotypen für ihre Wirkung von Bedeutung ist. Wenn Inhalte der Geschlechtsidentität verändert werden sollen, so muß gleichzeitig die Balance gehalten werden zwischen dem Anteil an „Zumutung" - nämlich der Erfahrungen der Nicht-Übereinstimmung - und den verinnerlichten Kategorien, sodaß die Geschlechtsidentität aufrechterhalten werden kann. Faulstich-Wieland (1995) berichtet in diesem Zusammenhang von einer Untersuchung von Bronwyn Davies aus dem Jahre 1992. Demnach reagieren Kindergartenkinder nicht unbedingt begeistert auf feministische Märchen, in denen Heldinnen statt Helden die Protagonisten sind. Abweichendes Verhalten einer weiblichen Heldin wird von den Kindern - Mädchen wie Jungen - nur dann akzeptiert, wenn diese noch in genügend Ausprägungen der von den Kindern als Maßstab angelegten Geschlechtskategorie „weiblich" zugeordnet werden kann. Was weiblich und was männlich ist, wird schon früh im Verlauf der Sozialisation als Prinzip verinnerlicht und aktiv angewandt (ebd. 1995) .

Unter diesen Bedingungen können Gespräche über Schwierigkeiten und Hürden entstehen, die von der Zielgruppe selbst eingebracht werden. Dann kann es sinnvoll sein, den Widerspruch zwischen fachlicher Gleichheit und sozialer Ungleichheit aufzuzeigen und somit eine Reflexionsmöglichkeit der geschilderten Erfahrungen anzubieten, die zu einer Erweiterung des eigenen Handlungsspielraumes beiträgt.

Literatur:

Faulstich-Wieland, H (1995). Geschlecht und Erziehung. Darmstadt: Wissenschaftliche Buchgesellschaft.

Konczalla, P. (1996). Protokoll des Workshops „Studieneingangsphase“. In: Kosuch, R. (Hrsg.) Berufsziel: Ingenieurin. Weinheim: Deutscher Studienverlag, S. 60 - 69.

Kosuch, R. (1994). Beruflicher Alltag in Naturwissenschaft und Ingenieurwesen. Eine geschlechtsvergleichende Untersuchung des Konflikterlebens in einer Männerdomäne. Weinheim: Deutscher Studienverlag.

Kosuch, R. (1994b). Informationstag an der FH Oldenburg: Auswertung der Schülerinnenbefragung. Unveröffentlichte Studie.

Kosuch, R. (1995). Evaluationsbericht zur Sommerhochschule 1995 an der FH Oldenburg. Unveröffentlichtes Papier.

Kosuch, R. (Hrg.) (1996). Berufsziel: Ingenieurin. Aufbruch in die/der Technik. Weinheim: Deutscher Studienverlag.

Pfundstein, D. (1995). Nichts ist bei jungen Frauen verpönter als Feminismus. Frankfurter Rundschau vom 23.02.1995 .

Roloff, Chr. (1989). Von der Schmiegsamkeit zur Einmischung. Professionalisierung der Chemikerinnen und Informatikerinnen. Pfaffenweiler: Centaurus.

Referat 2: „Technik be-greifen gern, aber Frauenförderung, nein danke!“

Ingeborg Wender, Birgit Quentmeier, Astrid Strohmeyer
Technische Universität Braunschweig

Referat 2:
„Technik be-greifen gern, aber Frauenförderung, nein danke!"

Ingeborg Wender, Birgit Quentmeier, Astrid Strohmeyer, Technische Universität Braunschweig

Problemlage und Ausgangssituation

Trotz stetig ansteigender Abiturientinnen-(1970:40%, 1993:52%), Studentinnen- (1970:26%, 1993:40%) und Studien-Absolventinnenanteile (1970:21,5%, 1993:38%, BBWFT, 1994/95) in den letzten Jahren zeichnet sich immer noch eine gleichbleibende, starre, horizontale Diskriminierung der Frauen ibs. im Ausbildungsbereich Hochschule ab; d. h. in den technischen und techniknahen Studiengängen findet sich ein Frauenanteil unter 20 bis zu 3% (s. BBWFT, 1994/95). Exemplarisch seien hier die Zahlen von der Technischen Universität Braunschweig (TU-Statistik des SS 1995) genannt, die in etwa dem Bundesdurchschnitt entsprechen: im Bauingenieurwesen 19,5%, im Maschinenbau 5%, in Elektrotechnik 3%, in Physik 10% und in Informatik 7%.

Und, obwohl gleichermaßen wie die Studentinnenanteile auch die Erwerbstätigkeit der Frauen in der BRD stetig gestiegen ist (die Erwerbsquote der Frauen ist in den alten Bundesländern von 46,2% im Jahre 1970 auf 60% im Jahre 1994 gestiegen, Bundesanstalt für Arbeit, 1995), stagnieren die Frauenanteile ebenfalls in den technischen Berufszweigen. Der Ingenieurinnenanteil in Wirtschaft und Industrie wird vom Deutschen Akademikerinnenbund (Heinzerling & Leyendecker, 1993) auf ca. 7% geschätzt. Frauen arbeiten immer noch vorrangig im Erziehungs- und Sozialsektor, sie sind als Lehrerin oder Sozialarbeiterin tätig, in Berufszweigen, die eher einen geringen beruflich-professionellen Status in unserer Gesellschaft besitzen und dementsprechend niedrig entlohnt werden. Ein Blick über die Grenzen hinaus zeigt, daß in den USA der Frauenanteil in den Ingenieurwissenschaften je nach Fachrichtung mit 10 - 25% drei- bis fünfmal so hoch ist wie in der BRD. In den osteuropäischen Ländern liegt er z.T. höher als 30% (Heinzerling & Leyendecker, 1993; Wender & Grefen-Peters, 1996). Frauen besitzen offenbar größere Kompetenzen und Fähigkeitspotentiale für technische und techniknahe Aufgabenfelder, als es ihre eingeengte Berufsorientierung und Berufswahl ibs. in der BRD suggerieren mag.

Durch die geringe Repräsentanz der Frauen im Bereich Technik wird dieser vorrangig von Männern gestaltet. Die Arbeitssituation ist daher auch an männlichen Lebensentwürfen und -realitäten orientiert und grenzt somit Frauen weiter aus.
Berufsorientierung stellt einen lebenslangen Prozeß dar. Aber es können Lebensabschnitte entlang des Lebenslaufs identifiziert werden, in denen besondere Entscheidungen bzgl. des zukünftigen Berufsweges anstehen. So kann das Jugendalter als ein Lebensabschnitt gekennzeichnet werden, in dem die Berufsorientierung einen besonderen Stellenwert besitzt und als Entwicklungsaufgabe aktiv gestaltet werden will (Oerter & Montada, 1995).

Das Erlebnisfeld der Schülerin, das für ihre Berufsorientierung Relevanz besitzt, kann vereinfacht in die Sozialisationsinstanzen Person-Selbst, Elternhaus, Schule, Hochschule und Betrieb unterteilt werden. Hier begegnen ihr auch heute noch die bekannten, langzeitig tradierten Geschlechterstereotype und traditionellen Arbeitsteilungen, direkt durch reale Erfahrungen mit sich selbst, in ihrer Nahumwelt und indirekt in Darstellungen der verschiedenen Medien, wie z. B. in Schul- und Lehrbüchern, Fernsehsendungen und Zeitungsartikeln.

Die oben beschriebene Benachteiligung der Frauen signalisiert Handlungsbedarf; dem für Frauen auf dem Arbeitsmarkt negativen Trend ist effektiv entgegenzusteuern und soll u. a. mit Projektangeboten, wie nachfolgend vorgestellt, aktiv begegnet werden.

Zielvorstellungen des Modellprojektes „Technik zum Be-Greifen“

Als Werte und übergeordnete Zielvorstellungen, an dem sich das Modellprojekt orientiert (Wender & Bade, 1995), sind zu nennen:

- Herstellung grundgesetzlich verankerter Gleichstellung der Geschlechter, Streben nach sozialer Gerechtigkeit, gleiche Partizipation an Ressourcen
- Einbringen der Vorstellungen und Sichtweisen von Frauen als der einen Hälfte der Menschheit in die Technikgestaltung
- Entfaltung individueller Potentiale, die durch die Geschlechterstereotype und Rollenmuster nicht verwirklicht werden können, dabei aktive Gestaltung der eigenen Entwicklung
- Einbeziehung möglichst aller der Menschen in die Zukunftsgestaltung der Welt, die Kompetenzen zur Lösung der technischen Probleme unserer Zukunft besitzen.

Für die konkrete Zielsetzung des Projektes bedeutet dies, daß die geschlechtertypische Arbeitsteilung sich verändern müßte und die Berufsorientierung der jungen Frauen sich auf ein breiteres Spektrum von Berufsmöglichkeiten beziehen sollte. Ziel ist ferner, daß auch die Eltern und Lehrkräfte den beruflichen Öffnungsprozeß tatkräftig unterstützen und die ingenieurtechnischen Bereiche in den Hochschulen und Betrieben sich mehr gegenüber Frauen öffnen und aktiv die jungen Frauen ermutigen, Technik zu erkunden.

Erreicht werden kann dies im Rahmen des Modellprojektes <u>für die Schülerin durch</u>

- Entwicklung des eigenen technischen Potentials mittels offenen, angstfreien Umganges mit Technik
- Erwerb von Kenntnissen über das Berufsbild des Ingenieurs/ der Ingenieurin mittels praktischer Erfahrungen in entsprechenden Arbeitsbereichen
- Zuschreibung von mehr Technikkompetenz und Selbstwirksamkeit, bezogen auf Technik, mittels erfolgreichem Umgang bei technischen Problemstellungen in Interaktion mit Ingenieurinnen und Studentinnen der Technikwissenschaften (Prinzip des „partizipierenden Modellernens“, Bandura, 1985)
- Entwicklung von Technikinteresse durch Bereitstellung von interessanten technischen Angeboten zum Be-Greifen

<u>für das Individuum und sein soziales Umfeld</u> (ibs. Eltern und Lehrkräfte, aber auch Mitglieder der Hochschulen und Mitarbeiter und Mitarbeiterinnen der Betriebe) durch

- Hinterfragung der Geschlechterstereotype mittels Initiierung von Reflektionen der Thematik Beruf, Arbeit und Geschlecht in Form von Gesprächsrunden, Bearbeitung einer Unterrichtseinheit „Arbeit, Berufsorientierung, Lebensplanung und Geschlecht“; Anfertigen von Plakaten und Collagen, Durchführung von Ausstellungen und Pressearbeit
- Erkennen der Arbeitsteilung als soziale und damit veränderbare Konstruktion mittels Aufdecken von Ambivalenzen und historischen Zusammenhängen von Arbeit und Geschlecht

<u>für Hochschule und Betrieb durch</u>

- Entwicklung frauengerechter Arbeitsbedingungen und - strukturen mittels Bereitstellung von technischen Versuchsmöglichkeiten für junge Frauen, dabei Sicherstellung einer guten Betreuungslage und Beratung als einen ersten Schritt in die gewünschte Richtung.

Bei allen im Prozeß der Berufsorientierung beteiligten Personengruppen wird angestrebt, für die Gleichstellung der Geschlechter zu sensibilisieren. Hierfür wurden und werden Gesprächs- und Diskussionsrunden zum Thema „Frauenförderung in technischen Bereichen“ initiiert.

Interventionsmodule
Als Instrumente zur Zielerreichung haben wir verschiedene praktische Interventionsbausteine entwickelt und durchgeführt. Dabei haben wir aus dem berufskundlichen schulischen Unterricht die Grobstruktur der bereits dort bewährten Praxisteile übernommen und für unsere Zwecke verändert und ergänzt:

- das dreiwöchige schulische Betriebspraktikum
- Studienschnuppertage
- Betriebserkundungen.

Zum schulischen Betriebspraktikum
Es werden interessante technische Arbeitsplätze in der Hochschule und in Betrieben für drei Wochen bereitgestellt, die in der Regel mit Ingenieuren /Ingenieurinnen besetzt sind. Die Praktika werden in der Schule vor- und nachbereitet, mit Diskussions- und Informationsveranstaltungen ergänzt und in einer Unterrichtseinheit zusammengebunden.

Zum Technik-Schnupper-Tag
Zur fortgesetzten Auseinandersetzung mit Technik und um einem größeren Kreis von jungen Frauen praktische Erfahrungen mit Technik zu ermöglichen, werden 20 - 30 einstündige Versuche in den technischen und techniknahen Instituten der TU geplant und durchgeführt. Ein Einführungsvortrag gibt einen Überblick über die verschiedenen Ingenieurtätigkeiten. Weiterhin bietet eine Informationsbörse Studien- und Berufsberatung an. In Gesprächsrunden berichten Ingenieurstudentinnen sowie Ingenieurinnen über ihre Erfahrungen in Forschung und Praxis sowie stehen den Schülerinnen für weitergehende Fragen zur Verfügung.

Zur Betriebserkundung
Ein weiteres Erfahrungsfeld für die Schülerinnen stellen Betriebserkundungen dar, die ebenfalls mittels eines spezifisch entwickelten Programms Einblick in Ingenieurtätigkeiten vor Ort in den Betrieben geben und Lösungsmöglichkeiten zur Vereinbarkeit von Familie und Beruf thematisieren.
Bei allen o.g. technischen Modulen bemühen wir uns, die Betreuung und Begleitung durch Ingenieurinnen (=Mentorinnen) und Studentinnen der technischen und techniknahen Fachgebiete (=Tutorinnen) sicherzustellen.

Technische Angebote nur für Frauen?
Das technische Projektangebot richtet sich ausschließlich an junge Frauen; die Gesprächsrunden, Diskussionen, Ausstellungen und die unter Projektbeteiligung entwickelte Unterrichtseinheit beziehen beide Geschlechter mit ein. Gründe für ein frauenspezifisches Technikangebot sind im Rahmen der neuen Koedukationsdebatte genügend herausgearbeitet worden (vgl. Schiersmann, 1992). Die für uns wichtigsten Argumente sind:

Junge Frauen
- fühlen sich in Frauengruppen sicherer
- haben mehr Mut zum Ausprobieren
- erkennen selber Fehler
- können ihre Kenntnisse selber austesten
- erfahren mehr Selbstbestätigung.

Die Jungen in koedukativen Lerngruppen
- wollen die Mädchen ständig verbessern
- lästern und machen dumme Sprüche

- erklären nicht, sondern nehmen den Mädchen die Sache aus der Hand
- geben Anweisungen
- mischen sich ein, ohne gefragt zu sein.

Bei der Koedukation zeigen sich folgende, für die Mädchen negativ sich auswirkende Schüler/Schülerinnen - Lehrkraft - Interaktionen
- mehr Beachtung der Jungen durch häufigeres Aufrufen und häufigeres Loben und Tadeln
- häufigeres Unterbrechen der Mädchen, Abkanzelung ihrer Beiträge vor den Augen und Ohren der Jungen
- Mädchen als Erziehungsgehilfen der Lehrkräfte (soziale Puffer).

Kooperationen
Zur Durchführung des Projektes sind verschiedene Institutionen zu koordinieren, deren Vertretungen sich zu einer Arbeitsgemeinschaft zusammengeschlossen haben. Aufgaben dieser Arbeitsgemeinschaft sind ibs. die zentrale Koordinierung, Steuerung und Optimierung des Interventionsprogramms.

Kooperationspartner sind
- die Technische Universität Braunschweig mit ihren verschiedenen Institutionen
- Braunschweiger Gymnasien
- Industriebetriebe der Region
- Forschungsanstalten der Region
- das Arbeitsamt der Stadt Braunschweig.

In der AG sind zwar mehrheitlich Frauen eingebunden, doch unterstützen auch Männer sehr aktiv die unterschiedlichen Projektmodule, ohne deren Mithilfe das Projekt nicht durchzuführen wäre.

Um Erfahrungen bzgl. der Frauenförderung in technischen und naturwissenschaftlichen Bereichen auszutauschen, findet eine rege Zusammenarbeit mit dem Modellvorhaben „Motivation von Frauen und Mädchen für ein Ingenieurstudium“ der Fachhochschulen Oldenburg, Osnabrück, Ostfriesland und Wilhelmshaven statt.

Das Modellprojekt „Technik zum Be-Greifen“ aus der Perspektive teilnehmender Schülerinnen
Seit nunmehr drei Jahren konnten im Rahmen des Modellprojekts „Technik zum Be-Greifen“ Erfahrungen bei der Entwicklung, Durchführung und Akzeptanz der Interventionsmaßnahmen durch die Beteiligten gesammelt werden. Die Statistik zur Teilnahme an den Interventionsbausteinen Betriebspraktikum, Technik-Schnupper-Tag und Betriebserkundung 1993-1996 zeigt, daß das Projektangebot von den Schülerinnen im allgemeinen gut angenommen wird:

Tab. 1: Teilnahme von Schülerinnen

	1993	1994	1995	1996
Betriebspraktikum	30	26	22	**
Technik-Schnupper-Tag	*	100	140	80
Betriebserkundung	*	*	21	**

* nicht angeboten
**werden erst Ende `96 durchgeführt werden

Für das Betriebspraktikum, bei dem jeweils ca. 30 Praktikumsplätze zur Verfügung standen, muß darauf hingewiesen werden, daß trotz z.T. intensiver Informations- und Werbemaßnahmen sowie eines kontinuierlich erweiterten Kreises beteiligter Schulen die Teilnehmerinnenzahlen leicht gesunken sind. Gleiches gilt für die Entwicklung der Zahlen vom Technik-Schnupper-Tag 1995 zu 1996.

Die Ursachen hierfür sind vielfältig. Sicherlich spielen neben der Motivation der Teilnehmerinnen externe Faktoren wie u. a. der Zeitpunkt der jeweiligen Veranstaltung, Konkurrenz zu anderen ähnlichen Veranstaltungen anderer Hochschulen und der Leistungsdruck in den Schulen eine Rolle.

Wir haben versucht, der Frage der Akzeptanz der Projektangebote durch die beteiligten Schülerinnen genauer nachzugehen, indem wir ihre Meinungen und Bewertungen, die sie in Praktikumsmappen, schriftlichen Befragungen zum Praktikum, Technik-Schnupper-Tag und zur Betriebserkundung niedergeschrieben bzw. bei Praktikumsworkshops und -abschlußveranstaltungen geäußert haben, zusammengetragen und ausgewertet haben.

Insgesamt lassen sich diese Schülerinnenäußerungen als ambivalent kennzeichnen. Im folgenden werden zunächst einige Schülerinnenzitate wiedergegeben, die zeigen, welche Aspekte des Projektangebots die teilnehmenden Schülerinnen positiv bewerteten.

Positive Rückmeldungen am Projekt beteiligter Schülerinnen

„Mit sehr großen Erwartungen bin ich, ehrlich gesagt, nicht an das Praktikum herangegangen. Das mag daran liegen, daß das Modellprojekt zum ersten Mal durchgeführt wurde und ich der Technik gegenüber nicht positiv eingestellt war. Doch die ... Erwartungen wurden ... übertroffen. Meine Betreuer waren sehr nett; sie haben sich viel Zeit genommen, mir alles genau zu erklären und das Praktikum für mich abwechslungsreich zu gestalten. Es hat mich ebenfalls positiv der Technik gegenüber beeinflußt, daß ich mal die praktischen Seiten der Technik sehen konnte. Auch denke ich, daß ich einen Einblick in die Berufswelt bekommen habe, denn im Betrieb war alles ganz anders als in der Schule.“ (Praktikumsmappe 1993)

„Vor dem Praktikum hätte ich nie daran gedacht, etwas Technisches zu studieren. Doch ich hab' bemerkt, daß es sehr interessant und auch spannend sein kann, an etwas mitzuarbeiten, das auch in die Tat umgesetzt werden kann, z. B. Verbesserungen für die Qualität eines Satelliten.“ (Praktikumsmappe 1993)

„Die Tutorin war gut; sie hat mir gut gefallen.“
(Tonbandmitschnitt des Praktikumsworkshops 1995)

„Der Tag war toll! Es war wichtig und richtig, mal uns Mädchen machen zu lassen. Und so manch eine hat überlegt, daß ein technischer Beruf auch ganz interessant sein könnte ... .“
(aus einem Bericht über den Technik-Schnupper-Tag 1994 für die Schülerzeitung des Hoffmann-von-Fallersleben-Gymnasiums)

Die hier wiedergegebenen Zitate sind insofern exemplarisch, als in ihnen Aspekte benannt werden, die von den Projektteilnehmerinnen häufig als besonders positiv hervorgehoben werden:

- die *direkte und konkrete Erfahrung von Technik*,
- die Möglichkeit zur *Erstellung eigener Werkstücke*,
- die *gute und intensive Betreuung in den technischen Institutionen* und durch studentische Tutorinnen und Ingenieurinnen,
- die *Identifikationsmöglichkeit* mit den Arbeitsinhalten und der Institution des Betriebspraktikums.

Die Äußerung einer Schülerin nach dem Technik-Schnupper-Tag 1994 *„Es war gut, die Mädchen mal machen zu lassen"* zeigt einerseits, daß die Schülerinnen von der Frauenspezifität des Angebots profitieren, indem sie den ihnen gebotenen Freiraum zur Selbsterprobung im Umgang mit Technik aktiv und gern nutzen. Andererseits finden wir kritische Äußerungen der Schülerinnen ibs. zu dieser Frauenspezifität des Projektangebots.

Im folgenden sollen daher verschiedene Aspekte benannt werden, unter denen sich unserer Auffassung nach die Kritik der Schülerinnen - auch vor dem Hintergrund der Erfahrungen aus anderen Modellprojekten und der Koedukationsforschung - zusammenfassen lassen.

Kritik der Schülerinnen an einem Projektangebot „nur für Frauen"

1. Die Sonderrolle

Viele Statements der Schülerinnen weisen darauf hin, daß sie unter der Sonderrolle leiden, die ihnen durch die Teilnahme am Projekt zugewiesen wird. So äußerte z. B. eine Schülerin beim Praktikumsworkshop 1993: *„Das Projekt wurde übertrieben gehandhabt."* Besonders, wenn sie im schulischen Betriebspraktikum einen Praktikumsplatz im Projekt wählen, fallen sie auf, heben sich aus der Gruppe der anderen Schülerinnen und Schüler heraus. Denn als Projektteilnehmerinnen werden sie z.T. in der Schule gesondert angesprochen und zusammengerufen, sollen während des Praktikums im Gegensatz zu ihren Mitschülerinnen und Mitschülern an Zusatzveranstaltungen teilnehmen und haben im Rahmen der wissenschaftlichen Begleitforschung Fragebögen auszufüllen.

2. Die Frau als Defizitwesen

Die Schülerinnen fühlen sich aber nicht nur in eine Sonderrolle gedrängt, sondern auch in eine Rolle als Mädchen, in der sie sich nicht sehen wollen. Die Frau erscheine in einem völlig falschen Licht, sagen sie und fühlen sich als defizitär, als Mängelwesen betrachtet: *„Ich fühle mich wie in Watte gebauscht. Sind Frauen so besonders, daß so eine Veranstaltung nötig ist?"* (Technik-Schnupper-Tag 1994); *„... außerdem fühlte ich mich wie blöde behandelt."*; *„In meiner Generation haben Frauen keine Distanz zur Technik... . Mir wurde das Gefühl gegeben, daß Mädchen erst begreifen müssen, wie Steckdosen und Schalter funktionieren."* (Schülerinnen bei einer Adventsfeier nach dem Praktikum 1995).
Der Projekttitel „Technik zum Be-Greifen - speziell für junge Frauen" suggeriere, so die Schülerinnen, daß es jungen Frauen an Technikkompetenz mangele und daß sie deshalb eine Art Nachhilfeprogramm bräuchten. Ähnliche Kritik äußerten auch andere am Projekt beteiligte Personengruppen, ibs. wissenschaftliche Mitarbeiterinnen der TU-Institute. Das „Sonderprogramm" für die Schülerinnen und ihre Trennung von den Mitschülern scheinen den Stereotyp eher zu bestätigen, daß Frauen hilfsbedürftig sind und es ohne Förderprogramme nicht schaffen, im naturwissenschaftlich-technischen Bereich erfolgreich zu sein. Angebote nur für Frauen bewirkten dabei zum einen zwar einen Freiraum für die jungen Frauen zur Selbsterprobung, schafften aber zugleich einen künstlichen Schutz- und Schonraum, in dem die Frauen nicht lernen könnten, sich in der Männerwelt durchzusetzen.
Diese Auffassungen finden sich auch in Äußerungen von betroffenen Schülerinnen wie auch Studierenden in anderen Befragungen von Jugendlichen und werden als Problem der Geschlechtertrennung auch im Rahmen der Koedukationsdebatte behandelt (vgl. Schiersmann, 1992; vgl. Engler & Faulstich-Wieland,1995).

3. Das Gleichheitspostulat

Die unter Schülerinnen und Schülern im Zusammenhang des Modellprojekts immer wieder auftauchende Frage: „Warum nicht auch für die Jungen?" zeigt u. a., daß bestehende

Geschlechterdifferenzen bzw. Benachteiligungen - die ja Ausgangspunkt der Prokjektarbeit sind - nicht wahrgenommen werden. Die Mädchen fühlen sich in vieler Hinsicht den Jungen gleich, in jedem Fall gleichberechtigt und meinen, ihren Beruf frei wählen zu können. Anspruch und Realität decken sich in ihren Augen (Wender et.al. 1994). Diskrepante Informationen werden z.T. ausgeblendet oder uminterpretiert. So äußerten Schülerinnen eines am Projekt beteiligten Gymnasiums im Rahmen einer Unterrichtseinheit zur Berufsorientierung Zweifel an Informationen des Bundesamtes für Statistik zur Frauen benachteiligenden Segmentierung des Arbeitsmarktes: Eher sind also Statistiken gefälscht, als daß Frauen benachteiligt sein könnten!
Nach Ergebnissen der wissenschaftlichen Begleitforschung des Hamburger Modellversuchs „Technik entdecken" ist besonders das differenzierte Erleben von Geschlechterdifferenzen Basis der Akzeptanz frauenspezifischer Angebote durch die Betroffenen. In diesem Projekt - das sich allerdings auf den studentischen Bereich bezog - wurde beispielsweise festgestellt, daß der Workshop „Motorschrauben" von den Studentinnen der Technikwissenschaften immer gut besucht wurde. Veranstaltungen zu „Lern- und Studienstrategien" oder auch „Prüfungsdruck und -vorbereitungen" wurden dagegen kaum besucht. Die Antworten von Studentinnen auf die Frage, warum sie diese Veranstaltungen besuchen oder auch nicht besuchen, zeigten, daß die Frauen sich in bezug auf Bastelerfahrungen und Praxis im Umgang mit Technik als different zu männlichen Komilitonen erlebten und in diesem Bereich auch frauenspezifische Behinderungen wahrnahmen, so daß der Workshop „Motorschrauben" von ihnen gut angenommen wurde. Lernschwierigkeiten und Prüfungsängste. wurden hingegen nicht als frauenspezifisches Problem wahrgenommen. Hier erlebten sich die Geschlechter als gleich. Eine Sonderbehandlung in diesen Bereichen würde deshalb die Trennlinie Geschlecht unnötig hervorheben. Die Veranstaltungen wurden deshalb als nicht sinnvoll betrachtet und somit von den Frauen auch nicht besucht (vgl. Engler & Faulstich-Wieland, 1995).

4. Individuelle Strukturierung von Problemen in der Geschlechterbeziehung
Trotz der von den jungen Frauen erlebten Gleichberechtigung werden frauenspezifische Probleme bzw. Probleme der Geschlechterbeziehung von den am Projekt beteiligten Schülerinnen dennoch wahrgenommen. Beispielsweise erscheint in von den Schülerinnen gefertigten Collagen zum Thema „Frau Dipl.Ing." das Problem der Vereinbarkeit von Familie und Beruf in der jeweils antizipierten Ingenieurinnenbiographie für die jungen Frauen ambivalent und ungelöst. Diese Konflikte werden aber als individuelle und auch als individuell zu lösende Probleme der Frau bzw. der konkreten Partnerschaft wahrgenommen. Die Sichtweise einer strukturellen Benachteiligung von Frauen und die daraus folgende Konsequenz politischer Aktivitäten wird abgelehnt.
So zeigten die Projektteilnehmerinnen bei Gesprächen häufig großes Interesse an der persönlichen Berufs- und Lebensplanung von Ingenieurstudentinnen und berufstätigen Ingenieurinnen und fragten nach den jeweiligen individuellen Lösungen der Vereinbarung von Partnerschaft, Familie und Beruf: *„... Ich würde dann aber noch das Dreieck Beruf, Familie und Frau bilden, da dies, denke ich, für viele Frauen ein wichtiger Aspekt ist, nicht so sehr, ob Technik oder nicht, sondern welcher Beruf sich evtl. auch mit Familie vereinbaren ließe. Ich habe z. B. an diesem Projekt zweimal teilgenommen, und beide Male waren alle weiblichen Ingenieure kinderlos, wie ich mir meine Zukunft allersdings nicht vorstelle...."* (Praktikantin 1995).

5. Feminismus verpönt
Frauenbewegung, Frauenprojekte und Feminismus werden von den Schülerinnen und Schülern angesichts der aus ihrer Sicht durchgesetzten Gleichberechtigung einerseits und der individuellen Problemstrukturierung andererseits als „nicht mehr zeitgmäß" betrachtet: *„der emanzenhafte Anstrich der Veranstaltung war nicht zeitgemäß und völlig übertrieben"* (Schü-

lerin zum Technik-Schnupper-Tag 1994). Auch dieses Ergebnis deckt sich mit Erfahrungen anderer Projekte und mit Ergebnissen aus Befragungen von Jugendlichen (vgl. Der Spiegel, 1995). Mit einem „Emanzenprojekt", das sie gleichsetzen mit „Männerfeindlichkeit", wollen die Mädchen nichts zu tun haben.

6. Attraktivität des anderen Geschlechts

Aufgrund obiger Thesen steht hinter dem „Warum nicht auch für die Jungen?" die Ablehnung der Sonderrolle bei der Beteiligung an einem frauenspezifischen Modellprojekt, die wahrgenommene Irrelevanz der Geschlechtszugehörigkeit sowie die Abwehr der feministischen Qualität des Projekts. Hinzukommt offensichtlich - wie in Befragungen von Schülerinnen und Schülern zur Koedukation deutlich wird (vgl. Der Spiegel, 1996) - das gerade im Jugendalter bedeutsam werdende Interesse am anderen Geschlecht. Die Berufswahl geschieht nicht unabhängig von anderen zentralen Themen des Jugendalters (wie z. B. Aufbau sexueller Beziehungen) und ist eingebettet in die Suche nach einer Identität, die auch eine Geschlechtsidentität ist. Für die Mädchen ist es spannender und attraktiver, in der Nähe von Jungen zu sein, und auch die Jungen möchten sich gern in der Nähe von Mädchen aufhalten.

7. Weibliche Fürsorglichkeit

Der Wunsch nach Einbeziehung der Jungen könnte allerdings auch in Verbindung mit dem weiblichen Geschlechtsrollenstereotyp entsprechende „Fürsorglichkeit für andere" interpretiert werden. Ein Mitdenken für die Mädchen wäre in diesem Ausmaß sicher nicht von den Jungen zu erwarten. Allerdings könnten sich die Mädchen in dem Wunsch, die Sympathie ihrer (neidischen) männlichen Mitschüler nicht zu verlieren, vielleicht auch gezwungen sehen, den Einbezug der Jungen in die Projektangebote zu fordern, die sie eigentlich unter Mädchen doch genießen.

Letztlich bleibt angesichts von Schülerinnencollagen zum Thema „Frau Dipl.-Ing." und der Forderung von Schülerinnen, parallele Angebote für Jungen und Männer (z. B. im sozialen Bereich) zu entwickeln, festzuhalten, daß die jungen Frauen sich keine getrennten Welten von Frauen und Männern wünschen, sondern ein gemeinsames, gleichbelastetes Leben für beide Geschlechter anstreben.

Folgerungen für die Weiterführung des Projektes

Aufgrund der dargestellten Analysen, die aus verschiedenen Materialien und Berichten von Schülerinnen gewonnen wurden, lassen sich für die Fortführung des Projektes einige Schlußfolgerungen ziehen, die im folgenden aufgelistet sind:

- **Betonung der technischen Inhalte und Angebote** des Projektes auch in Projektpräsentationen und Werbebroschüren
- **Zurücknahme frauenpolitischer Aspekte**, Entwicklung einer neuen Didaktik für diese Inhalte
- **Vermeidung von Sonderbehandlungen** soweit wie möglich: spezifische Frauenangebote vorrangig auf der Basis von den Schülerinnen selbst wahrgenommener und akzeptierter („legitimer") Differenzen; z. B. bei Computerkursen für Frauen
- **Entwicklung einer Begrifflichkeit, die an den „Potentialen" der jungen Frauen anknüpft** und einer vermuteten Zuschreibung von Defiziten bzw. Technikinkompetenz entgegenwirkt
- **Betonung des Projektschwerpunktes „Abbau von externen Barrieren"**, Einwirken auf das soziale Umfeld, das bei der Berufsorientierung die Entscheidungen mitprägt
- **punktueller Einbezug von Jungen**, Diskussion in gemischtgeschlechtlichen Gruppen über die Benachteiligung von Frauen.

Zusammenfassend ist also festzuhalten, daß die Schülerinnen die technischen Angebote des Projektes gern nutzen möchten, aber nicht mit den frauenpolitischen Akzentsetzungen konfrontiert zu werden wünschen. Zwar gibt es die alte Weisheit, daß Personen, die für eine Sache gewonnen werden sollen, dort abzuholen sind, wo sie stehen; aber es ist zu fragen, ob nicht durch diese Rücksichtnahme wesentliche Ziele des Projektes unterlaufen werden. Würde sich das Projekt zu einem Projekt „ohne Biß" entwickeln? Wäre dies im Sinne der Initiatorinnen und Initiatoren des Projektes?

Literatur:

Bandura, A. (1985). Social functions of thought and actions. Prentice-Hall: Englewood Cliffs.

BBWFT (Bundesministerium für Bildung, Wissenschaft, Forschung und Technologie) (1994/95).Grund- und Strukturdaten. Bad Honnef: Bock.

Bundesanstalt für Arbeit (1995). Informationen: Frauen. Nr.27, 2059-2077.

Der Spiegel (1995). „Das harte Geschlecht". Nr.25, S. 112-116.

Der Spiegel (1996). „Macker und Miezen". Nr.19, S. 112-123.

Frankfurter Rundschau (1995). „Nichts ist bei jungen Mädchen verpönter als Feminismus". Nr.46.

Engler, S. & Faulstich-Wieland, H. (1995). Entdramatisierung der Differenzen. Bielefeld: Kleine Verlag.

Heinzerling, M. & Leyendecker, B. (1993). Die Ingenieurinnen... nach 100 Jahren endlich begehrt?! Frankfurt: Deutscher Akademikerinnenbund.

Oerter, R. & Montada, L. (Hrsg.) (1995). Entwicklungspsychologie. Weinheim: Psychologische Verlags Union.

Ottemeier-Glücks, F.J. (1988). Jungenarbeit in der HVHS „Alte Molkerei Frille". Männerforum (Zeitschrift der evangelischen Männerarbeit in Deutschland). Nr.2, 29 - 31.

Schiersmann, C. (1992). Wie sich Mädchen mit neuen Technologien auseinandersetzen. In: Boos, G. und Hofherr, H. (Hrsg.). Koedukation. Defizite und Möglichkeiten der schulischen Förderung von Mädchen. Nürnberg: Gleichstellungsstelle.

Wender, I., Bade, A. & Strohmeyer, A. (1994). „Kinder betreuen - das geht mich doch gar nichts an". Informationen für die Beratungs- und Vermittlungsdienste der Bundesanstalt für Arbeit. Nr.52, 4047 - 4049.

Wender, I. & Bade, A. (1995). Junge Frauen erleben Technik. Braunschweig: Uni-Druck.

Wender, I. & Grefen-Peters, S. (Hrsg.) (1996). Chancengleichheit für Wissenschaftlerinnen in europäischen Förderprogrammen? Braunschweig: Lebenshilfe-Druck-Verlag.

Abschlußdiskussion

Renate Kosuch, Birgit Quentmeier, Astrid Strohmeyer, Ingeborg Wender

Zum Abschluß des Workshops zogen die Teilnehmerinnen persönliche Schlußfolgerungen und ein Resumée aus den Projektberichten und der gemeinsamen Diskussion:

- Es sei wichtig, Verständnis für die Schülerinnen aufzubringen, die sich durch ein frauenspezifisches Angebot wegen der Betonung der weiblichen „Sonderrolle" und der daran anknüpfenden Assoziation eines weiblichen Defizits eingeengt fühlen. „Feminismus" sei gesellschaftlich geächtet, und die jungen Frauen würden dies entsprechend übernehmen.
- Doch sollte bei aller Kritik und Akzeptanzproblematik der Anspruch beibehalten werden, Probleme der Gleichstellung der Geschlechter zu thematisieren. Frauen sollten aufhören, sich zurückzunehmen, sich für ihr Frau-Sein zu entschuldigen und sich für Männer verantwortlich zu fühlen; denn es sei zweifelhaft, ob eine entsprechende Fürsorglichkeit auch von den Männern käme. Frauengruppen sollten nicht als Ausgrenzung, sondern als Chance für die Frauen erfahrbar gemacht werden!

- Die Probleme der Akzeptanz frauenfördernder Maßnahmen könnten jedoch häufig auch als Formulierungsprobleme identifiziert werden. Das Thema sei gut, aber es gelte, eine gemeinsame Sprache mit jungen Frauen und Männern zu finden, die in ihrer Suche nach Identität Ängste hätten, sich festzulegen und durch Schlag- und Reizworte wie „Feminismus" und „Diskriminierung" allzu leicht abgeschreckt würden.
- Da Mädchen und Jungen etwas gemeinsam machen wollen, erscheine ein paralleles Angebot für Jungen im sozialen Bereich (als traditionelles frauentypisches Handlungsfeld) als ein idealer Ansatz zur Lösung von Akzeptanzproblemen geschlechtsspezifischer Angebote. Hier gelte es also neben der Mädchenarbeit auch eine Jungenarbeit aufzubauen, obwohl bei der derzeitigen Mittelausstattung der beiden Projekte dies derzeit nicht leistbar erscheint.
- Bei aller Diskussion solle im Blick bleiben, daß es sowohl unter Frauen als auch unter Männern große Unterschiede im Verhalten gebe (wobei v. a. der Umgang mit „destruktiv" erscheinenden Männern problematisch bleibe).
- Bei der Entwicklung von Angeboten für Schülerinnen in den Modellprojekten sei die Nähe und der direkte Kontakt zu den Schülerinnen entscheidend für deren Akzeptanz und Erfolg.
- Aufgrund der Tatsache, daß die Entwicklungsphasen, Schule, Studium und Beruf sehr unterschiedlich seien, viele Frauen Koedukation in Schule und Studium als angenehm erlebten und ihnen die Geschlechterproblematik erst beim Berufseinstieg deutlich werde, sei es für die Schule wichtig, zum einen praktische Elemente in den naturwissenschaftlichen Unterricht zu integrieren; zum anderen über eine zeitweise Trennung der Geschlechter zu versuchen, Jungen und Mädchen Vor- und Nachteile der Trennung sowie Gemeinsamkeiten und Unterschiede zwischen den Geschlechtsgruppen erleben zu lassen.
- Trotz aller Kriktik solle an der Separierung der Geschlechter bei den Projektangeboten festgehalten werden, wobei gemeinsame Informations- und Diskussionsveranstaltungen mit Mädchen und Jungen sinnvoll erschienen.
- Ergänzend wurde angemerkt, daß sich auch das Frauenbild der jungen Männer wandcle: Sie wollen kein „Hausmütterchen", sondern für die Jungen sei es wichtig, daß auch die Mädchen „patent" seien.
- Die Verlängerung der Modellprojekte befreie von dem Zwang zur ausschließlich positiven Selbstdarstellung und biete die Chance, sich für Kritik zu öffnen, diese offensiv zu bearbeiten und auf diese Weise die Projektarbeit zu optimieren.

In der Tat bietet die Verlängerung der Finanzierung der beiden niedersächsischen Modellprojekte durch das MWK die Möglichkeit, die Kritik der jungen Frauen aufzugreifen und sie offensiv für die zukünftige Projektarbeit zu nutzen. Dabei ist deutlich, daß Gleichstellung der Geschlechter nicht nur von Mitgliedern eines Geschlechts geleistet werden kann, sondern als Beziehungskonflikt zwischen den Geschlechtern zu analysieren und als gemeinsame Aufgabe zu bewältigen ist. Insofern ist neben der Mädchenarbeit gleichermaßen eine Jungenarbeit aufzubauen. Welche Strukturen und Inhalte die Arbeit im einzelnen besitzen sollte, wurde bereits in einigen Projektansätzen geprobt (z. B.: Ottemeier-Glücks, 1988). Allerdings konzentrieren sich die Aktivitäten jeweils spezifisch auf ein Geschlecht, ohne den Beziehungsaspekt zwischen den Geschlechtern besonders ins Blickfeld zu rücken. Hier liegt für die nächste Zeit Handlungsbedarf vor, um eine offensive Klärung und Bearbeitung voranzutreiben und auf eine flexible Handhabung der Geschlechterseparierung hinzuwirken.

Anforderungen an ein betriebswirtschaftlich geprägtes Studium an Thüringer Hochschulen

Kerstin Zerbe, Kerstin Pezoldt, TU Ilmenau

Im Beitrag soll ein Teil der Ergebnisse der im Sommersemester 1995 durchgeführten Befragung zu „Studieninhalten und der Studiensituation in betriebswirtschaftlich geprägten Studiengängen an Thüringer Hochschulen" vorgestellt werden.

Einen Schwerpunkt des interdisziplinären Frauenforschungsprojektes der Fakultäten für Wirtschaftswissenschaften und der Fakultät für Informatik und Automatisierung an der TU Ilmenau bildet die Untersuchung männlicher und weiblicher Fach- und Führungskräfte in kleinen und mittelständischen Unternehmen. Da insbesondere auch Studierende in betriebswirtschaftlich geprägten Fachrichtungen die Manager von morgen sein werden und der Indikator für die Qualität der Ausbildung an Thüringer Hochschulen der Erfolg ihrer Absolventen ist, stellten sich für uns folgende grundlegende Forschungsfragen:

1. Welche Faktoren beeinflussen die Wahl der Hochschule und die Motivation zum Studium in betriebswirtschaftlich geprägten Studiengängen?
2. Welche Erfahrungen hinsichtlich der Tätigkeitsprofile, des Anspruchs und der Qualität der Praktika wurden bisher während der Praxiseinsätze in der Wirtschaft erzielt?
3. Wie werden die von der Hochschule vermittelten Kompetenzen im Hinblick auf die Anforderungen der Wirtschaft bewertet?
4. Gibt es quantifizierbare Unterschiede zu den o.g. Schwerpunkten zwischen weiblichen und männlichen Studierenden?

Im Rahmen der Befragung sollten Stärken und Schwächen der Ausbildung, Wünsche in Bezug auf Studieninhalte, Formen der Wissensvermittlung und Integrationsfächer, in Verknüpfung mit den während der Praktika gemachten Erfahrungen aus der Sicht der Betroffenen analysiert werden. Eine nicht unwesentliche Rolle in der curricularen Diskussion spielt der geringe Anteil weiblicher Studierender, der in den letzten Jahren auch in betriebswirtschaftlich geprägten Studiengängen der neuen Bundesländer eine Annäherung an das bundesdeutsche Niveau gefunden hat. Aus diesem Grund erfolgte die Auswertung der erhobenen Untersuchungsdaten auch unter dem geschlechtspezifischen Aspekt.

An der Untersuchung beteiligten sich 168 Studierende, was einer Rücklaufquote von 56% entspricht. Die 95 männlichen und 73 weiblichen Studenten gehörten den Fachrichtungen Betriebswirtschaftslehre, Wirtschaftsingenieurwesen und Wirtschaftsinformatik an.

Im Beitrag soll auf drei Schwerpunkte unserer Studie näher eingegangen werden:

1. Fähigkeiten und Fertigkeiten als Ausbildungsziel
2. Formen der Wissensvermittlung
3. Zur Situation von Frauen in wirtschaftswissenschaftlichen Studiengängen

1. Fähigkeiten und Fertigkeiten als Ausbildungsziel

In der hochschulpolitischen Diskussion werden die Forderungen nach einer inhaltlichen Neugestaltung der Hochschulausbildung im Sinne einer Anpassung an die sich ändernden Umfeldbedingungen immer stärker artikuliert. Die insbesondere seitens der Vertreter aus der Industrie gestellte Forderung, ist die nach der Hinführung der Studenten an die Bedürfnisse der Wirtschaft, nach bestimmten Schlüsselkompetenzen. Das von der Wirtschaft und Wissenschaft geforderte Qualifikationsspektrum umfaßt die drei Schlüsselkompetenzen - Fach-, Methoden- und Sozialkompetenz. Erst durch das synergetische Zusammenwirken dieser Komponenten entsteht Handlungskompetenz [Faix,1991].

In diesem Zusammenhang waren für uns die von den Studierenden subjektiv empfundenen und im Rahmen des Praktikums erfahrenen Forderungen der Wirtschaft hinsichtlich ihrer Schlüsselqualifikationen von Bedeutung sowie die Einschätzung der Vermittlung dieser Fähigkeiten durch die universitären Einrichtungen. Zu bewerten waren hierzu 20 ausgewählte Kriterien zur Fach-, Methoden- und Sozialkompetenz auf einer Bewertungsskala von 1 (sehr stark gefordert/vermittelt) bis 5 (gar nicht gefordert/ vermittelt).

Lediglich die Befähigung zum logischen Denken aus dem Bereich der Methodenkompetenz und der Umgang mit moderner Rechentechnik aus dem Bereich der Fachkompetenzen werden nach Meinung der Studierenden in dem Maße vermittelt, wie sie auch von der Wirtschaft gefordert sind. Bezüglich aller anderen abgefragten Kriterien bestehen z.T. starke Diskrepanzen.

Laut Einschätzung der Studierenden gehören zu den von der Wirtschaft am stärksten geforderten Fähigkeiten aus dem Bereich Sozialkompetenz die Teamfähigkeit und die Flexibilität. Diese Fähigkeiten werden aber wie z. B. auch Kreativität, Führungskompetenz, Konfliktlösungsfähigkeit oder die Fähigkeit zur Übernahme von Verantwortung zum Zeitpunkt der Befragung durch die universitären Einrichtungen kaum vermittelt.

Fazit: Es reicht angesichts der Anforderungen der Wirtschaft nicht mehr aus, daß den Studierenden ein vorwiegend theoretisches Wissenspaket vermittelt wird. Handlungsfähigkeit entsteht erst, wenn die Absolventen in der Lage sind, Ziele zu artikulieren, mit anderen zu kooperieren, für jede Situation eine Handlungsstrategie zu entwickeln. Um Studierende dazu zu befähigen, muß Hochschulausbildung vielschichtiger werden und Fähigkeiten und Fertigkeiten auf vielfältige Art und Weise vermittelt werden.

2. Formen der Wissensvermittlung

In engem Zusammenhang mit dem Grad der Vermittlung von Kompetenzen steht die Art, in der Wissen vermittelt wird. Wir fragten nach der Bewertung der Formen der Wissensvermittlung in Bezug auf den späteren Berufseinsatz.

Die Wissensvermittlung in Form von Praxiseinsätzen in der Wirtschaft halten 76,8 % aller Befragten für sehr wichtig in Bezug auf ihren späteren Berufseinsatz. Dies ist auch die einzige Vermittlungsform, die mehrheitlich als sehr wichtig eingeschätzt wurde. In der Tendenz als weniger wichtige Vermittlungsformen von Wissen werden Vorlesungen (36,3%) und die Teilnahme an Tagungen oder Konferenzen (31,5%) angesehen. Alle anderen abgefragten Vermittlungsformen wurden als weniger wichtig bis sehr wichtig eingeordnet. Die nachfolgende Tabelle zeigt die Formen der Wissensvermittlung aufgelistet in der Reihenfolge ihrer Wichtigkeit (Bewertungsskala: 1-sehr wichtig bis 5- gar nicht wichtig).

Es gibt keine statistisch signifikanten Unterschiede in der Beurteilung der Vermittlungsformen von Wissen, Tendenzen zu einer geschlechtsspezifischen Bewertung können aber aufgezeigt werden: Frauen orientieren sich mehr auf Studien- und Projektarbeiten sowie Vortragstätigkeit. Der Stellenwert von Seminaren, Gruppenarbeit, Praktika am Computer sowie Praxiseinsätzen wird von beiden Geschlechtern gleich eingeschätzt.

Form der Wissensvermittlung	Mittelwert der Einschätzung
Praxiseinsätze	1,287
Seminare	1,681
Gruppenarbeit	1,814
Praktika am Computer	1,916
Studien-/Projektarbeit	1,976
Vortragstätigkeit	2,280
Interdisziplinäre Projekte	2,333
Lehraufträge für Unternehmensvertreter	2,404
Vorlesungen	2,473
Tagungsteilnahme	2,906

Fazit: Auch in der Einschätzung der Formen der Wissensvermittlung ist der Wunsch zum zunehmenden Praxisbezug einer Ausbildung erkennbar. Demgegenüber steht der Fakt, daß in den untersuchten Hochschulen die Vorlesungen als die Form der Wissensvermittlung immer noch führend sind und sich daran in absehbarer Zukunft auch nichts ändern wird (vielleicht auch gar nicht ändern sollte). Anzudenken sind also Möglichkeiten, auf welche Art Vorlesungen weiterentwickelt, mit anderen Vermittlungsformen kombiniert und so effektiver und praxisbezogener gestaltet werden können.

3. Zur Situation von Frauen in den Wirtschaftswissenschaften

Das Studium der Wirtschaftswissenschaften (VWL, BWL) ist für beide Geschlechter der am häufigsten gewählte Studienbereich, und der Frauenanteil der weiblichen Erstsemestler hatte sich innerhalb von 10 Jahren bis zum Jahr 1989 verdoppelt, während bei den männlichen Erstsemestlern nur ein Zuwachs von 35% zu verzeichnen war (Wermuth [1992]). Doch ging in wirtschaftswissenschaftlichen Studiengängen, in denen 1991/92 noch 47% der Erstimmatrikulierten Frauen waren, der Frauenanteil ein Jahr später auf 17% deutlich zurück. Im Wintersemester 92/93 war besonders in den neuen Bundesländern eine Reduzierung des Frauenanteils in technischen Studienbereichen festzustellen - vor allem auch in den Richtungen Informatik/ Wirtschaftsingenieurwesen (vgl. HIS-Studie; S. 135 [1993]).

Worauf ist der Rückgang des Interessses von Frauen an einem Studium in technikorientierten, wirtschaftswissenschaftlichen Studienrichtungen zurückzuführen? Die häufig angeführten Umlenkungspraktiken in der ehemaligen DDR sind sicher nicht der Grund dafür. Gelehrt und geforscht wird an Hochschulen immer noch überwiegend von Männern. Ökonomische Theorien wurden und werden heute noch überwiegend von Männern entwickelt. Die Wirtschaftswissenschaften sind im berufssoziologischen Sinn eine Männerdomäne, d. h. der Anteil der Frauen liegt unter 20% (vgl. Regenhardt [1994], S. 16), und auch in technischen Berufen ist das Bild nicht anders. Kein Wunder, wenn bei Schülerinnen und Studentinnen der Gedanke aufkommt, ob es richtig ist, einen Beruf anzustreben, in dem Frauen eigentlich nichts zu suchen haben.

Gründe für die Unterrepräsentanz von Frauen

Für unsere Stichprobe kann bezüglich eines Studiums der Betriebswirtschaftslehre von einer Gleichverteilung des Anteils weiblicher und männlicher Studierender ausgegangen werden. Der Anteil von Studentinnen in den Fachrichtungen Wirtschafts-**Informatik** und Wirtschafts-**Ingenieurwesen**, die von ihrer Bezeichnung her schon auf eine technische Orientierung hindeuten, ist aber mit ca. 25 % für unsere Untersuchungsgruppe erheblich niedriger.

Wir fragten die Studierenden, warum das ihrer Meinung nach so ist. Aus acht vorgegebenen Gründen waren auszuwählen, die sie für relevant hielten.

Der am häufigsten genannte Grund für die Minderheit von weiblichen Studierenden (20% der Antworten) ist, daß sich Frauen in technischen Studienrichtungen (Wirtschaftsinformatik/Wirtschaftsingenieurwesen) weniger wohl fühlen. Daß es für Frauen Diskriminierungen in der Branche gibt, meinen 19,3% der Befragten. 18% halten das Bild der Wirtschaftswissenschaft für zu männlich und 11,1% denken, daß fehlende weibliche Vorbilder in den Wirtschaftswissenschaften ein Grund für die Minorität der weiblichen Studierenden ist. Daß die Ursachen bei den Mädchen/Frauen selbst zu suchen sind - Frauen seien weniger geeignet und zeigten zu wenig Interesse - denken immerhin noch 11% der Studierenden. Ebenso viele sind der Meinung, daß es nicht genügend Information und Beratung über Inhalt und Breite des Studienangebots gibt.

Im folgenden aufgeführt sind die für die Untersuchung signifikanten geschlechtsspezifischen Unterschiede:

- Der wohl bedeutsamste Unterschied ist, daß 55,6% der weiblichen Studierenden die Diskriminierungen in der Branche für ausschlaggebend halten. Von den männlichen Studierenden sehen diesen Grund nur 20,9% als wichtig an.
- Keine der befragten Studentinnen glaubt, daß Frauen weniger geeignet seien für die Wirtschaftswissenschaften, während 12% der männlichen Studierenden dieser Meinung sind!
- 16,7% der weiblichen Studierenden gegenüber 5,5% der männlichen halten den Fakt, daß Informationen über die Studienfächer die diese nicht in der nötigen Breite und Vielfalt darstellen, für einen wichtigen Grund, weshalb sich Mädchen oftmals nicht zu einem solchen Studium entschließen.
- Erwähnenswert ist der Fakt, daß immerhin 20,9% der männlichen Studierenden denken, daß einfach mangelndes Interesse bei den Mädchen der Grund für ihre zahlenmäßige Minderheit in den betriebswirtschaftlichen Studiengängen sei.

Empfehlungen zur Erhöhung des Frauenanteils unter den Studierenden

Was schlagen die Studierenden vor, um der Unterrepräsentanz von Frauen zu begegnen ?
Berührungsängste mit der Technik überhaupt und mit dem Computer im besonderen schon während der Schulausbildung abzubauen, halten 23,9% aller Befragten für eine gute Möglichkeit, um mehr Mädchen zu einem (technikorientierten) Wirtschaftsstudium zu bewegen. Eine qualitativ bessere Berufs- und Studienberatung fordern 20,1% der Studierenden. 17,3% sind der Meinung, daß auch Unterrichtstage in Unternehmen, Betriebspraktika und -erkundungen ein Weg in die richtige Richtung seien. 12,1% der Befragten empfehlen, daß die Lehrbuchgestaltung unbedingt von Rollenklischees abrücken muß. Eine Quotierung halten

gerade 1,4% der befragten Studierenden für eine erfolgversprechende Maßnahme. In 9% der Fälle war die Empfehlung „Gar nichts zu tun, weil es eben so ist".

Folgende signifikante geschlechtsspezifische Zusammenhänge wurden ermittelt:

- Männliche Studierende (22,8%) sind häufiger der Meinung, daß die Situation in den Wirtschaftswissenschaften eben so sei und deshalb nichts getan werden muß. Von den Studentinnen sind nur 5,5% dieser Meinung !
- Den Abbau von Berührungsängsten mit der Technik halten 50,7% der weiblichen gegenüber 34,8% der männlichen Studierenden für eine effektive Maßnahme.
- Unterrichtstage in Unternehmen, Betriebspraktika / -erkundungen schlagen 43,8% der weiblichen, aber nur 19,6% der männlichen Befragten als Maßnahme vor, um Mädchen/Frauen für ein betriebswirtschaftlich-orientiertes Studium zu interessieren.
- Eine qualitativ bessere Berufs- und Studienberatung fordern 45,2 % der weiblichen gegenüber 27,2% der männlichen Studenten.

Fazit:

- Die Beziehung „Frau und Technik" scheint auch in betriebswirtschaftlich-geprägten Studiengängen der hauptsächliche Hemmfaktor für Mädchen zu sein, sich für ein entsprechendes Studium zu entscheiden. Zustimmende Äußerungen zu den Punkten „Es gibt Diskriminierungen für Frauen in der Branche" und „Das Bild der Wirtschaftswissenschaft ist zu männlich" lassen vermuten, daß es, wie in anderen akademischen Disziplinen - z. B. der Informatik und dem Ingenieurwesen-, zunehmend zu einer kritischen Auseinandersetzung mit dem vorherrschenden professionellen Selbstverständnis kommen wird.
- Die Mädchen / Frauen selbst sehen ihre Beziehung zur Technik als den Hauptgrund dafür, sich gegen ein (mehr oder auch weniger) technikorientiertes Studium zu entscheiden. Das ist für uns eine Bestätigung für die Tatsache, daß ohne die Sensibilisierung von Lehrkräften an Schulen und Hochschulen für diese Thematik keine Veränderung möglich ist. Schon während der Schulzeit müssen die Grundsteine gelegt werden, die Mädchen die Angst im Umgang mit Technik nehmen und eine berufliche Tätigkeit von Frauen in technikorientierten Berufen - z. B. als Wirtschaftsinformatikerin oder Wirtschaftsingenieurin - als durchaus normal darstellen. Durch Maßnahmen, die in diese Richtung wirken - wie Modellversuche an Schulen, Gespräche mit in ihrem Beruf erfolgreichen Frauen etc. -, können Mädchen bei ihrer Entscheidung sinnvoll unterstützt werden.

An dieser Stelle möchten wir unsere Ausführungen beenden. Wir denken, daß einige der Auswertungspunkte zu einer Diskussion einladen. Für Anfragen stehen wir gern zur Verfügung. Die vollständigen Ergebnisse unserer Studie sollen in Form einer Broschüre noch in diesem Jahr veröffentlicht werden.

Literatur:

Faix,W.G., Laier,A.: Soziale Kompetenz: Das Potential zum unternehmerischen und persönlichen Erfolg, Wiesbaden 1991

Regenhardt,U.,Maier,F.,Carl,A.H. (Hrsg.): Ökonomische Theorien und Geschlechterverhältnis, Berlin 1994

Wermuth,N.: Frauen an Hochschulen, Studien Bildung - Wissenschaft 105, Hrsg. Bundesministerium für Bildung und Wissenschaft, Bonn 1992

HIS-Studie „Bildungswege von Frauen in den Neuen Ländern 1993", Hannover 1993

Protokoll zur Veranstaltung 'Verändern durch Verstehen'

Sandra Bräutigam, Dagmar Heymann

In dieser Veranstaltung wurde das Beratungsprojekt 'Frauen fragen Fachfrauen aus Naturwissenschaft und Technik' vorgestellt. Es handelt sich dabei um eine vom Verein Frauen in Naturwissenschaft und Technik NUT e.V. im April 1992 gestartete Maßnahme, in der Informations- und Beratungsgespräche für Frauen angeboten werden, die ihren Berufseinstieg planen oder nach einer Pause wieder im Beruf einsteigen oder sich umorientieren wollen. In den Gesprächen wird die jeweilige Arbeits- und Lebenssituation beleuchtet, um die Berufsvorstellung klar herauszuarbeiten und geeignete Umsetzungsstrategien zu entwickeln. Durch die anschließende Vermittlung von Kontakten zu berufstätigen Fachfrauen des Berliner Fachfrauen-Netzwerks wird ratsuchenden Frauen ein konkreter Einblick in die Berufsrealität ermöglicht. Die Fachfrauen geben die in ihrer beruflichen Laufbahn erworbenen Erfahrungen weiter und helfen den Ratsuchenden damit, ihren eigenen Weg zu finden.

Dieses Beratungsangebot wurde vom Berliner Senat für Arbeit und Frauen bis April 1996 gefördert. Da die zeitweilig in Berlin bestehende Haushaltssperre wieder aufgehoben wurde, wird NUT e.V. im Herbst 1996 einen Folgeantrag beim Senat einreichen, in dem das Projekt durch einen zusätzlichen Frauenforschungsansatz ausgeweitet werden soll. Zielsetzung ist, durch die Auswertung von Interviews Strukturen und Mechanismen zu erforschen, die dazu beitragen, das berufliche Leistungspotential von Frauen in seiner Entfaltung einzuschränken. Dieser Ansatz wurde mit den Teilnehmerinnen unter verschiedenen Gesichtspunkten diskutiert. Wichtig war vor allem die Frage, welche Erwartungen und Wünsche die Teilnehmerinnen mit einem derartigen Beratungsprojekt verbinden und ob seitens der Teilnehmerinnen Interesse besteht, ein auf dieser Maßnahme aufbauendes sozialwissenschaftliches Forschungsprojekt, für das eine Stelle beantragt wird, durchzuführen. In der Diskussion wurden verschiedenste Aspekte gezielter Frauenförderung (z. B. Mentorinnenschaft) und möglicher Untersuchungsformen (Fragebogen, Interview, geschlechtsspezifischer Ansatz, etc.) angeregt. Gemeinsam mit den an Mitarbeit interessierten Teilnehmerinnen soll das Forschungsprogramm konkretisiert werden.

Sandra Bräutigam

Aktuelle Managementtendenzen

Karin Diegelmann, Kira Stein

Wir Frauen in Naturwissenschaft und Technik wollen uns einmischen - nicht nur in die Gestaltung moderner Technologien, sondern auch in den politischen und betrieblichen Entscheidungsprozeß. Um dies erfolgreich leisten zu können, müssen wir informiert sein, unsere Chancen und Möglichkeiten kennen, diskutieren, austauschen und letztendlich auch aktiv nutzen. Wie verändert sich unsere betriebliche Position durch die aktuellen industriellen Umstrukturierungsprozesse ? Welche Chancen und Gefahren sind mit ihnen verknüpft ? Da auch die Kongreßfrauen sehr verschieden informiert, in diese Prozesse integriert bzw. gestaltend an diesen beteiligt sind, haben wir uns entschieden, zwei unterschiedliche Veranstaltungen anzubieten:

1. Informationsveranstaltung mit einem Vortrag für alle interessierten Frauen
   Aktuelle Managementtendenzen: **Posttaylorismus - was ist das?**
   Definition, Gefahren, Chancen und Perspektiven
2. Erfahrungsaustausch mit Frauen, die von diesen Prozessen bereits konkret betroffen sind bzw. diese mitgestalten
   Aktuelle Managementtendenzen: **Neue Chancen und Ansatzpunkte sowie Mitgestaltungsmöglichkeiten für Frauen**

Aktuelle Managementtendenzen
Posttaylorismus - was ist das? Definition, Gefahren, Chancen und Perspektiven

Kira Stein

Zum Einstieg wurde versucht, das Umfeld der Debatte um den Industriestandort Deutschland und der industriellen Veränderungen im Posttaylorismus zu umreißen in Bezug auf den Markt (z. B. Globalisierung der Märkte), die betriebliche Organisation (z. B. Orientierung an Geschäftsprozessen) und die Arbeitseinsatz- bzw. betrieblichen Interaktionskonzepte (z. B. Gruppen- und Projektteamarbeit). Näher eingegangen wurde auf die Konzepte, die wohl am weitesten verbreitet bzw. in den Betrieben bereits am ehesten umgesetzt worden sind. Das Protokoll gibt den Vortrag in stark gekürzter Form wieder.

1 Einführung und aktuelle Tendenzen

Ab der zweiten Hälfte des 19. Jh. erfolgte die Entwicklung von Manufakturbetrieben hin zur Serienproduktion. Um den Betriebsablauf wirtschaftlicher zu gestalten und den ArbeiterInnen die Kontrolle über den Produktionsprozeß zu entziehen, wurde die ganzheitliche handwerkliche Arbeit mit Hilfe der von Ingenieuren angewandten wissenschaftlichen Methode in planende, kontrollierende und ausführende Arbeiten getrennt und diese wiederum in kontrollierbare Detailarbeit zerlegt (Taylorismus, Einsatz von Fließbändern und Akkordsystemen). Diese Produktion setzte eine ausreichende Stückzahl gleicher bzw. sehr ähnlicher Werkstücke / Produkte voraus, sowie die Möglichkeit, die Arbeit in etwa gleich lange Takte zu unterteilen, eine genaue Planung, ausgereifte, fertigungsgerechte Konstruktionen und deren umfassende Dokumentation.

Inzwischen erfordern die "Globalisierung der Märkte" und die wachsende internationale Konkurrenz zur Sicherung des Industriestandortes Deutschland - zumindest unter den Prämissen unserer heutigen Wirtschaftsordnung - eine ständige technologische Weiterentwicklung und die Erzeugung immer neuer technisch immer komplexer werdender Produkte. Dabei müssen die nationalen Gegebenheiten und Standards genauso berücksichtigt werden wie die zunehmende Individualisierung der Kundenanforderungen. Dadurch werden auch die Betriebsabläufe zwangsläufig immer komplexer und die Fehlermöglichkeiten und Abstimmungsprobleme immer größer, sowohl an den Schnittstellen innerhalb des Betriebs, wie auch zum Markt und zu den Zulieferern.

Auch die Qualität der Produkte kann häufig nicht mehr bzw. nicht mehr mit wirtschaftlich vertretbaren Mitteln durch die Endprüfung sichergestellt werden, sondern es ist ein Managementsystem mit klaren Schnittstellenregelungen erforderlich, mit dem die Qualitätsfähigkeit des Unternehmens und all seiner Geschäftsprozesse gewährleistet werden kann.

Anstelle der Einzelaufgaben der verschiedenen Fachabteilungen müssen die Geschäftsprozesse wie z. B. die Auftragsbearbeitung vom Auftragseingang bis zur Auslieferung, als Ganzes betrachtet, durchgehend gestaltet und gezielt auf die Kundenanforderungen hin ausgerichtet werden. So muß sich die Gestaltung der Prozesse je nach Komplexität und Individualität der Produkte (z. B. Serienprodukte als Katalogware oder kundenspezifische Anlagen als Einzelproblemlösungen) deutlich voneinander unterscheiden. Innerhalb eines Prozesses wie z. B. der Entwicklung neuer Serienprodukte oder der Auftragsbearbeitung im Anlagenbau, können wiederum Projekte definiert werden, in denen das dafür temporär zusammengestellte Team aus SpezialistInnen alle Arbeiten vom Beginn (z. B. Entwicklungsvorschlag bzw. Auftragseingang) bis zum Abschluß des Projektes (z. B. Vertriebsfreigabe bzw. Abnahme durch den Kunden) gemeinsam betreut.

Durch die steigende Komplexität der Produkte und Prozesse wird die Außensteuerung arbeitsteiliger Betriebsabläufe immer aufwendiger und auch mit integrativen EDV-Konzepten kaum noch leistbar. So ist eine Steigerung der Produktivkraft oft nur noch auf Grundlage des Zusammenwirkens und der Kreativität aller Beteiligten und dem optimalen Einsatz ihrer Qualifikation möglich. Da sich die hohe Arbeitsteilung und die alten hierarchischen Strukturen immer häufiger als Hemmschuh auf diesem Wege erweisen, wird mit neuen betrieblichen Interaktionsformen (z. B. selbstorganisierter Gruppenarbeit) nach Organisationsmöglichkeiten gesucht, die es wieder ermöglichen, die heute zentralisierten Kompetenzen zumindest teilweise auf die Ebene der Ausführenden z. B. der qualifizierten ArbeiterInnen zurückzuverlegen (z. B. Materialdisposition, Qualitätsverantwortung). Ziel ist es, dabei den zentralen Steuerungsaufwand zu vermindern (z. B. auch durch den Abbau von Hierarchieebenen) und gleichzeitig die Qualität der Produkte zu verbessern.

Die veränderten Bedingungen in den Betrieben erfordern einen grundsätzlichen Struktur- und Wertewandel im Unternehmen, den "culture change". Da spezielles Fachwissen, Motivation, Engagement, eigenverantwortliches Handeln und Identifikation der MitarbeiterInnen eine immer größere Rolle für die Erzielung guter Betriebsergebnisse spielen, müssen die alten Steuerparameter "Druck und Kontrolle von Außen" durch neue "Innere" ersetzt werden. Ohne gemeinsame Ziele, Werte und Normen des Gesamtunternehmens, d. h. des Managements und der MitarbeiterInnen, droht das Unternehmen aus sich selbststeuernden Einheiten nicht nur die einheitliche Linie zu verlieren, sondern sogar auseinanderzubrechen.

Der beschriebene Umstrukturierungsprozeß der Unternehmen leitet die "*Überwindung des Taylorismus*" ein und damit den "*Posttaylorismus*". Allerdings ist die Kluft zwischen den dargestellten Managementüberlegungen und den Realitäten in den meisten Betrieben nicht nur groß, sondern sie wird z.Zt. sogar täglich immer größer.

2 Kunden- und mitarbeiterInnenorientierte Optimierung der Geschäftsprozesse

Alle Abläufe innerhalb eines (produzierenden) Betriebes lassen sich den vier folgenden Hauptprozessen zuordnen:

- Marktbearbeitung bis zur Auftragserteilung (Prozeß der Auftragsgewinnung vom 1. Kundenkontakt bis zum Auftragseingang)
- Auftragsbearbeitung im Betrieb (Prozeß der Wertschöpfung vom Auftragseingang bis zur Auslieferung des fertigen Produkts)
- Betreuung der Produkte in der Praxis / after-sales-service (Prozeß der Produktnutzungsphase nach dem Versand, z. B. Reparatur, Reklamation, Kundendienst, Produktbeobachtung am Markt)
- Erarbeitung neuer Produkte und Prozesse (Prozeß der Produktentwicklung von der Marktforschung und dem Entwicklungsvorschlag bis zur Serienfreigabe und Markteinführung)

Verschiedenste Managementkonzepte zielen auf die Verbesserung bzw. Optimierung dieser Geschäftsprozesse in bezug auf die Kundenzufriedenheit (u. a. durch die Verbesserung der Qualität und kürzere Lieferzeiten), die Produktivität und die Verkürzung der Entwicklungszeiten.

2.1 Managementsysteme: Qualität - Umwelt - Arbeitssicherheit

Managementsysteme beschreiben die Aufbau- und Ablauforganisation einschließlich der selbstgesteckten und praktizierten Ziele des Unternehmens unter dem speziellen Aspekt der Qualität (Qualitätsmanagementsysteme, QMS), der Umwelt (Umweltmanagementsysteme, UMS) oder der Arbeitssicherheit (Arbeitssicherheitssysteme, AMS), wobei eine zunehmende Tendenz besteht, die drei Aspekte in einem integrierten Managementsystem zusammenzufassen.

Sie sollen die Erfüllung bestimmter Vorgaben aus Normen, Gesetzen oder Richtlinien bzw. selbstgesetzter Standards (z. B. in bezug auf Qualität) gewährleisten, wobei eine "gelungene" Einführung gleichzeitig eine Optimierung der Geschäftsprozesse beinhaltet.

Das eingeführte System wird auf drei Ebenen dokumentiert:

- in dem firmenweiten, alles umfassenden Handbuch;
- in abteilungsübergreifenden Verfahrensanweisungen, in denen Schnittstellenregelungen und Prozesse wie z. B. die der Entwicklung beschrieben werden;
- in Arbeits- und Prüfanweisungen, in denen konkrete Tätigkeiten detailliert beschrieben werden.

Im Rahmen der Einführung der Managementsysteme muß der Betriebsrat (BR) aufgrund der Mitbestimmungsrechte des Betriebsverfassungsgesetzes und der Regelungen des Manteltarifvertrages mit einbezogen werden. Neben diesen Möglichkeiten, die dem Betriebsrat erlauben, auf die Entscheidung der Unternehmensleitung zu reagieren, bietet sich ihm - in Abhängigkeit von der jeweiligen Unternehmensphilosophie - auf Grundlage einer Betriebsvereinbarung ggf. die Chance der aktiven Mitgestaltung in den entsprechenden Arbeitsteams. Ob und welche Gefahren diese Mitarbeit für eine unabhängige Vertretung der ArbeitnehmerInnen in sich birgt, wird unter BetriebsrätInnen kontrovers diskutiert.

Qualitätsmanagementsysteme

Den höchsten Verbreitungsgrad in den Betrieben haben bisher die nach ISO 9000ff zertifizierten QM-Systeme. Ziel dieser Systeme ist der Nachweis der Qualitätsfähigkeit des Gesamtunternehmens für die Kunden, d. h. die Sicherheit dafür, daß der Lieferant in der Lage ist, marktgerechte Produkte qualitätsgesichert zu planen, entwickeln, produzieren und vertreiben. Dazu gehört z. B. auch die Erkennung der Kundenanforderungen und deren Umsetzung in Produkte, die Beseitigung von Informations- und Kommunikationsdefiziten und die Vermeidung von Fehlern an den Schnittstellen innerhalb des Betriebs, zum Markt und zu den Zulieferern.

Zusätzliches Ziel ist häufig auch die Erhöhung der Produktivität durch die Optimierung der Geschäftsprozesse während der Gestaltung und Einführung des Systems.

Die Zertifizierung - als Nachweis der Erfüllung der Forderungen der Norm - erfolgt anhand der Überprüfung und Bescheinigung durch eine neutrale Institution (z. B. TÜV-CERT), die ihre Eignung dazu wiederum durch die Akkreditierung nachgewiesen hat. Grundlage dieser Überprüfung bilden die 20 sogenannten QM-Elemente der Norm, die sich wie folgt aufteilen lassen in:

- Führungselemente, die die Aufgaben der Unternehmensleitung, der Führungskräfte und des/der QM-Beauftragten beschreiben (z. B. Verantwortung der obersten Leitung, interne Qualitätsaudits),
- Ablaufelemente, die die Aufgaben und Forderungen im Rahmen von konkreten Arbeitsabläufen bzw. Prozeßschritten beschreiben (z. B. Designlenkung, Beschaffung)
- übergreifende Elemente, die auf alle Abläufe und Abteilungen zutreffen und jeweils abteilungsspezifisch umgesetzt werden müssen (z. B. Lenkung der Dokumente und Daten, Korrektur- und Vorbeugemaßnahmen).

Während die Norm die Minimalanforderungen grob regelt, hängt es von der Qualitätsphilosophie des jeweiligen Unternehmens und den Strategien des dortigen Managements ab, ob mit autoritären Umsetzungskonzepten Bürokratisierung Einzug hält oder ob durch beteiligungsorientierte Konzepte die Chance zu einem grundsätzlichen Umdenken, zur Änderung traditioneller betrieblicher Strukturen und zur Verbesserung der Prozesse genutzt wird. Bildhaft gesprochen ist die Norm zu vergleichen mit der gültigen Straßenverkehrsordnung und die Zertifizierung mit der Führerscheinprüfung, wobei die konkrete Umsetzung in den einzelnen Betrieben so unterschiedlich ist, wie die "(Fahr)qualität" der verschiedenen FahrerInnen, die alle den gleichen Führerschein besitzen und den Regeln der Straßenverkehrsordnung unterliegen.

Dargestellt wurden in diesem Zusammenhang:

- wichtige Stadien grundsätzlicher Entscheidungen (z. B. Entscheidung über das Grundkonzept der Einführungsstrategie TOP-DOWN, BOTTOM-UP oder eine Kombination),
- mögliche Chancen bei der Einführung (z. B. Offenlegung der Abläufe und Strukturen, Möglichkeiten zur Mitgestaltung)
- mögliche Gefahren bei der Einführung (z. B. Bürokratisierung, Leistungsverdichtung)
- die Verwandlung sinnvoller Regelungen in überflüssige Bürokratie durch Fehlverhalten bei der Ausführung,
- der Aufbau eines praxisnahen Systems mit Hilfe prozeßorientierter Arbeitsteams der betroffenen MitarbeiterInnen.

Umweltmanagementsysteme
Ziel der Umweltmanagementsysteme nach der EG-Öko-Audit-Verordnung 1836/93 bzw. der ISO/DIN 14001 ist die Minimierung der "Nichtprodukte" durch Vermeidung bei der Entstehung. "Nichtprodukte" (Abfälle, Abwasser, Abwärme) stellen die Differenz zwischen dem Input

(Material, Energie, Wasser, Boden) und den gewünschten Produkten dar. Falls die Minimierung nicht möglich ist, ist eine Wiederverwertung anzustreben und im Notfall eine ordnungsgemäße Entsorgung zu gewährleisten.

Durch das von externen GutachterInnen überprüfte UM-System soll, ausgehend von der Minimalbasis der Einhaltung aller Umweltvorschriften, eine kontinuierliche Verbesserung in Eigenverantwortung des Betriebes gewährleistet werden.

Zwischen den QM- und den UM-Systemen gibt es eine Reihe von Analogien (z. B. die Dokumentation der Aufbau- und Ablauforganisation) und einige Unterschiede bzw. spezielle Regelungen wie z. B. die, der nach der EG-Öko-Auditverordnung verpflichtenden Information der Öffentlichkeit über die Umwelteinwirkung des Betriebes im Rahmen der Umwelterklärung. Diese beeinhaltet - häufig in der Art einer Image-Broschüre gestaltet - die gewählte Umweltpolitik und alle umweltrelevanten Daten des Betriebs am Standort (Zahlen-Daten-Fakten).

2.2 Prozeß kontinuierlicher Verbesserung (KVP)
Im "Prozeß der kontinuierlichen Verbesserung" erfolgt die Optimierung der Geschäftsprozesse mit Hilfe der ständigen Verbesserung der Abläufe in kleinen Schritten durch freie Diskussion der Prozeßbeteiligten, d. h. der Betroffenen in entsprechenden Teams. Dies kann u. U. auch einfach eine Weiterführung der bei der Einführung des QMS begonnenden Aktivitäten bedeuten.

2.3 Business Reengineering
Beim "Business Reengineering" erfolgt die Optimierung der Geschäftsprozesse mit Hilfe eines fundamentalen Überdenkens und eines radikalen Redesigns des Unternehmens bzw. wesentlicher Unternehmensprozesse mit Hilfe des kreativen Einsatzes der Informationstechnologie. Ziel ist eine einmalige Verbesserung um Größenordnungen. Dazu gehören u. a. auch die Möglichkeiten der Flexibilisierung der Unternehmensstrukturen durch Zersplitterung und Ausgliederung von Unternehmensstellen, der Bildung sich selbst steuernder, flexibel operierender Einheiten mit hohen Kompetenzen und großer Entscheidungsautonomie, flacher Hierarchiestrukturen usw.

Erläutert wurden vier Fallbeispiele:

- Rechnungsbegleichung bei der Ford Motor Company: durch Änderung der Ablauforganisation und neuer EDV u. a., Personalreduktion von 500 auf 125;
- Entwicklung eines neuen Produktes bei Kodak: durch Einsatz von Simultaneaus Engineering mit Hilfe der EDV u. a. Verkürzung der Entwicklungszeit von 70 auf 38 Wochen;
- Finanzierung des Kaufs von Computern, Software und Serviceleistungen bei IBM Credit: durch die Trennung der Abläufe nach Komplexität und neue EDV u. a. Verringerung der durchschnittlichen Durchlaufzeiten von sieben Tagen auf vier Stunden;
- Auftragsabwicklung in einem mittelständischen Unternehmen: durch die Trennung der Abläufe nach Komplexität für Serienprodukte, seriennahe Kleinanlagen und kundenspezifische Anlagen mit Hilfe einer neuen EDV drastische Verkürzung der Durchlaufzeiten und Produktivitätssteigerung.

Während durch den "Prozeß der kontinuierlichen Verbesserung" kleine Verbesserungen gleichzeitig an vielen verschiedenen Stellen erreicht werden, die häufig den einzelnen MitarbeiterInnen durch Entlastung tatsächlich noch zu Gute kommen, ist die radikale Veränderung durch das "Business Reengineering" dagegen häufig mit massivem Stellenabbau und Leistungsverdichtung verbunden.

3 MitarbeiterInnenorientierte Interaktionskonzepte und betriebliche Arbeitsorganisation
“Neue Formen der betrieblichen Zusammenarbeit” zeichnen sich u. a. aus durch die Bildung selbständiger, sich selbst organisierender und optimierender Gruppen / Teams, in denen unter der Berücksichtigung der besonderen Rolle der/s GruppensprecherIn / ProjektleiterIn und fachlicher Aspekte Gleichberechtigung und Mitspracherecht der Mitglieder besteht. Angestrebt wird ein hohes Maß an Aufgabenintegration zu ganzheitlichen Aufgabenzusammenhängen, z. B. in der Fertigung durch die Einbeziehung sogenannter Sekundärfunktionen wie Qualitätssicherung, Materialbereitstellung oder Instandhaltung. In den Projekten werden durch das Projektteam z. B. alle Arbeiten von der Definition bis zum Abschluß betreut. Üblicherweise ist die Arbeit der meist auf längere Sicht gebildeten Gruppen / Teams in der Fertigung unter dem Namen “Gruppenarbeit” bekannt. Die Arbeit der für die Länge eines Projektes gebildeten Gruppen/ Teams in den verschiedensten Unternehmensbereichen wird als “Projektteamarbeit, Teamarbeit oder Projektarbeit” bezeichnet. Unter Projekten ist u. a. zu verstehen: Kundenprojekte (z. B. auftragsbezogene Planung und Bau einer Brücke), Investitionsprojekte (z. B. Einrichtung einer neuen Fertigungslinie), Forschungs- und Entwicklungsprojekte (z. B. Entwicklung eines neuen Serienproduktes) und Organisationsprojekte (z. B. Einführung eines QM oder eines neuen EDV-Systems). Die erfolgreiche Koordination zahlreicher Projekte innerhalb des Betriebs setzt dabei ein funktionierendes Projektmanagement(system) voraus, sowie die eindeutige Abklärung der Kompetenzen zwischen den Teams, den ProjektleiterInnen bzw. ProjektkoordinatorInnen und den traditionellen Linienvorgesetzten (z. B. Abteilungsleitungen).

Die Erwartung der Firmenleitung an Gruppen-/Teamarbeit z. B. in bezug auf Leistung, Identifikation, Engagement, Motivation und Qualitätsorientierung sind einerseits hoch, doch andererseits stehen sie häufig im Widerspruch zu den gesellschaftlichen Tendenzen, den betrieblichen Realitäten und dem Verhalten der Unternehmensleitung selbst. So wird z. B. ein Wir-Gefühl, gegenseitige Unterstützung, persönliche Einordnung und Akzeptanz der gemeinsamen Entscheidungen in der Gruppe / dem Team erwartet, während die Gesamtgesellschaft immer mehr zur Individualisierung und der individuellen Kosten-Nutzen-Rechnung für jedes persönliche Engagement tendiert. Folge ist u. a. der Gruppendruck auf Schwächere. Erwartet wird auch ein erhöhter Einsatz, mehr Leistung, persönliche Identifikation und viel Engagement der Gruppen-/Teammitglieder einerseits, während andererseits sich frühkapitalistische Tendenzen wieder immer mehr in den Betrieben breit machen wie z. B. Entlassungen, Druck auf Mehrarbeit ohne Lohnausgleich, keine Honorierung der Teamleistungen, Streichung von Sozialleistungen und Aushebelung der Flächentarifverträge. Frauen, die sich als teamfähig erwiesen haben oder erfolgreich kooperative Führungsmodelle praktizieren, haben entgegen aller schönen Sonntagsreden, immer noch keine Chance gegenüber den skrupellosen und egozentrischen “Machern”.

So werden die noch jungen zarten Pflänzchen der “Formen der neuen Zusammenarbeit” von den Arbeitgebern z.Zt. mit Füßen getreten. Ob das gut ist für die Sicherung des Industriestandortes Deutschland ?

Aktuelle Managementtendenzen
Neue Chancen und Ansatzpunkte sowie Mitgestaltungsmöglichkeiten für Frauen
(Erfahrungsaustausch mit betroffenen Frauen in einer moderierten Gruppensitzung)
Leitung der Arbeitsgruppe: Kira Stein, Karin Diegelmann

1. Arbeitsbereiche und Erfahrungshintergründe der Teilnehmerinnen
Zuerst stellten wir unseren eigenen Erfahrungshintergrund vor, erläuterten, warum wir die AG vorgeschlagen hatten und wie wir uns ihren weiteren Ablauf vorstellen. In unserem ursprüng-

lichen Konzept wollten wir in einer kurzen Vorstellungsrunde den persönlichen Hintergrund der einzelnen Frauen kennenlernen, um in der Diskussion direkt an diesem anzusetzen. Aufgrund der hohen Teilnehmerinnenzahl von über 30 verzichteten wir darauf und verschafften uns stattdessen durch kurze Abfragen einen Gesamtüberblick über die Erfahrungsbereiche aller anwesenden Frauen. (Es wäre empfehlenswert, die Gruppengröße moderierter Sitzungen auf 12-15 zu beschränken.)

Die Frauen repräsentierten ein breites Spektrum der verschiedenen Fachrichtungen, Arbeitsbereiche und Betriebsformen, wobei die Verteilungen jeweils relativ gleichmäßig ausfielen (Zahl der Nennungen in Klammern):
Fachrichtung: Elektrotechnik (5), Maschinenbau (4), Umwelttechnik (4), Physik (3), Informatik (3) u. a.
Arbeitsbereich (Mehrfachnennungen möglich): Qualitätswesen/Umwelt (11), Schulung/Beratung (8), Planung (7), Forschung (7), Projektabwicklung (6), Entwicklung und Konstruktion (6), Vertrieb (3), Produktion (2) u. a.
Betriebsform: Mittelbetrieb (7), Kleinbetrieb (6), Ingenieurbüro (6), Großbetrieb (5), öffentlicher Dienst (5), Forschung/Hochschule (5) u. a.

Leider hatten nur ca. 2/3 der anwesenden Frauen persönliche Erfahrungen mit "modernen Managementkonzepten". Während der Erfahrungsbereich der Managementsysteme - vorwiegend Qualitäts- (QMS) aber auch Umweltmanagementsysteme (UMS) - mit 12 Nennungen noch separiert werden konnte, konnten alle anderen (10) nur noch unter dem Oberbegriff Erfahrungen mit "sonstigen Managementkonzepten" zusammengefaßt werden.

Bei den Managementsystemen war die Anzahl der Frauen, die bei der Umsetzung im Betrieb aktiv mitgearbeitet hatten (3), oder sogar gestaltend bzw. bestimmend beteiligt waren (4) jeweils etwa genauso groß wie die der nur passiv Betroffenen (5). Während noch etwa 1/3 der antwortenden Frauen mit ihren Beteiligungschancen zufrieden waren, galt dies nur noch für 1/6 in bezug auf die Umsetzung.

Bei den zu dem Oberbegriff "sonstige Managementkonzepte" zusammengefaßten Erfahrungen lag der Schwerpunkt der Beteiligung dagegen eindeutig bei der Mitarbeit (7). Sowohl die aktive Gestaltung (2), als auch die passive Betroffenheit (1) lagen seltener vor. Aus diesem Grund fiel die Zufriedenheit mit der Beteiligung bei der Hälfte der Frauen und mit der Umsetzung bei 1/5 auch etwas höher aus. Insgesamt herrschte aber auch hier eher Unzufriedenheit und Desillusionierung vor.

(Anmerkung der Protokollantin: Die Erfahrungen der anwesenden Frauen könnten durchaus repräsentativ sein, da die Managementsysteme - vor allem QM-Systeme nach ISO 9000 ff - einen deutlich höheren Verbreitungsgrad als andere Managementkonzepte haben. Während bei der Einführung der anderen Konzepte zumindest das TOP-Management sich noch aktiv dafür entschieden hat, fühlen sich einige Firmen zur Einführung der QMS durch den Marktdruck ausschließlich von Außen gezwungen. In diesen Fällen erfolgt die tatsächliche praktische Umsetzung noch halbherziger.)

2 Chancen und Gefahren für Frauen bei der Einführung bzw. Umsetzung
(Kommentarlose Wiedergabe der Karten aus der Kartenabfrage)
Zum Einstieg in die Diskussion visualisierten wir noch einmal die Fragen aus der Veranstaltungsankündigung und erläuterten sie kurz, mit dem Ziel, daß sie als Grundlage für den folgenden Diskussionsprozeß den Teilnehmerinnen präsent sind.

- Wie können wir Frauen Verantwortlichen begreiflich machen, daß wir bereits über diese Fähigkeiten verfügen, in denen unsere Kollegen jetzt geschult werden ?
- Wie können wir unsere Vorteile nutzen, um uns einzumischen und entscheidend mitzuwirken bei der Um-/ Neugestaltung ?
- Wie können wir diese Prozesse nutzen um - trotz harter Konjunkturlage - unsere Position und unseren Einfluß im Betrieb zu stärken ?
- Wie können wir den Prozeß mit in die von uns gewünschte Richtung lenken ?

In unseren beiden Kartenabfragen fragten wir nach den Chancen und Gefahren für Frauen bei der Einführung bzw. Umsetzung der verschiedenen Managementkonzepte.

2.1 Chancen

Die meisten positiven Antworten (10) bezogen sich auf die Vorteile bzw. Verbesserungen hinsichtlich "*Informationsfluß, Transparenz und Beteiligungsmöglichkeiten*" - i.d.R. bei QM-Systemen. Dazu gehörten z. B. die Offenlegung der Prozeßabläufe und Kompetenzen, die Transparenz der Entscheidungswege und Machtstrukturen sowie der verbesserte Zugang zu innerbetrieblichen Informationen (besonders für Frauen) als Grundlage für mehr "*Demokratie im Betrieb*". Eine Frau drückte es so aus: "*Zwang zur innerbetrieblichen Dokumentation - Männer können ihr Wissen nicht mehr für sich behalten*". Angemerkt wurde auch, daß Zielgrößen, z. B. im "*Prozeß der kontinuierlichen Verbesserung*", besser definiert werden.

Die zweite Gruppe positiver Antworten (6) bezog sich auf "*ganzheitliches Vorgehen und erweiterte Tätigkeitsbereiche*", z. B. größere Vielfalt der Tätigkeiten, erweiterte Verantwortungsbereiche, Aufhebung des Schubladendenkens oder auch Zusammenarbeit mehrerer Unternehmens/Forschungs-Standorte und internationales Vorgehen im Qualitätsmanagement, bis hin zur nachhaltigen Produktion (UMS). Diese Aspekte beinhalten Möglichkeiten zu Veränderungen, mit denen Männer (so eine Teilnehmerin) eher Schwierigkeiten haben.

Eine weitere Gruppe der Antworten betraf "*veränderte Arbeitsformen und Erwartungen*" (4). Eine Verbesserung der Arbeitsbedingungen wurde erwartet, u. a. durch flexible, selbstbestimmte Arbeitsweisen. Das sachbezogene Arbeiten von Frauen und "weibliche" Verhaltensmuster, müßten im Gegensatz zum eher hierarchieorientierten Denken der Männer bci der Umsetzung der Konzepte als Norm bzw. angestrebtes Muster eingeführt werden. In den veränderten Arbeitsformen z. B. im Team werden sich Frauen ihrer eigenen Stärken eher bewußt, was sie auch zur Einflußnahme motiviert. Statement einer Karte: "*Frauen dominierte Gruppen haben bessere Teamergebnisse.*"

2.2 Gefahren

Im Gegensatz zu den o.g. positiven Antworten, gaben 5 Antworten an, daß sich die modernen Konzepte eher negativ auf "*Arbeitsbedingungen und Arbeitsplatzsicherheit*" auswirken. Genannt wurden z. B. Stellenabbau ohne wesentliche Veränderung der Arbeitsabläufe (Business Reengineering), Einsatz unterhalb der Qualifizierung, die Ersetzbarkeit der MitarbeiterInnen durch Externalisierung des Know-Hows und das einseitige Ausnutzen der Vorteile, z. B. der gewonnenen Flexibilität, durch den Arbeitgeber.

Die meisten Antworten (11) bezogen sich allerdings auf die Desillusionierung durch die "*Differenz zwischen Theorie und Praxis*". So bleibt durch eine halbherzige Umsetzung häufig alles beim "Alten", z. B. bisherige Vorgesetzte und Strukturen bleiben erhalten, werden verschleiert oder verhärten sich sogar noch (Angst vor Machtverlust führt verstärkt zu Ellenbogeneinsatz), alte Auswahl- und Vergütungskriterien gelten unverändert weiter und neue (Umwelt-)

ziele werden möglichst niedrig gesteckt. Auch die Verteilung der Kompetenzen zwischen den traditionellen Hierarchien (z. B. Abteilungsleitung) und den neuen GruppensprecherInnen/ ProjektleiterInnen bleibt häufig ungeklärt. Durch eine nicht praxisgerechte Umsetzung kommt es zur Bürokratisierung, sinnlosem zusätzlichen Aufwand und längeren Wegen, die Möglichkeit der Kontrolle und eindeutigen Schuldzuweisungen wird verstärkt.

"*Spezielle Gefahren für Frauen*". Im Team erfolgt eine verstärkte Kontrolle untereinander und damit eine noch stärkere Selbstausbeutung, wobei Schwächere unter Druck gesetzt bzw. ausgegrenzt werden (z. B. Frauen mit Kindern; Teilzeitkräfte). Während gerade die mittleren Führungsebenen, bis zu denen sich die Frauen z.T. mühsam hochgearbeitet haben, durch "lean production" entfallen und die Frauen in der Umgestaltungsphase durch das unveränderte Verhalten der Männer zerrieben werden, lassen ihre defensiveren Formulierungen den "Machern" die Chance, die Teamergebnisse besser (für sich) zu vermarkten. Frauen nehmen auch die Forderungen des QMS, z. B. die Verfahrensanweisungen, eher ernst und geben ihr Wissen preis oder werden zu unbequemen "Kontrolleurinnen" und vernachlässigen die traditionellen Hierarchien.
Interessanterweise bezogen die Frauen häufiger Gefahren als Chancen direkt auf sich.

3 Diskussion und Handlungsvorschläge
Als erstes überlegten wir gemeinsam Möglichkeiten, deutlich zu machen, daß wir nicht nur in der Theorie teamfähig sind, sondern es in der Praxis bereits Tag für Tag unter Beweis stellen. Wir kamen zu dem Schluß, daß wir die Vorgänge und Probleme im Team auch nach Außen transparent machen müssen, d. h. nicht nur still und heimlich Konflikte lösen oder sich vom Team als "fleißiges Bienchen" ausnutzen lassen. Anstatt auf die "ausgewogene" Darstellung der Kollegen zu warten, sollten wir "die Sache selbst in die Hand nehmen", d. h. Protokolle schreiben und selbst in Umlauf bringen. Dazu gehört auch sich beim Aufbau eines QMS, z. B. bei der Erstellung einer Verfahrensanweisung für den eigenen Bereich, einzubringen. Eine Frau brachte die Anregung, durch die Bildung einer Frauen-AG im Betrieb Kompetenz und Interesse zu zeigen. Einig waren wir uns auch darüber, daß es wichtig ist, sich dabei nicht auf ein "Abstellgleis bzw. eine Spielwiese" schieben zu lassen. Bei aller Begeisterung für neugewonnene Möglichkeiten müssen wir auch politische Strömungen und reale Grenzen z. B. durch die betrieblichen Machtstrukturen berücksichtigen. So versucht das TOP-Management z. B. häufig, die Begeisterung der MitarbeiterInnen auszunutzen, um das mittlere Management zu umgehen bzw. zu entmachten, das sich natürlich dagegen wehrt. Dies kann für einzelne MitarbeiterInnen gefährlich werden, die sich im guten Glauben und Vertrauen auf die Aussagen des TOP-Managements in bezug auf mehr innerbetriebliche Demokratie zu weit vorgewagt haben. So sollten wir auch nicht aufgrund der "Sonntagsreden" zur gleichberechtigten Teamarbeit auf unsere Bemühungen verzichten, die Stufen der traditionellen betrieblichen Hierarchie zu erklimmen. Wir stellten fest, daß es im Gegensatz zu den schönen Worten in den Betrieben noch keine Möglichkeiten der ausreichenden Honorierung erfolgreicher Teamarbeit gibt und Teamfähigkeit in der betrieblichen Praxis bis heute kein wirkliches Beförderungs- oder Einstellungskriterium darstellt. Daher sollten Frauen in den Betrieben auf die Notwendigkeit der Bewertungskriterien für gute Teamarbeit hinweisen bzw. falls vorhanden, auf deren Einsatz drängen, d. h. je nach ihren Möglichkeiten Einfluß auf Betriebs-/ Personalräte und/oder Vorgesetzte nehmen oder auch gemeinsam mit anderen Frauen solche Bewertungskriterien entwickeln. Sinnvoll wäre es auch, den direkten Einfluß auf Betrieb- und Personalrätinnen zu verstärken, damit diese speziell die Interessen von Frauen im Umstrukturierungsprozeß vertreten.

Last not least ist die Bildung von Frauenseilschaften außerordentlich wichtig bzw. vielleicht in der aktuellen Situation sogar mit entscheidend für unseren beruflichen Erfolg.

Mädchen in technischen Berufen – dargestellt am Beispiel Sachsen-Anhalts

Ingrid Hölzler, Institut für Soziologie der Otto von Guericke-Universität Magdeburg

Wer sich mit der sozialpolitischen Lage in den neuen Bundesländern beschäftigt, wird feststellen müssen, daß es sechs Jahre nach der Wende große Probleme gibt. Die Situation in den neuen Bundesländern ist von vielfältigen Brüchen gekennzeichnet. Das politische System ist zusammengebrochen und damit das staatlich gelenkte Wirtschafts- und Sozialsystem. Für viele Menschen ist dies ein Bruch der Lebensbiographie. Der Transformationsprozeß brachte einerseits Chancen für den beruflichen und privaten Alltag, aber gleichzeitig für viele Menschen Arbeitslosigkeit und Zukunftsangst. Wir müssen heute feststellen, daß es einerseits Freude über die neu gewonnenen Freiheiten gibt. Andererseits sehen viele Menschen keine beruflichen Chancen und die Zukunft stellt sich düster dar.

Diese umfassende Neuorientierung geht damit einher, daß ein Teil der bisherigen Verhaltensmuster gänzlich überholt ist, andere nur noch eingeschränkt gelebt werden.
"Wesentlich dabei sind:

- die Entlassung der Individuen aus bisherigen Strukturen, die Entstandardisierung ihres Lebensweges;
- der gewachsene individuelle Verhaltensspielraum auf der Grundlage einer Vielzahl gesellschaftlicher Handlungsangebote, wodurch Wahlfreiheit zunimmt, aber auch Entscheidungszwänge gesetzt sind;
- die Verunsicherung der Individuen in der Zeit des Transformationsprozesses infolge raschen sozialen Wandels und ihrer vorrangigen Handlungsausrichtung anhand der Rationalität."(Sozialreport 1994, S. 62).

Sicher ist heute, daß der Vereinigungsprozeß enorme Veränderungen hinsichtlich der sozialen Infrastruktur und der Arbeitsmarktsituation brachte. In diesem Zusammenhang wird seit der Wende ein deutlicher Differenzierungs- und Polarisierungsprozeß in den Lebenslagen der Individuen erkennbar. Dieser ergibt sich vor allem aus der Teilhabe am Erwerbsleben, der finanziellen und materiellen Situation, den Wohnverhältnissen, dem physischen, psychischen und kulturellen Kapital des einzelnen (Sozialreport 1995, S. 283).

Im folgenden soll aus der Vielzahl der Faktoren, welche die soziale Lage bestimmen und differenzieren, nur ein Teil einer näheren Betrachtung unterzogen werden. Es soll dargestellt werden, inwiefern Frauen stärker von Arbeitslosigkeit betroffen sind; gleichzeitig ist zu hinterfragen, ob durch Arbeitslosigkeit von ehemals berufstätigen Frauen die Berufswahl der Kinder - insbesondere der Mädchen - beeinflußt wird.

Während in der DDR eine stringente Berufsbiographie mit vollzeitiger Erwerbsarbeit und eine Familie mit Kindern angestrebt und weitestgehend verwirklicht wurde, sind mit der sich ausbreitenden Arbeitslosigkeit Neuorientierungen - vor allem für die Frauen - verbunden .

Berufsarbeit war für die in der DDR sozialisierte Frauengeneration zu einem wichtigen Bestandteil ihrer Biographie geworden. Beruf - wie immer man ihn sieht, als Qualifikation, anspruchsvolle Arbeitstätigkeit oder Berufung, er führt heute fast ausschließlich über eine Berufsausbildung. Berufstätigkeit begleitet den Menschen, vom Schulentlassungs- bis ins Rentenalter. Aber auch schon vorher spielt der Beruf eine Rolle, wenn es um die Frage geht: "Was willst Du werden?" Der Beruf bringt Bildung, Fachkönnen, Zuständigkeit, materielle Sicherheit, eine bestimmte soziale Position in der Gesellschaft, Kontakte zu anderen Menschen und Ansehen.

Beck sagt über den Beruf : "Der Beruf dient zur wechselseitigen Identitätsschablone, mit deren Hilfe wir die Menschen, die ihn "haben", einschätzen in ihren persönlichen Bedürfnissen, Fähigkeiten, ihrer ökonomischen und sozialen Stellung. So seltsam es ist, die Person mit dem Beruf gleichzusetzen, den sie hat. In der Gesellschaft, in der das Leben auf dem Faden des Berufs aufgereiht ist, enthält dieser tatsächlich einige Schlüsselinformationen : Einkommen, Status, sprachliche Fähigkeiten, mögliche Interessen, Sozialkontakte usw."(Beck, 1986, S. 221).

Die Frauen in der DDR wurden nicht durch die Arbeit des Ehepartners identifiziert, sondern durch ihre eigene Arbeit. Jede Frau war das, was sie selbst geworden ist. Wenn wir also davon ausgehen, daß die Identifikation mit dem Beruf ein wichtiger Indikator für die Integration des Menschen in die Gesellschaft ist, so ist gleichzeitig festzustellen, daß Nichtarbeit - also Arbeitslosigkeit - Desintegration, Ausgliederung aus der Gesellschaft bedeutet. Der als "Modernisierungsprozeß" bezeichnete Strukturbruch brachte vor allem einen Beschäftigungseinbruch für Frauen. Die zu beobachtenden rückläufigen Beschäftigungsmöglichkeiten für Frauen betreffen - wenn auch mit unterschiedlichem Gewicht - alle Wirtschaftsbereiche. Ob sie schrumpfen, stagnieren oder prosperieren, ob sie ehemals eine hohe bzw. niedrige Frauenbeschäftigung aufwiesen, alle haben sie eine relative Zunahme der Beschäftigung bei Männern und eine relative Abnahme bei Frauen zu verzeichnen.

Frau zu sein, ist auf dem Arbeitsmarkt ein besonderer "Makel". Für sie ist es nicht nur schwierig in den Beschäftigungsverhältnissen zu verbleiben, sondern es wird zunehmend schwieriger, in solche Bereiche einzudringen, die vom wissenschaftlich-technischen Fortschritt geprägt werden und "Hochburgen" für Männer sind. Mit Begründungen, daß Frauen in technikorientierten Berufen nicht leistungsfähig seien, wird versucht, Frauen von den technisch fortschrittlichen Berufen und Wirtschaftsbereichen fern zu halten. Der Kampf um die Arbeitsplätze ist härter geworden. Dies betrifft sowohl die **Berufsausübung** als auch den Prozeß der **Berufswahl.** Angesichts dieser gesellschaftlichen Entwicklungen müssen wir davon ausgehen, daß auch Frauen nur dann eine berufliche Zukunft haben, wenn sie sich auf neue Berufe orientieren, offen sind für anspruchsvolle technische Tätigkeitsfelder und teilnehmen an der Entwicklung von Wissenschaft und Technik. Ein besonderes Betätigungsfeld stellt dabei die Öko-Technik dar. Gerade Mädchen sind es, die sich für diese Zukunftsaufgaben interessieren: für den Schutz von Natur und Umwelt. In der Produktion greifen aber die Umweltgesetze besonders hart; der Kostendruck zwingt dazu, weniger Rohstoffe zu verbrauchen und weniger Abfälle zu produzieren und auch Kunden fragen immer häufiger nach umweltfreundlichen Produkten. Eine Kombination von Umwelt und Technik ist aber sehr naheliegend und "schafft neue Arbeitsfelder für Frauen und ist letztlich ... ein gewichtiger Beitrag für die berufliche und gesellschaftliche Gleichstellung von Frauen" (Chahberny, 1994, S. 3984).

Im Mittelpunkt eines Forschungsprojektes des Ministeriums für Arbeit, Soziales und Gesundheit des Landes Sachsen-Anhalt standen daher folgende Fragen :

- Wie verläuft der Berufsprozeß von jungen Frauen nach Abschluß eines technischen bzw. naturwissenschaftlichen Studiums, welche Zukunftsvorstellungen haben Jugendliche in der Berufsausbildung - insbesondere Frauen?
- Welchen Einfluß hat die Arbeitsmarktsitutation auf das Berufswahlverhalten von Jugendlichen?

Ausgangspunkt der Betrachtungen sind die nachstehenden Hypothesen:

1. Die allgemein hohe Arbeitslosigkeit, die mit verstärkten Konkurrenzbedingungen auf dem Arbeitsmarkt einhergeht, führt zu einem Beschäftigungsrückgang von Frauen allgemein und im besonderen in technik-orientierten Berufen.
2. Die Vorstellungen der Jugendlichen - insbesondere der Mädchen - über einen späteren Beruf werden stark von den Lebenserfahrungen der Eltern beeinflußt, d. h. die hohe Arbeitslosenrate der Eltern wirkt sich auf das Berufswahlverhalten und die Lebensplanung der Jugendlichen aus.

I. Zum Stand der Arbeitslosigkeit von Frauen in Sachsen-Anhalt und die Auswirkungen auf den Beschäftigungsgrad von Frauen in technik-orientierten Berufen

Ausgangspunkt der Betrachtungen bildet eine Analyse über die Arbeitsmarktsituation. Eine hohe Arbeitslosenrate von 19,2 % (April 1996) in Sachsen-Anhalt demonstriert Umstrukturierungen und Veränderungen auf dem Arbeitsmarkt. Damit ist Sachsen-Anhalt das Land mit der höchsten Arbeitslosenrate in der Bundesrepublik (Statistisches Landesamt Sachsen-Anhalt). Die gegenwärtige Arbeitsmarktsituation verdeutlicht den Prozeß der Entlassung der Individuen aus bisherigen Strukturen. Daß dieser Prozeß nicht einheitlich verläuft, zeigt die Analyse der Arbeitslosenquote nach dem Geschlecht. So waren im April 1996 16,3 % Männer, aber 22,2 % der Frauen arbeitslos (Statistisches Landesamt, 1996).

Diese Arbeitslosenquoten sind nach der Qualifikation nochmals stark differenziert. Bei ungelernten bzw. Teilfacharbeitern liegen die Arbeitslosenquoten bei 31 % , während sie bei Hoch- und Fachschulabsolventen 7 % betragen. Damit läßt sich zum Teil auch die hohe Arbeitslosenrate bei Frauen erklären, denn der Anteil der Frauen in der Gruppe der Hochschulabsolventen liegt bei 38,5 % und bei denen ohne Abschluß bei 60,5 % (Arbeitsmarktmonitor 1994).

Die größten Hindernisse, eine neue Stelle zu bekommen, sehen Arbeitslose vor allem in ihrem Alter (37 %) und darin, daß der Beruf keine Zukunft hat (18 %). Von weiblichen Arbeitslosen wurde vor allem hervorgehoben, daß sie deshalb keinen Arbeitsplatz bekommen, weil sie ein kleines Kind haben (24 %) und weil sie eine Frau sind (15 %) (Arbeitsmarktmonitor 1994).

Die Analysen in Sachsen-Anhalt zeigen, daß es " ... Frauen sehr viel schlechter als Männern (gelingt), sich in den Dienstleistungsbereichen (neue) Beschäftigungsmöglichkeiten zu erschließen bzw. zu sichern. Trotz der Expansion der meisten dieser Bereiche, die auch mit Beschäftigungszuwächsen einhergehen, ist der Anteil weiblicher Beschäftigter in der Mehrzahl dieser Branchen rückläufig" (Schäfgen/Rosendorfer, 1995, S. 23).

Es wird deutlich, daß es in Sachsen-Anhalt eine geschlechtsspezifische Arbeitsmarktsegregation und eine sich daraus ergebende Benachteiligung für Frauen gibt. Eine wichtige Ursache sehen **Schäfgen** und **Rosendorfer** darin, daß entsprechend der betrieblichen Beschäftigungspolitik nach westlichem Muster, Frauen die Verantwortung für Kinder und Familie haben (Schäfgen/Rosendorfer, 1995, S. 31 f.). In den alten Bundesländern haben Frauen ihre Erwerbstätigkeit nach der Geburt von Kindern unterbrochen oder sogar beendet. Anders dagegen in der ehemaligen DDR, hier wurde durch zahlreiche familienpolitische Maßnahmen eine hohe Erwerbsintegration gefördert. Nach Auffassung von Engelbrech spiegelt sich die betriebliche Beschäftigungspolitik nicht so sehr bei Entlassungen wider , sondern es setzt sich primär bei den Einstellungen eine gruppenspezifische - insbesondere auch geschlechtsspezifische - Diskriminierung durch.
"So werden Männer bei Einstellungen deutlich bevorzugt.

Beobachtungen der Arbeitsämter zeigen, daß

- Frauen mit Kleinkindern besonders betroffen sind. Stellenangebote für Teilzeitarbeit sind Ausnahmefälle. Das Betreuungsnetz ist löchrig geworden.
- bei Stellenangeboten im Bürobereich entweder sehr junge Frauen ohne Kinder oder Frauen im Alter zwischen 35 und 45 Jahren bevorzugt werden....
- Frauen mit kaufmännischen Fach- oder Hochschulabschlüssen in der Regel unterhalb ihrer Qualifikation eingesetzt werden.
- Frauen mit Facharbeiterausbildung im gewerblich-technischen Bereich - obwohl sie bereit sind, auch Arbeiten zu übernehmen, die nicht ihrer Qualifikation entsprechen - von Arbeitgebern nur selten bei Einstellungen berücksichtigt werden.
- zunehmend Männer in ehemals weiblich dominierte Bereiche wie den der Dienstleistungen eindringen (Banken, Post, Verkehrswesen). Dieser Trend ist besonders bei den sich sukzessive computerisierenden Dienstleistungsbereichen zu beachten." (Engelbrech, 1994, S. 22/23).

Diese Situation bleibt letztlich nicht ohne Folge auf die Partnerschaft, auf die Familie. Frauen werden, indem sie aus dem Berufsleben verstärkt ausgegrenzt werden, in den Haushalt zurückgedrängt. Dies steht in starkem Widerspruch zu den Wunschvorstellungen der Frauen, die nach wie vor an einer hohen Erwerbsneigung festhalten.

Die Untersuchungen in den neuen Bundesländern zeigen, daß es eine stark ausgeprägte Erwerbsneigung der Frauen - unabhängig vom Alter der Kinder - gibt.(Arbeitsmarktmonitor 1994)

Tabelle 1
Wunsch nach Erwerbstätigkeit je nach Alter der Kinder - in Prozent

Kinder	voll arbeiten	Teilzeit arbeiten	stundenweise arbeiten	nicht arbeiten	weiß nicht	keine Angabe
keine Kinder	72	18	6	2	1	1
Kinder 0 bis 7 Jahre	63	32	5	-	-	-
Kinder 8 bis 11 Jahre	67	27	4	1	-	-
Kinder 12 bis 15 Jahre	78	18	3	1	-	-
Kinder 16 bis 21 Jahre	72	22	4	4	-	-

Auch Befragungen in Sachsen-Anhalt zum Arbeitsmarktmonitor bestätigen dieses Ergebnis. Danach wollen 80 % aller befragten Frauen arbeiten (Arbeitsmarktmonitor 1994). Die Gründe für die Berufstätigkeit der Frauen und Mütter sind differenziert. Es zeigt sich jedoch, daß ein großer Teil nicht nur die finanzielle Seite der Berufstätigkeit hervorhebt, sondern betont, daß ihnen die Arbeit Spaß macht.

Im Rahmen von Untersuchungen wurden Frauen anhand einer vorgegebenen Liste danach gefragt, warum sie berufstätig sind (Arbeitsmarktmonitor 1994).

Danach ergibt sich folgende Rangfolge der Gründe:
1. Arbeit macht Spaß
2. Familieneinkommen aufbessern
3. Lebensunterhalt sichern
4. Kontakt zu Leuten
5. Kontakt zur Berufswelt
6. finanzielle Unabhängigkeit
7. Finanzierung von Anschaffungen
8. Unterhalt für Kind nicht ausreichend
9. als Hausfrau nicht ausgelastet

Das Bedürfnis der Frauen, arbeiten zu wollen, aber nicht zu können, führt zu einer Diskrepanz zwischen Wunsch und Wirklichkeit. Verständlicherweise kommt es dadurch auch zu Auswirkungen auf das Partnerschaftsverhalten und die Familie. Bei Untersuchungen in den neuen Bundesländern konnte festgestellt werden: "Über 50% der Befragten stellen Auswirkungen der Arbeitslosigkeit auf das Familien- bzw. Partnerschaftsklima fest." (Sozialreport 1995, S.287). Zu den Folgen von Arbeitslosigkeit gehört, daß die ökonomische Abhängigkeit der Frauen langfristig ein verändertes Rollenverhalten in der Familie begünstigt. Konnte in der ehemaligen DDR konstatiert werden, daß die Emanzipationsbestrebungen der Frauen zunächst mehr das staatliche Interesse und weniger das Bedürfnis der Frauen selbst gewesen sind, so läßt sich heute einschätzen, daß die Berufstätigkeit positive Auswirkungen hatte. Frauen haben ihre Fixierung auf eine häusliche Idylle aufgegeben, sind selbstbewußter geworden und wurden für die Männer eine echte Partnerin. Untersuchungen zur sozialen Rolle der Frau ergaben, daß sowohl Frauen (85 %) als auch Männer (83 %) meinen, Frauen sollten einen Beruf ausüben. 71 % der Frauen und 62 % der Männer betonen, daß der Beruf bei Frauen ebenso zum Leben gehört wie bei Männern. 84 % der Frauen und 80 % der Männer sind der Auffassung, daß die Frau darüber selbst entscheiden sollte. Nur 8 % der Frauen und 9 % der Männer sind der Meinung, daß Frauen Beruf oder Kind als Alternative ansehen sollten (Hallisches Tageblatt 1993, S.4).

Auch bei einer Untersuchung in der Stadt Magdeburg im Dezember 1992 (Hölzler/Mächler 1993, S. 111) stimmten 54,3% aller befragten Männer und Frauen voll und 29,2 % teilweise der Auffassung zu, daß Frauen einer Erwerbstätigkeit nachgehen sollten, da sie nur so ökonomisch selbständig sind. Ökonomische Abhängigkeit aber bringt zwangsläufig neue Arbeitsteilungen mit sich, die das Leitbild von Mann und Frau beeinflussen und letztlich nicht ohne Einfluß auf die Sozialisationsbedingungen für die nachfolgende Generation sind : die Leitbilder von Mann und Frau bleiben durch ihre "Vorbildrolle" nicht ohne Wirkung auf die Berufswahl, die Geburtenrate und das Partnerschaftsverhalten der Kinder.

Am Beispiel junger Ingenieurinnen, die ihr Studium in den letzten Jahren an der Universität Magdeburg absolviert haben, soll analysiert werden, wie der berufliche Entwicklungsprozeß nach der Wende verlaufen ist, welche Biographieeinbrüche zu verzeichnen sind. Von 289 befragten Absolventinnen waren seit 1990 51,9 % arbeitslos, nur 28 % konnten ihre Tätigkeit weiter ausüben. Dies ist besonders belastend für die Ingenieurinnen, da für die meisten der Befragten das absolvierte Studium der Wunschberuf war. Für 55,4 % entsprach der Berufswunsch voll bzw. zum größten Teil den Vorstellungen und für 26,3 % teilweise. Die Gründe für die Nichtweiterbeschäftigung sind überwiegend in einem Stellenabbau zu sehen. Nur 25,3 % aller Befragten heben hervor, daß ihre jetzige Tätigkeit ihrer Ausbildung entspricht. Dies ist eine der Ursachen dafür, daß nur 40,8 % aller Befragten ihr ehemaliges Studium auch anderen Frauen empfehlen und nur ein Viertel aller Befragten das abgeschlossene Studium noch einmal absolvieren würden (25,3 %). In der nachfolgenden Tabelle werden die Gründe aufgeführt, die nach Meinung der Absolventinnen maßgeblich dafür sind, warum anderen Frauen das einmal absolvierte Studium nicht empfohlen werden kann.

Tabelle 2
Gründe, warum das Studium anderen Frauen nicht empfohlen werden kann
Angaben in Prozent N = 142

Gründe, warum Studium nicht empfohlen werden kann	Angaben in Prozent
• Akzeptanz als Frau ist nicht gegeben	41,5
• Geringe Arbeitsmarktchancen	41,5
• Berufsimage	9,1
• Probleme bei der Vereinbarkeit von Familie und Beruf	4,9
• persönliche Gründe	3,0

Noch deutlicher werden die gegenwärtigen Probleme auf dem Arbeitsmarkt durch Absolventinnen der Fachrichtung Mathematik formuliert: (Gräfe/Hölzler 1996, S. 20).

- *in höheren Positionen sind heute meist nur Männer zu finden,*
- *Berufsaussichten junger Frauen mit Kleinkind sind sehr schlecht,*
- *ca. 50% meiner Freundinnen sind /waren arbeitslos, trotz Hochschulbildung Frauen werden bei Entlassungen immer zuerst berücksichtigt,*
- *Frauen werden schneller entlassen und haben bei Kindern unter 4 Jahren kaum Chancen auf einen Arbeitsplatz,*
- *beim Abbau von Arbeitsplätzen in Datenverarbeitung werden Frauen zuerst gekündigt*
- *persönliche und durch das Umfeld bestätigte Beobachtung: alleinstehende Frauen mit Kind sind heute die Verlierer der Gesellschaft, beispielsweise durch Arbeitslosigkeit, Geldmangel u. a.,*
- *größere Unsicherheit, z. B. nach Schwangerschaft wieder einzusteigen,*
- *im allgemeinen sehe ich die Tendenz: Frauen an den Kochtopf,*
- *ein konkretes Beispiel aus meinem Bekanntenkreis: alleinstehende Frau mit 2 Kindern hat trotz aller Bemühungen keine Chance auf dem Arbeitsmarkt,*
- *Frauen wurden früher im Beruf mehr akzeptiert, es war leichter Familie und Beruf in Einklang zu bringen,*
- *eine Frau wird als Zweitverdiener angesehen, die Arbeitsplätze gehören in erster Linie den Männern,*
- *Männer haben generell bessere Chancen,*
- *häufige Meinung : Frau gehört an den Herd und zu den Kindern,*
- *Frauen sieht man nicht gern arbeiten, sie sollen zu Hause bleiben und sich um den Haushalt kümmern,*
- *"Wenn schon Männer keine Arbeit haben, sollten Frauen von vornherein zu Haus bleiben." - (diese Auskunft bekamen Bekannte),*
- *die Arbeitslosenquote bei Frauen ist wesentlich höher, Frauen haben jetzt die Rolle einer „guten Gattin" und „Mutter" zu erfüllen.*

An den Antworten wird erkennbar, daß Frauen die Chancen der Männer auf dem Arbeitsmarkt als größer einschätzen . Dies schlägt sich nieder in der Meinung der Ingenieurinnen, daß die einmal gewählte Fachrichtung besser für Männer geeignet sei. 72,7 % äußerten, Männer haben geringere Probleme bei der Arbeitsplatzsuche und 52,6 % meinen Kunden bzw. Kollegen akzeptieren eher Männer. Während einerseits die Meinung, Männer haben größere Chancen auf dem Arbeitsmarkt zunimmt, sind andererseits die befragten Ingenieurinnen davon überzeugt, daß es zwischen Männern und Frauen beim Arbeitsverhalten keine nennenswerten Unterschiede gibt. Die nachstehende Übersicht verdeutlicht, daß die Mehrzahl der Hochschulabsolventinnen davon überzeugt ist, daß Frauen im Berufsleben - auch in technik-orientierten Berufen - genauso tüchtig sein können.

Tabelle 3
Ist der technik-orientierte Beruf besser für Männer bzw. Frauen geeignet?
(Angaben in Prozent N = 289 Ingenieurinnen)

	keine Unterschiede	besser für Männer geeignet	besser für Frauen geeignet
• durchsetzungsfähiger	69,2	4,8	25,6
• besser mit Kollegen auskommen	70,6	24,6	4,5
• besser mit Vorgesetzten auskommen	74,4	17,0	8,3
• Arbeit besser organisieren	69,6	29,4	0,7
• körperlichen Anforderungen entsprechen	77,5	5,5	16,3
• mehr technisches Verständnis haben	71,6	1,7	26,3
• manuell geschickter (handwerklich) geschickter sind	79,2	3,5	17,0
• keinen rechtlichen Beschränkungen unterliegen (z.B. Nachtarbeit, Mutterschutz)	57,1	3,1	39,6

Bedingt durch die gegenwärtige Arbeitsmarktlage sehen es die meisten Ingenieurinnen als weniger günstig an, Absolventin eines technik-orientierten Berufes zu sein. Die Bedingungen für das Erlernen und Ausüben eines solchen Berufes haben sich nach Meinung von 68,9 % wesentlich und nach Meinung von 21,1 % teilweise verändert. Da allgemein bekannt ist, daß die objektive Situation nicht ohne Einfluß auf die Einstellung ist, interessierte die Meinung von Jugendlichen, die gegenwärtig in einem technik-orientierten Beruf ausgebildet werden, zu den o.g. Sachverhalten. Deutlich wird, daß die Jugendlichen überwiegend der Meinung sind, daß Männer besser für technische Tätigkeiten geeignet seien. Es wird betont, Männer hätten mehr technisches Verständnis (52 %), Männer entsprechen den körperlichen Anforderungen eher (46,9 %) und sind manuell geschickter (38,3 %) (vgl. nachstehende Tabelle).

Auffallend ist, daß ein großer Teil der Befragten keine Antwort auf die Fragen gab. Geht man davon aus, daß Auszubildende noch nicht in ausreichendem Maße über Erfahrungen aus dem Berufsalltag verfügen und deshalb unsicher sind, eine Meinungen zu äußern, so fällt aber auf, daß es Unterschiede zwischen den männlichen und weiblichen Auszubildenden gibt. Es scheint so, als ob vor allem Mädchen in hohem Maße verunsichert sind, sich zu diesen Sachverhalten zu äußern. Stellt man diese Ergebnisse in den Zusammenhang zu anderen Untersuchungen, so scheinen sich in den Auffassungen der Mädchen die Meinungen von Ausbildern und Personalmanagern widerzuspiegeln. In Expertengesprächen hoben sie hervor, man solle in den technik-orientierten Berufen lieber Männern Arbeit geben, denn

Frauen hätten im häuslichen Bereich und bei der Kindererziehung noch ausreichend Verpflichtungen und könnten daher eher auf die berufliche Arbeit verzichten. In diesem Zusammenhang werden überholt geglaubte Auffassungen, daß Frauen nicht geeignet sind für technische Tätigkeiten, neu belebt und stellen eine Barriere für die Beschäftigung von Frauen in technik-orientierten Berufen dar. Einige Zahlen mögen dies unterstreichen. So sind im Bereich der Elektroinnung Halle von 1.200 Beschäftigten lediglich 2 Frauen tätig. 3.837 Beschäftigten im Bauhandwerk stehen lediglich 47 Frauen gegenüber.

Tabelle 4
Frage: Ist der technik-orientierte Beruf besser für Männer bzw. Frauen geeignet?
Befragung von N = 175 weibliche Auszubildende
(die Antworten der männlichen Auszubildenden stehen in Klammern)

	keine Unterschiede	besser für Männer geeignet	besser für Frauen geeignet	keine Antwort
• durchsetzungsfähiger	13,7 (12,4)	36,6 (60,9)	18,9 (4,5)	30,9 (22,2)
• besser mit Kollegen auskommen	16,0 (23,1)	9,1 (30,6)	40,6 (19,7)	34,3 (26,5)
• besser mit Vorgesetzten auskommen	15,4 (18,0)	13,1 (24,6)	33,1 (29,1)	38,3 (28,2)
• Arbeit besser organisieren	15,4 (18,8)	7,4 (33,1)	48,0 (20,5)	29,1 (27,6)
• körperlichen Anforderungen entsprechen	12,0 (5,3)	46,9 (76,3)	14,9 (2,6)	26,3 (15,8)
• mehr technisches Verständnis haben	14,9 (11,8)	52,0 (65,6)	4,0 (3,4)	29,1 (19,2)
• manuell geschickter (handwerklich) geschickter sind	14,9 (12,8)	38,3 (63,0)	13,1 (3,6)	33,7 (20,7)
• keinen rechtlichen Beschränkungen unterliegen (z. B. Nachtarbeit, Mutterschutz)	8,6 (5,5)	49,1 (58,1)	11,4 (7,9)	30,3 (28,6)

Zusammenfassend ist die 1. Hypothese dahingehend zu verifizieren, daß ein Beschäftigungsrückgang von Frauen in technik-orientierten Berufen verbunden mit einer veränderten Einstellung zu technischen Tätigkeiten stattfindet. Eine generell veränderte Einstellung zur Berufstätigkeit läßt sich daraus bisher noch nicht ableiten.

II. Die Veränderung in der Erwerbstätigkeit der Frauen hat Einfluß auf das Berufsverhalten der Jugendlichen - insbesondere der weiblichen.

Berufswünsche, Berufsinteressen und Motive der Berufswahl entstehen nicht schlechthin aus dem "Innern" des Menschen, isoliert von der sozialen Umwelt. Der Berufsfindungsprozeß vollzieht sich stets auf der Grundlage gesellschaftlicher Bedingungen, in der Kommunikation des Individuums mit der Gesellschaft. "Die Wahl des Ausbildungsprozesses ist ein längerfristiger Entscheidungsprozeß, der zumindest von folgenden Faktoren abhängt:

- von den Interessen, Neigungen und Fähigkeiten des Jugendlichen. Das Grundgesetz (Art. 12) garantiert ihm "die freie Wahl von Beruf, Arbeitsplatz und Ausbildungsstätte";
- von den Vorstellungen und Wünschen der für den Jugendlichen wichtigsten Bezugspersonen : der Eltern, Verwandten, Lehrer, der peers;
- vom regionalspezifischen Angebot und den Empfehlungen des Berufsberaters;
- „von Erkenntnissen, die der Jugendliche aus einzelnen Unterrichtsfächern, . . . über die künftige Entwicklung von Berufen und Wirtschaftsbranchen hat" (Schäfers, 194, S. 153).

Die Bedeutung dieser nicht vollständig genannten Einflußfaktoren besteht darin, daß sie stimulierend auf die Berufswahl wirken. Außerdem gehören zu den Einflußfaktoren auch Gegebenheiten des Alltags, die richtige oder falsche Vorstellungen über Berufe im Bewußtsein des Jugendlichen hervorrufen.

Wie stellt sich die aktuelle Situation bei der Berufswahl für die Jugendlichen in der Bundesrepublik dar : Die Mehrzahl aller Mädchen und Jungen ergreift nach der Schule einen Beruf. Es gibt über 375 anerkannte Ausbildungsberufe in der Bundesrepublik, die zur Verfügung stehen. Bedeutsam ist die Frage, wie sind die Ausbildungs- und Arbeitsbedingungen, die Zukunftschancen, die Aufstiegs- und Weiterbildungschancen und nicht zuletzt die Verdienstmöglichkeiten in den verschiedenen Berufen? Viele Berufe sind noch wenig bekannt und so ist es verständlich, daß sich die Mehrzahl der Mädchen und Jungen bei ihrer Berufswahl nur auf einen kleinen Kreis von Berufen beschränken. Trotz der Vielfalt der Berufsmöglichkeiten sind Frauen und Mädchen in der Arbeitswelt der Bundesrepublik immer noch benachteiligt. Sie haben größere Schwierigkeiten, einen Arbeitsplatz zu finden, verdienen durchschnittlich weniger als ihre männlichen Kollegen und sind sehr viel seltener in technischen Berufen und qualifizierteren Stellen zu finden. Vielfach wird der Vorwurf an die Mädchen gerichtet, daß sie sich bei der Wahl der Ausbildung nur auf wenige Berufe beschränken und nur einen Bruchteil der Vielfalt von Ausbildungsgängen nutzen. Dieser Vorwurf scheint berechtigt, wenn man die gewünschten Ausbildungsberufe zwischen Jungen und Mädchen vergleicht. Bevorzugt wurden und werden bei den Ausbildungsberufen Arzthelferinnen, Friseurin, Verkäuferin und Bürokauffrau. Die 1995 veröffentlichte Übersicht aus dem Jahre 1993 zeigt die zehn stärksten besetzten Berufe für männliche und weibliche Auszubildende (Generalanzeiger Magdeburg, 1995).

Tabelle 5
Die zehn am stärksten besetzten Berufe (1993) für männliche und weibliche Auszubildende (Angaben in Prozent)

Ausbildungsberuf	Anteil an allen männlichen Auszubildenden	Ausbildungsberuf	Anteil an allen weiblichen Auszubildenden
Kraftfahrzeugmechaniker	8,4	Arzthelferin	7,9
Elektroinstallateur	5,3	Kauffrau im Einzelhandel	7,2
Tischler	3,6	Zahnarzthelferin	6,3
Industriemechaniker-Betriebstechniker	3,4	Friseurin	6,1
Gas- und Wasserinstallateur	3,3	Bürokauffrau	5,8
Maurer	3,2	Bankkauffrau	5,3
Maler und Lackierer	3,0	Industriekauffrau	5,2
Kaufmann im Groß- und Außenhandel	3,0	Fachgehilfin in steuer- und wirtschaftsberatenden Berufen	3,2
Bankkaufmann	3,0	Hotelfachfrau	3,1
Industriemechaniker Maschinen- und Systemtechnik	2,8	Fachverkäuferin im Nahrungsmittelhandwerk	3,0
1-10 zusammen	39,1	1-10 zusammen	53,1

Da in der DDR der Prozeß der Berufswahl weniger durch eigene individuelle Wünsche als durch fremde Instanzen bestimmt wurde, war es mit Hilfe einer staatlichen Lenkung - die sowohl von Erfordernissen des ökonomischen Systems als auch durch ideologische Vorgaben bestimmt wurde (z. B. Anteil der Arbeiterkinder) - möglich, Mädchen in einen technik-orientierten Beruf zu bringen. So gab es für die einzelnen Betriebe Planvorgaben, die genau festlegten, wie hoch der Anteil von Mädchen in bestimmten Ausbildungsberufen sein mußte. Erst wenn es keine Möglichkeiten gab, diese Auflagen zu erfüllen, konnten diese Stellen auch anders besetzt werden. Die folgende Übersicht (Frauenreport 90, S.44) verdeutlicht, daß trotz staatlicher Lenkung von den weiblichen Schulabgängern überwiegend "typische" Mädchenberufe erlernt wurden, daß aber der Anteil bei Mädchen in technik-orientierten Berufen über den Werten in den alten Bundesländern lag.

Tabelle 6
Anteil der Aufnahme weiblicher Schulabgänger in die Berufsausbildung an den Schulabgängern insgesamt nach ausgewählten Berufen (in Prozent)

Beruf	1980	1985	1989
DDR insgesamt	44,3	43,5	41,2
Facharbeiter für Schreibtechnik	99,8	99,7	99,8
Kleidungsfacharbeiter	99,9	99,5	99,4
Textilreinigungsfacharbeiter	98,3	99,1	98,7
Fachverkäufer	98,2	97,1	95,6
Facharbeiter für Textiltechnik	96,6	94,7	95,3
Wirtschaftskaufmann	95,7	94,5	94,4
Facharbeiter für Postverkehr	94,8	93,1	90,9
Schuhfacharbeiter	96,3	92,3	90,6
Facharbeiter für chemische Produktion	82,5	79,3	82,3
Facharbeiter für Datenverarbeitung	82,8	77,8	70,0
Gärtner	81,2	80,5	79,6
Facharbeiter für Tierproduktion	76,6	74,5	68,2
Facharbeiter für Eisenbahnbetrieb	74,9	67,6	62,2
Backwarenfacharbeiter	64,5	56,4	58,7
Facharbeiter für Anlagentechnik	60,6	60,2	57,1
Koch	62,9	59,5	56,7
Facharbeiter für Fleischerzeugnisse	36,4	27,2	33,2
Maschinist	45,2	37,0	31,2
Facharbeiter für Holztechnik	36,2	30,4	27,7
Elektronikfacharbeiter	49,8	33,0	19,5
Facharbeiter für Nachrichtentechnik	19,2	13,1	12,6
Facharbeiter für BMSR-Technik	22,5	14,4	11,5
Maschinen- und Anlagenmonteur	8,3	5,8	5,8
Werkzeugmacher	11,9	9,0	5,2
Elektromonteur	6,6	5,8	4,0

Auch der Anteil weiblicher Studierender in technischen Disziplinen hatte im Zeitraum von 1970 bis 1989 einen erheblichen Anstieg erfahren. So stieg die Zahl weiblicher Studierender an Fachschulen in technischen Wissenschaften von 20,9 im Jahre 1971 auf 27 % im Jahre 1989. An den Universitäten und Hochschulen stieg der Anteil der Studentinnen in technischen Disziplinen von 15,8 auf 25,3 %, bei den Wirtschaftswissenschaften von 38,4 auf 66,7 % und in Mathematik und Naturwissenschaften von 33,2 auf 46 % (Frauenreport 90, S.46).

Untersuchungen von Bertram belegen ein großes Interesse und gutes Arbeitsverhalten in technik-orientierten Berufen (Bertram 1986, S.34 ff). Der Grund dafür liegt in den teilweise guten bis sehr guten schulischen Leistungen der Mädchen in allen Fächern. Heute stellt sich allerdings die Frage, ob die guten bis sehr guten Leistungen der Mädchen in den technikorientierten Berufen eine Folge eines gestiegenen Interesses für Technik waren oder ob es nur eine "normale Pflichterfüllung" war ? Wichtig ist es, mehr darüber zu wissen, ob die Absolvierung einer Ausbildung in einem technikorientierten Beruf auch zu einer veränderten Einstellung der Mädchen zur Technik geführt hat oder war das gute Arbeitsverhalten im Beruf lediglich eine **Anpassung an gesellschaftliche Notwendigkeiten**? Könnte es nun jetzt so sein, daß Mädchen die neuen Freiheiten hinsichtlich des Berufswahlverhaltens so verstehen, daß sie - erneut angepaßt an gesellschaftliche Entwicklungen und Bedingungen - wieder vorrangig "typisch weibliche" Berufe erlernen? Diese Frage ist nicht leicht zu beantworten. Ist Einstellungsmessung ohnehin eine der schwierigsten Aufgaben in der sozialwissenschaftlichen Forschung, so kann mit dem bisher vorliegenden Datenmaterial keine eindeutige Antwort gegeben werden. Es sollen daher verschiedene Aspekte betrachtet werden, die einen kleinen Schritt zur Beantwortung der Fragen darstellen.

Im folgenden ist aufzuzeigen, inwieweit Mädchen in technik-orientierten Berufen ausgebildet wurden und werden und den Wunsch haben, technische Berufe zu erlernen. Die Analyse der statistischen Daten zeigt, daß es in fast allen technik-orientierten Berufen seit der Wende einen Rückgang weiblicher Lehrlinge in Sachsen-Anhalt gibt (Staatliche Zentralverwaltung für Statistik 1992-1995).

Tabelle 7
Entwicklung des Anteils weiblicher Lehrlinge in gewerblich-technischen Berufen in Sachsen-Anhalt 1985-1993

Berufsgruppe	Anteil der weiblichen Lehrlinge in Prozent				
	1985	1988	1992	1993	1994
Chemie (gesamt)	83, 4	85, 5	71, 8	62, 5	53,05
Maschinenbau- und Wartungsberufe (Maschinen- und Anlagenmonteur, Maschinenbaumechaniker, Mechaniker, Maschinenbauer, Instandhaltungsmechaniker)	8, 7	5, 8	2, 75[1]	3, 74	3,65
Feinblechner/Installateure (Gas, Wasser, Heizung, Klempner)	1, 1	0, 004	0, 2	0, 14	0,2
Kfz-Schlosser	3, 1	0, 2	0, 06	0, 3	1,0
Berufe in spanender Metallverarbeitung (Dreher, Zerspaner)	13, 8	13, 4[2]	12, 1	11, 3	8,9
Werkzeugmacher/FA für Fertigungsmittel	11, 8	10	5, 6	4, 7	6,1
Elektro-Installateur	1, 6	0, 4	0, 23	0, 4	0,5
Tischler	4, 5	1, 6	3, 6	2, 6	2,6
Maurer	1, 6	0, 4	0, 1	0, 03	0,02
Maler, Lackierer	7, 2	8, 0	3, 5	4, 1	5,1
Feinmechanik/ Optik, Feinwerktechnische Berufe	51, 5	32, 5	64, 0	59, 5	53,0
Landwirt, Agrotechniker	16, 3	11, 2	19, 1	10, 3	8,3
Tierwirt, Zootechniker	76, 1	67, 8	74, 8	76, 3	75,5

1 In der Berufsbildungsstatistik 1992 wird diese Berufsgruppe als Schlosser bezeichnet
2 hier nur Dreher

Eine Stichprobenbefragung an berufsbildenden Schulen in Sachsen-Anhalt widerspiegelt eindeutig die geschlechtstypische Aufteilung auf die Ausbildungsberufe.

Tabelle 8
Differenzierung von Auszubildenden nach Berufsgruppen
Aufgliederung nach dem Geschlecht

Beruf	gesamt		Männer		Frauen	
	absolut	in %	absolut	in %	absolut	in %
Ökonom	24	100	13	54,2	11	45,8
Verkäufer	30	100	3	10,0	27	90,0
Elektriker	171	100	152	88,9	16	9,1
Klempner	50	100	48	96,0	2	4,0
Mechaniker/Schlosser	102	100	95	93,2	7	6,9
Autoschlosser	16	100	15	91,2	1	6,9
Maler	64	100	62	96,9	2	3,1
technische Zeichner	90	100	23	25,5	67	74,5
Vermessungstechniker	152	100	110	72,4	42	27,6

Es stellt sich damit die Frage, warum Mädchen in so geringem Maße in den technik-orientierten Berufen zu finden sind, obwohl das Interesse der Frauen für Technik und technische Fragen in den neuen Bundesländern bei den Frauen wesentlich stärker ausgeprägt ist, als in den alten Bundesländern (Faulstich-Wieland 1993, S.113).

Tabelle 9
Interesse für Technik und technische Fragen, Basis 16 bis 59jährige Frauen
n = 3001, Quelle:* freundin-*Studie "Frauenwelten1" 1992/93

	sehr bis etwas interessiert		kaum bis gar nicht interessiert	
	west	ost	west	ost
Interesse für Technik oder technische Fragen	38,7	58,0	61,3	41,7

Bei Betrachtung dieses Ergebnisses scheint es nicht mangelndes Interesse zu sein, was die Frauen abhält, einen technikorientierten Beruf zu ergreifen. Die Ursache kann nicht darin liegen, daß z. B. Mathematik als wichtige Grundlage für technik-orientierte Berufe von Mädchen abgelehnt wird. Neueste Untersuchungen in Gymnasien zeigen, daß bei 42,1 % Mädchen und 57,4 % Jungen Mathematik eines der Lieblingsfächer ist (Gräfe/Hölzler, 1996, S. 52). Nach Meinung von 65 % der GymnasiastInnen sind mathematisch-orientierte Berufe gleichermaßen für Jungen und Mädchen geeignet (Gräfe/Hölzler, S. 51). Warum gehen aber die Zahlen der weiblichen Studierenden in technischen Disziplinen zurück? "Nur noch 12 % der Studierenden in den Technikwissenschaften sind Mädchen" (Volksstimme 1996). Dafür gibt es mehrere Gründe. Aus Befragungen von Abiturienten des Jahres 1994 geht hervor, daß der Anteil derjenigen, die überhaupt ein Studium aufnehmen wollen, in der Tendenz rückläufig ist. Bei den Abiturienten mit der allgemeinen oder fachgebundenen Hochschulreife waren es nur 59,8 % und bei denen mit Fachhochschulreife 65,4 %, die ein Studium aufnehmen wollten (Statistisches Landesamt, Juli 1994). Tabelle 11 zeigt die Verteilung der studienwilligen Abiturienten auf die angestrebten Fächergruppen in Sachsen-Anhalt von 1991 bis 1994 (Statistisches Landesamt 1994, S. 6).

Tabelle 10
Studienwillige Abiturienten in Sachsen-Anhalt,
Anteile der angestrebten Fächergruppen in den Jahren 1991,1992,1993 u.1994

Fächergruppe	Geschlecht	Studienwillige Abiturienten mit allgemeiner und fachgebundener Hochschulreife				Studienwillige Abiturienten mit Fachhochschulreife			
		Anteil der Fächergruppe an den studienwilligen Abiturienten in %							
		1991	1992	1993	1994	1991	1992	1993	1994
Sprach-/Kulturwissenschaft	männlich	6,3	6,6	4,9	5,2	-	-	1,3	
	weiblich	23,0	15,2	13,5	17,7	-	-	1,2	4,7
	zusammen	14,3	10,6	9,6	12,7	-	-	1,2	2,1
Sport	männlich	1,1	1,0	0,5	-	-	-	-	-
	weiblich	0,9	0,9	0,5	-	-	-	-	-
	zusammen	1,0	0,9	0,5	-	-	-	-	-
Rechts-/Wirtschafts-/ Sozialwissenschaften	Männlich	33,0	30,8	34,8	10,6	-	24,6	23,0	3,9
	weiblich	40,2	40,1	40,5	20,4	-	50,0	56,5	19,7
	zusammen	36,5	35,1	37,9	16,5	-	29,3	34,7	11,0
Mathematik/Naturwissenschaft	männlich	14,6	14,7	14,5	22,8	-	8,2	8,1	10,9
	weiblich	8,6	7,9	7,4	15,3	-	7,1	4,7	26,8
	zusammen	11,7	11,5	10,6	18,3	-	8,0	6,9	18,0
Humanmedizin	männlich	6,9	3,5	3,9	2,0	-	-	-	-
	weiblich	10,4	8,8	7,7	0,7	-	-	-	-
	zusammen	8,6	6,0	5,9	1,2	-	-	-	-
Veterinärmedizin	Männlich	0,5	0,1	0,2	0,7	-	-	-	-
	weiblich	1,0	0,4	0,3	2,4	-	-	-	-
	zusammen	0,8	o,2	0,3	1,7	-	-	-	-
Agrar-/Forst-/Ernährungswissenschaften	Männlich	0,9	2,9	1,0	1,2	-	4,9	4,4	0,6
	weiblich	1,4	4,3	2,0	1,6	-	-	4,7	-
	zusammen	1,1	3,6	1,6	1,4	-	4,0	4,5	0,4
Ingenieurwissenschaften	Männlich	33,0	32,4	24,4	4,4	-	58,2	46,9	-
	weiblich	8,5	8,9	7,8	7,7	-	35,7	9,4	-
	zusammen	21,2	21,5	15,8	6,4	-	54,0	33,9	-
Kunst/Kunstwissenschaften	männlich	1,9	2,0	3,8	1,4	-	-	1,3	4,5
	weiblich	4,6	6,3	5,5	2,9	-	-	3,5	2,4
	zusammen	3,2	4,0	4,7	2,3	-	-	2,1	3,5
ohne Angabe	männlich	1,8	6,0	11,0	51,7	-	4,1	15,0	80,1
	weiblich	1,4	7,2	14,8	31,3	-	7,2	20,0	46,4
	zusammen	1,6	6,6	13,1	39,5	-	4,7	16,7	65,0

Bedingt durch die aktuelle Arbeitsmarktsituation in Sachsen-Anhalt ist der Anteil derjenigen Abiturienten relativ hoch, die keine Fachrichtung angeben. Die allgemeine Tendenz, kein Studium in technikorientierten Studienfächern zu wählen , ist auch an der Universität Magdeburg erkennbar.

Tabelle 11
Studentenzahlen in technischen Disziplinen Universität Magdeburg differenziert nach dem Geschlecht von 1993 bis 1995

Fachrichtung	1993 gesamt	1993 davon weiblich	1993 in %	1994 gesamt	1994 davon weiblich	1994 in %	1995 gesamt	1995 davon weiblich	1995 in %
Maschinenbau	1414	160	11,3	865	90	10,4	710	74	10,4
Elektrotechnik	463	12	2,6	348	6	1,7	303	9	2,9
Wirtschaftsingenieurwesen Maschinenbau	95	17	17,9	48	3	6,3	59	6	10,0
Maschinenbau Köthen	85	11	12,9	53	7	13,2	10	-	-
Verfahrenstechnik Köthen	75	28	37,3	42	11	23,4	6	-	-
Lebensmitteltechnologie/ Biotechnologie	132	68	51,5	88	41	45,5	26	5	19,2
Informatik	298	39	13,1	276	37	13,4	268	27	10,1
Informatik Bernburg	17	8	47,1	9	2	22,2	-	-	-
Wirtschaftsingenieurwesen Produktionstechnik	-	-	-	59	15	25,4	52	12	23,1
Berufschullehrer/in Maschinenbau	67	23	34,3	45	15	33,3	23	7	30,4
Berufschullehrer/in Elektrotechnik	6	1	16,6	8	1	12,5	7	1	14,3
Wirtschaftsingenieurwesen Elektrotechnik	-	-	-	14	-	-	26	-	-
gesamt Technik	**2652**	**367**	**13,8**	**1855**	**228**	**12,3**	**1490**	**141**	**9,5**
BWl	1020	466	45,7	908	382	42,1	865	364	42,1
VWL	20	7	35,0	31	13	41,9	34	15	44,1
gesamt Wiwi	**1040**	**473**	**45,5**	**939**	**395**	**42,1**	**899**	**379**	**42,2**

Ein großer Teil der Abiturienten sieht wenig Chancen auf dem Arbeitsmarkt nach Absolvierung eines Studiums. Besonders deutlich ist dies bei Frauen. Sie meinen zunehmend, weniger Chancen bei der Besetzung von Arbeits- und Ausbildungsplätzen zu haben. 60 % der SchülerInnen sind der Auffassung, Mädchen haben nicht die gleichen Chancen wie Jungen, einen Beruf zu erlernen und auszuüben. Die neuen Freiheiten hinsichtlich des Berufswahlprozesses - ohne staatlichen Druck den gewünschten Beruf erlernen zu können - wird, wenn auch auf andere Art und Weise, wieder durch gesellschaftliche Einflüsse unmöglich.

Widergespiegelt werden die gesellschaftlichen Einflüsse auch in den Berufswünschen der SchülerInnen. Es wurden **2.156** SchülerInnen der Altersgruppe 15 bis 18 Jahre an Haupt- und Realschulen sowie Gymnasien nach Berufswünschen befragt.

Im Rahmen der Untersuchung wollten wir wissen,

- welchen Berufswunsch haben Jugendliche,
- wer beeinflußt die Jugendlichen bei der Wahl des Berufes,
- seit wann besteht dieser Berufswunsch,
- inwieweit die Jugendlichen über den Beruf, den sie erlernen wollen, informiert sind,
- wie die Möglichkeiten eingeschätzt werden, den Berufswunsch realisieren zu können,
- ob es für Mädchen und Jungen die gleichen Chancen bei der Berufswahl gibt,
- welche Motive es dafür gibt, gerade diesen Beruf zu wählen.

Tabelle 12
Anzahl der befragten Schülerinnen und Schüler der allgemeinbildenden Schulen in Sachsen-Anhalt nach Schultypen:

Schultyp	unter 16 Jahre				16- unter 17 Jahre				17 u. älter Jahre					
	männlich		weiblich		männlich		weiblich		männlich		weiblich		gesamt	
	abs	in %	abs	in %	abs	in %	abs	in %	abs	in %	abs	in %	abs	in %
Gymnasium	118	11	185	17	129	12	233	21	139	13	283	26	1067	100
Realschule	260	24	293	27	191	18	240	22	47	4	39	3	1070	100
Hauptschule	33	28	32	28	24	20	15	12	12	10	3	2	119	100

Der erste Schritt zur Auswertung der Untersuchung bestand darin, eine Analyse der Berufswünsche vorzunehmen. Die Tabelle 14 weist den ersten Berufswunsch der Jugendlichen aus.

Berufswünsche von Gymnasiasten - männlich -

Berufe	Jungen absolut	in Prozent
Ingenieur	66	17,0
Ökonom	40	10,3
Jurist/Steuerb.	26	6,7
Soldat/Marine	26	6,7
Datenverarbeitung	26	6,7
Designer	19	4,9
Mediziner/Tierarzt	15	3,8
Beamter	11	2,8
Pilot/Astronaut	10	2,8
Elektriker/Elektroniker	10	2,8
Autoschlosser	8	2,1
Gärtner/Landwirt	7	1,8
Hoch-/Tiefbau	7	1,8
Lehrer/Sozialarbeiter	5	1,3
Pharmazeut	5	1,3
Mechaniker/Schlosser	5	1,3
Maurer	4	1,0
Verkäufer/öffent.Dienst	3	0,8
techn. Zeichner	3	0,8
Sportler	3	0,8
Fliesenleg./Trockenleger	2	0,5
Klempner	2	0,5
Tischler/Zimmermann	2	0,5
Kraftfahrer	2	0,5
Hebamme/Krankenpflege	1	0,2
Psychologe	1	0,2
Werbefachmann	1	0,2
Dachdecker	1	0,2
Eisenbahner	1	0,2
weiß nicht	46	11,8
gesamt	**389**	

Berufswünsche von Gymnasiasten - weiblich -

Berufe	Frauen absolut	in Prozent
Ökonomin	94	13,8
Ingenieurin	93	13,6
Hebamme/Krankenpflegerin	62	9,1
Juristin/Steuerberaterin	60	8,8
Designerin	59	8,6
Medizinerin/Tierärztin	56	8,2
Lehrerin/Sozialarbeiterin	50	7,3
Psychologin	35	5,1
Pharmazeutin	16	2,3
Soldatin/Marine	15	2,2
Beamtin	14	2,1
Verkäuferin/öffent.Dienst	11	1,6
Werbefachfrau	10	1,5
Pilotin/Astronautin	5	0,7
Gärtnerin/Landwirtin	3	0,4
Friseurin/Kosmetikerin	3	0,4
Datenverarbeitung	2	0,3
technische Zeichnerin	2	0,3
Optikerin	2	0,3
Glaserin/Steinmetzin	2	0,3
Elektrikerin/Elektronikerin	1	0,2
Mechanikerin/Schlosserin	1	0,2
Sportlerin	1	0,2
Malerin/Lackiererin	1	0,2
Fliesenleg./Trockenlegerin	1	0,2
weiß nicht	48	11,8
gesamt	**681**	

Berufswünsche von Realschülern - männlich

	männlich absolut	in Prozent
Autoschlosser	65	12,8
Ökonom	53	10,5
Tischler/Zimmermann	42	8,3
Maurer	41	8,1
Elektriker/Elektroniker	34	6,7
Soldat/Marine	30	5,9
Fliesenleg./Trockenleger	22	4,3
Mechaniker/Schlosser	22	4,3
Klempner	19	3,8
Datenverarbeitung	14	2,8
Koch	14	2,8
Dachdecker	13	2,6
Architekt	11	2,2
Ingenieur	10	2,0
Maler/Lackierer	10	2,0
Hebamme/Krankenpfleger	9	1,8
Hoch-/Tiefbau	8	1,6
Gärtner/Landwirt	7	1,4
Bäcker/ Fleischer	6	1,2
Pilot/Astron.	6	1,2
Lehrer/Sozialarbeiter	6	1,2
Verkäufer/öffent.Dienst	5	1,0
Sportler	5	1,0
Werbefachmann	4	0,8
Eisenbahner	3	0,6
Mediziner/Tierarzt	3	0,6
techn. Zeichner	3	0,6
Designer	3	0,6
Jurist/Steuerb.	3	0,6
Beamter	2	0,4
Kraftfahrer	2	0,4
Pharmazeut	2	0,4
Schweißer	1	0,2
Friseur/Kosmetik	1	0,2
Glaser/Steinmetz	1	0,2
weiß nicht	26	5,1
gesamt absolut	**506**	

Berufswünsche von Realschülern - weiblich -

	weiblich absolut	in Prozent
Hebamme/Krankenpflegerin	155	26,9
Ökonomin	138	23,9
Friseurin/Kosmetikerin	38	6,5
Juristin/Steuerberaterin	30	5,2
Designerin	27	4,7
Verkäuferin/öffent.Dienst	24	4,2
Soldatin/Marine	23	4,0
Gärtnerin/Landwirtin	21	3,6
Lehrerin/Sozialarbeiterin	19	3,3
Pharmazeutin	12	2,1
Ingenieurin	10	1,8
Medizinerin/Tierärztin	9	1,5
Bäckerin/ Fleischerin	8	1,4
technische Zeichnerin	6	1,1
Köchin	6	1,1
Autoschlosserin	5	0,9
Werbefachfrau	5	0,9
Mechanikerin/Schlosserin	4	0,7
Beamtin	3	0,5
Datenverarbeitung	3	0,5
Kraftfahrerin	3	0,5
Elektrikerin/Elektronikerin	2	0,3
Psychologin	2	0,3
Architektin	2	0,3
Malerin/Lackiererin	1	0,2
Eisenbahnerin	1	0,2
weiß nicht	20	3,5
gesamt-absolut	**577**	

Berufswünsche von Hauptschülern - männlich -

	männlich absolut	in Prozent
Maurer	19	26,5
Maler/ Lackierer	8	11,7
Autoschlosser	6	8,8
Bäcker/ Fleischer	5	7,3
Dachdecker	4	5,9
Tischler/Zimmermann	3	4,4
Fliesenleg./Trockenleger	3	4,4
Soldat/Marine	3	4,4
Elektriker/Elektroniker	2	2,9
Klempner	2	2,9
Gärtner/Landwirt	2	2,9
Kraftfahrer	2	2,9
Koch	2	2,9
Verkäufer/öffent.Dienst	1	1,5
Mechaniker/Schlosser	1	1,5
Mediziner/Tierarzt	1	1,5
Hebamme/Krankenpfleger	1	1,5
weiß nicht	3	4,4
gesamt-absolut	**68**	

Berufswünsche von Hauptschülern - weiblich

	weiblich absolut	in Prozent
Hebamme/Krankenpflegerin	13	26,5
Friseurin/Kosmetikerin	7	14,3
Lehrerin/Sozialarbeiterin	6	12,2
Gärtnerin/Landwirtin	5	10,2
Verkäuferin/öffent.Dienst	4	8,2
Ökonomin	3	6,1
Malerin/Lackiererin	2	4,1
Köchin	2	4,1
Elektrikerin/Elektronikerin	1	2,0
Autoschlosserin	1	2,0
Pilotin/Astronautin	1	2,0
Soldatin/Marine	1	2,0
Medizinerin/Tierärztin	1	2,0
Optikerin	1	2,0
weiß nicht	1	2,0
gesamt-absolut	**49**	

An diesen Ergebnissen wird deutlich, daß die "freie" Berufswahl auf typisch "männliche" und "weibliche" Berufe orientiert ist. Warum Jugendliche sich so entscheiden, hängt von vielfältigen Faktoren ab. Ein wichtiger Einflußfaktor ist die Information über Berufsperspektiven, Interessantheitsgrad und Einsatzchancen. Woher bekommen Jugendliche ihre Informationen? Etwa ein Drittel aller befragten Schülerinnen und Schüler gaben an, daß sie die entscheidenden Informationen über den künftigen Beruf von den Eltern bekommen. Außerdem gaben die Jugendlichen an, ihre Informationen über den künftigen Beruf aus der Zeitung, dem Fernsehen und Büchern zu erhalten.

Tabelle 13
Informationen über den Wunschberuf (Angaben in Prozent)

Schultyp	Informationen durch die Eltern		Informationen durch Zeitung, Fernsehen und Bücher	
	Jungen	Mädchen	Jungen	Mädchen
Gymnasium	35,2	36,9	41,9	50,4
Hauptschule	29,0	36,0	28,9	28,0
Realschule	38,2	28,9	31,3	34,2

Die Vielfalt an Informationen in Presse, Fernsehen und Rundfunk vermitteln den Jugendlichen Erfahrungen über Probleme auf dem Arbeitsmarkt. Zusätzlich kommen die Erfahrungen aus dem eigenen Elternhaus. Viele Eltern sind bereits mit Arbeitslosigkeit konfrontiert worden. Dies kann in dem Berufsfindungsprozeß der Jugendlichen nicht ohne Einfluß bleiben. Aus unserer Untersuchung wird erkennbar, daß 7,1 % der Väter und 14,5 % der Mütter gegenwärtig arbeitslos sind. Dabei muß hervorgehoben werden, daß der Anteil der arbeitslosen Eltern bei den Hauptschülern erheblich höher ist als bei den Gymnasiasten. Dies ergibt sich daraus, daß - wie auch andere Untersuchungen bestätigen - der Anteil der Schüler, deren Eltern einen Hoch- bzw. Fachschulabschluß besitzen, in den einzelnen Schultypen unterschiedlich ist. So hatten in unserer Stichprobe 75 % der Väter und 64 % der Mütter von Gymnasiasten, 44 % der Väter und 40 % der Mütter bei den Realschülern und 4 % der Väter und 8,6 % der Mütter bei den Hauptschülern einen Hoch- bzw. Fachschulabschluß. Da der Anteil der befragten Hauptschüler in unserer Untersuchung niedriger war als bei den anderen beiden Schultypen, ist der Durchschnittswert durch diese Personengruppe im Vergleich zur Arbeitslosenquote in Sachsen-Anhalt - bedingt durch das Auswahlverfahren - verfälscht.

Tabelle 14
Anteil der arbeitslosen Eltern bei den befragten Schülern

	alle Befragten	Gymnasialschüler		Realschüler		Hauptschüler		gesamt Arbeitslose	
Eltern	Anzahl	absolut	in %	absolut	in %	absolut	in %	absolut	in %
Vater	2.133	67	6,5	72	7,2	12	10,1	151	7,1
Mutter	2.237	99	9,3	192	17,8	33	27,7	324	14,5

Der Beitrag der Eltern zur Berufsberatung ist eng verbunden mit der sozialen Funktion der Familie bei der Sozialisation des Individuums in die Gesellschaft. Das gesamte familiale und häusliche Milieu, die Vorbildwirkung der Eltern, der Beruf und die Qualifikation der Eltern, aber auch Wertvorstellungen und anerzogene Verhaltensnormen sind Faktoren, die bei der

Berufsentscheidung der Jugendlichen eine gewichtige Rolle spielen. Das differenzierte Wirken der Eltern beruht u. a. darin:

- sich erforderliche Informationen über Berufseinsatz und Entwicklungsmöglichkeiten zu beschaffen,
- eigene Berufserfahrungen in den Berufsfindungsprozeß der Kinder einbringen zu können,
- bei der Beschaffung von Ausbildungs- bzw. Arbeitsplätzen direkt Einfluß nehmen zu können (Übergabe des eigenen Betriebes, Kontakte zu Unternehmen, Verwandtschaftsbeziehungen.

Um also Fehler bei der Berufswahl zu vermeiden, sind die Informationen der Eltern über die konkreten Bedingungen der Berufstätigkeit und die Chancen auf dem Arbeitsmarkt , die an die Kinder weitergegeben werden, von großer Wichtigkeit. Deutlich wird, daß der Einfluß der Eltern mit dem Lebensalter bzw. dem Berufsverlauf der Kinder abnimmt. Während die befragten Schüler angeben, daß ihre Berufswahl zu 75 % durch ihre Eltern beeinflußt wird, waren es bei den befragten Ingenieurinnen 43,6 %, deren Eltern einen großen Einfluß auf die Wahl der entsprechenden Studienrichtung hatten. Nur 14,5 % meinten, die Eltern hätten keinen Einfluß bei der Wahl der Studienrichtung gehabt. In höherem Maße gaben Ingenieurinnen an, von ihren Eltern beeinflußt zu werden, wenn sie vor dem Studium keinen Beruf erlernt hatten. Stark abhängig ist der elterliche Einfluß vom Bildungsgrad der Eltern. Dies zeigte sich vor allem bei der Befragung von Auszubildenden. Kinder, deren Eltern einen Hochschulabschluß haben, wurden in höherem Maße durch ihre Eltern auf den jetzigen Beruf orientiert. Nahezu die Hälfte aller befragten Auszubildenden äußerten sich dahingehend, daß sie von den Eltern wichtige Informationen erhalten haben. Offensichtlich wurde auch, daß Mädchen stärker von ihren Eltern beeinflußt werden als Jungen. 32% der auszubildenden Mädchen und 25 % der Jungen gaben die Eltern an als diejenigen, die den stärksten Einfluß auf die Berufswahl hatten. Letztlich wurde die Wahl des Berufes durch das Lehrstellenangebot (18,8 %) und die Zukunftschancen (16,2%) beeinflußt.

Die große Bedeutung der Berufsberatung wird daran deutlich, daß sich 36,6 % aller Auszubildenen durch den Berufsberater umfassend informiert fühlten. Fast die Hälfte aller befragten Auszubildenden gab an, den Berufswunsch erst nach der Berufsberatung zum Zeitpunkt der Bewerbung gehabt zu haben.

Ein nicht zu unterschätzender Einfluß auf die Berufswahl ist auch die individuelle Lebensplanung. Wie aus vielen Untersuchungen bei Jugendlichen (Auszubildende und Studierende) hervorgeht, wollen nahezu 90 % der Mädchen und Frauen Kinder haben (Hölzler, 1995). Dies zwingt die weiblichen Jugendlichen zu einem frühen Zeitpunkt darüber nachzudenken, wie es künftig möglich ist, Berufstätigkeit und Mutterschaft zu vereinbaren. Da die Anforderungen in den technikorientierten Berufen vorrangig durch Männer bestimmt werden (z. B. Vollzeitbeschäftigung und Überstunden) , ist eine Vereinbarkeit von Familie und Beruf kaum möglich. Anders dagegen als Verkäuferin, Arzthelferin oder Sekretärin, dort sind Teilzeitjobs möglich, teilweise sogar angestrebt.

Zusammenfassend läßt sich zur 2. Hypothese feststellen, daß die Berufswahl der Jugendlichen stark von den Zukunftschancen, der Arbeitsmarktlage und den individuellen Lebensvorstellungen beeinflußt wird. Auch die hohe Arbeitslosenrate der Eltern hat ohne Zweifel Einfluß auf das Berufswahlverhalten. Bei den Eltern führt Arbeitslosigkeit oft zu Unsicherheiten bei der Einflußnahme auf die Jugendlichen, daher spielt der Berufsberater eine erhebliche Rolle in dem Berufsfindungsprozeß. Nicht eindeutig läßt sich aus den bisherigen Untersuchungen entnehmen, inwieweit die Vorbildrolle der Mütter das Berufswahlverhalten der Kinder - insbesondere der Mädchen - beeinflußt.

Abschließend ergibt sich aus den bisherigen Untersuchungen, daß

1. für einen großen Teil der weiblichen Berufstätigen mit der Wende ein Wandel im Lebensweg notwendig wurde. Arbeitslosigkeit und Beschäftigungswechsel wirken sich auf die ökonomische Unabhängigkeit der Frauen aus und beeinflussen dadurch das Partnerschaftsverhältnis in der Familie.
2. der gewachsene individuelle Verhaltensspielraum bei der Berufswahl durch Wahlfreiheit zugenommen hat. Gleichzeitig werden aber durch ökonomische Entscheidungszwänge Grenzen für individuelles Handeln gesetzt. Die Auswirkungen vor allem auf den Lebensweg der Jugendlichen und damit auch auf die Situation in der Herkunftsfamilie sind unübersehbar.
3. bei den weiblichen Jugendlichen in hohem Maße eine Verunsicherung bezüglich ihrer Lebensplanung auftritt. Damit sind auch Konsequenzen hinsichtlich der Gründung einer eigenen Familie und der Geburt von Kindern verbunden.

In den folgenden Jahren wird es daher darauf ankommen, sowohl in der Schule, den Berufsinformationszentren der Arbeitsämter als auch in den Medien, Mädchen verstärkt darüber aufzuklären, daß sie ihre Chancen nicht "verschlafen" dürfen, um an den Schalthebeln der Gesellschaft mitwirken zu können. Dazu gehört, daß die Frauen neue Ideen einbringen, die zu einer humaneren und umweltfreundlicheren Konzeption und Ausgestaltung von Technik beitragen. Mädchen und Frauen in technikorientierte Berufe zu lenken, setzt eine zielgerichtete Arbeit zur Veränderung der Einstellung der Mädchen zur Technik voraus. Die Geschlechtersymbolisierungen, die bewirken, daß Technik als "männlich" angesehen wird, wurden in der DDR nur geringfügig aufgelöst. Es konnte in vierzig Jahren DDR-Entwicklung nicht erreicht werden, daß sich Frauen so stark mit technik-orientierten Berufen identifizieren, daß sie heute den Kampf um diese Arbeitsplätze aufnehmen können.

Literaturangaben

Arbeitsmarktmonitor des Landes Sachsen-Anhalt 1994, Hrsg. Ministeirum für Arbeit, Soziales und Gesundheit des Landes Sachsen-Anhalt

Beck, U. Risikogesellschaft, Auf dem Weg in eine andere Moderne, Suhrkamp Verlag Frankfurt (M) 1986

Bertram, B. Geschlechtstypisches zu Arbeitseinstellungen und beruflichem Engagement junger Werktätiger in Informationen des wissenschaftlichen Rates:Die Frau in der sozialistischen Gesellschaft, Berlin (Ost) 1986

BMBF Berufsbildungsbericht 1995

Chalberny, A. Initiative geben Frauen neue Impulse in : Informationen für die Beratungs- und Vermittlungsdienste der Bundesanstalt für Arbeit, Nürnberg 52/1994

Berufsbildungsstatistik des Statistischen Landesamtes Sachsen-Anhalt von 1985 bis 1994

Engelbrech, G. Frauenerwerbslosigkeit in den neuen Bundesländern, Folgen und Auswege in Beilage zur Wochenzeitung Das Parlament B6/1994 v. 11.2.1994

Faulstich-Wieland,H. Frauen und Technik : Ein neues Verständnis in : Frauenwelten Econ Verlag 1993

Frauenreport 1990, Berlin (Ost) 1990

Gräfe,H./Hölzler, I. Rolle der Frau in der Mathematik vor und nach der Wende, Abschlußbericht, Fakultät für Mathematik, 1996

Hallisches Tageblatt vom 21.9.1993, Halle

Hölzler,I/Mächler,H. Sozialreport des Landes Sachsen - 1992, Magdeburg 1993

Schäfgen,K. /Rosendorfer, T. Geschlechtsspezifische Differenzierung des Arbeitsmarktes in Sachsen-Anhalt und Auswirkungen auf die Familie in Arbeitsmarktforschung für Sachsen-Anhalt - neue Ergebnisse 1994, Hrsg. Ministerium für Arbeit, Soziales und Gesundheit des Landes Sachsen-Anhalt

Sozialreport 1994, Daten und Fakten zur sozialen Lage in den neuen Bundesländern, Berlin 1994

Sozialreport 1995, Daten und Fakten zur sozialen Lage in den neuen Bundesländern, Berlin 1995

Vereinbarkeit von Familie und Arbeitswelt und Geschlechtsspezifische Differenzierung des Arbeitsmarktes in Sachsen-Anhalt, Sonderauswertung des Arbeitsmarktmonitors Sachsen-Anhalt, o.Jg.

Chancenentwicklung durch Vernetzung. Förderung des Berufseinstiegs und der Entwicklung längerfristiger Berufsperspektiven von Frauen in Naturwissenschaft und Technik – Projektvorstellung

Lydia Plöger

I Projektidee

Das Projekt des Interdisziplinären Frauenforschungs-Zentrums der Universität Bielefeld befaßt sich mit der spezifischen Situation von Frauen in Naturwissenschaft und Technik nach Abschluß des Studiums. Im Blickpunkt steht die Schnittstelle zwischen Qualifikation und Profession.

Es ist eine Diskrepanz zwischen dem Frauenanteil bei den Studienabschlüssen und dem Anteil der erwerbstätigen Naturwissenschaftlerinnen und Ingenieurinnen feststellbar. Für die geringe Präsenz von Frauen in Naturwissenschaft und Technik werden zumeist die Fachinhalte verantwortlich gemacht. Das Vorurteil, Frauen wären eher sprach- und weniger naturwissenschaftlich begabt, hat weiterhin Bestand. Studien belegen hingegen, daß zwischen weiblichen und männlichen Naturwissenschaftlern keine Begabungsunterschiede bestehen. So konstatierte Krawitz (1995), „daß für das Lösen mathematisch-naturwissenschaftlicher Probleme vor allem ein hohes Maß an allgemeiner Intelligenz notwendig ist". Frauen sind nicht weniger intelligent als Männer und somit ebenso für Naturwissenschaften geeignet.

Die seit einigen Jahren verstärkt unternommenen Bemühungen zur Erhöhung des Frauenanteils in der schulischen und betrieblichen Ausbildung und zur Verbesserung der Studien- und Arbeitsbedingungen im naturwissenschaftlich-technischen Bereich haben die bestehenden Unterschiede zwischen den Geschlechtern nur geringfügig verändern können. Auch die deutliche Abnahme der geschlechtsspezifischen Berufs- und Studienwahl und der enorme Zuwachs an Qualifikation verbesserte die Stellung von Frauen auf dem Arbeitsmarkt nur gering (Tietjen 1994).

Empirische Studien belegen, daß die Übergangsphase vom Bildungssystem in das Beschäftlgungssystem sich für Hochschulabsolventinnen schwieriger als für Absolventen gestaltet (Kahle/Schaeper 1992). Insgesamt, wie innerhalb der einzelnen Fächergruppen, sind Frauen länger arbeitssuchend und häufiger arbeitslos. Jüngere Untersuchungen nennen als Haupthindernisse bei der Realisierung der Berufswünsche von Frauen in Naturwissenschaft und Technik nicht mangelnde Fähigkeiten und Qualifikationen, sondern sogenannte 'soziale Filter', die als Barrieren beim Berufseinstieg sichtbar werden (Hengstenberg 1994).

Der Zugang von Frauen zu bestimmten Arbeitsbereichen und Positionen wird somit von vielen Faktoren und Akteuren beeinflußt. Von großer Bedeutung ist dabei die wechselnde quantitative und qualitative, gesellschaftliche und betriebliche Nachfrage nach der jeweiligen Qualifikation.

Vor diesem Hintergrund entwickelte sich die Idee, einen besonderen Schwerpunkt der Frauenförderung diesem Adressatinnenkreis zu widmen. Dabei konzentriert sich das Projekt zunächst auf die Schnittstelle zwischen Qualifikation und Profession, auf die Phase des Übergangs vom Bildungs- in das Beschäftigungssystem.

Das Projekt soll die Handlungskompetenz junger Frauen der Studienbereiche Natur- und

Ingenieurwissenschaften in der Berufseinstiegsphase fördern und auf regionaler, betrieblicher und strukturpolitischer Ebene Anstöße zur Förderung von Frauen geben.

Die Grundlage der Projektarbeit stellt die Ermittlung und Analyse der einzelbetrieblichen Förderangebotstruktur der Region Ostwestfalen-Lippe dar.

II Erhebung
Die Erhebung (1993) unter dem Titel „Der Berufszugang von Naturwissenschaftlerinnen und Ingenieurinnen zu regionalen Unternehmen - Angebote und Hemmnisse beim Berufsstart" wurde als schriftlich - postalische Befragung bei 2610 ostwestfälische Industrieunternehmen und Unternehmen, die sich mit EDV-Herstellung, Handel und EDV-Dienstleistungen befassen, durchgeführt. In die Auswertung wurden 494 Unternehmen einbezogen.

Die Erhebung sollte einen Überblick über die betriebliche Förderangebotsstruktur für die Berufseinstiegsphase geben und herausfinden, inwieweit betriebliche Frauenförderung bisher ein Thema in den Unternehmen ist. Bei der Erhebung ging es um Fragen zum Berufseinstieg für Hoch- und FachhochschulabsolventInnen der Studienfachbereiche Natur- und Ingenieurwissenschaften. Die Fragen bezogen sich neben den Firmendaten (Branchen, Betriebsgröße, Personalstand) auf Fragen zu bestehenden Kontakten (Fachbereich, Inhalt der Kontakte) zwischen Unternehmen und der Hochschule und/oder Fachhochschule, Fragen zu studienbegleitenden Förderangeboten (wie Informations-/Bildungsveranstaltungen, Praktika, Diplomarbeiten, Stipendien) für StudentInnen der Fachrichtungen Ingenieur- und Naturwissenschaften, Fragen zur Berufseinstiegsphase (Personalbeschaffung, Stellenausschreibungen, Einstellungskriterien, Personalentscheidungen, Einarbeitungsmaßnahmen, Weiterbildungsmaßnahmen), allgemeine Fragen zur Frauenförderung und auf Fragen zum betrieblichen Beratungsbedarf.

<u>Ein kleiner Ergebnisaufriß der Bestandsaufnahme</u>
Fragen zu studienbegleitenden Maßnahmen n=494

Bei der Frage nach studienbegleitenden Fördermaßnahmen ist auch nach Angeboten von Praktika gefragt worden, da Industriepraktika und praxisbezogene Projekte während des Studiums nicht nur die Entscheidung für ein Berufsfeld erleichtern, sondern auch als Brücke für die Berufspraxis angesehen werden. Die Frage war unterteilt in offerierte und angenommene Praktika. Zunächst ist feststellbar, daß mehr Praktika an FachhochschulabsoventInnen offeriert werden, 6,9% mehr für Studenten (gesamt 31,6%) und 5,8% mehr für Studentinnen (gesamt 28,7%) der Fachhochschulen. Für Studenten der Universitäten gab 24,7% und für Studentinnen 22,9% Praktikaangebote.

Das größere Angebot an FachhochschulabsolventInnen kann zum einen mit den Betriebsgrößen (in der Region gibt es zwei Drittel Klein- und Mittelbetriebe) und zum anderen mit der Branchenstruktur erklärt werden. Der Maschinenbau ist die zweitstärkste Branche in der Region Ostwestfalen-Lippe. Traditionell haben Maschinenbauunternehmen mehr Kontakte zu Fachhochschulen. Die Angebotshöhe zwischen Studenten und Studentinnen differiert nur gering. Im Universitätsbereich bekommen die Studentinnen 1,8% weniger Angebote und im Fachhochschulbereich sind es 2,9%.

In dem für Unternehmen unverbindlichen Bereich der Praktika haben die Studentinnen der Natur- und Ingenieurwissenschaften, im Vergleich zu den Studenten, noch relativ gute Chancen.

Fragen zu Einstellungskriterien
Die Angaben waren auf der Skala 1= sehr groß, 2= groß, 3= mittel, 4= gering, 5= sehr gering zu bewerten.

Tabelle 1:
n=494, Angaben in %

Einfluß	sehr groß	groß	mittel	gering	sehr gering	Summe
Teamfähigkeit	53	36	8	2	1	100
Kommunikation	48	38	10	2	2	100
Kreativität	43	39,5	13	2	2,5	100
EDV-Kenntnisse	29	34	24	7	6	100
Räum. Mobilität	26	31	27	7	9	100
Studiendauer	13	34	29	11	13	100
Praktika	13	25	34	12	15	100
Examensnote	10	32	42	10	6	100
Prak. eig. Betrieb	10	18	23	20	29	100
Alter	8	26	48	12	6	100
Sprachkenntnisse	8	20	35	21	16	100
Außeruni. Aktivit.	8	18	28	19	27	100
Geschlecht	6	7	30	20	37	100
Familienstand	5	11	28	17	39	100

Spitzenreiter unter den Einstellungskriterien sind mit Abstand Teamfähigkeit, Kommunikationsfähigkeit und Kreativität. Das Ergebnis deckt sich mit neueren Entwicklungen im Managagement, die verdeutlichen, daß gerade Kompetenzen wie Kommunikationsbereitschaft und Teamfähigkeit vermehrt nachgefragt werden. Denn die Enwicklung von umweltverträglicher und gesellschaftlich konsensfähiger Technologie erfordere, neben formalen Qualifikationen, diese sozialen Fähigkeiten, die insbesondere Frauen zugeschrieben werden. So paßt das Ergebnis gut zu der seit Jahren geführten Diskussion über neue Personalmanagementkonzepte (Engelbrech 1995). Krell (1996) weist daraufhin, daß die Aufwertung „der weiblichen Eigenschaften" in der Managementliteratur bisher noch nicht zu einer Erhöhung des Frauenanteils in hochqualifizierten Tätigkeitsfeldern geführt hat.

Fragen zu Personalentscheidungen n=494

Auf die Frage: Ist Ihr Unternehmen daran interessiert, bei gleicher Qualifikation insbesondere Bewerberinnen eine Chance zu geben?
haben 43% der Unternehmen mit ja geantwortet.
Daß Frauen unter anderen Konkurrenzbedingungen als Männer auf dem Arbeitsmarkt ihre Qualifikationen anbieten müssen, zeigen die Anworten der Unternehmen, die Bewerberinnen nicht besonders unterstützen wollen.
35% der Unternehmen gaben an: Ingenieurwissenschaften und Naturwissenschaften sind Männersache.
37% : Frauen kommen mit dem Klima in einem männlich geprägten Berufsfeld nicht zurecht.
36% : Frauen können nicht den vollen Einsatz in Führungspositionen erbringen, sie haben noch ihre Familienpflichten.
36% : Frauen können nicht im Ausland eingesetzt werden, sie werden von den dortigen Geschäftspartnern nicht akzeptiert.
21% : Frauen erhalten grundsätzlich die gleichen Chancen wie männliche Bewerber. Eine Bevorzugung halten sie nicht für gerechtfertigt.
31% : Für Frauen gibt es im ingenieur- und naturwissenschaftlichen Bereich nur verminderte Einsatzmöglichkeiten und 31% Unternehmen gaben an: Frauen verursachen insgesamt höhere Personalkosten.

Fragen zur Frauenförderung n=494

Obwohl 36% der Unternehmen der Meinung waren, daß qualifizierte Frauen einer betrieblichen Förderung bedürfen, ist Frauenförderung bisher nur in 9% der Firmen thematisiert worden. Vier Unternehmen gaben an, daß sie einen Frauenförderplan haben. Zwölf Unternehmen bieten Einzelmaßnahmen zur Frauenförderung an.
Frauenförderung ist offensichtlich bisher kein Thema in den Unternehmen, obwohl in dieser Region, im Vergleich zum Land, überproportinal viel weibliche Arbeiterinnen und Angestellte beschäftigt sind. „Die Zahl der weiblichen Angestellten ist höher als die Zahl männlicher Angestellter. Während im Landesdurchschnitt auf 100 Arbeiter 47 Arbeiterinnen kommen, sind es in Ostwestfalen-Lippe 57 Arbeiterinnen" (Strukturanalyse Ostwestfalen-Lippe 1992).

III Angebote für Studentinnen

Beim Übergang von der Hochschule in die Praxis erleben die jungen Naturwissenschaftlerinnen und Ingenieurinnen, daß sie trotz Fachkompetenz, starker Motivation und häufig besserer Examensnoten unter anderen Konkurrenzbedingungen als Männer ihre Arbeitskraft auf dem Arbeitsmarkt anbieten müssen: ihre Berufseinstiegschancen sind nicht nur von politischen, wirtschaftlichen und konjunkturellen Lagen, sondern auch von der geschlechtsspezifischen Zuweisung abhängig.

Die Studentinnen und Absolventinnen sind besonders gefordert, die Gestaltung ihrer Berufsplanung aktiv in die Hände zu nehmen.

Deshalb wurde mit Studentinnen und Absolventinnen der Studienbereiche Natur- und Ingenieurwissenschaften ein Konzept für ein berufspraktisches Kolloquium erarbeitet. In diesem Jahr wird ein Kolloquium zum dritten Mal unter dem Titel „Wir wollen nicht gefördert, wir wollen nur nicht gehindert werden" in der Universität Bielefeld durchgeführt. Ergänzt wird die Veranstaltung durch ein zweitägiges Bewerbungstraining.

Im Rahmen des Kolloquiums können sich die Studentinnen und Absolventinnen über mögliche Berufsfelder, Arbeitsanforderungen und Erfahrungen in der Berufseinstiegsphase informieren und darüberhinaus mit Expertinnen persönlich in Kontakt kommen.

Denn wie die Biologin Elsa Nickel (1994) feststellte, „wenn die Vorbilder fehlen, ist auch die Motivation geringer, solche Positionen überhaupt in den Bereich der Möglichkeiten einzubeziehen".

In den Veranstaltungen geht es u. a. um folgende Fragen:

- Kann frau eine Karriere planen?
- Welche Bedeutung hat die Diplomarbeit für den weiteren Berufsweg?
- Welchen Einfluß haben Industriepraktika auf Einstellungschancen?
- Gilt Engagement in universitären und außeruniversitären Gremien als Zusatzqualifikation?
- Wie lassen sich Kinder mit einer hochqualifizierten Berufstätigkeit vereinbaren?
- Schließt Teilzeitarbeit eine hochqualifizierte Berufstätigkeit aus?
- Welchen Nutzen hat Netzwerkarbeit für Frauen in Naturwissenschaft und Technik?
- Welchen Einfluß haben Arbeitsmarktsituation und Geschlecht auf Berufseinstiegschancen?

Im August 1996 wird eine Dokumentation über das zweite berufspraktische Kolloquium herausgegeben.

IV Kooperationen

Das Projekt war u. a. beteiligt an der Konstituierung des Arbeitskreises EUROWIN - European Women In Technology and Science an der Fachhochschule Bielefeld am 4. November 1993. Die Ziele des Arbeitskreises sind:

1. Herstellung eines fachlichen Diskurses zum Thema „Frauen in Technik und Naturwissenschaft" zwischen Fachhochschulen und Universitäten,
2. Koordinierung deutscher und europäischer Hochschulprojekte,
3. Bereitstellung fachlicher Unterstützung bei der Initiierung, Durchführung und Konsolidierung neuer (Forschungs-) Projekte,
4. Bildung eines Diskussionsforums für Frauenforscherinnen zu diesem Themenbereich, Austausch von Forschungsinhalten und -methoden.

Es war auch beteiligt an der Organisation und Durchführung der Regionalen ExpertInnentagung 'Hochqualifizierte Frauen in Naturwissenschaft- eine Chance für Ostwestfalen-Lippe?!', im Verbandshaus des Arbeitgeberbundes Gesamtmetall Bielefeld am 29. September 1994. Vertreter und Vertreterinnen von Wissenschaft, Verwaltung, Wirtschaft, Verbänden und der Bezirksregierung Detmold gingen u. a. der Frage nach, ob die Neubewertung der Arbeit - die Forderung nach mehr Kreativität, vernetzendem Denken, neuen Organisationsformen - Hochschulabsolventinnen aus Naturwissenschaft und Technik neue Chancen in heimischen Unternehmen eröffnet. Die Organisatorinnen der Tagung Dipl.-Soz. Lydia Plöger (Interdisziplinäres Frauenforschungs-Zentrum (IFF) Universität Bielefeld), Dipl.-Soz. Barbara Schwarze

(Fachhochschule Bielefeld), Dr. Martina Möller (Universität Gesamthochschule Paderborn), Marlies Pelster-Wend (Regionalstelle Frau und Beruf Bielefeld) kooperieren im Rahmen des Arbeitskreises EUROWIN.

Geplant ist eine Kooperation mit dem Projekt „Studierende und Wirtschaft" an der Universität Bielefeld. Das Projekt will sein Programm auch für StudentInnen der Fachbereiche Naturwissenschaften öffnen. Bisher wurden nur Studierende der Geistes- und Sozialwissenschaften angesprochen. Die Pilotphase läuft im Wintersemester 1996/97 an.
Das Projekt beteiligt sich an der Vorbereitung einer Schnupper-Uni für Oberstufenschülerinnen in den Fakultäten, Chemie (September 1996), Physik, Mathematik, Technische Fakultät (Sommer 1997) der Universität Bielefeld. In Planung ist die Erarbeitung eines Konzeptes für ein Mentorinnensystem, das zunächst regional erprobt werden soll.

Projektleitung: **Prof. Dr. Ursula Müller**, Geschäftsführende Leiterin des Interdisziplinären Frauenforschungs-Zentrums (IFF) der Universität Bielefeld
Wiss. Mitarbeiterin: **Dipl.-Soz. Lydia Plöger,** des IFFs der Universität Bielefeld

Literatur

Engelbrech, Gerhard: Total E-Quality Management: Ein Konzept zur Förderung der Chancengleichheit in der Arbeitswelt. In: ibv Nr. 51 vom 20. Dezember 1995

Hengstenberg, Heike: Vereinbaren, was unvereinbar scheint, Optionen innovativer Arbeitsgestaltung und Personalpolitik für Ingenieurinnen und Ingenieure. Berlin 1994

Kahle, Irene; Schaeper, Hildegard: Bildungswege von Frauen - Vom Abitur bis zum Berufseintritt. Ergebnisse einer Studie zu Bildungsbeteiligung und Bildungsverhalten im weiterführenden Bildungssystem der westdeutschen Länder. Hochschul-Information-System GmbH (HIS) Hannover 1992

Krawietz, Barbara: Begabung, Persönlichkeit und familiäre Sozialisation von Naturwissenschaftlerinnen. Ein empirischer Vergleich von Lehramtstudentinnen mit mathematisch-naturwissenschaftlichen und sprachwissenschaftlichen Fächern. Frankfurt am Main 1995

Krell, Gertraude: Quotierung überflüssig? In: Mitbestimmung 2/1996, S. 49

Molvaer, Janitha; Stein, Kira: Ingenieurin warum nicht? Berufsbild und Berufsmotivation von zukünftigen Ingenieurinnen und Ingenieuren. Ein interkultureller Vergleich. Frankfurt/Main; New York; 1994

Nickel, Elsa: Verwaltung-für Biologinnen ein Thema? In: Huber, Susanne/Rose Marina (Hrsg.): Frauenwege. Frauen in mathematisch- naturwissenschaftlichen und technischen Berufen. 1. Aufl. Mössingen Talheim; Talheim Verl 1994, S. 60

Schmitt, Bettina: Neue Wege - alte Barrieren. Beteiligungschancen von Frauen in der Informatik. Darmstadt, Technische Hochschule, Diss. 1993

Strukturanalyse Ostwestfalen-Lippe (Hg. Der Regierungspräsident Detmold): Stärken und Schwächen der Bevölkerungsentwicklung, des Arbeitsmarktes, der Wirtschaft und ausgewählter Infrastrukturbereiche. Detmold, Oktober 1992

Tietjen, Carmen: Ingenieurinnen: Innovationspotential oder Lückenbüßerinnen? In: Erlemann, Christiane u. a.: Frauen in natur- und ingenieurwissenschaftlichen Berufen - Von der Motivation für's Studium bis zur Berufstätigkeit. Abschlußtagung des Modellversuchs „Förderung von Studentinnen im Grundstudium in natur- und ingnieurwissenschaftlichen Fächern". Universität - Gesamthochschule Paderborn 1994

Welche Argumente sprechen dafür, welche dagegen, sich am Arbeitsplatz zu outen?

Protokoll zum Workshop: Lesben am Arbeitsplatz- Coming out?

Zusammenfassung der Wandzeitung:

Pro:

1.) Politischer Aspekt: Es kann ein Anspruch erfüllt werden, daran zu arbeiten, daß lesbische Lebensformen künftig in der Gesellschaft als normaler angesehen wird und offene Diskussionen möglich werden.

2.) Vergrößerung/Erweiterung des persönlichen Lebens-/Freiraumes: Wir sind weniger angreifbar, werden als ganze Person wahrgenommen, eine höhere Spontaneität ist möglich.

3.) Verhältnis zu den Kolleg/inn/en: Verbessert sich, da Grenzen klarer gesetzt werden können. Freundschaften werden erst möglich.

4.) Partnerin: Durch Beendigung der Verleugnung können Schuldgefühle der Partnerin gegenüber aufgelöst werden.

Kontra:

1.) Arbeitsplatzverlust

2.) Verhältnis zu den Kolleg/inn/en: Wir müssen erhöhte Neugier ertragen, müssen uns beständig erklären. Wir müssen mit Unverständnis der anderen umgehen.

3.) Diskriminierung: Wir werden über Sexualität definiert, werden auf verschiedenen Ebenen angefeindet oder auch bemitleidet.

4.) Karriere/Macht: Wir werden erpressbar, die Arbeit wird schlechter bewertet.

5.) Politischer Aspekt: Lesbischsein ist Privatsache und gehört nicht an der Arbeitsplatz

Zusammenfassung der Diskussion:

Viele halten es für notwendig, um für sich befriedigend leben zu können, aber auch um am Arbeitsplatz integer zu sein, sich dort zu outen. Es gab positive und negative Erfahrungsberichte, nach denen Lesben sich gegenüber Kolleginnen und Kollegen geoutet haben. Gründe in dieser Unterschiedlichkeit der Erfahrungen liegen in den Bedingungen am Arbeitsplatz. Ob ein Coming out erfolgreich ist, hängt z. B. vom Verhältnis zu Kolleg/inn/en, Chef/s/innen ab, davon, ob Konkurrenzverhältnisse bestehen und auch von der Tätigkeitsbranche (besonders schwierig im außerakademischen Technikbereich?).

Viele Ängste vor dem Coming out wurden als sehr unterschiedlich real eingestuft. So z. B. beim Thema „Erpressbarkeit". Es bestand die Angst, erst durch das Coming out erpressbar zu sein, z. B. in Bezug auf Karrieresprünge. Genau das Gegenteil kann aber auch der Fall sein: wenn wir uns nicht klar ausdrücken, werden wir erst erpressbar. Wie gehen wir mit den Ängsten der anderen Heteras/Heteros um? Sollen wir darauf Rücksicht nehmen? Sollen wir versuchen, immer wieder „Lerneffekte" bei anderen hervorzurufen und unsere Lebensform häppchenweise und verdaulich zu verabreichen oder sollen wir einfach frisch von der Leber weg reden, auch wenn es möglich ist, daß andere nicht damit umgehen können?

Wie verhält sich unser Lesbischsein zu unserem Feministischsein ?
(daß das Eine in verbindung mit dem Anderen steht, wurde nicht angezweifelt)
Auch als Feministinnen outen wir uns am Arbeitsplatz. Dies wird von vielen Lesben aber als

eine andere Qualität empfunden und oft als einfacher. Z. B.: sich als Lesbe zu outen, hat persönlichere Qualität; unser Verhalten läßt uns als Feministin erscheinen, aber noch lange nicht als Lesbe (Diskussion um das große I); nur wo wir uns positiv als Feministin outen konnten, ziehen wir in Erwägung, uns auch als Lesbe zu outen.

In diesem Punkt gab es sehr gegensätzliche Positionen:

- Wenn ich feministsch Inhalte vermitteln will, sollte ich mich besser nicht als Lesbe outen, sonst nimmt mich niemand ernst.
- Mit lesbischer Identität biete ich eine annehmbare Begründung für das Vertreten von feministischen (auch lesbischen) Inhalten und werde dadurch eher akzeptiert.

Fazit:

- Wir Lesben sollten uns sehr genau und differenziert unsere Ängste anschauen und entscheiden, welche real sind und welche eventuell übertriebene Panikreaktionen sind.
- Wie definieren wir uns? Nicht wir haben das Problem, sondern die Nichtlesben. Dieses Bewußtsein gibt uns eine sicherere Position.
- Coming out ist ein Prozeß im Umgang mit anderen, der irgendwann beginnt und dann immer weitergeht. Er erfordert Kompromisse, aber auch klare Abgrenzungen.

Weiterbildung von arbeitslosen Ingenieurinnen in den neuen Bundesländern

Katharina Trippler

Anmerkungen zum Vortrag und zur Studie

In Kürze beginnt in Ilmenau eine Weiterbildungsmaßnahme für arbeitslose Akademikerinnen auf medientechnischem Gebiet. Die Maßnahme wird in Kooperation mit der Technischen Universität Ilmenau (Studiengang Medientechnik unter Leitung von Dr. H.-P. Schade), dem LEONARDO-Büro (Leitung Dr. F. March) und transnationalen Partnern in den Niederlanden und in England durchgeführt. Die Gleichstellungsbeauftragte der TU Ilmenau, Dr. Gabriele Schade, hat besonders in der Phase der Antragstellung wichtige Impulse gegeben, damit dieses Projekt zustande kam.

Vor dem Hintergrund der geplanten Maßnahme wurde AFG-geförderte Weiterbildung für Ingenieurinnen in Thüringen untersucht. Die Ergebnisse werden zur Zeit in einer Studie dokumentiert. Diese bezieht u. a. Datenmaterial des Landesarbeitsamtes Sachsen-Anhalt/Thüringen und des Fachvermittlungsdienstes für besonders qualifizierte Fach-und Führungkräfte Jena in die Analysen ein. Es wird ermittelt, wie effektiv bisherige Weiterbildungsmaßnahmen waren, und welche Maßnahmen speziell für Akademikerinnen angeboten werden. Folgende Schwerpunkte der Studie waren Thema des Vortrags:

- Motive von Weiterbildung
- Weiterbildung als arbeitsmarktpolitisches Instrument
- Probleme bei der Auswahl von Weiterbildungsangeboten
- Einfluß von Weiterbildungskonzeptionen kurz nach 1989 auf die heutige Situation
- Weiterbildungsangebote für Akademikerinnen 1995 in Thüringen
- Auskunft der Bildungsträger zu Vermittlungschancen
- Auskunft des Landesarbeitsamtes zu Vermittlungschancen von arbeitslosen Frauen

Bei der Erarbeitung des Lehrkonzeptes nutzen wir Erfahrungen aus der Praxis, beispielsweise Anregungen und Handlungsempfehlungen des Multiplikatorinnenprojektes aus dem Jahr 1990 „Informationstechnische Weiterbildung für Frauen in den neuen Bundesländern" [Sessar-Karpp/Heise 92]. Unsere Gedanken zur Realisierung einer frauenförderlichen Weiterbildung wurden am Schluß des Vortrags in sieben Thesen zusammengefaßt.

Die Bedeutung von Weiterbildung für Ingenieurinnen

Es ist bekannt, daß die Weiterbildung in den neuen Bundesländern für Neuorientierung und Umstieg Anfang der neunziger Jahre eine enorme Bedeutung erhalten hat. Die Frauenarbeitslosigkeit ist in Thüringen mit 63,83% (bezogen auf den Jahresdurchschnitt aller Arbeitslosen Thüringens) sehr hoch [LAA-SAT 95/3]. Viele Frauen, die in ingenieurtechnischen Bereichen arbeiten, hofften und hoffen durch Weiterbildung einen Arbeitsplatz zu finden. Die HIS-GmbH (Hochschulinformationssystem-GmbH) fragte im Auftrag des Bundesministeriums für Bildung und Wissenschaft 1000 junge Ingenieurinnen und 300 Ingenieure in den neuen Bundesländern der klassischen Studienrichtungen Maschinenbau, Elektronik, Bauwesen sowie Verfahrens- und Verarbeitungstechnik nach Qualifizierungs-und Weiterbildungsmaßnahmen, die eine berufliche Integration erleichtern können. Die Ergebnisse wurden 1993 veröffentlicht. Weiterbildung in Form von:

- Fortbildung halten 64% der Ingenieurinnen für sehr wichtig (Ingenieure 59%),
- Umschulung 22% (Ingenieure 6%) und
- gezielte betriebliche Einarbeitung 68% (Ingenieure 46%) .

Das zeigt, welche umfassende beschäftigungsschaffende als auch erhaltende Funktion Ingenieurinnen und Ingenieure in der Weiterbildung sehen [HIS 93].

Beteiligung an Weiterbildung
An der Bedeutung von Fortbildung und Umschulung hat sich bis heute nichts geändert. In Thüringen nimmt Weiterbildung in der Palette des gesamten Instrumentariums an arbeitsmarktpolitischen Maßnahmen Rang 2 ein [Arbeitsmarktpolitik in Thüringen 95]. - Weiblich - sind im Durchschnitt ca. 64% aller Teilnehmer von AFG-geförderten Weiterbildungsmaßnahmen [LAA-SAT 95/1]. Frauen sind in Fortbildungen mit einem höheren Anteil präsent als in Umschulungen. Bei der lukrativen betrieblichen Einarbeitung, die die größten Chancen auf einen Arbeitsplatz in sich birgt, wandelt sich das Bild wieder zuungunsten von Frauen. Für leider nur knapp 40% der Frauen bietet sich in Thüringen diese erfolgversprechende Möglichkeit [LAA-SAT 95/1].

Die Beteiligung an Weiterbildung ist zwischen Frauen „West" und Frauen „Ost" unterschiedlich. Während im September 1994 in den alten Bundesländern 121.000 Frauen an einer Maßnahme der beruflichen Weiterbildung teilnahmen, waren es in den neuen Bundesländern 152.000, also rund 30.000 Frauen mehr (Frauen-Info-Brief 1 95/1).

In welchem Maße die arbeitsmarktpolitischen Maßnahmen effektiv zur Förderung von Frauen entsprechend ihrem Anteil an den Arbeitslosen beitragen, dokumentiert folgendes Zitat der Bundesanstalt für Arbeit:
*"Die Förderung von Frauen entsprechend ihrem Anteil an den Arbeitslosen konnte bei noch **keinem** arbeitsmarktpolitischen Instrument erreicht werden." [ibv 27 95]*

Diesem Zitat sollen die Worte der Bundesministerin für Familie, Senioren, Frauen und Jugend, Claudia Nolte, gegenübergestellt werden, die in der frauenpolitischen Debatte im Bundestag am 18.4.96 behauptet:
*„Im Rahmen der Reform des Arbeitsförderungsgesetzes gehört die gleichberechtigte Teilhabe von Frauen für mich zum Zielkatalog. Es **muß** und es **wird** auch in Zukunft **dabei bleiben**, daß Frauen an Maßnahmen der Arbeitsbeschaffung und der beruflichen Fortbildung und Umschulung ihrem Anteil an Arbeitslosen entsprechend beteiligt werden." [Sitzungs Protokoll 96]*
Ich denke, daß wir von dieser Tatsache noch sehr weit entfernt sind.

Frauen : Hohe Weiterbildungsbereitschaft = bessere Chancen auf dem Arbeitsmarkt ?
Auf der einen Seite existiert eine hohe Weiterbildungsbereitschaft der Frauen in den neuen Bundesländern, auf der anderen Seite bedeutet das noch lange nicht, daß ihre Vermittlungschancen gestiegen sind. Thüringens Frauen befinden sich nach einer Fortbildung mit 51% gegenüber den Männern mit 36% wieder im Leistungsbezug. Bei Umschulung sieht es ähnlich aus. Bemerkenswert ist, daß im Vergleich mit Ergebnissen des Bundesgebietes die Frauen in Thüringen noch schlechter abschneiden [LAA- SAT 95 / 2].

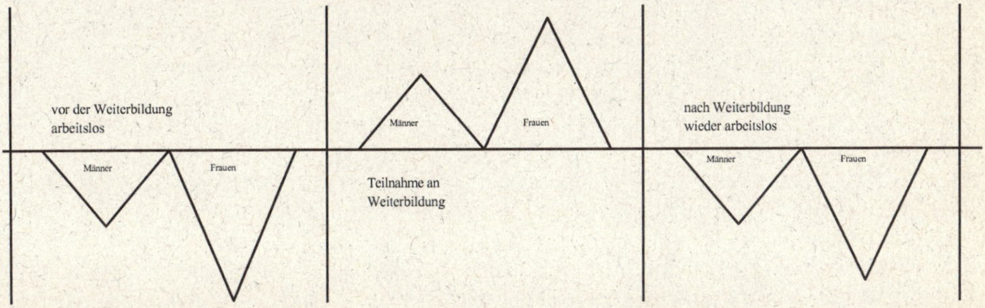

Informationen zum Verbleib von Teilnehmern geförderter Weiterbildung in Thüringen für das Jahr 1994 und das II.Quartal 1995 weisen für Ingenieurinnen im Vergleich zu Männern eine geringere Teilnehmerzahl, aber einen ähnlich hohen Verbleib im Leistungsbezug (zwischen 30% und 50%) aus [LAA-SAT 96/1]. Bei ihnen kommt noch ein weiteres Problem hinzu. Deren Berufe und Branchen zeichnen sich durch eine hohe Innovationsrate aus, die die Ansprüche an berufliche Tätigkeiten rasch sich weiterentwickeln läßt. Es wird eingeschätzt, daß die qualifikatorische Halbwertszeit in den meisten EDV-Berufen zwischen 2 und 3 Jahren liegt [vgl. Boß/Roth 92]. Der Wiedereinstieg in bestimmte Tätigkeiten wird mit zunehmender Dauer der Arbeitslosigkeit durch das Kenntnisdefizit immer schwieriger. Bei Wiederbeschäftigung wird - und das ist bei Ingenieurinnen belegbar - die faktische Dequalifizierung durch niedriger qualifizierte Tätigkeiten weitergetrieben. Derartige Beschäftigungsverhältnisse, die deutlich unterhalb der vorhandenen beruflichen Qualifikation liegen, treten auf, wenn Ingenieure/Ingenieurinnen als Verkaufspersonal in Möbelmärkten und für technische Konsumgüter oder Akademiker/Akademikerinnen in Fachangestelltentätigkeiten des Bankgewerbes wiederzufinden sind.

Beispiele dafür lassen sich in dem Angebotskatalog des Fachvermittlungsdienstes Jena für 1995 lokalisieren [FV 95]. Das Schulungsziel „Steuerfachgehilfe" ist ein Angebot für besonders qualifizierte Fach- und Führungskräfte und besonders qualifiziert sind Akademiker und Akademikerinnen auch nach dem Besuch der Fortbildung „Einrichtungsfachberater", die gleich zweimal angeboten wird. Nachweisbar war nach 1989 auch ein Umschulungstrend von Ingenieurinnen in soziale Berufe [vgl. Knöchel/Trier 95 /1].

Im Arbeitsamtsbezirk Erfurt werden 2 Maßnahmen speziell für Frauen angeboten:
- Projektbezogenes Management für Frauen
- Qualifizierung von arbeitslosen Akademikerinnen für Führungspositionen (12 Monate) [FV 95].

Immerhin besser als 1994 - dort wurden für Frauen die "berühmt-berüchtigten" Assistentinnen-Fortbildungen offeriert:
- Direktionsführerassistentin
- Geschäftsführerassistentin.

Die Vermittlungschancen für Akademikerinnen schienen sich bisher aber nicht besonders verbessert zu haben. So erklärt Dr. Christina Slomka, Leiterin des Landesarbeitsamtes Sachsen-Anhalt/ Thüringen [Frauen-Info-Brief 1 95/2]:
"Ein speziell aufgelegtes Programm für angehende Managerinnen fand zwar bei den 2500 Teilnehmerinnen großen Zuspruch, nicht allerdings bei potentiellen Arbeitgebern. Viele Frauen hofften, sich damit einen Berufswunsch erfüllen zu können, den sie zu DDR-Zeiten nicht verwirklichen konnten. Die Vermittlungschancen entsprachen jedoch bei weitem nicht den in das Programm gesetzten Erwartungen."

Der Kreislauf „Weiterbildung - Arbeitslosigkeit" hat in den wenigsten Fällen etwas mit persönlichem Versagen zu tun. Vorausgesetzt, der politische Wille wäre vorhanden, ließe sich das wertvolle qualifikatorische Potential von gut ausgebildeten, erfahrenen Ingenieurinnen der neuen Bundesländer mit vorhandenen, klugen Weiterbildungskonzepten in die Wirtschaft wieder integrieren. Doch noch immer ist Arbeitslosigkeit unter Akademikerinnen und Akademikern gesellschaftlich betrachtet kein Thema: „Auch im vergangenen Jahr ist die Arbeitslosenquote bei Akademikern nur geringfügig gestiegen: Sie lag zuletzt bei 4,3%" [Kommerell 96].

Nicht verlassen sollten sich Frauen auch auf optimistische Visionen von Trendanalytikern und -analytikerinnen, daß Frauen als Personalressource infolge eines Mangels an männlichen

Führungskräften entdeckt werden. Oder anders gesagt - Frauen würden zunehmend als Innovationspotential im Management eingesetzt. Die Antworten aus mündlichen und schriftlichen Befragungen der Studie „Frauen & Führungspositionen - Prognosen bis zum Jahr 2000“ stützen genau diese Vermutungen nicht. Tendenzen der betrieblichen Personalpolitik deuten nur auf eine sehr langsame und zähe Erschließung des weiblichen Führungspotentials hin [vgl. Halder 95].

Thesen

1. Man muß sich einmal vergegenwärtigen: 200.000 Hochschulabsolventen drängen jährlich neu auf den Arbeitsmarkt. „Früher oder später werden alle Berufsgruppen (von der Stellenknappheit Anm.d.Autorin) betroffen sein“, prophezeit Sigmar Geisler, Arbeitsmarktexperte bei der Zentralstelle für Arbeitsvermittlung Frankfurt. „Immer mehr Absolventen, auch der Studiengänge, die als sicher galten, stehen auf der Stellensuche vor verschlossenen Türen“ [Kommerell 96]. In der IG-Metall-Broschüre zu multimedialen Konsequenzen für die Arbeitswelt wird festgestellt: „Die Vorausschau, daß 2,2 Millionen Arbeitsplätze, davon rund 800.000 Telearbeitsplätze entstünden, ist substantiell nicht gedeckt. Erfahrungen etwa aus der Computerbranche in den USA, die die I&K-Technologie massiv in der eigenen Geschäftspolitik einsetzen, lassen eher auf Beschäftigungseinbrüche schließen. Auch Visionen über eine durch diese Techniken induzierte Gesellschaft der Selbständigen müssen ihren Bezug zur realen Entwicklung noch unter Beweis stellen“ [Riester 95]. Ingenieurinnen müssen sich kritisch und in der Öffentlichkeit mit dieser Entwicklung auseinandersetzen.

2. Es ist zu überprüfen, inwieweit für Ingenieurinnen Weiterbildung auf Gebieten angeboten wird, auf denen der Arbeitsmarkt bereits eine gewisse Sättigung erreicht hat, oder wo bereits genügend Erstausgebildete auf den Markt kommen. Das heißt, Weiterbildung für Ingenieurinnen soll auf **attraktiven und innovativen Berufsfeldern** (Telekooperation, Telearbeit, Telelearning) stattfinden.

3. Die Förderung der Wahrnehmung von ergänzenden Studien- und Bildungsangeboten im Rahmen der Weiterbildung von Ingenieurinnen darf nicht gleichzeitig qualifikationsunangemessene Tätigkeiten nach sich ziehen.

4. Förderlich sind Maßnahmen, die die spezifischen Stärken und Neigungen von Ingenieurinnen einbeziehen (Nutzung der Stärken im sprachlich-kommunikativen Bereich, Organisations-fähigkeit).

5. Zur Weiterbildung muß das Kennenlernen von Berufsverbänden, Berufslobby und Netzwerken für Frauen gehören. Arbeitsplätze werden für diese Zielgruppe heute weniger durch die Anzahl von Bewerbungsschreiben zustandekommen, sondern eher durch Kontakte auf Seminaren und Tagungen dieser Berufsverbände. Nicht zuletzt sollten bei Ingenieurinnen, wie bei Existenzgründerinnen auch, eigene Aktivitäten mobilisiert und eine entsprechende Motivationsgrundlage geschaffen werden. Die herkömmlichen Lernstrukturen der Weiterbildung basieren auf Lehrgängen und Kursen, sowie auf verschiedenen Formen von Unterricht und Seminar. Aneignung von Fach-, Methoden-, Sprach- und Sozialkompetenz ist erst in Lernstrukturen möglich, die das **selbständige Lernen in der Arbeit** einbeziehen, vielleicht zum Kern der Lernstruktur machen und so auch den Rahmen des organisierten Lernens in der Weiterbildung sprengen. Es gibt Untersuchungen, die zeigen, daß Frauen in der betrieblichen Weiterbildung einen größeren Bedarf an **neuen Lernstrukturen** haben [vgl. Knöchel / Trier S.64 und S.66].

6. Es ist weiter zu diskutieren, welche Möglichkeiten es gibt, qualifikatorisches Potential von Ingenieurinnen auch während der Arbeitslosigkeit zu erhalten (wir praktizieren die Vergabe von wissenschaftlichen Hilfstätigkeiten an arbeitslose Ingenieurinnen). Wissen über das Know-How von **Informationsbeschaffung** und Nutzung des gesamten Potentials an Recherchemöglichkeiten (Nutzung von **online-Diensten**, CD-ROM-Recherche, Nutzung des kostenlosen **Internetdienstes** an Universitäten) bringen Ingenieurinnen auf dem Arbeitsmarkt Pluspunkte und tragen ebenfalls zum Erhalt qualifikatorischen Potentials bei. „Mittlerweile etablieren sich", so die Zeitung ´Hochschule und Beruf´,"Vereine studierter Erwerbsloser in Frankfurt, Stuttgart, Göttingen, München und Bremen". **Arbeitslose Akademiker und Akademikerinnen gründen Vereine, um sich bei der Jobsuche gegenseitig zu unterstützen:** „Jedes Mitglied steuert sein Wissen und seine Kontakte zu möglichen Arbeitgebern oder Projektpartnern bei und kann andererseits aus dem Pool an gemeinsam angetragenem Know-how schöpfen. Hinzu kommt die moralische Unterstützung, die sich die ehemaligen Einzelkämpfer geben können" [Kommerell 96]. Ingenieurinnen sollten dieser Entwicklung nicht tatenlos zusehen.

7. Die Lehrpläne bei Fort-und Weiterbildung sollen **familienfreundlich** gestaltet werden. Das heißt, durch selbstorganisiertes Lernen muß es möglich sein, sich die Zeit der Weiterbildung in gewissem Rahmen selbst gestalten zu können (Wochenende, Ausfallzeiten durch Krankheit von Kindern muß stressfrei und nachholbar sein).

Literatur:

[Arbeitsmarktpolitik in Thüringen]
Informationsheft des Freistaates Thüringen „Arbeitsmarktpolitik in Thüringen"; Thüringer Ministerium für Soziales und Gesundheit, November 95 , S.6/7

[Boß/ Roth 92]
„Die Zukunft der DV-Berufe" WDV 1992 , S.207

[COMETT 95]
Tagungsband „Arbeitslosigkeit in fortgeschrittenen Technologien - Wege und Initiativen zur Selbsthilfe beim industriellen Wandel" 1995, Vortrag Leiterin des Arbeitsamtes Ilmenau Frau Schindhelm

[Frauen-Info-Brief 1 95]
Frauen-Info-Brief 1/95, „Begrenzte Perspektiven - Qualifizierungspolitik im Osten", DGB-Bundesvorstand, Abteilung Frauen 1995
.../ 1 S. 8
.../ 2 S. 9

[FV 95]
„Geplante Bildungsmaßnahmen für Akademiker Thüringens für das Jahr 95", Fachvermittlungs-dienst für besonders qualifizierte Fach-und Führungskräfte beim Arbeitsamt Jena, Stand 12/94

[Halder 95]
Antje Halder, „Frauen und Führungspositionen: Prognosen bis zum Jahr 2000", Europäischer Verlag der Wissenschaften, Peter Lang, Frankfurt/Main 1995

[HIS 93]
Berufliche Integration und Weiterbildung von Ingenieurinnen aus den neuen Ländern 3/93- „Ergebnisse einer Befragung"; Herausgegeben vom Bundesministerium für Bildung und Wissenschaft, Bonn 1993, S.39, Abbildung 39, Bedarf an Qualifizierungsformen

[ibv 27 95]
Informationsblatt für die Beratungs-und Vermittlungsdienste der Bundesanstalt für Arbeit / Nürnberg (ibv) 27/95 Frauen „Ausbildung-Beschäftigung-Weiterbildung" S.2074, 2075

[Knöchel/ Trier 95]
Wolfram Knöchel / Matthias Trier „Arbeitslosigkeit und Qualifikationsentwicklung" Perspektiven der beruflichen Weiterbildung in einer Gesellschaft im Übergang, Waxmann Verlag Münster /New York ,1995
.../1 S.38
.../2 S.64-66

[Kommerell 96]
Kathrin Kommerell, „Lobby gegen das Jammern“, Zeitung „Hochschule und Beruf“-Sonderdruck der süddeutschen Zeitung, Sommersemester 1996

[LAA-SAT 95/ 1]
Datenbasis:
Landesarbeitsamt Sachsen-Anhalt/Thüringen, Referat Statistik und Arbeitsmarktberichterstattung
FuU-Teilnehmerstatistik; Region TH; Gesamtübersicht Fortbildung/ Umschulung / Einarbeitung (ohne Deutsch-Sprachlehrgänge) nach dem Wohnortprinzip August 1995
Grafische Auswertung in der Studie K.Trippler „Weiterbildung von arbeitslosen Ingenieurinnen in Thüringen“

[LAA-SAT 95/ 2]
Datenbasis
LAA SAT Referat Referat Arbeitsmarkt-und Berufsforschung 14.06.95
Informationen zum Verbleib geförderter beruflicher Weiterbildung S.5/6
Seite 5 : Darstellung der Ergebnisse nach Arbeitsamtsbezirken;
Seite 7: Darstellung der Ergebnisse nach Thüringen und Bundesgebiet
Grafische Auswertung in der Studie K.Trippler „Weiterbildung von arbeitslosen Ingenieurinnen in Thüringen“

[LAA-SAT 95/ 3]
„Frauen auf dem Arbeitsmarkt“in Sachsen-Anhalt/ Thüringen 1995, LAA-SAT, RBF,ABF, Februar 1996, Tabelle 3

[LAA-SAT 96/ 1]
Informationen zum Verbleib von Teilnehmern geförderter Weiterbildung in Thüringen; LAA-SAT, RBF,ABF 1996, Handschriftliche Informationen vom LAA-SAT zu den Berufsklassen von Ingenieuren;

[Riester 95]
Walter Riester „Multimedia-Konsequenzen für die Arbeitswelt“ aus „Multimedia und Datenautobahnen - Die Informationsgesellschaft mitgestalten“, IG Metall Abteilung Automation/ Technologie/ Humanisierung der Arbeit Dezember 1995

[Sessar-Karpp / Heise 92]
Ellen Sessar Karpp / Susanne Heise „Informationstechnische Weiterbildung für Frauen in den neuen Bundesländern - Ein Multiplikatorinnenprojekt“ , FrauenTechnikZentrum DFV e.V. Herausgeber Bundesministerium für Bildung und Wissenschaft, Hamburg, Juli 1992

[Sitzungsprotokoll 96]
„98.Sitzung des Plenums des Deutschen Bundestags am 18.04.96, Frauenpolitische Debatte“, Sitzungsprotokoll

Kontakt:

Technische Universität Ilmenau
Dipl.-Ing.K.Trippler
PF 0565
Rechenzentrum
98684 Ilmenau
Telefon (03677)1207

Bewerbungstraining
Workshop

Inga Tschiersch, Beate Schmitz

Als grundlegende Voraussetzung für eine erfolgreiche Bewerbung wurde im Workshop die Klarheit der eigenen Stärken und Ziele verstanden. Deshalb stellten die Teilnehmerinnen diese zunächst jeweils in einer kurzen Präsentation vor. In einer ersten Videoanalyse konnten sie dabei Ihre Wirkung selbst beobachten und beurteilen.

Das zweite zentrale Element im Workshop waren Rollenspiele, in denen die Teilnehmerinnen sowohl in der (mehr oder weniger) vertrauten Position der Bewerberin als auch des Gegenübers ein Bewerbungsgespräch erfahren konnten.

Ergänzt wurden die Übungen durch kurze Informationen, woher frau Adressen und Ansprechpartner von Firmen erhält und worauf beim Bewerbungsschreiben zu achten ist.

Da in der Gruppe sehr persönliche Themen unter der Vereinbarung der Vertraulichkeit behandelt wurden, ist ein detailliertes Protokoll nicht möglich. Als Botschaft soll ein einziger Satz dienen, dessen Mißachtung in dem dreistündigen Workshop häufig zu beklagen war:
Frauen, seid nicht so bescheiden!

Randgebiete - typisch weiblich?

Karin Wenzel, Email: wenzel@rz.uni-leipzig.de

Selbst Frauen, die es sich zugetraut haben, einen "harten" naturwissenschaftlichen oder technischen Beruf zu erlernen oder zu studieren, finden sich angeblich danach häufiger in Randgebieten des Fachs als im Mainstream. Ich selbst habe meine Physik-Diplomarbeit auf dem maschinenbaunahen Gebiet der Oberflächentechnik gemacht und danach eine Doktorarbeit in der "Atmosphärenphysik" (Meteorologie / Klimaforschung) begonnen. Schon vor zwei oder drei Jahren war mir im Fachgruppentreffen Physik auf dem damaligen Kongreß aufgefallen, daß sehr viele Frauen unbedingt "was anderes, vielleicht Fachjournalistik" machen wollten. Neugierig geworden, ob (und warum?) es da ein allgemein weibliches Verhaltensmuster gibt, habe ich die Diskussionsrunde "Randgebiete - typisch weiblich?" angeboten.

Zu Beginn verteilte ich einen Fragebogen (siehe unten), um später ein etwas "haltbareres" Bild davon zu haben, wie die Anwesenden ihren eigenen Werdegang sehen. Weil die circa dreißig Frauen, die sich eingefunden hatten, eine zu große Runde für sinnvolle Gespräche bildeten, teilten wir uns in drei "Fachgruppen" auf:

- Physik/Mathematik/Informatik
- Biologie/Chemie/Medizin
- Elektrotechnik/Maschinenbau/andere Ingenieurwissenschaften

Nach der Trennung kam's wie so oft zur Wiedervereinigung, bei der wir feststellten, daß die Diskussion in den einzelnen Gruppen sehr ähnlich verlaufen war. Ich stelle sie daher im folgenden zusammengefaßt dar und möchte mich bei Friederike Hoffmann und Karin Bieske bedanken, die in den beiden anderen Gruppen Protokoll geführt haben!

Was ist ein Randgebiet?
Je nachdem, welche Kriterien man anlegt, kann ein und dieselbe Sache ein Randgebiet sein oder auch nicht. Als mögliche Kriterien haben wir gesammelt:

- **Ansehen**
  Hier spielen Ansichten wie "Nur reine Mathematik ist richtige Mathematik" oder "Biophysik ist keine richtige Physik" ein Rolle. Es gibt in jeder Wissenschaft und Berufsgruppe Bereiche mit mehr Renommee als andere.
- **Geld**
  Nicht unbedingt mit dem Ansehen korreliert das Kriterium, wo es gut bezahlte Arbeitsstellen oder Forschungsgelder gibt (zum Beispiel wird die Vertriebsmitarbeiterin oft extrem gut bezahlt, aber arbeitet nicht mehr so richtig "ingenieursmäßig").
- **fachlich**
  Es gibt auch Gebiete, die dadurch ein Rand sind, daß sie in Übergangszonen zu anderen Fachbereichen liegen, wo interdisziplinäres Denken und Wissen gefragt ist. Solche Gebiete werden dann so "richtig" von keinem der Fächer, in deren Umkreis sie sich befinden, als zugehörig akzeptiert.
- **neu**
  Auch wenn ein Bereich sich neu in einem Fachgebiet entwickelt und noch nicht etabliert ist, wird er vom Mainstream als Rand empfunden.

Warum arbeiten viele von uns an Rändern?

- **Beruflich positive Perspektive**
  Oft suchen Firmen etwas, was als nicht-wissenschaftlich und deshalb minderwertig vom Universitätsbetrieb abgewertet wird, was aber auch über rein fachliches Wissen hinausgeht (siehe Vertrieb, aber auch Schulungen).
- **Äußere Zwänge und Zufälle**
  Ein Beruf neben dem eigentlichen Fachgebiet (z. B. eine Biologin, die Pipetten vertreibt - oder ein Physiker, der Qualitätsmanagement für Blutdruckmeßgeräte durchführt) kann auch durch die derzeitige schlechte Arbeitsmarktlage bedingt sein: mensch nimmt, was sie und er kriegen können - das trifft natürlich auch Männer. Besonders bei Frauen kommen Fragen zur Vereinbarkeit von Beruf und Familie dazu.
- **Raum für Zweifel**
  Die Plazierung in einem Randgebiet kann auch die Folge von Zweifeln am gewählten Fach sein und der Versuch, sich in eine Richtung zu bewegen, wo frau sich wohler fühlt, aber das erworbene Wissen aus dem ursprünglichen Fachgebiet noch einbringen kann.
- **Sinnhaftigkeit**
  Randgebiete sind häufig Schnittstellen zum Menschen oder zur Umwelt und vermitteln eher das Gefühl, daß die Arbeit "einen Sinn hat" und "zu etwas gut ist".
- **Freude**
  Gebiete, die Fähigkeiten zur Kommunikation, zum Blick über den Tellerrand und zum Einlassen auf neue Gedankengänge fordern, machen mehr Spaß als andere...

Zusammenfassung der Diskussion
Für die meisten von uns war es wichtig, mit unserem Wissen "etwas Sinnvolles" zu machen (häufig ging das in Richtung Umwelt oder Menschen) und nicht nur zu forschen um des Forschens willen. Sehr vielen war auch gerade die Interdisziplinarität wichtig, weil sie interessantere und weniger einseitige Tätigkeit verspricht als die "reine Lehre". Deshalb haben sich viele von uns bewußt für Randgebiete zwischen verschiedenen Fächern oder zwischen Fach und Mensch entschieden.
Von den Ingenieurinnen kam der schöne Gedankenanstoß, daß Randgebiete mit fachübergreifendem Bezug z. B. in Wirtschaft, Medizin und alternativen Technologien immer wichtiger geworden sind und heute die reine Technik/Fachwissenschaft das eigentliche Randgebiet darstellt!

Kurze Auswertung der Fragebögen
(Bemerkung am Rande: Erstellung und Auswertung von Fragebögen ist eine Wissenschaft für sich, von der ich nichts verstehe und worum es mir hier auch nicht geht. Ich wollte nur ein Meinungsbild innerhalb der Teilnehmerinnen bekommen, insbesondere auch von denen, mit denen ich nicht persönlich diskutieren konnte!
Ich hatte ursprünglich gedacht, die Antworten nur in Kurzfassung einzubringen - fand sie aber beim Durchlesen zu schade um in meinem Odner zu verschwinden. Ich hoffe, alle Beteiligten sind einverstanden, daß ich sie deshalb am Ende im Wortlaut wiedergebe. Ich bedanke mich nochmals ganz herzlich für die ausführlichen und interessanten Antworten!!)

Auf den Fragebögen stellte ich die folgenden Fragen:	**Abkürzung:**
1) Studienfach / Ausbildungsgebiet; Stadium / Abschluß;	Fach
2) Heutiges Tätigkeitsfeld (bzw. Wunsch, wenn noch in Ausbildung)	Heute / Wunsch
3) Ist das von Deiner ursprünglichen Fachrichtung aus gesehen ein Randgebiet?	Fachl.

4) Würdest Du selbst es als Randgebiet betrachten? Pers.
5) Warum? Warum Rand?
6) Warum bist Du dort gelandet? / Warum willst Du dort hin? Warum dort?
7) Hätte ich sonst noch etwas fragen können? (hier nicht ausgew.)

Die Fragebögen habe ich nach dem Ausbildungsstand der Teilnehmerinnen in vier Gruppen unterteilt:
1) Studentinnen Stud.
2) Diplomandinnen Dipl.
3) Doktorandinnen Prom.
4) im Beruf stehende Frauen Beruf

Die Antworten auf die Fragen 5 und 6 habe ich in Form von Stichworten, die (sinngemäß) häufig vorkamen, zusammengefaßt. (Dabei konnten natürlich mehrere Stichworte in einer Antwort erscheinen.)

Bei der Frage "Randgebiet" haben manche Frauen mit nein geantwortet, deren Fachgebiete man nach einer oder mehrerer der oben genannten Definitionen durchaus als Rand verstehen kann (da der Fragebogen das nicht spezifizierte, wurden hier unterschiedliche Kriterien angewandt!). Ich habe in der kurzen Zusammenfassung die gegebene Antwort ausgewertet. Ganz interessant fand ich die Unterschiede die sich in den Ansichten in Abhängigkeit vom Ausbildungsstand zeigen. In der Frage "Warum dort" nimmt das Stichwort "anwendungsorientiert / sinnvoll" einen viel geringeren Raum ein, als in der mündlichen Diskussion: viele Frauen haben dieses Thema nicht explizit genannt, es spielt aber sicherlich implizit beim Punkt "persönliches Interesse an dem Gebiet" eine wichtige Rolle!

Ist das heutige / gewünschte Tätigkeitsgebiet ein Randgebiet?

Gruppe	Anz.	Fachl.			Pers.			Abw.
		Ja	teils	nein	ja	teils	nein	
Stud.	5	2	1	2	2	-	3	1
Dipl.	8	2	4	2	2	3	3	4
Prom.	8	7	-	1	5	2	1	2
Beruf	9	2	3	4	1	2	6	3

Anz.: Gesamtanzahl der Frauen in der jeweiligen Gruppe
Abw.: Anzahl derjenigen, deren persönliche Wertung von ihrer fachlichen abwich.

Warum Rand?	Stud.	Dipl.	Prom.	Beruf
nicht-naturwissenschaftliche Arbeitsmethodik	1	1	2	1
interdisziplinäres Gebiet	2	4	5	4
neues Gebiet / sehr speziell / Nische	2	1		2

Warum dort?	Stud.	Dipl.	Prom.	Beruf
interdisziplinär / nicht nur Technik erwünscht und besonders reizvoll	2	3	3	2
anwendungsorientiert, sinnvoll	1	2	-	3

Fragebögen

Studentinnen:

Fach :	Chemie (Dipl.)
Wunsch :	interdisziplinär mit dem Bereich Sozialwissenschaften arbeiten
Rand (fachl./pers.)?	ja / ja
Warum Rand?	Weil die Arbeitsweise / Thematik etc. sich von den Naturwissenschaften unterscheidet.
Warum dort?	Naturwissenschaftliches Denken ist mir zu einseitig.

Fach :	Physik (Dipl.)
Wunsch :	Biophysik / Biophysikalische Chemie
Rand (fachl./pers.)?	teils / nein
Warum Rand?	BPC in der Chemie ist ein eher großes Gebiet, aber in der Physik eher nicht als Biophysik angesiedelt, sondern der Biologie zugeordnet; Ich störe mich an der Besetzung des Wortes "Randgebiet" mit der Assoziation des Randes. Biophysik liegt nicht in der Peripherie der Physik, sondern meiner Meinung nach werden physikalische Untersuchungsmethoden und Modellvorstellungen mit dem Gebiet der Biologie verknüpft. Die Forschung hier ist genauso physikalisch wie in der "harten" Physik auch.
Warum dort?	Mich reizt es, interdiszipliär zu arbeiten, weil ein solches Arbeiten mehr Kompetenzen erfordert und ausbildet.

Fach :	Mathematik, Nebenfach: Informatik (Dipl.)
Wunsch :	Mathematik mit Hilfe von Informatik anwenden, d.h. keine reine Mathematik
Rand (fachl./pers.)?	nein / nein
Warum Rand?	-
Warum dort?	-

Fach :	Biologie (Dipl.)
Wunsch :	etwas mit Meer, Arktis, Umwelt
Rand (fachl./pers.)?	ja / ja
Warum Rand?	Für Umweltarbeit ist es wichtig, mit Menschen aus verschiedensten Fach- und Tätigkeitsbereichen zusammenzuarbeiten - alle müssen sich über ihre Ränder / Grenzen hinwegbewegen.
Warum dort?	Da wollte ich schon immer hin.

Fach :	Informatik (Dipl.)
Wunsch:	-
Rand (fachl./pers.)?	nein / nein
Warum Rand?	-
Warum dort?	Weil ich mich inzwischen mehr für das Kerngebiet interessiere.

Diplomandinnen:

Fach :	Elektrotechnik (Dipl.)
Heute :	Beleuchtungsplanerin (Lichttechnik); Wunsch: regenerative Energien (Wind)
Rand (fachl./pers.)?	teils / teils
Warum Rand?	Zuerst lag es in der Umwelttechnik und seit 2 oder 3 Semestern ist es wieder in der E-Technik; Es sind physikalische, chemische und elektrotechnische Betrachtungen zu einem Ganzen zu verflechten. Das Fach kann frau ohne E-Technikvorkenntnisse studieren. Für Windkraft: Strömungslehre (Flügelprofile) hat mit E-Technik nichts zu tun.
Warum dort?	Institutsführung hat mir gefallen; Gerade die Mischung der verschiedenen Fächer macht es interessant.

Fach :	Biologie (Dipl.)
Heute :	Zellbiologie, botanisch, physikalisch
Rand (fachl./pers.)?	teils / nein
Warum Rand?	Fachl.: Photosynthese ist Grundlagenforschung, also mittendrin, Beschäftigung mit einzelligen Algen ist (noch) ein Randgebiet. Pers.: In Richtung auf Landschaftsökologie, aber auch in Bezug auf Biomoneproduktion (Tierfütterung, Pharmazie) wird auf Algen zurückgegriffen werden.
Warum dort?	Es interessiert mich sehr. Ich halte es für eine zumindest nicht aussterbende Richtung.

Fach :	Physik (Dipl.) / medizin. Physik
Heute :	im medizin.-phys. Bereich; Wunsch: Forschung und Soziales
Rand (fachl./pers.)?	ja / ja
Warum Rand?	interdisziplinär, wird weder von der Physik noch der Medizin für vollgenommen
Warum dort?	Weil ich es für vernünftig und sinnvoll halte. Ich möchte etwas Anwendungsorientiertes machen. Zusammenarbeit mit Medizin macht mir Spaß.

Fach :	Physik (Dipl.)
Heute :	Diplomarbeit im Bereich Laserforschung
Rand (fachl./pers.)?	nein / nein
Warum Rand?	Grundlagenforschung, "typischer Physikbereich"
Warum dort?	Ich möchte in der Grundlagenforschung bleiben, am liebsten "zwischen" experimenteller und theoretischer Physik. Dieser "Zwischenbereich" ist bei uns sehr schwach; noch am ehesten im Laserbereich. Neben dem interessanten Thema war für mich ein gutes Arbeitsklima ausschlaggebend.

Fach :	Biologie (Dipl.)
Heute :	Diplomarbeit im Fachbereich Agrarökologie
Rand (fachl./pers.)?	teils / nein
Warum Rand?	Die Arbeit umfaßt die Bereiche Botanik, Zoologie sowie Mikrobiologie.
Warum dort?	interessantes Thema, fächerübergreifend, mit "praxisnahem Bezug"

Fach :	Angewandte Ökologie (Dipl.)
Heute :	Fem. Naturwissenschafts- und Technikkritik, Umwelt vs. Technik
Rand (fachl./pers.)?	nein / ja
Warum Rand?	Weil meine derzeitige ("human"-)ökologische Tätigkeit nicht einer ökologischen Tätigkeit im naturwissenschaftlichen Sinne entspricht
Warum dort?	2 Jahre Arbeit in der Bodenchemie/Bodenforschung (nur Männer); 1 Jahr an einer TU im Ausland...

Fach :	Elektrotechnik (Dipl.)
Heute :	Bereich Meßtechnik und regenerative Energien (Sonne, Wind)
Rand (fachl./pers.)?	ja / teils
Warum Rand?	Windkraftanlagen berühren die E-Technik auf dem Gebiet der Elektrischen Maschinen, der Meßtechnik und Regelung der Anlage, dazu kommt noch Strömungslehre (Luft- und Raumfahrt), Maschinenbau, Werkstofftechnik etc.
Warum dort?	Ich habe gezielt nach Schnittstellen zwischen E-Technik und anderen Bereichen gesucht, wie z. B. Biologie, Umwelttechnik etc. Schnittstellenforschungsgebiete sind rar, vorallem mit Biologie. Regenerative Energien werden jedoch an meiner TU im Lehrfach angeboten.

Fach :	Maschinenbau
Wunsch :	Entwicklung von Prototypen, evt. bis Serienreife
Rand (fachl./pers.)?	teils / teils
Warum Rand?	Wahrscheinlich wird's auf eine Marktnische und damit auf ein Randgebiet rauslaufen, obwohl's von der Tätigkeit selbst "normal" sein wird (hoffentlich!); Weil die Entwicklung neuer Technologien sich immer mehr oder weniger am Rand des Mainstream abspielt.
Warum dort?	Weil ich innovativ, selbstbestimmt und kreativ arbeiten möchte, mit Kollegen und Chefs, die ich mag.

Doktorandinnen:

Fach :	Mathematik / Latein (Lehramt)
Heute :	Promotion in Geschichte der Mathematik; Wunsch: Uni-Laufbahn und/oder Unterrichten
Rand (fachl./pers.)?	ja / teils
Warum Rand?	Neben rein mathematischen Inhalten müssen / sollten auch sozialgeschichtliche, sprachtheoretische, psychoanalytische Inhalte betrachtet bzw. erwogen werden. doch ohne genaue Kenntnis und Verständnis der Mathematik selbst ist (für mich) Geschichte der Mathematik nicht möglich. Interessant: Füher waren sehr viele bedeutende Mathematiker auf dem Gebiet der Geschichte ihrer Disziplin tätig.
Warum dort?	Interesse und Begeisterung für das Gebiet, die durch die Beschäftigung auf diesem noch gefördert worden ist. Interdisziplinäres Gebiet.

Fach :	Lebensmittelchemie (Staatsprüfung)
Heute :	Promotion, Fach: Geoökologie / Bodenkunde
Rand (fachl./pers.)?	ja / ja
Warum Rand?	Analytik von Pestiziden ist kein Randgebiet für mich. Im Boden aber und mit dem Schwerpunkt mathematischer Modellentwicklung mit Einbeziehung von Bodenparametern bewege ich mich auf einem Gebiet, das ich nicht studiert habe und auch nicht als Nebenfach hätte belegen können.
Warum dort?	Arbeitsplatzknappheit; Erweiterung meiner Kenntnisse der organischen Analytik: Zusatzqualifikation; Spaß an neuen, schwerpunktmäßig anders gelagerten Aufgabengebieten

Fach :	Physik (Dipl.)
Heute :	Promotion in Soziologie über Physikstudierende
Rand (fachl./pers.)?	ja / ja
Warum Rand?	Meine Arbeit wird von der Physik aus gesehen als ihr nicht zugehörig definiert ("Soziologie des Wissenschaftsbetriebs"). In meiner Arbeit spielen aus soziologischer Sicht keine physikalischen Aspekte einer wichtige Rolle, ich versuche aber, sie dort zu integrieren, also nicht nur "typisch soziale Merkmale" zu erheben. Also auch in Soziologie ein Randgebiet?
Warum dort?	Meine "kurze" Antwort hierauf ist meist: In der Physik konnte ich nicht auf den Fragen arbeiten, denen ich gern nachgehen möchte, weil diese Fragen aus der Disziplin ausgegrenzt sind.

Fach :	Chemie (Dipl.)
Heute :	Promotion in Biochemie
Rand (fachl./pers.)?	nein / nein
Warum Rand?	-
Warum dort?	Interesse an den molekularen Grundlagen der Lebensprozesse und der Grundlagenforschung generell

Fach :	Chemie (Dipl.)
Heute :	Promotion in den Forstwissenschaften: Wirkung von Schadgasen auf Pflanzen
Rand (fachl./pers.)?	ja / teils
Warum Rand?	Mir fehlt oftmal Wissen im "neuen" Fachgebiet, aber Chemie ist für mich sehr weit gefaßt und nicht nur auf "klassische Chemie" beschränkt.
Warum dort?	Die sogenannte "harte" Chemie hat mich schon während des Studiums immer weniger interessiert. Ich habe dann chemische Arbeitstechniken (Analytik) erlernt, um sie in anderen Gebieten einsetzen zu können.

Fach :	Chemie (Dipl.)
Heute :	Promotion, marine Geochemie
Rand (fachl./pers.)?	ja / ja
Warum Rand?	Es arbeiten hauptsächlich Geologinnen dort, mir fehlt eine Menge Geowissen.
Warum dort?	- Analytik, gute Ausstattung des Instituts - Wasser / Meer mag ich - "richtige Arbeit", die mir zugesagt hätte, gab es auf dem Arbeitsmarkt nicht.

Fach :	Biologie
Heute :	Promotion: Physiologische Ökologie der Pflanzen, Holzphysiologie
Rand (fachl./pers.)?	ja / ja
Warum Rand?	Grundlagenforschung ohne Anwendung im Hintergrund; auf andere Gebiete übertragbare neue Methodik zunächst nicht in Aussicht; schwierig zugängliches Material
Warum dort?	Arbeit, die wenig andere machen wollen, manche lassen sich doch davon faszinieren, weniger zukunftsorieniert forschen;

Fach:	Physik, Diplom
Heute :	Promotion in Atmosphärenphysik / Umweltforschung
Rand (fachl./pers.)?	ja / ja
Warum Rand?	Randgebiet zur Meteorologie / Umweltforschung; kein physikalisches Kerngebiet
Warum dort?	aus Interesse an der Umweltforschung, Interesse an Interdisziplinarität

Im Beruf stehende Frauen:

Fach :	Physik, Dipl., Prom.
Heute :	Klink, medizinische Physik
Rand (fachl./pers.)?	ja / ja
Warum Rand?	Medizinische Physik ist ein "eigenes Fachgebiet", in dem mein physikalisches Wissen nur z. T. gefragt ist, dafür aber viele andere (für mich neue Sachen). Das Arbeitsfeld Klink ist ganz anders als ein physikalisches Labor.
Warum dort?	Nach Promotion in der Grundlagenforschung wollte ich etwas Angewandtes machen. Daß es dann gerade med. Physik war, ist Zufall gewesen.

Fach :	Informatik, Dipl.
Heute :	Software Entwicklung, Dokumentation, Software-Ergonomie
Rand (fachl./pers.)?	teils / nein
Warum Rand?	Weil grundlegende Aufgaben einer/s jeden InformatikerIn - allerdings ist z. B. Handbuchgestaltung meist eher ein ungeliebtes Übel / Abfallprodukt.
Warum dort?	Weil ich so den Fokus auf den Menschen (BenutzerInnen), statt auf den Computer richten kann. Der Computer ist dann nur noch Mittel zum Zweck, nicht Selbstzweck!

Fach :	Meteorologie, Prom..
Heute :	Umwelt-Meteorologie
Rand (fachl./pers.)?	teils / teils
Warum Rand?	Interdisziplinär, manche Leute nehmen es nicht so recht ernst
Warum dort?	Es ist "nützlicher" und es hat sich so ergeben.

Fach :	Maschinenschlosserin, Maschinenbau (Ing.), Dipl.-Ing.-Ök., Dr. oec.
Heute :	nur noch ehrenamtlich in Frauengruppen, Gewerkschaften...
Rand (fachl./pers.)?	nein / nein
Warum Rand?	Es sind 2 Gebiete, die sich vielfach überschneiden, an diesen Schnittstellen habe ich mich immer wohlgefühlt.
Warum dort?	Ich fand es spannend, zwei Fachsprachen (Definitionen) zu verstehen und zu sprechen -- und zu vermitteln!

Fach :	Automatisierung / Elektrotechnik, Dipl.-Ing.
Heute :	Weiterbildung, Marketing Osteuropa
Rand (fachl./pers.)?	teils / nein
Warum Rand?	Technik im allgemeinen ist kein Randgebiet, ob in der Bahn, zu Hause, überall stößt man auf "technisierte" Lösungen
Warum dort?	Mich interessiert / fällt leichter: abstraktes Denken als stures Auswendiglernen, alt mit neu zu kombinieren

Fach :	Human-Medizin
Heute :	wiss. Assistentin in Krebsforschungszentrum im Ausland
Rand (fachl./pers.)?	nein / nein
Warum Rand?	-
Warum dort?	Interesse, freie Arbeitszeitwahl, hohe Lebensqualität, gute Aufstiegsmöglichkeiten, Auslandserfahrung

Fach :	Elektrotechnik / Biomedizinische Technik, Dipl.-Ing.
Heute :	wiss. Mitarbeiterin in einem Modellversuch für Studentinnen Wunsch: Schnittstelle Medizin/Technik, Analyseverfahren, Expertenprobleme, Datenbanken;
Rand (fachl./pers.)?	nein / nein
Warum Rand?	Meine Studienwahl hat etwas mit Randgebiet / fachübergreifend zu tun (Medizintechnik). Meine jetzige Tätigkeit hat keinen technischen Hintergund im eigentlichen Sinn. Sie hat etwas mit dem Studium an der TU zu tun, aber nicht im fachlichen Sinn.
Warum dort?	Bezahlte Stellen im Fachgebiet sind rar (Assi), Stipendium entfiel, da verheiratet und Mann hat Einkommen. Industrie entfällt im Augenblick, da 2 kleine Kinder; Vereinbarkeit von Familie und Beruf an der TU möglich, finde diese Arbeit auch sehr wichtig.

Fach :	Mathematik mit Nebenfach BWL (Diplom)
Heute :	Risikomanagement bei Banken, Aktienanalyse
Rand (fachl./pers.)?	ja / teils
Warum Rand?	fachl.: relativ junges Forschungsgebiet der Mathematik pers.: Weil ich nicht mit der weitverbreiteten Meinung übereinstimme, daß nur die reine Mathematik die wahre Mathematik ist. Ich halte die angewandte Mathematik auch für sehr wichtig.
Warum dort?	Aus durch ein Praktikum gewecktem Interesse. Ich wollte einen Bezug der Mathematik zur Praxis herstellen, ohne dabei in die Informatik zu gelangen. Mir macht die Anwendung der "erlernten Logik" im täglichen betrieblichen Ablauf auch Spaß.

Fach :	Erziehungswissenschaften, Lehramt
Heute :	Lehrerin
Rand (fachl./pers.)?	nein / nein
Warum Rand?	-
Warum dort?	-

Frauenforschung und feministische Wissenschaftskritik

Anspruch und Wirklichkeit - Feministisches Seminar an einem technischen Fachbereich

Carola Arndt, Kathrin Buchholz, Inka Greusing, Jenny Schmithals, Martina Kolarek

Die Beschäftigung mit feministischen Inhalten ist für Frauen aus naturwissenschaftlichen und technischen Bereichen meist mit inneren und /oder äußeren Konflikten verbunden. Wir wollten mit dieser Veranstaltung versuchen, die damit verbundenen Perspektiven und Probleme zu benennen, und diskutieren, wie diese Erkenntnisse bei der Gestaltung eines feministischen Seminars für Technikerinnen oder Naturwissenschaftlerinnnen umgesetzt werden können.

Wir sind fünf Frauen aus dem Seminar „Feministische Umweltforschung", das seit 1989 am Fachbereich Umwelttechnik der TU existiert. Anläßlich des Kongresses haben wir ein kleines „Selbstbeforschungsprojekt" anhand von qualitativen Interviews durchgeführt, um die Besonderheit des Seminars und seine Bedeutung für die Teilnehmerinnen transparenter zu machen.

Vorstellung des Seminars "Feministische Umweltforschung"

Das Seminar "Feministische Umweltforschung" ist aus dem Studierendenstreik 1989 an der TU Berlin hervorgegangen. Es ist an unserem Fachbereich die einzige Lehrveranstaltung, die feministische Inhalte und Kritik mit den Naturwissenschaften verbindet.

Die Lehr- und Lernform entspricht der eines autonomen Seminars, d.h. die Inhalte und deren Gestaltung werden von den Teilnehmerinnen am Anfang eines Semesters ausgewählt. Es nehmen regelmäßig 12-15 Frauen am Seminar teil, von denen die meisten über mehrere Semester dabei bleiben. Die Veranstaltung wurde bislang durch einen unbezahlten Lehrauftrag als Prüfungsfach im Wahlbereich abgesichert.

Bis zum Sommersemester 1995 war das Seminar mit zwei Tutorinnenstellen ausgestattet, leider ist eine Stelle zum Wintersemester 1995/96 gestrichen worden. Seit Juni 1996 ist eine C1-Stelle aus dem Berliner Frauenförderprogramm (C1/C2-Programm) für "Problemorientierte feministische Forschung in Umwelttechnik und Naturwissenschaften" mit Ines Weller besetzt. Diese Stelle wurde von der im Seminar gegründeten AG „Selbsterhaltung" erkämpft, deren Ziel es war, die Etablierung von feministischer Forschung und Lehre an unserem Fachbereich (Umwelttechnik, Verfahrenstechnik und Werkstoffwissenschaften) voranzutreiben.

Inhaltlich beschäftigen wir uns u.a. mit folgenden Diskussionssträngen:

- Feministische Naturwissenschafts- und Technikkritik
- Reflexion der eigenen Situation als Umwelttechnikerin beziehungsweise als Ingenieurin
- Anwendung feministischer Ansätze auf Umweltthemen

Die Herangehensweisen an die verschiedenen Problematiken variieren sehr, je nach dem Schwerpunkt, der gerade behandelt wird. So wurde letztes Semester als Schwerpunkt die feministische Naturwissenschaftskritik gewählt, der wir uns durch Lesen und Diskutieren theoretischer Texte, Brainstorming, Collagen und Referaten genähert haben. Dieses Semester behandeln wir das Thema "Feminismus im Alltag". An dieses Thema gehen wir mit Straßenumfragen, Rollenspielen, Collagen, Diskussionen und Vorträgen heran.

Aus dem Seminar heraus entstehen auch häufig Arbeitsgruppen. Z. B. wurde mit der AG "Ganzheitlicher Umweltschutz" im Sommersemester 1993 eine Ringvorlesung zum Themenkomplex "Frauen und Umwelt" organisiert, deren Beiträge in einer Buchveröffentlichung zusammengefaßt wurden (J.Buchen, K.Buchholz, E. Hoffmann, S. Hofmeister, R. Kutzner, R. Olbricht, P. van Rüth: Das Umweltproblem ist nicht geschlechtsneutral. Feministische Perspektiven. Kleine Verlag, Bielefeld, 1994). Im Sommersemester 1995 hatte sich die o.g. AG "Selbsterhaltung" gegründet. Am Anfang dieses Jahres hat sich die AG "Anspruch und Wirklichkeit" gegründet. Die Ergebnisse dieser Arbeit wollen wir im folgenden vorstellen.

Darstellung unseres Vorgehens
Mit unserem Projekt wollten wir herausbekommen, welchen Stellenwert unser Seminar „Feministische Umweltforschung" für die Teilnehmerinnen auch, aber nicht nur, in Bezug auf ihr Studium hat. Eine unserer zentralen Vermutungen dabei war, daß das Seminar die Teilnehmerinnen in innere Konflikte bringen kann, da durch feministische Kritik die Studieninhalte stark in Frage gestellt werden. Als Methode wählten wir halboffene Interviews anhand eines Leitfadens. Um bereits beim Formulieren der Fragen die Sichtweisen der Teilnehmerinnen zu berücksichtigen und nicht nur unsere Vermutungen abzufragen, nutzten wir eine Seminarsitzung, um im Rahmen eines Brainstormings Fragen im Seminar zu sammeln. Diese haben wir anschließend in die folgenden Themenblöcke des Interviewleitfadens sortiert:

1. Das Seminar und Du - Motivationen und Erwartungen
2. Was hat sich verändert durch das Seminar
3. Feministische Identität
4. Konsequenzen und Krisen
5. Umsetzung

Wir haben dann sechs Interviewpartnerinnen aus dem Kreise aktueller und ehemaliger Seminarteilnehmerinnen ausgewählt. (Das klingt wenig, Prinzip der Methode ist jedoch, mit wenigen, aber dafür intensiven Interviews auch Dinge rauszubekommen, die bei breiteren Befragungen unter den Tisch fallen würden.) Bei der Auswahl haben wir versucht, ein möglichst breites Spektrum an unterschiedlichen Studiensituationen abzudecken (unterschiedliche Semesterzahlen bzw. Frauen, die ihr Studium schon abgeschlossen haben) und auch Frauen zu befragen, die zeitweise bewußt Abstand zum Seminar gesucht haben.

Die Interviews, die jeweils ca. 45 Minuten gedauert haben, haben wir auf Kassette aufgezeichnet. Jede aus unserer AG hat jedes Interview abgehört und sich Notizen dazu gemacht. Diese Notizen haben wir dann zusammengetragen, sind dabei erst jedes Interview einzeln durchgegangen und haben dann eine große Tabelle erstellt, um die Querverbindungen zwischen den einzelnen Interviews herzustellen. Aus dieser Tabelle haben wir die Auswertungsschwerpunkte entwickelt. Diese sind nicht identisch mit den Themenschwerpunkten des Interviewleitfadens. So gab es einzelne Themen, die von mehreren Interviewpartnerinnen hervorgehoben wurden, obwohl wir nicht explizit danach gefragt haben (z.B. die Lehr- bzw. Lernformen im Seminar).

Zur Auswertung ist noch zu sagen, daß wir teilweise sehr kontroverse Diskussionen über die Interpretation von einzelnen Interviewpassagen hatten. Immer wieder ertappten wir uns dabei, wie unser eigenes Verwickelt-Sein in das Thema unsere Interpretationen beeinflußte. Wir haben uns bemüht, uns so eng wie möglich an den wörtlichen Aussagen der Interviewpartnerinnen entlangzuhangeln und unsere eigene Subjektivität im Zaum zu halten. Diese Untersuchung hält Kriterien streng objektiver Wissenschaft sicher nicht stand, aber das war ja auch nicht Ziel unseres Projektes.

Motivation/Erwartungen

Als Intervieweinstieg fragten wir die Gesprächspartnerinnen, welche Motivation sie zu ihrem ersten Seminarbesuch bewog und welche Erwartungen sie dabei hatten. Es stellte sich heraus, daß sich alle Frauen in der Situation befanden, sich an der Uni nicht ganz wohlzufühlen. Eine Frau erzählte, sie habe Konflikte mit der klassischen Art der Wissenschaft und der Wissensvermittlung gehabt. Zwei der Befragten hatten bereits schlechte Erfahrungen in den Studiengängen Chemie und Maschinenbau gemacht, in denen sie fast nur Männer als Kommilitonen hatten. Einige nannten allgemeinen Frust beim Studium oder bei der Doktorarbeit. Eine Teilnehmerin sprach von Unsicherheit im Hinblick auf spätere Berufsfindung und von dem Wunsch, mal etwas Alternatives zu arbeiten. Der Anreiz, aus dieser Situation heraus das Seminar zu besuchen, bestand für die Frauen in dem Wunsch, Austausch über die genannten Konflikte zu führen, Reflexionsmöglichkeiten zu finden, auf Gleichgesinnte zu treffen, *„mit der frau reden kann, über Studiums- und Alltagsfragen, alternative Berufsmöglichkeiten, einfach über alles, was einer wichtig ist."* Die einzelnen Frauen hatten unterschiedliche Gründe, weshalb sie sich mit diesen Bedürfnissen speziell für die feministische Umweltforschung entschieden haben: Einige haben den Anstoß durch Freundinnen bekommen und fanden ansprechend, was diese vom Seminar berichtet hatten: daß unter den Frauen im Seminar ein schöner Umgang ist, ganz andere Formen des Zusammenarbeitens erprobt werden und es eine Gruppe zum Wohlfühlen ist. Andere wollten gezielt etwas mit Frauen machen. Eine lesbische Frau berichtet von ihrer Affinität zu Frauenzusammenhängen durch ihre lesbische Lebensform, eine andere von dem Wunsch, als Lesbe ernstgenommen zu werden, *„ohne daß es gleich so superpolitisch lesbisch wird".* Ein paar Interviewpartnerinnen hatten Diskussionsbedarf über Feminismus, andere empfanden die Feminismusfrage eher als nebensächlich. Fast alle gaben an, daß es ihnen wichtig war, an der Uni etwas zu machen, was Spaß macht. Ein Teil der Frauen ist mit konkreten Erwartungen ins Seminar gekommen: Zum einen auf persönlicher Ebene - es bestand der Wunsch, selbstbewußter zu werden, sich weiterzuentwickeln und zu lernen, mit frauenspezifischen Problematiken umzugehen. Zum anderen hatten einige Erwartungen thematischer Art, wollten kritisch feministische Ansätze diskutieren, praktisch zu einem Thema arbeiten oder haben Anregungen von außen gesucht, z. B. Texte zu lesen, an die sie von sich aus nicht herangegangen wären. Allgemeine Erwartungen waren die Suche nach Vorbildern und die Vernetzung von Frauen. Eine Frau stellte sich vor, einen Gegenwind zu männlich dominierten Strukturen an der Uni zu entwickeln.

Die Atmosphäre im Seminar

Die Seminarteilnehmerinnen beschrieben die Atmosphäre im Seminar übereinstimmend als gut. Dabei wurden besonders der angenehme Umgangston und die offene Art des Miteinander-Umgehens hervorgehoben. Hierzu gehörte auch das Vertrauen, daß Persönliches innerhalb der Gruppe bleibt.

Das Seminar wurde als eine gute Mischung von inhaltlicher und persönlicher Diskussion bezeichnet. Eine Frau war beeindruckt, daß es *„Teetrinken und dabei Fachliches auf hohem Niveau"* lieferte. Zusätzlich prägte das selbstbewußte Umgehen von Frauen mit Technik neue Eindrücke bei einigen Frauen.

Nur eine Teilnehmerin (sie besuchte das Seminar vor längerer Zeit, d.h. mit einer anderen Gruppenzusammensetzung) empfand die Atmosphäre eher als distanziert, was sie auf sehr intensive inhaltliche Auseinandersetzungen zurückführte.

Bedeutung für Studium und Beruf

Allen Frauen war das Seminar wichtig, ohne daß sie einen konkreten „Gewinn" (im Sinne von im Studium verwertbaren Wissen) sahen. Die Bedeutung lag für sie eher in der Möglichkeit, über anfallenden Frust reden zu können. In diesem Zusammenhang war die Gruppe: *"wichtig, um überhaupt weiterzumachen"* (mit dem Studium), ein *„rettender Anker"* und hat auch Rückhalt geboten. Eine Teilnehmerin bekam, trotz anfänglich hoher Studienmotivation, Probleme, Sinn bzw. Ziel in ihrem Studium zu finden, sie empfand das Seminar als Unterstützung, um ihren Abschluß zu schaffen. Vielen Frauen war es wichtig, ihre Zweifel an den Naturwissenschaften zu bearbeiten und dadurch besser damit umgehen zu können (mehr zu feministischer Naturwissenschaftskritik weiter unten).

Lernformen
Die angewendeten Lernformen waren den Frauen sehr wichtig, wir hatten gar nicht danach gefragt, trotzdem wurden sie häufig erwähnt. Der Spaß an alternativen Lernformen, obwohl sie auch als anstrengend erlebt wurden, stand dabei im Vordergrund. Diskussionen, Rollenspiele und Straßenumfrage wurden als spannend gewertet, außerdem kamen sie der *„Lust, ´was Praktisches zu machen „* entgegen. Im Kontrast zum normalen Uni-Alltag war hier wirklich selbstbestimmtes Lernen möglich.

Frauenkommunikationskultur
Die schon erwähnte positive Atmosphäre wurde von allen Befragten auch auf das Kommunikationsverhalten der Frauen zurückgeführt. Nennenswert war für sie hierbei das gleichberechtigte Miteinanderreden, bei dem auch unterschiedliche Meinungen zugelassen wurden. Eine beobachtete, daß sich dies auch ganz konkret im Sprachverhalten widerspiegelte: frau behauptet keine Allgemeingültigkeit ihrer Aussagen, sondern formuliert sie persönlicher *„ich meine..., ich denke,daß..."*. Von mehreren Frauen wurde darin ein deutlicher Unterschied zum ingenieurwissenschaftlich sehr üblichen Schwarz-Weiß-Denken erkannt.

Eine Frau berichtete, daß ihr *„männliches"* Sprachverhalten von der Gruppe zwar kritisiert wurde, gleichzeitig war es den anderen Frauen nicht möglich, dem etwas entgegenzusetzen. Sie verstand das Seminar als Möglichkeit, sich selbst probeweise zurückzunehmen, ohne in ihren täglichen Zusammenhängen an (männlicher) Durchsetzungskraft zu verlieren.

Eine andere Teilnehmerin faßte das Seminar als *„Schutzraum"* auf, in dem sie lernte, die eigene Sprachlosigkeit zu überwinden und ein Dikussionsverhalten einzuüben, das ihr bei einer *„Rückkehr in die gemischte Welt"* helfen soll, dort zu bestehen.

Veränderungen
Uns interessierte, ob die Teilnehmerinnen an sich Veränderungen beobachtet haben, die sich aus dem Seminarbesuch ergeben haben. Die meisten haben bei sich eine Bewußtseinsschärfung gegenüber feministischen Fragestellungen festgestellt. Viele sprachen davon, Frauendiskriminierung stärker wahrzunehmen und ein geschärftes politisches Bewußtsein entwickelt zu haben, bzw. überhaupt eine Orientierung gefunden zu haben. Manchmal wird das geschärfte Bewußtsein als problematisch empfunden: Eine Frau sprach davon, es sei privat wie an der Uni nicht mehr möglich wegzuschauen, wenn es um Frauendiskriminierung geht. Eine andere empfindet es als anstrengend, ständig Gewohntes in Frage stellen zu müssen.

Für einige Interviewpartnerinnen hat sich durch die Seminarteilnahme ihre Definition von Feminisimus geändert. Der Begriff war bei einigen Frauen negativ besetzt gewesen und sie erzählen, daß sich ihr Verhältnis zum Feminismus geändert hat. Für einige Frauen ist Feminismus jetzt ein positiver Begriff und sie bezeichnen sich selbst als Feministinnen. Andere haben immer noch teilweise negative Assoziationen mit dem Begriff Feminismus und wollen sich nicht in die Schublade Feministin stecken lassen, sind aber positiver eingestellt als vorher.

Viele Frauen berichteten, daß sie durch das Seminar neue gleichgesinnte Frauen kennengelernt haben. Der Austausch mit Frauen hat ihnen Rückhalt gebracht, so daß es einigen jetzt leichter fällt, die Problematik „Frauen in Naturwissenschaft und Technik" überhaupt zu thematisieren und sich für die eigenen Rechte einzusetzen. Einige haben Anregungen und Anstöße bekommen, sich woanders zu engagieren. Viele der befragten Frauen meinen, sie hätten mehr Spaß am Studium gewonnen, neue Motivationen geschöpft und Hoffnungen bekommen, auch was alternative Berufsmöglichkeiten angeht.

Das Seminar als ein Ort, das Studium kritisch zu hinterfragen
Wie bereits gesagt, war das Seminar für die meisten unserer Interviewpartnerinnen ein wichtiger Ort, ihr Studium bzw. ihre Doktorarbeit kritisch zu reflektieren. Vielen fehlt im sogenannten normalen Studienalltag Raum für kritische Auseinandersetzung und Selbstreflexion. Das Seminar bedeutet dabei für sie einen wichtigen Rückhalt bei Motivationskrisen.

Die kritische Auseinandersetzung mit der Studien- und Berufssituation findet auf mehreren Ebenen statt, wobei sich bei den Interviews gezeigt hat, daß die einzelnen Frauen unterschiedliche Interessenschwerpunkte dabei haben. Solche Interessenschwerpunkte sind:

- die Auseinandersetzung mit Diskriminierungserfahrungen
- eine Identität als Ingenieurin finden, Vorbilder kennenlernen, mögliche Berufsfelder diskutieren
- Unbehagen mit den Studieninhalten

Ein wichtiger Punkt dabei ist, daß ein Unbehagen mit dem Fach oder diskriminierende Erlebnisse durch Diskussionen innerhalb der Seminargruppe nicht mehr als persönliche Probleme erscheinen, sondern als systematisch erkannt werden, so daß die Frauen sich selbst und ihre Studienentscheidung nicht mehr so in Frage stellen. Eine Interviewpartnerin äußerte, sie habe das Gefühl, Instrumente in die Hand zu bekommen, um Naturwissenschaften (und Technik) kritisch zu verändern.

Die feministisch-kritische Auseinandersetzung mit dem Studium wird aber nicht nur als motivierend empfunden. So wird sie beispielsweise von einer Teilnehmerin als bedrohlich empfunden, da sie eine höhere Konfliktbereitschaft fordert. Auch führt es dazu, daß Studieninhalte nicht mehr so ernst genommen werden können, weil erkannt wird, daß es *„zum Teil wenig Wissen im sinnvollen Maß ist"*.

Feministische Naturwissenschaftskritik
Die Auseinandersetzung mit feministischer Wissenschaftskritik war für viele unserer Interviewpartnerinnen wichtig. Manche haben ihr eigenes Unbehagen, daß sie gegenüber den Naturwissenschaften empfinden, in der feministischen Naturwissenschaftskritik formuliert gefunden.

„Was mir sehr viel gebracht hat in dem Seminar, ist überhaupt der Einstieg in die feministische Naturwissenschaftskritik, weil ich halt mit meinem Studium nie richtig glücklich war, ich aber auch immer gewußt habe, daß ich halt schon Naturwissenschaften machen wollte, daß ich immer überlegt habe, daß es so, wie es läuft, nicht gut läuft, also so jetzt speziell im Falle Chemie. Chemie kann man interessant machen, mit Chemie kann man ganz viel machen, aber nicht so, wie es im Moment läuft. Und da habe ich dann festgestellt, daß es tatsächlich Leute gibt, Frauen gibt, die sich dazu Gedanken gemacht haben. Für mich war das mehr Information, also ich würde da jetzt nicht, ich habe noch keinen Weg gefunden, das jetzt in der

Chemie umzusetzen, aber es war tröstlich zu wissen, daß nicht ich als .... Schwierigkeiten habe mit der Chemie, sondern daß das halt was Systematisches ist."

Für andere war es ein Aha-Erlebnis, Naturwissenschaft überhaupt kritisch hinterfragen zu können, bzw. zu erkennen, daß Naturwissenschaften abhängig von der historischen Entwicklung und gesellschaftlichen Verhältnissen sind. Zu theorielastige Texte sprechen die Teilnehmerinnen jedoch wenig an. Hierzu noch ein Zitat aus einem der Interviews: *„Wenn's zu theoretisch wird, dann ist mir das schon wieder zu albern. Dann habe ich das Gefühl, das hat einfach für mich keine Folgen, ich kann damit einfach nichts anfangen."*

Übereinstimmung feministischer Ansprüche und Handeln

Eine weitere Frage unserer Untersuchung war, in welchen Bereichen, auch außerhalb des Studiums, eine Übereinstimmung zwischen den feministischen Ansprüchen und dem eigenen Handeln bestünde, und in welchen Bereichen es schwieriger wäre, diese in Übereinstimmung zu bringen.

Um eine ungefähre Vorstellung von den feministischen Ansprüchen der Seminarteilnehmerinnen zu bekommen, haben wir sie auch nach ihrer persönlichen Definition von Feminismus, ihren allgemeinen Vorstellungen vom Feminismus und Feministinnen, sowie der Bedeutung des Feminismus für sie gefragt. Die Antworten kann man grob in drei gleich große Gruppen unterteilen: Die erste Gruppe sieht den Feminismus im positiven Sinne als Denken aus Frauenperspektive und parteiliches Eintreten für Fraueninteressen, also nicht nur im Sinne einer bloßen Gleichstellung der Geschlechter. Die zweite Gruppe sieht im Feminismus eine Bewegung, die den gleichberechtigten Umgang zwischen Frauen und Männern anstrebt und die unterschiedliche Bewertung der Geschlechter aufheben will. Für die dritte Gruppe ist der Feminismusbegriff eher negativ besetzt, besonders von sogenannten radikalen Positionen grenzen sich die Frauen ganz klar ab. Feminismus wird als ein *„sich rausnehmen aus bestimmten Zusammenhängen"* gesehen, in diesem Zusammenhang wird auch die Angst vor (Selbst)Ausgrenzung angesprochen. Ganz klar als Feministinnen bezeichnen sich zwei der Interviewpartnerinnen, die anderen fühlen sich dafür nicht *„feministisch"* oder *„aktiv"* genug oder wollen sich nicht in die Schublade „Feminismus" stecken lassen. Das nur zum Hintergrund der Frage nach der Übereinstimmung zwischen feministischen Ansprüchen und dem Handeln.

Einigkeit bestand in dem Punkt, daß eine Übereinstimmung in diesem Bereich stark von der Umgebung abhängig ist. Es wurde betont, daß jetzt mehr auf das persönliche Umfeld geachtet wird, d.h. daß die Umgebung und die Leute bewußter ausgesucht werden. Das bereitet im privaten Bereich weniger Schwierigkeiten, wird jedoch im Hinblick auf die zukünftige berufli che Tätigkeit als problematisch gesehen.

Eine Teilnehmerin hatte Angst vor *„zeitlicher und inhaltlicher Überforderung durch ein geschärftes feministisches Bewußtsein in Industrie und Betrieben"* : *„Ich würde durchdrehen"* Andere Frauen befürchten, *„als Einzelkämpferin ohne Rückhalt* „zu sein oder *„von der Arbeit so vereinnahmt zu werden, daß das Verständnis für feministische Positionen verloren geht."* Weitere Aussagen von Interviewpartnerinnen zu diesem Themenkomplex waren: *„Es wird verdammt schwierig werden, einen Beruf zu finden, wo ich mich wohlfühle."*. Oder: *„Ich bräuchte eine höhere Position, um den Feminismus in meine Arbeit einbeziehen zu können."*

Aber nicht nur die Umsetzung feministischer Ansprüche und das *„Immer-wieder-sich-positionieren-Müssen"* werden als anstrengend empfunden, sondern auch die Einbeziehung feministischer Theorien der Naturwissenschafts- und Technikkritik in die eigene Arbeit erscheint schwierig. Aussagen dazu waren: *„Die feministische Kritik geht weiter als ihre Umsetzungsmöglichkeiten."* Oder: *„Es ist schwierig, sie auf mich selbst zu beziehen."* Oder: *„Das kritische Hinterfragen muß manchmal völlig ausgeblendet werden, um überhaupt noch lernen zu können.".*

Zwei Frauen haben deshalb auch bewußt das Seminar verlassen. Als Gründe wurden genannt: *"Ich brauchte eine Verschnaufpause vom Feminismus und somit auch von der Seminargruppe selbst."* bzw. *„Eine zu starke Auseinandersetzung mit feministischen Inhalten geht mir zu nah.".*

Wenn jedoch Umsetzungsmöglichkeiten der feministischen Kritik gar nicht gesehen werden, ergeben sich auch keine Widersprüche in Alltag und Beruf: *„Da ich immer noch nicht so richtig verstanden habe, wie man feministische Naturwissenschaftskritik praktisch umsetzen kann, geht es mir nicht an die Substanz. .....wenn ich einen Forderungskatalog im Kopf hätte, was weiß ich, das und das kann man machen und das und das kann man nicht machen, dann könnte es sein, daß ich mich da unter Druck gesetzt fühlen würde."* Eine andere Interviewpartnerin meinte: *„In der Umweltforschung kann ich mir eine feministische Identität noch nicht vorstellen."*

Wenn jedoch Möglichkeiten der Umsetzung gesehen werden, werden sie von den Frauen auch gerne ergriffen oder unterstützt, sei es der Besuch von Frauentutorien und feministischen Seminaren, wie dem unsrigen, Frauenarbeit im Studierendenausschuß, Arbeit für den Verein „Frauen in Naturwissenschaft und Technik", der Bearbeitung von Frauenthemen im Gremienausschuß oder von innovativen Themen bei der Diplomarbeit.

Kommunikation nach außen
Die Frauen, die zu diesem Punkt etwas gesagt haben, reden viel und gerne über das Seminar und werden oft darauf angesprochen. Z.T. fällt es schwer, genau zu erklären, was wir machen, weil es nicht in einem Wort ausdrückbar ist. Teilweise wird der feministische Hintergrund des Seminars in der Erzählform den AdressatInnen angepaßt, d.h. es findet eine Verschleierung statt. Die Teilnehmerinnen müssen sich oft verteidigen und rechtfertigen.

Oft wird das Seminar auch als Einstieg genommen, um die Problematik "Frauen in Naturwissenschaft und Technik" zu thematisieren. Es ist aufgefallen, daß häufig Männer diese Problematik eher als Thema sehen als Frauen. Frauen meinen, daß es eine Frage des persönlichen "Fit-Seins" sei (Eine fitte Frau braucht den Feminismus nicht!).

Resümee
Unsere Vermutung, daß die Frauen durch das Seminar in Konflikte mit ihrem Studium geraten, hat sich nicht bestätigt. Vielmehr half das Seminar, Motivationskrisen zu überbrücken. Die Ergebnisse zeigen unserer Ansicht nach, daß es an der Universität Orte geben muß, wo Frauen die Möglichkeit haben, ihr Studium kritisch zu hinterfragen.

Diskussion
Die Diskussion hatte einen deutlich anderen Schwerpunkt als unser Vortrag. Thema unserer kleinen Studie und unseres Vortrags war die Situation im Seminar und die Bedeutung des Seminars für die Teilnehmerinnen. Die meisten Rückfragen kamen jedoch zu den Rahmenbedingungen des Seminars, wie es durchgesetzt werden konnte und welche Auswirkungen es auf andere Lehrveranstaltungen und andere Fachbereiche hat. Berichte der Veranstaltungs-

teilnehmerinnen von ihren Unis/Fachbereichen zeigten, daß sich dort häufig mühevoll Arbeitskreise bilden, die aber nicht durch Stellen abgesichert sind und auch keinen Eingang in die Prüfungsordnungen finden (Vielleicht eine Erklärung für das starke Interesse an den Rahmenbedingungen.).

Ein Ergebnis der Diskussion war, daß der Uni-Streik eine wichtige Auslösebedingung dafür war, daß das Seminar mit Stellen und Prüfungsrelevanz erkämpft werden konnte: Es war eine Aufbruchstimmung, die den nötigen inneren Aufruhr mit sich brachte, um sich für etwas zu engagieren. Da keine Lehrveranstaltungen stattfanden hatten die Studentinnen Zeit, sich mit ihrer Situation und ihren Wünschen und Forderungen auseinanderzusetzen.

Einen breiten Raum in der Diskussion nahmen Fragen nach der Rückkopplung des Seminars mit dem Studium und der Außenwirkung auf andere Lehrveranstaltungen und andere Fachbereiche ein. Das fanden wir ein bißchen schade, da wir bewußt die Frage danach, was im Seminar stattfindet, ins Zentrum der Veranstaltung gestellt haben. Die Fragen nach der Wirkung auf andere Lehrveranstaltungen wirkten fast wie ein Meßlatte, hinter der der Wert des Frauenzusammenhanges an sich verschwand. Doch nun zur Antwort auf die genannten Fragen: Die Rückkopplung unseres Seminars mit dem Studium ist eher indirekt, weil sich die Teilnehmerinnen (des Seminars) durch den Besuch des Seminars verändern und durch die Anbindung an eine Gruppe mehr Motivation zu hochschulpolitischem Engagement haben. Es ist nicht das Anliegen des Seminars, die „normalen" Lehrveranstaltungen zu verändern oder Frauenseminare in anderen Fachbereichen zu initiieren. Letzteres wäre auch fragwürdig, denn es sollten in den Seminaren ja die Bedürfnisse der Frauen aus den jeweiligen Fachbereichen erfüllte werden und dazu müssen sie sie selber artikulieren.

Naturwissenschaftlerinnen und Technikerinnen in Bewegung - Teil III: Feministische Naturwissenschaftskritik und -geschichte als Themen der Kongresse von Frauen in Naturwissenschaft und Technik

Helene Götschel, Universität Hamburg, Institut für Sozial- und Wirtschaftsgeschichte, c/o Prof. Dr. M.-E. Hilger, Allende-Platz 1, 20146 Hamburg

Viele Teilnehmerinnen der Kongresse von Frauen in Naturwissenschaft und Technik empfanden und empfinden ihr Verhältnis gegenüber ihren Wissenschaften als ambivalent. Einerseits genießen sie die lustvolle Beschäftigung mit Naturwissenschaft und Technik und andererseits kritisieren sie den unreflektierten Umgang mit diesen Wissenschaften und deren möglichen menschenfeindlichen Folgen. Das ist heute nicht anders als auch schon zur Anfangszeit der Kongresse (REICHEL u. GÖTSCHEL, 1994). Bereits Ende der 70er Jahre gab es Arbeitsgruppen, die sich kritisch mit Naturwissenschaft und Technik beschäftigten. In den 80er Jahren entwickelte sich die inhaltliche und historische Auseinandersetzung mit naturwissenschaftlichen und technischen Disziplinen zu einem dritten Schwerpunkt der Treffen neben der Beschäftigung mit der Ausbildungs- und Berufssituation von Naturwissenschaftlerinnen und Technikerinnen und dem politischen Engagement der Kongreßteilnehmerinnen (GÖTSCHEL, 1995).

Im folgenden werde ich diese Entwicklung skizzieren und dabei in Auswahl auch auf den Treffen diskutierte Ansätze und Gedanken zur feministischen Kritik an Naturwissenschaften und Naturwissenschaftsgeschichte vorstellen. Schwerpunkt meines Forschungsinteresses waren dabei neben den diskutierten Inhalten vor allem die Strukturen, die solche Diskussionen ermöglichten. Die Arbeitsgruppen, die sich in den 70er und 80er Jahren mit feministischer Kritik an Naturwissenschaft und Technik und Naturwissenschafts- und Technikgeschichte beschäftigten, lassen sich meiner Meinung nach recht gut in zwei Phasen unterteilen. Während die Frühphase (ca. 1977-1984) durch längerfristig zusammenarbeitende Arbeitskreise und kontinuierliche Diskussionszusammenhänge gekennzeichnet war, in denen große Theorieentwürfe hervorgebracht wurden, bemühten sich die Frauen in der zweiten Hälfte der 80er Jahre verstärkt um die Erstellung detaillierter naturwissenschaftshistorischer Studien und die konkrete Umsetzung feministischer Gedanken in den jeweiligen Disziplinen und gingen dabei auch zunehmend institutionalisierte und professionalisierte Wege.

Theorie, Geschichte und Funktion von Naturwissenschaft und Technik

Bereits in den ersten Jahren der Treffen (ab 1977) gab es zwei Arbeitsgruppen (AK „Theorie und Geschichte", AG „Funktion von Naturwissenschaft und Technik"), die Naturwissenschaft und Technik und deren Funktion in unserer hochtechnisierten Gesellschaft in einen theoretischen, politischen und historischen Kontext stellten, von einem feministischen Standpunkt aus kritisierten und dabei grundlegende wissenschaftskritische Fragestellungen ansprachen. Vor allem die Teilnehmerinnen des mehrjährigen Arbeitskreises „Theorie und Geschichte" waren sich einig, daß Naturwissenschaft und Technik nicht länger „Männersache" bleiben dürften, sondern daß Frauen sich in die Technikgestaltung einmischen und mitentscheiden sollten, welche Art von Technik sie haben wollten. Ihrer Meinung nach war es zunächst notwendig, die moderne, westliche Naturwissenschaft und Technik in einen größeren Kontext zu stellen und mit historischem und ethnologischem Blick das Naturwissenschafts- und Technikverständnis anderer Kulturen vor allem unter dem Aspekt „Gilt es als Männersache?" zu betrachten. Zahlreiche Referate und Arbeitsgruppen des Kongresses beschäftigten sich deshalb mit Themen der historischen Frauenforschung, die auch in der allgemeinen Frauenbewegung gerade heftig diskutiert wurden (Stichwort: Matriarchatstheorien, Hexenverfolgung,

Kritik an der patriarchalen Geschichtsschreibung...). Letztendlich erwies sich der theoretisch-historische Ansatz jedoch als enttäuschend. Verläßliche Hinweise auf eine von Frauen betriebene Naturwissenschaft und Technik ließen sich nicht finden. Als schließlich überhaupt bezweifelt wurde, daß daraus eine Utopie für heute abgeleitet werden könne, löste sich der AK „Theorie und Geschichte" 1979 auf.

Die Arbeitsgruppe zur „Funktion von Naturwissenschaft und Technik" beschäftigte sich in den Jahren 1978/79 mit den Rahmenbedingungen heutiger Wissenschaft. Die Teilnehmerinnen dieser Arbeitsgruppe diskutierten, wie sich die zahlenmäßige Dominanz der Männer in Naturwissenschaft und Technik in deren Inhalten und der Art, diese Wissenschaften zu betreiben, ausdrücken würde. Veränderungen könnten z.B. dadurch erreicht werden, daß die Begrenztheit naturwissenschaftlicher Werte aufgezeigt, die Folgen technischer Entwicklungen abgeschätzt und technologische Systeme nach ökologischen Prinzipien beurteilt würden. Da Frauen als Minderheit innerhalb des herrschenden Wissenschaftsbetriebes jedoch wenig Chancen hätten, eine alternative, feministische Naturwissenschaft und Technik, wie auch immer diese aussehen würden, zu entwickeln, sei es zunächst notwendig, daß sich mehr Frauen für naturwissenschaftlich-technische Probleme interessierten und die Naturwissenschaft als ein Werkzeug unter anderen möglichen begreifen lernten. Mit zahlreichen Vorträgen und Veröffentlichungen wurde versucht, diese Gedanken in die Frauenöffentlichkeit zu tragen. Doch dazu später mehr.

Feministische Kritik in der Zeitschrift „Wechselwirkung"

Am Göttinger Treffen 1979 nahm auch die Elektronik-Ingenieurin Imma Harms teil. Sie war Redakteurin der damals gerade neugegründeten und von Männern dominierten naturwissenschafts- und technikkritischen Zeitschrift „Wechselwirkung". Harms konnte ein Dutzend Frauen zur Mitarbeit an einem Themenschwerpunkt zu feministischen Utopien von Naturwissenschaft und Technik motivieren. Die Mitarbeiterinnen des Themenschwerpunktes faßten zunächst die bisherigen Diskussionen und Ergebnisse der Technikerinnentreffen zusammen und ergänzten sie um weitere in ihren Augen sowohl für die feministische Bewegung als auch für eine radikale Kritik der herrschenden Naturwissenschaften wichtigen Punkte. Mit der AG „Öffentlichkeitsarbeit" auf dem Darmstädter Technikerinnentreffen im Mai 1980 und drei weiteren Redaktionssitzungen im Juni, August und November des gleichen Jahres einerseits und durch ihren regen Briefwechsel und persönliche Kontakte andererseits schufen sie sich einen sehr guten Diskussionszusammenhang, in dem sie ihre Ideen entwickeln und ihre Gedanken und Artikel besprechen konnten.

Als das „Wechselwirkungs-Heft" – dann im Februar 1981 unter dem Titel „Berechnen oder Begreifen? - Feministische Kritik an Naturwissenschaft und Technik" erschien, war es schon innerhalb kürzester Zeit vergriffen. Es enthielt neben Erfahrungsberichten, einem kurzen historischen Abriß, einer Textcollage über die wissenschaftliche 'Hilfsarbeit' von Ehefrauen und Assistentinnen bei den Veröffentlichungen der Professoren, einer Kritik an den 'Modellversuchen' von Mädchen in Handwerksberufen und einem Artikel über Haushaltstechnik auch drei wissenschaftskritische Arbeiten, die sich mit den Inhalten von Naturwissenschaft und Technik auseinandersetzten. Am bekanntesten davon ist wohl der Artikel von Rosemarie Rübsamen „Patriarchat - der (un-)heimliche Inhalt der Naturwissenschaft und Technik" (RÜBSAMEN, 1983). Darin ging die Autorin der Frage nach, warum Frauen in naturwissenschaftlich-technischen Fächern nur selten anzutreffen seien, obwohl die Naturwissenschaften ihre Objektivität ausdrücklich betonten, und wie dieser Widerspruch mit den Zielen und Inhalten dieser Fächer zusammenhängen könnte. Sie beschrieb die exakten Naturwissenschaften als „patriarchalische Brille, durch die 'die Natur' gesehen wird" und als Herrschaftsinstrument, das Rationalität zur Verschleierung von Interessen und Wertsetzungen benutze. Ihre Thesen erläuterte sie am Beispiel der hierarchischen Strukturen: Einerseits seien Hierarchien ein Herrschaftsmittel der patriarchalischen Gesellschaft und andererseits hätten sie auch Eingang in die Begriffs- und Theoriebildung der Physik gefunden. Schon 1981 in Hannover, auf dem ersten Technikerinnentreffen nach Erscheinen der „Wechselwirkung", war das Interesse der Teilnehmerinnen an den von den Autorinnen des Schwerpunktheftes angebotenen Arbeitsgruppen groß. In den folgenden Jahren kam es auf den Kongressen zu einem regelrechten Boom an gutbesuchten Arbeitsgruppen zu feministischer Kritik an Naturwissenschaft und Technik.

Der Arbeitskreis „Feministische Kritik und Theorie"

Bereits auf dem nächsten Treffen 1982 in Berlin wurden sechs Arbeitsgruppen zu naturwissenschaftskritischen Themen angeboten, in denen ein breites Spektrum an unterschiedlichsten Ansätzen vorgestellt wurde. Thematisch reichten die Gedanken von der Auseinandersetzung mit linker Wissenschaftskritik über die Kritik an den Verdrängungen und Ausblendungen der Naturwissenschaften und dem unkritischen Umgang der Frauenbewegung mit den Begriffen Natur und Ökologie bis zur Suche nach alternativen Modellen in den Naturwissenschaften. Fast alle Referentinnen und zahlreiche weitere Teilnehmerinnen dieser Arbeitsgruppen des Berliner Treffens waren an einem intensiveren Gedankenaustausch und an einer kontinuierlichen Zusammenarbeit interessiert. Daher gründeten sie den Arbeitskreis „Feministische Kritik und Theorie", auf dessen Adressenliste zeitweise mehr als 60 Frauen standen. Unter den Interessentinnen befanden sich auch Frauen des ehemaligen Arbeitskreises „Theorie und Geschichte" und mehrere Mitarbeiterinnen der „Frauennummer" der „Wechselwirkung". Auf zwei Zwischentreffen des Arbeitskreises diskutierten die Frauen in teilweise parallel liegenden Arbeitsgruppen an den bereits auf dem Berliner Treffen 1982 vorgestellten Themen weiter und brachten ihre Ergebnisse wieder in die folgenden Kongresse ein.

Beispielhaft dafür möchte ich die Gedanken der Biologin Sarah Jansen vorstellen. In ihrer Veranstaltung auf dem Berliner Treffen 1982 beschäftigte sie sich mit dem Begriff „Feministische Ökologie", der Anfang der 80er Jahre in der Frauenbewegung für alles Mögliche benutzt wurde. An mehreren Einzelbeispielen zeigte sie auf, daß der naturwissenschaftlichen Ökologie und ihren Modellen und Methoden ein patriarchales Naturbild zugrunde liege. Auf dem Stuttgarter Treffen 1984 stellte sie nordamerikanisch-indianische Naturbilder und Naturerfahrungen als ein besseres Vorbild für feministische Naturvorstellungen vor. Statt destruktiver Untersuchungsmethoden oder der Trennung zwischen Forschungssubjekt und -objekt dienten in den indianischen Kulturen eigene Erfahrungen in Form von Sinneseindrücken oder Visionen als Entscheidungsgrundlagen. Für die Ökologie bzw. Biologie könnte die Übernahme dieses Naturverständnisses nach Jansen bedeuten, daß Meditation, Trance oder spirituelles Sich-Einfühlen in andere Lebewesen vielleicht neue Formen der Erkenntnisgewinnung über naturwissenschaftliche Objekte schafften.

Auf den Zwischentreffen des AK „Feministische Kritik und Theorie" beschäftigten sich die Frauen auch erneut damit, wie das auch unter Frauen herrschende falsche Bild von Naturwissenschaft und Technik zu revidieren sei und wie mehr Frauen für naturwissenschaftlich-technische Probleme interessiert werden könnten. Sie hatten den Wunsch, sich in die Diskussionen der Frauenbewegung einzumischen und einen kritischen Frauenstandpunkt zu Naturwissenschaft und Technik publik zu machen. Daher beschlossen sie, ihre Vorstellungen einer feministischen Naturwissenschaft und Technik durch Artikel in der feministischen Presse und durch Vorträge in Frauenzentren und auf Frauenwochen bekannt zu machen. Die Liste der durchgeführten Aktivitäten ist lang. Ein herausragendes Ereignis war sicher die Arbeitsgruppe „Das Packeis wird fester" von Regina Boest, Christiane Erlemann, Jutta Götze, Sarah

Jansen, Rosemarie Rübsamen und Brigitte von der Twer auf der Berliner Sommeruniversität 1983. Vor rund 500 Teilnehmerinnen der Veranstaltung verurteilten sie das durch die New-Age-Bewegung geprägte unkritische, „ganzheitliche“ Naturwissenschafts- und Weltbild der Frauenbewegung und stellten ihre Thesen zum Veränderungsbedarf von Naturwissenschaft und Technik durch Frauen vor.

Die Spezialisierung der feministischen Naturwissenschaftskritik

Die theoretisch-philosophische Kritik am Naturverständnis unserer Gesellschaft und das Aufdecken des patriarchalen Inhaltes von Naturwissenschaft und Technik allein lieferten allerdings noch keine feministischen Alternativen zur herrschenden Naturwissenschaft und Technik. Für Naturwissenschaftlerinnen und Technikerinnen führten die theoretischen Diskussionen zur feministischen Naturwissenschafts- und Technikkritik daher konsequenterweise schon bald zu dem Wunsch, die feministischen Gedanken in den einzelnen Disziplinen praktisch umzusetzen. Dabei wirkte sich begünstigend aus, daß die Anzahl der Kongreßteilnehmerinnen in der Mitte der 80er Jahre auf 250-300 Frauen angewachsen war, so daß auf den Treffen zunehmend fachspezifische Arbeitsgruppen angeboten werden konnten. Die Umsetzung feministischer Kritik in den Wissenschaftsalltag durch neue Fragestellungen, Methoden oder Modelle gelang zunächst in der Biologie und den Architektur- und Planungswissenschaften, also den sogenannten weichen natur- und ingenieurwissenschaftlichen Fächern mit relativ hohem Frauenanteil.[1]

So konnten kritische Biologinnen in der Verhaltensphysiologie und in der Neurobiologie unkonventionelle Ideen für ihre Forschungstheorie bzw. Forschungsmethode entwickeln. Die Verhaltensphysiologinnen Susanne Klauke und Sigrid Schmitz zeigten 1987 in der Arbeitsgruppe „Haben Frauen einen anderen Ansatz in den Naturwissenschaften?“ zunächst einen Film über die Arbeitsgruppe Verhaltensphysiologie an der Uni Marburg und berichteten anschließend von ihren Erfahrungen in der Forschungsgruppe. Der Arbeitsgruppe war es gelungen, neue, tierfreundliche Methoden bei der Tierbeobachtung einzuführen und gleichzeitig eine ungewöhnlich große Anzahl von Verhaltensparametern zu beobachten. Wichtige Voraussetzungen für die Entwicklung dieser anderen Arbeitsweise waren nach Ansicht der Referentinnen, daß die meisten Mitglieder der Gruppe Frauen waren und sich in kleinen Gruppen über ihre Arbeitsbedingungen und Methoden austauschen konnten. Ob die Forschungsergebnisse damit automatisch feministische Wissenschaft waren oder „nur“ alternativ-kritische Wissenschaft, konnte in der anschließenden Diskussion allerdings nicht beantwortet werden.

Mit dieser Fragestellung beschäftigte sich die Biologin und Privatdozentin Jenny Kien auf dem Kongroß 1989 in ihrem Vortrag „Gibt es eine ‘weibliche’ und ‘männliche’ Wissenschaft?“. Anhand von historischen und aktuellen Forschungsbeispielen aus der Hirnforschung zeigte sie zunächst auf, daß primär nicht das Geschlecht der Forscherin/des Forschers, sondern vielmehr die Forschungsinhalte und das politische Bewußtsein ausschlaggebend für feministische Wissenschaft seien. Im Folgejahr reflektierte sie ihren eigenen, neurobiologischen Ansatz in der Veranstaltung „Ist unkonventionelle Forschung von Frauen feministische Forschung?“. Gemeinsam mit ihrer Kollegin Jennifer Altman hatte sie das Zustandekommen von Entscheidungen im Zentralnervensystem untersucht und dafür ein nicht-hierarchisches, kooperatives Modell entwikkelt, mit dem auch komplexe Entscheidungssituationen und spontanes Verhalten erklärt werden konnten. Da die beiden Forscherinnen jedoch erst im Nachhinein den Zusammenhang zwischen herrschendem hierarchischen Modell und dem gesellschaftlichen Kontext (z.B. der Orga-

---

1 Bis Mitte der 80er Jahre trafen sich auch Architektinnen und Planerinnen auf dem Kongreß. Inzwischen besitzen sie ihre eigenen Netzwerke, z.B. den Verein FOPA.

nisation des patriarchalen Wissenschaftsbetriebes) erkannten und diesen Zusammenhang in ihren Veröffentlichungen nie explizit aufgezeigt hatten, bezeichnet Kien ihr unkonventionelles Modell rückblickend nicht als feministische Neurobiologie (KIEN, 1995).

Noch schwieriger war die Situation in den sogenannten harten Naturwissenschaften. In der ersten Hälfte der 80er Jahre gab es zunächst auch in Mathematik und Physik erste Ideen, wie allgemein-theoretische Überlegungen zur feministischen Naturwissenschaftskritik in fachspezifischen Ansätzen konkretisiert werden könnten. Die Physikerin Rosemarie Rübsamen initiierte 1983 den Arbeitskreis „Theoretische Physik", mit dem Ziel, eine neue Raum-Zeit-Materie-Interpretation für die Quantenfeldtheorie der Theoretischen Elementarteilchenphysik zu entwickeln. Ein Jahr später stellte die Mathematikerin Regina Boest in der Arbeitsgruppe „Zur Theoretisierung von Erfahrung" ihre Ideen einer an der Alltagserfahrung von Frauen orientierten, mehrwertigen, transklassischen Logik zur Diskussion. Eine Umsetzung dieser theoretischen Gedanken im Rahmen von Arbeitskreisen des Kongresses führte jedoch nicht zu den erhofften Ergebnissen. Gegen Ende der 80er Jahre begann sich schließlich die Überzeugung durchzusetzen, daß es zumindest vorläufig, wenn nicht sogar grundsätzlich, unmöglich sei, Ansätze einer feministischen Mathematik, Chemie oder Physik aus den exakten Wissenschaften heraus zu entwickeln. Da sich die gesellschaftliche Realität in ihnen nur auf einer abstrakten Ebene theoretischer Voraussetzungen und Verflechtungen auffinden lasse, diese aber in den exakten Wissenschaften selbst nicht thematisiert werde, seien zumindest zum gegenwärtigen Zeitpunkt interdisziplinäre Fragestellungen eher in der Lage, neue Erkenntnisse über feministische Naturwissenschaften zu liefern (RÜBSAMEN, 1995).

Die Frauengeschichtsgruppe

Mit historischen Fragestellungen hatte sich bereits der Arbeitskreis „Theorie und Geschichte" beschäftigt. Seine Suche nach identitätsstiftenden Vorbildern verlief jedoch zunächst erfolglos. Als sich der Arbeitskreis auf dem Göttinger Treffen 1979 aufzulösen begann, schlossen sich mehrere Frauen zu einer neuen Forschungsgruppe zusammen. Da sich das Interesse dieser Frauen hauptsächlich auf die Situation von Naturwissenschaftlerinnen, Handwerkerinnen und Technikerinnen in der Neuzeit richtete, nannte sich der Arbeitskreis schon bald Frauengeschichtsgruppe. Ein- oder zweimal pro Jahr trafen sich die historisch interessierten Frauen auf Zwischentreffen, um Literatur zu den Lebens- und Arbeitsbedingungen von Frauen in unterschiedlichen historischen Epochen auszuwerten und die Arbeitsgruppen des Kongresses vorzubereiten. Dabei interessierten sie sich besonders für die Stellung und rechtliche Situation der Frauen, ihre Unterdrückung und ihren Widerstand. 1986 schlossen sie ihre gemeinsame Arbeit mit Herausgabe des Buches „Frauengeschichte(n)" ab (GESCHICHTSGRUPPE, 1986). Wichtigstes Ergebnis der Frauengeschichtsgruppe war, daß Frauen selten politische Macht übernommen hatten, bzw. sich aus politischen Organisationen zurückzogen oder hinausdrängen ließen. Auch hatten sie sich einmal besessene oder auch erst erkämpfte Rechte später wieder wegnehmen lassen. Daher sollten Naturwissenschaftlerinnen und Technikerinnen aus der Geschichte lernen, wie wichtig es sei, sich zu solidarisieren und Bündnisse zu schließen, um eine Veränderung der bestehenden Gesellschaft und ihrer Rollenmuster zu erreichen.

Naturwissenschafts- und Technikgeschichte

Mitte der 80er Jahre wuchs unter den Kongreßteilnehmerinnen auch das Interesse an einer speziellen Naturwissenschaftlerinnengeschichte. 1985 machten die Frauen der Gießener Vorbereitungsgruppe „Die Geschichte der Frau in den Naturwissenschaften" zu einem von drei Themenschwerpunkten. Einen weiteren Denkanstoß gab die Tagung „Naturwissenschaft und Technik - doch Frauensache?", die im Dezember 1986 von Mitarbeiterinnen des Deutschen

Museums München unter Mithilfe von Kongreßteilnehmerinnen geplant und organisiert wurde. Mehrere Frauen, die als Referentinnen zur Münchner Tagung eingeladen waren, unter ihnen die Meteorologin Eva Thomalla, die Biologin Jenny Kien und die Soziologin Ute Hoffmann, wiederholten ihre historischen Beiträge auch auf dem nächsten Naturwissenschaftlerinnen-Kongreß in Erlangen 1987. In den folgenden Jahren wurden auf dem Kongreß immer wieder Veranstaltungen zu historischen Themen angeboten. Das feministische Themenspektrum reichte dabei von zahlreichen Einzelbiographien über Untersuchungen zur Berufstätigkeit und zur Architekturgeschichte bis zur Darstellung von Naturwissenschaftlerinnen und Technikerinnen in Museen und Medien oder zur Entstehungsgeschichte naturwissenschaftlicher Disziplinen, Theorien und Begriffe. Darüber hinaus wurden in den vergangenen Jahren zahlreiche historische Ausstellungen zu Frauen in den Natur- und Ingenieurwissenschaften gezeigt.

Ausblick

Mitte der 80er Jahre begannen sich auch Gesellschaftswissenschaftlerinnen für die Situation der Naturwissenschaftlerinnen und Technikerinnen und in diesem Zusammenhang auch für feministische Kritik an Naturwissenschaft und Technik zu interessieren. In der bundesdeutschen Frauenbewegung, in den Medien und in der historischen und sozialwissenschaftlichen Frauenforschung wurden zur gleichen Zeit auch Naturwissenschaftlerinnen, Nobelpreisträgerinnnen, Technikerinnen und Erfinderinnen zum Thema. An beiden Entwicklungen waren meiner Meinung nach auch die vom Kongreß ausgehenden Impulse und insbesondere die Aktivitäten einzelner Kongreßteilnehmerinnen wesentlich beteiligt. Daraus resultierende, grundlegende Forschungsergebnisse wurden seit der zweiten Hälfte der 80er Jahre ebenfalls auf dem Kongreß zur Diskussion gestellt und führten trotz aller Anfangsschwierigkeiten und berechtigter Kritik an der Kolonialisierung und Objektivierung durch die Gesellschaftswissenschaften schließlich in den 90er Jahren zu spannenden, interdisziplinären Entwicklungen mit „professionellem" Charakter und zu Erkenntnissen, die die Kritik an Naturwissenschaft und Technik weiterbrachten.

Literatur

Geschichtsgruppe des Treffens von Frauen aus Naturwissenschaft und Technik (Hg.), 1986: Frauengeschichte(n). Darmstadt, Gießen, Stuttgart (Selbstverlag).

Helene Götschel, 1995: Naturwissenschaftlerinnen und Technikerinnen in Bewegung - Zu den Anfängen der Kongresse von Frauen in Naturwissenschaft und Technik. In: Renate Michel (Hg.): 21. Kongreß von Frauen in Naturwissenschaft und Technik. 25.-28.5.1995 in Karlsruhe. Dokumentation. Darmstadt, S. 368-372.

Jenny Kien, 1995: Ist 'unkonventionelle' Forschung von Frauen feministische Naturwissenschaft? In: D. Heymann (Hg.): Elfenbisse. Feministische Naturwissenschaft. Mössingen-Talheim, S. 27-42.

Almut Reichel u. Helene Götschel, 1994: Naturwissenschaftlerinnen und Technikerinnen in Bewegung - Zwanzig autonome Treffen/bundesweite Kongresse von Frauen in Naturwissenschaft und Technik. In: Gießener Organisationsgruppe (Hg.): Frauen in Naturwissenschaft und Technik. 20. Bundesweiter Kongreß. 12.-15. Mai 1994 in Gießen. Dokumentation. Gießen (Selbstverlag), S. 208-212.

Rosemarie Rübsamen, 1983: Patriarchat - der (un-)heimliche Inhalt der Naturwissenschaft und Technik. In: Luise F. Pusch (Hg.): Feminismus. Inspektion der Herrenkultur. Frankfurt/M, S. 290-307.

Rosemarie Rübsamen, 1995: Die Physik - Elemente zu einer feministischen Wissenschaft. In: D. Heymann (Hg.): Elfenbisse. Mössingen-Talheim, S. 94-130.

Ein Weibchen ist wie ein verkrüppeltes Männchen
Zur Zeugungstheorie des Aristoteles

Sabine Köhler

Einleitung

"Ferner das männliche Geschlecht ist stärker als das weibliche: es herrscht während dieses gehorcht. Ganz nach diesen nämlichen Gesichtspunkten muß sich nun aber doch nothwendig das Verhältniß der Menschen überhaupt zueinander regeln." [1]

Diesem Grundverständnis, vor mehr als 2000 Jahren formuliert von Aristoteles, fühlen sich Männer bis heute verpflichtet. Es liegt auch der Zeugungstheorie Aristoteles' zugrunde, in der er bergündet, warum die Frau minderwertiger ist als der Mann. Inwieweit Frauen in der Antike diese Meinung verinnerlicht hatten, ist nicht bekannt. Die weibliche Tradition der Überlieferung führte dazu, daß nahezu sämtliche Äußerungen von Frauen verlorengegangen sind.
In diesem Beitrag geht es nicht primär darum herauszuarbeiten, wo Aristoteles sich bei seinen Untersuchungen des weiblichen Körpers täuschte. Aber diese fehlerhaften Schlußfolgerungen, die er trotz des Versuchs einer empirischen Beobachtung und dem Bemühen um Rationalität zog, können über die überall geltenden gesellschaftlichen Annahmen über Frauen und deren Körper Aufschluß geben. Ein Beispiel hierfür ist die aus der griechischen Mythologie stammende Geschichte der Pandora, die als erste Frau von den Göttern geschaffen und auf die Erde gesandt, das in ihrer Büchse enthaltene Übel über die Mannheit brachte.

Aristoteles lebte im 4. vorchristlichen Jahrhundert. Er wurde 384 in Stagira in der heutigen Türkei geboren, mit 17 wurde er in der Akademie von Platon aufgenommen. Nachdem die beiden sich zerstritten hatten, geht er 347 nach Assos an die kleinasiatische Küste und 345 nach Mytilene (Lesbos), in diesem Jahr heiratet er auch das erste Mal. Im Jahr 342 zieht er weiter nach Makedonien um Alexander den Großen zu erziehen, 334 geht Aristoteles zurück nach Athen und gründet seine eigene Akademie, 323 muß er von dort, als Freund der Makedonen, fliehen, noch dort, im selben Jahr, stirbt er in Euboia an einem Magenleiden.
Von Aristoteles sind drei Werke überliefert, die sich mit Biologie beschäftigen. Dies sind (in der Reihenfolge ihres Entstehens) *Historia Animalium (HA)*, eine Sammlung über Beobachtung von Tieren ohne Theoriebildung, *De Partibus Animalium*, das die Gründe für die Beobachtungen in der HA liefert und *De Generatione Animalium (GA)*, das sich mit der Zeugungstheorie beschäftigt. Eine spezielle Abhandlung über Frauen existiert nicht. Aristoteles' Meinung über Frauen ist den biologischen Schriften zu entnehmen, hier ist GA am fruchtbarsten. Aristoteles war der erste, der eine systematische Ordnung in die Welt der Lebewesen bringen wollte. Sein Ziel war jedoch nicht, die Natur zu unterwerfen, er wollte sie lediglich beschreiben. Auf diesem Gebiet hat er sicherlich Pionierarbeit geleistet. Allerdings stieß er bei seinem Programm auf nicht unerhebliche Schwierigkeiten, die aber von ihm hausgemacht waren: Die Erklärung der beobachteten Phänomene mußte sowohl zu der bisherigen Theorie als auch zur allgemeingültigen Meinung passen. Eine Theorie, die sich mit der Funktion eines Organs eines bestimmten Tieres befaßt, muß nicht nur zu der insgesamt über das Tier aufgestellten Theorie passen, sondern auch zu der Theorie, die über Anatomie und Physiologie aller Formen von Leben aufgestellt wurde. Außerdem muß sie mit der allgemeinen Ontologie und den metaphysischen Prinzipien, von denen Aristoteles annahm, daß sie alle Existenz regierte, übereinstimmen. Dies führte manchmal zu ungerechtfertigten Annahmen.

---

[1] Aristoteles: Politik (Pol) I,5 1254b 12-16

Gleichzeitig muß die Theorie mit der allgemein herrschenden Meinung übereinstimmen. Daran hat Aristoteles sich auch gehalten. Statt gegen diese Meinung zu argumentieren, offerierte er Erklärungen, die für uns offensichtlich falsch sind. Es wurde z.B. geglaubt, daß die Menstruation durch den Mond kontrolliert wurde, weil der Mond weiblich ist. Und obwohl er Gegenbeispiele kannte, akzeptiert er diese allgemeingültige Ansicht, indem er den Frauen unterstellte, daß sie leicht durch Temperaturschwankungen, die durch den Mond hervorgerufen werden, zu beeinflussen sind. Wenn trotz Schwankungen der Temperatur keine Änderung im Menstruationsverhalten feststellbar war, dann war die Temperaturänderung eben nicht durch den Mond verursacht.

Das Leben der Frauen in Griechenland

Es stehen uns wenige Quellen über das Leben der Frauen im antiken Griechenland zur Verfügung. Am besten informiert sind wir über Athen im 4. und 5. vorchristlichen Jahrhundert. Als Quellen werden griechischen Tragödien benutzt, in denen auch Frauen auftreten. Es scheint jedoch fraglich, ob das wirkliche Leben der Frauen dargestellt wurde. In den Tragödien werden die Frauen respektiert und lebten keineswegs isoliert. Andere Quellen sind die Reden einiger auserwählter Herren und erhalten gebliebene „Gerichtsakten". Auch vereinzelte archäologische Funde wurden gemacht.

Zu unterscheiden ist, welche Gruppe von Frauen betrachtet wird. Grob unterteilt, gab es in Athen drei Gruppen von Frauen: Sklavinnen, Metökinnen (frei Nichtbürgerinnen) und Bürgerinnen. Die männlichen Bürger von Athen bestimmten die Politik der Stadt. Der Bürgerstatus wurde über eine bestimmte Form des Militärdienstes definiert. Dies schloß Frauen naturgemäß aus. Ein weibliches Wort für den Begriff 'Bürger' gab es nicht.

Die wichtigste Aufgabe einer Athener Bürgerin war ihren *oikoi* bzw. ihrer Familie rechtmäßige Erben zu gebären, in diesem Sinne dienten diese Frauen dem Staat. Die Erbfolge war streng patrilinear. Verstarb ein Vater ohne Söhne, so erbte seine Tochter, jedoch ging das Vermögen in den Besitz ihres Mannes über und danach an ihre Söhne. Die Athenerinnen standen ihr ganzes Leben lang unter der Vormundschaft eines Mannes, ihrem *kyrios*. Zunächst war dies der Vater, später der Ehemann.

Der Frau wurde eine Mitgift in die Ehe mitgegeben, die der Ehemann verwaltete, jedoch durfte sie nur zum Lebensunterhalt der Frau verwendet werden und mußte bei Scheidung zurückgezahlt werden. Der Mann war derjenige, der den ökonomischen Teil der familiären Angelegenheiten regelte. Die Frau durfte nur über einen kleinen Geldbetrag selbst verfügen. Sogar das Einkaufen auf dem Markt war Männersache. Durch das System der Mitgift war die Frau in der Ehe jedoch relativ geschützt. Für ihre Ernährung wurde gesorgt und ließ sich ihr Mann von ihr scheiden, hatte sie gleich Chancen auf einen neuen. Arme Frauen, die über keine bzw. nur eine geringe Mitgift verfügten, waren nur schwer „an den Mann" zu bringen.

Im Idealfall wurden Mädchen zum ersten Mal verheiratet, wenn sie 14 waren, der Ehemann war um 30 Jahre. Dies wurde dadurch legitimiert, daß ein Männerüberschuß herrschte und daß junge Frauen angeblich besonders wollüstig seien.

Die durchschnittliche Lebenserwartung für Männer betrug 45,0 Jahre, für Frauen 36,2 Jahre. Die Frauen hatten in Durchschnitt 4,6 Geburten gehabt, von denen durchschnittlich 3 Kinder das Erwachsenenalter erreichten. Über Empfängnisverhütung ist nichts bekannt, sie wurde aber sicher praktiziert. Zur Erhaltung des *oikos* reichte es aus, eine Tochter großzuziehen. Im Prinzip reichte auch ein Sohn, aber vermutlich wurden zur Sicherheit mehr aufgezogen, weil der eine oder andere während eines Krieges sterben konnte. Nachdem Perikles bestimmt hatte, daß Kinder nur dann Bürger sind, wenn sowohl Vater als auch Mutter BürgerInnen sind, waren die Athener Frauen als Ehefrauen begehrt. Die Urbanisierung führte dazu, daß die weiblichen Tätigkeiten immer mehr in die häusliche Sphäre verlagert wurden. Dort führte sie die üblichen Arbeiten aus. Wasser wurde in Krügen geholt. Da dabei auch soziale Kontakte geknüpft werden können, wurden hierzu in der Regel die Sklavinnen geschickt. Ärmere Frauen mußten jedoch außerhalb ihres Hauses einer Erwerbsarbeit nachgehen.

Als weibliche Tugenden galten Schweigsamkeit, Fügsamkeit und ein völliger Verzicht auf die den Männern offenstehenden Vergnügungen. Es genügte für ein Mädchen von ihrer Mutter die Hausarbeit zu lernen. Während ihre männlichen Altersgenossen sich im Reden und der körperlichen Ertüchtigung übten, waren die jungen Frauen gewöhnlich schon Ehefrau und Mutter. So trug neben dem Altersunterschied auch das unterschiedliche Bildungsniveau dazu bei, daß der Ehemann seine Frau mit einem Gefühl väterlicher Herablassung behandelte und ihre Ehe aller freundschaftlichen und partnerschaftlichen Züge, wie wir sie heute kennen, entbehrte.
In der Religion hatten die Frauen einige Möglichkeiten am öffentlichen Leben teilzunehmen (natürlich nur, wenn sie Bürgerinnen waren). Ansonsten hielten sie sich die meiste Zeit im Haus auf. Im Gegensatz zu den öffentlichen Prunkbauten waren die Wohnquartiere dunkel, schmutzig und unhygienisch. Die meisten Familien dürften eine Sklavin gehabt haben. Die Frauen bewohnten den hinteren Teil des Hauses oder, sofern vorhanden, das obere Stockwerk. Die Arbeiten der Frauen waren umfangreich und zeitaufwendig. Bedingt durch die unhygienischen Verhältnisse und die zahlreichen Schwangerschaften bestand für die Frau eine große Gefahr zu sterben.

Beging eine Frau Ehebruch, worunter auch eine Vergewaltigung verstanden wurde, so war der Ehemann gesetzlich verpflichtet, sich von ihr scheiden zu lassen (Solonsche Gesetze). Als Schuldiger galt stets der Mann, jedoch war die Frau entehrt und die größte Strafe für sie bestand darin, daß sie keinen anderen Ehemann mehr finden konnte. Von „wichtigen Männern" empfohlen wurde dreimaliger Geschlechtsverkehr im Monat. Das reichte, da ja der Sinn des Geschlechtsverkehrs nur darin bestand, Erben zu zeugen. Die Existenz von lesbischen Beziehungen läßt sich nicht für Athener Bürgerinnen, aber für Prostituierte belegen. Die Prostituierten, in der Regel Sklavinnen und frei Nichtbürgerinnen, waren die einzigen Frauen in Athen, die völlig selbständig über teilweise beträchtliche Geldbeträge verfügten. Dies gilt sicherlich nicht für die zur Prostitution gezwungenen Sklavinnen, jedoch für einige der freien Frauen.
Von den Frauen wurde natürlich totale eheliche Treue erwartet, während die Männer ungestraft ihren homo- und heterosexuellen Gelüsten mit Sklavinnen, Prostituierten und Geliebten fröhnen durften.

Das weibliche Menstruationsblut und die Philosophie des Aristoteles
Ein Diskurs, der in der antiken Welt ausgetragen wurde, war der über die Frage, ob Frauen Samen produzieren. Nach Meinung von Aristoteles ist dies nicht der Fall, womit er eine Minderheitenposition vertrat. Allerdings war für ihn das Menstruationsblut dasjenige Produkt der Frau, dem er die entscheidende Rolle bei der Zeugung von Nachkommen zuschrieb, so daß er es zeitweilig mit dem Ausdruck *sperma* belegte, dem Namen für den männlichen Samen. Das Menstruationsblut hat jedoch auch einen eigenen Namen: *katamenia*.

Da sowohl der Samenfluß als auch die Menstruation im selben Alter das erste Mal auftreten, schrieb Aristoteles ihnen richtigerweise eine Rolle im Zeugungsprozess zu, er erkannte jedoch, daß das Menstruationsblut einmal im Monat ohne erkennbaren Zusammenhang mit dem Geschlechtsverkehr oder genitaler Stimulierung auftritt, während der männliche Samenfluß immer bei genügender Stimulation erfolgt. Aristoteles gebrauchte drei Argumente um zu beweisen, daß Frauen keinen Samen produzieren:

1. Nicht jede Frau hat solche Ausscheidungen. Sie zeigt sich bei den weißen Frauen mit weiblichem Aussehen, hingegen nicht bei denjenigen mit dunkler Haut und männlichem Aussehen. Wie er zu dieser Einschätzung kommt, verrät er nicht, es könnte jedoch sein, daß er hier Athener Bürgerinnen und Sklavinnen unterscheidet, denn die Sklavinnen kamen häufig aus fremden Ländern und hatten kurzgeschorene Haare. Da manche Frauen die Ausscheidungen nicht haben, aber alle empfangen können, kann die beobachtete Ausscheidung nicht die weibliche Samenflüssigkeit sein.

2. Der Frau entsteht bei der Begattung das Lustgefühl durch Berühren an derselben Stelle wie den Männern, obgleich sie diese Flüssigkeit nicht dort ergießt. Aristoteles scheint hier zu argumentieren, daß es inkorrekt sei, diese Ausscheidungen mit männlichem Samen in Verbindung zu bringen, da sie nicht aus der Stelle der Berührung herrühre. Es bleibt jedoch unklar, welche Ausscheidungen gemeint sind.

3. Nach Aristoteles' Theorie scheint Samenflüssigkeit diejenige Flüssigkeit zu sein, die in Verbindung mit Lustgefühl entsteht. Da jedoch Frauen auch empfangen können, ohne Lust zu empfinden bzw. Lust empfinden ohne zu empfangen, können sie keinen Samen produzieren. Auf das Problem, daß Männer einen Samenerguß haben ohne zu zeugen, geht er nicht ein, denn dadurch würde die Verbindung von männlichem Erguß und Samen in Frage gestellt werden.

Die weibliche Menstruation war der Dreh- und Angelpunkt des weiblichen Körpers in der Antike. Sie spielte bei der ärztlichen Therapie und Diagnose eine entscheidende Rolle. Jede Krankheit der Frau wurde mit einer Störung der Menstruation in Zusammenhang gebracht. Entscheidend war, daß die Menstruation "richtig" war. Nicht zu lang oder zu kurz, nicht zu schwach oder zu stark. Wenn sie ausblieb, und dieses nicht aufgrund einer Schwangerschaft geschah, war höchste Sorge geboten.
Die Vorstellung über die Menstruation war die, daß sich während eines Monats Blut in der Gebärmutter, die in dieser Zeit verschlossen ist, sammelt. Wenn die Gebärmutter voll ist, öffnet sie sich und das gesammelte Blut kann abfließen. Dieser Glaube ließ Aristoteles meinen, daß die beste Zeit für den Empfang eines Kindes der Zeitpunkt ist, wenn die Gebärmutter gut gefüllt ist. Zum einen ist sie dann offen und der männliche Samen kann eindringen und außerdem wird in seiner Zeugungstheorie viel Menstruationsblut benötigt.
Nach den Vorstellungen der Griechen war ein Mädchenkörper mit 14 Jahren reif genug, um Menstruationsblut zu produzieren. Der Beginn der Menstruation wurde als Ende der Pubertät betrachtet. Hatte ein Mädchen mit 14 Jahren noch keinen Blutfluß, so wurde angenommen, daß sie dennoch Menstruationsblut produzieren würde, das sich in ihrem Körper sammelt. Deswegen galt 14 als das ideale Heiratsalter für Mädchen, nicht zuletzt deswegen, um sie, falls die Menstruation noch nicht eingetreten war, zu „öffnen".

Um die Aristotelische Zeugungstheorie wirklich zu verstehen, muß sie in Kontext zu seiner allgemeinen Philosophie gebracht werden:[2] Für Aristoteles können alle Dinge unter die folgenden Kategorien subsummiert werden: Substanz, Qualität, Quantität, Relation, Ort, Zeit, Lage, Haben, Tun und Leiden. Alle anderen Kategorien hängen von der Kategorie der Substanz ab. Eine Substanz ist zusammengesetzt aus Material oder Stoff und Form. Das eine kann ohne Verbindung zum anderen nicht existieren. Wenn auf der Erde eine neue Substanz entsteht, muß der Stoff, der vorher in einer anderen Form existierte mit einer Form in Verbindung gebracht werden, die vorher in einem anderen Stoff existierte. Baut eine Bildhauerin z.B.

[2] Die hier nur kurz angerissene Philosophie des Aristoteles ist ausführlich in der *Methapysik* dargelegt.

eine Statue aus Stein, so gibt sie dem Stein die Form einer Statue. Diese Form war nach der Vorstellung Aristoteles' vorher in ihrem Kopf vorhanden. Lebewesen waren für Aristoteles Substanzen par excellence, erbaut aus den Stoffen ihrer Körper, Fleisch, Blut, Knochen etc. und der Form ihrer Art, Mensch, Hund, Pferd etc.. Form und Stoff reichen für die Erzeugung eines Dinges jedoch nicht aus. Vielmehr wird ein Werkzeug benötigt, daß die Form in den Stoff bringt (Wirkungsursache) und das zu erschaffende Ding muß einem Ziel dienen, das dadurch erreicht wird, indem die Form in den Stoff gebracht wird (finale oder Zweckursache). Für unsere Bildhauerin bedeutet dieses, daß sie den Stein mit dem Hammer, dem Werkzeug bearbeitet. Wir haben also insgesamt vier Ursachen oder Prinzipien: die formale Ursache, die stoffliche Ursache, die Wirkungsursache und die finale Ursache. Aristoteles schreibt drei der vier Ursachen dem Mann zu. Für die Frau bleibt nur die stoffliche Ursache, d. h. sie stellt das Material zur Verfügung aus dem der neue Mensch entstehen soll. In höheren Lebensformen sind die Zeugungsprinzpien von Form und Stoff getrennt. Die Form, real und gedacht, ist überlegen und wird somit mit dem Männlichen identifiziert. In Spezies, die aus zwei Geschlechtern bestehen, kann das weibliche nur zur stofflichen Ursache der Zeugung beitragen. Hierzu führt er aus:

"Die erste bewegende Ursache, in welcher der Begriff und die Form liegt, [ist ein] Höheres und Göttlicheres, als der Stoff...denn ein Höheres und Göttlicheres ist das Prinzip der Bewegung, welches als Männliches den werdenden Geschöpfen zugrunde liegt, indem das, was als Weibliches zu Grunde liegt, Stoff ist."[3]

Es war jedoch nicht nur Aristoteles unbestreitbarer Glaube an die männliche Überlegenheit, daß ihn den männlichen und weiblichen Beitrag zur Zeugung trennen und in eine Reihenfolge bringen ließ. Seine Theorie der Substanzen in Verbindung mit seinem Prinzip, daß die Natur trennt, wo immer sie kann, spielt eine zentrale Rolle.

Bei Lebewesen identifizierte Aristoteles die formale und finale Ursache mit der Seele. Er bezeichnet sie als Prinzip der Seele. Die Anzahl der Funktionen, die die Seele ausführen kann, steigt mit der Körperwärme und sinkt auch mit ihr, bis sie schließlich beim Tod ganz zum Erliegen kommen. Von anderen Lebewesen unterscheiden sich die Menschen (genauer: die Männer) dadurch, daß sie auch eine rationale und gefühlsmäßige Seele besitzen, die es ihnen erlaubt zu entscheiden. Diese rationale und gefühlsmäßige Seele wird mit dem Prinzip der Seele identifiziert. Um als ein Mensch zu gelten, muß ein neugeborenes Wesen alle Eigenschaften der menschlichen Seele besitzen, auch die rationale und die gefühlsmäßige. Frauen sind jedoch unfähig, alle menschlichen Ursachen an ein neues Individuum weiterzugeben, weil sie nur die vegetative Seele besitzen, die auch alle anderen Lebewesen besitzen und die Lebewesen von anderen Dingen unterscheidet. Seine Theorie der Substanz führte Aristoteles dazu zu begründen, warum das so ist, nun muß er noch erklären, warum es die Frau ist, die diese Unfähigkeit besitzt.

Der warme Mann und die kalte Frau

Männlicher Samen und weibliches Menstruationsblut tragen, wie bereits erwähnt, zur Zeugung von Lebewesen bei. Beide entstehen durch Verkochung von Blut. Die Begriffe warm, kalt, feucht und trocken spielten in der Naturwissenschaft der alten Griechen eine wichtige Rolle. Mit warm und trocken wurden in Verbindung gebracht: Männlich, Osten, Sonne, Sommer. Zu kalt und feucht gehörten: Weiblich, Westen, Mond und Winter. Das Blut wiederum entsteht auch durch Verkochung von überflüssiger Nahrung. In der Jugend wird dieses Blut

---

3 Aristoteles: De Generatione Animalium (GA) 732a 3

benötigt, um zum Wachstum beizutragen, ist die Pubertät erreicht, wird dieses Blut in Menstruationsblut und Sperma weiterverkocht. Das bedeutet, daß sowohl Mann als auch Frau in der Lage sind, die vegetative Seele zu tragen. Da der Mann eine größere Körperwärme besitzt, kann er sein Blut zu einen größeren Grad verkochen als die Frau. Sein verkochtes Blut sieht dem ursprünglichen Blut nicht ähnlich und es tritt nur in kleinen Mengen auf. Ganz im Gegenteil dazu das weibliche "Verkochungsprodukt", das dem Blut ähnelt und in großen Mengen vorhanden ist. Die Frau ist nämlich aufgrund ihrer geringeren Körperwärme nicht in der Lage, ihr Blut in ein so hochwertiges „Verkochungsprodukt" zu verwandeln wie der Mann. Dieses benutzt Aristoteles nun als Begründung dafür, daß die Frau minderwertig ist. Das Menstruationsblut wird von Aristoteles als potentielles *sperma* betrachtet, d. h. wenn die Frau mehr Wärme besitzen würde, wäre sie in der Lage, ihr Blut besser zu verkochen und ebenfalls Samen zu produzieren.

Der männliche Samen überträgt nun bei der Zeugung das Prinzip der Seele, jedoch ist auch er nicht unbeschränkt dazu in der Lage. Der Samen muß sehr heiß sein. Er muß in der letzten Minute vor der Ejakulation erst verkocht werden, und sogar der erste Samenerguß ist gewöhnlicherweise infertil, weil noch nicht genug gekocht. Ein langer Penis wirkt sich ebenfalls negativ auf die Zeugungsfähigkeit des Mannes aus, weil der Samen zu lange braucht, um zur Frau zu gelangen.

Bei der Zeugung von neuen Individuen dient der Samen als Werkzeug, er überträgt die Form, die bereits im Samen enthalten ist, auf das weibliche Menstruationsblut. Das weibliche Material wird in Bewegung versetzt und ihm wird durch den Samen Form und Kraft verliehen. Aristoteles vergleicht den Akt der Zeugung mit der Herstellung eines Bettes durch einen Zimmermann:

"Nun ist aber das Weibliche, insofern es weiblich ist, ein Leidendes, das Männliche aber, insofern es männlich ist, ein Wirkendes und ein Solches von dem die Bewegung ausgeht; wenn man also beide in ihre letzte Bedeutung faßt, in welcher das eine ein Wirkendes und Bewegendes, das andere ein Leidendes und Bewegtes ist, so wird das aus ihnen entstehende Eine nur so entstehen können wie durch den Zimmermann und das Holz die Bettstelle..." [4]

Der Vergleich mit dem Zimmermann hinkt jedoch an zwei Stellen. Erstens kann das Werkzeug nach Aristoteles' tiefsten Überzeugung nicht Teil des Materials werden, es dient lediglich dazu, das Material zu bearbeiten, und zweitens kann das Werkzeug seine Arbeit nicht allein ausführen, es bedarf des Handwerkers, der es benutzt. So kommen zwei Fragen auf: Was geschieht mit dem Samen, nachdem er das weibliche Menstruationsblut erreicht hat, und wie gelingt es, daß das Werkzeug ohne Fremdeinfluß seine Arbeit verrichtet?

Aristoteles bietet folgende Lösung: Der Samen ist der Überbringer der Form, genauer des Prinzips der Form. Nachdem er dieses Prinzip dem Menstruationsblut überbracht hat, verschwindet er. Damit ist gewährleistet, daß er kein Teil des Stoffes wird. Dies führt jedoch zu einem neuen Problem, denn es muß immer ein Werkzeug vorhanden sein, das das Material bearbeitet, bis es seine endgültige Form hat. So muß auch nach dem Verschwinden des Samens ein Werkzeug im weiblichen Körper vorhanden sein, das den Stoff bearbeitet. Dieses Werkzeug wird vom Samen auch geliefert, denn neben der Form bringt er dem Menstruationsblut auch ein neues Werkzeug, d.h. der Samen selber hat nur eine begrenzte Bedeutung als Werkzeug. Das neue Werkzeug, das er überbringt, sind Bewegungen, und nachdem die

[4] GA 729b 12-21

Menstruationsflüssigkeit diese Bewegungen übernommen hat, wird es ausrangiert. Durch das Konzept der Bewegungen hat er auch gleichzeitig das Problem gelöst, wie das Werkzeug ohne Fremdeinfluß seine Arbeit tut, denn die Bewegungen sind ihr eigenes Werkzeug.

Hartnäckig vertritt Aristoteles die These, daß der männliche Samen keinen Stoff zur Schaffung des neuen Lebens beiträgt. Es ist lediglich die Wirkungskraft, die die Form vom Vater auf den Stoff der Mutter überträgt und der Samen verschwindet, sobald das Ziel erreicht ist. Aristoteles muß dieses sagen, denn der männliche und weibliche Beitrag zur Zeugung müssen auseinander gehalten werden, das männliche Element darf nicht durch Stoff "verschmutzt" werden. Durch diese Sturheit erwachsen Aristoteles eine Menge Probleme, die er nicht gehabt hätte, wenn er dem Mann auch ein bißchen Stoff zugestanden hätte.

Das Geschlecht des zukünftigen Lebewesens wird nach dem Glauben von Aristoteles am Ende der Zeugung bestimmt und diese Bestimmung führt uns zu der finalen Ursache, die letztendlich in den Stoff überführt wird. Wenn der Mann bzw. sein Samen genügend Hitze haben, um den weiblichen Stoff komplett zu überwinden, dann wird ein Prinzip kreiert, in dem nichts von der ursprünglichen Hitze verlorengeht und das neu entstehenden Individuum selbst hat genug Lebenswärme in seinen Prinzipien, um selber Samen in seiner vollendeten Form zu erzeugen. Das bedeutet also, daß das entstehende Individuum die komplette Form (Seele) hat und somit männlich wird. Damit ist das Ziel erreicht. Denn das Ziel eines jeden Zeugungsaktes ist es, männliche Nachkommen zu zeugen.
Nun kann es aber passieren, daß der Samen des Vaters vom Stoff der Mutter überwältigt wird. Obwohl also der Samen in der Lage wäre, das "richtige" Ziel zu erreichen, kann er es nicht erfüllen, da er nicht genügend Wärme besitzt. Der entstehende Organismus wird nie die volle Form der Spezies erreichen, sondern wird in sein Gegenteil, ein weibliches Wesen, verkehrt werden. Aristoteles führt dazu aus:

"Wenn es dem Prinzip nicht gelingt die Oberhand zu gewinnen und es unfähig ist eine Verkochung zu bewirken, da es ihm an Wärme mangelt und wenn es ihm nicht gelingt, den Stoff in seine eigene Form zu reduzieren, sondern es statt dessen nur das Schlechteste in dem Versuch erreicht, dann muß der Stoff notwendigerweise in sein Gegenteil verkehrt werden. Nun ist des Gegenteil des männlichen das weibliche."[5]

Aristoteles Theorie der Ähnlichkeit
Der oben geschilderte Prozess beschreibt, wie ein Individuum einer Spezies reproduziert wird. Das, was vom Vater via Samen zum Embryo gelangt, ist die Form des Spezies, d. h. die Form des Menschen, die ihn z.B. von Hunden unterscheidet. Dieses erklärt aber noch nicht, wieso jedes Lebewesen einmalig ist oder auf welche Weise Eltern ihren eigenen Charakter an ihre Kinder weitergeben, denn dieses ist nicht in der Form enthalten. Im Kontext von Aristoteles' ganzer Philosophie, wo Eigenartigkeiten von Lebewesen derselben Spezies durch ihren Stoff begründet werden, ist es für ihn viel schwieriger zu begründen, warum Kinder ihrem Vater ähneln können. Dieses Problem hätte Aristoteles leicht lösen können, wenn er erlaubt hätte, daß auch der Stoff des Samen bei der Zeugung eine Rolle spielt.
Aristoteles entwickelt eine Theorie der Unterscheidung der Form auf einer individuellen und einer allgemeinen Ebene. Die allgemeine Ebene ist die menschliche Form an sich, die einen Menschen von anderen Lebewesen oder einem Stein unterscheiden. Die individuelle Ebene beinhaltet die Charaktereigenschaften, die zwei Menschen voneinander unterscheiden. Hat ein Kind die gleiche Nase wie sein Vater oder seine Mutter, so kommt dieses nicht durch die Absonderungen der Nase zustande, die auf den Embryo übertragen werden, sondern die

[5] Aristoteles: Historia Animalium (HA) 585b 23-24

Ähnlichkeit wird durch die Anordnung des Stoffes überbracht. Der Samen ist fähig, die Ordnung zu transferieren, nicht weil sie von der Nase oder einem anderen Körperteil stammt, sondern weil sie in einem Körper hervorgebracht wird, in dem sie zu solch einer Nase oder Körperteil führt. *"Man muß also das, was die früheren Forscher sagten gerade umkehren. Jene nannten nämlich den Samen das, was vom ganzen Körper kommt, wir aber werden sagen, er sei dasjenige, was bestimmt ist zum ganzen Körper hinzugehen."* [6] Dieses ermöglicht dem Samen, die Eigenheiten des Vaters direkt in seine stoffliche Natur zu übergeben. D.h. der Samen überträgt nicht nur die Form auf das Menstruationsblut, sondern übergibt ihm auch das Potential eine gewisse Erscheinung (nämlich seine eigene) anzunehmen. Entscheidend ist, daß nur das Potential, übertragen wird. Da Aristoteles allgemein darauf bestand, daß Mitglieder einer Spezies in der Form identisch sind und sich nur durch ihren Stoff in Merkmalen unterscheiden, war dieses mit seiner Substanztheorie konsistent.
Wie kann nun ein Kind dem Vater ähnlich sehen, wenn der Samen zwar die Form der Spezies übertragen kann, jedoch keinen Stoff zur Zeugung beiträgt, anderseits aber der Stoff des Samens benötigt wird, um Ähnlichkeit mit dem Vater zu erzeugen? Wenn der Embryo nichts vom Stoff in dem männlichen Samen nutzt, dann wird das Kind die Form der Spezies vom Vater erhalten und alle anderen individuellen Unterschiede, die ihn von anderen Individuen der Spezies trennen, bekommt es von der Mutter.
Um die Tatsache zu erklären, daß ein Kind dem Vater ähneln kann, muß Aristoteles von seiner eigenen Philosophie abweichen und versichern, daß die Form eines Individuums, die den Nachkommen durch den Vater vermittelt wird, nicht einfach die Spezies (d. h. Mensch) oder sogar die männliche Seele (die perfekte Form der Spezies) ist, sondern auch die "individuellen Bewegungen", die zwei Menschen voneinander unterscheiden. D. h. die Form einer individuellen Spezies besteht doch nicht nur aus der Form der Spezies, sondern jedes Individuum hat quasi seine eigene Form. Darüber hinaus sind die stärksten Bewegungen in den Samen diejenigen, die sich durchsetzen: *"Es sind immer die seltsamsten und individuellen Charakteristiken, die den stärksten Einfluß ausüben."* [7]

Nachdem Aristoteles die individuellen Charakteristiken eines Mannes in seiner individuellen Form, die durch seinen Samen an seine Nachfahren weitergegeben werden kann, lokalisiert hat, kann er die der Frau nicht in ihrem Stoff ausfindig machen, aber er möchte es vermeiden zu sagen, daß sie ihre menschliche Form durch ihren Samen überträgt. Er entwickelt eine sehr schwache Lösung, indem er sagt, daß das männliche Prinzip in der Form in sein Gegenteil - das weibliche - verkehrt wird, wenn es überwältigt wird. So werden die individuellen väterlichen Prinzipien, wenn sie überwunden werden, in ihr Gegenteil - die individuellen mütterlichen Prinzipien - verändert:

"Weil aber alles, was aus seiner Natur heraustritt, sich nicht in irgendein zufälliges, sondern in sein Entgegengesetztes verwandelt, so muß auch dasjenige, was bei der Zeugung nicht bewältigt wird, ausarten und zum Entgegengesetzten werden. Hat es nun in seiner Eigenschaft als männliches nicht bewältigt, so entsteht ein Weibchen, hat es aber als Koristos oder Sokrates nicht, so entsteht ein Kind, welches nicht dem Vater, sondern der Mutter gleicht." [8]

Wenn es den Bewegungen in den männlichen Samen nicht gelingt sich durchzusetzen, dann setzt sich nicht etwa die Bewegungen in den weiblichen Residuen durch, vielmehr werden die Bewegungen in den männlichen Samen in ihr Gegenteil verkehrt.

---

[6] GA 725a 21-24
[7] GA 767b 30
[8] GA 768a 7-9

"Wie nämlich von Verkrüppelten manchmal wieder Verkrüppelte abstammen, manchmal Nicht-Verkrüppelte, so entsteht aus einem Weibchen manchmal wieder ein Weibchen, manchmal aber auch nicht, sondern ein Männchen. Ein Weibchen ist wie ein verkrüppeltes Männchen, und der Monatsfluß ist Same, nur nicht reiner Same. Denn nur eines fehlt ihm, die Lebensquelle ... denn diese Lebensquelle bringt erst der männliche Samen mit."[9]

Ein Mann kann eine beliebige Frau heiraten, manche heiraten mehrmals. Da die Überwältigung seiner eigenen individuellen Bewegungen zu einer Ähnlichkeit mit der speziellen Frau, die er geschwängert hat, führt, muß der Beitrag der Frau von einiger Bedeutung sein. Aristoteles umgeht diese Sackgasse, indem er zugab, daß die Frau etwas ihrer individuellen Form beiträgt, auch dann, wenn sie nicht die perfekte Form der Spezies hat. Die Kritik, die im allgemeinen gegen diese Theorie vorgebracht wird, ist, daß er sich in solche Schwierigkeiten begibt, weil er sich weigert, den Frauen einen entscheidenden Anteil an der Zeugung eines Kindes zuzugestehen. Seine Theorie könnte standhalten und wäre auch konsistenter zu seiner übrigen Philosophie, wenn er den Männern zugestanden hätte, daß auch sie einen Teil Stoff und damit einen Teil ihres Charakters zu dem Kind beitragen. Die Verantwortlichkeit, die individuelle Form der Spezies direkt auf die Schultern des Mannes zu legen, wäre nicht weniger sexistisch, hätte aber den Vorteil, logisch in seine Theorie zu passen.

Wie es scheint, ist in Aristoteles Ähnlichkeitstheorie der Fall, daß ein Sohn seinem Vater ähnlich sieht, derjenige, der am erstrebenswertesten ist, denn es wurde das gesamte Material der Mutter überwältigt. Eine Tochter, die wie ihre Mutter aussieht, resultiert aus dem Material der Mutter (obwohl nicht den Bewegungen des Materials). Hier wurden sowohl die individuellen als auch die männlichen Bewegungen des Vaters überwältigt. Nach Aristoteles sind diese Zusammensetzungen die am häufigsten vorkommenden. Ein Sohn, der seiner Mutter ähnelt, resultiert daraus, daß die individuellen Bewegungen des Vaters überwältigt werden, jedoch nicht die seines Geschlechts. Eine Tochter, die ihrem Vater ähnelt, entsteht dadurch, daß die männlichen aber nicht die individuellen Bewegungen des Vaters überwältigt werden.

Der Gebrauch des Menstruationsblutes während der Schwangerschaft

Wie wir gesehen haben, spielt das Menstruationsblut eine entscheidende Rolle in Aristoteles' Zeugungstheorie. Auch wenn er die Rolle des Vaters höher einschätzte, kann man ihm kaum nachsagen, daß er die Mutterschaft verleugnet habe. Er hätte seine Theorie vereinfachen können, wenn er den Männern erlaubt hätte, die Rolle der Frau, Material beizusteuern, mit zu übernehmen. Da er es nicht tat, bedeutet dieses, daß sie eine wesentliche Rolle sowohl in der Zeugung als auch in der Ernährung des ungeborenen Kindes spielte. Die Frau war nicht einfach die Erde, in die der Mann seinen Samen pflanzen konnte. Jeder Samen, der gepflanzt wird, ist eine Mixtur aus männlichen und weiblichen Anteilen, die Funktion auf der Erde ist, Nahrung zur Verfügung zu stellen, um zu wachsen. Aristoteles war nicht unter denen, die glaubten, daß die Frau nur den Platz zur Verfügung stellt, in dem der Fötus sich entwickeln kann, oder sogar unter denen, die glaubten, daß sie lediglich diese und die Nahrung für sein Wachstum zur Verfügung stellte. Dennoch wird der Weg, auf dem Aristoteles dachte, wie die Frauen etwas über und von diesen beiden Faktoren zur Zeugung beitragen, nur klar, wenn wir die Entwicklung des Embryos in der Frau von seiner Zeugung bis zur Geburt betrachten.

Während der Schwangerschaft hört das Menstruationsblut der Mutter auf zu fließen, die griechischen Theoretiker glaubten jedoch, daß es in der Mutter weiterhin präsent war, denn die Schwangerschaft verändert das Verdauungssystem, das das Menstruationsblut produziert,

[9] GA 737 a

nicht. Während der Schwangerschaft verhält es sich vielmehr so, daß der Embryo das Blut absorbiert: Der allgemeine Glaube war, daß bei einer Schwangerschaft das Blut von allen Stellen des Körpers kommend direkt in die Gebärmutter fließt, um den Embryo zu ernähren. Eine ständige Versorgung mit Blut ist zwingend notwendig. Wenn eine Frau während der Schwangerschaft menstruiert, kann ihr Kind nicht gesund sein, und falls sie blutet, erleidet sie eine Fehlgeburt. Wenn diese Darstellung auch durch Beobachtungen zu verifizieren gewesen sein mag, so diente sie jedoch in erster Linie dazu, die Theorie, daß der Fötus sich vom Menstruationsblut seiner Mutter ernährt, aufrechtzuerhalten. In der Aristotelischen Theorie war, wie wir gesehen haben, das Menstruationsblut sogar Teil der Zeugung.
Es war wichtig, so schnell wie möglich zu wissen, ob eine Frau schwanger war oder nicht, denn wenn ihre Menstruation aus einem anderen Grunde als der Schwangerschaft ausblieb, war sofortige medizinische Versorgung vonnöten, andererseits wollte der Arzt in der Regel keine Abtreibung bewirken (indem er eine Schwangerschaft nicht erkannte). Die Methoden, um eine Schwangerschaft festzustellen, beinhalteten unter anderem, daß ein roter Stein auf einem Auge der Frau gerieben wurde. Wenn die Farbe durchgedrungen ist, dann bedeutete das, daß die Frau schwanger ist. Diese Methode basierte auf dem Glauben, daß zwischen den Augen und dem Reproduktionssystem ein Zusammenhang besteht.

Es gab mehrere Theorien, wie der Fötus das Blut in seinen Körper absorbierte. Manche Wissenschaftler glaubten, daß der Fötus an einem Nippel oder einem Stück Fleisch nuckelte wie an der weiblichen Brust nach der Geburt. Aristoteles ortete die Nabelschnur als dasjenige Organ, das die Nahrungsaufnahme des Ungeborenen bewirkte.
Hiermit einher ging die Frage, in welcher Reihenfolge der Embryo seine Organe entwickelt. Aristoteles beschrieb den Embryo in seiner ersten Phase als voll von blutigen Adern und weißen Fasern, die von einer Hülle eingeschlossen waren. Dennoch glaubte er nicht, daß die Entwicklung dadurch vorangetrieben wurde, indem Teile des Samens näher mit dem angesammelten Menstruationsblut, entweder durch dessen Gerinnung um den Samen herum oder durch dessen Aufnahme durch den Samen, die aus einer Schwellung des Samens resultierten, in Verbindung gebracht wurden. Die Teile müssen sich nach und nach in dem Menstruationsstoff selber entwickeln, bevor sie zu wachsen anfangen konnten. Er erkannte, daß das Herz das erste Organ ist, das sich entwickelt und sichtbar ist (mit dem Mikroskop sind allerdings Wirbelsäule und Nervensystem früher zu sehen). Aristoteles mag dies bei einem Embryo gesehen haben, aber wenn nicht, so hätte er vermutlich trotzdem gesagt, daß das Herz das erste sich entwickelnde Organ sei, weil es das Prinzip der Lebenserhaltung und des Wachstums bei einem voll entwickelten Tier ist.[10] Der männliche Samen überträgt genug Wärme, um dieses erste Prinzip der Seele in das weibliche Material zu übertragen. Die Form hat nun ihren Sitz im weiblichen Material. Von dort kann es Operationen lenken, so daß das Menstruationsblut, das nun ein Organismus ist, sich zu seiner endgültigen Form entwickeln kann, wobei es feste Schritte in einer den Fähigkeiten seiner vegetativen Seele entsprechenden Zeit zurücklegt. Der Organismus durchläuft mehrere Stufen, bis er als Mensch erkennbar wird. Da er aber das Prinzip der vegetativen Seele enthält, ist er immer fähig, die Nahrung von der Mutter in den Typ Material, der gerade für einen bestimmten Teil gebraucht wird, umzuwandeln.

Aristoteles sagt, daß das Weibliche sowohl das Material für die Formung des Fötus als auch das weitere Material, das wegen seines Wachstums hinzuzufügen ist, enthalte[11], und weiter, daß der Stoff, durch den der Fötus wachse, derselbe sei wie der von dem es sein "Leben"

---

[10] Nach Ansicht der alten Griechen war das Herz das wärmste Organ und das "Denkzentrum" des menschlichen Körpers.
[11] GA 730b 1-4

erhielte.[12] Jedoch gibt es Anzeichen dafür, daß er dem Material, das durch den männlichen Samen bei der Zeugung "informiert" wurde, eine höhere Bedeutung zumaß als dem, das später einfach als Nahrung benutzt wurde. Indem er die Entwicklung eines Eies diskutierte, sagte er, daß in zweifarbigen Eiern (d. h. Eier mit Eiweiß und Eigelb) das Weiße wärmer und daher näher an der eigentlichen Form des Tieres dran sei, und genau dieses passiere auch bei der Formgebung des Fötus.

Wenn eine Frau geschwängert wird, sagt Aristoteles, daß der Samen als erstes den reinsten Teil des Menstruationsblutes besetzt, denn der Rest ist flüssig und von keinem Nutzen. Dieser Rest dient als Nahrung des Ungeborenen.

"Man muß also offenbar schließen, daß die Zeugung (des Weibchens) von diesem Stoffe ausgeht. Denn der Monatsfluß ist ein nicht reiner sondern der Durcharbeitung bedürftiger Samen, so wie bei der Bildung der Früchte, wenn die vollständige Durchreifung noch nicht stattgefunden hat, die Nahrung zwar darin ist, aber der Durcharbeitung zu ihrer Reinigung bedarf, weshalb denn auch, wenn der Monatsfluß mit der (männlichen) Samenflüssigkeit, und wenn die rohe Nahrung mit reiner Nahrung gemischt wird, der erstere zeugt, die letztere nährt.[13]

Durch das Mischen von Samen und Menstruationsblut werden zwei verschiedene Arten von Material produziert. Das generative ist das, was das Entstehen des Fötus in Gang setzt und das, was, wie der Same einer Pflanze, das Prinzip des Wachstum von Anfang an besitzt. Das zweite ist die Nahrung, die das Wachstum bewirkt. Das Prinzip kann nicht anfangen, Nahrung aufzunehmen, um den Körper zu formen, bis der Teil des Körpers, der Nahrung überträgt, geformt wurde. So muß die Nahrung, die diesen Teil formt, bereits in der Formung des Fötus präsent sein.

"Oder dies ist nicht wahr, daß alle Nahrung von außen kommt, sondern, so wie in dem Samen der Pflanze, ein Stoff ist, der sich anfangs als ein milchähnlicher darstellt, ebenso ist auch in dem Stoffe, aus dem die Jungen werden, dasjenige Nahrungsstoff, was von der Bildungsmasse übriggeblieben ist. Den Wachsthumsstoff erhält nun der Keim durch den Nabel auf dieselbe Weise wie die Pflanze durch die Wurzel und die Thiere selbst nach ihrer Ablösung aus der in ihnen befindlichen Nahrung."[14]

Weiter wird gesagt, daß der Embryo Nahrung aus dem Uterus in der gleichen Weise ziehe, wie Pflanzen aus der Erde. Diese Nahrung mag die letzte Quelle des weiblichen Materials sein, das durch das männliche Element beeinflußt ist, aber sie ist in keiner Weise genausogut informiert wie das weibliche generative Material. So ist das Material, daß die schwangere Mutter dem Embryo als Nahrung zur Verfügung stellt, zu unterscheiden von dem Material, das der Zeugung des Prinzips und dem Wachstum der Nabelschnur dient. Die überragende Bedeutung des Stoffes, der zur Zeugung benutzt wird, wird angedeutet, als Aristoteles bemerkt, daß die ehrbarsten Teile des Körpers von der reinsten Nahrung geformt werden, und die notwendigen Teile von den Ausscheidungen - also von den reinsten Teilen und den Ausscheidungen der originalen Menstruation. Teile wie Nägel und Haare werden von einem schlechteren Material geformt. Dieses ist neu erworbene Nahrung und die Wachstum produzierende Nahrung stammt direkt von der Mutter und von draußen: *"... die Nägel, Haare, Hufe und die Schnäbel und Sporne der Vögel und alle dergleichen Theile aus einer später hinzugekommenen und aus der dem Wachsthum dienenden Nahrung, welche es von der Mutter oder von*

[12] GA 766 10-11
[13] GA 728a 26-31
[14] GA 740b 5-9

außen bekommt." [15] Diese Bemerkung zeigt, daß die Nahrung, die Wachstum produziert, zu unterscheiden ist von derjenigen, die den Fötus formt. Vielleicht deswegen, weil sie sofort, wenn sie in der Gebärmutter ankommt, verbraucht wird. Denn die Gebärmutter ist der heißeste Teil der Frau und die gleich verbrauchte Nahrung hat keine Zeit, so wie die ursprüngliche Mensis verkocht zu werden, die sich dort eine Weile aufhielt.

Länge der Schwangerschaft und Entbindung
Menschen unterscheiden sich von Tieren unter anderem darin, daß sie keine bestimmte Schwangerschaftsdauer haben, sie konnte laut Aristoteles zwischen 7 und 10 Monaten liegen. Nach seiner Meinung sind Kinder, die im 8. Schwangerschaftsmonat geboren werden, am meisten gefährdet, denn neben dem Trauma der Geburt käme hier noch hinzu, daß im 8. Schwangerschaftsmonat der Fötus beginne, die Gebärmutter hinabzuwandern, und sich so diversen Schaden zufügen könne. Aus diesem Grunde können im 8. Schwangerschaftsmonat Geborene nicht überleben. Auch wenn es so scheint, als wenn 8-Monats-Kinder überleben, so kann das in Griechenland nicht der Fall sein. Die Mutter hatte sich vielmehr in der Empfängnis geirrt. In Ägypten und anderen Ländern gibt es zwar sowas, aber da sind die Frauen auch stärker.
Einmal der Gebärmutter entkommen, glaubte man, daß die Frauen schneller altern - weil sie kälter und feuchter und damit minderwertig - sind. In der Gebärmutter hingegen verhielt es sich so, daß die weiblichen Embryonen länger brauchen, um sich zu entwickeln, denn die waren kälter und feuchter und damit minderwertig. Aristoteles glaubte, daß Jungen nach 40 Tagen und Mädchen nach 90 Tagen voll entwickelt waren und dann die Größe einer Ameise hatten. Zu dieser Zeit beginnen sie auch, sich zu bewegen. Und natürlich war eine Schwangerschaft mit einem Mädchen viel schlimmer für die Frau.

Wenn das zur Verfügung stehende Menstruationsblut nicht mehr ausreicht, das Ungeborene zu versorgen, erkämpft es sich den Weg nach draußen, um nach Essen zu suchen.[16] Dieses scheint recht paradox, denn nach der Geburt erhält das Kind seine Nahrung weiterhin durch das Menstruationsblut, das nun die Form von Milch hat. Dies mag darin liegen, daß das Blut in die Brüste abwandert und daher in der Gebärmutter fehlt. Denn auf einmal ist die Frau doch in der Lage, ihr Blut durch Verkochung in einen Stoff umzuwandeln, der dem ursprünglichen Blut nicht mehr ähnlich sieht, nämlich dann, wenn sie schwanger war und das Baby geboren wurde. Eine allgemeine Annahme in der Antike war, daß das Menstruationsblut, das aus der Gebärmutter nicht abfließen konnte, in die Brüste wandert. Dies stand im Zusammenhang mit der Vorstellung, daß zwischen Brust und Genitalien ein genereller Zusammenhang besteht. Aristoteles glaubte, daß das verkochte Blut bei beiden Geschlechtern zu seiner letzten Verkochung durch den Brustkorb wanderte, bevor es die Geschlechtsorgane erreichte . Das Menstruationsblut, das nicht länger vom Fötus benötig wurde, das aber nicht abfließen konnte, weil die Gebärmutter geschlossen war, floß zu dieser Quelle zurück.

Diese Auffassung bestand, weil die Bildung der Brust etwa zu der gleichen Zeit einsetzte wie die erste Menstruation. Aristoteles sagte, daß die Brust fleischig sei und beim Brustkorb plaziert sei, damit sie das Herz schützte. Das Herz war nach seiner Auffassung das wichtigste Organ des Körpers und die Hauptquelle der Körperwärme. Blut, das für längere Zeit dort verbleibt, wird weiterverkocht zu Milch. Weiter war er auch der Auffassung, daß Männer Milch produzieren, daß ihr Fleisch aber zu dick sei, um sie durchzulassen. Schließlich liefert er auch eine Begründung, warum die Frau in der Lage ist, Milch herzustellen: Ein geringer Anteil der

15 GA 745a 2-4
16 GA 776a 34

Körpersekrete verbleibt im Brustkorb, dieser kann trotz der Nähe zum Herzen nicht zu Milch weiterverkocht werden. Dieses passiert erst dann, wenn das Blut über den Brustkorb in die Gebärmutter wandert und dort zu Menstruationsblut verkocht wird. Fließt es anschließend zurück in den Brustkorb, dann ist er in einer Verfassung, die es gestattet, es mit der Wärme des Herzen in Milch zu verkochen.
Zusammenfassend läßt sich folgendes feststellen: Sind die seminalen Residuen (d.h. das Menstruationsblut) einmal in die Gebärmutter herabgeflossen, kehren sie nicht zum Brustkorb zurück, um weiterverkocht zu werden. Ist die Frau jedoch schwanger und wird das Menstruationsblut vom Fötus nicht benötigt, so muß es, da es nicht nach draußen abfließen kann, zurück in den Brustkorb. Dort führt eine zweite Erwärmung zur Bildung von Milch. Nachdem das Kind geboren wurde, führt sein Nuckeln dazu, daß das Menstruationsblut in den Brustkorb zurückfließt, auch dann, wenn die Gebärmutter nicht mehr geschlossen ist. Darüber, wann die Produktion der Milch beginnt, ist sich Aristoteles nicht einig. Einmal sagt er, sie beginne direkt, nachdem die Frau schwanger geworden sei,[17] ein andermal meint er, daß dies erst direkt, vor der Geburt der Fall sei.[18] Dieses rührt von seiner Annahme her, daß die Mensis zwei Qualitäten von Nahrung (für das Kind) erfüllt. Damit enthält auch die Muttermilch, die aus dem Menstruationsblut entsteht, zwei Qualitäten von Nahrung: Quark, der mehr verkochte und damit dickere und nahrhaftere Teil, und Molke. Die Milch mit der geringeren Qualität wird nicht als Nahrung für den Embryo benutzt und daher schon zu Beginn der Schwangerschaft in die Brust umgeleitet. Wenn dieses nicht so geschieht, wird die Frau krank. Milch wird nicht vor dem siebten Schwangerschaftsmonat brauchbar (dem frühesten Zeitpunkt, zu dem eine Frau ein lebensfähiges Kind gebären kann); vorher werden alle nahrhaften Teile für den Embryo gebraucht. Zum Ende der Schwangerschaft wird die Milch besser verkocht und kann daher als Nahrung für den Säugling benutzt werden. Aber Aristoteles kann sich nicht entscheiden, ob dieses deswegen geschieht, weil der Embryo wegen seines geringeren Wachstums in den letzten Monaten der Schwangerschaft weniger Menstruationsblut braucht und daher besser verkochtes Material in die Brust geht, oder ob der Embryo wegen seiner Größe mehr Material braucht und der geringe Teil, der in die Brust abwandert, schneller verkocht werden kann.

Allgemein wurde angenommen, daß eine Frau, die ein Kind stillte, kein anderes empfangen oder menstruieren konnte. Denn obwohl die Gebärmutter geöffnet war und der Samen sie erreichen könnte und Blut entweichen könnte, gab es kein Menstruationsmaterial.

Der Frau, die empfangen, geboren und gestillt hatte, wurde in der Antike geraten, einige Zeit zu menstruieren, um ihren Körper zu erneuern, bevor sie erneut schwanger werden sollte.

Schluß

Mit seiner Zeugungstheorie hat Aristoteles die Grundlage gelegt, mit der Männer jahrhundertelang „wissenschaftlich" begründen konnten, warum die Frauen weniger wert sind als die Männer. Dabei spielte es keine Rolle, daß sich seine Argumente als zunehmend unhaltbar und falsch erwiesen. Der Glaube an die Übermacht des Mannes ist bis heute in fast allen Gesellschaften dieser Welt tief verwurzelt, geändert haben sich lediglich die Argumente.

[17] HA 522a 4
[18] GA 776 15-16

Literatur

Aristoteles: Von der Zeugung der Tiere, in Aristoteles: Werke. Übersetzt und erläutert von Hermann Aubert und Friedrich Wimmer. Neudruck der Ausgabe Leipzig 1860, Aalen 1978, Band 3

Ders.: Die Geschichte der Tiere, in Aristoteles: Werke, Aalen 1978, Band 3

Ders.: Metaphysik, Reinbek bei Hamburg 1994

Ders: Politik, Reinbek bei Hamburg 1994

Maryanne Cline Horowitz: Aristotele and Women, in Journal of the History of Biology, Vol 9, No 1, 1976, S. 183-213

Lesley Dean-Jones: Women's Bodies in Classical Greek Science, Oxford 1994

Sarah B. Pomeroy: Frauenleben im klassischen Altertum, Stuttgart 1985

Anthony Preus: Science and Philosophy in Aristotele's Biological Works, Hildesheim und New York 1975

Nancy Tuana: Der schwächere Samen. Androzentrismus in der Aristotelischen Zeugungstheorie und der Galenschen Anatomie, in Barbara Orland und Elvira Scheich (Hg.): Das Geschlecht der Natur. Feministische Beiträge zur Geschichte und Theorie der Naturwissenschaften, Frankfurt/Main 1995

Frauen - Männer - Landwirtschaft: Geschlechterforschung in den Agrarwissenschaften!

Maren Landschulze

Mit meinem Vortrag möchte ich zeigen, auf welchen Gebieten Frauenforschung in den Agrarwissenschaften betrieben wird und wo meiner Ansicht nach noch Forschungsbedarf besteht. Ich illustriere dies anhand von Beispielen. Dabei unterteile ich das Forschungsgebiet wie folgt:

- Geschichte von Frauen in den Agrarwissenschaften,
- Berufs- und Studiensituation von Frauen in den Agrarwissenschaften,
- Auswirkung agrarwissenschaftlicher Forschung auf die Lebensumstände von Frauen (Technikkritik),
- Kritik an der Theorie- und Modellbildung sowie an einem „male bias" in der landwirtschaftlichen Forschung
- Geschlecht als Kategorie in der modernen westlichen Naturwissenschaft

1. Geschichte von Frauen in den Agrarwissenschaften

Die moderne wissenschaftliche Landwirtschaft ist eine männliche Domäne. Von Albrecht Thaer und v. Thünen über Justus von Liebig und Max Eyth - die berühmten Namen in den Agrarwissenschaften sind Männernamen.

Doch bereits 1934 bezeichnete Lewis Mumford die Entwicklung von Landwirtschaft und Gartenbau als eine Kulturleistung von Frauen, zu einer Zeit, als allgemein jegliche Zivilisation als von Männern geschaffen galt (MUMFORD, 1934). Frauen wird die erstmalige Verwendung von Grabstock, Asche als Düngemittel, Brache und Fruchtwechsel, die Erfindung des Mulchens und Terassierens, die Kultivierung der acht wichtigsten Getreidearten und die Erfindung zahlreicher Werkzeuge zugeschrieben (SHIVA, 1989).

In jüngerer Zeit wurde auch von seiten der Frauenforschung das Augenmerk auf Frauen als AgrarwissenschaftlerInnen gerichtet. Einige von ihnen wurden wiederentdeckt und der Anteil der Frauen an landwirtschaftlichem Fortschritt in ein anderes Licht gerückt.

Einige der wenigen dokumentierten bedeutenden Forscherinnen möchte ich in chronologischer Ordnung vorstellen:
Die Insektenforscherin (Entomologin) Maria Sibylla Merian entstammte einer Familie von KupferstecherInnen. Merian unternahm mehrere Reisen nach Surinam, wo sie die Metamorphose von Insekten erforschte und in Kupferstichen darstellte, oft zusammen mit typischen Wirtspflanzen. Sie gilt als Begründerin der modernen Entomologie (SCHIEBINGER, 1989).

Elizabeth Pickney (1722-1793), eine Agronomin aus South Carolina, perfektionierte im 18. Jahrhundert eine Methode, Indigo zu kultivieren und zu extrahieren. Sie führte die drei Plantagen ihres Vaters während dessen Abwesenheit.

Harriet Williams Russell Strong (1844-1929) experimentierte mit Anbaumethoden für Pampasgras und Walnüsse und bewirtschaftete ca. 100 ha semi-ariden Farmlandes in Kalifornien. Sie widmete sich auch Bewässerungsfragen und patentierte Designs für Wasserreservoirs zu Bewässerungszwecken. Sie stellte auf der Weltausstellung in Chicago 1893 ihre Forschungsergebnisse über Wasserspeicherung und Pampasgras aus.

Anna Botsford Comstock (1854-1930) arbeitete auf agrardidaktischem Gebiet, um v.a. Kindern ländlicher Regionen die Landwirtschaft nahe zu bringen und wurde als erste Frau Professorin an der Cornell University.

Der Mikrobiologin Alice Catherine Evans (1881-1975) brachten ihre Arbeiten über die Bakteriologie der Milch zunächst die Ablehnung ihrer Kollegen und der Molkereiindustrie ein. Sie entdeckte den Zusammenhang zwischen der Rinderkrankheit Brucellosis und Maltafieber bei Menschen. Spätere fachliche Anerkennung fand sie u. a. dadurch, daß sie 1928 als erste Frau die Präsidentschaft für die Society of American Bacteriologists ausübte.

Edith Patch war 34 Jahre lang (seit 1903) an der Universität Maine als Entomologin tätig. Sie begann als freiwillige Mitarbeiterin und wurde als solche mit der Aufgabe betraut, eine entomologische Abteilung aufzubauen. Später erhielt sie ein Gehalt und wurde als zweite Frau Fakultätsmitglied (REA, HENDERSON und COOPER, 1989).

Die Maisgenetikerin Barbara McClintock (1902-1993) begann als Studentin der Agrarwissenschaften am Cornell College in Connecticut, wo sie sich alsbald der klassischen Genetik widmete. Sie erhielt für die Entdeckung der springenden Gene 1983 den Nobelpreis für Medizin und Physiologie. Ihr Forschungsansatz gilt als für die Naturwissenschaften und besonders für die Genetik außergewöhnlich, da er in hohem Maße auf Beobachtung und intuitivem Erfassen beruht (KELLER, 1983).

Die Agrikulturchemikerin Margarethe von Wrangell (1877-1932) veröffentlichte u.a. zahlreiche Arbeiten über Bodenphosphate, Pflanzenernährung und Düngung und leitete von 1912 bis 1918 die Versuchsstation der Estländischen Landwirtschaftlichen Vereinigung in Reval. 1923 wurde Margarethe von Wrangell ordentliche Professorin an der Landwirtschaftlichen Hochschule Hohenheim bei Stuttgart, wo sie bis zu ihrem Tode dem Institut für Pflanzenernährung vorstand. Damit war Margarethe von Wrangell die erste ordentliche Professorin an einer deutschen Hochschule überhaupt (FEYL, 1989).

Lady Eve Balfour führte in den 30er und 40er Jahren dieses Jahrhunderts großräumige Experimente mit organischer und mineralischer Düngung und Farmbewirtschaftungsmethoden (The Haughley Experiment) durch. Die Ergebnisse veröffentlichte sie in mehreren Büchern. Sie ist zusammen mit Sir Albert Howard die Gründermutter des Organischen Landbaus in Großbritannien (LANDSCHULZE, unveröffentlicht).

In den landwirtschaftlichen Reformbewegungen dieses Jahrhunderts fand sich eine auffallend hohe Zahl von Frauen (GERSHUNY, 1982; GREGG, 1976). Diese Beobachtung stimmt mit der These überein, daß Frauen sich peripheren Gebieten zuwenden, weil dort frauendiskriminierende Mechanismen zunächst weniger stark anzutreffen sind (Schließlich handelt es sich um ein Randgebiet.). Wenn diese Forschungsrichtungen verstärkt ins öffentliche Interesse rücken und zu lukrativen Arbeitsgebieten werden, rücken die männlichen Kollegen nach und dominieren dann (WETTERER, 1992).

2. Berufs- und Studiensituation von Frauen in den Agrarwissenschaften

Heute sind ca. 30% der Studierenden in agrarwissenschaftlichen Fächern Frauen (Unis und Fachhochschulen zusammengefaßt). Ihr Anteil dünnt sich in den folgenden universitären Hierarchiestufen deutlich aus (Statistisches Bundesamt, 1995).

Prüfung	MF	F	F in %
Dipl. FH	791	211	27
Dipl. Uni	1305	459	35
Promotion	409	98	25

Tab. 1. Prüfungen an Hochschulen 1992, Früheres Bundesgebiet, Agrarwissenschaften

Hierarchiestufe	MF	F	F in %
Wiss. Mitarbeiterinnen	1127	294	26
Dozentinnen/Assistentinnen	90	10	11,1
Professorinnen	418	13	2,9
andere Lehrkräfte	44	6	13

Tab. 2 Hauptberufliches Wissenschaftliches Personal an Hochschulen 1991, Früheres Bundesgebiet, Agrarwissenschaften

Die Gründe dafür sind vielfältig. Einerseits sind, wie in anderen Wissenschaftsbereichen auch, ideale wissenschaftliche Karriereverläufe einseitig auf männliche Lebensplanung ausgerichtet. Bei Einstellungs- und Berufungsverfahren an naturwissenschaftlichen Fachbereichen werden zudem Mechanismen wirksam, die bewußt oder unbewußt Frauen ausschließen, wie die Kieler Sozialwissenschaftlerin Elke Geenen anhand einer Studie in Schleswig-Holstein darlegt (GEENEN 1991). So werden z.B. häufig nicht-fachliche Qualifikationen gefordert, wie etwa ein bestimmter Habitus oder „Berufstypus“ und Körperkraft bis hin zur Trinkfestigkeit. Leider umfaßt Geenens Arbeit nicht die Agrarwissenschaften, obwohl es Hinweise gibt, daß gerade dort nicht-fachliche Qualifikationen zur Barriere für Frauen werden (z.B. PADEL, 1989).

SCHMIDT & ZICHE (1989) zufolge haben Agraringenieurinnen generell größere Schwierigkeiten, nach dem Studium eine Arbeitsstelle zu finden als ihre männlichen Kollegen. Zwei Drittel der von ihnen befragten Agrarwissenschaftlerinnen empfinden ihr Berufsfeld als Männerdomäne.

Frauen als Leiterinnen landwirtschaftlicher Betriebe zählen immer noch zu den Ausnahmen; sie machen ca. 8% der Betriebsleitenden aus. Auch in der landwirtschaftlichen Beratung sind Frauen im Vergleich zu Bereichen wie etwa der Vermarktung unterrepräsentiert (PADEL, 1989).

3. Technikkritik: Frauen als Betroffene:
Technikkritische Frauenforschung fragt danach, welchen Einfluß agrarwissenschaftliche Forschung auf die Lebensumstände von Frauen hat (hier: Frauen in landwirtschaftlichen Betrieben. Das Thema Lebensmittelqualität und Frauen als Konsumentinnen und Verantwortliche für die Ernährung von Familien etc. bleibt unberücksichtigt).

Vom Mittelalter bis ins frühe 19. Jahrhundert hinein bezeugen Quellen (Hausväterliteratur, Predigten, Romane, Bilder) die vielfältigen Tätigkeitsfelder von Frauen in der Landwirtschaft: Sie waren Schäferinnen, Imkerinnen, Fischerinnen und Marktfrauen. Weitere Tätigkeitsbereiche der Bäuerinnen waren Milchviehhaltung und Molkerei, Flachsanbau, Gartenbau, Jungviehaufzucht, Schweinehaltung und Hackfruchtbau. (in WERCKMEISTER, 1989 und

KOLBECK in HEBENSTREIT-MÜLLER & HELBRECHT-JORDAN, 1990). Der Wandel von der Subsistenzwirtschaft zur kapitalistischen Warenproduktion reduzierte jedoch die Aufgabenbereiche von Frauen und ihren ökonomischen Beitrag zum Familieneinkommen.

Die ab dem Beginn des 19. Jahrhunderts forcierte Ausrichtung der Landwirtschaft auf ökonomische Rentabilität war begleitet von der Ausgrenzung von Frauen aus der landwirtschaftlichen Produktion. Für das 20. Jahrhundert läßt sich das beispielhaft am Verbot der Direktvermarktung von Milch in den 30er Jahren zeigen:
Das schrittweise Verbot der Direktvermarktung von den 30er Jahren an, beginnend mit der Milch- und Buttererzeugung und -vermarktung, entzog z.B. den Frauen ihre autonome Einkommensquelle. Sie verfügten nämlich über das Marktgeld zumeist selbst, wenn auch nicht für ihre privaten Bedürfnisse. Der Verkauf ihrer Produkte auf den städtischen Märkten bedeutete für die Bäuerinnen Anerkennung ihrer Arbeit und Kontakte über das Dorf hinaus. Die Zusammenfassung der Milchverarbeitung in zentralen Molkereien machte einem weitgehend von Frauen betriebenen Gewerbe ein Ende (KOLBECK, 1990).

Technische Neuerungen, wie z.B. arbeitserleichternde Maschinen, kamen hauptsächlich den Männern zugute. Andersherum wurden bestimmte Betriebsabläufe zur Männersache, als sie mit arbeitserleichternder Technik versehen wurden: Milchmädchen schleppten in den meisten Regionen Deutschlands die Kannen, nach der Einführung von Melkmaschinen wurde das Melken zu einem männlichen Berufszweig (KOLBECK, 1990).

Moderne europäische Betriebe mit reduziertem Produktangebot (besonders Pflanzenbaubetriebe) sind durch einen weitgehenden Ausschluß von Frauen aus der landwirtschaftlichen Produktion gekennzeichnet. Die zunehmende Trennung von Haus- und Landwirtschaft führte dazu, daß die landwirtschaftlichen Aktivitäten von Frauen mehr und mehr zusammenschrumpften. Andererseits wird berichtet, daß Frauen Managementfunktionen übernehmen oder Fütterungsautomaten bedienen (WATZ in WERCKMEISTER, 1989).

Ein weiterer Kritikpunkt betrifft die Landmaschinen: Sie werden immer noch an männlicher Norm konstruiert und zugelassen. Kleinere Frauen (und Männer?) beschweren sich darüber, daß gerade ältere Maschinen schwer zu bedienen sind (Bremsen!) oder zu weit vom Sitzplatz entfernte Bedienelemente haben. Folge ist häufiges Absteigen (bio-land, Heft 6, 1989)! Das führt dann zu längeren Arbeitszeiten für vorgegebene Abläufe und dazu, daß Frauen für die Arbeit mit Maschinen als ungeeignet gelten. Vandana SHIVA (1989) untersucht den Einfluß westlicher Landbaumethoden auf Frauen und Natur im Zuge von Kolonialisierung und Grüner Revolution.

Sowohl die Kolonialzeit als auch die Grüne Revolution sind demnach durch
- Forcierung der Warenproduktion,
- Verdrängung und Verachtung lokalen Wissens,
- Verlust an genetischer Vielfalt und
- Zerstörung natürlicher Ressourcen

gekennzeichnet. Sie betont deren geschlechtsspezifische Auswirkungen: Gerade Frauen sind in den traditionellen Landnutzungssystemen Indiens für einen großen Teil der Subsistenzproduktion zuständig.

Dazu gehört auch die Nutzung von Ländereien, die nach westlichem Verständnis unproduktiv sind. Produktivitätssteigerung bzw. Nutzungsumstellung auf die Warenproduktion zerstört Arbeits- und Produktionsbereiche von Frauen.

Ein von ihr genanntes Beispiel ist die Waldnutzung:
Nach traditionellem Verständnis liefert Wald zahlreiche Produkte: Nahrung, Streu, Medikamente, Brennmaterial und nicht zuletzt Stille und damit eine geeignete Umgebung für Meditation und dichterische Tätigkeit.

Die durch die Briten eingeführte Waldnutzung betrachtete nur den Nutzen des Waldes als Holzlieferant. Die entsprechende Nutzung (Kahlschlag) hatte zahlreiche Auswirkungen unerwünschter Art. Andere Nutzungsmöglichkeiten entfielen und der Wasserhaushalt sowie die Bodenfruchtbarkeit ganzer Regionen wurde z.T. irreparabel gestört. Männer konnten beim Holzeinschlag Geld verdienen, dem nun eine Bedeutung beim Kauf von Waren zukam, die zuvor von Frauen selbst hergestellt oder gesammelt wurden.

4. Theorie- und Modellbildung, „male bias"
Für die Biologie ist die Modell- und Theoriebildung bzw. ein „male bias" aus Sicht der Geschlechterforschung inzwischen gut untersucht. Ein häufig zitiertes Beispiel für die unzulässige Übertragung von Geschlechtsrollenstereotypen auf einen Untersuchungsgegenstand liefert Ruth HUBBARD (1981): Der Verhaltensforscher Wolfgang Wickler untersucht Algen, die sich äußerlich nicht unterscheiden. Er schreibt: „Sogar unter sehr einfachen Organismen wie Algen, die fadenartige Ketten von aneinander gereihten Zellen besitzen, kann man beobachten, daß während der Kopulation die Zellen eines Fadens sich als männlich in Bezug auf auf die Zellen eines anderen Fadens verhalten, jedoch als weiblich in Bezug auf die Zellen eines dritten Fadens. Das Kennzeichen männlichen Verhaltens ist, daß die Zelle aktiv kriecht oder zu den anderen hinschwimmt, die weibliche Zelle bleibt passiv" (zit. nach HUBBARD, 1981). Hubbard schreibt dazu:

„Der Kreis ist einfach konstruiert: man beginnt mit dem viktorianischen Stereotyp des aktiven Mannes und der passiven Frau und sieht dann auf Tiere, Algen, Bakterien, Leute, und nennt alles passive Verhalten weiblich, alles aktive oder zielorientierte Verhalten männlich. Und es geht! Das viktorianische Stereotyp ist biologisch festgelegt: sogar Algen verhalten sich so." (Übersetzung von mir. M.L.)

Die Modell- und Theoriebildung in Naturwissenschaft und Technik neigt dazu, sich an männerdominierten Gesellschaftsformen (die ja nahezu universell sind) zu orientieren, also an den Lebenserfahrungen der Personen, die Wissenschaft betreiben.

Damit wird das, was wir über Geschlechter oder Gesellschaftsordnungen zu wissen meinen, verfestigt und sogar in die Gesellschaft zurückgegeben, aus der die Stereotypen stammen.
Eine männliche Perspektive dokumentiert sich z.B. in der Bezeichnung „mithelfende Familienangehörige" für Bäuerinnen. Darunter können sich fachlich hochqualifizierte Tätigkeiten ebenso verbergen wie körperlich schwerste Arbeiten von Frauen. (Die Arbeitsleistung einer Bauersfrau entspricht zwei qualifizierten Fachkräften, so ein Gerichtsurteil (KOLBECK, 1990).) Das Paradigma vom Mann als Ernährer der Familie bleibt damit unangetastet (KOLBECK, 1990; WATZ in WERCKMEISTER, 1989); der Begriff wirkt herabmindernd und verschleiernd.

5. Geschlecht als Kategorie in der modernen westlichen Naturwissenschaft und Technik
Frauenforschung in Naturwissenschaft und Technik befaßt sich aber nicht nur mit Frauen und Männern als Agierende. Die feministische Wissenschaftsgeschichte hat deutlich gemacht, daß die Kategorie Geschlecht (Zuordnung von Geist, Wissenschaft, Mann einerseits und Gefühl, Natur, Frau andererseits) einen bedeutenden Einfluß auf den wissenschaftlichen Naturumgang hat.

Bereits im Altertum wurden Geist und Natur den Polen männlich-aktiv und weiblich-passiv zugeordnet. (So bei Aristoteles und Platon, Plotin (MERCHANT, 1987)).

Bis in die Renaissance hinein war die überwiegende Vorstellung von der Natur die einer nährenden Mutter oder Amme. Die Erde galt als lebendiger Organismus mit Adern und Organen, Empfindungen und Reaktionsfähigkeit. Die Menschen hatten das in ihrem Tun zu berücksichtigen.

Carolyn MERCHANT (1987) zeigt am Beispiel des Bergbaus, daß die Organismusmetapher auch die Ethik der Naturnutzung bestimmte. Menschen waren also bei der Nutzung natürlicher Ressourcen Schranken auferlegt, in dem es z.B. hieß, es dürfe nicht im Bauch der Mutter Erde herumgewühlt werden.

Der beginnende Frühkapitalismus erforderte eine intensivere Nutzung von Naturressourcen. Alte Vorstellungen von der Natur als fürsorgliche Mutter störten dabei. In einer Argumentation von Agricola über die Rechtmäßigkeit des Bergbaus wird die Natur zur bösen Stiefmutter, die ihre Schätze den Kindern (Menschen) vorenthält.

Die über einige Jahrhunderte hinweg geführte Auseinandersetzung darüber findet ihr vorläufiges Ende in der Wissenschaftlichen Revolution des 16. und 17. Jahrhunderts. Sie ist gekennzeichnet durch die Einführung des Experiments als Methode der Befragung der Natur, analog zur peinlichen Befragung von Frauen bei Hexenprozessen. Folter und Vergewaltigung dienen als Metaphern für wissenschaftlichen Naturumgang. Begleitet wurde diese Methode vom Wandel des Naturbildes vom belebten Organismus zur toten passiven Materie, zu einem Mechanismus (Uhrwerk) mit Gott als Ingenieur und dem Wissenschaftler als Vertreter Gottes auf Erden. Die Anhänger dieser Überzeugung wurden daher auch Mechanisten genannt.

Die zeitgenössischen Anhänger des Paracelsus - die Hermetiker - dagegen betrachteten Erkenntnis als lustvolle erotische Vereinigung zweier gleichberechtigter PartnerInnen, Natur und Mensch. Die Mechanisten lehnten dagegen alle Weiblichkeit als schwächend ab und forderten die radikale gefühlsmäßige Abgrenzung des männlichen Wissenschaftlers von der (weiblichen) Natur, die Wurzel des traditionellen Objektivitätsbegriffs.

Die Forderung nach gewaltsamer Bezwingung und emotionaler Abgetrenntheit des Wissenschaftlers setzte sich im 17. Jahrhundert also gegenüber sanfteren Ansätzen durch und bestimmt bis heute unseren Idealtypus von Wissenschaft (KELLER, 1986; MERCHANT, 1987). Dies mündete in die Methodik und Ideologie der sogenannten „harten“ Naturwissenschaften. Sie sind gekennzeichnet durch eine starke Zurichtung des Objektes unter den Bedingungen eines streng kontrollierten Experiments und durch die Mathematisierung natürlicher Prozesse, mithin durch die Forderung nach weitgehender Berechenbarkeit der Natur, auch um den Preis ihrer Reduktion auf ein Artefakt.

Allerdings gibt es auch eine lange Tradition sanfteren Naturumgangs in der Tradition Paracelsus', die jedoch unter einer vereinheitlichten Wissenschaftssprache verborgen ist.

Seit dem Ende des 18. Jahrhunderts begannen die Agrarwissenschaften, sich in Akademien zu institutionalisieren. Dabei begannen sie sich bereits an den Naturwissenschaften auszurichten. Der Göttinger Agronom Johann Beckmann forderte die Ausbildung von Landwirten in Chemie, Geologie und Biologie und führte die Pflanzensystematik von Carl von Linné in die Landwirtschaft ein.

Durch die Statistik erfährt das Feldversuchswesen einen Aufschwung, kleine Parzellen sollen hier stellvertretend für große Flächen Aussagen machen. Zu Beginn des 20. Jahrhunderts aufkommende landwirtschaftliche Reformbewegungen zeigen, daß sich auch Traditionen sanfter Technik erhalten haben: Frühe AutorInnen des Alternativen Landbaus fordern einen kooperativen Naturumgang. Sie billigen der Natur Aktivität und sogar Willen zu und beschreiben die Natur wieder als fürsorglich und mütterlich. Zwar wird hier kein Herrschaftsverhältnis gefordert, aber auch hier ist eine Geschlechtermetaphorik anzutreffen, die letztlich eine Projektion menschlicher Wünsche darstellt und alte Geschlechtsrollenstereotype untermauert.

Der Ökologische Landbau befindet sich heute in einem Dilemma. Universitäre Vertreterinnen sind offenbar bemüht, sich von dem Vorwurf der Unwissenschaftlichkeit zu befreien und lehnen mystifizierende Naturschwärmerei ab. Sie begeben sich aber damit in die Gefahr, reduktionistischen und herrschaftsorientierten Naturauffassungen aufzusitzen. Unter dem Einfluß von Ökologie (als Zweig der Biologie) wandelt sich in einigen Bereichen der Naturwissenschaften allerdings das Naturbild erneut.

6. Ausblick und Forschungsbedarf

Gefordert ist aus Sicht der Geschlechterforschung und meiner Meinung nach die Aufhebung dichotomisierter Pole von männlich und weiblich, Geist und Gefühl, Wissenschaft und Natur. Alte Zuschreibungen von der Naturhaftigkeit von Frauen müssen über Bord geworfen werden zugunsten einer Naturauffassung ohne Geschlechtermetaphorik, im Englischen kurz mit „nongendered“ bezeichnet. Die Nähe von Frauen zur Natur ist kulturell erzeugt!

Insofern ist die zum Teil geforderte Hinwendung von Frauen zu ökologischen Fragen zweischneidig, denn sie hat auch den Beigeschmack von verantwortungsloser Technik der Männer, deren unerwünschte Auswirkungen Frauen dann beseitigen dürfen. Das kann immer nur unbefriedigend sein. Statt dessen gilt es, Wissenschaft von Geschlechterstereotypen und Herrschaftsvorstellungen sowie von ethnischen Vorurteilen z.B. gegenüber traditionellem Wissen zu befreien!

Modelle und Theorien spiegeln offenbar m.o.w. die Lebenswelten jener wider, die sie formulieren, und vielleicht ist das unvermeidbar. Wir können aber als AgrarwissenschaftlerInnen versuchen, uns unsere eigene Subjektivität bewußt zu machen und sie bei der Formulierung von Forschungsfragen offenzulegen. Damit nähern wir uns objektiver Wissenschaft eher an als mit der Leugnung von subjektiven Einflüssen. Erste Schritte dazu sind Forschungsarbeiten, die den Blick explizit auf Frauen in der Landwirtschaft richten. Folgen sollte eine Aufarbeitung verborgener Geschlechterideologie in der landwirtschaftlichen Forschung auf der Ebene der Theorie- und Modellbildung. Männlich verzerrte Blickwinkel auf agrarwissenschaftliche Fragestellungen müssen aufgedeckt und durch geschlechtersymmetrische ersetzt werden!

Agrarwissenschaft darf nicht von ihren Auswirkungen auf Frauen losgelöst werden. Notwendig ist die (Re)etablierung von ressourcenschonenden und fehlerfreundlichen Landnutzungssystemen, die Frauen gerechten Zugang zu Ressourcen ermöglicht und ihnen gleiche Handlungsspielräume eröffnet wie Männern. Dazu gehört auch, daß die reichen Industrieländer - auch deren Landwirtschaft - nicht mehr Ressourcen verbraucht als die sog. 3. Welt.

Barrieren für Landwirtinnen/Agrarwissenschaftlerinnen als Betriebsleiterinnen und Beraterinnen, aber auch als Hochschullehrerinnen, müssen aufgedeckt werden. Es fehlen auch Untersuchungen über die späteren Arbeitsfelder von Absolventinnen agrarwissenschaftlicher Studienfächer.

Frauen in den frühen Alternativbewegungen und als Erfinderinnen in der Landwirtschaft wollen entdeckt werden. Die Geschichte des landwirtschaftlichen Frauenstudiums ist ebenfalls noch wenig untersucht.

Literatur

Feyl, Renate (1989): Der lautlose Aufbruch: Frauen in der Wissenschaft. - Frankfurt/M.: Luchterhand

Geenen, Elke (1991): Überlegungen und Befunde zur Behinderung weiblicher Karrieren an Hochschulen in naturwissenschaftlichen Disziplinen. - Dokumentation: 17. Bundesweiter Kongreß Frauen in Naturwissenschaft und Technik, Kiel, 9.-12. Mai 1991, 59 - 62, Kiel: Lang-Verlag

Gershuny, Grace (1982): Feminism and alternative agriculture. - 11(1): 21-22

Gregg, Evelyn Speiden (1976): The early days of Bio-Dynamics in America. - BioDynamics Summer 1976(119): 25-39

Hebenstreit-Müller, Sabine; Helbrecht-Jordan, Ingrid (Hg.) (1990): Frauenleben in ländlichen Regionen. Kleine-Verlag

Hubbard, Ruth (1981): The emperor doesn't wear any clothes: The impact of feminism on biology. - In: Spender, Dale (Hg.): Men's studies modified. The impact of feminism on academic disciplines: 213-235, Oxford: Pergamon Press

Keller, Evelyn Fox (1983): A feeling for the organism. Life and work of Barbara McClintock. - New York: W. H. Freeman

Keller, Evelyn Fox (1986): Liebe, Macht und Erkenntnis. Männliche oder weibliche Wissenschaft. - München: Hanser

Landschulze, Maren (erscheint Jan. 1997): Von der Ökologiefrage bis zur Geschlechterthematik: Alternative Ansätze in den Agrar- und Biowissenschaften. - Pfaffenhausen: Centaurus

Merchant, Carolyn (1987): Der Tod der Natur. Ökologie, Frauen und neuzeitliche Naturwissenschaft. - München: C.H. Beck

Mumford, Lewis (1934): Technics and civilizations. - New York: Harcourt, Brace

Padel, Sabine (1989): Als Frau in der Landwirtschaftsberatung. - bio-land 6: 14-15

Rea, Jeannette; Henderson, Janet L.; Cooper, Barbara E. (1989): Lessons from women in the agricultural sciences. - 6(2): 20-21

Schiebinger, Londa (1989): The mind has no sex? Women in the origins of modern science (dt.: Schöne Geister: Frauen in den Anfängen der modernen Wissenschaft. Ersch. 1993 bei Klett-Cotta). - Cambridge, MA, London: Harvard University Press

Schmitt, Mathilde; Ziche, Joachim (1989): Diplomagraringenieurinnen: Lebens- und Arbeitssituation in einer „Männerdomäne". - Berichte über Landwirtschaft 67(1): 31-44

Shiva, Vandana (1989): Das Geschlecht des Lebens. Frauen, Ökologie und Dritte Welt. - 1. Auflage, Berlin: Rotbuch-Verlag

Statistisches Bundesamt (1995): Statistisches Jahrbuch 1995. - Stuttgart: Metzler-Poeschel

Werckmeister, Jutta (Hg.) (1989): Land - Frauen - Alltag. - Marburg: Jonas-Verlag

Wetterer, Angelika (Hg.) (1992): Profession und Geschlecht. Über die Marginalisierung von Frauen in hochqualifizierten Berufen. Campus-Verlag

Die anwesenden Frauen stammten zwar überwiegend aus „grünen" Studienfächern, nur eine von ihnen macht aber selbst Frauenforschung. Die angestrebte Funktion als Kontaktbörse hatte die Veranstaltung also weniger. Die anschließende Diskussion betraf vor allem die Kategorie Geschlecht in den Naturwissenschaften und deren Bedeutung für die Agrarwissenschaften.

Außerdem wurde kurz über die Möglichkeiten gesprochen, in Deutschland Frauenforschung in den Agrarwissenschaften zu betreiben.

Frauen- und Geschlechterforschung für die Physik

Petra Lucht

Feministische Wissenschafts- und Naturwissenschaftskritik ist durch den Einfluß der Frauenbewegung in größerem Ausmaße seit Ende der 70´er Jahre entstanden. Zusammenfassende Darstellungen über dieses Gebiet und seine Entwicklung geben u. a. Bleier (1986), Harding (1986), Schiebinger (1987), Woesler de Panafieu (1989), Keller (1995) und Orland/Rössler (1995). Für die BRD hat Jansen (1991) seine Etablierung innerhalb und außerhalb von Hochschulinstitutionen beschrieben. Feministische Naturwissenschaftskritik und -analyse beginnt inzwischen sich für die einzelnen Disziplinen auszudifferenzieren. Mit Bezug auf die Unterscheidung in harte und weiche Naturwissenschaften argumentiert Rübsamen (1993):

"Kategorien eines Geschlechtes sind in den sog. 'harten' Fächern nicht offen erkennbar. Die Physik ... z. B. [handelt] ... ihrem eigenen Selbstverständnis nach von unbelebten Gegenständen ohne gesellschaftlichen Bezug. ... Dagegen sind die sog. 'weichen' Fächer [für feministische Forschungen] eher zugänglich. Bei den Naturwissenschaften ist es z. B. die Biologie, die in ihren Gegenständen geschlechtliche Kategorien ... [hat]." [Rübsamen 1993: S. 154]

In Anlehnung an Diskussionen und Veröffentlichungen zu feministischer Naturwissenschaftskritik habe ich eine Einteilung in drei analytische Schwerpunkte für Frauen- und Geschlechterforschung für die Physik gewählt: Erstens Arbeiten über die "Situation von Frauen in der Physik", zweitens Analysen darüber, in welcher Weise "Soziales Geschlecht in der Physik" auftaucht und drittens wie "Feministische Perspektiven für die Physik" aussehen könnten.
Für jeden dieser Schwerpunkte nenne ich beispielhaft einzelne Arbeiten, um Ideen dazu, was Frauen- oder Geschlechterforschung für die Physik bedeuten könnte, zu illustrieren.

1. Frauen in der Physik

Forschung zu Frauen in der Physik umfaßt sowohl die aktuelle berufliche Situation von Frauen in dieser Disziplin als auch historische Betrachtungen und Analysen verschiedener Art. In der Physik tritt - besonders in hoch industrialisierten Ländern - sehr deutlich hervor, was für fast alle Frauen in den Naturwissenschaften mit Ausnahme von Biologiestudentinnen gilt: sie befinden sich deutlich in der Minderheit in ihrem Fach. Ihre berufliche Situation verdient darum besondere Aufmerksamkeit, und nicht zuletzt ist dieser fortdauernde Minderheitenstatus ein Anlaß für Frauenforschung in den Naturwissenschaften.

1.1 Geschichte von Frauen in der Physik

Die Geschichte von Frauen und Physik zu untersuchen, bedeutet zum einen, bisher vergessene Frauen und ihren Beitrag zu physikalischen Entwicklungen zu entdecken und zu würdigen. Mit Hilfe dieser historischen Betrachtungen lassen sich aber auch häufig strukturelle Barrieren in der Geschichte des Wissenschaftsbetriebs benennen, die es Frauen erschwerten oder sie daran hinderten, als Naturwissenschaftlerinnen bzw. Physikerinnen zu arbeiten.

Einzelbiographien

Die Situation von Frauen in der Geschichte der Physik wird in vielen Biographien über einzelne Physikerinnen deutlich. Beispielhaft seien hier Arbeiten über die Lise Meitner (Kerner 1986), Chien-Shiung Wu (Denz 1994), Marie Curie (Curie 1937, Quinn 1995) und die erste Physik-Professorin Laura Bassi (Elene 1991, Denz 1994) genannt.

Zusammenfassende Darstellungen
Frauen haben schon seit Beginn naturwissenschaftlicher Forschung Beiträge zu naturwissenschaftlichem Denken und Experimentieren geleistet. Im Überblick wird dies besonders deutlich. Eine der ersten Zusammenfassungen über Frauen in den Naturwissenschaften von der Antike bis heute weltweit hat Alic (1986) erstellt. Grinstein et al. (1993) haben ein Nachschlagewerk über Physikerinnen und Chemikerinnen herausgegeben, und der deutsche Ausstellungskatalog von Denz (1994) stellt anhand von Kurzbiographien sowohl frühere Physikerinnen als auch heutige Physikprofessorinnen in Deutschland vor.

Strukturelle Barrieren
Insbesondere Rossiter (1982) verfolgt eine doppelte Intention: einerseits würdigt sie wissenschaftliche Beiträge vieler Frauen in der Geschichte der Naturwissenschaften in den USA, andererseits benennt und identifiziert sie strukturelle und institutionelle Mechanismen, die eine Erhöhung des Frauenanteils in den Naturwissenschaften verhinderten. Eines ihrer Ergebnisse ist z. B., daß Frauen im 19. Jh. nicht als Forscherinnen in Laboratorien von Universitäten arbeiten durften. Diese Vorschrift konnte nur dann umgangen werden, wenn Frauen in Laboratorien ihres Ehemanns forschten. Ein weiteres Berufsfeld für Frauen in den Naturwissenschaften im 19. Jh. war die Lehrtätigkeit an Frauen-Colleges. Diese Lehrerinnen durften zu jener Zeit aber nicht verheiratet sein.

1.2 Aktuelle Situation von Frauen in der Physik
Die gegenwärtige Situation von Physikerinnen wird aus verschiedensten Perspektiven beschrieben: Die Ausbildungssituation auf verschiedenen Ebenen bietet Anlaß zu Untersuchungen in den Bereichen Pädagogik und Didaktik der Physik (z. B. Hoffmann 1990, Hollenshead et al. 1994), Physikerinnen berichten von ihren eigenen Erfahrungen und bewerten ihre Situation (Lubkin 1971, Keller 1977), und schließlich beschreiben statistische Erhebungen unterschiedlich hohe Anteile von Mädchen und Frauen in Schule, Hochschule und Industrie (z. B. in Jansen 1991, Fehrs/Czujko 1992). Im internationalen Vergleich unterschieden sich solche Anteile z.T. erheblich (Megaw 1992), und es wären interkulturelle Vergleichsstudien nötig, um sie erklären zu können. Angesichts dieser Situation sind inzwischen vereinzelt auch institutionelle Förderungsmaßnahmen zu finden (Kistiakowsy 1980, Dresselhaus 1994).

Frauenanteil in der Physik: international
Aus der Vielzahl dieser Perspektiven möchte ich u. a. das Ergebnis einer Erhebung des Physikers Megaw (1992) vorstellen, der 1990 für mehr als 50 Länder Daten über den Frauenanteil in Physik-Fachbereichen erhoben hat.[1] Die in Bild 1 graphisch dargestellten Anteile basieren auf den von ihm selbst veröffentlichten Daten (Megaw 1992).

[1] Megaw hat ca. 1200 Fragebögen verschickt und etwa 400 zurückgesandt bekommen. In seiner Erhebung hat er die Physikfakultäten gebeten, über den Frauenanteil in ihrem Fachbereich unter den Studierenden, den DoktorandInnen und den Lehrenden Auskunft zu geben, indem sie ihren jeweilgen Stand in absoluten Zahlen mitteilen sollten.

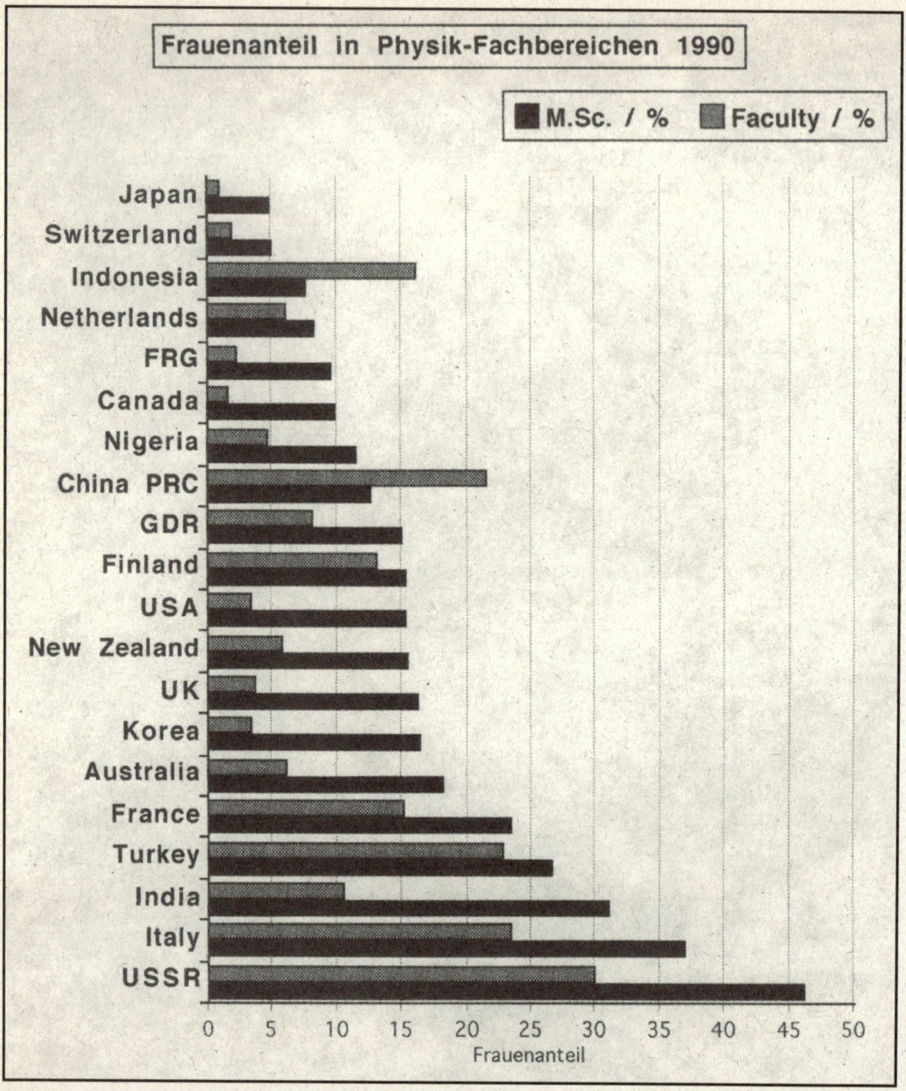

Bild 1: "Frauenanteil in Physik-Fachbereichen weltweit"

Quelle: Megaw (1992). Die angegebenen Prozentzahlen sind für alle Fälle berechnet, in denen 5 oder mehr Universitäten auftauchen und die absolute Anzahl der angegebenen Personen 20 oder mehr beträgt. Die Daten wurden von Juli bis Dez. 1990 erhoben. Master Sc.: Studierende, die kürzlich einen Master-Abschluß in Physik erhalten hatten. Faculty: Anzahl der Physik-DozentInnen.

Dargestellt sind die Anteile von Frauen unter den Studierenden auf Master-Ebene und von Frauen unter den DozentInnen der Physik für einige ausgewählte Länder. Seit 1990 hat sich die weltweite, politische Situation zwar in einer Weise verändert, daß sie auch Auswirkungen auf die Beteilung von Frauen am Wissenschaftsbetrieb hat und somit nicht ohne weiteres davon ausgegangen werden kann, daß die hier repräsentierten Anteile noch so gültig sind. Dies gilt insbesondere für die ehemaligen Länder Osteuropas, insbesondere für die frühere DDR. In anderen Fällen ist zu vermuten, daß sich der Anteil unter den Frauen in den Physikfakultäten nicht sehr verändert hat.

Zu den Ländern, in denen der Frauenanteil unter den Studierenden höher als 20% ist, gehören die ehemalige UdSSR, Italien, Indien, die Türkei und Frankreich. In diesen Ländern ist auch der Anteil von Frauen unter den DozentInnen relativ hoch; er liegt zwischen etwa 10% in Indien und 30% in der ehemaligen UdSSR. In einer zweiten Gruppe von Ländern, zu der Österreich, Korea, Großbritannien, Neuseeland, die USA, Finnland und die ehemalige DDR gehören, sind Frauen unter den StudentInnen zu 15% bis 20% vertreten. In Forschungen zur Situation von Minderheiten wird ein Anteil von 15% als die sogenannte "kritische Masse" bezeichnet (Etzkowitz et al. 1994). Diesem Konzept liegt zugrunde, daß eine weitere Erhöhung des Anteils dieser Gruppe leichter gelingt, wenn diese "magische Grenze" erreicht oder überschritten worden ist. In Ländern mit diesem Studierendenanteil liegt der Anteil von DozentInnen bei etwa 5% mit Ausnahme der ehemaligen DDR und Finnland. Zu den Ländern mit einem Frauenanteil von 10% bis 15% unter StudentInnen gehören das frühere Westdeutschland, Kanada, Nigeria und China. Den niedrigsten Frauenanteil weisen die Niederlande, Indonesien, die Schweiz und schließlich Japan auf.

Z.T. wurden die Ergebnisse in einer Ausgabe der Zeitschrift "Science" diskutiert, indem Frauen mit Erfahrungen in mindestens zwei Kulturen um Stellungnahmen zur Situation von Frauen in den Wissenschaften in ihrem Land gebeten wurden (Barinaga 1994). Barinaga schreibt u. a.:

"... mehrere Faktoren scheinen über die Kulturen hinweg einflußreich zu sein. Unter ihnen: der Stand der ökonomischen Entwicklung eines Landes, der ... Status der Naturwissenschaften, soziale Klassenstruktur, Ausbildungssystem und das Vorhandensein oder Fehlen von unterstützenden Systemen, um Arbeit und Beruf vereinbaren zu können. ...
In einigen Ländern, solchen wie Indien, Nationen des südlichen Europas und Lateinamerikas, gleicht die soziale Klassenstruktur das Geschlecht aus. Loyalität innerhalb der Klassen verbindet Frauen und Männer der besser ausgebildeten oberen Klassen zu Gunsten derjenigen Frauen, die in eine Elite hineingeboren sind." [S. 1469]

Barinaga zitiert Beatrice Ruivo, eine portugiesische Soziologin, die argumentiert, daß
"der hohe Anteil von Frauen in den Naturwissenschaften [in Portugal und anderen Entwicklungsländern] möglicherweise nicht den hohen Status von Frauen reflektiert, sondern im Gegenteil dazu die niedrige Wertschätzung von akademischer Wissenschaft im Vergleich mit Arbeitsplätzen im Geschäftsleben und der Industrie." [S. 1469]

Um die Frage beantworten zu können, wie es zu diesen unterschiedlich hohen Anteilen kommt, müßten interkulturelle Vergleichsstudien durchgeführt werden. Die Erhebung von Megaw zeigt aber - selbst wenn einige Daten sich verändert haben oder systematischer erhoben werden müßten -, daß nicht ohne weiteres von einer Minderheitensituation von Frauen in der Physik weltweit auszugehen ist und daß kulturelle Kontexte die Beteiligung von Frauen an der Physik im Wissenschaftsbetrieb prägen.

Institutionalisierungen von Frauenförderung
Ein Beipiel für institutionalisierte Frauenförderung läßt sich in der "American Physical Society" finden, in der 1971 ein "Committee on Women in Physics" gegründet wurde. Sein Ursprung und seine Entwicklung in den 70'er Jahren ist von Kistiakowsky (1980) in einem autobiographisch angelegten Artikel beschrieben worden. Dieses Komitee besteht bis heute fort.

Die Situation in Deutschland veranlaßte Krummacher (1994) zu ihrem Artikel "Bei uns ist die Physik (immer noch) männlich!" in den Physikalischen Blättern, in dem sie fehlende Maßnahmen zur Frauenförderung in der Physik auflistet. Krummacher fordert u. a. "mehr Kinderbetreuungsmöglichkeiten", "akademischen Mittelbau mit unbefriststen Stellen" und die Akzeptanz und Förderung von "Karrierepaaren". - Seit einigen Jahren finden jährliche Treffen von Physikerinnen statt, die aus dem "Bundesweiten Kongress von Frauen in Naturwissenschaft und Technik" heraus entstanden sind. Einen institutionellen Zusammenschluß von Physikerinnen speziell im Wissenschaftsbetrieb oder innerhalb entsprechender Berufsorganisationen gibt es aber m.W. in Deutschland bisher nicht. So ist Krummachers vorsichtiger Vorschlag:

"Die DPG[2] sollte einen beratenden Ausschuß einsetzen (ähnlich dem der Industriephysiker), der sich mit diesem Thema auseinandersetzt und konkrete Lösungsmöglichkeiten entwickelt." [S. 619]

2. Soziales Geschlecht in der Physik
Wie feministische Analysen v. a. für die Biologie und Medizin gezeigt haben, können Geschlechterstereotype die Auswahl naturwissenschaftlicher Problemstellungen, Modelle, Theorien und Sprache beeinflussen, um das zu beschreiben, was als Natur gilt. Geschlecht als bereits vorhandenes gesellschaftliches Konzept kann naturwissenschaftliche Forschung in einer Weise beeinflussen, die naturwissenschaftliche Erkenntnis verzerrt oder ausblendet. Wie es zu solchen auf dem gesellschaftlichen Konzept Geschlecht beruhenden naturwissenschaftlichen Konzepten kommt, ist häufig mit Hilfe von Sprachanalysen untersucht worden. Hierbei wird insbesondere der Gebrauch von Metaphern analysiert, die einen geschlechtsstereotyp konnotierten Gehalt haben.

Solche Arbeiten existieren auch in gewissem Umfang für die Physik. Sie sind aber hier nicht so direkt begründbar wie für die Lebenswissenschaften (Rübsamen 1993), weil die Physik von ihrem eigenen Selbstverständnis her keine Kategorie "Geschlecht" verwendet. Während feministische Naturwissenschaftskritik z. B. für die Biologe oder Medizin direkt an deren eigenes Konzept von Geschlecht anknüpfen kann, um seine Auswirkungen auf naturwissenschaftliche Erkenntnis zu untersuchen und ggf. zu kritisieren, ist dies für die Physik nicht in gleicher Weise möglich, da sie ihren Gegenstandsbezug und ihre Methodik als geschlechtslos definiert.

Eine feministische Naturwissenschaftskritik für die Physik muß sich m. E. in diesem Bereich daher auf kulturell verankerte Assoziationen von Geschlecht berufen. Der Begründungsrahmen für solche Forschung sollte berücksichtigen, daß kulturelle Zuschreibungen zu Geschlechtercharakteren vom historischen Zeitraum und kulturellen Kontexten abhängig und somit veränderlich sind. Aus Sicht der Physik ist solcher Sprachgebrauch nur zufällig. Daher wären Nachweise von Systematik für die Verwendung solcher Metaphern sehr hilfreich, um nachhaltig auf das Selbstverständnis der Physik einwirken zu können.

---

[2] Deutsche Physikalische Gesellschaft

Geschlecht in der Geschichte der Physik
Ein Beipiel dafür, in welcher Weise die Kategorie Geschlecht in der Entstehungsgeschichte der Physik eine Rolle gespielt haben könnte, gibt Scheich (1985 und 1993). Sie beschreibt eine Ausgrenzung von Metaphern für Lebensbezüge von Frauen aus dem Gegenstandsbezug der Physik anhand der ideengeschichtlichen Entwicklung der Impetustheorie, die ein Vorläufer der Mechanik in der Physik gewesen ist.

Ein psychologischer Erklärungsansatz
Neben anderen Betrachtungen beschreibt Keller (1986) mit Hilfe psychoanalytischer Theorie, wie Menschen idealtypische weibliche oder männliche Sozialcharaktere entwickeln. Diese zunächst im emotionalen Bereich verankerten Muster setzen sich auch im kognitiven Bereich durch, und für Naturwissenschaftler gilt nun, daß ihre wissenschaftliche Tätigkeit insbesondere von Menschen mit einem als männlich geltenden Sozialcharakter ausgeübt wird. Gleichzeitig negiert Keller aber eben diese stereotypen Zuschreibungen von Naturwissenschaft = männlich, Objektivität = männlich, etc.

Sprachgebrauch in einem Hochenergiephysik-Labor
Während ihrer anthropologischen Studie über HochenergiephysikerInnen hat Traweek (1988) den Sprachgebrauch in Labors untersucht. Sie beschreibt Physiker und ihren Sprachgebrauch, während sie einen neuen Detektor konstruieren, einen Vorgang, den sie z.T. mit Metaphern der Heirat oder Fortpflanzung beschreiben:

"Die Gruppe hatte ... begonnen, an zwei neuen Blasenkammern zu arbeiten. Sie hatten eine Vierzig-Inch-Kammer mit einer Funkenkammer "verheiratet" und erreichten eine Pulsrate von sechs Pulsen pro Sekunde. ... Später erreichte die Hybrid-Kammer von vierzig Inch höhere Pulsraten und wurde mit anderen Geräten "verheiratet", um seine Selektion von Photographien interessanter Ereignisse zu verfeinern." [Traweek, S. 54]

Am Ende des Buches interpretiert Traweek:
"Die von Physikern verwendete Sprache über ... Detektoren ist genital: die Bilder von Namen wie SPEAR[3] *, SLAC*[4] *... ist klar sowie auch der Bezug zum "Strahl" als "rauf" oder "runter". ... Ironischerweise existiert die Verneinung menschlicher Beteiligung an der Konstruktion von Naturwissenschaft gleichzeitig mit der Vorstellung von NaturwissenschaftlerInnen als männlich und Natur als weiblich. Detektoren sind der Ort ihrer Vereinigung: auf der massiven, pulsierenden Zweiundachtzig-Inch-Blasenkammer von SLAC zu stehen, während ich die beschleunigten Teilchen des Strahls zweimal pro Sekunde mit überhitzten Wasserstoffmolekülen kollidieren sah, machte mir dies ziemlich klar. Die Energie solcher Zusammenstöße wurde umgewandelt, manchmal entstanden neue noch nie zuvor gesehene Teilchen. ..."* [Traweek, S. 159]

3. Feministische Perspektiven für die Physik
Initiativen und Vorschläge für Veränderungen der Physik aus feministischer Perspektive können sich auf die Analysen beziehen, die in den beiden vorangegangenen Abschnitten "Frauen in der Physik" und "Soziales Geschlecht in der Physik" skizziert wurden.
Sehr nahe liegt es zunächst, eine höhere Beteiligung von Frauen anzustreben. Dazu können Modellprojekte in Universitäten zur Vernetzung von Frauen, eine Geschichtsschreibung der Physik und andere Frauen unterstützende Maßnahmen beitragen.

---
[3] Abkürzung für „Stanford Positron Electron Asymmetric Rings"
[4] Abkürzung für „Stanford Linear Accelerator Center"

Eine Änderung physikalischer Lehrinhalte könnte ebenfalls eine Perspektive sein, eine höhere Frauenbeteiligung zu erreichen. Im Bereich Didaktik der Naturwissenschaften bzw. der Physik hat z. B. Hoffmann (1990) festgestellt, daß Schülerinnen und Schüler der 5. bis 9. Klasse unterschiedliche Interessensgebiete im Physikunterricht haben.

Das Selbstkonzept der Physik zu erweitern, in dem ihre "Metaebenen" wie Geschichte der Physik, Soziologie der Physik, Didaktik der Physik u. a. mit der Physik verknüpfte Wissensgebiete als zur Physik dazugehörig angesehen würden, schlägt z. B. Rübsamen (1993) vor. Hierzu müßten Ergebnisse interdisziplinärer Forschung sowohl innerhalb des Wissenschaftsbetriebes als auch in der Vermittlung des Selbstbildes nach außen hin integriert werden.

Teil meiner eigenen Untersuchungen ist es, PhysikerInnen danach zu befragen, welches Selbstverständnis sie heute haben und welche Forschungsinteressen sie im Wissenschaftsbetrieb verfolgen. Welche Rolle spielen hierbei geschlechtsspezifische Stereotypen und wie hängen sie mit Ideologien über Physik zusammen?

Literatur

Alic, Margaret (1986): Hypathias Töchter: Der verleugnete Anteil der Frauen an der Naturwissenschaft. Unionsverlag Zürich.

Barinaga, Marcia (1994): "Surprises Across the Cultural Divide". Science 263 (März 1994): 1468 - 1472.

Denz, Cornelia (Hg.) (1994): Von der Antike bis zur Neuzeit - der verleugnete Anteil der Frauen an der Physik. Ausstellungskatalog, Technische Hochschule Darmstadt, Information: Frauenbeauftragte des Fachbereichs Physik, Dr. rer.nat Cornelia Denz, TH Darmstadt, Hochschulstr.6, 64289 Darmstadt.

Dresselhaus, Mildred S. et al. (1994): "Interventions to Increase the Participation of Women in Physics". Science 263 (März 1994): 1392 - 1393.

Elene, Alberto (1991): "In lode della Filosofessa di Bologna". ISIS 82: 510 - 518.

Etzkowitz, Henry et al. (Hg.) (1994): "The Paradox of Critical Mass for Women in Science". Science 266: 51 - 54.

Fehrs, Mary; Czujko, Roman (1992): "Women in Physics: Reversing the Exclusion". Physics Today, August 1992: 33 - 39.

Grinstein, Louise S. et al. (Hg.) (1993): Women in Chemistry and Physics: A Bibliographic Sourcebook. Westport, Connecticut USA.

Harding, Sandra (1986): The Science Question in Feminism. New York.

Hoffmann, Lore (1990): "Mädchen und Physik - ein aktuelles drängendes Thema". Naturwissenschaften im Unterricht 1: 12 - 18.

Hollenshead, Carol et al. (Hg.) (1994): "Women Graduate Students in Mathematics and Physics: Reflections on Success". Journal of Women and Minorities in Science and Engineering 1: 63 - 88.

Jansen, Sarah (1991): Naturwissenschaftlerinnen und Ingenieurinnen: Von der Forderung nach Gleichstellung zur feministischen Forschung. Frauen in Naturwissenschaft und Technik e.V. (Hg.)Schriftenreihe 1.

Keller, Evelyn Fox (1995): "The Origin, History, and Politics of the Subject called 'Gender and Science': A First Person Account". In: Handbook of Science and Technology Studies, Sheila Jasanoff et al., Sage, Thousand Oaks, London, New Dehli: 80 - 94.

Keller, Evelyn Fox (1986): Liebe, Macht und Erkenntnis. Männliche oder weibliche Wissenschaft?. Carl Hanser Verlag, München.

Keller, Evelyn Fox (1977): "The Anomaly of a Woman in Physics". In: Working it out: 23 Women Writers, Artists, Scientists, and Scholars Talk About Their Lives and Work. Sara Ruddick u. Pamela Daniels, Pantheon, New York: 77 - 91.

Kerner, Charlotte (1986): Lise, Atomphysikerin: Die Lebensgeschichte der Lise Meitner. Beltz Verlag, Weinheim.

Kistiakowsky, Vera (1980): "Women in physics: unnecessary, injurious, and out of place?". Physics Today 33(2): 32 - 40.

Krummacher, Sybille (1994): "Bei uns ist die Physik (immer noch) männlich!". Physikalische Blätter 50: S. 619.

Lubkin, Gloria (1971): "Women in Physics". Physics Today, April 1971: 23 - 27.

Megaw, Jim (1992): "Gender distribution in the world's physics departments". La physica in Canada/Physics in Canada, January 1992: 25 - 28.

Orland, Barbara; Rössler, Mechthild (1995): "Women in Science - Gender and Science Ansätze feministischer Naturwissenschaftskritik". In: Das Geschlecht der Natur, Barbara Orland und Elvira Scheich (Hg.), Suhrkamp, Frankfurt a.M.: 13 - 63.

Quinn, Susan (1995): Marie Curie - A Life -. Radcliffe Biography Series, Adison-Wesley Publishing Company; Reading et al.

Rossiter, Margaret (1982): Women Scientists in America. Baltimore, Maryland USA.

Rübsamen, Rosemarie (1993): "Feministische Forschung in der Physik? Probleme und Perspektiven." In: Feministische Perspektiven in der Wissenschaft, Lynn Blattmann et al. (Hg.), Verlag der Fachvereine Zürich, 151 - 168.

Scheich, Elvira (1993): Naturbeherrschung und Weiblichkeit. Centaurus Verlagsgesellschaft, Pfaffenweiler.

Scheich, Elvira (1985): "Was hält die Welt in Schwung? Feministische Ergänzungen zur Geschichte der Impetustheorie". Feministische Studien 1: 10 - 31.

Schiebinger, Londa (1987): "The History and Philosophy of Women in Science". Signs 12(2): 305 - 332.

Traweek, Sharon (1988): Beamtimes and Lifetimes. The World of High Energy Physicists. Harvard University Press, Cambridge (Massachusetts, USA), London, (England).

Woesler de Panafieu (1989): "Feministische Kritik am wissenschaftlichen Androzentrismus". In: Klasse Geschlecht, Ursula Beer (Hg.), AJZ-Verlag, Bielefeld: 95 - 131.

„Der weibliche Körper ist also fest in Männerhand!" Geschlechterdifferenz und biologisches Wissen

Tekla Reimers

Das Titelzitat ist ein Ausspruch von der Wissenschaftsministerin in NRW Anke Brunn. Es gab, bevor sie über das Netzwerk Frauenforschung eine Gynäkolog**in** auf einen Lehrstuhl berief, keine einzige Frau an führender Stelle auf diesem Gebiet an den Hochschulen NRWs. Dieser offenkundig skandalöse Zustand in einer ausschließlich Frauen betreffenden Disziplin der Medizin, die ja auch angewandte Biologie ist, zeigt nur die Spitze eines Eisberges.

Fast jeder Naturwissenschaftler glaubt an das 'Prinzip der Objektivität' in der wissenschaftlichen Ermittlung von Fakten und Gesetzmäßigkeiten. Zwar hat bereits die Kybernetik, die ja als Wissenschaft von der effektiven Organisation weite Bereiche biologischen Wissens strukturiert (z.B. in der Physiologie, Verhaltensforschung, Ökologie) gegen dieses Prinzip verstoßen. Weil sie mit ihrem Prinzip der Zirkularität gegen das objektivistische Postulat der Trennung von Beobachter und Beobachtetem verstößt. Also der Forderung, daß Eigenschaften des Beobachters nicht in die Beschreibung des Beobachteten Eingang finden dürfen. Aber nichts desto trotz verteidigen Naturwissenschaftler weiterhin vehement den objektiven Charakter der von ihnen festgestellten Fakten und der von ihnen akzeptierten Theoriegebäude. In den letzten 15 Jahren wurde solche Kritik zunehmend von Sozialwissenschaftlern, Epistemologen und Biologiehistorikern vorgebracht:

- Sozialwissenschaftler wie Bruno Latour (1979) und Karin Knorr-Cetina (1984) haben aufgrund umfangreicher empirischer Studien der Laborpraxis aufgezeigt, wie biologische Erkenntnis im gesellschaftlichen Prozeß der Technik 'fabriziert' wird, also nicht entdeckt, sondern hergestellt.

- Radikale Dekonstruktivisten bringen jede Form objektiven Wissens zum Verschwinden. Alle Erkenntnis sei lediglich soziales Konstrukt. Bei Judith Butler (1990) erscheinen auch körperliche Geschlechtsunterschiede als soziale Konstrukte, so daß für die oben erwähnte Gynäkologin wohl kaum noch etwas zu tun bliebe!

- Auch die Biologiehistorikerin Donna Haraway (1991) findet eine Fülle kolonialer und patriarchaler Konstrukte in den wissenschaftlichen Theorien und methodischen Konzepten der Primatologie und anderer biologischer Disziplinen, insbesondere auch bei der Auffassung von Körper und Geschlecht. Immerhin gibt es in Donna Haraways Erkenntnistheorie trotz grundsätzlich dekonstruktivistischer Überzeugungen doch irgendwelche Formen sog. 'zuverlässigen Wissens'. Dieses kann zwar niemals den Rang von objektiven Wahrheiten einnehmen, sondern nur als sog. 'situiertes Wissen' gelten, beschränkt durch die gesellschaftliche Positionierung der Erkennenden, z. B. solcher wie Geschlecht, Rasse und Klasse, und auch ihrer Stellung zum Unbekannten, zu dem was erforscht werden soll. 'Situiertes Wissen' versteht sich als Sichtweise, die einen gesellschaftlichen und historischen Ort hat. Diese Art von Erkenntnis betrachtet sich selbst nicht als universell und auch nicht als frei von Engagement und Interpretation. Ihr Ziel sind **bessere** Darstellungen von der Welt, zuverlässigeres Wissen, nicht endgültiges, keine Abschließung der Dialektik des Erkenntnisprozesses. Donna Haraway spricht auch vom 'Humor' in der zu erforschenden Welt, in den unbekannten Prozessen, der sich dem forschenden Zugriff entzieht, die Forscher zum Narren hält, sie täuscht und austrickst.

Die objektivistischen Wissenschaftler haben die Natur zum Objekt verdinglicht, sie verknechtet, damit sie den Entdeckern als Ressource für Wissen diene. Dagegen stellen feministische Wissenschaftlerinnen (u.a. Haraway 1991, Fox-Keller 1985, Benjamin 1988) ein epistemologisches Herangehen, das der Natur, dem Tier, dem Ökosystem, ganz allgemein dem Anderen, dem Unbekannten Subjektstatus zuerkennt. Das Unbekannte als selbsttätig Handelndes anerkennt, womit die Forscherin sich offen und aufmerksam einläßt, um seine Eigenschaften, sein Eigenleben mehr und mehr zu verstehen, um Einblick in anderes Agieren, fremdes Werden zu nehmen. Bei Evelyn Fox-Keller heißt dieser Erkenntnisprozeß „auf die Pflanzen hören,...aufmerksam sein darauf, was sie sagen...", mit ihnen leben.

Ich folge Donna Haraways Ansatz, deshalb habe ich ihn hier so ausführlich dargestellt. Zwar verschwimmen auch dabei die Gewißheiten ziemlich, es kann mehrere Wahrheiten geben, ganz abhängig davon, aus welchem Blickwinkel eine Beobachtung, Erfahrungen, Schlußfolgerungen gemacht wurden. Donna Haraways Wunsch-Theorie wäre eine „heterogene Vielfalt von Darstellungen der Welt", die ihren „Quellen verpflichtet ist". Damit bin ich nun weit entfernt von dem, weswegen ich einmal die Wissenschaft von der belebten Natur zu meinem Beruf gewählt habe. Ich wollte nämlich objektives Wissen. Über die Natur und den Menschen. Als Grundlage für mein Handeln, die Gestaltung meiner Rolle in der Welt. Ich habe mich immer ein bißchen wie Hamlet gefühlt, jener Dänenprinz, der nicht in die Verantwortung als König aufsteigen will, solange er nicht Gewißheit findet. Er weiß ja nicht, und erfährt während des gesamten Verlaufs dieser Shakespeare-Tragödie auch nie, ob der neue König seinen Vater tatsächlich ermordet hat. (Die Zuschauer wissen es, er aber nicht, weil er nur einen Geist gesehen hat, das bekennende Selbstgespräch des Königs im Gebet aber nicht hören konnte.) Nun bin ich schon fast über die Mitte meines Lebens hinaus, und langsam beginne ich abzusehen, daß es mir auch nicht anders ergeht als Hamlet: Mit all meiner Mühe, Experimenten, Beobachtungen, reflektieren, schlußfolgern gewinne ich nur Hinweise, Hypothesen, Vorstellungen, Belege - keine Gewißheit, kein endgültiges Wissen, weder über die Natur noch über Gesellschaft. Und so zaudere ich ewig, ob ich nun Kinder in diese ungewisse Welt setzen soll, ob ich neue Technologien benutzen soll, Computer, Internet, Jumbo-Jet, Raketen und Weltraumsatelliten. Tue schließlich doch irgendetwas halbwegs vernünftig erscheinendes, weil ich ja handeln muß um zu leben. Nach 10, 20 Jahren wundere ich mich oft, was ich damals für Wahrheit und feste Tatsache genommen habe. Vor 7 Jahren ungefähr fing ich an mich zu fragen, ob Wissenschaft zu betreiben unter solchen Voraussetzungen überhaupt noch Sinn macht? Nun ja, da fand ich Donna Haraways Ringen um 'zuverlässigeres Wissen', das vielfältige Sichtweisen aus mehreren Perspektiven/Blickwinkeln einbezieht, ausgesprochen ermutigend, fast tröstlich angesichts des allgemeinen Wahrheitsverlustes. Lassen sich somit doch wenigstens die konkreten, praktisch erfahrenen Wahrheiten retten - und der allenthalben unter Naturwissenschaftlern mittleren Alters grassierende Zynismus abwehren.

Das biologische Wissen über Geschlecht ist ein Gebiet, welches Einbeziehen weiblicher Sichtweisen dringend nötig hat. Für die hier gebastelten Theorien und konstruierten Fakten sind Frauen und ihre weiblichen Eigenschaften die Forschungsobjekte. Deshalb sind Eigenschaften der fast immer männlichen Beobachter besonders verzerrend in die Beschreibungen des Beobachteten eingeflossen, bzw. haben ihnen den Blick völlig verstellt.

Wie alle praktisch Naturforschenden wissen, gibt es mehr oder weniger vermittelte Verfahren, Eigenschaften, Veränderungen, Bewegungen von Tieren, Stoffen oder auch Planeten und Quarks herauszufinden. Manches läßt sich direkt mit den Sinnesorganen beobachten, anderes mit einigem apparativen Aufwand indirekt stichprobenweise analysieren, heutzutage wird das meiste im Laborbetrieb experimentell ermittelt. Die Ergebnisse sind entsprechend: letztere am artifiziellsten, was den dekonstruktivistischen Sozialwissenschaftlern als Anknüpfungspunkt diente. Die apparativ analysierten sind so gut, wie die Geräte (Mikroskope, Teleskope), womit die Naturprozesse einsehbar gemacht werden, bzw. hängen ab von der Eliminierung der Fehler der Beobachtungsinstrumente. Direkte Beobachtung (erstere) halte ich für am zuverlässigsten. Allerdings muß der Wahrnehmungsapparat selbstkritisch benutzt werden. Seine Grenzen kennen und einbeziehen, und seine Beobachtungsresultate ggf. aus anderen Blickwinkeln überprüfen und ergänzen lassen, um der 'selektiven Wahrnehmung' entgegenzuarbeiten. Gerade die ist für unser biologisches Wissen eine der größten Fehlerquellen geworden, auch bei der einfachsten, direktesten Datenerhebung, wie Verhaltensbeobachtungen an Tieren. Zusätzlich unterliegen alle Interpretationen und Schlußfolgerungen dann immernoch dem Einfluß des historischen Ortes einer Erkenntnis, dem Zeitgeist, der gesellschaftlichen Erfahrung und ihres geistigen Horizonts.

An 2 Beispielen aus meinem Fachgebiet 'biologische Geschlechterforschung oder Frauenforschung' möchte ich Ihnen die unterschiedlichen Ergebnisse biologischen Wissens aus der traditionell männlichen und der kritisch weiblichen Sicht - die erst in den allerersten Anfängen steckt - kurz aufzeigen:

Das erste Beispiel befaßt sich mit dem Ursprung der Geschlechter, mit der Frage: Was ist im Kern weiblich bzw. männlich, sozusagen die urweibliche bzw. urmännliche Eigenschaft.
Als zweites Beispiel behandle ich die weibliche Partnerwahl, Darwins 'female choice'.

Der Ursprung der Geschlechter

Beide sexuellen Keimzellen, die Gameten einer Spezies, sind vollwertige Hälften ihres elterlichen Genoms. Lediglich die einen bekommen zumeist relativ mehr zytoplasmatische Substanz mit - und heißen deshalb Eier. Die jeweils größeren Gameten aller Spezies sind definitionsgemäß Eier, die jeweils kleineren Spermien. Alle Organe und Individuen, die Eier bilden, sind weiblichen Geschlechts, und alle spermienproduzierenden Organe oder Individuen männlich. Weibliche Forschungsobjekte sind demnach die Eierlegenden. Der Kern dieser wissenschaftlichen Begriffsbildung ist offenkundig Brutpflege im weitesten Sinne. Eier sind Gameten mit relativ mehr Nährsubstanz - wobei es jeweils artgemäße, sehr große Unterschiede gibt. Diese werden aber vernachlässigt gegenüber der sexuellen Zuordnung. Ob Rieseneier produziert werden, wie bei Reptilien und Vögeln, oder solche klitzekleinen, wie bei Säugetieren und Menschen, über all diese quantitativ/qualitativ wirksamen Unterschiede hinweg prädestiniert der Begriff 'weiblich' zur Brutpflege. Diese Definition impliziert, daß sämtliche mütterlichen Organe und Individuen relativ mehr in die Nachkommenschaft investieren, als die jeweiligen väterlichen Organe und Individuen. Wenn eierlegende Individuen, z.B. Vogelmütter, sich nicht weiter in der artgemäßen Brutpflege engagieren, und samenerzeugende Individuen, also Väter, die Nachkommenschaft zur Reife aufziehen, spricht die biologische Terminologie von 'umgekehrten Geschlechtsrollen'; englisch 'sexroll reversed species'. Normal ist demnach eine Weiblichkeit, die artgemäße Brutpflege einbegreift. Offenkundig hat bei dieser Begriffsbildung die soziale Norm einer patriarchalen Gesellschaft Pate gestanden, worin Frauen muttern, Männer nicht-muttern. Das lateinische Wort Sexus für Geschlecht ist älter als unsere Kenntnis der zugrundeliegenden Mechanismen genetischer Vermischung. Die Menschen hatten lange begriffen, daß Tiere, Pflanzen und eben auch sie selbst in zwei Gestalten ihrer Art vorkommen, ehe sie wußten warum. Wegen dieses historischen Prozesses seiner Entstehung umfaßt der umgangssprachliche Begriff Geschlecht mehrere phylogenetische Bestandteile: Phänomene der genetischen Rekombination, der Kopulation und Paarung werden darin durcheinandergeworfen mit solchen der Reproduktion, der Ei- und Brutpflege, - und nicht zuletzt mit Zweigestaltigkeiten an Körper und Verhalten von Artgenossen - den eigentlichen Geschlechtsunterschieden. Die Biologen haben diesen historischen ex post Mechanismus der sexuellen Charakterisierung fortgesetzt, indem sie die Anisogamie-Evolution als Ursprung der Geschlechter auffassen. Parker (1978) hat ein breit akzeptiertes Modell für diese Vorstellung der Entstehung männlicher und weiblicher Keimzellen vorgelegt, das (fast) allen biologischen Darstellungen des Geschlechterverhältnisses zugrunde gelegt ist. Er geht von einer Population gleicher, sexuell undifferenzierter Artgenossen aus, die einer Kombinationswirkung von gegensetzlichen Selektionsdrücken ausgesetzt ist:

1. Reproduktive Begünstigung der Effektivität, Sexualpartner zu treffen; wofür Beweglichkeit als Hauptfaktor angenommen wird;

2. vermehrtes Überleben größerer Zygoten mit Nahrungsreserven.

Gameten in Zwischengröße wären in beiden Rollen also für Trefferwahrscheinlichkeit einerseits und Nährfunktion anderserseits selektiv benachteiligt. Sie wurden also durch disruptive Auslese eliminiert.

Dieser uranfängliche Geschlechterkonflikt spezialisiert männliche Mikrogameten = Spermien auf Paarungserfolge durch vermehrte Befruchtungserfolge (der Grundzug von Polygamie); weibliche Makrogameten = Eier auf höhere Reproduktionserfolge durch relativ mehr Nährstoffinvestition je Nachkommen, also mehr Brutpflege. Dabei unterliegt die männliche Funktion infolge relativer Überzahl stärkerer intrasexueller Konkurrenz und daher intensiverer Auslese. Dieses Modell der Anisogamie-Evolution zu beweglichen, immer kleineren Spermien, in großen Mengen hervorgebracht, und ruhenden, attraktiven großen Eiern, von denen nur relativ wenige entstehen, vollführt einen Zirkelschluß zum definitorischen Ausgangspunkt und legt Weiblichkeit von allem Uranfang an auf's Muttern fest.

Biologen, die nicht vornehmlich mit mathematischen Modellen forschen, finden in der Natur nirgends Parkers hypothetische Ausgangspopulation chemisch gleicher Individuen, die rein zufällig zu einem Sexualakt zusammenstoßen. Vor der Anisogamie, d.h. morphologisch ungleichen Gameten, sind offenbar zuerst chemische Paarungstypen entstanden. Hoekstra (1987) hat vor einigen Jahren ein Modell für mehrere mögliche Wege zur Auslese von zwei chemischen Paarungstypen in einer Population von Isogameten vorgelegt. Seine gleichen Ausgangsindividuen - also morphologisch und chemisch gleich - sind mit Zellstrukturen zum Senden und Empfangen pheromoner Duftmoleküle ausgestattet, oder mit wechselseitigen Molekularhaken und -ösen, um ein artgleiches Individuum zwecks genetischer Vermischung festzuhalten bzw. anzulocken. Selektive Begünstigung der genetischen Variabilität der Nachkommenschaft, welche durch Rekombination zustande kommt, differenziert die betreffenden Arten gesetzmäßig zu zwei chemischen Paarungstypen: die einen mit Molekülhaken, die anderen mit -ösen; oder die einen mit Pheromonsender, die anderen mit Pheromonempfänger. Nach Hoekstras mathematischen Kalkulationen entstehen über diesen Selektionsmechanismus niemals mehr als zwei chemische Typen, sodaß er hier den Ursprung der Geschlechter vermutet, die Differenzierung völlig gleicher Individuen einer Spezies in weibliche und männliche. Die biologische Terminologie spricht auf dieser Ebene chemischer Unterschiede aber lediglich von Plus- + und Minus-Paarungstypen. Sexualität beginnt demnach mit gegenseitiger Attraktivität und Festhalten zum Zwecke genetischer Rekombination, die beiden Elternindividuen denselben Fitnesszuwachs durch erhöhte Variabilität ihrer Nachkommenschaft bringt. Hoekstra hat auch noch ein Modell für die Anisogamie-Evolution vorgeschlagen, das von morphologisch gleichen aber chemisch verschiedenen Isogameten ausgeht. Bei seinen populationsgenetischen Berechnungen über Wechselwirkungen zwischen Schwimm-Geschwindigkeit und Zellgröße fand er eine Verlangsamung größerer Zellen infolge des stärkeren Strömungswiderstandes. Wenn in einer Population erbliche Variationen an Zellgröße von wenigstens dem Dreifachen des Üblichen vorkäme, dann wäre die Auswirkung auf die Trefferquote für Sexualpartner so wie eine zweifache Differenz an Schwimmgeschwindigkeit zwischen den üblichen Zellen und den vergrößerten Mutanten. Auf diesem Wege könnte Anisogamie auch ohne sexuelle Unterschiede an Beweglichkeit von Zellen entstehen, aber wenn Unterschiede an Schwimm-Geschwindigkeit existieren, würden auch kleine Größenunterschiede an Gameten selektiert. Die resultierenden Populationen müßten zwei morphologische Typen zu gleichen Anteilen enthalten: große langsam schwimmende, die Pheromone produzieren, und kleine schnell schwimmende, die Pheromone empfangen. Womit die Geschlechter in ihren Grundzügen entstanden wären. Wir müssen also weibliches Muttern nicht als Anfang und Urgrund der Geschlechter begreifen. Sexualität ist eigentlich allein der Anziehungs-, Kopulations-, Paarungsmechanismus im Kontext der genetischen Vermischung zweier Artgenossen. Bei Eukaryoten all das, was zur Zygotenbildung führt. Der Begriff Geschlecht betont darüber hinaus die ggf. dimorphen Körper der Sexualpartner, die mit ungleichen Elterninvestitionen mehr zu tun haben als mit Rekombination. Sexualität per se erfordert keine morphologischen Geschlechtsunterschiede, aber die innerartliche Konkurrenz, über unterschiedliche Elterninvestitionen den individuellen Reproduktionserfolg zu maximieren, zieht sie nach sich.

Amerikanische Feministinnen haben in den Geisteswissenschaften und der Anthropologie eine begriffliche Unterscheidung zwischen 'Sex' und 'Gender' als wissenschaftliche Termini eingeführt. Nach diesem Konzept der neuen Forschungsrichtung 'Gender Studies' umfaßt Sex die biologischen Eigenschaften von Frauen und Männern, also die genetisch programmierten Geschlechtsunterschiede, und ihre Verkörperung. Darüber hinaus bezeichnet Gender die kulturell vermittelte psycho-soziale Ausgestaltung von Weiblichkeit und Männlichkeit in jeder menschlichen Gesellschaft. In der biologischen Literatur wird das englische Wort Gender auch für die Resultate der sexuellen Auslese einer Spezies verwendet, z.B. Hirschgeweihe, Pfauenschwänze und andere sexualdimorphe Merkmale. Womit Sozialwissenschaftler und Biologen in puncto 'Gender' keine gemeinsamen Erkenntnisse finden werden! Die Biologen verstehen erbliche Eigenschaften darunter - die Sozialwissenschaftler soziale Konstrukte.

Ich sehe im Komplex der sexuellen Fortpflanzung unserer Spezies Mensch nicht nur 2 sondern 4 wesensverschiedene Bestandteile:

- Sexualität = Sex ist die gegenseitige Anziehung, Verpaarung, Kopulation und genetische Rekombination;
- Geschlecht = Gender umfaßt
  zum einen Resultate der sexuellen Selektion für vermehrte Paarungserfolge und
  zum anderen Resultate der natürlichen Selektion zu vermehrter Ei- und Brutpflege,
  die auf weibliche und männliche Individuen unterschiedlich verteilt sind.
- soziales Geschlecht = Gender ist die kulturelle Tradition der sexuellen Identitäten und der sozialen Geschlechterrollen.

Sexuelle Partnerwahl

Der Wissenskanon der traditionellen, von Männern konstruierten Biologie generalisiert jenen zuvor beschriebenen Ursprung der Geschlechter in der Anisogamie-Evolution nach Parkers Modell, in Überfliegermanier, per Rundschlag über das gesamte Tierreich, zur allgemeinen Erkenntnis über natürliche Geschlechtscharaktere. E. O. Wilson (1978) hat diese Auffassung so formuliert:

„Es lohnt sich für 'males' [männliche Individuen/Gameten (Erg. d. Verf.)] aggressiv, stürmisch, unbeständig und wahllos zu sein. Für 'females' [weibliche Individuen/Gameten] ist es theoretisch günstiger, spröde zu sein und sich zurückzuhalten, bis sie den männlichen Sexualpartner mit den besten Genen herausgefunden haben...Die Menschen halten sich getreulich an dieses biologische Prinzip."

Zugegeben, das ist ein besonders sexistisch formuliertes Zitat des Begründers der Soziobiologie aus seinem Buch 'On human nature'. Aber in der Sache das Gleiche oder Ähnliches findet sich fast überall, wo Biologen, auch einige weiblichen Geschlechts, über Geschlechter schreiben. Meist als implizite Voraussetzung, oft auch expressis verbis bei Wolfgang Wickler/Uta Seibt (1983), Norbert Bischoff (1978)/Doris Bischoff-Köhler (1990), bei Lynn Margulis/Dorion Sagan (1991), bei C. G. Williams (1975), bei Christian Vogel (Funkkolleg Psychobiologie) usw. . . . (nicht bei R.Knußmann!). Weibliche Tiere werden durchweg als wählerisch, zurückhaltend, relativ unbeweglich, ja passiv und scheu beschrieben. Männliche dazu komplementär als rastlos umherschweifend, aktiv suchend, initiativ und sozusagen jede Gelegenheit beim Schopf ergreifend. Erst seit ungefähr 20 Jahren suchen Biologinnen diese Geschlechtertypologie mit anders gelagerten wissenschaftlichen Einsichten zu erschüttern: z. B. Sarah Blaffer Hrdy (1981) charakterisierte mit ihrem Buch 'The woman that never evolved' die Primatinnen als Individuen, die mit strategischem Geschick im sozialen Umfeld agieren, bei manchen Spezies, insbesondere der Lemuren sind weibliche Tiere auch einzeln über männliche dominant. Aus ihren Beobachtungen (u. a. von Shirley Strum 1987) geht hervor, daß fast alle Primatinnen kooperieren und intrigieren, ja sogar gewaltsam kämpfen - keineswegs scheu oder passiv - um sozialen Rang und Einfluß, gegen feindliche Männer ebenso wie gegen Raubtiere. Damit gelingt es ihnen durchaus, zentrale Machtpositionen in ihren Sozialverbänden einzunehmen. Sie nutzen auch Möglichkeiten der weiblichen Wahl für solche Auseinandersetzungen. Um männliche Verbündete zu gewinnen oder auch direkte Zuwendungen, wie Hilfe bei der Nahrungssuche, Gesellschaft oder soziale Fellpflege. (Das ist die Primatenform der Streicheleinheiten.)

Suzanne Chevalier-Skolnikoff (1984) fand den weiblichen Orgasmus auch für eine Primatin. Nämlich bei Bärenmakaken. Bis dahin galten weibliche Orgasmen als rein menschliches Phänomen, wurden deshalb auch lange für eine kulturelle Leistung der Frau gehalten. Die Entdeckung natürlicher Befriedigungslust unter Primatinnen - es wurden danach weitere Primatenspezies mit weiblichem Orgasmus gefunden - hat weitreichende Konsequenzen für weibliches Paarungsverhalten. Sie mögen aufgrund dessen sehr aktive Lustsuche betreiben. Weibliche Gorillas, für die auch Orgasmen beschrieben worden sind (George Schaller 1964), fordern männliche Partner regelrecht auf zum Koitus. Mit Berührungen, Blicken und Gesten machen sie einem Gorilla-Mann ihrer Wahl klar, was sie mit ihm wollen. Auch solche Formen weiblicher Paarungsinitiative sind in der traditionellen Biologie vornehmlich als passives Abwarten gesehen worden. Etwaige Rivalenkämpfe und Dominanzhierarchien der männlichen Bewerber werden als entscheidend erachtet. Daß tatsächlich Primatinnen viele Wege finden, solche kämpferischen Vorentscheidungen ihrer Männer zu unterlaufen, so daß ein Sieger trotzdem oft leer ausgeht, wird dabei übersehen. Der gesamte Theoriekomplex von Darwins (1871) 'sexueller Auslese', worin die 'female choice', also weibliche Wahl, eine zentrale Rolle für die Evolution vieler Tierarten spielt, ist fast 100 Jahre lang nicht allgemein akzeptiert worden. Inzwischen ist sie mit der soziobiologischen Erweiterung des Darwinismus zwar angenommen, aber nun geht der Streit darum, welches Geschlecht der Schrittmacher der Evolution sei, insbesondere für die Humanevolution: der innermännliche Konkurrenzkampf mit Gewalt und List, oder die weibliche Wahl mit ihren verschönernden und sozialisierenden Wirkungen. Was der traditionell männlichen Sicht nicht in's Geschlechterbild paßt, bleibt entweder unentdeckt oder, wo denn Daten unignorierbar bewiesen sind, bleibt es unerklärt, in theoretischer Hinsicht unbenutzt. Die Evolution des weiblichen Orgasmus ist so ein Fall. Zwar ist nun als Faktum festgestellt - weil so und so oft auch von männlichen Forschern beobachtet, sachlich einwandfrei beschrieben und ausgezählt - daß es ihn auch schon bei Tierprimaten gibt, also muß er natürlich evolviert sein. Aber keiner weiß wie oder einfacher warum. Das wäre die Frage nach seiner Adaptivität, seiner allgemeinen Nützlichkeit, die selektive Begünstigung von Primatinnen mit dieser Eigenschaft. Wenn Stephen Jay Gould (ein international renommierter Harvard Biologe zit. n. Nuber 1996) ihn zum „überflüssigen Gepäckstück der Evolution" erklärt, so etwas wie die funktionslosen Brustdrüsen und Nippel des Mannes, faßt er nur in Worte, wie das neuentdeckte Fakt in die biologische Geschlechtertheorie paßt: Die Tatsache eines weiblichen Orgasmus erscheint hier gänzlich überflüssig. Wenn BiologInnen doch noch einen Nutzen in dieser sachlich unnötigen Luxus-Eigenschaft von Primatinnen und Frauen vermuten, dann meist für den männlichen Samen! Z.B. um dessen mechanischen Transport im weiblichen Genitaltrakt zu befördern - die vaginalen Kontraktionen könnten als Pumpbewegungen wirken, oder um die Frau in der Horizontalen festzuhalten und die Samenwanderung gegen hemmende Gravitationskräfte zu beschützen. Wenn schon das Phänomen als solches unerklärlich bleibt, so schlecht in's Weltbild unseres biologischen Wissens paßt, verwundert dann kaum noch, daß ein bedeutender Bestandteil des weiblichen Orgasmus seit der Antike vollständig in Vergessenheit geriet. Erst vor zwei Jahren entdeckte die Kölner Ärztin Sabine zur Nieden (1994) das weibliche Ejakulat wieder.

Eine der männlichen Ejakulation homologe Flüssigkeitsausschüttung der 'paraurethalen Drüsen', die der Frau im Orgasmus ebenso durch die Harnröhre abgeht, wie dem Mann. Männliche Ärzte hatten die bis zu 50 ml umfassende Ausschüttung mancher Frauen als Urin bestimmt. Also nicht Ergießung weiblicher Sexuallust, sondern Pisse! Und so ergibt sich wieder der Zirkelschluß, wie bereits am Anisogamiebeispiel aufgezeigt: Männliche Primaten sind, dem allgemein männlichen Prinzip folgend, mobil, sexuell aktiv und lassen sich ohnehin keine Gelegenheit entgehen, eine Artgenossin zu besamen, sodaß weibliche Sexuallust bereits entbehrlich erscheint, ein weibliches Ejakulat aber total überflüssig, rudimentär. Manche Forscher (Reimers 1994) vermuten Zusammenhänge im Kontext der weiblichen Wahl. Aber bei dem Mauerblümchen-Dasein, daß dieses Theorie-Element im heutigen neodarwinistischen Gedankengebäude fristet, konnten bislang keine allgemein überzeugenden Belege erbracht werden. Im Gegenteil: Alle biologischen Überlegungen zur Orgasmusevolution der Frau gehen von einem ursprünglichen weiblichen Brunstsignal aus, das sämtliche Männer der Umgebung sexuell aktiviert. Meist wird eine Genitalschwellung angenommen, die in der Hominidenlinie verschwunden sei. Ich halte das für einen Eckstein jener von Männern konstruierten biologischen Geschlechtertheorie. Und obwohl niemals gefunden, und in der Tat ein 'missing link', kursiert es unangefochten in den evolutionären Orgasmuserklärungen herum. Manchmal wird pauschal angemerkt, 'die meisten Äffinnen hätten irgendein visuelles oder olfaktorisches Signal für weibliche Brunst' - allerdings haben viele eben auch keins! Und niemand kann sagen, wieso wir von denen *mit* abstammen sollen anstatt von denen *ohne*. Weil aber dies Detail so gut in's herrschende männliche Konzept paßt, wird es kaum hinterfragt. Und daß es gänzlich unbewiesen ist, hindert auch überhaupt nicht, allenthalben öffentlich in Medien und Wissenschaft mit dieser Voraussetzung zu spekulieren.

Kurz gefaßt:
Das Brunstsignal, was gänzlich unbewiesen ist, aber ins traditionelle Geschlechterstereotyp paßt, wird überall wie ein Fakt kolportiert, während das weibliche Ejakulat, das zwar bewiesen ist, aber nicht paßt, kaum erwähnt wird.

Mit dieser Methode und indem Frauen von einflußreichen Positionen im Wissenschaftsbetrieb biologischer und medizinischer Fächer ferngehalten werden, bleibt unser biologisches Wissen ein Konstrukt männlicher Perspektive.

Literatur

Benjamin, Jessica 1988: „Die Fesseln der Liebe: Psychoanalyse, Feminismus und das Problem der Macht", 274pp., Stroemfeld/Roter Stern, Basel, Frankfurt a.M.,1990

Bischof,N.1980: „Der biologische Sinn der Zweigeschlechtlichkeit", S. 38-60 in: Sullerot, E. (Hrsg.), Die Wirklichkeit der Frau, 640pp., Verlag Steinhausen, München, 1979

Bischof-Köhler, Doris 1990: „Frau und Karriere in psycho-biologischer Sicht", S. 17-28, Zeitschrift für Arbeits- und Organisationspsychologie Nr.34, 1990

Butler, Judith 1990: „Gender Trouble", dtsch. „Das Unbehagen der Geschlechter", 237 pp., edition Suhrkamp Bd 722 NF, Frankfurt a.M. 1991

Darwin, Ch. 1871: „Die Abstammung des Menschen und die Zuchtwahl in geschlechtlicher Beziehung", 1. u. 2. Bd., Reclam Verlag, Leipzig 1874

Fox Keller, Evelyn 1985: „Reflections on Gender and Science" dtsch. „Liebe, Macht und Erkenntnis" 216 pp., Carl Hanser Verlag, München, 1986

Haraway, Donna J. 1991: „Simians, cyborgs and women. The reinvention of nature", dtsch. „Die Neuerfindung der Natur" 237 pp., Campus Verlag, Frankfurt a.M., New York 1995

Hoekstra, R. F. 1987: „The evolution of sexes", S.59-91 in: Stearns, S. C. (Ed.), „The evolution of sex and its consequences", 391 pp., Birkhäuser Verlag, Basel, Boston 1987

Hrdy, Sarah Blaffer 1981: „The woman that never evolved", 256 pp., Harvard University Press, Cambridge Mass., London 1981

Knorr-Cetina, Karin 1984: „Die Fabrikation der Erkenntnis. Zur Anthropologie der Naturwissenschaft", 357 pp., stw 959, Suhrkamp Verlag, Frankfurt a.M. 1991

Latour, B.; Woolgar, S. 1979: „Laboratory Life. The Social Construction of Scientific Facts", Sage, Beverly Hills, 1979

Margulis, Lynn; Sagan, D. 1991: „Mystery Dance. On the Evolution of Human Sexuality", dtsch. „Geheimnis und Ritual", 268 pp., Byblos Verlag, Berlin 1993

Nieden, Sabine zur 1994: „Weibliche Ejakulation. Variationen zu einem uralten Streit der Geschlechter", Beiträge zur Sexualforschung Bd. 70, 148 pp., Enke Verlag, Stuttgart 1994

Nuber, Ursula 1996: „Warum Frauen (k)einen Orgasmus erleben", Psychologie Heute 23. Jg., Nr. 5, S. 26-27, 1996

Parker, G. A. (1978): „Selection on non-random fusion of gametes during the evolution of anisogamy", J. theor. Biol. 73, S. 1-28, 1978

Reimers, Tekla 1994: „Die Natur des Geschlechterverhältnisses. Biologische Grundlagen und soziale Folgen sexueller Unterschiede", Reihe Campus Forschung Bd. 722, 444 pp., Campus Verlag, Frankfurt a.M., New York 1994

Schaller, G. B. 1964: „The year of the Gorilla", dtsch. „Unsere nächsten Verwandten", 249 pp., Fischer Verlag, Frankfurt a. M., Hamburg 1968

Strum, S. C. 1987: „Almost human. A journey into the world of baboons", 294pp., Random House, New York 1987

Wickler, W. ; Seibt Uta 1983: „Männlich-Weiblich. Der große Unterschied und seine Folgen", 192 pp., R. Piper Verlag, München 1983

Williams, G. C. 1975: „Sex and evolution", 200 pp., May, R. M. (Ed.), „Monographs in population biology", Princeton Univ. Press, Princeton New Jersey 1975

Wilson, E. O. 1975: „On human nature", Harvard Univ. Press, Cambridge Mass. 1975

Wenn Pflanzen zu sehr lieben . . .

Sabine Riewenherm, Gen-ethischer Informationsdienst (GID), Berlin

1. Einleitung

Die Moorlilie (*Narthecium ossifragum),* die ich im Rahmen meiner Dissertation untersuche, brachte mich auf das Thema „Wenn Pflanzen zu sehr lieben". Dazu muß zunächst einmal ein wenig „botanisches Fachwissen" erzählt werden:

Die Blüten der Moorlilie enthalten sowohl Staubblätter als auch Fruchtknoten, sind also „zweigeschlechtlich". Die Blühzeit ist von Juli bis August, die Zeit der Keimung ist noch ungeklärt. Aufgrund des Blütenaufbaus wird die Moorlilie in der Botanik zu den sogenannten „Zwitterpflanzen" gerechnet. Weiterhin gehört die Moorlilie zu den Pflanzen, die klonales Wachstum zeigen. Das heißt bei der Moorlilie, daß sie ein weit ausstreichendes Wurzelsystem mit unterirdisch kriechender Grundachse besitzt. Die Länge der laubtriebfreienAbschnitte (Internodien) kann bis zu 15 cm betragen. Die Internodienlänge und die Verzweigungsstruktur der Grundachse wirkt sich auf die Dichte der Populationen aus, so daß „horstförmige" Bestände mit einer hohen Anzahl vegetativer und generativer Sproßanteile auf geringer Fläche oder lockerrasige Bestände entstehen (vgl. Riewenherm 1991). Diese Form der Wuchsform wird als „klonal" bezeichnet. Zusätzlich zu der klonalen Wuchsform wird bei *Narthecium ossifragum* auch eine vegetative Fortpflanzung vermutet, die oftmals Folge klonalen Wachstums ist.

Während der Literaturrecherche stieß ich immer wieder auf Begriffe wie „mother ramet", „daughter ramet", „mütterliche Fürsorge" oder „weiblicher Reproduktionsaufwand" (vgl. u. a. Urbanska 1992, Grime 1979, Harper 1977, Jackson et al. 1985). Es stellte sich mir die Frage, wie aus einer „Zwitterpflanze" eine „Mutterpflanze" werden kann. Auch wird eine Zwitterpflanze wie *Narthecium ossifragum*, wenn sie sich vegetativ fortpflanzt, ebenfalls zu einer „Mutterpflanze" (Urbanska 1992: 7). Obgleich die wissenschaftliche Entdeckung der vegetativen Fortpflanzung genauso alt ist wie die sexuelle Fortpflanzung, ist dieser Bereich bis heute ein vernachlässigtes Gebiet der Botanik, in der sich Naturwissenschaftler fast ausschließlich der sexuellen Reproduktion widmen. Die Folge ist, daß botanische Kriterien für eine Beurteilung vegetativer Fortpflanzung bisher noch weitgehend unbekannt sind. Bei der Beurteilung der vegetativen Fortpflanzung gilt in der Botanik das grundsätzliche Problem, zwischen Population, Ramet und Individuum unterscheiden zu müssen. Auch gibt es Schwierigkeiten bei der Definition, der Nachweismethode sowie der ökologischen und genetischen Beurteilung der vegetativen Fortpflanzung in der Botanik. Für mich stellen sich also die Fragen: Warum wird in der Botanik aus einer „Zwitterpflanze" eine „Mutterpflanze"? Und warum beschränkt man sich weitgehend auf die sexuelle Fortpflanzung?

2. Sexualität bei Pflanzen

2.1 Entdeckung der Sexualität bei Pflanzen

Bei den Griechen verkörperten Pflanzen „Reinheit", und die wurde gleichgesetzt mit „Geschlechtslosigkeit". Zugleich wurden Pflanzen aber nicht nur wegen ihrer „Unschuld" eingesetzt, sondern auch als Möglichkeit, ohne den menschlichen (oder tierischen) Geschlechtsakt zu „lieben". Oftmals wurden Pflanzen als letzte Zuflucht vor der Sexualität mit all ihren Leiden und Leidenschaften betrachtet. Nur zwei Beispiele: Narkissos, der die Annäherungsversuche der Quellennymphe Echo zurückweist, verliebt sich daraufhin in sein Spiegelbild im Wasser und wird in eine Blume verwandelt, in die Narzisse, die seither seinen Namen trägt. Oder: Der

Gott Pan hatte ein Auge auf die Wassernymphe Syrinx (das „Schilfrohr") geworfen und versuchte, sie zu vergewaltigen. Sie flehte die Himmelsgötter an, sie zu beschützen, und gerade rechtzeitig wurde sie in ein Bündel Schilf verwandelt (Pan läuft seither umher und spielt sehnsüchtige „Klagen" auf seiner aus Schilfrohr geschnittenen Panflöte). Die Abhandlungen des Naturforschers und Philosophen Theophrastos (3. Jahrhundert v.u.Z.) spiegeln dieses Bild von der geschlechtslosen „Reinheit" einer Blüte wider. So äußert Theophrastos in seinen Werken *„Geschichte der Pflanzen"* und *„Der Ursprung der Pflanzen"* keinen Zweifel an der Geschlechtslosigkeit der Pflanzen. Erst drei Jahrhunderte später beschreibt der Naturwissenschaftler Plinius eine Beobachtung zur pflanzlichen Geschlechtlichkeit in seinem Werk *„Naturalis Historia"*:

„Es ist bewiesen, daß die weiblichen Palmen ohne die Mitwirkung der männlichen Palmenbäume keine Frucht tragen können, deshalb neigen die weiblichen Bäume ihre Zweige den männlichen zur Umarmung entgegen. Der männliche Palmbaum vermählt sich mit ihnen vermittels sanfter Seufzer, zärtlicher Blicke und der Verströmung eines Staubes. Wird der männliche Baum geschlagen, so sind hernach die weiblichen Witwen unfruchtbar. Diese Liebe zwischen Pflanzen wurde vom Menschen beobachtet, der sie zu imitieren versucht, indem er Blüten und Flaum, ja, sogar ausgestreuten männlichen Staub zu den weiblichen Bäumen bringt." (zit. in: Bristow 1994: 18)

Abgesehen von dieser ersten Beobachtung zur pflanzlichen Geschlechtlichkeit bei Palmbäumen galten die Ansichten des Theophrastos über die Geschlechtslosigkeit der Pflanzen vom 3. Jahrhundert v.u.Z. bis ins 16. Jahrhundert, also fast zweitausend Jahre lang. Auf seine Werke zurückzuführen sind auch einige der Beurteilungskriterien, die im Mittelalter für die ersten Versuche, eine systematische Ordnung der Pflanzen zu finden, benutzt wurden: stoffliche Eigenschaften, die Wirkung der Pflanzen (medizinische Botanik), die jahreszeitliche Entwicklung, die Elementarqualitäten (warm, kalt, trocken, feucht), der Standort, die Körperunterschiede und vieles mehr. Einer der ersten Wissenschaftler, der eine Einteilung der Pflanzen nach der Morphologie der Blüte versuchte, war Giovanni Costeo (1578). Andrea Cesalpino (1583) unterteilte die Blütenbestandteile in Blatt, Stempel und Staubblatt.

Doch die Entdeckung der pflanzlichen Sexualität ließ noch immer auf sich warten. Erst 1676 - nachdem der englische Arzt William Harvey mit seinem 1651 veröffentlichten *„Traktat über die Fortpflanzung"* und den Worten *„Omne vivum ex ovo" („Alles, was lebt, selbst jene Tiere, die ihre Jungen lebend gebären, und auch der Mensch, entspringen einem Ei")* für Wirbel sorgte - sprach der Arzt Sir Thomas Millington das erste Mal offen die Vermutung aus, daß Pflanzen Geschlechtswesen sein könnten. Millington war Mitglied der britischen *Königlichen Akademie* und später Präsident des *Royal College of Physicians.* Er veröffentlichte seine These nicht, sondern verriet sie seinem Freund und Arztkollegen, Dr. Nehemiah Grew. Dieser trug die Hypothese im gleichen Jahr in seiner Vorlesung *„Über die Gestalt der Blüten"* bei der *Royal Society* vor und sorgte damit für einiges Aufsehen. Grew veröffentlichte den Vortrag - wobei er Millington jegliche Anerkennung für die „Entdeckung" zollte - 1682 in seinem Buch *„Anatomy of Plants".*

Die erste Beweisführung für die Geschlechtlichkeit von Pflanzen wird dem Tübinger Medizinprofessor Rudolf Jakob Camerarius zugebilligt. Er schrieb seinem Freund Valentini, einem Professor der Medizin in Gießen, am 25. August 1694 einen *„Brief über das Geschlecht der Pflanzen" (Epistola de Sexu Plantarum).* In Experimenten entfernte er die Staubgefäße von männlichen Rizinusblüten und bewirkte dadurch, daß die weiblichen Blüten keine Frucht ansetzten. Außerdem entfernte er bei Maispflanzen die „Blütenquasten" und beobachtete, daß diese ebenfalls keine Frucht bildeten. Auch auf die Bisexualität der Pflanzen ging Camerarius ein. Er verwies auf die Entdeckung des Holländers Jan Swammerdam, daß Schnecken Hermaphroditen, also doppelgeschlechtliche Tiere, seien. Camerarius glaubte, daß Bisexualität im Tierreich wahrscheinlich die Ausnahme sei, im Pflanzenreich jedoch die Norm bedeuten könne. Camerarius war davon überzeugt, daß sich hermaphroditische Blüten selbst bestäuben. Die verschiedenen Methoden in der Pflanzenwelt, eine Selbstbestäubung zu verhindern, waren ihm noch nicht bekannt. So zog Camerarius nicht in Betracht, daß es zeitliche Unterschiede geben könnte und Pflanzen einen „Geschlechtswandel" vollziehen, um die Selbstbestäubung zu verhindern.

Weitere Experimentatoren schlossen sich zögerlich an. So beschrieb der englische Naturphilosoph Richard Bradley 1717 in seinem Buch *„New Improvements of Planting and Gardening" (Neuere Verbesserungen für den Gärtner und Pflanzenfreund)* einige Versuche mit Gartentulpen. Er schnitt bei zwölf Pflanzen die männlichen Organe heraus und ließ die übrigen fast vierhundert Pflanzen, die in einiger Entfernung wuchsen, unbeschnitten. Das Ergebnis war, daß *„die zwölf solchermaßen kastrierten Pflanzen in diesem Sommer keinen Samen trugen, wohingegen jede der vierhundert anderen Pflanzen, die ich unberührt gelassen hatte, Samen hervorbrachten."* Bradley beschnitt auch die männlichen Kätzchen eines Nußbaums, der daraufhin unfruchtbar wurde. Es sei denn, so Bradley, man sammelt Pollen von anderen Bäumen und überträgt sie auf die weiblichen Blüten. Vier Jahre später wiederholte der Botaniker Philip Miller das Experiment mit den Tulpen, doch bei ihm entwickelten alle Blüten trotzdem Samen. Miller (1721) bemerkte zwei Tage nach der Kastration der Blüten *„Bienen, die in einem Tulpenbeet arbeiteten, wo ich die Staubgefäße nicht entfernt hatte, und wenn sie wegflogen, waren sie an ihrem Leib und den Beinen mit Staub bedeckt. Ich sah, wie sie zu den Tulpen flogen, deren Stamina ich entfernt hatte, und als sie davongeflogen waren, begab ich mich dahin und fand, daß sie genug Staub zurückgelassen hatten, um diese Blüten zu befruchten, denn sie trugen gute reife Samen - wodurch ich überzeugt bin, daß die Farina durch Insekten von einem Ort zum anderen getragen werden kann."*[1] (zit. in: Bristow 1994: 28).

2.2 Streit über die Sexualität der Pflanzen

Warum wurde im 18. Jahrhundert das Studium der Sexualität bei Pflanzen ein Hauptanliegen der botanischen Wissenschaften? Die niederländische Wissenschaftlerin Christien Brouwer gibt an, daß *„die Vorstellung der Befürworter, daß Pflanzen sexuelle Organe haben, zusammentraf mit der im 17. Jahrhundert einsetzenden Tendenz, mehr und mehr über Sexualität zu sprechen. Diese Tendenz mag Naturhistoriker dazu angeregt haben, über die Sexualität in Pflanzen nachzudenken, zu sprechen und zu schreiben."* (Brouwer 1992: 28).

Die Befürworter der pflanzlichen Sexualität mußten gegen Zeitgenossen antreten, denen diese Gedanken moralisch höchst suspekt waren: *„Daß Pflanzen, diese unschuldig-reinen Dinge, die Gott vor dem Sündenfall (..) erschuf, ihre Blüten entfalten und sich durch sie zur Schau stellen, nicht um das Menschenauge zu erfreuen, sondern frech zur Erregung sexueller Begierde - eine derartige Vorstellung hätte die Frommen mit Entsetzen erfüllt und sie veranlaßt, sich für ihre sündhaften Gedanken sogleich Bußübungen aufzuerlegen"*, so beschreibt Alec Bristow (1994: 22) salopp die Einstellung vieler Naturforscher des 16. und 17. Jahrhunderts, die zu der Zeit oftmals Mönche waren. Die Vertreter der pflanzlichen Sexualität konnten sich durchsetzen und im Jahr 1753 veröffentlichte Carl von Linné die *Systema Naturae*, eine größtenteils noch heute gültige Systematik, die die Pflanzen in Klassen, Ordnungen, Gattungen

[1] Farina fecundans, das „befruchtende Pulver" oder „Mehl", war die Bezeichnung, die die Gelehrten jener Zeit dem Stoff gaben, den wir heute Pollen nennen.

und Arten aufgrund ihres Blütenaufbaus einteilt und der die Sexualität als taxonomische Einteilung zugrunde liegt.

Die US-amerikanische feministische Wissenschaftshistorikerin Londa Schiebinger (1995) glaubt, daß die vordergründige Motivation für die Diskussion um die Entdeckung der pflanzlichen Sexualität die Suche nach einem einheitlichen Klassifikationssystem der Pflanzen gewesen war. So wurden noch 1799, über sechzig Jahre nach Linnés System der Pflanzen, zweiundfünfzig verschiedene Botaniksysteme aufgezählt. Schiebinger nennt verschiedene Gründe, warum sich Linnés System, dem die Sexualität als taxonomische Einteilung zugrunde liegt, letztendlich gegen die Gegner der Vorstellung, daß Pflanzen Organe mit sexueller Funktion haben, durchsetzte. So sei die Erkenntnis der geschlechtlichen Reproduktion bei Pflanzen durch die Entwicklung in der Zoologie vorangetrieben worden. Auch führte der Ausbau der Landwirtschaft im Zusammenhang mit höheren Ernteerträgen zu einem verstärkten Interesse an der Reproduktion von Pflanzen. Doch ein weiterer Aspekt ist für Schiebinger von großer Bedeutung. Linné habe, so führt sie aus, die Sexualität als Basis für die taxonomische Einteilung aus dem Blickwinkel des 18. Jahrhunderts betrachtet. Seiner Einteilung liegt hauptsächlich der Blütenaufbau zugrunde, wobei die „männlichen" Organe (Staubblätter) bzw. ihre Anzahl, Proportionen und Positionen die Klasseneinteilung bestimmen. Diese Klassen sind in etwa fünfundsechzig Ordnungen geteilt, denen die „weiblichen" Organe (Fruchtblätter) zugrundeliegen. Die Ordnungen fächern sich auf in Gattungen, bei denen der Blütenkelch, die Blüte und andere Teile der Pflanzen bestimmend sind, dann kommen die Arten (Blätter und sonstige Merkmale) und die Varietäten. Londa Schiebinger kritisiert:

„In der taxonomischen Gliederung steht die Klasse über der Ordnung. In anderen Worten, Linné gab männlichen Teilen die Priorität in der Bestimmung des Status der Organismen im Pflanzenreich. Es ist keine empirische Rechtfertigung für dieses Resultat vorzubringen; vielmehr führte Linné unbesehen traditionelle Vorstellungen der Geschlechterhierarchie in die Wissenschaft ein. ... Zwar sind in der heutigen Klassifikation Linnés Gruppen oberhalb der Gattungen aufgegeben worden, aber sein binomisches Benennungssystem zusammen mit vielen seiner Gattungen und Arten besteht weiterhin." (Schiebinger 1995: 250).

Letztendlich, so Schiebingers Schlußfolgerung, spiegelt sich in der hierarchischen Klassifikation Linnés die Idee der Geschlechterkomplementarität wider, der zufolge Männer und Frauen nicht nur körperlich, sondern auch geistig verschieden sind:

„Die sexuelle Revolution der Aufklärung hat tiefe Auswirkungen auf den Aufstieg der Botanik als Wissenschaft. Nicht nur nahmen in der Sprache der Botaniker sexuelle Bilder eine wesentliche Stelle ein, sondern die botanische Taxonomie rekapitulierte wesentliche Aspekte der europäischen Hierarchie zwischen den beiden Geschlechtern." (Schiebinger 1995: 269).

2.3 Blumige Worte: Sexuelle Metaphern in der Botanik

Pflanzliche Sexualität mußte im 18. Jahrhundert - wenn sie von Wissenschaftlern anerkannt werden sollte - innerhalb gesetzlicher Eheschließungen stattfinden. Richtig sei, so Schiebinger, *„daß bei Linné Pflanzensexualität nahezu ausschließlich innerhalb der Ehebande stattfand."* Typisch seien Metaphern bei Linné wie Büsche und Bäume, die vor ihrer gesetzlichen Heirat *„Hochzeitskleider"* anziehen, Blumenblätter breiten sich als *„Hochzeitsbetten"* aus für einen grünen Bräutigam und seine umhegte Braut. Andere Pflanzen wiederum lassen sich auf *„ehebrecherische Beziehungen"* ein.

„Die Blütenblätter...dienen lediglich als Hochzeitsbetten, die der große Schöpfer so herrlich hergerichtet, mit so edlen Vorhängen versehen und mit so süßen Düften parfümiert hat, damit das Paar dort seine Hochzeit mit einer erhöhten Feierlichkeit begehen kann. Ist das Bett so

bereitet, ist es Zeit für den Gatten, seine Gattin zu umarmen und ihr seine Geschenke anzubieten...". (Linné; zit. in Schiebinger 1995).

Die Wirkung von Linnés Klassifikationssystem auf andere zeitgenössische Wissenschaftler möchte ich an dieser Stelle exemplarisch anhand eines Buches von Erasmus Darwin verdeutlichen, das 1789 veröffentlicht wurde. Erasmus Darwin, der Großvater von Charles Darwin, war stark beeindruckt von Linnés System, das seiner Meinung nach die *„große Übereinstimmung bei Pflanzen und Tieren"* (Darwin; zit. in Allen 1980: 22) aufzeigen würde. Er ging sogar noch weiter und verwies auf die Übereinstimmung bei Pflanzen und Menschen. Sein Werk *„The Botanic Garden"* erschien in den zwei Bänden *„The Economy of Vegetation"* und *„The Love of Plants"*. Der zweite Teil kam als erster heraus, denn er war leichter geschrieben und galt als das, was die Öffentlichkeit lesen wollte. Darwin vergleicht zum Beispiel das Liebesleben von *Collinsonia* mit dem Werben zweier Männer um eine Frau[2], in Linnés eigenen Worten *Mariti duo in eodem conjugio* (zwei Männer in derselben Ehe). Noch munterer ging es bei *Genista* zu (Darwin hielt sich keineswegs an „gesetzliche Eheschließungen"), wo *„zehn liebevolle Brüder sich um die hochmütige Maid bemühen"*, also zehn Staubblätter, die sich um die Fruchtblätter scharten. Von Kritikern wurde das Buch abgelehnt, vor allem weil sie sich weigerten, eine derartige *„verachtungswürdige Hurerei"* von mehreren „Männern" (Staubblättern) mit einer „Frau" (Stempel) hinzunehmen (Allen 1980: 22).

Auch wenn manche Biologen heute die sexuellen Metaphern bei Linné und Darwin als *„charmante Absurditäten"* (Stern; zit. in Schiebinger: 251) abtun - verschwunden sind sie noch lange nicht. Die Metaphern sind inzwischen nur „zeitnaher" und lassen sich in der damaligen Deutlichkeit nicht mehr in den naturwissenschaftlichen, sondern oftmals nur in den zahllosen populärwissenschaftlichen Büchern finden. Hier möchte ich als Beispiel ein Buch von Alex Bristow (1994) mit dem Titel *„Wie die Pflanzen lieben"* anführen. Bristow widmet sich in diesem Buch nicht - wie Linné oder Darwin - dem Vorgang der Befruchtung, sondern er geht auf die Bestäubung ein, vor allem auf die Fremdbestäubung durch Insekten. In diesem Bereich der Blütenökologie wird die gesamte Pflanze oftmals auf die reine Bedeutung der „weiblichen Funktion" reduziert. Assoziativ arbeiten manche Blütenökologen mit Begriffen wie *„Lockmittel"*, oder *„Das falsche Weibchen"* (vgl. u.a. Barth 1982), während die bestäubenden Insekten zu „Kunden" werden, die von den Pflanzen mit diversen Angeboten verführt werden:

„In ihrer Wechselbeziehung zu der immer differenzierter werdenden Insektenwelt mußten die Blütenpflanzen - um ihre eigenen geschlechtlichen Bedürfnisse befriedigt zu bekommen - eine Rolle spielen, die man traditionsgemäß als eine „weibliche" bezeichnet. (...) Sie müssen so anziehend wie möglich aussehen, und sie müssen eben der Lust der Kunden dienen können, gleichgültig, ob die das wollen oder nicht." (Bristow 1994: 122).

Auf die Spitze treibt der Autor seine Assoziationen mit einer Übertragung in den menschlichen Bereich:

„Die Wirkung des Geruchs entspricht etwa der einer Annonce einer Zeitung, in der Rubrik 'Persönliches': 'Attraktive, willige Blume, gerade erblüht, sucht passenden Bestäuber zwecks Gestaltung aufrichtiger und inniger Beziehung." (Bristow 1994: 122).

2.4 Reduktion der Pflanze auf die Blüte

Letztendlich führte die Entdeckung der pflanzlichen Sexualität durch Rudolph Camerarius im Laufe der folgenden Jahre zu einer immer stärkeren Reduzierung der Pflanze auf die Blüte.

[2] Als Linné-Experte wußte Darwin natürlich, daß *Collinsonia* mit zwei Staubblättern der Klasse *Diandria* und mit einem Stempel zur Gruppe oder Ordnung *Monogynia* gehörte.

Bei der systematischen Ordnung des Pflanzenreichs gerieten die zuvor gültigen Unterscheidungskriterien wie Gestalt, Wuchsform, Standort oder medizinische Bedeutung der Pflanzen immer mehr in den Hintergrund.

Noch im selben Jahrhundert, in dem sich Linnés Klassifikationssystem etabliert, festigte Konrad Sprengel mit der Begründung der Blütenökologie (1794) die Reduktion der Pflanze auf die Blüte. Durch Charles Darwin (1859) gewann die Blüte nicht nur als systematische Orientierungseinheit Bedeutung, sondern auch im Hinblick auf den „Reproduktionserfolg" einer Art. Mit der Entdeckung der pflanzlichen Kernteilung (1857) und der Kernverschmelzung bei der Befruchtung der Blütenpflanzen (1884) durch Eduard Strassburger war der Blick der Botaniker endgültig auf den Teil der Pflanze, der für die sexuelle Fortpflanzung steht, fixiert: auf die Blüte und die Geschlechtsorgane, die Staub- und Fruchtblätter.

Diese Reduzierung der Pflanze auf die Blüte und weiter auf die „Geschlechtsorgane" hat unter anderem in der Praxis eine weitreichende Konsequenz. So gibt es bis heute keine „nützlichen" Pflanzenbestimmungsbücher. Jeder Biologe weiß, wie wenig hilfreich die gängigen Pflanzenbestimmungsbücher, denen hauptsächlich der Blütenaufbau zugrunde liegt, in der Praxis sind: Wird ein Untersuchungsgebiet zur „falschen" Vegetationszeit begangen, in der keine bzw. nur bestimmte Pflanzen blühen, können keine Vegetationsaufnahmen durchgeführt bzw. das Gebiet muß mehrmals im Jahr begangen werden.

Eine Bestimmung des Pflanzenbestandes aufgrund des vegetativen Pflanzenkörpers ist sehr selten Lehrinhalt an den Hochschulen, oft hilft einzig die persönliche Erfahrung im Freiland weiter. Dringend notwendig ist hier eine neue Einteilung der Pflanzenwelt, die den „Körper" der Pflanze, vor allem ihre Wuchsform, wieder berücksichtigt. Umfangreiche populationsökologische Untersuchungen der Pflanzenarten sind hierfür eine wichtige Voraussetzung.

3. Geschlechterverwirrung in der Botanik

3.1 Geschlechtskonstruktion in der Biologie

Populärwissenschaftliche Publikationen wie die oben genannten könnten bei Laien den Eindruck erwecken, daß alle Pflanzen „weiblich" sind. Was sie natürlich nicht sind. Aber wie wird in der heutigen Botanik festgelegt, welches Geschlecht eine Pflanze hat? Dazu ist es zunächst einmal wichtig zu wissen, wie in der Biologie allgemein beurteilt wird, wann ein Organismus „männlich" oder „weiblich" ist.

Bei den Säugetieren wird das männliche Geschlecht durch das Vorhandensein eines Y-Chromosoms bestimmt. Das eigentliche geschlechtsbestimmende Element auf dem Y-Chromosom ist allerdings schwer faßbar. Bisher konnte auf dem Y-Chromosom lediglich ein Gen gefunden werden. Und in letzter Zeit wurden zum Beispiel auch Gene auf anderen Chromosomen als dem Y-Chromosom gefunden (und die sowohl Männer als auch Frauen haben), die sich auf die männliche Geschlechtsausbildung auswirken sollen (vgl. Riewenherm 1995). Bei Vögeln sind es die Weibchen, die ein Y-Chromosom haben, doch damit ist die Vielfalt in der Organismenwelt noch nicht ausgeschöpft. Bei einigen Reptilien zum Beispiel wird das Geschlecht durch die Temperatur bestimmt, bei der die Eier ausgebrütet werden. Bei einigen Arthropoden entwickeln sich Männchen nur aus unbefruchteten Eiern, während sich Weibchen aus befruchteten Eiern bilden (Cockburn 1995).

Aufgrund der Vielfalt bei den Chromosomenmerkmalen wird in der Biologie deshalb hauptsächlich auf das Unterscheidungskriterium der Keimzellenproduktion (Gametenproduktion), also der Produktion von Eizellen und Spermien, zurückgegriffen. Doch bei zahlreichen Organismen der sogenannten „niederen" Klassen, so zum Beispiel bei den Wimpertierchen, lassen sich die Keimzellen nicht - wie zum Beispiel beim Menschen - morphologisch unterscheiden. Wo glauben BiologInnen hier, den „kleinen Unterschied" gefunden zu haben?

Die Gameten unterscheiden sich einzig darin, daß bei der sogenannten „Konjugation" des Wimpertierchens (die beiden Wimpertierchen verschmelzen nicht miteinander, sondern legen sich aneinander und trennen sich dann wieder) ein Kern stationär und der andere mobil ist. Es dürfte nicht schwer sein zu erraten, welcher Kern hier die Bezeichnung „männlich" bzw. „weiblich" erhält - der mobile (aktive), also der wandernde Kern ist „männlich", der stationäre (passive) Kern „weiblich". Beliebt ist in der Biologie auch, liegen keine morphologischen Unterscheidungskriterien vor, die Verwendung der Bezeichnungen „+" und „-": Die „+"-Gameten" sind die männlichen Donatoren, die „- Gameten" sind die weiblichen Rezeptoren (Strassburger 1983). Diese Bezeichnungen werden dann, *„bleibt der Makrogamet völlig unbeweglich"*, umbenannt in den Begriff der Eizelle bzw. im Falle der „beweglichen Mikrogameten" in das Spermium, womit wir das Geschlechterverständnis in der Biologie kennengelernt haben (Strassburger 1983: 214). Die Biologin Ruth Hubbard formuliert es so:

„Der Kreis ist einfach zu konstruieren: man beginnt mit dem viktorianischen Stereotyp des aktiven Mannes und der passiven Frau, dann schaut man Tiere, Algen, Bakterien, Menschen an und nennt alles passive Verhalten weiblich, aktives oder zielstrebiges Verhalten männlich. Und es funktioniert! Der viktorianische Stereotyp ist biologisch determiniert: sogar Algen verhalten sich so." (Hubbard 1981).

Sehen wir mal von Wimpertierchen und vergleichbaren anderen Organismen ab, so produzieren die meisten Organismen tatsächlich Keimzellen unterschiedlicher Größe. Eine Unterscheidung scheint jedenfalls in diesen Fällen durchaus legitim (wenn auch nicht die geschlechtsspezifischen Klischees, die sich in den Definitionen wie „+" oder „-" widerspiegeln). Für die biologische Geschlechtsbestimmung gilt die simple Regelung: Individuen, die kleine Keimzellen (also Spermien oder Pollen) produzieren, sind Männchen; Individuen, die große Keimzellen (Eizellen) produzieren, sind Weibchen. Nun scheint damit festgelegt, daß es laut biologischer Definition Individuen gibt, die Männchen sind, und die anderen sind die Weibchen. Doch so einfach ist das nicht: So gibt es zum Beispiel Fischarten, die im Verlauf ihres Lebens von der Produktion kleiner Gameten auf große Gameten umschalten (konsekutiver Hermaphroditismus). Und bei den meisten Pflanzen werden die Geschlechter „männlich" und „weiblich" gleichzeitig ausgeprägt. Diese Pflanzen, Hermaphroditen oder Zwitter genannt, produzieren beide Gameten-Typen, also sowohl große Keimzellen, die Eizellen, als auch kleine Keimzellen, die in diesem Fall Pollen genannt werden.

3.2 Die vielfältigen Geschlechter der Pflanzen

Ist es schon schwierig, in der Tierwelt das biologische Geschlecht festzulegen, so sind Pflanzen noch viel variantenreicher im Ausdruck ihres Geschlechts. In der Botanik bezieht sich das Geschlecht zunächst auf die morphologische Erscheinung, also auf das „Äußere" einer Pflanze. Das Geschlecht wird mittels der „Geschlechtsorgane" festgelegt. Die Geschlechtsorgane in der Botanik sind die Staub- und die Fruchtblätter der Blüten. Dabei wird den Staubblättern entsprechend der oben genannten Definition das Geschlecht „männlich" (weil die Pollen „kleine" und „aktive" Gameten sind, die zum Fruchtknoten wandern) und den Fruchtblättern das Geschlecht „weiblich" (weil die Samenanlagen „groß" und „passiv" sind) zugewiesen.[3] Doch welches Geschlecht wird einer Pflanze in der Botanik zugewiesen, die sowohl männliche, weibliche und zwittrige Blüten an einem Individuum trägt? Oder gar Pflanzen, deren Indivi-

---

[3] Eine Kritik dieser Begrifflichkeiten sowie der Zuweisungen „männlicher" bzw. „weiblicher" Eigenschaften siehe Christien Brouwer (1992) oder Londa Schiebinger (1995).

duen manchmal nur männliche Blüten tragen können, aber auch von Individuen vertreten werden, die sowohl zwittrige als auch weibliche Blüten tragen?
Ein Beispiel: Die Moorlilie (*Narthecium ossifragum*) ist eine Pflanze, die ausschließlich zwittrige Blüten bildet. In einer Population der Moorlilie kommen also ausschließlich zwittrige Individuen vor. Ganz anders sieht es beim Wasserknöterich *(Polygonum amphibium)* aus. Hier gibt es Individuen mit zwittrigen Blüten, andere Vertreter tragen weibliche und wieder andere männliche Blüten. Dazu kommen dann noch Individuen, bei denen zwittrige und weibliche Blüten an einer Pflanze wachsen. Insgesamt können also in einer Population des Wasserknöterichs zwittrige, weibliche sowie männliche Individuen vorkommen.

Blüten, Individuen, Populationen
Da es in der Pflanzenwelt nicht - wie zum Beispiel bei den Menschen - nur „getrennt-geschlechtliche" Individuen, also „weibliche" und „männliche" Individuen gibt, müssen für das Verständnis der botanischen Geschlechtskonstruktion folgende drei Kriterien beachtet werden:

1. Betrachtet man „Geschlechtsorgane", die an einzelnen **Blüten** gebildet werden? Hier gibt es insgesamt drei Möglichkeiten. Entweder sind in einzelnen Blüten beide „Geschlechtsorgane" gleichzeitig vertreten (also sowohl Staub- als auch Fruchtblätter), oder es gibt nur „weibliche" oder nur „männliche" Organe.
2. Betrachtet man Blüten, die ein einzelnes **Individuum** trägt? Auf dieser Ebene gibt es sieben Möglichkeiten, was für Blüten ein einzelnes Individuum tragen kann: nur zwittrige Blüten, nur weibliche Blüten, nur männliche Blüten, weibliche und männliche Blüten zusammen, zwittrige und weibliche Blüten zusammen, zwittrige und männliche Blüten zusammen, zwittrige und weibliche und männliche Blüten zusammen an einem Individuum.
3. Betrachtet man Individuen, die in einer **Pflanzenpopulation** vorkommen? Wertet man lediglich die einheimischen häufigsten Kräuter Deutschlands aus (ohne Bäume und Farnpflanzen), so kommt man schon allein auf 24 Möglichkeiten (siehe Tabelle). Dabei gibt es theoretisch aber noch mehr Möglichkeiten. So taucht die Variante „zwittrige" Individuen und „männliche" Individuen in einer Population nicht auf, wäre aber theoretisch denkbar (und vielleicht auch in anderen botanischen Regionen tatsächlich vertreten).

Die Einteilung der Pflanzenwelt nach Geschlechtern erfolgt üblicherweise nach dem zuletzt genannten Kriterium, also auf der Populationsebene (vgl. Willson 1983, Urbanska 1992). Dabei werden zwei große Gruppen unterschieden:

1. Populationen, deren Individuen zwittrig sind (= Hermaphroditismus)
Individuen sind sowohl männlich als auch weiblich. Zu dieser Gruppe gehören alle Pflanzen, die entweder zwittrige oder männliche + weibliche Blüten an einem Individuum haben. Beachte, daß eine Blüte während einer Vegetationsperiode zwar zuerst das eine Geschlecht und dann das andere haben kann (protandrisch = zuerst werden die männlichen Staubblätter reif, danach die „weiblichen" Fruchtblätter; protogyn umgekehrt), aber das gesamte Individuum während einer Vegetationsperiode dann trotzdem als Hermaphrodit eingestuft wird.

2. Populationen, deren Individuen eingeschlechtlich sind (= Dioecie; auch „Zweihäusigkeit" genannt)
Individuen sind entweder männlich oder weiblich, also „getrenntgeschlechtlich" („wohnen in zwei Häusern")

Aufgrund dieser Aufteilung habe ich den Anteil der „Geschlechter" an der heimischen Pflanzenwelt (Kräuter, keine Bäume und Farne) bestimmt. Dazu war es notwendig, eine weitere Kategorie mit aufzunehmen:

3. Populationen, deren Individuen sowohl zwittrig als auch dioecisch sind (siehe Tabelle).

Tabelle: Anteil der „Geschlechter" an der heimischen Pflanzenwelt auf Populationsebene. Ausgewertet wurden 1.411 Pflanzenarten, die in einem populären Pflanzenführer (Fitter 1987) aufgeführt sind.

	Geschlechtsausdruck	Abkürzung	Anteil %
1.	**Die Individuen einer Pflanzenpopulation sind alle zwittrig**		**92,52**
	Die Blüten dieser Individuen sind		
1.1	zwittrig	(z)	81,92
1.2	weiblich + männlich	(m+w)	6,41
1.3	zwittrig + eingeschlechtlich		
1.3.1	zwittrig + männlich	(z+m)	2,23
1.3.2	zwittrig + weiblich	(z+w)	1,16
1.3.3	zwittrig + männlich + weiblich	(z+m+w)	0,09
1.4	entweder zwittrig (z) oder zwittrig + eingeschlechtlich		
1.4.1	zwittrig und zwittrig + weiblich	(z) (z+w)	0,53
1.4.2	zwittrig und zwittrig + männlich	(z) (z+m)	0,09
1.4.3	zwittrig und zwittrig + weiblich und zwittrig + männlich	(z) (z+w) (z+m)	0,09
2.	**Die Individuen einer Pflanzenpopulation sind alle eingeschlechtlich (Zweihäusigkeit = Dioecie)**		**2,94**
	Die Blüten dieser Individuen sind:		
2.1	weiblich und männlich	(w) + (m)	2,05
2.2	weiblich*	(w)	0,53
2.3	männlich*	(m)	0,36
3.	**Die Individuen einer Population sind entweder zwittrig oder eingeschlechtlich**		**4,47**
	Die Blüten dieser Individuen sind:		
3.1	entweder zwittrig oder weiblich	(z) + (w)	2,05
3.2	entweder zwittrig oder weiblich oder männlich	(z) + (w) + (m)	0,45
3.3	entweder zwittrig oder weiblich + männlich oder weiblich oder männlich	(z) + (w+m) + (w) + (m)	0,27
3.4	entweder zwittrig oder weiblich + männlich oder weiblich	(z) + (w+m) + (w)	0,09
3.5	entweder zwittrig oder zwittrig + weiblich oder weiblich	(z) + (z+w) + (w)	0,53
3.6	entweder zwittrig oder zwittrig + männlich oder männlich	(z) + (z+m) + (m)	0,18
3.7	entweder zwittrig + männlich oder weiblich	(z+m) + (w)	0,09
3.8	entweder zwittrig + männlich oder weiblich oder männlich	(z+m) + (w) + (m)	
3.9	entweder zwittrig + weiblich oder männlich	(z+w) + (m)	0,09
3.10	entweder zwittrig oder weiblich + männlich oder zwittrig + männlich oder weiblich oder männlich	(z) + (w+m) + (z+m) + (w) + (m)	0,09
3.11	entweder zwittrig oder zwittrig + weiblich oder zwittrig + männlich oder männlich oder weiblich	(z) + (z+w) + (z+m) + (m) + (w)	0,09
3.12	entweder weiblich + männlich oder männlich	(w+m) + (m)	0,18
3.13	entweder weiblich + männlich oder weiblich oder männlich	(w+m) + (w) + (m)	0,27
4.	**keine Blütenbildung**		**0,18**
	In der dritten Kategorie gibt es noch zahlreiche weitere Möglichkeiten, die aber in der heimischen Pflanzenwelt nicht vertreten sind, durchaus aber in anderen Regionen vorkommen können. Beispiele:		
	entweder weiblich + männlich oder weiblich	(w+m) + (w)	
	entweder zwittrig oder männlich	(z) + (m)	
	entweder zwittrig oder weiblich + männlich oder männlich	(z) + (w+m) + (m)	
	entweder zwittrig oder zwittrig + weiblich oder männlich	(z) + (z+w) + (m)	
	entweder zwittrig oder zwittrig + männlich oder weiblich	(z) + (z+m) + (w)	
	entweder zwittrig + männlich oder männlich	(z+m) + (m)	
	entweder zwittrig oder zwittrig + weiblich oder weiblich oder männlich	(z) + (z+w) + (w) + (m)	

Erläuterung: w = weiblich; m = männlich. Angaben in einer Klammer: Die Blüten befinden sich auf einem Individuum. Angaben in getrennten Klammern: Die Blüten befinden sich auf verschiedenen Individuen.

* = Diese Pflanzen sind hauptsächlich neu eingebürgerte Arten wie zum Beispiel Elodea canadensis (Kanadische Wasserpest). Von *Elodea canadensis (E. c.)* wurde nur ein „weibliches" Exemplar in Deutschland eingebracht, das sich inzwischen sehr stark vegetativ verbreitet hat. Natürlich gibt es von *E. c.* in anderen botanischen Regionen auch männliche Exemplare, doch in Deutschland sind nur weibliche Individuen von *E. c.* vertreten.

3.3 Was ist Sex? Reduktion der Pflanze auf „Weiblichkeit"

Wie in der Tabelle aufgezeigt, gibt es in der Botanik eine Vielzahl von Geschlechtsausdrücken. Lediglich 2,94 Prozent aller heimischen Pflanzenarten (Kräuter) zeigen das „menschliche" Modell der Eingeschlechtlichkeit. Deutlich wird, legt man die umstrittenen Geschlechtsparameter „weiblich = Fruchtblätter" und „männlich = Staubblätter" zugrunde, daß bei über 90 Prozent aller heimischen Pflanzenarten die Individuen zweigeschlechtlich sind.[4] Trotzdem wird in der Botanik die Geschlechterkonstruktion „weiblich" und „männlich" weiterhin nach „menschlichen" Maßstäben diskutiert. Man versucht inzwischen gar, indem soziobiologisches Vokabular wie „Reproduktionsaufwand" oder „Reproduktionserfolg" in die Botanik übernommen wird (Willson 1983, Urbanska 1992), „weibliche" und „männliche" Anteile einzelner Individuen an der Fortpflanzung zu bestimmen. Um die „menschlichen" Maßstäbe von individuell getrennten Geschlechtsausdrücken weiterhin in der Botanik anwenden zu können, reicht inzwischen nicht mehr nur das Vorhandensein bestimmter Geschlechtsorgane als entscheidendes Kriterium für die Klassifikation aus. Deshalb gehen Biologen dazu über, die „Funktion männlich oder weiblich" einzusetzen. Dementsprechend wird zwischen dem phänotypischen Geschlecht und dem funktionellen Geschlecht (Sex) unterschieden (vgl. u.a. Willson 1983; Urbanska 1992).

Und wie werden bei der Bestimmung des funktionellen Geschlechts die „weiblichen" und „männlichen" Funktionen definiert? Nach Willson ist die männliche Funktion bei der Paarung die „zuverlässige Lieferung" von Pollen (also von männlichen Gameten), während die weibliche Funktion die Lieferung von weiblichen Gameten sowie die Annahme und Auslese des gelieferten Pollens ist (Willson 1983). Zur anschließenden Samenbildung gehört die Entwicklung von Embryo und Endosperm (Nährgewebe; aus „weiblichen" und „männlichen" Anteilen) sowie die Bildung des Samenmantels aus „mütterlichem" Gewebe. Urbanska konstatiert, daß „die Samenentwicklung hauptsächlich zu Lasten der Mutterpflanze" geht (Urbanska 1992: 220). Letztendlich wird die Samenproduktion der „weiblichen reproduktiven Effizienz" zugeschlagen (Urbanska 1992: 197). Dementsprechend wird die Funktion „Frucht tragen" sowie die Versorgung des Nachwuchses dem weiblichen Geschlecht zugerechnet. Eingang findet hier unter anderem die soziobiologische These, daß „weibliche Elternteile sowohl im Tierreich wie im Pflanzenreich weit mehr als nur die Hälfte zum Nachwuchs beitragen" (Bristow 1994: 21). Allen Pflanzen, die in irgendeiner Form neue Pflanzen produzieren, wird so das funktionelle Geschlecht „weiblich" zugeschrieben - unabhängig davon, ob sie das phänologische Geschlecht „zwittrig" haben und beide „Funktionen" erfüllen oder ob die Fortpflanzung sexuell, asexuell oder vegetativ erfolgt. Selbst wenn die so definierte weibliche Funktion (Lieferung weiblicher Gameten) nicht erfolgt, wie dies bei der vegetativen Fortpflanzung der Fall ist, wird die Pflanze „weiblich", denn laut Urbanska (1992) „wird die Fortpflanzung traditionell als weibliche Funktion angesehen" (Urbanska 1992: 256). Dies ist die Antwort auf meine eingangs gestellte Frage, wie aus einer Zwitterpflanze - und aus einer Pflanze, die sich ohne Sexualität fortpflanzt - eine „Mutterpflanze" werden kann.

4. Reduktion der Fortpflanzungstypen auf die sexuelle Fortpflanzung

Die Entdeckung der pflanzlichen Sexualität hatte nicht nur die oben erwähnte „Geschlechterverwirrung" zur Folge, sondern auch die Reduktion einer Vielfalt von pflanzlichen Fortpflanzungsweisen auf nur eine - die sexuelle - Reproduktion. Dabei unterschied bereits im Jahre

[4] Eine Auswertung aller Pflanzenarten ist zwar sicherlich auch interessant, dürfte aber eine Lebensaufgabe werden und im Rahmen dieser Arbeit nicht zu leisten.

1592 der Forscher Adam Zaluziansky die vegetative Vermehrung von der „sexuellen" Fortpflanzung, obwohl ihm die „sexuelle Fortpflanzung" bei Pflanzen noch nicht bekannt war:

„Ein Keim (foetus) ist ein Teil vom pflanzlichen Wesen (naturae), welchen die Pflanze aus sich hervorbringt. Es unterscheidet sich somit von einem Ableger (a germine). Jener geht nämlich aus der Pflanze hervor wie ein Teil aus einem Ganzen. Dieses Foetus aber ist wie ein Ganzes aus einem Ganzen." (zit. in Hoppe 1976).

4.1 Warum ist Sexualität so wichtig?

Begründet wird das Interesse der Biologen an der sexuellen Fortpflanzung mit der Bedeutung der Sexualität für die genetische Variabilität und damit für eine bessere Durchsetzung bzw. Anpassung der Arten an veränderte Umweltbedingungen. So einleuchtend diese These ist, so umstritten ist sie bis heute. Für viele BiologInnen ist immer noch die *„Sexualität das Kardinalproblem der Evolutionsbiologie"* (Bell 1982; zit. in Cockburn 1995: 192). Schon mit der Definition tun sich Biologen schwer. Für die einen ist sie *„die Produktion von Keimzellen oder Gameten - gewöhnlich Spermien und Eier - sowie deren Verschmelzen, die Gametenkopulation oder Befruchtung"* (Lange 1989). Für andere ist der Vorgang, der letztendlich zu Veränderungen an den Genkombinationen in den Keimzellen führt - die Meiose - die „richtige" Definition für die Sexualität (Cockburn 1995). Andere wiederum glauben, da sich gewöhnlich Keimzellen verschiedenen Geschlechts vereinigen, daß Sexualität schlicht die Erscheinung ist, *„daß die Gameten .... voneinander geschlechtsverschieden sind"* (Lange 1989: 6). Die zur Zeit wohl populärste These ist, daß Sexualität nicht die Keimzellenproduktion + Befruchtung, sondern das Resultat dieses Ereignisses ist, also *„die Bildung eines neuen Organismus, der genetisches Material von zwei Elternteilen enthält"* (Cockburn 1995: 192).

Über die Vorteile und Nachteile der Sexualität wurde in unserem Jahrhundert vor allem in den Jahren von 1960 bis 1975 heftig diskutiert (vgl. Maynard Smith 1978). Und bis heute konnten Evolutionsbiologen noch nicht klären, ob die Vorteile der Sexualität die nachteiligen Wirkungen aufwiegen (vgl. u.a. Cockburn 1995). Den größten Vorteil in der Sexualität sehen viele BiologInnen darin, daß sie die Evolution beschleunigen würde. Denn durch den Vorgang der Meiose, bei der eine nahezu endlose Vielfalt von Genkombinationen produziert wird, würden auch viele neue Eigenschaften entstehen, die letztendlich - über eine lange Kette von Entwicklungsvorgängen - die Entstehung neuer Arten, ja überhaupt die Evolution ermöglichen würden. KritikerInnen weisen jedoch darauf hin, daß Sexualität nicht nur günstige Genkombinationen erzeugt, sondern sie auch wieder auseinanderreißt. Manche BiologInnen glauben, daß der Vorteil der Sexualität die Möglichkeit ist, nachteilige Mutationen loszuwerden (Mullers Ratsche). Inzwischen wissen BiologInnen nur eines mit Sicherheit: Sexualität ist nicht das A und O unserer Lebensvielfalt und nicht nur mit Vorteilen, sondern mit erheblichen Nachteilen verbunden. Um nur einige Beispiele zu nennen:

- Vorteilhafte Genkombinationen werden aufgelöst, unvorteilhafte Genkombinationen entstehen. Manchen Biologen ist nicht einsichtig, warum ein bereits in seiner Umwelt erprobtes Individuum sich auf ein Mischen des Erbgutes einlassen sollte - sicherer wäre es doch, dieselbe Mischung nochmal durch ungeschlechtliche Fortpflanzung zustande zu bringen.
- Die Reproduktion wird verlangsamt, da Meiose und Befruchtung länger dauern als die Mitose.
- Balz und Paarungszeit bei „höheren" Organismen sind oftmals riskant. So entstehen beispielsweise „Kosten" durch die Beibehaltung eines Sexualdimorphismus (bei Hirschen erweist sich z.B. das große Geweih als ausgesprochen hinderlich für das einzelne Individuum) oder durch sexuelle Konkurrenz (zum Beispiel tödlich verlaufende Balzkämpfe).

Angesichts dieser Nachteile ist für viele BiologInnen die weite Verbreitung der Sexualität in der Organismenwelt ein ungelöstes Problem (vgl. u. a. Cockburn 1995). Über den langen Zeitraum evolutiver Vorgänge hinweg ist die Sexualität - da sind sich Biologen sicher - von Bedeutung gewesen. Aber bedeutet „langfristiger Evolutionsvorteil" für irgendein Populationsmitglied auch gleichzeitig höhere „Lebenstauglichkeit" oder „Vermehrungsfähigkeit"? Kurz und gut: Ist die Sexualität im Leben von Populationen oder Individuen überhaupt so wichtig wie bisher angenommen?

4.2 Wachstum oder Fortpflanzung?

Auch Botaniker glauben an die große Bedeutung der Sexualität - und viele tun sich schwer, eine andere als die sexuelle Fortpflanzung zu akzeptieren (ähnlich wie sich ihre Kollegen im 17. Jahrhundert dagegen sträubten, eine Sexualität bei Pflanzen anzuerkennen). So ist um die vegetative Fortpflanzung ein heftiger Streit entbrannt: Während die einen Vertreter die vegetative Fortpflanzung lediglich als Wachstum anerkennen (weil keine Sexualität stattfindet; vgl. u.a. Harper 1977), plädieren andere Vertreter dafür, in der Fortpflanzungsterminologie die Begriffe sexuell, asexuell und vegetativ zu nennen (vgl. u.a. Willson 1983, Urbanska 1992). Um die Hintergründe dieses Disputs erklären zu können, ist es wichtig zu wissen, daß in der Botanik Wachstum und Fortpflanzung eng miteinander verknüpft sind. Diese Verknüpfung führt zunächst einmal zu einem Wortwirrwarr der Begriffe „vegetative Fortpflanzung", „vegetatives Wachstum" und „klonales Wachstum".

Wachstum

Laut Urbanska (1992) ist Wachstum „eine irreversible Zunahme an Substanz und räumlichem Umfang" (Urbanska 1992). Eine Interpretation dieser Definition ist unter Botanikern jedoch umstritten, denn:

1. Nicht nur Biomassezuwachs, sondern auch eine qualitative Wandlung eines Individuums, einer Population oder der Vegetation wird als Wachstum begriffen. Wachstum dient in diesem Fall als Synonym für Entwicklung. Im Gegensatz zum Wachstum mit quantitativen Größen (Biomasse, Zunahme der Individuenzahl) ist Entwicklung ein qualitativer Prozeß, wobei die Pflanze von einem Zustand mit spezifischen Eigenschaften zu einem anderen übergeht.
2. Das Wachstum äußert sich in verschiedenen Bereichen: Auslöser, Zeitpunkt des Wachstumsbeginns, Wachstumsverlauf.
3. Nicht nur Biomassezuwachs, sondern auch eine Zunahme der Individuenzahl kann unter Wachstum verstanden werden (vgl. Harper 1977).

Klonales Wachstum

Das klonale Wachstum fällt nach Urbanska (1992) unter das „expansive Wachstum":

„Klonales Wachstum ist die durch iterative Bildung von Ramets erkennbare Form des expansiven Wachstums eines Individuums. Eine klonal wachsende Pflanze besteht demnach aus Ramets, die miteinander verbunden sind." (Urbanska 1992: 127).

Ein *Ramet* ist eine durch klonales Wachstum einer Pflanze gebildete vegetative Einheit, die zu selbständiger Existenz fähig ist, falls sie von der Mutterpflanze abgetrennt wird. Nach Tiffney und Niklas (1985) führt klonales Wachstum bei Pflanzen zu einer Verdoppelung des Individuums ohne Beteiligung von sexueller Reproduktion. Bei Jackson et al. (1985) ist klonales Wachstum die Bildung von mehr als einem Individuum mit identischem Genotyp (diese Definition bezieht Tiere auch mit ein). Für Waller und Steingräber (1985) ist das klonale Wachstum die Bildung von potentiell unabhängigen Organismen.

Was ist ein Klon?
Zerfällt eine klonal wachsende Pflanze in mehrere, voneinander unabhängige (biologische) Individuen, bilden diese Individuen zusammen einen *Klon*. Selbstklonierung bezeichnet den natürlichen Vorgang der Fragmentation eines klonal wachsenden Individuums, während „erzwungene Klonierung" durch Standortfaktoren oder z.B. menschlichen Einfluß verursacht wird. Ein *Klon* ist laut dem Nomenklaturkodex der Kulturpflanzen *„eine genetisch einheitliche Gruppe von Individuen, die durch asexuelle Vermehrung aus einer einzigen Pflanze entstanden sind"* (Gilmore et al. 1969). In dieser Definition ist die asexuelle Fortpflanzung als für die Entstehung eines *Klones* unentbehrlicher Prozeß enthalten. Auf die vegetative Fortpflanzungsterminologie bezieht sich die Definition bei Strassburger et al. (1983):

„Die Gesamtheit der vegetativ aus einem einzigen Ausgangsindividuum hervorgegangenen Nachkommen heißt ein Klon. Alle Individuen eines Klones sind also - solange keine spontanen oder induzierten Mutationen auftreten - erbgleich."

Oftmals wird Wachstum und Fortpflanzung bei klonal wachsenden Pflanzen vermischt, so z.B. bei Sebens und Thorne (1985), die *„asexuelle Fortpflanzung, insbesondere lokales klonales Wachstum"* im selben Satz nennen. Verständlich ist, daß der Begriff „klonal" irreführend ist, denn er entstammt einer genetisch/biologischen Individualkategorie (dem Begriff „Klon"), wird aber in der Botanik für ein bestimmtes Wachstumsmuster verwendet, das zwar oft, aber nicht zwingend, zu einem *Klon* führt. Klonales Wachstum zeigen viele Pflanzen, die irgendwann tatsächlich in einen *Klon* zerfallen, aber es gibt auch Pflanzen, die zwar klonal wachsen, deren Ramets sich jedoch niemals trennen, die also trotz klonalen Wachstums nicht in einen *Klon* zerfallen.

4.3 Individualkonzepte

Das genetische Individualkonzept
Harper (1977, 1979) verneint kategorisch jede Form der vegetativen Fortpflanzung. Für ihn ist die Fragmentierung eines Klons lediglich Wachstum, keine Fortpflanzung. Dementsprechend ist auch Harpers Definition von Fortpflanzung eine, die die Produktion eines neuen Genet (genetischen Individuums) nur aus einer Zygote zuläßt, also einen obligat sexuellen Ursprung zuschreibt. Harper erkennt die Nachkommen einer nicht-sexuellen „Fortpflanzung" nicht als Individuen an - die Zunahme von neuen „Nicht-Individuen" bezeichnet er als Biomasse-Zuwachs. Aus diesem Grunde führten Kays und Harper (1974) den Begriff „Ramet" ein.

Ein Ramet ist eine durch klonales Wachstum eines genetischen Individuums (sog. Genet) gebildete vegetative Einheit, die als Teil dieses Individuums den gleichen Genotyp besitzt. Diese vegetative Einheit, der Ramet, ist fähig, nach einer Trennung von der „Mutterpflanze" selbständig zu existieren. Harper (1977) legt fest, daß das genetische Individuum (Genet) als grundlegende evolutive Einheit zu betrachten ist. Das Genet sei ein Produkt einer einzelnen Zygote. Damit wird der obligat sexuelle Ursprung hervorgehoben. Deshalb kann sich nach Harpers Individuum- und Fortpflanzungsdefinition bei vegetativer „Fortpflanzung" kein eigenständiges biologisches Individuum bilden, sondern lediglich ein Klon, dem Harper keine Individualität zugesteht.

Vertreter des genetischen Konzepts sind Harper (1977), Jackson (1985) oder auch Silvertown (1987), wobei sich letzterer in der Definition etwas unklar ausdrückt: Er bezeichnet das Genet als Pflanze mit irgendeiner Größe bzw. Struktur, die sich aus einem Samen entwickelt hat, wobei unklar bleibt, ob Silvertown mit der Samenbildung automatisch eine sexuelle (es gibt auch noch asexuell entstandene Samen) Herkunft voraussetzt.

Das biologische Individualkonzept

Das genetische Konzept, das sich an der „Sexualität der Pflanzen" orientiert, und auch die Verwendung der entsprechenden Vokabeln ist ausgesprochen problematisch und vor allem oftmals ungenau. Ein Beispiel: Nach Harpers Definition ist ein „Ramet" lediglich das Resultat des klonalen Wachstums eines *Genets.* Allerdings können ja auch *Ramets* (die ja nach Harper keine Genets sind) nach der Trennung von der „Mutterpflanze" neue Ramets bilden, die sich wieder trennen. Das genetische Konzept von Harper wirft aber noch mehr Probleme auf. Zum Beispiel wären monozygotische (eineiige Zwillinge) demnach auch keine Individuen, da sie sich genetisch nicht unterscheiden. Auch Urbanska (1992) kritisiert das genetische Konzept und nennt als ein Beispiel eine Ölpalmen-Plantage, bei der die Tausenden von Einzelbäumen aus „in-vitro"-Vermehrung wohl schlecht als ein riesiges fragmentiertes Individuum bezeichnet werden können. Auch wäre das genetische Konzept nicht sinnvoll bei der individuellen Erfassung des Verhaltens von separierten Teilen klonal wachsender Pflanzen. Während Harper (1977) einen Klon praktisch als eine einzige Pflanze sieht und bei einer „Klon-Plantage" von „fragmentierten Klonen" spricht, ist für Urbanska (1992) ein Klon eine „fragmentierte Pflanze" - und nicht umgekehrt. Urbanska plädiert dafür, den Begriff „Klon" nicht mehr auf eine einzige Pflanze zu beziehen, sondern auf eine Gruppe von Pflanzen. Für sie ist ein Klon, biologisch betrachtet, eine Population bzw. ein Populationsteil. Für eine Definition des Individuums sei nicht die sexuelle Herkunft (bzw. die Entstehungsart) die Voraussetzung, sondern die physiologische Unabhängigkeit und strukturelle Autonomie. Ein biologisches Individuum kann hervorgehen aus einem sexuell oder asexuell produzierten Samen, aus einer spezialisierten vegetativen Propagule oder aus der Fragmentation einer klonal wachsenden Pflanze.

Die wissenschaftliche Diskussion zu diesem Thema ist noch nicht abgeschlossen. Ich denke aber, daß dieser kurze Einblick in die Individualkonzeption der Botanik zeigt, wie vehement sich manche Vertreter der Botanik bis heute an das sexuelle Konzept „klammern" und zum Teil recht komplizierte Definitionen finden müssen, um das Konzept noch halten zu können. Ich schließe mich weitgehend dem Konzept eines biologischen Individuums von Urbanska (1992) an. Wachstum gilt allgemein als Biomasse-Zunahme eines Individuums, während Fortpflanzung die Bildung neuer Individuen nach sich zieht. Allerdings dient nach Urbanska (1992: 182) Wachstum meistens der Erhaltung eines biologischen Individuums, während Fortpflanzung die Erhaltung einer Population bzw. einer Sippe sichern soll. Meiner Ansicht nach dient jedoch die vegetative Fortpflanzung sowohl dem Erhalt eines biologischen Individuums als auch dem Erhalt einer Population. Auch ordnet Urbanska in ihren Wachstumskonzepten das klonale Wachstum dem expansiven Wachstum zu, nicht dem reproduktiven Wachstum. Damit widerspricht Urbanska ihrer eigenen Wachstumseinteilung, wonach auch die Bildung von Fortpflanzungsstrukturen und -einheiten in das reproduktive Wachstum einbezogen werden muß. Darunter würde aber auch die Rametbildung fallen, die der vegetativen Reproduktion dient bzw. dienen kann. Besser (eindeutiger) wäre hier die Einteilung von Tiffney und Niklas (1985), wonach das reproduktive Wachstum die Bildung eines eigenen Individuums ist. Somit bevorzuge ich eine Einordnung des klonalen Wachstums nach Urbanskas „expansivem Wachstum", gleichzeitig müßte aber die Definition von Tiffney und Niklas (1985) zum „reproduktiven Wachstum" übernommen werden.

4.4 Sexuelle versus vegetative Fortpflanzung?

Wie oben angeführt, ist einer der Hauptgründe für die Betonung der sexuellen Fortpflanzung die Möglichkeit der hohen genetischen Variabilität. Unter Botanikern sind die Meinungen über die genetischen Strukturen von asexuellen und sich vegetativ fortpflanzenden Populationen gespalten. So vermuten die einen, daß in asexuellen Populationen nur wenige Genotypen zu finden sind (vgl. u.a. Janzen 1974), während andere asexuelle Populationen für ebenso polymorph halten wie sexuelle (vgl. u.a. Price et al. 1972, Lynch 1984). *„Vor allem von Pflanzen, die sich vegetativ fortpflanzen, liegen keine Angaben vor,“* kritisiert Urbanska (1992: 288). Gegenüber der Fortpflanzung durch Samen haben vegetative Fortpflanzungseinheiten einige Vorteile. So haben sie zum Beispiel einen gewaltigen Vorsprung in der Entwicklung und im Wachstum - sie können viel früher reif werden als Samen und haben eine größere Überlebenschance in der juvenilen Phase. Außerdem sind sie - gehen wir von der umstrittenen o.g. Annahme aus, daß eine geringere genetische Variabilität vorliegt - der Elterpflanze[5] sehr ähnlich. Dies befähige sie eher dazu, so vermutet z.B. Willson (1983: 20), den Platz rund um den Elter auszufüllen, als einen neuen Raum zu erobern, deren Umweltbedingungen noch nicht von einer Elterpflanze „erprobt“ wurden. Andererseits bietet die sexuelle Fortpflanzung durch Samen ein größeres Verbreitungsareal. Doch auch hier fehlen noch Angaben darüber, welche Strecken vegetative Verbreitungseinheiten zurücklegen können. Grundsätzlich stellt Urbanska fest, daß *„vegetative Fortpflanzung ... per definito asexuell (ist), daraus entstehende reproduktive Einheiten sind jedoch sehr verschieden in Form und Verhalten“*. Für sie ist die vegetative Fortpflanzung *„eine der vielen Formen zur Nachkommenbildung bei Pflanzen. Biologisch betrachtet ist sie der Fortpflanzung durch Samen gleichwertig. Beide Fortpflanzungsbereiche ergänzen sich gegenseitig“* (Urbanska 1992: 183-184).

Es gibt noch viele offene Fragen im Zusammenhang mit der vegetativen Fortpflanzung, die bis heute noch nicht beantwortet wurden. Die Erforschung dieser Fortpflanzungsmethode steckt noch in „botanischen Kinderschuhen“. So ist zum Beispiel völlig unbekannt, wie häufig und in welchem Verhältnis zur sexuellen Fortpflanzung die vegetative Fortpflanzung in der Pflanzenwelt vorkommt. Grime (1979) vermutet zum Beispiel anhand einiger klonal wachsender Kräuter, daß unter schwierigen Standortbedingungen, häufig bei Populationen, die an ihrer geographischen Verbreitungsgrenze liegen, die vegetative Fortpflanzung sogar bevorzugt wird. Auch gibt es noch keine wissenschaftlich erprobten, einheitlichen Untersuchungsmethoden, mit denen klonales Wachstum und vegetative Fortpflanzung im Freiland festgestellt werden können. Auch können aufgrund der Reduktion der Fortpflanzungstypen auf die sexuelle Fortpflanzung in der Praxis Naturschutzbemühungen bei klonal wachsenden (und sich eventuell vegetativ fortpflanzenden) Arten nicht greifen. Begriffe des Artenschutzkonzeptes wie „safe site“ oder „Samenbanken“, die nur sexuelle Fortpflanzungseinheiten berücksichtigen, sollten erweitert werden und die Aspekte der vegetativen Fortpflanzung - zum Beispiel eine „Rametbank“ - mit einbeziehen.

5. Schlußbemerkung

Die Entdeckung der pflanzlichen Sexualität im 18. Jahrhundert führte dazu, daß sich Botaniker fast nur noch mit ihr beschäftigten und wichtige andere Ansätze unerforscht ließen. Neben dieser Fixierung auf die sexuelle Fortpflanzung wird seitdem die Pflanze immer stärker assoziativ und auch wissenschaftlich auf die „weibliche“ Funktion reduziert, wobei die Begrifflichkeiten und Definitionen dem menschlichen Geschlechterverständnis (über die individuelle Geschlechterverteilung bis hin zu der menschlichen Vorstellung, daß „Fortpflanzung“ eine traditionell weibliche Funktion ist) entnommen werden. Diese Vorstellungen sind inzwischen tief in den theoretischen Konzepten der Botanik verankert. Neue Konzepte, die sowohl für die Fortpflanzung als auch für die Entstehung eines Individuums nicht die Sexualität vorausset-

[5] Ich verwende hier den Begriff „Elter“, da er im Vergleich zu dem Begriff „Mutterpflanze“ weitgehend keine geschlechtstypischen Zuschreibungen transportiert. Da es sich um ein Individuum einer Pflanzenart handelt, die die sexuellen bzw. vegetativen Fortpflanzungseinheiten austrägt, verwende ich den Begriff „Eltern“ im Singular.

zen, werden nur zögerlich anerkannt. Der Mangel an Angaben zum klonalen Wachstum und vegetativer Fortpflanzung bei Pflanzen sollte durch weitergehende populationsökologische Untersuchungen aufgearbeitet werden. In jedem Fall müssen in populationsökologischen Untersuchungen die verschiedenen Wachstums- und Fortpflanzungstypen berücksichtigt werden. Letztendliche Ziele sollten eine neue Pflanzensystematik und ein erweitertes Artenschutzkonzept sein, die nicht nur die Blüte, sondern den gesamten Pflanzenkörper bzw. die Wuchs- und Fortpflanzungsformen mit einbeziehen.

Literatur

Allen, Mea: Darwins Leben für die Pflanzen. Der Schlüssel zur „Entstehung der Arten". Evon Verlag, Wien, Düsseldorf 1980: 22.

Barth, Friedrich G. : Biologie einer Begegnung. Deutsche Verlags-Anstalt, Stuttgart 1982: 195

Bell, G.: The Masterpiece of Nature: the Evolution and Genetics of Sexuality. Croom Helm, London 1982.

Bristow, Alex: Wie die Pflanzen lieben. Fischer Verlag, Frankfurt 1994

Brouwer, Christien: Die konstruktivistische Wende. Eine Reflexion über Sex, Feminismus, Natur- und Technikwissenschaften in den Niederlanden. In: Anne Sachs (Hrsg.): Women's Studies in den Niederlanden - Ausgewählte Beiträge der Offenen Frauenhochschule VI. Gesamthochschule Kassel Universität, 1992: 28.

Cockburn, Andrew: Evolutionsökologie. Gustav Fischer Verlag, Stuttgart 1995.

Fitter, Alistair: Pareys Naturführer plus. Blumen - Wildblühende Pflanzen. Paul Parey, Hamburg, Berlin 1987

Gilmore, J. S. L. et al. (ed.): International code of nomenclature of cultivated plants - 1969. - Int. Bureau PL Taxon. and Nomenclature, Utrecht 1969.

Grime, J. P.: Plant strategies and vegetation processes. John Wiley & Sons, New York 1979.

Grime, J. P.: Plant strategies and vegetation processes. John Wiley & Sons, Chichester, New York 1979.

Harper, J. L.: Population Biology of Plants. Academic Press, New York 1977.

Hoppe, Brigitte: Biologie - Wissenschaft von der belebten Materie von der Antike zur Neuzeit. - Franz Steiner Verlag, Wiesbaden 1976.

Jackson, J. B. C., Buss, L. W. und Cook, R. E. (ed.): Population Biology and Evolution in Clonal Organisms. Yale University Press, London 1985.

Janzen, D. H.: What are dandelions and aphids? Am. Nat. 111, 1977: 586-589.

Kays S., Harper J. L.: The regulation of plant and tiller density in a grass sward. - J. Ecol. 50, 1974: 171-179

Lange, Erich: Warum eigentlich Sex? Urania-Verlag Berlin 1989.

Linné, Le mariage des fleurs. In: Londa Schiebinger, a.a.O.

Lynch, M.: Destabilizing phybridization, general-purpose genotypes, and geographic parthenogenesis. Quar. Rev. Biol. 59, 1984: 257-290.

Maynard Smith, J.; The evolution of sex. Cambridge University Press, Cambridge, 1978.

Miller, Philip: Observations upon the Generation of Plants (Beobachtungen über die Vermehrung von Pflanzen), Philosophical Transactions of the Royal Society 1721. In: Alex Bristow: Wie die Pflanzen lieben. Fischer Verlag, Frankfurt 1994.

Price, M. V., Waser, N. M.: Population structure, frequency-dependent selection and the maintenance of sexual reproduction. Evolution 36, 1972: 35-43.

Riewenherm, Sabine: Populationsökologische Untersuchungen an *Narthecium ossifragum* (L.) Huds. Diplomarbeit, Universität Osnabrück, FB Biologie/Chemie, 1991.

Riewenherm, Sabine: Let's talk about sex. Dokumentation Frauen in Naturwissenschaft und Technik, Karlsruhe 1995.

Schiebinger, Londa: Das private Leben der Pflanzen: Geschlechterpolitik bei Carl von Linné und Erasmus Darwin. In: Barbara Orland, Elvira Scheich (Hrsg.): Das Geschlecht der Natur. Gender Studies, edition suhrkamp, Frankfurt 1995: 250

Sebens K. P., Thorne B. L.: Coexistence of clones, clonal diversity and the effects of disturbance. In: Jackson et al. (ed.), 1985: 357-398.

Silvertown J.: Introduction to Plant Population Ecology. Longman Sci. Techn. Harlow 1987.

Strassburger E., Noll F., Schenck H. und Schimper A. F.: Lehrbuch der Botanik. 32. Auflage, Fischer Verlag, Stuttgart, 1983.

Tiffney, B.H., Niklas, K. J.: Clonal growth in land plants: A paleobotanical perspective. In: Jackson, J. B. C. et al. (ed.): Population Biology and Evolution in clonal Organisms. Yale University Press, London 1985: 35-66.

Urbanska, Krystyna: Populationsbiologie der Pflanzen. Gustav Fischer Verlag, UTB für Wissenschaft, Stuttgart und Jena 1992: 209.

Waller, D. M., Steingräber , D. A.: Branching and modular growth. In: Jackson et al., a.a.O.: 259-297.

Willson, Mary: Plant Reproductive Ecology. John Wiley & Sons, New York 1983.

Erste Ansätze zur Vernetzung? Naturwissenschaftlerinnen zu Beginn des 20. Jahrhunderts

Kristiane Schmidt

1 Einführung

Zu Beginn des 20. Jahrhunderts wurden an den deutschen Universitäten die ersten Frauen überhaupt zum Studium und zur Forschung zugelassen. Damals war die Vereinzelung von Wissenschaftlerinnen, die wir auch heute als Problem sehen, natürlich noch viel stärker.

1908 konnten sich Frauen erstmals ohne Ausnahmegenehmigung an preußischen Universitäten immatrikulieren. Vorher war ein Studium nur über Ausnahmegenehmigungen möglich, was bedeutete, daß die Frauen jeden Professor um die Erlaubnis zur Teilnahme an seinen Vorlesungen bitten mußten. Viele studierwillige Frauen wie z.B. Ricarda Huch und Rosa Luxemburg gingen in die Schweiz, wo Frauen schon früher als in Deutschland zum Studium zugelassen waren. Die höheren Mädchenschulen führten zu Beginn des Jahrhunderts noch nicht zum Abitur, sondern die Frauen mußten ihre Prüfungen (meist nach Vorbereitung in Privat-Kursen) extern an Jungenschulen ablegen.

In Berlin entstanden zu Beginn des Jahrhunderts neben der Friedrich-Wilhem-Universität und der Technischen Universität diverse neue Forschungsinstitute, wie z.B. die Kaiser-Wilhelm-Institute (KWI), das sind die Vorläufer der heutigen Max-Planck-Institute. Dadurch lebten und forschten in Berlin ungefähr zur gleichen Zeit eine ganze Reihe von Frauen wie z.B. die Physikerin Lise Meitner und die Biologinnen Elisabeth Schiemann, Paula Hertwig und Emmy Stein. In ihren Biographien und in anderen Quellen finden sich einige Hinweise darauf, daß sie sich kannten und teilweise sogar miteinander befreundet waren.

Ich habe mich mit dem Leben dieser Frauen beschäftigt und bin der Frage nachgegangen, welche Auswirkungen der Kontakt zu anderen forschenden Frauen auf ihr Leben und ihre Arbeit hatte. Gab es damals vielleicht bereits erste Ansätze zur Vernetzung von Naturwissenschaftlerinnen?

Durch diese Einführung werden vielleicht zu hohe Erwartungen geweckt, denn die Hinweise auf die Beziehungen zwischen diesen Naturwissenschaftlerinnen sind versteckt und nur sehr spärlich. Außerdem ist dies keine professionelle Arbeit. Deshalb konnte ich mich nur mit Sekundär-Quellen wie Biographien u.ä. beschäftigen und hatte keine Gelegenheit, z. B. in Archiven nach weiteren Hinweisen zu suchen.

Die Idee zu diesem Thema und vor allem meine Literaturliste stammen aus einem Seminar von Sarah Jansen, an dem ich während meines Studiums teilgenommen habe.

2 Lebensläufe der Wissenschaftlerinnen

2.1 Lise Meitner

Die bekannteste meiner Wissenschaftlerinnen ist Lise Meitner. Sie wird 1878 in Wien geboren, ist Jüdin, praktiziert die jüdische Religion aber nicht. Nach dem Abschluß eines Mädchengymnasiums besucht sie zunächst ein Lehrerinnenseminar und legt dann extern die Matura ab - den Weg über das Lehrerinnenseminar schlugen damals die meisten studierwilligen Frauen ein. Ab 1901 studiert sie in Wien Physik. 1905 promoviert sie über die Wärmeleitung in nichthomogenen Körpern, danach beginnt sie eine erste Arbeit über Radioaktivität am physikalischen Institut (unbezahlt natürlich). 1907 geht sie (alleine) nach Berlin, weil dort das Zentrum der modernen Physik ist. Meitner beginnt eine Zusammenarbeit mit dem gleichaltrigen Chemiker Otto Hahn. Frauen werden in Preußen erst ab 1908 regulär zum Studium zugelassen und erst ab diesem Zeitpunkt darf sie das Institut für Chemie betreten. Vorher darf sie nur in einer umfunktionierten Holzwerkstatt arbeiten, die durch einen separaten Eingang zugänglich ist. Im Institut für Physik wird sie freundlicher aufgenommen, was damit zusammenhängen könnte, daß die Physik im Gegensatz zur Chemie damals nur geringe wirtschaftliche Bedeutung hatte. Die Ausnahmefrau Lise Meitner wird sogar von Max Planck gefördert, der Frauen als Wissenschaftlerinnen eigentlich ablehnt. Ab 1912 wird sie seine Assistentin, vorher finanziert ihre Familie ihren Lebensunterhalt. 1913 wird ihr eine Dozentenstelle in Prag angeboten - damit sie in Berlin bleibt, wird ihr endlich eine unbefristete Anstellung als Assistentin am KWI für Physik angeboten. Während des 1. Weltkrieges arbeitet sie als Röntgenologin an der österreichischen Front. 1918 erhält sie eine eigene Abteilung (die physikalisch radioaktive) am KWI für Physik und ist damit erstmals finanziell wirklich abgesichert. 1920 endet ihre Zusammenarbeit mit Otto Hahn vorläufig. 1922 wird sie Privatdozentin und erhält die Lehrbefugnis. 1926 wird sie zur außerordentlichen Professorin ernannt, aber nicht verbeamtet. Für 1924/1925 wird sie zusammen mit Otto Hahn für den Physik-Nobelpreis vorgeschlagen.

Nach der Machtübernahme durch die Nationalsozialisten wird ihr 1933 die Lehrbefugnis entzogen. 1934 überredet sie Otto Hahn zu einer gemeinsamen Arbeit über die Transurane. Daran beteiligt sich ab 1935 auch der Chemiker Fritz Straßmann. Die Transurane, d.h. höhere Elemente als Uran, sollten beim Beschuß von Uran mit Neutronen entstehen. Die Ergebnisse der durchgeführten Experimente paßten allerdings nicht zu dieser von Meitner vertretenen Theorie. Während dieser Forschungsarbeiten wurde die politische Situation in Deutschland immer schwieriger. Für 1936 und 1937 wird Lise Meitner für den Nobelpreis vorgeschlagen, wobei der Hintergedanke besteht, daß eine solche Auszeichnung sie schützen könnte. Ab 1936 darf sie (als Jüdin) nicht mehr öffentlich auftreten und an den physikalischen Kolloquien teilnehmen. 1938 erfolgt der "Anschluß" Österreichs an Deutschland, wodurch aus der österreichischen Jüdin Lise Meitner über Nacht eine deutsche Jüdin wird. Man schlägt ihr vor, daß sie ihre Stelle freiwillig aufgeben soll, was sie natürlich verweigert. Sie stellt einen Antrag für eine Ausreisegenehmigung, der abgelehnt wird. Überstürzt flieht sie über Holland und Kopenhagen nach Stockholm, wo sie unter Manne Siegbahn eine Stelle am physikalischen Institut bekommt. Sie bittet in Deutschland um ihre Emeritierung.

Das Institut in Stockholm ist noch nicht fertig eingerichtet, wodurch sie nur sehr eingeschränkte Forschungsmöglichkeiten hat. Dazu kommen Auseinandersetzungen mit Siegbahn, der kein Interesse an ihrer Arbeit hat. Das traumatische Erlebnis der Flucht führt dazu, daß sie sehr deprimiert ist und glaubt, ihre deutschen Kollegen hätten sie loswerden wollen. Ende 1938 führen Otto Hahn und Fritz Straßmann die entscheidenden Versuche zur Entdeckung der Kernspaltung durch und diskutieren ihre Ergebnisse per Brief mit Lise Meitner. Die beiden Chemiker stellen überrascht fest, daß in ihren Versuchen anstelle des erwarteten Transurans Barium entsteht. Dieses Ergebnis veröffentlichen sie. Gleichzeitig liefern Meitner und ihr Neffe Otto Robert Frisch in Schweden theoretische Deutungen der Ergebnisse und berechnen die freiwerdende Energie. Sie schreiben darüber eine eigene Publikation, denn eine gemeinsame Veröffentlichung ist nach Meitners Flucht natürlich nicht mehr möglich. Dadurch muß Meitners Anteil an der Arbeit von Straßmann und Hahn verleugnet werden. Weiterhin bedeutet die Entdeckung der Kernspaltung, daß die von Meitner, Hahn und Straßmann zuvor veröffentlichten Arbeiten über die Transurane falsch sind. 1939 beginnt der Zweite Weltkrieg. In Amerika führt die Entdeckung der Kernspaltung zur Entwicklung der Atombombe als Waffe gegen Hitler, woran sich auch Frisch beteiligt. Lise Meitner bleibt in Stockholm und widerlegt die Existenz der Transurane endgültig, vom amerikanischen Atomwaffenprojekt erfährt sie bis zum Kriegsende nichts. Nach dem Abwurf der ersten Atombombe auf Hiroshima entsteht ein starkes öffentliches Interesse an ihr, schließlich war sie an der Entdeckung der Kernspaltung beteiligt. Außerdem sind die deutschen Physiker in England interniert und stehen den Journalisten nicht zur Verfügung. 1946 reist Meitner in die USA und wird zur Frau des Jahres gewählt. Im gleichen Jahr erhält Otto Hahn allein den Nobelpreis für Physik; weder Fritz Straßmann noch Lise Meitner werden berücksichtigt. Ein Grund dafür könnte sein, daß Manne Siegbahn, Meitners Chef, im Nobelpreis-Komitee sitzt. Wie fast alle Deutschen verdrängt Otto Hahn seine Vergangenheit, zu der auch Lise Meitner und ihr Anteil an der Entdeckung der Kernspaltung gehören. Meitner wirft ihm und den anderen deutschen Wissenschaftlern vor, daß sie keinen Widerstand geleistet haben und deshalb für die Ermordung der Juden mitverantwortlich sind. Sie bereut, daß sie Deutschland nicht schon früher verlassen hat. 1947 bietet ihr Fritz Straßmann eine Professur in Mainz an, aber sie will und kann nicht mehr in Deutschland leben. In Schweden erhält sie endlich bessere Arbeitsmöglichkeiten und eine bezahlte Professur. Am Ende ihres Lebens beginnt sie sich für die Frauenbewegung zu interessieren und fördert z.B. die österreichische Akademikerinnen Vereinigung. Ab 1960 wohnt sie in Cambridge, wo ihr Neffe lebt. 1964 erhalten Lise Meitner, Otto Hahn und Fritz Straßmann den Fermi Preis - die einzige gemeinsame Auszeichnung. Im Oktober 1968 stirbt Lise Meitner.

2.2 Elisabeth Schiemann

Elisabeth Schiemann wird 1881 in Fellin/Livland geboren. 1887 zieht ihre Familie nach Berlin. Sie besucht zunächst die Töchterschule und das Lehrerinnenseminar und unterrichtet dann mehrere Jahre an Mädchenschulen. Ab 1905 studiert sie in Berlin Naturwissenschaften. 1912 promoviert sie über Mutationen bei *Aspergillus niger*. Sie wird von ihrem Doktorvater Erwin Baur gefördert. 1914 wird sie seine Assistentin und später Oberassistentin am Institut für Vererbung und Züchtungsforschung der Landwirtschaftlichen Hochschule Berlin. 1922 geht sie für einen Forschungsaufenthalt nach Stockholm. 1924 habilitiert sie sich an der Landwirtschaftlichen Hochschule Berlin. 1927 wird das KWI für Züchtungsforschung eingerichtet. Elisabeth Schiemann soll in diesem Institut die Leitung einer selbständigen Abteilung für Geschichte und Entstehung der Kulturpflanzen übernehmen. Doch die Einrichtung dieser Stelle wird hinausgezögert, was zu einem heftigen Streit zwischen Schiemann und Baur führt. 1930 erhält sie eine nichtbeamtete a.o. Professur. 1931 wird anstelle Schiemanns ein wesentlich jüngerer und unbekannter Biologe auf den freigewordenen Lehrstuhl Erwin Baurs an der Landwirtschaftlichen Hochschule, dem einzigen Lehrstuhl für Genetik in Deutschland, berufen. Als Konsequenz bricht Schiemann endgültig mit Baur und kündigt. Am Botanischen Institut in Berlin-Dahlem bekommt sie eine unbesoldete Stelle als Gast und wird von ihrer Schwester finanziell unterstützt. Ihr Arbeitsschwerpunkt ist nun die Geschichte der Kulturpflanzen, wobei sie mit Archäologen und Ethnologen zusammenarbeitet. 1940 wird ihr aus politischen Gründen die Professur und die Lehrbefugnis entzogen - sie war aktives Mitglied der bekennenden Kirche und lehnt den Sozialdarwinismus ihrer Kollegen (z.B. Erwin Baur) ab. 1943 wird sie nach der Zerstörung des Botanischen Museums Leiterin der Abteilung für Geschichte der Kulturpflanzen am neugegründeten KWI für Kulturpflanzenforschung in Wien. Nach dem Kriegsende kehrt sie nach Berlin zurück und erhält (endlich) eine Professur an der Humboldt-Universität. 1954 wird ihre Abteilung zur Forschungsstelle der MPG. 1956 wird sie pensioniert. Neben anderen Ehrungen erhält sie auch den Verdienstorden der BRD. Sie stirbt 1972.

2.3 Paula Hertwig

Über Paula Hertwig habe ich leider nur sehr wenig Material gefunden. Sie wird als Tochter des Biologen Oskar Hertwig 1883 geboren. Ab 1909 studiert sie in Berlin Zoologie. 1913 geht sie für einen Forschungsaufenthalt nach Neapel. 1916 promoviert sie über die Wirkung von Radiumstrahlen auf die Entwicklung tierischer Zellen. Ihre weitere Arbeit liegt wie die von Elisabeth Schiemann im Gebiet der Genetik. 1919 habilitiert sie sich als erste Frau an der Friedrich-Wilhelm Universität. 1927 wird sie zur nichtbeamteten a.o. Professorin ernannt. Nach 1933 wird aus politischen Gründen ihre Ernennung zur außerplanmäßigen Professorin abgelehnt. Nach dem Krieg lebt sie in Halle.

2.4 Emmy Stein

Emmy Stein wird 1879 in Düsseldorf geboren. Sie stammt aus wohlhabenden Industriekreisen und besucht ab 1904 eine Gartenbauschule für Frauen in Berlin. Dort lernt sie Luise von Graevenitz kennen. Finanziell unabhängig, gehen die beiden Frauen von 1906 bis 1907 auf eine Forschungsreise nach Ceylon, Ägypten, Java, Japan und Sibirien. Zur Vorbereitung besuchen sie einen Mikroskopierkurs in Berlin, bei dem sie Erwin Baur kennenlernen. Nach der Reise bereiten sie sich in Zürich privat auf die Matura vor. Emmy Stein studiert danach in Zürich, Tübingen, Heidelberg und Jena, wo sie 1913 über Schwankungen stomatärer Öffnungsweite promoviert. Während des ersten Weltkriegs arbeitet sie beim Roten Kreuz. Luise von Graevenitz ist seit 1915 Assistentin von Erwin Baur im Institut für Vererbungsforschung der Landwirtschaftlichen Hochschule in Berlin, wo auch Elisabeth Schiemann als Assistentin arbeitet. Emmy Stein wird dort 1917 zunächst Volontärassistentin und bekommt später ein festes Arbeitsverhältnis. 1921 stirbt Luise von Graevenitz. Emmy Stein untersucht die Wirkung von Radiumstrahlung auf den pflanzlichen Organismus. Dabei beobachtet sie unter anderem Veränderungen der Chromosomen. Obwohl sie scheinbar eigenständige Forschungsarbeit leistet, habilitiert sie sich nicht. 1940 wird sie an das KWI für Biologie übernommen. 1948 folgt sie dem verlagerten KWI nach Hechingen und schließlich nach Tübingen. Dort stirbt sie 1954.

2.5 Gemeinsamkeiten in den Lebensläufen

Alle Frauen begannen mit dem Studium erst sehr spät, nämlich als sie bereits deutlich über 20 Jahre alt waren. Hauptgrund dafür waren die Umwege, die sie gehen mußten (allgemein üblich war der Weg über das Lehrerinnen-Seminar), um überhaupt die Zugangsberechtigung zur Universität zu erlangen. Die Habilitation von Frauen wurde erst ab 1918 überhaupt möglich, d.h. als die Frauen alle schon ca. 40 Jahre alt waren. In diesem Alter waren die meisten der männlichen Kollegen bereits habilitiert. Nach der Habilitation bekamen die Frauen auch keine Professuren, später wurden sie dann zu außerordentlichen Professorinnen berufen, aber sie wurden nicht verbeamtet. Damit fehlte zum einen das Prestige einer „echten" Professur, zum anderen aber auch die finanzielle Absicherung und Altersvorsorge. Erst nach dem zweiten Weltkrieg wurden richtige Professuren an sie vergeben, wobei der Verdacht nahe liegt, daß dabei auch der durch den Krieg entstandene Mangel an politisch unbelasteten und männlichen ProfessorInnen eine Rolle gespielt haben könnte.

Alle Frauen führten ein für Frauen in dieser Zeit völlig untypisches (und gesellschaftlich nicht akzeptiertes) Leben, weil sie keinen Ehemann und keine Kinder hatten, alleine lebten und ihren Lebensunterhalt selber verdienten.

Das Studium und die weitere wissenschaftliche Karriere war allen Frauen nur deshalb möglich, weil sie von ihren Familien finanziell unterstützt wurden. Dementsprechend stammen sie alle aus Familien des sogenannten „Bildungsbürgertums". Entscheidenden Einfluß auf die Karriere der Frauen hatte außerdem ihre Förderung durch in der Wissenschaftshierarchie höherstehende Männer - Lise Meitner wurde von Max Planck gefördert, Schiemann von ihrem Doktorvater Baur, Hertwig konnte sich möglicherweise als erste habilitieren, weil ihr Vater Biologieprofessor in Berlin war. Frustrierenderweise ist eine solche Förderung auch heute noch immer ein entscheidender Faktor für eine wissenschaftliche Karriere . . .

2.6 Einfluß des Nationalsozialismus

Die wissenschaftliche Karriere aller Frauen (außer Emmy Stein, die auf der untersten Karrierestufe stehen blieb), wurde von den Nationalsozialisten stark behindert. Das Studium von Frauen war entsprechend der NS Ideologie, die Frauen nur als Reproduktionsmaschinen sah, nicht mehr erwünscht. Für die Zulassung von Frauen zum Studium wurden zeitweilig sogar Höchstquoten eingeführt. Lehre und Forschung von Frauen waren natürlich noch viel weniger mit der NS Ideologie zu vereinbaren, wurden aber scheinbar toleriert, solange die Frauen möglichst unsichtbar blieben. Während des Krieges wurden diese Beschränkungen aufgrund des Männermangels aber teilweise wieder aufgehoben.

Insbesondere Elisabeth Schiemann engagierte sich politisch, was zum Entzug ihrer Lehrbefugnis führte. Lise Meitner war als Jüdin am stärksten betroffen und mußte ins Exil gehen, die anderen Frauen konnten zumindest in Deutschland bleiben und ihre Forschungen in aller Stille weiterführen.

Insgesamt haben sich die Frauen gegenüber den Nationalsozialisten genauso verhalten wie ihre männlichen Kollegen: Sie hofften, daß alles bald vorübergehen würde, betrieben weiter ihre Forschung und taten nichts, was ihre Stellung ernsthaft gefährdet hätte. Lise Meitner erkannte nach ihrer Flucht, daß die WissenschaftlerInnen genau durch diese Haltung den Nationalsozialismus unterstützten und dadurch mitschuldig wurden.

3 Kontakte zwischen den Wissenschaftlerinnen

Nun endlich zu den Beziehungen zwischen den Frauen. Auch hierbei kann ich über Lise Meitner und Elisabeth Schiemann am meisten berichten.

Meitner und Schiemann lernten sich 1909 kennen und waren seitdem eng befreundet. Schiemann schreibt in einem Artikel über ihre Freundschaft folgendes:
"Trotz der sehr verschiedenen Arbeitsgebiete und Temperamente schloß sich schnell ein festes Freundschaftsband, und bald ging Lise Meitner schwesterlich in meinem Elternhause aus und ein (...). Beim Mittagstisch mit Hahn und dem Kreis der jungen Physiker, zu dem sie mich mitnahm, knüpften sich gemeinsame Freundschaften, die uns durch das Leben begleitet haben. (...) Die freundschaftlichen Aussprachen über die so verschiedenen Arbeitsgebiete oder über menschliche Probleme förderten das Verständnis für des anderen Art."

Nach Meitners Flucht aus Deutschland blieben die beiden Frauen in Briefkontakt. Otto Hahn und Elisabeth Schiemann organisierten die Auflösung von Meitners Haushalt und sandten ihre Möbel usw. nach Schweden. Während des Krieges kühlt die Freundschaft etwas ab. 1947 begegnen sich die beiden Frauen zum erstenmal wieder und die Freundschaft bleibt, wie zahlreiche Briefe zeigen, bis an ihr Lebensende bestehen.

Paula Hertwig war ebenfalls mit Elisabeth Schiemann befreundet. Sie schreibt in einer Ehrung zum 75. Geburtstag Schiemanns:
"Es ist mir bei der langjährigen Freundschaft, die uns verbindet, Ehre und Freude zugleich, ihr Lebenswerk in dieser Zeitschrift in kurzer Zusammenfassung würdigen zu dürfen. Ich möchte dabei gleichzeitig zum Ausdruck bringen, was mir in wissenschaftlicher und menschlicher Beziehung die nachbarliche Arbeitsgemeinschaft in all den Jahren bedeutet hat (...)."

Elisabeth Schiemann hat zum 70. und 75. Geburtstag Paula Hertwigs ebenfalls Ehrungen verfasst. Die beiden Frauen lernten sich vermutlich bereits während ihres Studiums kennen. Elisabeth Schiemann und Emmy Stein arbeiteten von 1917 bis 1931 am gleichen Institut. Die

Quelle für Emmy Steins Leben ist ein Nachruf, den Elisabeth Schiemann nach ihrem Tod verfasst hat. Dieser Nachruf zeigt, daß die beiden Frauen sich gut kannten.

Die engste Beziehung bestand sicher zwischen Emmy Stein und Luise von Graevenitz. Die folgenden Zitate über die Freundschaft der beiden Wissenschaflerinnen stammen von Elisabeth Schiemann:
"Eine Freundschaft fürs Leben, die durch den frühen Tod Luise von Graevenitz kurz bemessen war, verband die beiden gleichstrebenden jungen Frauen, die sich fortan der scientia amabilis verschrieben. (...) Aber Luise von Graevenitz, die 1915 bei Erwin Baur eingetreten war als Assistentin an dem neu gegründeten und in Potsdam neu aufzubauenden Institut für Vererbungsforschung (...) zog die Freundin nach sich, zuerst als Volontärassistentin, später in festem Arbeitsverhältnis. (...) Der frühe Tod von Luise von Graevenitz (1921), mit der sie all die Jahre zusammen im gemeinsamen Heim gelebt, hat Emmy Stein tief getroffen (...)."

Vermutlich haben sich alle Frauen untereinander gekannt. Wenn Elisabeth Schiemann über Lise Meitner mit den Physikern zusammentraf, dann hat Lise Meitner sicherlich auch Elisabeth Schiemanns Freundinnen/Kolleginnen kennengelernt. Paula Hertwig und Emmy Stein untersuchten die Wirkung von Radiumstrahlen auf tierische bzw. pflanzliche Zellen - die Vermutung liegt nahe, daß sie sowohl untereinander als auch mit der Kernphysikerin Lise Meitner über ihre Ergebnisse diskutierten.

4 Bedeutung der Kontakte

Deutlichstes Beispiel ist die Freundschaft von Emmy Stein und Luise von Graevenitz. Die beiden Frauen bewältigten die Schwierigkeiten des Frauenstudiums gemeinsam. Nach der Promotion bekam Emmy Stein über ihre Freundin eine Stelle - eine richtige Seilschaft! Die beiden Frauen lebten zusammen - frau kann darüber spekulieren, ob es sich dabei um eine Freundschaft oder eine Liebesbeziehung handelte. Auf jeden Fall konnte dieses Zusammenleben Ersatz für eine Familie/Ehe sein.

Lise Meitner war alleine nach Berlin gegangen. Ohne ihre Familie und FreundInnen aus Wien, war es für sie besonders wichtig, FreundInnen (Bezugspersonen) zu finden, die sie unterstützten. Für alle Frauen gilt, daß sie in keinster Weise den gesellschaftlichen Rollenbildern entsprachen. Sie lebten allein und hatten keine Ehemänner, dafür aber einen Beruf. In dieser Situation war es sicher eine große Unterstützung, daß es überhaupt noch andere Frauen gab, die ein solches Leben führten. Darüber, wie intensiv die Frauen untereinander über ihre wissenschaftlichen Arbeiten sprachen und ob sie vielleicht sogar zusammenarbeiteten, konnte ich anhand meiner Quellen leider nichts herausfinden.

Der Begriff der Vernetzung, den ich im Titel gewählt habe, ist sicher etwas hochgegriffen, aber die Freundschaft mit anderen Wissenschaftlerinnen war vermutlich von sehr großer Bedeutung für das Leben der untersuchten Frauen. Einer wirklichen Vernetzung stand vor allem entgegen, daß die weiblichen Wissenschaftlerinnen Wissenschaftler sein wollten. Damit meine ich, daß sie genauso sein wollten wie ihre männlichen Kollegen. Sie wollten keine Sonderrolle für Frauen haben, sondern versuchten eher ihr Geschlecht vergessen zu machen. Ihr Leben wich vermutlich auch ohne die Gründung von Frauengruppen und ohne lautstarke Forderungen nach gleichen Chancen schon stark genug von den gesellschaftlichen Vorstellungen über die Frauenrolle ab.

Reflexionen über die Benachteiligung von Frauen in der Wissenschaft setzten wie bei Lise Meitner wohl erst dann ein, wenn die Frauen endlich eine gesicherte Position hatten.

Zum Schluß möchte ich noch darauf hinweisen, daß die Freundschaften in den meisten Quellen gar nicht oder nur am Rande erwähnt werden. Auch in einer durchaus feministisch angehauchten Biographie über Lise Meitner werden die Freundinnen und Freundschaften zu Nicht-Physikern nur kurz erwähnt. Interessanterweise fand ich die meisten Hinweise über die Freundschaft zwischen Lise Meitner und Elisabeth Schiemann in einem Jugendbuch.

Ich kann mir dieses Phänomen nur dadurch erklären, daß private Beziehungen (insbesondere zu Frauen) vermutlich das Bild vom rationalen Wissenschaftler stören. Die Vorstellung von der WissenschaftlerIn als einsamer BezwingerIn der Natur scheint noch immer in vielen Köpfen herumzugeistern.

Diskussion

Frage: Wurden nur die Freundschaften zu Frauen oder auch private Freundschaften zu Männern nicht erwähnt?

Private Freundschaften zu Nicht-Kollegen werden generell eher nicht erwähnt, unabhängig davon, ob es sich um Männer oder Frauen handelt.

Frage: Der Deutsche Akademikerinnenbund entstand bereits vor 75 Jahren und war eher ein staatstragender Zusammenschluß von Akademikerinnen. Waren die Wissenschaftlerinnen Mitglieder dieser Vereinigung von Frauen?

Ich habe keine Hinweise dafür gefunden, daß eine der Frauen im Akademikerinnenbund aktiv war, kann aber nicht ausschließen, daß sie Mitglieder waren.

Frage: Hast Du etwas über internationale Kontakte der Frauen zu Wissenschaftlerinnen im Ausland gefunden, z.B. von Lise Meitner zu Irene Joliot-Curie oder von Elisabeth Schiemann zu Barbara McClintoc?

Lise Meitner und Irene Joliot-Curie (die Tochter von Marie Curie) arbeiteten beide auf dem Gebiet der Kernphysik und kannten sich daher natürlich. Sie waren aber nicht miteinander befreundet, sondern standen vielmehr bei der Suche nach den Transuranen in heftiger Konkurrenz zueinander. Barbara McClintoc war deutlich jünger als die von mir untersuchten Frauen und begann ihre wissenschaftliche Karriere erst in den 20er-30er Jahren. Daher bestand wohl kein Kontakt zwischen ihr und Elisabeth Schiemann oder den anderen Biologinnen.

Frage: Du hast berichtet, daß Elisabeth Schiemann aus politischen Gründen von den Nationalsozialisten die Lehrbefugnis entzogen wurde, aber auch daß sie während des Zweiten Weltkriegs Leiterin eines Institutes wurde. Wie paßt das zusammen?

1943 wurde Elisabeth Schiemann Leiterin der Abteilung für Geschichte der Kulturpflanzen am neugegründeten KWI für Kulturpflanzenforschung in Wien. Daß sie diese Position trotz ihrer politischen Betätigung (sie unterstützte die "Bekennende Kirche") erhalten konnte, lag vermutlich am kriegsbedingten Männermangel. Die Nationalsozialisten verdrängten die Wissenschaftlerinnen hauptsächlich aus den öffentlichen Positionen (also Entzug der Lehrbefugnis), in der Stille ihrer Labore durften sie weiter forschen. Mit zunehmenden Männermangel durften Frauen dann auch wieder wichtigere Positionen übernehmen.

Frage: Gab es konkrete wissenschaftliche Zusammenarbeiten zwischen den Wissenschaftlerinnen?

Darüber habe ich leider nichts gefunden. Ich möchte nochmals betonen, daß ich für diesen Vortrag nur Sekundärquellen wie Biographien ausgewertet habe. Das Leben und die Beziehungen dieser Wissenschaftlerinnen wäre sicher ein sehr interessantes Forschungsprojekt.

Literatur

Elvira Scheich: Geschlechterdifferenz und Wissenschaft - Elisabeth Schiemann. Diskussionspapier 3-92 des Hamburger Instituts für Sozialforschung, S. 14-19, 1992

Hermann Kuckuck: Elisabeth Schiemann 1881-1972. Ber. Deut. Bot. Ges. Bd. 93, S. 517-534, 1980

Paula Hertwig: Elisabeth Schiemann zum 75. Geburtstag. Z. f. Pflanzenz. 36 (2), S. 129-132, 1956

Elisabeth Schiemann: Emmy Stein. Der Züchter 25 (3), S.65-67, 1955

Dies.: Freundschaft mit Lise Meitner. Neue evangelische Frauenzeitung 3 (1), Jan./Feb. S. 5-7, 1959

Dies.: Autobiographie. Nova Acta Leopoldina N. F. 21 Nr.143, S. 291-292,1959

Patricia Rife: Lise Meitner. Ein Leben für die Wissenschaft. Claassen Verlag, 1992

Charlotte Kerner: Lise, Atomphysikerin. Die Lebensgeschichte der Lise Meitner. Weinheim/Basel 1986

Ruth Lewin-Sime: Lise Meitner and the discovery of fission. J. Chem. Educ. 66, S. 373-376, 1989

Ulla Bock und Dagmar Jank: Studierende, lehrende und forschende Frauen in Berlin: 1908-1990. Freie Universität Berlin.

Zur Diskussion gestellt: ein Ansatz der feministischen Umweltforschung

Ines Weller
Technische Universität Berlin, Sekr. BH 14 , Straße des 17. Juni 135, 10623 Berlin

Feministische Umweltforschung ist eine vergleichsweise junge Forschungsrichtung. Sie geht davon aus, daß die Auswirkungen der sogenannten Umweltkrise sowie die Instrumente und Konzepte, die von der Umweltforschung und der Umweltpolitik als Lösungsvorschläge entwikkelt wurden und werden, von den Geschlechterverhältnissen mit beeinflußt werden. Die "Untersuchung der strukturellen Zusammenhänge zwischen den Geschlechterbeziehungen, Umwelt und Entwicklung" wird demzufolge sogar von der Agenda 21, dem offiziellen Abschlußdokument der Konferenz für Umwelt und Entwicklung der Vereinten Nationen (UNCED) 1992 in Rio, für die Erzielung einer nachhaltigen und gerechten Entwicklung für notwendig erachtet (BMU 1992: 220). Die Agenda 21 wurde von 179 Staaten, darunter auch von der Bundesrepublik, ratifiziert, und somit in ihrer Verbindlichkeit anerkannt.

Dennoch ist in der Bundesrepublik feministische Umweltforschung bisher kaum etabliert, finden Forschungen zu "Frauen und Umwelt(schutz)" insbesondere in institutionalisierter Form an den Hochschulen noch kaum statt [1]. Die Frage nach der geschlechtsspezifischen Prägung von Umweltforschung und Umweltpolitik hat aber trotzdem in den letzten zehn Jahren, vor allem in außeruniversitären Forschungsinstituten, deutlich an Bedeutung gewonnen. In der Zwischenzeit sind hierfür erste konzeptionelle Überlegungen entstanden (z.B. MARTI 1995, BAUER et al. 1996) und es liegen Ergebnisse erster Forschungsarbeiten zu dem Zusammenhang von Umweltforschung und Geschlechterverhältnissen vor (vgl. zusammenfassend WELLER 1996).

Warum und wozu feministische Umweltforschung?
Die grundlegende Bedeutung der Geschlechterverhältnisse auch für die Umweltforschung erklärt sich aus einem sozial-ökologischen Verständnis von Umweltproblemen. Danach ist die "ökologische" Krise als Folge des gesellschaftlichen Umgangs mit Natur und den natürlichen Ressourcen zu verstehen (SCHULTZ 1996). Die Wasserverschmutzung beispielsweise ist auf diesem Hintergrund ein Ergebnis des menschlichen Ge-und Verbrauchs von Wasser, der sich aus den heute vorherrschenden Produktions- und Konsumstrukturen ergibt. Daß und wie in diesen gesellschaftlichen Umgang mit Wasser die Geschlechterverhältnisse mit eingreifen, wurde bisher vor allem für die Länder des Südens aufgezeigt (vgl. z.B. AITHAL 1996).

Feministische Umweltforschung geht also davon aus, daß in der Art und Weise, wie heute Umweltprobleme wahrgenommen und bearbeitet werden, wie hierfür Lösungen entwickelt und die entsprechenden Maßnahmen und Instrumente durchgeführt werden, die Geschlechterverhältnisse miteinfließen. Ihr Einfluß und ihre Auswirkungen werden von der derzeit vorherrschenden Umweltforschung und Umweltpolitik jedoch überwiegend ausgeblendet bzw. geleugnet. Die Nicht-Thematisierung der Geschlechterverhältnisse verbunden mit einer pauschalen Verschiebung der Umweltverantwortung auf die Frauen spiegelt folgende geschlechtshierarchische Arbeitsteilung wider: "Männer (treffen) die umweltpolitischen Entscheidungen

---

[1] Eine Ausnahme stellt hier die TU Berlin dar, an der im Studiengang Technischer Umweltschutz seit 1989 das Seminar "Feministische Umweltforschung" etabliert ist (vgl. den Beitrag von Buchholz et al. in diesem Band). Die Studentinnen dieses Seminars haben erreicht, daß an der TU eine C1-Stelle "Problemorientierte feministische Analyse in Umwelt-, Ingenieur- und Naturwissenschaften" eingerichtet wurde, die ich zum Sommer 1996 angetreten habe.

und rücken mit hightech zum Ressourcenschutz an. Derweil bleibt den Frauen die pflegerische Klein- und Schmutzarbeit an der Gesundheit für Menschen und Natur" (WICHTERICH 1996: 123). Die langfristige Wirksamkeit solcher Lösungsvorschläge im Sinne einer sozial- und umweltverträglichen Entwicklung ist allerdings zu bezweifeln.

Von daher knüpft sich an eine feministische Umweltforschung, die die Geschlechterverhältnisse explizit mit einbezieht, und das Wissen, die Motivationen und Handlungsmöglichkeiten von Frauen als Gestaltende im Vorfeld bei der Planung der umweltpolitischen Konzepte mit aufgreift, die Erwartung, angemessenere und langfristig tragfähigere Lösungsvorschläge für einen schonenderen Umgang mit Natur und den natürlichen Ressourcen zu erarbeiten.

Im folgenden werde ich nun den Ansatz einer feministischen Umweltforschung vorstellen, den Irmgard Schultz und ich am Institut für sozial-ökologische Forschung (ISOE) in Frankfurt erarbeitet haben (siehe auch SCHULTZ/WELLER 1994). Diese Rahmenkonzeption haben wir "Gender & Environment: Forschung zu Frauen - Arbeit - Umwelt" genannt. Hierbei handelt es sich zunächst um ein theoretisch entwickeltes Rahmengerüst; ein Grundlagenprojekt zur Anwendung und Überprüfung dieser Gesamtkonzeption haben wir bisher noch nicht durchgeführt.

Theoretischer Rahmen einer feministischen Umweltforschung

Eine wesentliche Voraussetzung einer feministischen Umweltforschung ist ihre Problemorientierung. Dies bedeutet, daß Ausgangspunkt einer feministischen Umweltforschung konkrete Problem- und Fragestellungen der sozial-ökologischen Krise sind. In Abhängigkeit von der jeweiligen Problemstellung knüpft die feministische Umweltforschung im wesentlichen an die Ergebnisse dreier wissenschaftlicher Diskurse an, die problembezogen integrativ bearbeitet und zusammengeführt werden sollten:

- Ausgangs- und Bezugspunkt der feministischen Umweltforschung sind die Fragestellungen und Themen der Umweltforschung. Diese analysiert und beschreibt seit rund fünfundzwanzig Jahren den Zustand der Umwelt, prognostiziert mögliche Veränderungs- und Entwicklungsprozesse und schlägt für die als dringend anerkannten Umweltprobleme der Umweltpolitik Lösungen vor. Von ihr sind in den letzten Jahren eine Reihe von Techniken zur Sanierung von Umweltschäden und zur Verbesserung von Umweltbelastungen entwickelt worden, so z.B. Methoden zur Behandlung altlastenkontaminierter Böden und zur Abwasserreinigung. Sie hat Problemfelder wie die Eutrophierung der Gewässer erkannt und sie hat Ursachen von ökologischen Problemen aufgedeckt, z.B. die Rückführung des Ozonlochs auf die Freisetzung von FCKW's. Ihre Problemdefinitionen und Lösungsvorschläge waren und - sind es überwiegend auch noch heute - stark naturwissenschaftlich-technisch geprägt (WISSENSCHAFTSRAT 1994). Erst in jüngster Zeit und insbesondere in Zusammenhang mit der Debatte des neuen umweltpolitischen Leitbilds "Sustainable Development" - ins Deutsche übersetzt mit "Nachhaltiger Entwicklung" - wird damit begonnen, an die Umweltforschung zumindest programmatisch den Anspruch zu stellen, ökologische, soziale und ökonomische Aspekte zu integrieren und in ihrer wechselseitigen Abhängigkeit zu untersuchen (vgl. z.B. ENQUÊTE-KOMMISSION "SCHUTZ DES MENSCHEN UND DER UMWELT" 1994, SRU 1994) [2].

---

2 In diesem Jahr ist vom Bundesministerium für Bildung, Wissenschaft, Forschung und Technologie mit dem Rahmenkonzept "Nachhaltiges Wirtschaften - Innovation durch Umweltvorsorge" erstmals ein Konzept erarbeitet worden, das entsprechende Forschungsvorhaben finanziell unterstützt. Mit ihrem Beginn kann aber nicht vor 1997 gerechnet werden.

- Aus der naturwissenschaftlich-technischen Prägung der Umweltforschung folgt für eine feministische Umweltforschung, daß sie als zweiten Diskurs die Ergebnisse der feministischen Kritik an Naturwissenschaft und Technik aufnehmen und auf diese in ihren Analysen zurückgreifen sollte. Sie sollte beispielsweise die Abstraktionen und Generalisierungen der Naturwissenschaften und ihre Dualismen wie objektiv-subjektiv, männlich-weiblich und öffentlich-privat aufzeigen und hierbei herausarbeiten, inwieweit diese zu den aktuellen Umweltproblemen beitragen. Um es für meine Disziplin zu verdeutlichen: Derzeit ist in der Umweltforschung unbestritten, daß die heutige Form der Produktion und des Konsums in den Industriestaaten mit Stoffströmen verbunden sind, die sowohl wegen ihrer absoluten Menge als auch wegen ihrer Vielfalt und Art problematisch sind. Für eine feministische Umweltforschung stellt sich hier die Aufgabe, Abstraktionen und unzulässige Verallgemeinerungen und Generalisierungen dieser Debatte aufzuzeigen - z.B. hinsichtlich des naturwissenschaftlichen Stoffbegriffs, die Abstraktionen von AkteurInnen, von Interessen, von dem Kontext sowie von der Problemstellung. Mit einem Begriff der feministischen Wissenschaftskritik ausgedrückt geht es darum, Stoffe und Stoffströme zu "rekontextualisieren" (ausführlicher siehe WELLER 1996b). Diese Rekontextualisierungen sollten auf einer allgemeinen Ebene (wie definiert die Chemie Stoffe, welche Veränderungen des Stoffbegriffs lassen sich historisch feststellen etc.) und auf einer konkreten Ebene an einem Stoffbeispiel erfolgen (z.B. den Kontext des Stoffes Formaldehyd bestimmen; die Interessen, die mit seiner Herstellung und Verwendung für unterschiedliche AkteurInnen verbunden sind; welche Eigenschaften aus Laboruntersuchungen auf das reale Leben übertragen werden und welche Annahmen diesen Verallgemeinerungen zugrundeliegen; die Frage nach geschlechtsspezifischen Definitions- und Gestaltungsmachtverhältnissen etc.).

- Ein dritter für die feministische Umweltforschung relevanter Diskurs ist die sozialwissenschaftliche Frauen- bzw. die feministische Forschung. Bezogen auf die konkrete Problemstellung sind Ergebnisse der Frauenforschung sowie grundlegende Begriffe und Konzepte der feministischen Forschung in die feministische Umweltforschung einzubeziehen. Hierzu gehören z.B. die Ergebnisse über den weiblichen Lebenszusammenhang und die männliche Normalbiographie bzw. ihrer in jüngster Zeit zu beobachtenden Annäherung, die Beschreibung von Frauen als Grenzgängerinnen zwischen öffentlicher und privater Sphäre, zwischen Produktion und Reproduktion sowie über sozioökonomische Geschlechterungleichheiten z.B. hinsichtlich Arbeitsverteilung und Einkommen. Speziell der Frage nach der geschlechtsspezifischen Verteilung von unbezahlter und bezahlter Arbeit, die sich aus neuen Konzepten und Strategien der Umweltforschung ergibt, sollte in der feministischen Umweltforschung eine besondere Bedeutung zukommen.

Wesentlich für diesen Ansatz einer feministischen Umweltforschung ist somit: sie ist verortet in der Umweltforschung/-politik und zielt mit ihren Ergebnissen auf deren Verbesserung. Die feministische Perspektive erfolgt vor allem über zwei Zugänge: die feministische Kritik an Naturwissenschaft und Technik sowie eine sozialwissenschaftliche, geschlechterdifferierende Akteursorientierung.

Feministische Umweltforschung sollte aber nicht bei der Analyse des Zusammenhangs von Geschlechterverhältnissen und Umweltforschung stehen bleiben. Feministisch heißt in diesem Zusammenhang, auch einen Beitrag zur Verbesserung der Einflußmöglichkeiten und Vergrößerung der Gestaltungsmacht von Frauen zu leisten und aus den Ergebnissen der Analysen diesbezüglich Empfehlungen und Handlungsvorschläge abzuleiten. Von besonderer Bedeutung ist es, hierbei das Wissens-, Erfahrungs- und Motivationspotential von Frauen bereits bei der Planung der Maßnahmen und Instrumente einer nachhaltigen Entwicklung aufzugreifen und Frauen als Gestaltende explizit mit einzubeziehen. Hierfür Methoden zu entwickeln bzw. vorhandene Methoden dafür anzupassen, ist ebenfalls Aufgabe einer feministischen Umweltforschung. Dies ist der aktuelle Stand eines zunächst theoretisch entwickelten Rahmenkonzepts einer feministischen Umweltforschung, das nun exemplarisch auf seine Machbarkeit, seine Reichweite und Grenzen überprüft und sicherlich auch noch verändert werden muß.

Zum Stand der Forschung zu "Gender & Environment"
Inzwischen gibt es auch in der BRD ein vergleichsweise breites Spektrum an Arbeiten, die sich mit dem Zusammenhang "Gender & Environment" beschäftigen. An erster Stelle stehen hier nach einer Bestandsaufnahme aus dem Jahre 1995 die Umweltproblemfelder "Müll" und "Verkehr", zu denen Feministinnen die Feminisierung der Umweltverantwortung, d.h. das Verschieben der Verantwortung für umweltverbessernde Maßnahmen "End-of-the-Pipe" auf die privaten Haushalte aufgezeigt sowie den strukturellen Zusammenhang zwischen Umwelt- und Frauenbelastung herausgearbeitet haben. Erste Forschungsergebnisse liegen auch zu den Bereichen "Energie", "Chemisierung", "Vorsorgendes Wirtschaften" sowie zu "Umweltbewußtsein und Umweltverhalten" vor (zusammenfassend siehe Weller 1996).

Die Ergebnisse der Bestandsaufnahme deuten darauf hin, daß in diesen Arbeiten derzeit die sozialwissenschaftliche feministische Perspektive bzw. Frauensicht überwiegt. Nach meiner Einschätzung fehlen Forschungsarbeiten zu "Gender & Environment", die als Kritikperspektive auch die Ergebnisse der feministischen Kritik an Naturwissenschaft und Technik aufnehmen. Dies scheint mir jedoch unabdingbar, weil die Krise des heutigen gesellschaftlichen Umgangs mit Natur und den natürlichen Ressourcen wesentlich durch die neuzeitliche Naturwissenschaft und Technik mitbestimmt ist.

Literatur:

Aithal, Vathasala (1996): Überlegungen zur Gender & Environment-Forschung am Beispiel Wasser. In: Irmgard Schultz, Ines Weller (Hg.): Gender & Environment. Ökologie und die Gestaltungsmacht der Frauen. Frankfurt am Main. 92 - 105

Bauer, Susanne, Judith Buchen, Esther Hoffmann, Almut Reichel, Petra von Rüth (1996): Geht die Gleichung auf? Koryphäe Nr.19, April 1996, 28 - 29

Bundesministerium für Umwelt, Naturschutz und Reaktorsicherheit (BMU)(Hrsg.)(1992): Konferenz der Vereinten Nationen für Umwelt und Entwicklung im Juni 1992 in Rio de Janeiro. Agenda 21. Bonn

Enquête-Kommission "Schutz des Menschen und der Umwelt" des Deutschen Bundestages (Hg.), 1994: Die Industriegesellschaft gestalten. Perspektiven für einen nachhaltigen Umgang mit Stoff- und Materialströmen. Bonn

Marti, Karin (1995): FachFrauen Umwelt: Grundsätze der Umweltforschung. Gaia 4, Nr. 5-6, 337 - 338

Sachverständigenrat für Umweltfragen (SRU)(1994): Umweltgutachten 1994. Stuttgart

Schultz, Irmgard (1996): Forschung zu "Gender & Environment im Institut für sozial-ökologische Forschung. In: Irmgard Schultz, Ines Weller (Hg.): Gender & Environment. Ökologie und die Gestaltungsmacht der Frauen. Frankfurt am Main. 10 - 19

Schultz, Irmgard, Ines Weller (1994): Gender & Environment: Forschung zu Frauen - Arbeit - Umwelt. In: Soziale Technik, 2/94. S.14-15

Schultz, Irmgard, Ines Weller (Hg.)(1996): Gender & Environment. Ökologie und die Gestaltungsmacht der Frauen. Frankfurt am Main.

Weller, Ines (1996): Forschungs- und Diskussionsstand zu "Gender & Environment". In: Irmgard Schultz, Ines Weller (Hg.): Gender & Environment. Ökologie und die Gestaltungsmacht der Frauen. Frankfurt am Main. 20 - 42

Weller, Ines (1996b): Zur Diskussion der Stoffe und Stoffströme in der Chemie(-politik): erster Versuch einer feministischen Kritik. In: Irmgard Schultz, Ines Weller (Hg.): Gender & Environment. Ökologie und die Gestaltungsmacht der Frauen. Frankfurt am Main. 207 - 218

Wichterich, Christa (1996): Die Rückkehr der weisen Frauen. In: Irmgard Schultz, Ines Weller (Hg.): Gender & Environment. Ökologie und die Gestaltungsmacht der Frauen. Frankfurt am Main. 106 - 130

Wissenschaftsrat (1994): Stellungnahme zur Umweltforschung in Deutschland. Band 1. Köln

The egg and the sperm: Striptease oder Damenwahl?

Heike Wiesner

Der Titel meines Vortrages The Egg and the Sperm: Striptease oder Damenwahl? verrät meine Vorgehensweise: Das Fragezeichen ist ernst gemeint. Wissenschaft besteht u.a. aus konstruierten Geschichten und Märchen - über die debattiert werden kann und muß. Diese Sichtweise ist keinesfalls neu. Donna Haraway hat die Primatologie unter dem gleichen Gesichtspunkt analysiert und bezeichnete die Primatenforschung auch als „hinreißende Soap Opera"[1]. Haraway strebt keinesfalls neutrale Geschichten an, sondern befürwortet ausgefeilte, kollektiv debattierte Geschichten, die die quälenden Realitäten von Rasse, Klasse und Geschlecht - sichtbar - hervorbringen.

Meine Vorgehensweise ist eine ähnliche. Ich betrachte die AutorInnen von Schwangerschaftsliteratur als GeschichtenerzählerInnen, wenn nicht sogar als MärchenerzählerInnen. Ihre „Geschichten" bieten somit ein willkommendes Genre für feministische Reflexionen. Beginnen möchte ich mit einigen Überlegungen von Emily Martin. Anlehnend an ihre Ausführungen möchte ich den vielgelesenen Bestseller von Lennart Nilsson „Ein Kind entsteht" einer feministischen Kritik unterwerfen.

The egg and the sperm - oder die Angst der Spermien unten zu liegen ...

Ich möchte zunächst darauf hinweisen, daß ich persönlich nicht davon ausgehe, daß Eizellen und Spermien ein eigenes Persönlichkeitsprofil besitzen. Insofern glaube ich auch nicht, daß die Spermien Angst vor der Eizelle haben - oder umgekehrt. Trotzdem wird in der gängigen Literatur über Schwangerschaft mit äußerst ausdruckstarken Metaphern gearbeitet, die jedoch ausnahmslos die Eizelle als unterlegen charakterisieren.

Emily Martin hat in ihrem Essay „The egg and the sperm" eine systematische Metapheranalyse über den Befruchtungsvorgang vorgenommen. Sie hat sich die Mühe gemacht, Sachbücher und Texte über den Befruchtungsvorgang auszuwerten, die von MedizinstudentInnen im wissenschaftlichen Alltag verwendet wurden und noch heute werden.[2] Mein Augenmerk galt weniger den Medizinbüchern - eine feministische Kritik sollte hier auch eher von einer Naturwissenschaftlerin vorgenommen werden. Bedingt durch meine eigene Schwangerschaft ist mir der Bestseller von Lennart Nilsson „Ein Kind entsteht" mehrmals begegnet.[3] Er enthält eine detaillierte Bilddokumentation über die Entwicklung des Lebens im Mutterleib. Mich faszinierte neben den Bildaufnahmen vor allem die Metaphervielfalt, die in dem Bestseller verwendet wurde. Da der Befruchtungsvorgang in dem Band sehr detailliert zum Ausdruck kommt, habe ich die Aufzeichnungen von Emily Martin ergänzend hinzugezogen.

Emily Martin ermittelte, daß in den Texten mit Stereotypen gearbeitet wurde, die kulturelle Vorurteile über sog. Weiblichkeit und Männlichkeit perpetuieren. Darunter falle nicht nur, daß Menstruation stets als negativer Vorgang[4] bezeichnet werde, sondern - daran gekoppelt - erfahre das männliche Pendant eine klare Aufwertung. Der Klassiker **Medical Physiology** von Mountcastle, auf den sich Emily Martin u.a. beruft, gibt Auskunft darüber, was der schreibende Wissenschaftler über männliche Produktivität - ganz allgemein - zu sagen weiß:

„Whereas the female *sheds* only a single gamete each month, the seminiferous tubules produce hundreds of millions of sperm each day".[5]

Dadurch, daß das männliche Geschlecht als Maßstab und Norm eines voll ausgebildeten Exemplars seiner Art genommen werde, erscheint das Weibliche zumeist als unvollständig und unselbständig. In **Human Physiology** ist z.B. nachzulesen:

„When you look through a laparoscope ... at an ovary that has been through hundreds of cycles, even in a superbly healthy American female, you see a scarred, battered organ. (...) At birth, normal human ovaries contain an estimated one million follicles (each), and no new ones appear after birth. Thus, in marked contrast to the male, the newborn female already has all the germ cells she will ever have.[6]

Daß das Quantitative auch im deutschsprachigen Raum immer noch seinen uneingeschränkten Siegeszug feiert, läßt sich auch in Nilssons Bestseller nachweisen. Dort wird folgendes bekannt gegeben:

„Von allen phänomenalen Produktionsapparaten im menschlichen Körper ist der für die Herstellung von Spermien der erstaunlichste. Bei einem gesunden jungen Mann werden pro Tag 100 Millionen Spermien produziert, d.h. 100 Spermien pro Sekunde. Jedes Spermium enthält eine einzigartige Mischung der Erbmasse des Vaters."[7]
(...) Der Mann bildet ständig neue befruchtungsfähige Spermien, von der Geschlechtsreife bis ins hohe Alter, während die Eizellen der Frau im Embryostadium und dann nie mehr angelegt werden. Es gibt Männer, die noch mit achtzig Jahren Väter geworden sind."[8]

In diesem Zusammenhang stellt Eldra Pearl Solomon die Frage:

„How is this feat accomplished? (...) None of these texts expresses such intense enthusiasm for any female processes. It is surely no accident that the „remarkable" process of making sperm involves precisely what, in the medical view, menstruation does not: production of something deemed valuable."[9]

Das Gegenteil ist der Fall: Das weibliche reproduktive System wird in der gängigen Literatur mit negativen Begrifflichkeiten bedacht und in vergleichende Relation zur männlichen Produktivität gesetzt. Das Ergebnis steht fest: Die stets frischen Spermazellen sind einfach besser als das Reproduktions-Repertoire der Frau.
Getreu dem quantitativen Motto schneller, höher, besser, mehr wird bedauernd festgestellt, daß in den 40 Jahren weiblicher Produktion von Leben **nur** 400-500 Eier heranreifen. „All the rest will have degenerated. It is still a mystery why so many eggs are formed only to die in the ovaries."[10]

Sehr sparsam wird auch bei Lennart Nilsson der weibliche Eisprung kommentiert:

„Im Leben einer Frau wiederholt sich der Eisprung Monat für Monat, insgesamt etwa vierhundertmal. (...) Die Mehrzahl der Eizellen wird jedoch niemals genutzt. Die meisten haben prinzipiell dieselbe Fähigkeit zur Befruchtung, aber sie reifen nie ganz, sondern gehen teilweise unter. Wenn der Eisprung bei einer Frau um die Fünfzig aufhört, ist der Vorrat an Eiern erschöpft."[11]

Das negative Image der weiblichen Körper(funktionen) bleibt eindimensional. Die „Abfall"-Rechnung wird nicht bei dem Manne durchexerziert. Der Satz - „ Für jedes Kind, welches von einem Mann gezeugt wurde, verschwendet er mehr als eine Trillion (10 hoch 12) Spermien." - läßt sich m.W. in keinem Buch oder Aufsatz nachweisen.

Obwohl gerade die Naturwissenschaften die Subjekt-Objekt-Trennung postulieren, wird mit sehr einfühlsamen Worten der Befruchtungsvorgang beschrieben. Hier möchte ich mich den

Worten von Emily Martin anschließen: „It is remarkable how „femininely“ the egg behaves and how „masculinely“ the Sperm.“[12] Die Befruchtung, d.h. die Begegnung zwischen Spermium und Ei, entpuppt sich nicht selten als ein wahrhaft königliches Spektakel: Terminolgien wie etwa „auf der Jagd nach dem Ei“[13], „heilige Mission“[14] oder „Kampfspitze geladen mit Erbanlagen“[15] sind keinesfalls selten.

Als militärischer Feldzug wird es ausführlich bei Lennart Nilsson beschrieben: „Nicht genug damit, daß der Gebärmutterhals mit einem schwer bezwingbaren Schleimpfropfen versperrt ist. An den Wänden gibt es Nischen und Einbahnstraßen. Hier bleiben viele Spermien hängen. (...) Der größte Teil der Armee kommt nie weiter als bis hier. (...) Die wenigen Millionen, die weiter dabei sind, stoßen bald auf neue Probleme. Eines davon sind die weißen Blutkörperchen, schwere Waffen in der Immunabwehr der Frau.“[16]

Nachdem dann die „Elitemannschaft“[17] (etwa noch hundert von einer „Armee“) „glücklich alle Hindernisse überwunden haben“[18] wird keinesfalls zimperlich mit der Eizelle umgegangen. Die Spermien „schlagen mit den Schwänzen“ und sie „bohren ihre Köpfe in die Eihaut“. Der „Striptease“ beginnt: Enzyme“ helfen den Spermien, das Ei zu entkleiden.“[19] „Wie eine Rugbymannschaft bei gemeinsamer Attacke greifen sie eine Zellschicht nach der anderen an“[20] , bis nur noch ein „Gewinner“ übrigbleibt. Kurzum: Das starke, „aktive“ Sperma hat seine Mission erfüllt, das „passive“ Ei zu penetrieren.[21]

Das Passive, das m.E. in der westlichen Kultur mit negativen Vorstellungen verknüpft wird, wird immer noch mit Weiblichkeit schlechthin assoziiert. Die Annahme einer passiven Eizelle ist jedoch nicht haltbar, wie neuere Studien ergeben haben.[22] Obwohl ein Forscherteam die aktive Beteiligung der Eizelle am Befruchtungsvorgang nachweisen konnte, entschloß es sich erst Jahre später, eine Neukonzeption vorzuschlagen. Der Abschied vom (männlichen) Aktivismus schien ihnen sichtlich schwerzufallen. Die Ergebnisse wurden daher erst 1987 veröffentlicht.[23]

Es stellt sich hier die Frage, warum - bis heute - androzentrische Überlieferungen so selten in Frage gestellt werden. Der Untertitel „Striptease oder Damenwahl?“ bezieht sich somit auf die unterschiedliche Sichtweise des Befruchtungsvorganges. Warum wurde vermieden, von einem interaktiven Befruchtungsprozeß zu sprechen? In den untersuchten wissenschaftlichen Arbeiten werden keine „Brücken geschlagen“ und „Verbindungen eingegangen“ sondern die Eizelle wird „harpuniert“ und „angeschossen“.[24] Sperma wird zur aggressiven Übermacht hochstilisiert. Nachfragen und Erklärungen analysieren sollten hier nicht nur Frauen. Es betrifft augenscheinlich alle Geschlechter.

Warum gibt es einen „Gewinner“ unter einer „Elitemannschaft“? Warum wird die Befruchtung der Eizelle nicht als Teamwork beschrieben, sondern als Konkurrenzkampf? Vielleicht hat die Eizelle sich einfach einen ausgesucht? Für diese sog. Damenwahl-These spricht auf jeden Fall das Größenverhältnis zwischen Eizelle und Sperma. Sie wirkt übermächtig im Vergleich zu den kleinen Spermien.[25] Warum wird eine Eizelle auch heute noch „angeschossen“, und warum wird das Sperma niemals von der „übermächtigen Eizelle“ „überwältigt“, obwohl diese Geschichte genauso absurd wie wahr sein kann? Wie aktiv darf die Eizelle zu welchem Zeitpunkt sein? 1987 wurden erst die ersten Ergebnisse über eine aktive Eizelle veröffentlicht - warum haben sich diese Ergebnisse noch nicht im Schulalltag niedergeschlagen? Warum wird der Befruchtungsvorgang insgesamt nicht in einer neutraleren Sprache verfaßt, in der weder Eizelle noch Spermien polarisierte Charaktereigenschaften zugeschrieben werden?

Alles nur Metaphern, oder verweisen uns die alltäglichen Metaphern tatsächlich auf die quälenden gesellschaftlichen Realitäten und komplexen Machtverflechtungen auf - fast - unsichtbare Weise in unseren Gesellschaften hin?! Das Neuerzählen von Geschichten mit anderen Metaphern kann m.E. dazu führen, daß Wissenschaft entzaubert wird und Denk**gewohnheiten** in Denk**optionen** verwandelt werden. Indem das Kriterium „Wahrheit" durch „Plausibilität" ersetzt wird, werden alle Geschichten zur Diskussion gestellt. Solange WissenschaftlerInnen nicht bereit sind, **ihre** Wahrheiten als **ihre** Geschichten zur Disposition zu stellen, werden Innovationen im Wissenschaftsbetrieb weiterhin erfolgreich verhindert.

Thesen und Diskussion zum Thema **Schwangerschaftsliteratur**
Der eigentliche Vortrag ist an dieser Stelle zuende. Der folgende Teil gilt in erster Linie nur als Diskussionsgrundlage für interessierte Kongressteilnehmerinnen. (Ich habe mir erlaubt, die diskutierten Ergebnisse als Anregung mit einzuarbeiten.) In diesem zweiten Schwerpunkt möchte ich einige (feministische) Kritikpunkte entfalten, die auch unbequeme Fragen an die sog. Frauenliteratur über Schwangerschaft und Geburt stellt.
Ich möchte bei dem Thema „Geschichten" bleiben. Im vorangestellten Vortrag habe ich den androzentrischen Gehalt von Geschichten über den Befruchtungsvorgang nachgewiesen. In dem nun folgenden Teil möchte ich auf Geschichten aufmerksam machen, die sich dem Thema Mutterschaft ebenso märchenhaft nähern.[26] Diesmal wurden sie vorwiegend von Frauenhand beschrieben - zwanghafte Elemente lassen sich auch hier nachweisen.

Während sich im Vortrag mein Augenmerk auf sog. wissenschaftliche Lehr- und Sachbücher richtete, interessierte mich darüberhinaus vor allen Dingen sog. Alltagsliteratur über Schwangerschaft und Geburt. Zur Disposition standen daher Literaturerzeugnisse, die in Arztpraxen, Hebammenläden, Buchläden und Behörden auslagen.[27] Damit keine unnötigen Mißverständnisse aufkommen, möchte ich an dieser Stelle betonen, daß ich die von mir kritisierte Literatur im Kern positiv bewerte. Meine Kritik richtet sich in erster Linie gegen den **normativen Gehalt** der beschriebenen Inhalte.

Für die LeserInnen vielleicht etwas ungewohnt, möchte ich meine Thesen in Anekdotenform vorstellen. Anekdoten sind Geschichten, die der Alltag (vor-)schreibt. Geschichten, die mal dem konservativen, mal dem revolutionären Zeitgeist entsprungen sind, Geschichten aus Frauensicht in ihrem jeweiligen Kontext. Ihr auch wissenschaftliches Fundament spiegelt den Zeitgeist wieder, der seine Unschuld an seiner Verbreitung verlor...

1. „Werde erstmal Mutter..."
Wer kennt diesen Spruch nicht, oder hat ihn gar verwendet? Nur Mütter können mitreden - sagen Mütter. Kein Prospekt kommt ohne lachende Mütter mit ebenso lachenden Kindern aus. Frau sein - wird suggeriert - heißt immer noch und schon wieder Mutter sein. Eine grundsätzlich positive Einstellung zur Schwangerschaft wird postuliert. Ambivalenz oder gar Ablehnung darf bestenfalls als vorübergehende Erscheinung artikuliert werden. ZweiflerInnen werden auf ihre „ungelösten Partnerschaftsprobleme" verwiesen, Schwangerschaft „an sich" ist unantastbares Mutterglück.[28]

Geforscht wird stets nach den Gründen, warum sich ca. 20% der Frauen in Deutschland inzwischen ganz bewußt **gegen** eigene Kinder aussprechen. Ein Nachfragen, warum Frauen sich **für** Kinder entscheiden, bleibt aus, obwohl die Gründe ebenso vielfältig sein können. Abgesehen von einigen wenigen Ausnahmen, hält die Soziologie weiterhin an der (heterosexuellen) Familienkonstellation fest, in der Schwangerschaft vorausgesetzt wird.

2. „Die natürliche Geburt und andere Geschichten..."
In dem Buch von Sheila Kitzinger „Geburt ist Frauensache"[29] wird ein Leitfaden für eine selbstbestimmte Geburt entworfen. Obwohl sie im Vorwort betont, daß ihr Beitrag Frauen eine Band-

breite von Wahlmöglichkeiten in der Schwangerschaft ermöglichen soll, was die Vorsorge und die eigentliche Geburt angeht, wird schon beim einfachen Durchblättern deutlich, was eine „gute“ Geburt ausmacht.

Zunächst einmal sollte die Schwangere kritisch gegenüber der herkömmlichen Schulmedizin eingestellt sein. Gleichzeitig wird jedoch ein Vertrauensvorschuß in sog. Alternativmedizin vorausgesetzt, die die Grundlage einer „sog. natürlichen Geburt“ bildet. Als Gegenbegriff der sog. natürlichen Geburt wird der Begriff der Krankenhausentbindung eingeführt. Ein m.E. überzeichnetes Bild einer passiven, hilflosen, mit Medikamenten ruhiggestellten Schwangeren, die einem zumeist männlichen Ärzteteam bedingungslos ausgeliefert ist, wird einer aktiven, selbstbewußten Schwangeren gegenübergestellt, die im Kreise der Familie unter der fürsorglichen Unterstützung einer Hebamme selbstbestimmt und natürlich homöopathisch ihr Kind (aktiv) zur Welt bringt.

Ein indirekter Leistungsdruck spinnt sich auf diese Weise - unausgesprochen - wie ein roter Faden durch die gesamte Literatur zu diesem Thema. Dies hat zur Folge, daß eine uneingestandene Hierarchie unter schwangeren Frauen entsteht:

Eine Schwangere, die unter der Geburt auf Schmerzmittel nicht verzichten kann und will, ist niedriger angesiedelt, als eine Frau, die auf schmerzstillende Mittel verzichtet bzw. verzichten kann. Eine Hausgeburt ist „besser“ als eine ambulante Geburt oder gar Krankenhausgeburt mit stationärer Nachbetreuung. Eine Zweitgebärende ist tapferer als eine Erstgebärende. Ein großes, kräftiges Kind ruft mehr Anerkennung hervor als ein leichtgewichtiger Winzling von 48 cm und 2800 g. Nicht-stillende Frauen gelten als verantwortungslos. Frauen, die lange stillen, genießen mehr Anerkennung als Frauen, die „nur“ 8 Wochen gestillt haben. Dieser Katalog ließe sich endlos weiterführen. Schwangerschaft wird zwar individuell erlebt, aber gesellschaftlich - auch von Frauen - reglementiert. Der Abschied von der sog. neuen Mütterlichkeit scheint immer noch schwerzufallen.

Der Begriff „Die natürliche Geburt“ ist in der gesamten Schwangerschaftsliteratur zentrale Kategorie und wird als Zielvorgabe vorausgesetzt.[30] Doch was wird in einer technikgeplagten bzw. technikverwöhnten Gesellschaft noch als „natürliche Geburt“ ausgewiesen? In einer Welt wo „Cyborgs“[31] und „Hybriden“[32] schon längst spruchreif und z. T. schon Wirklichkeit geworden sind, verschwimmen die Grenzen zwischen Kultur, Natur, Mensch und Technik zusehends. Auch wenn sich hinter so manchen Kinderwunsch m. E. nur ein gesellschaftlicher Erwartungsdruck verbirgt, muß dem Wunsch nach einem „eigenen Kind“ Rechnung getragen werden. Die Lesben- und Schwulenbewegung spiegelt m. E. ein buntes Bild der Sichtweisen zu diesem Thema wieder, wie sie sich in heterosexuellen Kreisen kaum stellen.
Auch hier bietet sich ein interessantes Feld für andere Geschichten.

3. „Das Kind braucht einfach die Mutter . . .“

Obwohl die Rolle des Vaters[33] gerade in der neueren Literatur zum Thema Kind wieder stärkere Berücksichtigung findet, wird immer noch auf die starke Mutter-Kind-Bindung verwiesen. Neun Monate Schwangerschaft plus durchschnittlich 4 Monate Stillzeit scheinen als Begründung zu genügen, um eine einseitige weibliche Betreuung des Kindes zu rechtfertigen.[34] Die AutorInnen bedienen sich holistischer Weltanschauungen. Sie setzen dabei weiterhin auf die universelle Mutter-Kind-Einheit[35] und postulieren Ganzheitlichkeit.[36] Diese sog. holistischen Denkmodelle, die im ökofeministischen Diskurs auch als sog. Frauenstandpunkt, bzw. „weibliche Sichtweise“ Karriere gemacht haben, bieten m. E. wenig Spielraum für neue Betreuungs- und Lebensformen, die beispielsweise Vätern oder anderen Personen einen ebenso verant-

wortungsvollen Zugang zu Kindern sichern wie er den Frauen qua Geburt bescheinigt wird. Warum werden in der Realität schon mehr Modelle gelebt und umgesetzt als die Literatur hergibt?
Wir brauchen also augenscheinlich auch auf diesem Gebiet „neue“ Geschichten.

Anmerkungen:

1 D. Haraway, „Primatologie ist Politik mit anderen Mitteln“, in: Das Geschlecht der Natur, hrsg. von Barbara Orland und Elvira Scheich, Frankfurt a. M. 1995, 144
2 vgl. E. Martin: The egg and the sperm, in: Signs, 1990, 486 (Fußnote)
3 Lennart Nilsson: Ein Kind entsteht, Bilddokumentation über die Entwicklung des Lebens im Mutterleib, München 1994
4 „Medical texts describe menstruation as the „debris“ of the uterine lining, the result of necrosis, or dead of tissue. The descriptions imply that a system has gone awry, making products of no use, not to specification, unsalable, wasted, scrap. An illustration in a widely used medical text shows menstruation as a chaotic disintegration of form, complementing the many texts that describe it as „ceasing“, „dying“, „losing“, „denuding“, „expelling“.“ (E. Martin, 1990, 486)
5 zitiert nach E. Martin, 1990, 486
6 vgl. Human Physiology: The Mechanisms of Body Function, 3rd ed., New York 1980, 483-484 (zitiert nach E. Martin, 1990, 487)
7 L. Nilsson, 1994, 26
8 L. Nilsson, 1994, 29
9 zitiert nach E. Martin, 1990, 487
10 zitiert nach E. Martin, 1990, 488
11 L. Nilsson,1994, 31
12 E. Martin, 1990, 489
13 L. Nilsson, 1994, 32
14 vgl. E. Martin, 1990, 489,490
15 L. Nilsson, 1994, 28
16 L. Nilsson, 1994, 44
17 L. Nilsson, 1994, 50
18 L. Nilsson, 1994, 46
19 L. Nilsson, 1994, 48
20 L. Nilsson, 1994, 50
21 vgl. E. Martin, 1990, 489,490
22 Emily Martin bezieht sich u.a. auf die Studie von Ludwig Fleck, „Genesis and Development of a Scientific Fact“, ed. Thaddeus J. Trenn and Robert K. Merton, University of Chicago Press, Chicago, 1979 und die Arbeiten von Jay Baltz und Richard A. Cone: „What Force Is Needed to Thether a Sperm?“ (abstract for Society for the Study of Reproduction, 1985), and „Flagellar Torque on the Head Determines the Force Needed to Thether a Sperm“ (abstract for Biophysical Society, 1986). (vgl. dazu auch E. Martin, 1990, 492, 493)
23 E. Martin, 1990, 492, 493
24 vgl. E. Martin, 1990, 494
25 vgl. Abbildung Seite 47, in: L. Nilsson, 1994
26 Zunächst möchte ich darauf hinweisen, daß ich die historischen Dimensionen von Schwangerschaft, Geburt, Hebammenwesen, Hexenverfolgung nicht mit berücksichtigen kann, da es den Rahmen meines Vortrages sprengen würde. Beginnen möchte ich daher mit dem Hinweis, daß es in den sechziger Jahren kaum Kursangebote und Literatur zum Thema Geburtsvorbereitung und Schwangerschaftsberatung gab. Frauen hatten somit nur die Wahl, entweder alles dem Arzt zu überlassen oder im Alleingang ohne Hilfe und Ermunterung durch Fachpersonal zu gebären. Dieses Defizit wurde ab den siebziger und achtziger Jahren nachgeholt.
27 Bedingt durch meine eigene Schwangerschaft sind mir diese Erzeugnisse buchstäblich ins Haus geflattert. Als repräsentativ kann meine Analyse jedoch keinesfalls gelten, da ich meine Quellensuche auf Bremen begrenzt habe.
28 vgl. dazu Sheila Kitzinger: Schwangerschaft und Geburt, München, 1990, Margit Liebschner: Schwangerschaft, Informationen für werdende Eltern, hrsg. von der Bundeszentrale für gesundheitliche Aufklärung, Köln, im Auftrag des Bundesministeriums für Gesundheit, Heidelberg (Druck), 1993, 12 ff.
29 Sheila Kitzinger: Geburt ist Frauensache, Leitfaden für eine selbstbestimmte Geburt, München 1993
30 vgl. u.a. Monika Seck-Agathe und Bärbel Maiwurm: Neun Monate, München 1981. Öko-Test: „In guten Händen“ in: Öko-Test-Sonderheft Nr. 14, Kleinkinder, Jetzt mit Schwangerschaft und Geburt, 1994, D6311 E, 8-13. Sheila Kitzinger 1990, 1993. GFG-Rundbrief (Gesellschaft für Geburtsvorbereitung) : „Methodisch-didaktische Ansätze in der Geburtsvorbereitung“, Düsseldorf, Rundbrief 1/96.
31 vgl. Donna Haraway: Die Neuerfindung der Natur. Primaten, Cyborgs und Frauen, Frankfurt am Main 1995
32 vgl. Bruno Latour: Wir sind nie modern gewesen. Berlin 1995
33 Die Rolle des Vaters ist ebenso normativ besetzt wie die Rolle der Mutter. Zu jeder Zeit ein neuer Trend. Der moderne Mann ist stets bei der Geburt dabei und bringt sich bei der Kindererziehung - soweit es sein Beruf erlaubt - ein.
34 Das ebenso zeitaufwendige Wickeln, Füttern und Betreuen des Kindes wird in die Zuständigkeitskalkulation nicht mit aufgenommen.
35 In diesem Zusammenhang möchte ich auf das Buch „Feminism and Anthropology“ von Henrietta Moore (Oxford, UK 1988) verweisen. Ihre Arbeit beinhaltet eine hervorragende Kritik an sog. universellen Kategorien, u. a. Mutter-Kind-Einheit, Frau/Natur - Mann/Kultur - Dualismus etc. Sie überführt diese universellen Modelle und Dualismen als eurozentrische Konzepte.
36 vgl. u. a. Sheila Kitzinger: Schwangerschaft und Geburt, München, 1990, Monika Seck-Agathe und Bärbel Maiwurm: Neun Monate, München 1981

Fachwissenschaftliche Beiträge und Fachgruppentreffen

Kongreßorganisation

Mit der flotten Charlotte zur Quantenmechanik

Almut Beige, Andrea Loettgers

Die uns zur Verfügung gestellte Zeit haben wir genutzt, um unser Projekt „Mit der flotten Charlotte zur Quantenmechanik“ vor und zur Diskussion zu stellen. Unser Ziel ist es, eine Seminarreihe zusammenzustellen, in der interessierten TeilnehmerInnen ein Einblick in die Quantenmechanik, ihre Entstehung und einige ihrer Anwendungen ermöglicht wird. Abweichend von den, z. B. an Universitäten, üblichen Konzepten wählen wir einen alternativen Zugang, der auf mathematische und physikalische Vorkenntnisse weitestgehend verzichtet. Vermitteln wollen wir vor allem Verständnis und ein Gefühl für den Geltungsbereich und die Gesetze der Quantenmechanik.

Die Quantenmechanik ist eine physikalische Theorie, die sich mit dem Aufbau der Materie, z. B. den Atomen, und deren Wechselwirkungen untereinander beschäftigt. Entstanden ist die Quantenmechanik erst zu Beginn dieses Jahrhunderts. Ausgehend von Arbeiten Max Plancks entwickelte sich im Laufe von 30 Jahren eine Theorie, die unanschaulich und voller merkwürdiger Resultate war, und ein Umdenken im Umgang mit der Physik erforderte. Resultate, wie die Quantelung der Energie, die Unmöglichkeit, Ort und Impuls gleichzeitig genau zu bestimmen, und daß bestimmte Ergebnisse nur mit gewissen Wahrscheinlichkeiten vorhergesagt werden können, gab Anlaß zu Diskussionen, die bis heute anhalten. Inzwischen wird die Quantenmechanik in vielen Bereichen erfolgreich angewendet, z. B. beim Bau von Supraleitern, Halbleitertransistoren und Lasern. Heutzutage wird z. B. die Möglichkeit, Quantencomputer zu bauen, diskutiert. Was die Quantenmechanik von anderen physikalischen Theorien unterscheidet, ist, daß ihre Aussagen mehrere, in sich widerspruchsfreie Interpretationen zulassen. Die Diskussion darüber wird auch außerhalb der Physik geführt und ist nie endgültig abgeschlossen worden.

Die Entstehung der Quantenmechanik war ein komplizierter und kein geradlinig verlaufender Prozeß. Aus diesem Grund wählen wir in unserem Seminar kein chronologisches, an der historischen Entwicklung orientiertes Vorgehen.

Im Seminar sollen Aussagen Schritt für Schritt folgendermaßen erarbeitet werden. Ausgehend von den Resultaten grundlegender Experimente, wie dem berühmten Doppelspaltexperiment, und deren Vergleich mit Ergebnissen analoger klassischer Experimente, vermitteln wir wichtige Begriffe und Grundaussagen der Quantenmechanik. Nachdem ein anfängliches Verständnis und Gefühl vermittelt wurde, wird dies durch die Diskussion weiterer Themen vertieft und erweitert, wie z. B. der Aufbau der Atome, Tunneleffekt und die Unschärferelation. Darüber hinaus wird ein Einblick in historische Hintergründe gegeben, um auch zu zeigen, welche Personen und wie sie zur Entwicklung der neuen Theorie beigetragen haben. In diesem Zusammenhang stellen wir auch einige der möglichen Interpretationen am Beispiel von „Schrödingers Katze“ vor.

Es wird versucht, die Anzahl der SeminarteilnehmerInnen auf 15-20 Personen zu beschränken, deren Vorkenntnisse und Interessen nicht zu sehr variieren. Dies ist wichtig, da in dem Seminar sehr viel in Diskussionen erarbeitet werden soll. Dadurch paßt sich das Seminar an die Interessen der TeilnehmerInnen an. Ein variabler Rahmen, d. h. die Themen und Diskussionsanregungen, werden von uns vorgegeben.

Wie zuvor erwähnt, führen wir durch Experimente, die - soweit sie nicht durchführbar sind - durch Gedankenexperimente und Simulationen ersetzt werden, an die Thematik heran. Wichtige Ergebnisse werden von uns zwischendurch immer wieder zusammengefaßt und festgehalten.

Obwohl die Quantenmechanik eine sehr mathematische Theorie ist, werden wir im Seminar weitgehend auf Mathematik verzichten. Dies hat natürlich einige Nachteile.

Die Mathematik ist die Sprache, derer sich die Physik bedient, um Theorien und Aussagen zu formulieren. Physikalische Gesetzmäßigkeiten werden durch mathematische Formalismen ausgedrückt und können so leichter gehandhabt werden. So kann man innerhalb einer fertigen Theorie viele Vorhersagen machen. Dies funktioniert sehr gut bei den klassischen Theorien, wie z. B. der klassischen Mechanik, die die Welt wie ein Uhrwerk beschreibt, deren Ergebnisse sich empirisch leicht überprüfen lassen und deren Gesetzmäßigkeiten sich direkt in unserem Alltag wiederspiegeln. Ganz anders verhält es sich mit der Quantenmechanik. Ihr Wirkungsbereich liegt außerhalb unserer Erfahrungswelt. Die Objekte, die sie beschreibt, und deren Wechselwirkungen untereinander, können wir uns nur unter Zuhilfenahme von Modellen vorstellen. Wir halten uns an den Modellen fest, die nie ganz mit den quantenmechanischen Systemen übereinstimmen, und laufen so leicht Gefahr, falsche Schlußfolgerungen zu ziehen. Die rein mathematische Formulierung der Quantenmechanik ist eindeutig. Sie ist leicht handhabbar und führte bisher immer zu den richtigen Ergebnissen. Deshalb steht im Vordergrund einer Quantenmechanik-Vorlesung meist das Erlernen von Rechentechniken. Weniger Wert wird meistens aus Zeitgründen auf ein Verständnis und das Erkennen der Schwierigkeiten und Besonderheiten der Quantenmechanik gelegt. Höchstens wird in einer Vorlesung kurz auf die verschiedenen Interpretationen, die möglich sind, eingegangen. Letztendlich führt dies zu einem sich „Sich-Gewöhnen“ an die Theorie.

Unserer Meinung nach können viele interessante Seiten der Quantenmechanik auch ohne Mathematik unter Anleitung vermittelt werden, wenn bei den TeilnehmerInnen nicht der Anspruch besteht, mit der Quantenmechanik konkret arbeiten zu wollen.

Das Seminar eignet sich für alle, die Interesse mitbringen, und als Einführung, d. h. für SchülerInnen, aber auch PhysikerInnen in unteren Semestern. Die Länge des Seminars ist variabel. Je mehr Zeit zur Verfügung steht, desto mehr und auch aktuelle Themen können behandelt und vertieft werden.

Und wer ist nun Charlotte? Jedensfalls kein Großrechner, und auch nicht der Vorname einer berühmten Physikerin.

Gentechnik bei Lebensmitteln

Stephanie Blum

In meinem Vortrag werde ich zunächst den Begriff Gentechnik definieren und erklären, was er bedeutet, dann eine Übersicht über Anwendungen der Gentechnik im allgemeinen und speziell in der Lebensmittelproduktion geben und schließlich auf die Risiken zu sprechen kommen, die beim Einsatz der Gentechnik in der Lebensmittelproduktion bestehen.

I. Definition und Erklärung des Begriffes „Gentechnik"

Mit Hilfe der Gentechnik werden den Genen, über die ein Organismus bereits verfügt, weitere hinzugefügt. Dies vollzieht sich in zwei Schritten:

a) *in vitro* Neukombination von DNA-Stücken und

b) die Einführung dieser neukombinierten DNA in einen Organismus.

Was dies bedeutet, erkläre ich mit der folgenden Abbildung (Abb. 1) anhand des Beispiels eines Bakteriums, das nach der gentechnischen Manipulation Insulin produziert.

Zunächst wird die bakterielle DNA mittels spezieller Enzyme (in der Abb. durch eine Schere symbolisiert) linearisiert. Die entstehenden DNA-Stücke werden dann mit den DNA-Abschnitten, die das Insulin-Gen tragen, gemischt und beide DNA-Stücke, wiederum mittels spezieller Enzyme, miteinander verbunden - es hat eine Neukombination von DNA-Stücken (Fachbegriff: Rekombination von DNA) stattgefunden (Abb. 1a). Dieser Prozeß findet außerhalb des Organismus im Reagenzglas statt, daher die Bezeichnung *in vitro* (zu lat. „vitrum": Glas).

Zur Umsetzung der auf dem DNA-Stück enthaltenen Information (in diesem Fall die Information zur Produktion von Insulin) muß die rekombinante DNA in einen Organismus (hier ein Bakterium) eingebracht werden (Abb. 1b). Anschließend wird dieses Bakterium in Flüssigkultur milliardenfach vermehrt. Das von diesen Bakterien produzierte Insulin kann dann aus dem Kulturüberstand quasi „abgeschöpft" werden.

II. Anwendungen der Gentechnik

- Produktion von Medikamenten, Impfstoffen u. ä.
- Lebensmittelindustrie, Landwirtschaft
- Medizin: Diagnostik, (Therapie - derzeit ist eine Therapie von Krankheiten mittels Gentechnik NICHT möglich)
- Kriminalistik (genetischer Fingerabdruck)

III. Anwendungen der Gentechnik in der Lebensmittelindustrie

a) Pflanzenzüchtung

Gentechnik wird inzwischen zur Veränderung zahlreicher in der Landwirtschaft angebauter Pflanzen verwendet (z. B. Getreide, Kartoffel, Kürbis, Mais, Raps, Salat, Sojabohne, Tomate, Zuckerrübe; insgesamt heute bereits über 30 Arten).

Es entstehen Pflanzen mit

- **verbesserter Nährwertzusammensetzung**

  Pflanzen, die einen bestimmten Nährstoff nicht oder nur in geringer Menge enthalten, produzieren ihn als Folge der gentechnischen Veränderung (vermehrt).

- **Resistenz gegen Schädlinge, Herbizide, Viren**
  Die gentechnische Veränderung ermöglicht es der Pflanze, einen Schädling abzutöten, ein bestimmtes Herbizid unschädlich zu machen oder verleiht Immunität gegenüber einem Virus.

- **Toleranz gegenüber niedrigen Temperaturen**
  Aufgrund der gentechnischen Veränderung können ursprünglich kältesensible Pflanzen auch in klimatisch kühleren Regionen angebaut werden.

- **verlängerter Haltbarkeit nach der Ernte**
  Das bekannteste Beispiel für diese Anwendung ist die „Flavr-Savr"-Tomate (in Deutschland auch als "Anti-Matsch-Tomate" bekannt geworden). Hier wird durch die gentechnische Veränderung die Bildung eines die Zellwände der Tomate auflösenden Enzyms weitgehend unterbunden. Hierdurch kann das „Matschig-Werden" der Tomate verzögert werden.

b) Produktion von Lebensmitteln unter Einsatz von Mikroorganismen

Hier werden die Methoden der klassischen Biotechnologie unter Einsatz gentechnisch veränderter Mikroorganismen durchgeführt. Betroffen ist beispielsweise die Produktion von

- Bier, Wein
- Backwaren
- Milchprodukten

Die gentechnischen Veränderungen ermöglichen z. B. verkürzte Gärzeiten, den enzymatischen Abbau von Substanzen, die bisher zeit- und kostenintensiv gefiltert werden mußten (Abbau von ß-Glukanen bei der Bierherstellung) oder Gärung bei niedrigeren als bisher üblichen Temperaturen. All dies bedeutet, daß schneller und billiger als bisher produziert werden kann.

c) Produktion von Zusatzstoffen

Auch hier ermöglicht der Einsatz gentechnisch veränderter Mikroorganismen schnellere und kostengünstigere Produktion. Betroffen ist die Produktion von

- Chymosin (s.u.)
- Aminosäuren
- Aromastoffen

IV. Risiken

Im wesentlichen kann man drei Risikogruppen unterscheiden:

a) VerbraucherInnen-Risiko: Das sind alle Risiken, die mit dem Verzehr gentechnisch verän derter oder erzeugter Lebensmittel für die VerbraucherInnen bestehen.
b) Ökologische Risiken: Hier werden die Risiken, die durch den Einsatz gentechnisch veränderter Organismen für Mensch und Umwelt bestehen, zusammengefaßt.
c) Gesellschaftliche Auswirkungen: Hier gebe ich einen kleinen Einblick in die Folgen der landwirtschaftlichen Anwendung der Gentechnik in der sog. „3. Welt".

a) VerbraucherInnen-Risiko

Bei jeder gentechnischen Veränderung eines Organismus besteht die Möglichkeit, daß neben der gewollten Neuerung weitere unbekannte und möglicherweise unerwünschte oder sogar gefährliche Stoffwechselprodukte entstehen. Jede von uns weiß aus der Medizin, daß die Verabreichung eines einzigen Medikamentes eine Vielzahl von Wirkungen und Nebenwirkungen auslöst. Ähnlich ist nach einer gentechnischen Veränderung auch bei Produktion nur eines einzigen neuen Proteins mit weitreichenden Auswirkungen auf den gesamten gentechnisch veränderten Organismus zu rechnen. Welche Auswirkungen diese Veränderungen auf die VerbraucherInnen haben, ist bisher völlig ungeklärt.

Pflanzen mit verbesserter Nährwertzusammensetzung
Eine amerikanische Firma fügte der Sojapflanze ein Gen hinzu, welches die Information für ein besonders methioninreiches Protein trägt. Methionin ist eine Aminosäure, die der menschliche Körper zum Aufbau von Proteinen benötigt. In einem von der Firma freiwillig durchgeführten Verträglichkeitstest zeigte sich, daß zahlreiche Versuchpersonen allergisch auf die gentechnisch veränderte Bohne reagierten. Die Ursache war schnell gefunden: Das verwendete Gen entstammte der Paranuß, einer Pflanze, auf die viele Menschen allergisch reagieren.

Zwar wurde in diesem Fall das Problem rechtzeitig erkannt und so Schlimmeres verhindert (die Sojabohne kam gar nicht erst auf den Markt), aber generell gilt: Das allergene Potential eines gentechnisch veränderten Lebensmittels kann nicht im vorhinein abgeschätzt werden. Es stehen keine Testmethoden hierfür zur Verfügung. Ob ein solches Lebensmittel Allergien auslösen wird oder nicht, läßt sich nur am Menschen selbst ausprobieren. Entweder, wie oben geschehen, mit freiwilligen Versuchspersonen (was nicht vorgeschrieben ist und wegen der zu erwartenden Kosten und der Zeit, die ein solcher Test in Anspruch nehmen würde, nicht durchgeführt werden wird) oder mit unfreiwilligen Versuchspersonen - den VerbraucherInnen. Diese haben mangels Kennzeichnung der meisten gentechnisch veränderten Lebensmittel oder - wie es derzeit mit den in den USA produzierten Sojabohnen geschieht - der Vermischung gentechnisch veränderter und unveränderter Lebensmittel wenig Chancen, diesem Mißbrauch als „Versuchskaninchen" zu entgehen.

Pflanzen mit Resistenzen gegen Schädlinge oder Unkrautvernichtungsmittel (Herbizide)
Mit der gentechnisch veränderten Pflanze werden auch die verwendeten Insektizide und Herbizide auf unserem Teller auftauchen. Die Gefährlichkeit von Herbiziden und Insektiziden für Mensch und Umwelt ist inzwischen hinreichend bekannt, so daß ich an dieser Stelle nicht weiter darauf eingehen werde.

Produkte, die unter Einsatz gentechnisch veränderter Mikroorganismen entstehen und diese (teilweise) noch enthalten
Auch hier ist das Risiko der Entstehung schädlicher Nebenprodukte bei der Produktion nicht bekannt. Ebenso ungeklärt sind die gesundheitlichen Risiken, die bestehen, wenn beispielsweise mit getrunkener Milch gentechnisch veränderte Milchsäurebakterien im Menschen freigesetzt werden.

Produktion von Zusatzstoffen
Einen Zusatzstoff, der mit Hilfe gentechnisch veränderter Bakterien oder Hefen produziert wird, haben alle diejenigen, die Käse essen, höchstwahrscheinlich bereits verspeist - das Chymosin. Chymosin ist eine Substanz, die Milch gerinnen läßt und bei der Herstellung fast aller Hartkäsesorten unentbehrlich ist. Natürlicherweise wird Chymosin aus dem Labmagen von Kälbern gewonnen, daher hat es auch seinen deutschen Namen - Labferment. Inzwischen kann Labferment gentechnisch hergestellt werden. Die so gewonnene Substanz ist hochrein, d. h. sie besteht zu etwa 95 % aus Chymosin, wogegen das Kälberlab nur etwa 5 % reines Chymosin enthält. Der gentechnisch veränderte Organismus ist im fertigen Produkt, dem Käse, nicht mehr enthalten. Aus diesen Gründen erscheint gentechnisch hergestelltes Chymosin auf den ersten Blick ein verhältnismäßig sicheres Produkt zu sein. Ungeklärt ist

aber z. B., ob die neuen „Verunreinigungen“, wenn sie auch nur 5 % der Chymosin-Menge ausmachen, schädliche Nebenwirkungen für Käse-EsserInnen haben. In Deutschland darf derzeit kein Käse mit gentechnisch hergestelltem Chymosin produziert werden. Im Ausland mit gentechnisch gewonnenem Chymosin hergestellter Käse ist bei uns aber uneingeschränkt handelsfähig.

Eine häufige Frage ist die, ob durch den Verzehr der gentechnisch veränderten DNA Risiken für VerbraucherInnen bestehen. Hierzu sei zunächst gesagt: Mit jedem normalen Salatblatt, jeder Stange Lauch nehmen wir DNA zu uns, eine „Speisezutat“, die bisher offensichtlich ohne negative Folgen geblieben ist. Da sich gentechnisch veränderte DNA chemisch nicht von unveränderter DNA unterscheidet, sind schädliche Auswirkungen bei ihrem Verzehr unwahrscheinlich. Bewiesen ist diese Ungefährlichkeit zugegebenermaßen nicht.

b) Ökologische Risiken

Ein Risiko besteht in der ungewollten Verbreitung der gentechnisch veränderten Pflanze selbst. Welche je gesehen hat, an welch unmöglichen Stellen Raps wächst, Stellen, an denen er mit Sicherheit niemals angebaut wurde, sondern mit Vogel- oder Kleintierkot hingelangte, die kann sich selbst leicht eine Vorstellung machen.

Eine weiteres Risiko stellt die Übertragung der gentechnischen Veränderung auf andere Pflanzen durch Pollenflug dar. Wie hoch die Wahrscheinlichkeit hierfür ist, hängt auch von der Pflanze selbst ab. Kartoffeln z. B. sind ausgesprochene Selbstbefruchterinnen - hier ist das Risiko für eine solche Übertragung eher gering (wenngleich nicht ausgeschlossen!). Zuckerrüben sind zwar Fremdbefruchterinnen, kommen aber im einjährigen Anbau normalerweise gar nicht erst zur Blüte. Allerdings blühen eigentlich auf fast jedem Rübenacker vereinzelte Rüben eben doch (sog. Schosser). Pollenflug und damit die Möglichkeit zur Genübertragung sind also in diesem Fall zwar nur selten, aber eben nicht ausgeschlossen. Beim Raps schließlich ist das Risiko der ungewollten Genübertragung besonders hoch: Raps ist ein Fremdbefruchter, und da Samenbildung Ziel des Anbaues ist, muß die Pflanze natürlich auch blühen. Bereits in zwei Fällen konnte die Übertragung der gentechnischen Veränderung (BASTA-Resistenz) auf verwandte Wildpflanzen (Rübsen, Hederich) beobachtet werden. Im zweiten Fall gingen aus der Kreuzung sogar fruchtbare Nachkommen hervor. Hier zeigt sich deutlich die Unsinnigkeit des Systems, wenn in kürzester Zeit die Wildpflanzen, gegen die ein Unkrautvernichtungsmittel (hier BASTA) eingesetzt werden soll, durch Genübertragung ihrerseits resistent werden.

Weiterhin gibt es „Nebenwirkungen“, die nur mittelbar mit der gentechnischen Veränderung zusammenhängen. Wenn Kulturpflanzen mittels gentechnischer Methoden resistent gemacht werden gegen Herbizide, dann ermöglicht dies den Einsatz von Herbiziden auch dort, wo sie bisher untauglich waren. Im Kartoffelanbau beispielsweise müssen bisher die „Un“kräuter noch mechanisch entfernt werden. Totalherbizide schädigen viele Kleinstlebewesen im Boden, in Feuchtgebieten und Gewässern. BASTA ist darüber hinaus fischgiftig.

Schließlich sei die Frage erlaubt, ob es sinnvoll ist, eine Tomate zu erzeugen, die aufgrund ihrer gentechnischen Veränderung lange haltbar ist und so noch besser über einen ganzen Kontinent transportiert werden kann und gleichzeitig Konferenzen darüber abzuhalten, wie Verkehrsaufkommen und CO_2-Ausstoß gesenkt werden können.

c) Gesellschaftliche (und ökologische) Risiken in der sog. „3. Welt“

Fast alle Kulturpflanzen stammen ursprünglich aus der sog. „3. Welt“ und noch immer weisen diese Regionen eine immense genetische Vielfalt auf. Da dieser Reichtum durch die Ausbreitung von Monokulturen mit konventionell und gentechnisch erzeugten Hochertragssorten bedroht ist, werden als „Ersatz“ sog. Samenbanken angelegt. Hier vollzieht sich schleichend legalisierter Diebstahl gleich zweifach. Zum einen als Raubbau an der Natur durch die Vernichtung zahlreicher Pflanzenarten, zum anderen durch Umkehr der „Eigentums“verhältnisse: Das Saatgut (oder „genetische Material“), das auf den Böden der sog. „3. Welt“ noch Allgemeingut war, gehört nach der Vernichtung der natürlichen Ressourcen plötzlich den Besitzern der Genbanken, die eigentümlicherweise fast ausschließlich in der sog. „1. Welt“ zu finden sind.

Die gesellschaftliche und wirtschaftliche Lage in der sog. „3. Welt“ wird sich durch den Einsatz der Gentechnik in der dortigen Landwirtschaft weiter verschlechtern. Der großflächige Anbau gentechnisch veränderter Nutzpflanzen dort wird das Hungerproblem eben nicht lösen, sondern es im Gegenteil weiter verschärfen, da der Hunger nicht aufgrund von Versorgungsproblemen besteht, sondern ausschließlich wirtschaftliche Gründe hat. Ein Zitat aus dem BUKO-AGRAR-Info vom September 1991 verdeutlicht dies: „ Noch nie wurden weltweit pro Kopf der Bevölkerung so viele Nahrungsmittel produziert wie heute. Aber Ausdehnung der landwirtschaftlichen Nutzflächen für Plantagen und Exportprodukte drängt zahlreiche Klein- und Kleinstbauern und ihre Familien aus der Produktion.“ Die betroffenen LandwirtInnen können nicht länger für den lokalen Bedarf anbauen. Da sie ihr Einkommen verlieren, fehlt ihnen Geld zum Erwerb (teurer) fremdproduzierter Produkte. Bereits bestehende ebenso wie bei geeigneter Förderung mögliche wirtschaftliche Unabhängigkeit wird so unmöglich gemacht. Die Verwendung gentechnisch veränderter Sorten fördert im Gegenteil die Abhängigkeit der VerwenderInnen von der Industrie.

Zusammenfassend läßt sich sagen, daß vom ernährungswissenschaftlichen Standpunkt aus die Anwendung der Gentechnik im Lebensmittelbereich keine Vorteile bringt und sie in ökologischer Hinsicht und unter sozialen Gesichtspunkten überwiegend negative Auswirkungen haben wird. Beim Einsatz der Gentechnik in der Lebensmittelindustrie geht es in erster Linie um Geld. Bis zum Jahr 2000 rechnet man in dieser Branche mit einem Umsatzvolumen von 200 Milliarden Dollar weltweit - und dies ist natürlich erst der Anfang. Hier entsteht ein neuer Wirtschaftszweig und entgegen den Beteuerungen, es gehe um verbesserte Produkte oder die Bekämpfung des Welthungers, bleibt festzuhalten, daß es den BefürworterInnen der neuen Technologie vor allem anderen um ihren Profit geht. Die Interessen der VerbraucherInnen werden daher erfahrungsgemäß nicht nur zweitrangig sein, sondern vielfach einfach ignoriert und übergangen werden.

Bei der Vorbereitung dieses Vortrages habe ich zahlreiche Informationen des Gen-Ethischen Netzwerkes verwendet. Vielen Dank!!! Für alle, die sich weiter für dieses Thema interessieren, hier die Adresse:

Gen-Ethisches Netzwerk, Schönweider Str. 3, 12055 Berlin, Tel: 030-685 70 73.

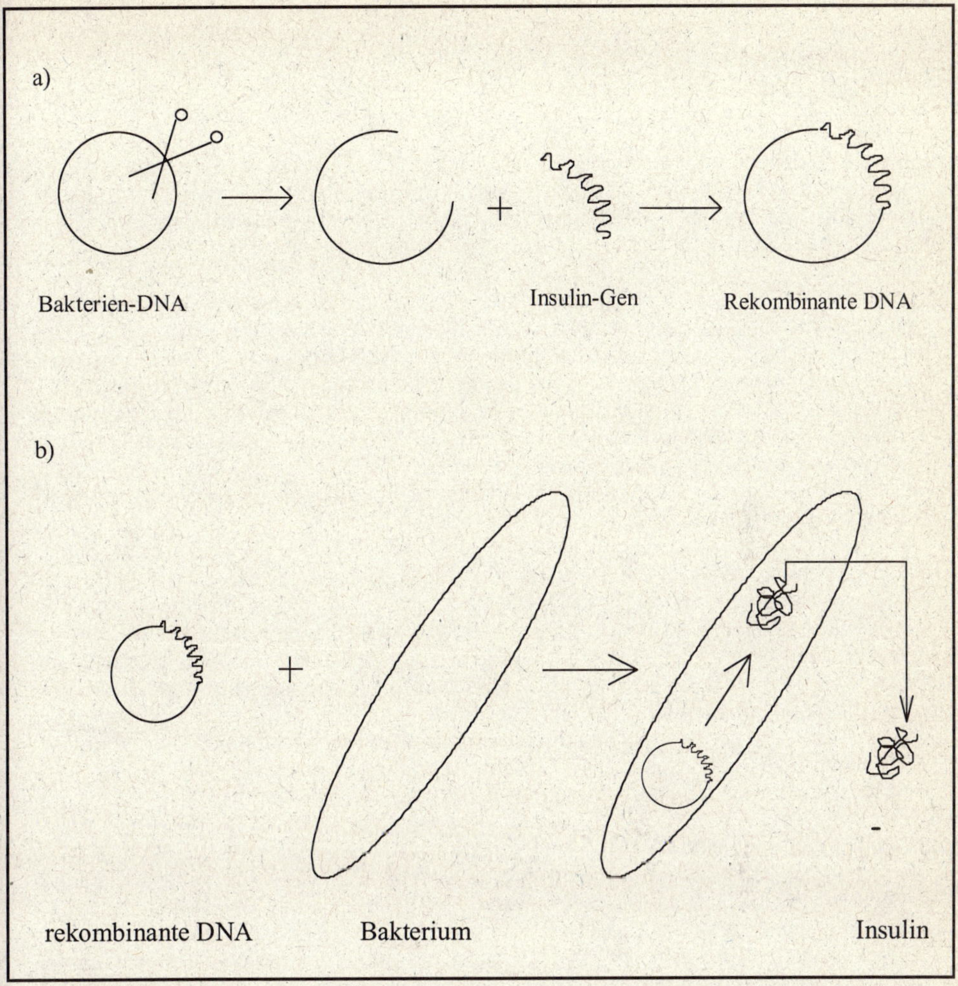
a)
Bakterien-DNA
Insulin-Gen
Rekombinante DNA
b)
rekombinante DNA
Bakterium
Insulin

Abbildung 1

Das Ökodorf-Projekt

Corinna Felkl

Es war eine angenehme Überraschung, daß sich der Raum, in dem das Projekt vorgestellt wurde, füllte und noch mehr Stühle besorgt werden mußten. Es wurde mir wieder so deutlich, daß ökologische Themen Frauen auf verschiedenen Ebenen intensiv berühren, aufrühren, wie die Lebendigkeit der Fragen und der anschließende Diskussionsverlauf zeigte.

Zum einen war klar, daß mit der Ökologie neue Aufgaben und Berufsbilder enstehen, daß es vielfältige Arbeitsmöglichkeiten innerhalb eines ökologischen Projektes für Frauen mit technischer Ausbildung gibt. Gleichzeitig leben Projekte wie unseres gerade in ihrer Anfangsphase vom ehrenamtlichen Engagement. Doch genau diese ehrenamtliche Arbeit ist es, die frau jahrhundertelang geleistet hat und aus der sie aussteigen will. Dieser Punkt und die Rollenverteilung innerhalb unseres Projektes wurden die heißen Themen der Diskussion. Die vielen Fragen und die Diskussionsbeiträge kann ich im Detail nicht wiedergeben, da wir versäumten, ein Protokoll zu schreiben, doch ich erinnere mich daran, daß die Zeit verflog und eine angeregte Stimmung entstand.

Ich selbst habe an der TUHH-Harburg Stadtplanung studiert, dreieinhalb Jahre in der Verwaltung gearbeitet und den Spagat zwischen Auftrag und ehrenamtlicher politischer Arbeit erlebt; ich habe gekündigt, als ich die Kompromisse nicht mehr akzeptieren konnte. Insofern war meine anfängliche ehrenamtliche Arbeit im Projekt getragen von der inneren Sicherheit, daß mir meine Inhalte wichtiger sind als die "gesellschaftliche Anerkennung...". Inzwischen habe ich meine eigene Stelle geschaffen und würde jede Frau ermutigen, den Weg ihres Herzen und Gewissens zu gehen. Heute kann ich sehen, daß es auf jeden Fall von Vorteil war, ein technisches Studium abgeschlossen zu haben, gerade weil es darum ging, das ALTE zu verstehen, um das NEUE kreieren zu können.

Im Folgenden gebe ich den Inhalt der Projektvorstellung wieder:
Wir wollen in der Altmarkregion (Sachsen-Anhalt) ein neues Dorf für 300 Menschen aufbauen. In dieser sozial-ökologischen Siedlung wird eine Integration aller Bereiche (Wohnen, Arbeiten, Ver- und Entsorgung, Kultur) mit weitgehender Selbstversorgung angestrebt. Es soll ein lebendiges Dorf und eine vielfältige Gemeinschaft entstehen. In kleinen überschaubaren Strukturen soll Selbstverantwortung wieder möglich sein.

Seit Ende der 80´er Jahre entwickelt sich die Idee des Ökodorf - Projektes "Selbstversorgung als Selbstbestimmung". Wir konnten also in den vergangenen Jahren schon einiges über den langen Weg von der Vision zur Realisierung lernen und konnten unsere Vorstellungen in der Praxis erproben.

1991 entstand der "Freundeskreis ökologisches Dorf e.V." als ideeller gemeinnütziger UnterstützerInnenkreis, der heute über 200 Mitglieder im gesamten Bundesgebiet zählt. Der Verein bemüht sich um die Öffentlichkeit, die Vernetzung mit ähnlichen Projekten und bietet ein umfassendes praxisbezogenes Seminarangebot an.

1993 wurde die "Wohnungs- und Siedlungsgenossenschaft Ökodorf e. G." gegründet, deren Mitglieder sich mit Eigenkapital und Eigenarbeit für die Entwicklung des Projektes einsetzen.

Die Genossenschaft ist unter anderem Eigentümerin des Ökodorf-Projekt-Zentrums in Groß Chüden (bei Salzwedel).

Das seit 1993 existierende Projekt-Zentrum stellt mit seinen verschiedenen assoziierten Initiativen einen Kristallisationskern für den schrittweisen Weg in das Ökodorf dar. Im Projekt-Zentrum und in der Umgebung haben sich inzwischen über 60 kleine und große Menschen angesiedelt. Es haben sich verschiedene eigenständige Bereiche entwickelt: Wohn- und Arbeitsgruppen, Gäste- und Seminarbetrieb, Selbstversorgung und Wirtschaftsbetriebe, Planungsbüro, Freie Schule, Vernetzung.

Mit dem Projekt-Zentrum versuchen wir unseren eigenen Lernprozeß als einen offenen und öffentlichkeitswirksamen Beitrag auf der Suche nach einer nachhaltigen Lebensweise weiterzuvermitteln.

Für diese Arbeit erhielten wir den TATORTE-Preis 1996 der Deutschen Bundesstiftung Umwelt für ökologische Gemeindeinitiativen in den neuen Bundesländern. Die öffentliche Würdigung gibt uns zusammen mit der Unterstützung des Umweltministeriums Sachsen-Anhalts, des zuständigen Regierungspräsidiums in Magdeburg und der guten regionalen Öffentlichkeit die Zuversicht, jetzt den nächsten Schritt in Richtung Ökodorf gehen zu können. Wir sind seit diesem Sommer aktiv auf Standortsuche und haben inzwischen viele positive Rückmeldungen von Gemeinden, die sich für unser Projekt interessieren. Die Signale stehen eindeutig auf "die Zeit ist reif" für unser Projekt.

Die Vision eines ganzheitlichen Dorfes

In einem ökologisch und sozial ausgerichteten Modellprojekt soll für bis zu 300 Menschen ein ganzheitlicher Lebensraum entstehen.
In einer Zeit zunehmend unlösbar werdender Einzelprobleme soll mit diesem Modell der Notwendigkeit integrierter Lösungsansätze entsprochen werden.

Wir setzen uns gleichzeitig ein für:

- eine Entlastung und Achtung der Umwelt,
- eine gesunde Wohn- und Lebensqualität,
- eine stärkere wirtschaftliche Unabhängigkeit,
- einen hohen Grad an Selbstbestimmung und Eigenverantwortung,
- ein Gleichgewicht von Individuum und Gemeinschaft.

Die vielen einzelnen Erfahrungen in ökologischem Bauen, alternativer Energieversorgung, biologischer Landwirtschaft, genossenschaftlicher Organisation und nachbarschaftlicher Kooperation könnten endlich an einem Ort zusammenfließen.

Der Aufbau der Siedlung erfolgt in überschaubaren Entwicklungsschritten als ein Lernprozeß der BewohnerInnen in genossenschaftlich organisierter Selbsthilfe. Die Siedlung wird sich in Nachbarschaftsgruppen von ca. 60 Personen untergliedern, die ihren Bereich gemeinsam planen und gestalten. So finden die Vorstellungen und Bedürfnisse einer sozialen Gruppe in der Architektur und räumlichen Gestaltung ihren Ausdruck und die SiedlerInnen erhalten die Möglichkeit, sich selbst den Rahmen zu setzen, an dem sie ihre Handlungen orientieren wollen.

Wir wünschen uns eine soziale Vielfalt mit unterschiedlichen Altersgruppen und Lebensentwürfen. Menschen, die in ihren Familien, in Wohn- und Hausgemeinschaften oder in ideell ausgerichteten Gruppen leben wollen, sind uns gleichermaßen willkommen.

Selbstversorgung und regionale Kooperation

Die Genossenschaft plant als gemeinsamen Rahmen aller SiedlerInnen eine **ökologische Infrastruktur** zu betreiben. Im Bereich Energie soll eine eigene Versorgung durch regenerierbare Ressourcen (Wind, Sonne, Biomasse, Wasserkraft) erreicht werden. Die Wasserversorgung soll durch eigene Brunnen und Regenwassernutzung erfolgen und durch eigene Pflanzenkläranlagen entsorgt werden. Der Wegebau wird auf das Notwendigste beschränkt, da die Siedlung autofrei sein wird. Die Landschaftsgestaltung hat die Aufgabe, die Siedlung optimal in die Natur einzubinden.

Im Bereich der **ökologischen Landwirtschaft** ist das Ziel neben der Erzeugung gesunder Nahrungsmittel, auch die Gesunderhaltung des ganzen Kreislaufs von Boden-Pflanze-Tier und Mensch. Durch den Vorrang der Selbstversorgung wird eine große Produktpalette angebaut und weiterverarbeitet werden. Auch Menschen aus anderen Arbeitsbereichen können sich an der Landarbeit beteiligen und so wieder Bezug zu den Lebensgrundlagen bekommen.

Selbsthergestellte und andere ökologische Produkte (Lebensmittel, Gebrauchtwaren, Werkzeuge und Baustoffe) können über eigene Läden verteilt werden.

Die Gebäude sollen überwiegend mit Holz, Lehm und natürlichen Dämmstoffen gebaut werden. Diese Baumaterialien sind nicht nur selbstbaufreundlich und kostengünstig, sondern z. B. auch energiesparend, wiederverwertbar, wärmespeichernd, atmungsintensiv und regional vorhanden.

Im dörflichen Zusammenhang können **soziale Dienstleistungen** von bürokratisierten Spezialberufen wieder zu zwischenmenschlichen Handlungen werden. Ein Beispiel ist der von uns gegründete Verein "Freie SchuleAltmark e.V.". Er ist Träger einer staatlich genehmigten Grundschule mit Kindergarten. Grundlage dieser Arbeit ist, dem inneren Wachstumsprozeß des Kindes zu vertrauen.

Ein weiterer wichtiger Bereich in der Siedlung wird die ganzheitliche Heilung und Pflege physischer und psychischer Krankheiten sein. HeilpraktikerInnen, ÄrztInnen, Hebammen, SozialarbeiterInnen und TherapeutInnen werden dort ihr Wissen einbringen und zusammenarbeiten. Die direkte Weitervermittlung unserer Erfahrungen in Form von Seminaren, Workshops, Praktika und naturnaher Ferien wird über das Bildungs- und Gästezentrum erfolgen. Eine vielfältige kulturelle Praxis mit BesucherInnen aus nah und fern wird der Siedlung ihren lebendigen Mittelpunkt geben.

In diesem Zusammenhang ist uns der Austausch mit der unmittelbaren Umgebung für den Aufbau einer nachhaltigen Regionalentwicklung (sanfter Tourismus, Naturschutz, Direktvermarktung, Handwerk) sehr wichtig. Wir hoffen, mit dem Ökodorf auch einen Beitrag für die Altmark und andere strukturschwache Regionen leisten zu können. Zu Beginn der Kooperation wird es eine Erhebung und Beratung der regionalen Entwicklungspotentiale geben. Alle unsere Angebote stehen dann selbstverständlich auch der Region zur Verfügung, und wir werden die Angebote der Region nutzen.

Ökonomie- und Organisationsmodell

Es wird angestrebt, den Landerwerb und die Errichtung der Infrastruktur auf ca. 5 ha unerschlossenem Bauland und ca. 100 ha landwirtschaftlicher Fläche weitestgehend aus Eigenmitteln der Genossenschaft, Krediten von GenossInnen, Förderern und Fördermitteln zu finanzieren, um die Zinsbelastung möglichst gering zu halten.

Der Einsatz von kostengünstigen Materialien und Techniken und ein hoher Eigenleistunganteil beim Aufbau der Siedlung wird die Kosten möglichst niedrig halten.

Die Wohnungs- und Siedlungsgenossenschaft Ökodorf e.G. wird die Trägerin der Siedlung sein. Sie betreibt die Infrastruktur, die zentralen Gemeinschaftseinrichtungen und, wo sinnvoll, auch den Wohnungsbau und Betriebe in eigener Verantwortung. Als Grundeigentümerin bestimmt sie die sozialen und ökologischen Wertvorstellungen über Verträge mit den einzelnen NutzerInnen der Wohnungen und Betriebe. Im Rahmen dieser genossenschaftlichen Struktur wird es für die einzelnen BewohnerInnen und Betriebe Raum für Eigeninitiative geben. Neben genossenschaftlichen Mietwohnungen und Einrichtungen werden auch Eigentumswohnungen auf Erbpachtbasis und Eigenbetriebe in verschiedenen Rechtsformen möglich sein.

In der Siedlung und in ihrer Umgebung sollen genügend selbstbestimmte Arbeitsmöglichkeiten und eine umfassende Versorgung im Rahmen einer nachhaltigen, ökologischen Kreislaufwirtschaft aufgebaut werden. Geplant sind Betriebe in den Bereichen ökologisches Planen und Bauen, ökologische Techniken, traditionelles Handwerk und Kunsthandwerk, Natur- und Gebrauchtwarenhandel, Land- und Forstwirtschaft, soziale Dienste, Kultur und Bildung. Ein unmittelbarer wirtschaftlicher Austausch soll nicht nur lange Transportwege ersparen, sondern auch zu einem grundsätzlich anderen Umgang mit Lebensgütern führen. Selbstverständlich werden einige BewohnerInnen der Siedlung auch in der Region arbeiten und ebenso werden Aufträge an regionale Firmen und überregionale qualifizierte Betriebe stattfinden.

So wie die Siedlung "schrittweise" wachsen wird und eine Nachbarschaftseinheit nach der anderen entstehen wird, so werden sich auch die Wirtschaftsbereiche nach und nach bilden. Bereits in der Vorbereitungsphase der Siedlung sind einige Betriebe im Projekt-Zentrum entstanden. Wir gehen davon aus, daß es mit der Fertigstellung der ersten Nachbarschaftseinheit die Wirtschaftsbereiche ökologischer Baubetrieb, Tischlerei, Gärtnerei und den Gästebetrieb geben wird. Je nach Engagement und Ausbildung der SiedlerInnen und der steigenden Nachfrage werden weitere Betriebe entstehen und sich die Wirtschaftskreisläufe stabilisieren.

Die gesamte Siedlung bietet somit ein neues Kulturmodell, das die Welt wieder in das Dorf bringen soll und das Dorf wieder in die Welt.

Für all die Frauen, die auf der Suche nach dem Neuen sind:
viel Kraft, Mut und die besten Wünsche von Corinna Felkl aus dem Ökodorf-Projekt, Groß Chüden

Die Rolle der Umweltgutachterin bei industriellen Großvorhaben oder : Der Kampf zwischen Wissenschaft und Gefühl

Angelika Filius

Grundlagen der Umweltverträglichkeitsprüfung

Die Umweltverträglichkeitsprüfung (UVP) ist ein Prüfverfahren, das die Ermittlung, Beschreibung und Bewertung der Auswirkungen eines Vorhabens (z. B. einer Mülldeponie, eines Kraftwerkes oder einer Abfallverbrennungsanlage) auf die Umwelt umfaßt. Die UVP resultiert aus dem Gedanken der Umweltvorsorge und hat zum Ziel, die Belange der Umwelt bei allen einschlägigen Entscheidungen zur Geltung zu bringen und schädlichen Umwelteinwirkungen so früh wie möglich vorzubeugen. Grundlegende Bestimmungen über die UVP enthält das Gesetz über die Umweltverträglichkeitsprüfung (UVPG), das am 12. Februar 1990 auf der Grundlage der EG-Richtlinie über die UVP von 1985 erlassen wurde. Die UVP ist danach ein unselbständiger Teil des verwaltungsbehördlichen Verfahrens über die Zulässigkeit eines Vorhabens und stellt ein Hilfsmittel zur Findung der erforderlichen Entscheidung dar.

Als Grundlage für die Entscheidungsfindung der Behörde läßt der Vorhabenträger im Rahmen eines Genehmigungsverfahrens für ein industrielles Großvorhaben durch TÜVs oder Umweltbüros sogenannte Umweltverträglichkeitsstudien (UVS) erstellen. In diesen Studien werden die von der geplanten Anlage zu erwartenden erheblichen Auswirkungen auf die Umweltmedien Mensch, Wasser, Boden, Luft/Klima, Pflanzen und Tiere, Landschaft und Kultur- und sonstige Sachgüter beschrieben. Zusätzlich werden Maßnahmen zur Vermeidung, Verminderung und zum Ausgleich der umweltrelevanten Auswirkungen genannt. Entsprechend dieser Inhalte gliedert sich eine UVS im wesentlichen in die folgenden Punkte:

- Beschreibung des Vorhabens, Übersicht über Vorhabenalternativen
- Beschreibung der vorhabenspezifischen Einflußgrößen (Wirkfaktoren)
- Beschreibung der Umwelt einschließlich Vorbelastung
- Beschreibung der zu erwartenden Auswirkungen auf die Umwelt (Wirkungsprognose)
- Maßnahmen zur Vermeidung, Verminderung, zum Ausgleich und Ersatz der Umweltauswirkungen

Sollten sich bei einer UVS aus GutachterInnensicht nicht tolerierbare Umweltauswirkungen ergeben, werden von den UmweltgutachterInnen technische oder konzeptionelle Alternativen sowie mögliche Vermeidungs- und Verminderungsmaßnahmen vorgeschlagen. Die endgültige Bewertung der Umweltverträglichkeit ist jedoch grundsätzlich Aufgabe der zuständigen Genehmigungsbehörde. Die von den UmweltgutachterInnen in einer UVS herausgearbeiteten Vorschläge und Maßnahmen werden jedoch häufig von den Genehmigungsbehörden in Form von Nebenbestimmungen in den Genehmigungsbescheid übernommen.

Umweltverträglichkeitsprüfungen können Bestandteil verschiedener Zulassungsverfahren sein, wie Genehmigungsverfahren nach Bundesimmissionsschutzgesetz (BImSchG) oder Planfeststellungsverfahren nach Wasserhaushaltsgesetz (WHG) oder Abfallgesetz (AbfG). Im Gegensatz zum Planfeststellungsverfahren ist die Genehmigungsbehörde bei einem BImSch-Verfahren in ihrer Entscheidung gebunden. D. h., wenn eine Anlage die gesetzlich vorgegebenen Grenzwerte einhält, muß die Behörde eine Genehmigung erteilen. Dies gilt selbst dann, wenn für die Anlage an dem vorgesehenen Standort kein nachweisbarer Bedarf besteht.

Erstellung einer Umweltverträglichkeitsstudie (Wissenschaft)
Umweltverträglichkeitsstudien werden bei größeren industriellen Vorhaben von bis zu 10 verschiedenen FachwissenschaftlerInnen erstellt und können mehr als 500 Seiten umfassen. Das Kernstück der UVS stellt die Herausarbeitung der von einer Anlage ausgehenden Wirkfaktoren dar. Die wesentlichen Wirkfaktoren einer Industrieanlage sind:

- Flächeninanspruchnahme und Versiegelung
- Erscheinungsbild der Bauwerke
- Emissionen über den Luftpfad (Abgase, Geruch)
- Emissionen über den Wasserpfad (Abwasser, Brauchwasserbedarf)
- Emissionen über den Rückstandspfad (z. B. anfallende Filterstäube)
- Emissionen durch Transportsysteme (z. B. Abgase und Geräusche anliefernder Lkw)
- weitere Emissionsquellen wie Schall, Licht, Strahlung, Erschütterungen, Abwärme
- Energiehaushalt (Energieverbrauch, Wärmenutzung)
- Betriebsstörungen (z. B. Ausfall der Rauchgasreinigungsanlage)

Die meisten Wirkfaktoren beschränken sich auf das nähere Umfeld der geplanten Anlage. Ausnahmen bilden die Emissionen über den Rückstandspfad und über die Transportsysteme. Werden z. B. in einer Abfallverbrennungsanlage 300.000 t Abfall thermisch behandelt, bleiben ca. 100.000 t Schlacke und 15.000 t hochtoxische Filterstäube zurück. Diese müssen zum Teil in weiter entfernt liegenden Entsorgungsanlagen (z. B. Untertagedeponien) abgelagert werden. Die mit der Entsorgung verbundenen Umweltauswirkungen werden in der UVS betrachtet, zumindest muß die Entsorgungssicherheit für die geplante Anlage nachgewiesen werden. Der An- und Abtransport von Einsatzstoffen und Rückständen über Transportsysteme führt häufig auch in weiter entfernt liegenden, kleineren Ortschaften zu einer erhöhten Verkehrsbelastung. Dieses zusätzliche Verkehrsaufkommen muß ebenfalls im Rahmen einer UVS beurteilt werden.

Die Beschreibung der Umwelt im potentiellen Einwirkungsbereich der geplanten Anlage bildet neben der Erfassung der Wirkfaktoren einen wichtigen Bestandteil der UVS. Die Größe des zu betrachtenden Untersuchungsgebietes variiert schutzgutspezifisch und orientiert sich bei BImSch-Anlagen (z. B. Kraftwerke, Abfallverbrennungsanlagen) in erster Näherung an der Höhe des Hauptkamins. Zusätzlich zur Beschreibung der Umwelt werden im Rahmen einer UVS Untersuchungen zur Vorbelastung der Umweltmedien durchgeführt, z. B.:

- Meßprogramme und Flechtenkartierungen zur Ermittlung der Luftvorbelastung
- Verkehrszählungen
- Bodenbeprobungen
- Gewässeruntersuchungen
- Pflanzenbeprobungen
- Fotodokumentationen zum Landschaftsbild

Im Rahmen der Wirkungsprognose werden die zuvor dargestellten Einflußfaktoren einer Anlage in ihrer Wirkung auf die beschriebenen Umweltmedien diskutiert und hinsichtlich ihrer schutzgutspezifischen Wirkungserheblichkeit beurteilt. Die Anwendung von Computermodellen (z. B. atmosphärische Ausbreitungsmodelle, hydrogeologische Grundwassermodelle) ermöglicht es, die durch eine Anlage erzeugten Immissionen standortspezifisch relativ genau zu prognostizieren. Die Schadstoffanreicherungen in den verschiedenen Umweltmedien (einschließlich des Menschen) werden unter Berücksichtigung der Vorbelastung durch einen Vergleich mit geeigneten Grenz-, Richt- und Orientierungswerten ermittelt und wirkungsseitig beurteilt.

Abschließend erfolgt im Rahmen der UVS eine vorläufige gutachterliche Beurteilung der Umweltverträglichkeit der geplanten Anlage. Bei Anlagen, die im wesentlichen über den Luftpfad wirken (BImSch-Anlagen), sind die Zusatzbelastungen im Vergleich zur Vorbelastung der Umwelt meist gering. Erhebliche Auswirkungen auf die Umwelt und die betroffene Bevölkerung sind kaum zu erwarten. Insofern heißt das Fazit einer UVS für diese Anlagen fast immer: "Unter Berücksichtigung der vorgeschlagenen Vermeidungs- und Verminderungsmaßnahmen ist die geplante Anlage aus Gutachtersicht umweltverträglich!"

Konfrontation mit der betroffenen Bevölkerung (Gefühl)
Als ProjektleiterInnen für Umweltverträglichkeitsstudien befinden wir uns bereits während der Erstellung einer UVS im ständigen Austausch mit Projektplanern, Antragstellern, beteiligten Behörden und betroffener Bevölkerung. Neben der wissenschaftlichen Ebene, die in der Erstellungsphase der UVS vorherrscht, tritt im Laufe eines Genehmigungsverfahrens die emotionale Ebene immer stärker in den Vordergrund. Dies zeigt sich vor allem bei Erörterungsterminen, da diese Termine für die Bürger die letzte Möglichkeit darstellen, ihre Bedenken und Ängste zu äußern und ggf. die Behörde in ihrer Entscheidung zu beeinflussen. Auf Erörterungsterminen stehen sich die männerdominierte, ökonomisch orientierte Front der Großunternehmer und die gefühlsbetonte, ökologisch orientierte Front der betroffenen Bevölkerung unmittelbar gegenüber. Wir als UmweltgutachterInnen befinden dabei uns zwischen den Fronten.

Die üblicherweise an Erörterungsterminen beteiligten Personengruppen sind: Antragsteller, GutachterInnen, Behörden (Genehmigungsbehörde, Fachbehörden) und Einwender (betroffene Bevölkerung). Die folgende Beschreibung dieser Personengruppen erfolgt aus Sicht der Einwender.

Antragsteller wollen aus Sicht Einwender grundsätzlich nur eines: Profit! Auch ausgiebige Öffentlichkeitsarbeit der Antragssteller kann dieses Image nicht widerlegen, da die Einwender vermuten, daß Öffentlichkeitsarbeit nur die wahren Beweggründe, nämlich die Gewinnoptimierung, verschleiern soll. Insgesamt sehen die Einwender in den Antragstellern Gegner, die die Gesundheit der Bevölkerung gefährden und die Belange der Umwelt vernachlässigen.

UmweltgutachterInnen sind aus Sicht der Einwender nicht objektiv genug, da sie im Auftrag der Antragsteller arbeiten. Dieses Vorurteil bleibt bestehen, selbst wenn eine UVS ausführlich unter Einbeziehung der Einwender mit der Behörde abgestimmt wurde und anschließend eine wissenschaftlich fundierte Arbeit abgegeben wird. Diese Vorwürfe der Bevölkerung treffen besonders die persönlich sehr stark engagierten UmweltgutachterInnen.

Die Behörden sind aus Sicht der Einwender ebenfalls nicht objektiv. Zum einen werden sie durch die großpoltische Lage beeinflußt, die sich in entsprechenden Gesetzen, Verordnungen oder Verwaltungsvorschriften manifestiert. So bestand z. B. in der Vergangenheit ein wichtiger großpolitischer Schritt in Richtung Abfallverbrennung darin, diese Anlagen gemäß Bundesimmissionsschutzgesetz zu genehmigen und nicht mehr wie bisher gemäß Abfallgesetz planfestzustellen. Die Genehmigunsverfahren werden dadurch beschleuigt. Zudem ist die Behörde in ihrer Entscheidung gebunden. Auf kommunalpoltischer Ebene kann eine Genehmigungsbehörde dadurch "befangen" sein, daß die Großindustrie wirtschaftliche Macht besitzt, die sich in Arbeitsplätzen und Steuereinnahmen äußert. Des weiteren können, vor allem im Abfallbereich, Abhängigkeiten zwischen der Behörde und dem Antragsteller bestehen, wenn vor der Erteilung einer Genehmigung bereits Entsorgungsverträge geschlossen wurden.

Die Einwender selber sehen sich häufig als die einzige "objektive" Instanz, die ausschließlich im Dienste des Umweltschutzes agiert. Die emotionale Grundspannung an einem Erörterungstermin ist deshalb bereits vorprogrammiert. Bei allen Genehmigungsverfahren für größere Industrieanlagen sind neben den professionellen Einwendergruppen (z. B. dem Bund für Umwelt und Naturschutz Deutschland), lokale Bürgerinitiativen vertreten. Diese befinden sich in ständigem Kontakt mit den Antragstellern und bestimmen über die Lokalpresse die Meinungsbildung am Standort. Die dritte Einwendergruppe sind betroffene Einzelpersonen, häufig ohne fachlichen und juristischen Beistand, die aus Sorge um ihre eigene oder die Gesundheit ihrer Kinder ihre Betroffenheit in Briefen an die Behörde ausdrücken. Hinter diesen Einwendungen steht meist eine große Verunsicherung und die Bitte um Aufklärung.

Die Erfahrungen mit den zum Teil sehr heftigen Auseinandersetzungen auf Erörterungsterminen haben seit kurzem dazu geführt, daß Antragsteller zunehmend psychologischen Beistand in Anspruch nehmen. Auch UmweltgutachterInnen und Planer werden bisweilen psychologisch geschult, um den Anforderungen eines wochenlangen Erörterungstermines und den zum Teil sehr persönlichen Angriffen der Einwender gewachsen zu sein. Ob diese Entwicklung sinnvoll ist, sei dahin gestellt. Denn ursprünglich bestand der Sinn der Erörterungstermine darin, offene Fragen der betroffenen Bevölkerung zu beantworten und die Behörde auf eventuell vorhandene Kenntnislücken aufmerksam zu machen.

Persönliches Fazit

Für mich als Projektleiterin für Umweltverträglichkeitsstudien erfährt die Überzeugungskraft der Wissenschaft vor allem auf Erörterungsterminen ihre Grenzen. Bei diesen Terminen stehen nicht mehr Zahlen und Richtwerte im Vordergrund, sondern die durch die Anlage betroffenen Menschen. Und auch wenn ich als Gutachterin von der Unerheblichkeit der anlagenbedingten Auswirkungen vollständig überzeugt bin, sind für mich die immernoch bestehenden Ängste der Bevölkerung trotz meiner wissenschaftlichen Ausbildung nachvollziehbar und verständlich. Der persönliche Konflikt, in dem ich mich befinde, läßt sich folgendermaßen zusammenfassen:

- Auf der einen Seite mein naturwissenschaftlich / technisches Verständnis, das mir eine fundierte Bewertung der Umweltauswirkungen einer Anlage ermöglicht und mich fachlich zu dem Urteil **umweltverträglich** führt.
- Auf der anderen Seite meine gesellschaftspolitische / menschliche Vertantwortung, die mich gefühlsmäßig angesicht der derzeitigen Umweltentwicklung zu dem Urteil **nicht umweltverträglich** führt.

Ich persönlich sehe die Lösung der aktuellen Umweltprobleme nicht in neuen wissenschaftlichen Erkenntnissen, Techniken oder Gesetzen. Eine Verbesserung der Umweltsituation erfordert aus meiner Sicht vielmehr ein deutliches Umdenken in Richtung Eigenverantwortung der Menschen und damit eine kontinuierliche Bewußtseinsänderung jedes einzelnen.

Literatur

EG-Richtlinie (1985): Richtlinie des Rates über die Umweltverträglichkeitsprüfung bei bestimmten öffentlichen und privaten Projekten vom 14.5.1995. Amtsblatt der Europäischen Gemeinschaften Nr. L 175, S. 40

Abfallgesetz (AbfG): Gesetz über die Vermeidung und Entsorgung von Abfällen vom 27.8.1986 (BGBl. I.S. 1410, ber. 1501

Gesetz über die Umweltverträglichkeitsprüfung (UVPG): Gesetz zur Umsetzung der Richtlinie des Rates vom 27. Juni 1985 über die Umweltverträglichkeitsprüfung bei bestimmten öffentlichen und privaten Projekten (85/337/EWG) vom 12. Februar 1990 (BGBL. IS. 205)

Frauen und Mobilität - Von der Fahrzeugtechnik zur Verkehrsdienstleistung

Monika Ganseforth

Mobilität ist eine Voraussetzung für die Teilhabe am gesellschaftlichen Leben. Die Möglichkeit bestimmte Ziele erreichen zu können, entscheidet über soziale Kontakte, Berufsausübung, die Teilnahme an Aus- und Weiterbildungen und Freizeitaktivitäten sowie die Ausübung von Hobbys. Zeitbudgetanalysen zeigen, daß durchschnittlich etwa 75 % des Tages zu Hause, etwa 21 % an auswärtigen Zielen und etwa 4 % (1 Stunde täglich) im Verkehr verbracht werden. Die im Verkehr verbrachte Zeit ist im Laufe der Jahre ebenso konstant geblieben wie die Zahl von drei Wegen pro Tag bzw. 1.000 Wegen pro Person und Jahr.

Durch die Motorisierung haben sich allerdings die Entfernung der Ziele und die Länge der zurückgelegten Wege, d. h. die Verkehrsleistung, vergrößert. Durch immer schnellere Fahrzeuge und immer größere Geschwindigkeiten hat sich beispielsweise zwischen 1950 und 1990 die Verkehrsleistung (Personenkilometer) verachtfacht.

Die Verkehrsleistung ist zwischen Männern und Frauen sehr unterschiedlich verteilt. Beispielsweise haben die ungleiche Pkw-Verfügbarkeit von Männern und Frauen sowie die geschlechtsspezifische Arbeitsteilung einen wesentlichen Einfluß auf die Verkehrsleistung und den Mobilitätsbedarf.

Frauen haben seltener den Führerschein, sind seltener in Besitz eines Pkw, fliegen seltener, gehen häufiger zu Fuß oder fahren mit dem Rad. Sie nutzen häufiger als Männer die öffentlichen Verkehrsmittel. Frauen verursachen weniger und weniger schwere Unfälle.

Frauen haben häufig wesentlich höhere und komplexere Mobilitätsbedürfnisse als Männer, deren tägliche Wege vor allem zwischen Wohnung und Arbeitsstätte bestehen. Obwohl Frauen in zunehmendem Maße erwerbstätig sind, ist die Mehrzahl von ihnen weiterhin für Haushalt sowie Erziehung und Betreuung der Kinder zuständig. Deshalb müssen die Wege, die im Rahmen von Berufstätigkeit, Betreuung von Kindern und alten Menschen sowie Versorgung des Haushalts zurückzulegen sind, möglichst effektiv verknüpft werden, da häufig alles in einem engen zeitlichen Rahmen abgewickelt werden muß (Arbeitszeiten, Kindergarten- oder Schulzeiten, Öffnungszeiten von Behörden und Geschäftszeiten). Dazu kommt die Begleitverkehrsarbeit für die Kinder, die vor allem deshalb notwendig wird, weil ihre Gefährdung durch den Straßenverkehr immer größer wird. Viele notwendige Erledigungen lassen sich dabei nicht auf einem einzelnen Weg realisieren, wie dies z. B. im Rhythmus Arbeit - Freizeit der Fall ist.

Verkehrsplanung wird fast ausschließlich von Männern gemacht, die über ein eigenes Auto verfügen und die von der Haus- und Familienarbeit befreit sind, weil sie sie an ihre Partnerin delegiert haben. Frauen sind in Entscheidungsgremien der Verkehrsplanung selten vertreten. Die Verkehrsplanung ist daher vorrangig auf die Männer, bzw. die motorisierte, im Berufsleben stehende Personengruppe zugeschnitten.

Den komplexen Bewegungsbedürfnissen von Frauen wird jedoch durch die Gestaltung unseres Verkehrssystems - vor allem im ländlichen Raum - zu wenig Rechnung getragen. Im Gegenteil - die Unterbewertung der Leistungen von Frauen drückt sich auch in der Vernachlässigung ihrer Mobilitätsbedürfnisse in der Verkehrspolitik aus. Dabei lassen sich Frauen nicht als homogene Gruppe definieren, sondern müssen nach Alter, Familienstand, Erwerbstätigkeit, Anzahl und Alter der Kinder, Nationalität usw. differenziert werden. Nutzerinnen von Angeboten des Umweltverbundes (ÖPNV, Fußgängerinnen, Radfahrerinnen) müssen sich im öffentlichen Raum Straße einer motorisierten Minderheit, überwiegend Männern, unterordnen und erhebliche Beeinträchtigungen ihrer Bewegungs- und Entscheidungsfreiheiten in Kauf nehmen; ein Problem, das den gesamten Lebenszusammenhang von Frauen beeinflußt.

Zusätzlich zwingen die Angst vor Bedrohung, Gewalt und sexuellen Belästigungen, besonders in schlecht beleuchteten Straßen, Unterführungen, Parks und auf Parkplätzen, an abseits gelegenen Haltestellen von Bus und Bahn und auf einsamen Wegen Frauen zu besonderen Vorsichtsmaßnahmen oder zum Mobilitätsverzicht.

Weil die Informationen über die unterschiedliche Mobilitätsbeteiligung von Frauen nicht systematisch vorliegen und kaum beachtet werden, habe ich im September 1995 eine Große Anfrage an die Bundesregierung „Frauen und Mobilität" (Drs. 13/2502) gestellt und gehofft, die Ergebnisse hier vorstellen zu können. Leider liegt die Antwort noch nicht vor (Inzwischen ist die Antwort der Bundesregierung da: Drs. 13/4683).

Folgende Aspekte müssen beachtet werden:
Eine zukunftsfähige Verkehrsentwicklung muß einen „nachholenden" Motorisierungsgrad der Frauen vermeiden.

Verkehrsdienstleistung heißt: Verringerung der Verkehrsleistung bei geeigneter Verkehrsmittelwahl.

Voraussetzung ist jedoch, daß die „Zwangsmobilität" abgebaut wird. Ziel ist eine Entwicklung, die immer weitere Wege und immer schnellere Fahrzeuge überflüssig macht. Dazu muß die räumliche Trennung von Wohnen, Arbeiten, Versorgen und Freizeit aufgehoben werden. Vermischung der Lebensbereiche, Stärkung der Nähe und regionaler Strukturen, die „Stadt der kurzen Wege" ist das Ziel.

Werte wie Langsamkeit, Muße, Nähe und Begegnung müssen einen hohen Stellenwert bekommen. Das Fahrzeug als Statussymbol, Nobelkarossen zur Stützung des Selbstbewußtseins sind für Frauen ohne Bedeutung.

Schließlich muß der Ausschluß der Frauen aus öffentlichen Räumen beendet werden. Durch entsprechende Gestaltung und Überwachung müssen „Angsträume" vermieden werden. Vor allem dürfen wir uns nicht aus den öffentlichen Räumen zurückdrängen lassen oder zurückziehen. „Wir erobern uns die Nacht zurück", d. h. Strategien gegen die Ausgrenzung, Stärkung des Selbstbewußtseins und Wehrhaftigkeit, aber auch die öffentliche Diskussion über das Recht von Frauen an der Teilhabe sind nötig.

Wer war Arachne?
Oder was Frauen schon immer über Spinnen wissen wollten!

Julia Lademann

Innenansichten aus der Arachnologie (Spinnenkunde) - auch (noch) eine Männerdomäne

An der Veranstaltung nahmen Frauen teil, die

- einfach neugierig waren und mehr über Spinnen erfahren wollten,
- die Spinnen "toll", spannend und besonders interessant finden und deshalb mehr über sie wissen wollten,
- denen Spinnen eher Unbehagen oder Angst bereiten und sich trotzdem bzw. gerade deswegen etwas genauer informieren wollten.

Ausgerechnet Spinnen?!
Warum sind gerade die Spinnen unter den Tieren negativ belegt, gelten oft als Angst- und Ekeltiere? Während bei Insekten wie Schmetterlinge und Libellen, die ebenfalls als sog. Wirbellose zu den "Krabbeltieren" gehören, der ästhetische Aspekt zur Akzeptanz verhilft, dominieren bei Gedanken an Spinnen einprägsame Horrorgeschichten. Die reichen von riesigen behaarten Vogelspinnen, die kleine unschuldige Vögelchen fressen, bis zur hinterhältigen todgiftigen Schwarzen Witwe, die kaltblütig ihren arglosen Geschlechtspartner als "Betthupferl" verspeist - nachdem dieser völlig erschöpft nach anstrengender Reproduktionsarbeit in des Weibes Netz hängen bleibt. Ich sehe schon, wie sich das eine oder andere Nackenhaar sträubt, aber seien wir mal ehrlich: sind Katzen nicht auch ziemlich behaart und fressen durchaus hin und wieder niedliche Singvögel?! Und was die Giftigkeit angeht: es gibt jede Menge giftiger Tiere (auch Pflanzen), die ihr Gift aber nur bei akuter Bedrohung zum Einsatz bringen - die Spinnen sind da keine Ausnahme. Was das Verspeisen von männlichen Spinnen durch deren Partnerinnen nach dem Geschlechtsakt betrifft: das ist längst nicht so weit verbreitet und hat, wenn es vorkommt, wahrlich nichts mit Hinterhältigkeit zu tun.

Es findet lediglich eine Art Recycling der Körpermasse von einer Generation zur nächsten statt. Der Lebenszyklus der meisten männlichen Spinnen ist nach der Kopulation, mit einer oder mehreren weiblichen Spinnen, beendet. Die Tiere sterben ab, wärend die angehenden Spinnenmütter für die Brutpflege im unterschiedlichen Ausmaß zuständig sind. Werden die Spinnenväter gefressen, so trägt wenigstens deren Körper als Nahrung, z. B. zur Eiproduktion, bei und wird so in die eigenen Nachkommen "investiert". Was die wenigsten wissen: bei manchen Spinnenarten werden auch die weiblichen Tiere von ArtgenossInnen gefressen, nämlich von den eigenen Jungtieren. Werden Jungtiere von der Spinnenmutter solange betreut, bis diese alleine überleben können, stirbt die alte Spinne und dient jetzt selbst als Nahrung - sozusagen als Startkapital für die "flügge" gewordenen Nachkommen.

Die Angst der Menschen vor potentiell stechenden bzw. beißenden Tieren, das haben wir bei Andrea Sörens (Hamburg) Vortrag über Heuschrecken erfahren, ist als Anpassung durchaus biologisch sinnvoll. Wenn wir giftigen, gefährlichen Tieren vorsichtig und zurückhaltend gegenübertreten, macht das Sinn. Wenn wir vor Panik beim Anblick einer kleinen oder auch großen Spinne der Hysterie oder Ohnmacht anheimfallen, sind Ursache und Wirkung nicht mehr im Lot. Ebenfalls bei Andrea Sörens haben wir gehört, daß über 90 % aller physiologisch/psychiatrisch behandlungsbedürftiger Tierphobien bei Frauen auftreten. Referentin und Teilnehmerinnen der o. g. Veranstaltung sammelten als wichtigste Ursachenkomplexe:

- Enfremdung von der Natur
- Erziehung ("Kultivierung weiblicher Schwäche")
- Unwissenheit

Vielleicht kann frau ihre übermäßige Angst etwas besser in den Griff bekommen, wenn ihr die möglichen Auslöser bewußt werden und sie versucht, etwas dagegen zu unternehmen: z. B. gegen die Unwissenheit. Wenn ich weiß, warum die Spinnen so lange, behaarte Beine haben, wie sie sie benutzen und wozu, könnte aus dem Schrecken eher Staunen werden!

Spinnen in der Mythologie

Das Wort *Arachnologie* (Spinnenkunde) läßt sich von Arachne ableiten - wer war Arachne? Nach klassischer Interpretation war Arachne eine Sterbliche, die die Göttin Athene (Tochter von Zeus) zum Wettkampf am Webstuhl aufgefordert haben soll. Die Wandteppiche, die beide Künstlerinnen dann webten, waren gleichermaßen schön. Darüber soll Athene sehr erbost gewesen sein und zerfetzte den Teppich der Rivalin. Daraufhin wollte sich die sterbliche Arachne, aus Angst vor dem göttlichen Zorn, erhängen. "...da wurde sie von der rachsüchtigen Göttin in eine häßliche Spinne *(gr.: arachne, lat.: aranea)* verwandelt; als solche webt sie noch immer..." (FINK 1993, S. 52). Davon abgesehen, ob die Überlieferung so stimmt: Frauen und Spinnen kommen hier ganz schlecht weg! Weiblicher Ehrgeiz und Wettkampf führen zu Neid und Mißgunst unter Frauen und wird übel bestraft. Das Nachsehen hat außerdem die Spinne, an der als Verkörperung dieser unschönen Geschichte kein gutes Haar mehr bleibt.

Wesentlich erfreulicher, aber weit weniger bekannt sind neue, auch feministische Interpretationen griechischer und anderer Mythologien. WALKER (1988, 1993) beschreibt Arachne als Priesterin (der Athene), die von Frauen als Göttin der Spinn- und Webkunst verehrt wurde. Athene selbst sei die Spinnerin menschlichen Schicksals, die Lebensfäden abmißt, verknüpft und zerschneidet. Nach indianischen Mythen war eine Spinne das erste Lebewesen auf der Erde. Sie besaß zwei Päckchen, aus denen sie durch ihren magischen Gesang zwei Frauen hervorzauberte: die Mutter aller Indianer und die Mutter aller übrigen Menschen der Erde (BALKENHOL & ZUCCHI 1994).

Die verschiedenen Mythen bzw. deren Interpretationen veranschaulichen das widersprüchliche Verhältnis von Menschen gegenüber Spinnen. Geschichten, in denen die Rolle der Spinnen positiv besetzt ist, können sicher dazu beitragen, unbegründete Ängste und Ekel abzubauen

Biologie und Ökologie der Spinnen

Zu diesem Thema möchte ich im Rahmen der Dokumentation nur eine kurze Zusammenfassung meines Vortrages wiedergeben. Zum Nachschlagen detaillter Informationen verweise ich auf die gängige zoologische Literatur und die am Ende dieses Textes angegegebenen Schriften.

Allgemeines

Weltweit sind ca. 34.000 Spinnenarten bekannt. Ihnen allen gemeinsam ist der zwei-geteilte Körper: Kopfbrust (Prosoma) und Hinterleib (Opisthosoma). Am Prosoma sitzen vorne die Giftklauen (Cheliceren), Taster, acht (oder selten sechs) Augen und vier Beinpaare. Am hinteren Ende des Opisthosomas sitzen die Spinnwarzen. Die verschiedenen Spinnenfamilien, -gattungen und -arten unterscheiden sich u. a. in Körperform, Körperfarbe und -zeichnung, Augenstellung und Form der Kopulationsorgane.

Sinnesorgane

Spinnen können mit ihren Beinen nicht nur laufen, sondern auch tasten, hören, riechen und schmecken. Tasthaare registrieren Berührungen, sog. Becherhaare (Trichobothrien) reagieren auf Luftschwingungen und dienen so dem Hören. Mit Hilfe von Tarsalorganen und Geschmackshaaren können die Tiere riechen und schmecken, zur Wahrnehmung von Untergrund- und Eigenbewegungen und Schwerkraft dienen sog. Spaltsinnesorgane.

Fortpflanzung und Brutpflege

Das Kopulationsorgan der weiblichen Spinne liegt auf der Unterseite des Hinterleibes. Diese als Epigyne bezeichnete Chitinplatte ist artspezifisch geformt. Bei den männlichen Tieren sind, ebenfalls artspezifisch, die Taster (Pedipalpen) am Vorderkörper zu Kopulationsorganen ausgebildet. Die inneren Geschlechtsorgane der männlichen Spinnen liegen, wie bei den weiblichen Tieren, im Hinterleib. Hier werden die Spermien produziert, die zuerst auf ein speziell dafür gewebtes Spermanetz abgelegt und von dort mit den Pedipalpen aufgenommen werden.

Nach dem "Schloß und Schlüssel-Prinzip" passen die weiblichen und männlichen Kopulationsorgane einer Spinnenart genau zusammen. Tiere einer Art finden sich über Duftsignale und spezielle Balzrituale. Die weiblichen Tiere nehmen die Spermien in Samentaschen (Receptacula seminis) auf, in denen sie wochen- bis monatelang gespeichert werden können. Die eigentliche Befruchtung findet erst während der Eiablage statt.

Nach der Ablage der Eier werden diese von den weiblichen Tieren in Spinnseide eingehüllt (Kokon) und gut versteckt bzw. getarnt sich selbst überlassen oder überwacht. Bei einigen Arten tragen die werdenden Spinnenmütter den Kokon zwischen den Cheliceren oder an den Spinnwarzen geheftet solange mit sich herum, bis die Jungtiere ausschlüpfen. Manchmal werden auch diese noch betreut - meist bleiben sie sich spätestens nach dem Schlupf selbst überlassen.

Nahrungsaufnahme, Spinnengift

Alle Spinnen haben eine Giftdrüse, die im Vorderkörper gelegen ist und an der Spitze der Giftklauen in einen Ausführungsgang endet. Es handelt sich bei verschiedenen Spinnenarten um unterschiedlich starke Nervengifte, welche beim Biß die Beutetiere lähmen oder abtöten. Anschließend gibt die Spinne über die Mundöffnung, die hinter den Giftklauen liegt, Verdauungssekret ab, welche das Beutetier im Inneren verflüssigt (extraintestinale Verdauung). Diese "Flüssignahrung" wird dann von der Spinne durch die Mundöffnung aufgesogen. Spinnen ernähren sich ausschließlich von lebenden Wirbellosen und sind somit ein wichtiges Glied als Insektenvertilger in der Nahrungskette.

Weltweit können die Gifte von ca. 25 Spinnenarten, die ausnahmslos in Südamerika, Afrika und Australien vorkommen, für den Menschen gefährlich werden. Die weitaus meisten Spinnenarten dagegen sind so klein, daß deren Giftklauen nicht einmal die menschliche Haut durchdringen können. Der Biß größerer Vogelspinnen und Taranteln ist etwa so schmerzhaft wie ein Wespenstich - gestorben ist daran noch niemand. Grundsätzlich beißen alle Spinnen nur in Notwehr, wenn sie sich bedroht fühlen oder in Bedrängnis geraten - ansonsten behalten sie ihr Gift nämlich lieber für die nächste Beute!

Spinnennetze
Alle Spinnen haben Spinndrüsen, aber nicht alle bauen Netze. Die freilaufenden Jägerinnen, wie Wolf- und Springspinnen, benutzen ihre Spinnseide für sog. Sicherungsfäden (an denen sie sich im Notfall abseilen können) oder zum Kokonbau. Die seßhaften Netzspinnen bauen charakteristische, oft "familientypische" Netze: verschieden gestaltete Radnetze (z. B. Kreuzspinnen), Baldachinnetze (Baldachinspinnen), Haubennetze (Kugelspinnen), Trichternetze (Trichterspinnen).

Die Spinnseide ist ein Produkt der Spinndrüsen, die im Hinterleib der Tiere liegen und in den Spinnwarzen nach außen münden. Das Spinnfadenmaterial wird als Eiweiß (Protein) in flüssiger Form gebildet, welches erst beim Austreten aus den Spinnwarzen fest wird. In seiner Festigkeit und Dehnungsfähigkeit ist dieses Material Stahl und Nylon weit überlegen!

Die meisten Spinnenarten haben drei Paar Spinnwarzen, in welche bis zu mehrere Hundert Drüsen münden. In den verschiedenen Drüsen werden qualitativ unterschiedliche Fäden hergestellt, die unterschiedliche Funktionen haben: z. B. als Wegfäden (Sicherheitsfaden oder Rahmen- und Spannfaden beim Netzbau), Haftfäden (zur Verbindung von Fäden untereinander oder zum Anheften an den Untergrund), Beutefesselfäden, Kokonfäden, Fangfäden.

Lebensräume
Spinnen besiedeln nahezu alle Lebensräume: künstliche (z. B. Häuser) und natürliche - extrem trockene, heiße (Wüste) bis ziemlich nasse (Moor) oder kalte (Arktis). Sie meiden allerdings pures Wasser als Lebensraum. In Mitteleuropa ist lediglich eine Art (Wasserspinne) bekannt, die im Süßwasser lebt - Meere werden nicht besiedelt. Es gibt aber viele Spinnenarten, die an Ufern und Küsten leben und auf der Wasseroberfläche laufen können.

Nicht *alle* Spinnenarten besiedeln alle Lebensräume. Viele Arten sind auf das Überleben in bestimmten Lebensräumen spezialisiert, andere wiederum können sich fast überall "durchschlagen". Je abwechlungsreicher (strukturreicher) ein Lebensraum ist, desto mehr sog. ökologische Nischen gibt es und umso mehr Spinnenarten können nebeneinander existieren. Innerhalb ähnlicher Lebensräume wird oft ein charakteristisches Artenspektrum vorgefunden, welches sich von anderen Lebensräumen deutlich unterscheiden kann: z. B. dominieren in trockenen, heißen, weitgehend unbeschatteten Gebieten andere Arten, als in feuchten, kühlen, beschatteten Standorten.

Arachnologie - auch (noch) eine Männerdomäne?!
Im September 1995 habe ich an einem internationalen Arachnologie-Kongreß in Genf teilgenommen. Ich habe dort bewußt als Frau einige Beobachtungen zu folgenden Fragen angestellt: Wie hoch ist der Frauenanteil in der Arachnologie? Wieviele Frauen präsentieren ihre Untersuchungen? In welchen Bereichen forschen Frauen?

Natürlich handelt es sich hier keinesfalls um eine soziologische Studie - ich kann mir aber vorstellen, daß solche Fachkongresse durchaus lohnenswerte Objekte für die Geschlechterforschung darstellen.

Aufgrund der Teilnahme an einem Großteil der Vorträge, der mir vorliegenden TeilnehmerInnenliste und "abstracts" (Kurzzusammenfassungen der Vorträge) ergab sich folgendes Bild:

- 207 TeilnehmerInnen aus 41 Ländern, davon: 70 % (145) Männer, 18 % (38) Frauen (die Vornamen der restlichen TeilnehmerInnen konnte ich weder männlichem noch weiblichem Geschlecht zuordnen); die meisten kamen aus Deutschland (25 Männer, 16 Frauen) und Frankreich (15 Männer, 5 Frauen)
- 96 TeilnehmerInnen hielten einen Vortrag: 77 % (74) Männer, 21 % (20) Frauen (Rest unbekannt, s. o.)
- Inhaltliche Schwerpunkte der Vorträge:

Frauen:	- Ökologie 50 % (10)
	- Verhaltensbiologie 20 % (4)
	- Taxonomie/Phylogenie/Biogeographie 20 % (4)
	- Physiologie/Anatomie 10 % (2)
Männer:	- Taxonomie/Phylogenie/Biogeographie 47 % (35)
	- Ökologie 27 % (20)
	- Verhaltensbiologie 16 % (12)
	- Physiologie/Anatomie 10 % (7)

Die quantitative Dominanz der Männer war auf dem Kongreß deutlich: sie machten knapp dreiviertel aller TeilnehmerInnen aus. Bei den Vorträgen dagegen war der Anteil der Frauen im Verhältnis gleich groß: jeweils die Hälfte aller anwesenden Frauen bzw. Männer haben ihre Untersuchungen vorgestellt. In Bezug auf die inhaltlichen Schwerpunkte gab es einen deutlichen Unterschied zwischen Wissenschaftlerinnen und ihren männlichen Kollegen: während die Hälfte der Frauen über ökologogische Themen referierten, beschäftigten sich die meisten Männer mit taxonomischen, phylogenetischen und/oder biogeographischen Fragestellungen.

Zuletzt habe ich alle angehörten Vorträge nach didaktisch-pädagogischen Gesichtspunkten "beurteilt", wobei ich als Kriterien vor allem Struktur und Aufbau des Vortrages, Verständlichkeit (inhaltlich, sprachlich), Einhalten des vorgegebenen Zeitrahmens und Umgang bzw. Einsatz von Medien berücksichtigte. Das Ergebnis ist mit Sicherheit sehr subjektiv und persönlich, doch nach Gesprächen mit anderen KongreßteilnehmerInnen stand ich mit meiner Meinung nicht alleine da: über dreiviertel der Vorträge von Frauen beurteilte ich als "gut" - lediglich die Hälfte der Referate der Männer bekamen ebenfalls diese Bewertung. Auch hier würde sich eine wissenschaftliche Untersuchung zum Thema Geschlechterforschung in der Didaktik/ Pädagogik lohnen!

Es wäre interessant, ähnlich angestellte Beobachtungen aus anderen Fachbereichen der Biologie zusammenzutragen: gibt es Übereinstimmungen oder Abweichungen in der Entomologie (Insektenkunde), Herpetologie (Wissenschaft der Lurche und Kriechtiere), Ornithologie (Vogelkunde) usw.? Bei Fachkongressen könnten neben Referaten auch vorgestellte Poster entsprechend ausgewertet werden. Bezüglich inhaltlicher Untersuchungsschwerpunkte wäre es spannend zu analysieren, wer sich speziell mit Themen zur Biologie weiblicher bzw. männlicher Tiere beschäftigt; oder: wieviel Zeit, Wörter, Bilder werden zur Darstellung von Ergebnissen über weibliche und männliche Tiere verwendet? Damit sollen nur einige Beispiele, Ideen genannt sein, um aus dem Aspekt der Geschlechterforschung die Stellung, Bedeutung und den Beitrag von Wissenschaftlerinnen besser kennenzulernen.

Literatur:

BALKENHOL, B. & ZUCCHI, H. (1994): Spinnentiere; Unterricht Biologie 196; S. 4 - 13

BELLMANN, H. (1992): Spinnen beobachten, bestimmen; Naturbuch Verlag; Augsburg; 199 S.

FINK, G. (1994): Who´s who in der antiken Mythologie; dtv; München; 335 S.

FOELIX, R.F. (1992): Biologie der Spinnen; Thieme; Stuttgart; 331 S.

JONES,D. (1990): Der Kosmos Spinnenführer; Frank'sche Verlagshandlung; Stuttgart; 320 S.

RENNER, F. (1990): Spinnen, ungeheuer - sympatisch; Verlag Rainer Nitsche; Kaiserslautern; 96 S.

TSCHUDIN, M. (1992): Keine Angst vor Spinnen; Schweizerischer Bund für Naturschutz; Basel; 71 S.

WALKER, B.G. (1988): The women's dictionary of symbols and sacred objects;
Harper & Row Publishers; San Francisco

WALKER, B.G. (1993): Das geheime Wissen der Frauen; Zweitausendeins; Frankfurt; 1215 S.

Sprachverarbeitung: Grundlagen und Einsatzmöglichkeiten

Ruth Marzi, BB-DATA

Einleitung

Im folgenden soll zuerst ein Überblick über die theoretischen Hintergründe der Sprachverarbeitung gegeben werden. Anschließend werden Anwendungsbereiche wie auch einige Systeme vorgestellt und die Probleme beim Einsatz von Sprachverarbeitung verdeutlicht.

1. Grundlagen der Sprachverarbeitung

Der Begriff *Sprachverarbeitung* wird je nach Forschungsgebiet unterschiedlich verwendet. In der Linguistik und künstlichen Intelligenz wird er für die Verarbeitung von geschriebener Sprache, die meist in getippter Form und in einzelnen Sätzen vorliegt, verwendet. Davon abzugrenzen sind die *Textverarbeitung*, die sich mit den Problemen der Verarbeitung zusammenhängender Textpassagen beschäftigt, und die Erkennung und Verarbeitung *handschriftlicher* Eingaben. Im Bereich der Signalverarbeitung umfaßt *Sprachverarbeitung* die Verarbeitung von gesprochener Sprache, die *Spracheingabe* und die *Sprachausgabe*.

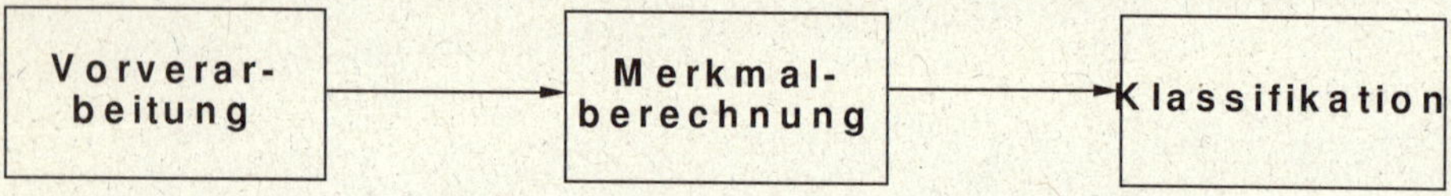

Abb. 1.1 Drei Stufen der Spracherkennung

Nach [Kämmerer90, S.1] erfolgt die automatische Spracherkennung in drei Stufen (Abb. 1.1):

1. Vorverarbeitung: Der Schalldruckverlauf einer Äußerung wird durch ein Mikrofon in elektrische Signale umgesetzt. Die zu diskreten Zeitpunkten gemessenen Spannungen werden digitalisiert und weitergeleitet.
2. Merkmalberechnung: Das aufgenommene Sprachsignal weist einen großen Anteil redundanter und für die Spracherkennung irrelevanter Information auf. Bei der Merkmalberechnung wird das aufgenommene Sprachsignal auf die relevanten Daten reduziert und durch geeignete Transformationen eine Hervorhebung der für die sprachliche Bedeutung des Signals charakteristischen Eigenschaften erreicht.
3. Klassifikation: In dieser Stufe wird die Klassenzugehörigkeit eines zunächst unbekannten aufgenommenen Wortes, einer Silbe oder eines Phonems bestimmt. Für jede Klasse werden in einer vorangestellten Trainingsphase Muster gelernt. Als Erkennungsergebnis wird die Klasse angesehen, deren Muster die größte Ähnlichkeit zu dem aufgenommenen Signal aufweist. Aufgrund unzureichend gelernter Repräsentanten können hierbei Fehlklassifikationen auftreten.

Für die Spracherkennung und die entsprechenden Spracherkennungssysteme können verschiedene Klassifizierungsmerkmale angewendet werden. So kann nach der Art der Erkennung, der Art, wie die zu erkennenden Wörter gesprochen werden müssen, danach, für welche Personen die Systeme einsetzbar sind, und letztlich nach der Wortschatzgröße unterschieden werden [Fellbaum91a].

Für die Spracheingabe ergeben sich drei Kategorien von Anwendungen (Abb. 1.2). Hierbei wird nach dem Ziel der Erkennung unterschieden, d.h. es wird unterschieden, ob das, *was* gesagt, *wie* es gesagt oder *von wem* es gesagt wurde, entscheidend ist. Mit der Frage nach dem, was gesagt worden ist, befaßt sich die *Spracherkennung*, mit der Frage, wer gesprochen hat, die *Sprechererkennung*. Zur Untersuchung, wie etwas gesagt worden ist, wird eine *Sprecheranalyse* durchgeführt, d.h. die momentane Verfassung des Sprechers ist zu untersuchen [Fellbaum89b]. Da es generell noch schwierig ist, Sprecher zu erkennen, sollen die Sprechererkennung und -analyse im folgenden nicht weiter betrachtet werden (näheres s.u.a. [Eppinger93, S. 195-217]).

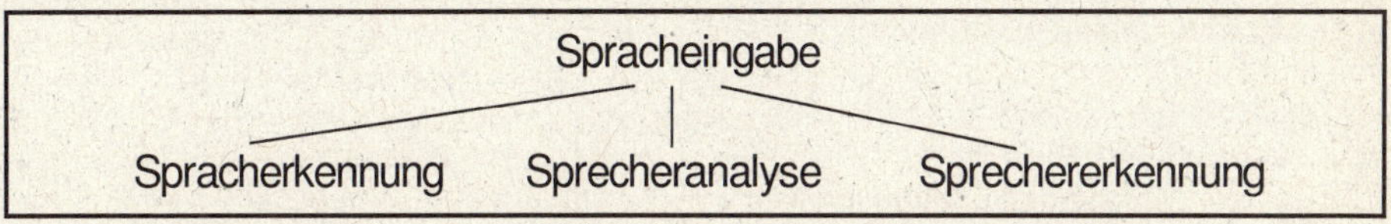

Abb. 1.2 Kategorien der Spracheingabe nach [Fellbaum89b]

1.1 Spracherkennung

Für den Einsatz eines Spracherkennungssystems sind sprecherabhängige und sprecher-unempfindliche Erkennung, sowie sprecheradaptive und sprecherunabhängige Erkennung zu unterscheiden (Abb. 1.3).

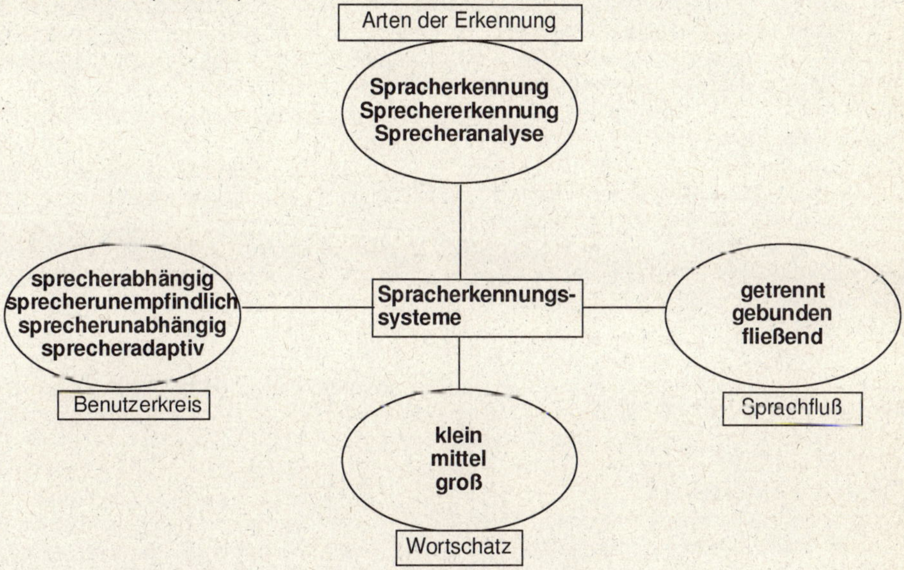

Abb. 1.3 Klassifizierung von Spracherkennungssystemen

Ein weiteres Unterscheidungsmerkmal für Spracherkennungssysteme ist die Größe des Wortschatzes. Der von einem System erkannte *Wortschatz* kann in klein, mittel (bis 200 Wörter) und groß unterteilt werden und bestimmt damit auch die Eignung von Anwendungen für die Spracherkennung (Abb. 1.3).

Letztlich ist der *Sprachfluß* eine Möglichkeit der Klassifizierung, nämlich nach Verarbeitung von getrennt, gebunden oder fließend gesprochener Sprache (Abb. 1.3).

Es gibt phonem-, halbsilben-, silben- und wortbasierte Spracherkenner. Bei den *wortbasierten Spracherkennern* werden beim Training des Vokabulars Templates der gesprochenen Wörter gespeichert. Während des Erkennungsvorgangs wird das Sprachsignal mit diesen gespeicherten Templates verglichen und das/die am besten übereinstimmende/n als erkanntes Wort ausgegeben.

Bei den *phonembasierten Spracherkennern* werden Phoneme einer Sprache oder Cluster mehrerer Phoneme (Silben) gespeichert. Ein *Phonem* ist die kleinste Einheit von Lauten, die von anderen Lauten in einer bestimmten Sprache unterschieden werden können. Wird ein Sprachsignal eingegeben, so wird nicht das gesamte Wort betrachtet, sondern das Signal wird aufgeteilt in kleine Einheiten, die dann mit den gespeicherten Phonemen verglichen werden. Aus den erkannten Phonemen werden die Wörter zusammengesetzt.

Sprecherabhängigkeit und -unempfindlichkeit
Sprecherabhängigkeit bedeutet, daß nur eine bestimmte Person oder ein bestimmter Personenkreis das System benutzen kann. Dies bedeutet auch, daß, falls sich die Stimmlage des Benutzers z. B. durch Erkältung ändert, eine zufriedenstellende Erkennungsleistung nicht mehr garantiert werden kann.

Bei Systemen, die sprecherabhängig Lautfolgen erkennen können, werden zwei Phasen unterschieden: eine *Lernphase* und eine *Arbeitsphase*. In der ersten muß vom zukünftigen Benutzer des Systems, dem Sprecher, das Vokabular trainiert werden. Das gesamte Vokabular muß (auf einmal oder in mehreren Sitzungen) ein- oder mehrfach dem System vorgesprochen werden. In der Arbeitsphase kann dann der abgespeicherte Wortschatz zur Eingabe verwendet werden.

Oft werden im Laufe wiederholter Trainingsdurchläufe mehrere Templates der trainierten Wörter gespeichert. Damit ergibt sich eine pseudo-sprecherunabhängige Erkennung. Das Eingangssignal wird nun nicht mehr nur mit einem, sondern mit mehreren gespeicherten Mustern verglichen. So ist es möglich, den Benutzerkreis auf mehr als eine Person, jedoch nur einen festen Kreis zu erweitern. Auch wird das System gegen bestimmte Stimmschwankungen unempfindlicher.

Sprecherunempfindlichkeit bedeutet, daß Variationen in der Sprechweise eines einzelnen Sprechers toleriert werden. Die Abspeicherung spezifischer Sprechermerkmale bewirkt, daß die Erkennungsraten solcher Systeme sehr hoch sind.

Sprecherunabhängigkeit
Bei sprecherunabhängiger Erkennung ist eine dem eigentlichen Erkennungsprozeß vorhergehende Trainingsphase nicht notwendig, der Benutzerkreis ist also nicht eingeschränkt. Daher müssen bei der sprecherunabhängigen Analyse sprecherspezifische bzw. für die Erkennung irrelevante Eigenschaften möglichst gut unterdrückt werden [Kämmerer90, S. 7].

Es gibt zwei Klassen von Verfahren zur sprecherunabhängigen Erkennung. Verfahren der ersten Klasse werden in *Erkennungssystemen auf der Basis eines Mustervergleichs* eingesetzt. Für jede Wortklasse existieren Referenzmuster ganzer Worte oder von Wortteilen mehrerer Sprecher. Dies bedeutet, je mehr Trainingssätze, desto wahrscheinlicher ist die Erkennung. Der Nachteil dieser Systeme ist, daß der Verarbeitungsaufwand mit der Anzahl der Referenzmuster steigt und daß Redundanzen nicht zu vermeiden sind (es werden sehr ähnliche Muster abgespeichert). Das Verfahren des Clusterns bietet hier die Möglichkeit, eine repräsentative Untermenge aus der Vielzahl der Muster auszuwählen [Kämmerer90, S. 8]. Dem gegenüber stehen *Erkennungssysteme auf der Basis statistischer Modelle*. Hier werden Wortklassen nicht durch Trainingsmuster, sondern durch die Angabe von Wahrscheinlichkeiten für das Auftreten von Merkmalvektoren bzw. deren Werten gebildet. Es werden Verfahren mit expliziter Segmentierung des Wortmusters und solche mit impliziter Segmentierung (z. B. Hidden Markov Modelle) unterschieden [Kämmerer90, S. 10]. Desweiteren spielen neuronale Netze in zunehmendem Maße in der Spracherkennung eine Rolle, da sie für die Mustererkennung gut geeignet sind [Fellbaum94].

Sprecherunabhängige Erkennungssysteme liefern noch nicht so gute Ergebnisse wie sprecherabhängige. Ansätze zur Verbesserung der sprecherunabhängigen Spracherkennung basieren darauf, eine möglichst gute Ausnutzung des Trainingsmaterials mehrerer Referenzsprecher zu ermöglichen [Kämmerer90, S. 43]. Gute Erkennungsergebnisse werden dann erzielt, wenn der unbekannte Sprecher einem der Referenzsprecher sehr ähnlich ist.

Sprecheradaptivität

Sprecheradaption ist der Prozeß, geeignete Referenzmuster verschiedener Sprecher zusammenzufassen [Kämmerer90, S. 10]. Bei *überwachter Adaption* wird dem neuen Sprecher ein kleiner, festgelegter Wortschatz (Adaptionswortschatz) präsentiert, bei *nicht-überwachter Adaption* erfolgt keine Trainingsphase. Der Erfolg der überwachten Adaption wird wesentlich durch die Auswahl des Adaptionswortschatzes bzgl. Umfang und Wortwahl bestimmt. Dabei ist abzuwägen, wieviele Adaptionswörter dem neuen Benutzer zugemutet werden können und wieviele notwendig sind, damit ausreichende Informationen erlangt werden.

1.2 Sprechererkennung

Bei der Sprechererkennung unterscheidet man die Sprecher*verifizierung* und die Sprecher*identifizierung*. Im ersten Fall wird die gesprochene Eingabe mit bereits im System gespeicherten Sprachmustern verglichen, um so die Identität und damit unter Umständen die (Zugriffs-) Berechtigung eines Benutzers zu prüfen. Man kann von einem kooperativen Verhalten des Sprechers ausgehen, da ihm daran gelegen ist, erkannt zu werden (z. B. bei der Überprüfung der Zugangsberechtigung), trotzdem müssen Abweichungen aufgrund der Tatsache, daß keine Person eine Äußerung identisch wiederholen kann, zugelassen werden. Ist der Spielraum zu groß, so besteht die Gefahr, daß Täuscher akzeptiert werden (false accept), ist er zu klein, werden berechtigte Personen zurückgewiesen (false reject).

Bei der *Sprecheridentifizierung* soll ein noch unbekannter Sprecher durch seine Sprachmerkmale erkannt werden. Die Unterschiede in der Artikulation bei verschiedenen Sprechern wird zur Sprechererkennung herangezogen. Es kann nicht von einem kooperativen Verhalten des Sprechers ausgegangen werden (z. B. Erpressung über Telefon), was den Erkennungsprozeß erschwert. Darüberhinaus ist nicht bekannt, ob Sprachmuster des Sprechers im System gespeichert sind oder nicht. Ferner ist es problematisch, wenn die Abweichungen derart sind, daß das System keine eindeutige Zuordnung zu gespeicherten Mustern vornehmen kann, sondern mehrere oder kein Muster Änlichkeiten aufweist.

1.3 Sprachfluß

Beim Fluß der einzugebenden Sprache unterscheidet man Verfahren zur Erkennung von getrennt, gebunden und fließend gesprochener Sprache (Abb. 1.3). Dabei können Algorithmen eingesetzt werden, die ein Dehnen oder Komprimieren des Sprachsignals vornehmen können, um zu berücksichtigen, daß Wörter vom Benutzer verschieden lang gesprochen werden.

Erkennung von Einzelwörtern (Isoliertworterkennung)
Für die Verarbeitung einzelner Wörter gibt es eine Vielzahl von Verfahren. Bei der Erkennung getrennt gesprochener Sprache wird ein Sprachsignal als zusammenhängend erkannt bis eine Pause detektiert wird, die das Ende des Signals markiert. Für den Benutzer bedeutet dies, daß bei der Eingabe zwischen einzelnen Wörtern Pausen gemacht werden müssen. Das Signal wird zum Abgleich mit gespeicherten Referenzen weitergegeben. Eine Folge einzeln gesprochener Wörter kann als Sequenz interpretiert werden. Das Ende einer Folge wird durch die Eingabe eines Schlüsselwortes oder eine lange Pause bestimmt.

Erkennung von Verbundwörtern oder Wortketten (Verbundworterkenner)
Die Eingabe von Sprache in gebundener Form erfordert vom Benutzer - ähnlich der Einzelworterkennung - ein getrenntes Aussprechen der einzelnen Wörter, jedoch verschwinden die Pausen zwischen den einzelnen Wörtern (fast) vollständig. Ein Erkennen der Wortgrenzen ist schwieriger als bei strikt getrennter Sprechweise, aber immer noch möglich. Dem Benutzer wird eine weniger abgehackte Sprechweise abverlangt, die dem natürlichen Sprachfluß aber noch sehr fremd ist.

Erkennung von Schlüsselwörtern in fließend gesprochener Sprache (Word-spotting)
Bei dieser Art der Spracherkennung wird versucht, aus einer fließend gesprochenen Wortfolge bestimmte Wörter, sogenannte Schlüsselwörter, herauszufiltern und sie als Grundlage für die weitere Verarbeitung zu nehmen. Der Rest der Wortfolge wird ignoriert.

Erkennung von fließend gesprochener Sprache
Fließend gesprochene Sprache ist die von den Menschen benutzte Art. Dabei verschmelzen Wortgrenzen, was ihre automatische Erkennung erschwert. Eine eindeutige Zuordnung einzelner Wörter zu Teilen des Eingangssignals kann bei fließend gesprochener Sprache nur dann erfolgen, wenn zusätzlich zum eigentlichen Abgleich mit gespeicherten Phonemen auch eine linguistische Komponente vorhanden ist, die auf Grund von lexikalischem, syntaktischem, semantischem und unter Umständen auch pragmatischem Wissen diese Zuordnung unterstützt. Entsprechende Erkennungssysteme sind noch nicht sehr weit verbreitet.
Bei fließend gesprochener Sprache wird *wohlgeformte* und *Spontan*-Sprache unterschieden. Bei letzterer geht man, im Gegensatz zur wohlgeformten davon aus, daß der Benutzer auch ungrammatische Wortfolgen äußern kann.

1.4 Sprachausgabe
Verfahren zur Sprachausgabe lassen sich in solche zur *Sprachwiedergabe* und solche zur *Sprachsynthese* unterteilen, wobei man bei letzterer noch zwischen voll- und teilsynthetischen Verfahren unterscheidet.

Sprachwiedergabe
Bei der Sprachwiedergabe erfolgt die Ausgabe (= Wiedergabe) von Sprachinformationen, die bereits im System vorliegen. Die später im Zusammenhang auszugebenden Muster (Wörter oder Wortfolgen) werden vorab von einer Person gesprochen und gespeichert. Dabei werden unterschiedliche Verfahren zur (analogen oder digitalen) Speicherung und Wiedergabe verwendet (s. dazu [Eppinger93, S. 281-286]).
Eine Begrenzung der Anzahl der möglichen Ausgaben ergibt sich aus der zur Verfügung stehenden Speicherkapazität. Vorteil der Sprachwiedergabeverfahren ist die gute Sprachqualität

der akustischen Ausgabe, die auch Prosodie enthält, jedoch muß jedes Muster im voraus bekannt sein.

Sprachsynthese
Bei Verfahren zur Sprachsynthese wird zwischen *Voll-* und *Teilsynthese* der Sprache unterschieden. Es werden Phoneme gespeichert und bei der Ausgabe verknüpft. Die später auszugebenden Wörter oder Wortfolgen müssen dem System nicht im voraus bekannt sein, wodurch es möglich ist, ein unbegrenztes Vokabular auszugeben.

Im allgemeinen erfolgt eine Umsetzung in Sprache nach Vorlage eines orthographischen Textes, der dem System vorliegt oder während der Laufzeit eingelesen wird. Dabei ist es problematisch, daß in geschriebenen Texten Informationen zur korrekten Betonung fehlen. Mit Hilfe zusätzlicher Informationsquellen, wie z. B. Grammatiken, Duden, Fremdwörterbüchern und auch prosodischer Information können diese ergänzt werden. Dies kann allerdings nicht immer vollständig geschehen, da die Aussprache vom Kontext abhängt und Homographe mit solchen Mitteln nicht erkannt werden können (z. B. Heroin, Tenor). Sprachsynthese wird trotz ihrer manchmal mangelnden Qualität insbesondere in der Behindertenkommunikation eingesetzt. So sind zum Beispiel Vorlesesysteme, die es Blinden ermöglichen, Bücher akustisch 'aufzunehmen', Anwendungen, deren Vokabular unbegrenzt und nicht vorhersehbar ist [Fellbaum89a], bei denen eine schlechte Ausgabequalität aber besser ist als überhaupt keine Möglichkeit zur Informationsaufnahme.

1.5 Beispiel eines Sprachverarbeitungssystems
Auf dem Markt befinden sich mehrer Sprachverarbeitungssysteme für den PC. Hier soll beispielhaft das System vorgestellt werden, das auch in den folgend dargestellten Anwendungen eingesetzt worden ist.
Das Spracherkennungssystem *SpeechMaster 2.1* der Firma aspect besteht sowohl aus Hardware als auch aus Software. Die Hardware umfaßt eine Zusatzkarte für PC, einschließlich Mikrofon und Steuertaste. Der auf der Karte befindliche Signalprozessor ist zur Echtzeitverarbeitung benutzerabhängiger, kontinuierlich gesprochener Sprache fähig (lt. Hersteller). Der Spracherkenner hat speicherabhängig einen Wortschatz von mehreren hundert Wörtern, von denen maximal 50 Wörter zu einem Zeitpunkt aktiv sein können ([SpeechMaster92], [SpeechMaster94]). Das Entwicklungssystem beinhaltet Programmbibliotheken für die Einbindung von C-Programmen und einen Netzwerkcompiler zur Definition von Anwendungsschnittstellen. Eine kontextfreie Grammatik stellt die Schnittstelle zwischen den Spracheingaben und der Initiierung von Aktionen dar.

Training
Alle Wörter müssen vor dem Einsatz benutzerspezifisch trainiert werden. Dazu wird der Benutzer zur wiederholten Eingabe einzelner Wörter, aber auch von Wortfolgen aufgefordert. Dabei wird vom System eine beliebige Auswahl aus dem Vokabular mit Hilfe der Grammatik ermittelt und dem Benutzer präsentiert [SpeechMaster91, S. A3-1ff].

Die einzelnen Muster werden trainiert, indem die Steuertaste gedrückt, die Eingabe gesprochen und die Steuertaste wieder losgelassen werden. Nach Abschluß jeder Aufnahme erscheinen auf dem Bildschirm:

- die Äußerung selbst,
- ihre Dauer,
- der maximale Pegelwert (max. Aussteuerung) und
- eine graphische Darstellung der Lautstärkekontur.

Der Benutzer hat die Wahl, eine Aufnahme zu speichern oder zu verwerfen. Letzteres ist ratsam, falls Anfang oder Ende eine Äußerung versehentlich abgeschnitten wurden (zu spätes Drücken oder zu frühes Loslassen der Steuertaste) oder leisere Teile der Sprachaufnahme sich unter Umständen nicht genügend von Hintergrundgeräuschen abheben. Dieses Training ist für ungeübte Benutzer nicht bedienfreundlich, da die Entscheidung, ob eine Sprachaufnahme gespeichert oder verworfen werden sollte, der Intuition des Benutzers überlassen ist.

Spracherkennung
Durch den Tastschalter können auch für die Erkennng Anfang und Ende einer sprachlichen Äußerung bestimmt werden, das System kann jedoch alternativ im Modus einer permanenten Erkennung arbeiten. Dies bedeutet, daß ständig alle Geräusche, die einen bestimmten Schwellwert überschritten haben, als Spracheingabe behandelt werden.
Bei der Benutzung werden kontinuierlich gesprochene Wortfolgen über ein Mikrofon aufgenommen und digitalisiert. Die digitalisierten Wortfolgen werden dann analysiert und es erfolgt eine Reduktion dieser Daten auf für die Erkennung signifikante Merkmale. Das Ergebnis der Analyse wird als Eingabe oder Kommandoinformation an das Anwendungsprogramm (z.B. MS-WINDOWS 3.1) übermittelt [SpeechMaster91, S. A1-1].

Entwicklungssystem
Der Entwickler erstellt eine Grammatik, die kontextfrei ist und keine rekursiven Regeln haben darf, also endlich ist, und der Netzwerkcompiler generiert aus ihr ein endliches (Transitions-) Netz und eine Menge von Trainingssätzen, die dem Benutzer präsentiert werden [SpeechMaster91, S. B5-1f].
Die Grammatik, die in Backus-Naur-Form dargestellt ist, enthält jeweils ein Lexikon, Startsymbole, Ableitungsregeln und sogenannte Slots, die die Lexikoneinträge spezifizieren. Aus jedem Startsymbol werden vom Netzcompiler Subnetze generiert. Startsymbole dienen der Aktivierung und Deaktivierung dieser Subnetze, so daß nicht zu jeder Zeit das gesamte Netz aktiv ist.

2. Anwendungsbereiche
Die Ein- und Ausgabe gesprochener Sprache ist im allgemeinen Bestandteil von multimodalen Benutzungsoberflächen von Dialogsystemen.

2.1 Allgemeine Anwendungsbereiche
Die Spracheingabe ist für unterschiedliche Anwendungsbereiche geeignet. Von den Forschungsprojekten in Deutschland sind die BMFT-Projekte SPICOS I und II ([Höge89], [Sagerer90, S. 140-144]) und VESPRA (Sprachsteuerung für Informations- und Leitsysteme) [Krallmann91] zu nennen, im europäischen Raum insbesondere das wissensbasierte Dialogsystem CRIN/INRIA [Sagerer90, S. 137ff], SUNDIAL (mehrsprachiges Flug- und Zugauskunftssystem) und VERBMOBIL (Verhandlungsdialog zwischen deutsch- und japanischsprachigen Partnern in Englisch) (div. Beiträge in [EUROSPEECH93]).

Bei TOSBURG II (Task-Oriented Speech dialogue system Based on speech Understanding and Response Generation) handelt es sich um ein System, das Spontandialog verarbeitet, indem es Schlüsselwortsuche betreibt und multimodale Systemreaktionen vorsieht. Hierbei kann der Benutzer per akustischer Äußerungen die Sprachausgabe unterbinden, wenn er mit den bereits visuell dargebotenen Informationen zufrieden ist [Seto94].

Bei den Sprachverarbeitungssystemen, die kontinuierliche Sprache erkennen, ist an erster Stelle der Marktführer *Speech Processing System 6000* der Firma Philipps zu nennen, der

25.000 Wortformen erkennt ([Steinbiß93], [Steinbiß94]). Das System *Sphinx* der Carnegie-Mellon-Universität in Pittsburg befindet sich noch im Laborstadium, erreicht dort aber eine Erkennungsrate von ca. 95% bei einem Vokabular von 1.000 Wörtern. Das System *Dictate-30K* der Firma Dragon Systems, USA, basiert, wie auch *Sphinx*, auf Hidden Markov Modellen. Dieses System ist ein Einzelwort-Erkennungssystem und hat eine Kapazität von 30.000 Wörtern, die in Form eines Vollformenlexikon abgelegt sind. Das Training erfolgt sprecheradaptiv [Fellbaum94].

Technische Anwendungen für den sinnvollen oder notwendigen Einsatz von *Sprachausgabe* sind nach [Fellbaum91b, S. 1093]:

- Ansagen auf Flughäfen und Bahnhöfen,
- Werbeansagen in Warenhäusern,
- Exponats- und Dokumentenbeschreibungen in Museen und Ausstellungen,
- Haltestellenansagen in Bahnen und Bussen,
- Ausgabe von Alarmmeldungen, Betriebszuständen und Hinweisen in Leitständen, Kraftfahrzeugen und Flugzeugen,
- sprachunterstützte Benutzerführung.

2.2 Graphikorientierte Anwendungen

Die Hardware-Konfiguration für die im folgenden dargestellten Systeme ist in Abb. 2.1 dargestellt. Das erste System erlaubt, beliebige graphikorientierte Anwendungen unter WINDOWS 3.1 durch Spracheingabe zu steuern. Dazu ist es nötig, eine hinreichend große Funktionalität zu gewährleisten, ohne anwendungsspezifisches Vokabular benutzen zu müssen. Es können die grundlegenden Operationen durchgeführt werden, die für den Umgang mit dem Fenstersystem notwendig sind. Die Begriffe für Funktionen, die der Schreibtischmetapher unterliegen, sind nicht standardisiert, oft nicht bekannt oder es werden Wortschöpfungen in einer Mischung aus englischem Begriff und deutscher Grammatik vorgenommen. Es mußte daher zuerst ein entsprechendes Vokabular entwickelt werden (Abb. 2.2).

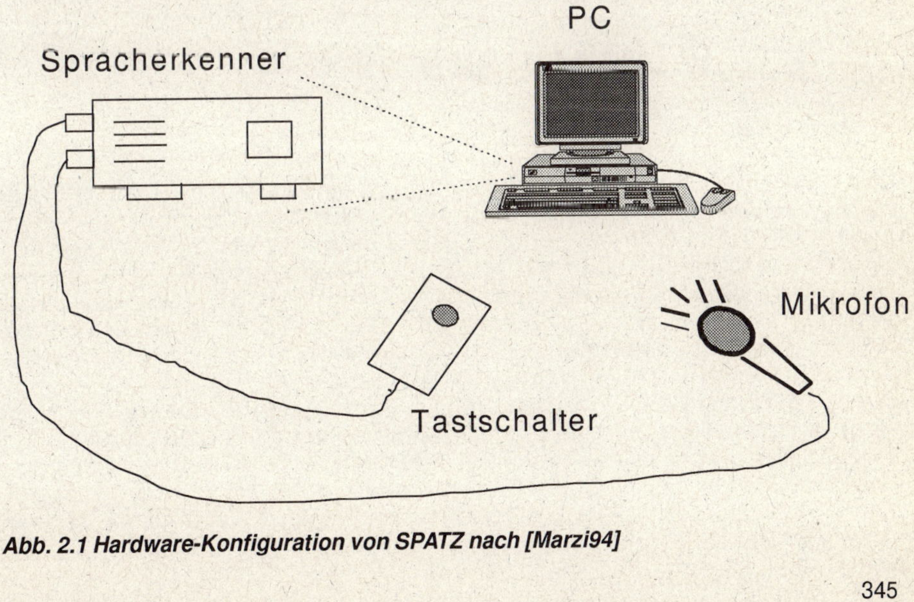

Abb. 2.1 Hardware-Konfiguration von SPATZ nach [Marzi94]

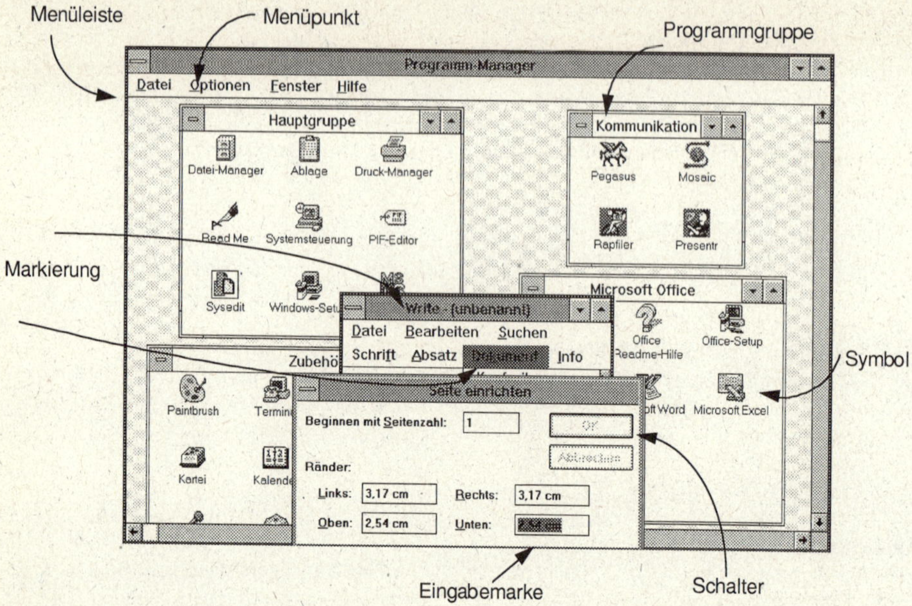

Abb. 2.2 Grundbegriffe der graphikorientierten Benutzungsoberfläche nach [Marzi94]

Die Funktionalität dieses Systems umfaßt [Marzi95]:

- Ansteuern einer Eingabemarke
- Ansteuern von Menüpunkten und -unterpunkten
- Ansteuerung einer Menüleiste
- Auswahl von Symbolen
- Betätigen eines Schalters
- Fokuswechsel zur Bewegung der Markierung
- Initiieren und Beenden von Anwendungen
- Markieren von Programmgruppen oder Objekten

Öffnen und Schließen des Steuerfensters der Sprachverarbeitungseinheit (notwendig, falls die Sprachverarbeitungseinheit und die Anwendung durch Fehlverarbeitung asynchron sind). Damit dieses System für unterschiedliche Software-Konfigurationen unter Windows einsetzbar ist, müssen beliebige Programme durch Sprache unterstützt werden können. Bevor eine neue graphikorientierte Anwendung in die Sprachsteuerung eingebunden werden kann, muß sie auf ihre „Sprach-Tauglichkeit" untersucht werden. Der erste Schritt ist eine Überprüfung, ob die Funktionalität der Benutzungsoberfläche den Konventionen in Windows folgt, also eine Ansteuerung von Menüpunkten oder Knöpfen mittels Tastaturfolge möglich ist. Ist dies gegeben, so folgt eine Zergliederung der Anwendung in einzelne Zustände, zwischen denen Übergänge definiert werden müssen. Diese Zustände definieren sowohl den zu einem bestimmten Zeitpunkt aktiven Wortschatz als auch die auszuführende Aktion am Ende einer Wortfolge. Geht dieser über die Standardwörter zur Fenstersteuerung hinaus, so müssen nach dem Einbinden der Applikation Vokabular und evtl. Grammatik erweitert werden, und der ergänzte Gesamtwortschatz muß neu trainiert werden.

2.3 Portfolioanalyse

Die zweite Anwendung, SPORT (Sprachgesteuerter Arbeitsplatz für verteiltes wissensbasierte Portfolioberatungssystem), stützt sich bezüglich des Applikationswissens auf ein im Rahmen des DFG-Projektes MAGIC/MAGNIFICO ([Heissel93], [Heissel94]) realisiertes Portfolioanalysetool, dessen Funktionalität in die SPATZ-Architektur (s. Kap. 3) abgebildet wurde. Diese dient dem Zusammenwirken von Spracheingabe mit wissensbasierten Komponenten, insbesondere dem Benutzermodell, das individuell Präferenzen und Vorwissen des Benutzers speichert und in die Dialogführung einbezieht. Durch mehrere Reihen von Benutzertests wurde die Akzeptanz des Systems überprüft.

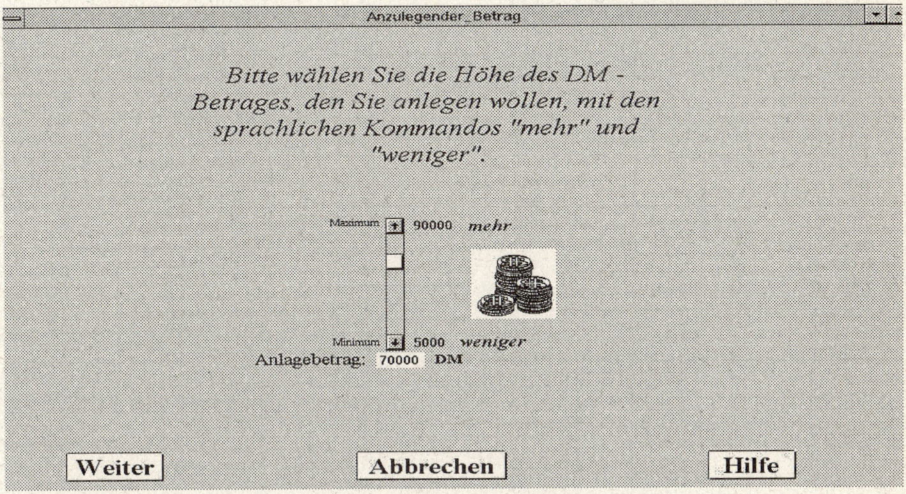

Abb. 2.3 Berechnen von Anlagemöglichkeiten in SPORT

Die Vermögensanlage stellt einen wichtigen Bereich in der Beratung von Privatkunden dar, da der Kunde auf Grund der Vielfalt der Anlagemöglichkeiten oft nicht in der Lage ist, selbst eine Entscheidung über die optimale Anlageform zu fällen. Es müssen die Wünsche der Kunden individuell berücksichtigt werden, und es muß sichergestellt werden, daß in den einzelnen Filialen ein einheitlicher Wissensstand herrscht. Die Portfolioanalyse erlaubt dem Benutzer eine Übersicht über seine Vermögensanlagen und stellt somit einen abgeschlossenen Bereich in der Privatkundenberatung von Geldinstituten dar. Sie basiert einerseits auf der Berechnung nach komplexen Formeln und andererseits auf der Abwägung der unterschiedlichen Interessen eines Kunden. Die Erstanlage muß durch einen Kundenberater erfolgen, der auch die persönlichen Daten des Kunden erfaßt. Danach ist eine kontinuierliche Kundenbetreuung während der Laufzeit der Anlagen erforderlich. Diese umfaßt die Information über den aktuellen Stand der Kundenanlagen sowie möglicher weiterer Anlageformen. Diese Art der Beratung kann im direkten Dialog, unterstützt durch ein wissensbasiertes System entsprechend dem Benutzerprofil des Kunden, erfolgen.

In der Situation in Abb. 2.3 kann der Benutzer durch die Eingabe von „mehr" oder „weniger" vom vorgeschlagenen Anlagebetrag abweichen und mit „weiter" bzw. „abbrechen" fortfahren oder inhaltliche Hilfe anfordern. In Abb. 2.4 stehen dem Benutzer zur sprachlichen Äußerung alle Menüpunkte und Knopfbeschriftungen zur Verfügung [Marzi95].

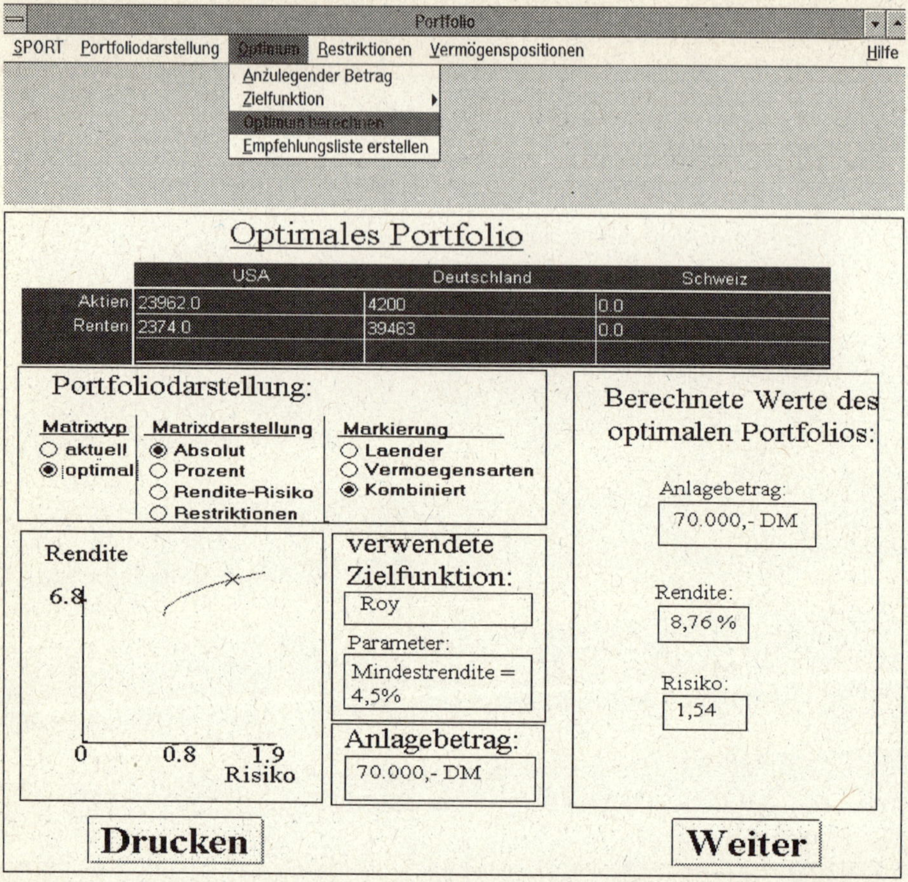

Abb. 2.4 Auswahl des Menüpunkts und Anzeigen des optimalen Portfolios

3. Erfahrungen mit Spracheingabe im SPATZ-System

SPATZ (SPrachgesteuerter ArbeitsplaTZ) basiert auf einer verteilten Architektur, die flexibel für Arbeitsplatz-Systeme mit Sprachsteuerung einsetzbar ist (Abb. 3.1) [Marzi95]. Dabei sind vorzugsweise Büro- und insbesondere Managementarbeitsplätze als Applikationen vorgesehen. Die Architektur stellt diverse wissensbasierte Komponenten zur Verfügung.

Die zentrale Kontrolle wird durch eine *Blackboard* realisiert, die die verteilte Wissensverarbeitung und den Austausch von Informationen zwischen den einzelnen Wissenskomponenten vorsieht. Die Sprachverarbeitungseinheit, die für die bisher realisierten Applikationen eingesetzt worden ist, tauscht Daten direkt mit der Benutzungsoberfläche aus.

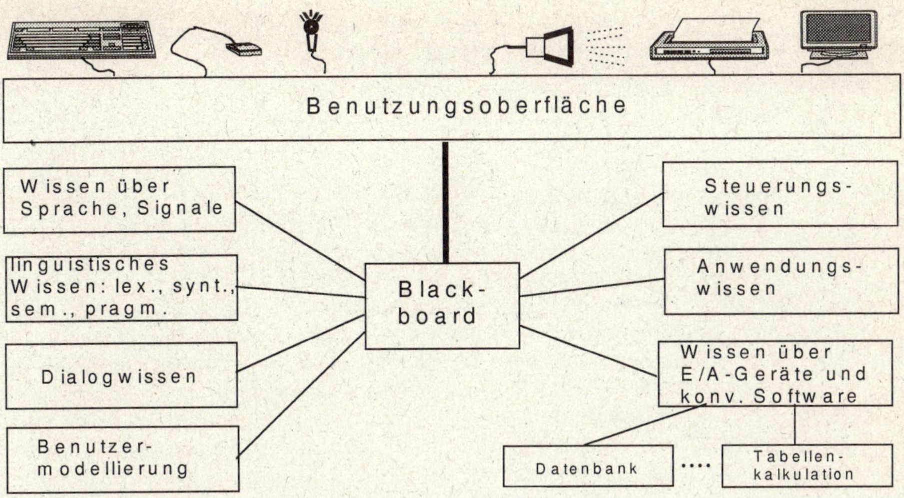

Abb. 3.1 SPATZ-Systemarchitektur

Die *Benutzermodellierungskomponente* ermöglicht die Speicherung und Verarbeitung von Präferenzen und Zielen eines Benutzers, ebenso von Plänen, die zur Zielerreichung führen. Zur Einstufung bzw. Rückstufung in Kategorien, die erhöhte Erklärungshäufigkeit und -ausführlichkeit erfordern, werden Hilfe- und Fehlerrate ermittelt. Eine elaborate *Lernunterstützung* wurde nicht realisiert, jedoch ist sie mit den Werkzeugen zur Benutzermodellierung prinzipiell möglich. Für die Lernunterstützung und die Präsentation des Stoffes wird das Benutzermodell, von dem ein Teil als Schülermodell designiert ist, hinzugezogen.

Die Ausprägung der *Benutzungsschnittstelle* ist multimodal. Als Eingabemodi stehen Tippen (durch Tastatur), Zeigen (durch Maus) und Sprechen (durch Mikrofon) zur Verfügung, realisierte Ausgabemodi sind Texte und Graphiken (jeweils durch Bildschirm und Drucker). Die Benutzungsschnittstelle ist anhand allgemeingültiger Kriterien realisiert. Bei der Einteilung des Bildschirms wird darauf geachtet, daß der Aufbau der einzelnen Seiten einheitlich ist; Informationsüberfrachtung wird zugunsten einer sequentiellen Darstellung auf verschiedenen Bildschirmseiten vermieden. Es werden die Vorteile einer graphischen Benutzungsoberfläche genutzt, indem quantitative Aussagen durch Diagramme dargestellt werden. Ferner werden kontinuierliche Prozesse durch Slider dargestellt, die dem Benutzer die Eingabe und Veränderung von numerischen Daten in einem Gültigkeitsbereich sowohl durch Maus als auch durch gesprochene Sprache ermöglichen.

Benutzertests dienten der Evaluierung der Benutzungsschnittstelle als ganzer und speziell des Einsatzes der Spracheingabe für die Anwendung. Die Benutzer wurden mit Hilfe eines Fragebogens über ihre Präferenzen befragt. Ergebnisse dieser Fragebögen sowie die Intuition der Entwickler sind in die Gestaltung der Benutzungsschnittstelle eingeflossen.

Bei der Gestaltung der *Sprachkomponente* werden Situationen deutlich, die den Einsatz akustischer Spracheingabe sinnvoll erscheinen lassen, und solche, die die Verwendung anderer Eingabeformen befürworten. Probleme bei der Erkennung gesprochener Eingaben können verschiedene Ursachen haben:

- die Trainingsdaten bilden keine ausreichende Grundlage für die Erkennung eines Wortes;
- das zu erkennende Wort wurde nicht optimal trainiert;
- eine Veränderung der Arbeitsumgebung. (Ist diese Änderung sehr gravierend z. B. Wechsel von einem Büro in eine Produktionshalle, sollten alle Wörter neu trainiert werden.)

Maus ist schneller bei kurzen Aktionen 

Auf der Ebene der Windowsoberfläche kann eine Ansteuerung bestimmter Programme oder -gruppen mit Hilfe der Maus schneller erfolgen als durch Sprache. Eine auf die Bedürfnisse der Sprachverarbeitung abgestimmte Applikation kann direkt, unabhängig davon, wo sich der Fokus befindet, durch ihren Namen angesprochen werden (z. B. „SPORT starten"). Dort können insbesondere durch eine Verbundworterkennung und Synonymenerkennung oft benutzte Funktionen direkt durch *einen* Befehl, der u. U. aus mehreren Wörtern besteht, angesprochen werden. Dies kann schneller als eine Mausaktion sein. Gerade für Operationen, bei denen bzgl. der Verarbeitungsgeschwindigkeit und dem Komfort des Benutzers die Maus eine echte Konkurrenz zur Spracheingabe ist, muß individuell genau geprüft werden, ob und wieweit eine Sprachunterstützung sinnvoll ist und von Benutzern angenommen wird.

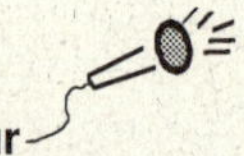 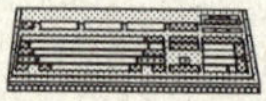

Sprache ist schneller als Tastatur

Das oben Gesagte über die Langsamkeit von Spracheingaben bei kurzen Aktionen trifft nicht mehr zu, wenn keine Maus verfügbar oder der Einsatz von Motorik erfordernden Eingabemedien nicht möglich ist. Im Vergleich zur Tastatur ist die Spracheingabe etwa gleichschnell, aber wesentlich komfortabler, insbesondere wenn Eingabesequenzen Befehle beinhalten, die durch unterschiedliche Tastenkombinationen realisiert sind. Müssen gar graphikorientierte Benutzungsschnittstellen per Tastatur gesteuert werden, so ergibt sich ein Vorteil für die Spracheingabe sowohl bzgl. der Verarbeitungsgeschwindigkeit als auch des Eingabekomforts.

Vermögenspositionen	Entscheidungsregeln	Drucken
anzeigen		

Vokabular oder „what you see is what you may say"

Wichtig bei der Festlegung des Vokabulars für die Spracheingabe ist die Übereinstimmung dessen, was gesagt werden kann, mit dem, was auf dem Bildschirm zu sehen ist. Es ist also schlechter Stil, wenn in der Menüleiste z. B. das Feld „ERegeln" als Kurzform für „Entscheidungsregeln" vorkommt, da sie wegen der geringeren Anzahl von Buchstaben besser in den vorhandenen Platz des Menüs paßt, im Vokabular jedoch nur das Wort „Entscheidungsregeln" oder gar „Entscheidungkriterien" vorkommt.

Wird die Sprachkomponente bei der Systemerstellung integriert, so muß das Fachvokabular weitestmöglich beibehalten werden, treten jedoch Schwierigkeiten bei der Spracherkennung auf, so muß überlegt werden, inwieweit zu Gunsten einer hohen Erkennungsgenauigkeit dem Benutzer ein Abweichen von bekanntem Fachvokabular zuzumuten ist. Wird die Sprachkomponente erst nachträglich integriert, so muß geprüft werden, ob ein Eingriff in die Struktur der vorhandenen Benutzungsschnittstelle möglich ist. Es sollte u.U. überlegt werden, ob durch den Einsatz einer anderen Spracherkennungseinheit Erkennungsprobleme gemildert oder gelöst werden können. Letztlich muß überprüft werden, inwieweit typische Störgeräusche am Arbeitsplatz den Erkennungsvorgang negativ beinflussen. Im Zweifelsfall muß eine räumliche Verlagerung des Systems oder anderer Bürogegenstände in Betracht gezogen werden.

Darüberhinaus bleibt es dem Systementwickler jedoch freigestellt, synonyme Begriffe und Wortfolgen zuzulassen. Dies ist für die Unterstützung einer häufigen Benutzung sogar anzuraten, da es dem Benutzer so ermöglicht wird, seinen eigenen Gepflogenheiten im Ausdruck nachzukommen. Darüber hinaus können so sprecherspezifisch schlecht erkannte Wörter oder Wortfolgen umgangen werden. Ferner können so Abkürzungen in der Ansteuerung von Funktionalitäten realisiert werden, die auf Tastaturebene durch Makroprogrammierung erreicht werden.

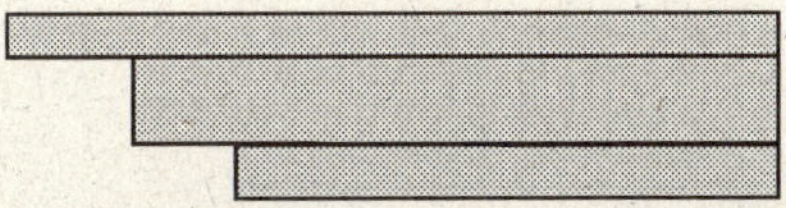

„Durchhangeln“ durch Menüs

Jede Aktion einer graphischen Benutzungsoberfläche, mit Ausnahme der Eingabe freien Textes, ist durch Sprache steuerbar. Dies bedeutet auch, daß dieselben Wege und Befehlssequenzen für die Spracheingabe zur Verfügung stehen, die auch beim Einsatz von Maus oder Tastatur Verwendung finden. Die erste Äußerung bewirkt ein Öffnen des Menüs, so daß die nächste Ebene der Verschachtelung sichtbar ist. Die nun sichtbaren Ausdrücke stellen das aktuell gültige Vokabular dar, und alle Möglichkeiten für die unmittelbare Weiterführung begonnener Befehlssequenzen sind dem Benutzer sichtbar. So werden schrittweise alle Menüebenen abgearbeitet, bis im letzten Schritt der Verschachtelung die Aktivierung einer Funktion erfolgt.

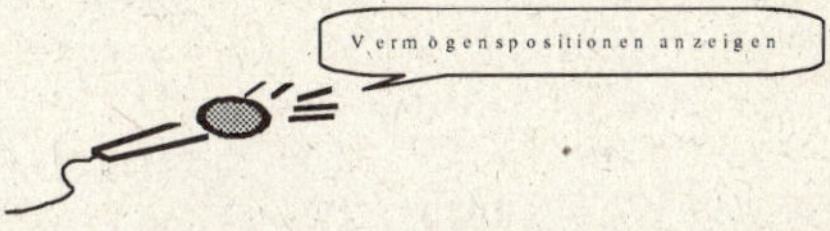

Verbundworterkennung als Abkürzung

Das schrittweise Vorgehen bei der Aktivierung von Aktionen durch längere Befehlssequenzen ist für den geübten Benutzer langwierig und damit mühsam. Daher ist es jederzeit möglich, alle Wörter oder Wortsequenzen, die zur Ausführung einer Aktion notwendig sind, verbunden zu sprechen und somit in einem Schritt durchzuführen. Die Äußerung von Teilsätzen stellt einen Komfort für den gelegentlichen Benutzer dar, der sich an die höheren Menüebenen der Verschachtelung erinnert, nicht mehr jedoch an den genauen Wortlaut der zu initiierenden Aktion. Verbunderkennung zur Zusammenfassung mehrerer Verarbeitungsschritte stellt eine Verkürzung der Interaktionszeiten und eine Vereinfachung der Handhabung gegenüber Eingaben per Maus oder Tastatur dar.

Hilfeoptionen teilunterstützen

Die Hilfe, die jederzeit im System aktivierbar sein muß, kann in einer hypertextmäßigen Form vorliegen. Hypertext wirft jedoch für die Sprachverarbeitung einige Probleme auf. Diese ergeben sich einerseits aus der Natur freier Texte und andererseits aus Restriktionen der Applikation. Um eine Hilfekomponente vollständig zu unterstützen, müssen alle in ihr verwendeten Wörter dem Spracherkenner als mögliche Eingabe trainiert worden sein. Eine Unterstützung kann zu einer Fehleinschätzung durch den Benutzer führen, der jedes im Hilfetext vorkommende Wort als potentielle Eingabe versteht. Da jede sprachliche Äußerung versucht wird zu verarbeiten, auch wenn sie nicht Bestandteil des Vokabulars ist, können sich Zurückweisungen von Seiten des Systems häufen. Dies gilt auch für konventionell erstellte Hilfefunktionen und Lernprogramme. Für die Realisierung bietet sich ein Kompromiß an: Alle Hauptstichworte, die sich auch in einem Index auflisten lassen, können sprachlich durch Zeigerbewegungen wie „hoch“ und „runter“ markiert und somit aktiviert werden.

Dies erlaubt eine kontextunabhängige Verarbeitung der Eingaben. Ferner sind jederzeit die in einer Menüleiste angegebenen Felder für das Blättern in der Hilfe und deren Beenden ausführbar.

Kontextabhängige Wortschatzbeschränkung

Der Wortschatz einer Anwendung teilt sich im Wesentlichen in einen Teil für die allgemeine Fenstersteuerung und Programmaufrufe und in einen Teil für anwendungsspezifische Funktionen. Diese Teile liegen in unterschiedlichen Modulen vor, die je nach Zustand der Anwendung geladen werden. Dadurch ist es möglich, Begriffe je nach Kontext mit unterschiedlicher Semantik zu belegen. Desweiteren ist die Verwendung synonymer Ausdrücke, auch wenn sie in anderen Programmen vorkommen, möglich. Dies erlaubt eine freiere Wortwahl und somit eine dem Benutzer angepaßte Eingabemöglichkeit. Auch können damit innerhalb eines Programmes Wörter unterschiedlich verwendet werden. Ist eine Modularisierung nicht möglich, müssen die Begriffe, die mit unterschiedlicher Semantik belegt sind, durch andere Ausdrücke ersetzt werden. Es kann ebenfalls vorkommen, daß zwei Äußerungen bei der Spracherkennung oft verwechselt werden. Werden Wörter verwechselt, die nicht in demselben Zusammenhang geäußert werden, so kann durch eine Modularisierung die Verwechselung verhindert werden.

Bei der Aktivierung verschachtelter Menüs steht zu jedem Zeitpunkt nur eine begrenzte Anzahl möglicher Nachfolgeäußerungen zur Verfügung. Es ist also möglich, eine Auswahl aus dem Gesamtvokabular zu treffen, die diese Wörter umfaßt einschließlich einiger, immer benutzbarer, Kommandos (z. B. „Hilfe", „abbrechen"). Der Wortschatz kann also an diesen Stellen auf die in einer Situation technisch möglichen beschränkt werden. Eine solche Beschränkung des Wortschatzes führt im allgemeinen zu höherer Erkennungssicherheit, da die Anzahl möglicher Verwechslungen verringert wird.

Synchronisation von Sprache und anderen Eingabeformen

Bei der verwendeten Sprachverarbeitungseinheit ist nur ein Datenaustausch von ihr an die Anwendung möglich. Eine Rückkopplung von der Anwendung über deren Zustand an die Sprachverarbeitungseinheit ist ausgeschlossen. Um eine Synchronisation mit dem Anwendungssystem wiederherzustellen, kann der Benutzer dort manuell den Zustand der Sprachverarbeitung verändern und ihn so der Anwendung anpassen. Dies ist allerdings nur von Entwicklern durchführbar, da die korrekte Nachführung des Zustandes der Sprachverarbeitungseinheit Wissen über die interne Struktur der Anwendung und der Grammatik erfordert. Dies ist von einem Benutzer eines sprachgesteuerten Systems jedoch nicht zu erwarten und ihm die dazu erforderliche Einarbeitung nicht zuzumuten.

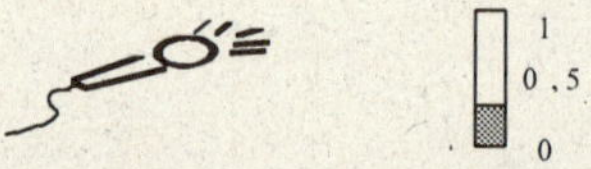

Sprachunterstützung kontinuierlicher Prozesse

Mit Hilfe der Sprache ist prinzipiell in Bezug auf Skalen und Slider sowohl das Verhalten bei Benutzung der Maus als auch das bei Benutzung der Tastatur abbildbar. Der Mausbewegung nach oben entspricht eine Eingabe wie „höher", nach der die Marke solange weiterwandert, bis der maximale Wert erreicht wurde oder der Benutzer den Vorgang abbricht (Eingabe z. B. „stop"). Der Tastatureingabe entspricht eine wiederholte akustische Eingabe des Kommandos „höher" bis der gewünschte - diskrete - Wert erreicht ist. Nicht alle Werte können dadurch erreicht werden. Auch ist eine mehrmals zu wiederholende Spracheingabe mühsam: Die Umsetzung der Mausbewegung, die ja letztendlich eine Kontinuität ebenfalls nicht ermöglicht, sondern nur vortäuscht, da ihre Genauigkeit durch die Darstellungsgenauigkeit des Rechners begrenzt ist, erfordert eine Rückkopplung von der Anwendung an den Spracherkennung. Dies ist notwendig, da die Markenbewegung abgeschlossen werden kann, ohne daß eine weitere sprachliche Äußerung erfolgt (bei Erreichen des Maximalwertes) und somit unterschiedliche Nachfolgoperationen gestattet sind. Eine Umsetzung dieser Rückkopplung ist auf Grund des eingesetzten kommerziellen Systems, wie bereits erläutert, nur schwierig zu realisieren. Ferner ist eine sehr feine Abstufung von Werten innerhalb eines relativ kleinen Intervalls nicht notwendig. Insbesondere bei der subjektiven Einschätzung eines Sachverhaltes ist eine Abstufung über die zweite oder sogar schon die erste Dezimalstelle als unrealisitisch anzusehen, eine Unterscheidung zwischen z. B. 0,513 und Wert 0,514 gar ist für den Benutzer nicht mehr nachvollziehbar. Damit ergibt sich in der Realität eine relativ grobe diskrete Einteilung des Intervalls, für die es ausreicht, diskrete Sprünge durchzuführen. Sollen jedoch konkrete Werte einzugeben sein, wie z. B. bei der Festlegung des Anlagebetrages für Investitionen, so sollte dies direkt möglich sein, entweder über Tastatur oder durch Nennung des Betrages. Hier ist der Einsatz eines Sliders nicht zu empfehlen.

Tastschalter oder permanente Erkennung

Das eingesetzte Spracherkennungssystem Speechmaster operiert in zwei Modi, der permanenten Erkennung und der Bedienung eines Tastschalters.
Ein Tastschalter läßt sich nur dann einsetzen, wenn motorische Behinderungen nicht den Hauptgrund für den Einsatz gesprochener Sprache bilden, denn er muß während der Aufnahme ständig in der Hand gehalten werden. Der Tastschalter erfordert vom Benutzer eine gewisse Eingewöhnung, denn wird die Taste zu spät gedrückt oder zu früh losgelassen, werden Teile der sprachlichen Äußerung nicht registriert und es kommt zu Fehlerkennungen. Vorteil ist, daß gezielt nur dann Sprache aufgenommen wird, wenn sie als Systemeingabe vom Benutzer intendiert ist. Permanente Erkennung bedeutet, daß das Mikrofon immer aktiviert ist und alle erfaßten Geräusche über einem festgelegten Schwellwert als Sprache interpretiert werden. Dies hat den Vorteil, daß der Benutzer seine Hände frei hat und nicht auf ein An- und Abschalten des Mikrofons achten muß. Andererseits birgt die permanente Erkennung die Gefahr in sich, daß Geräusche, die mit der Systembedienung nicht in Verbindung stehen, erfaßt werden. Dies kann dazu führen, daß eine Sprachverarbeitung initiiert wird, die eine Funktion auslöst.

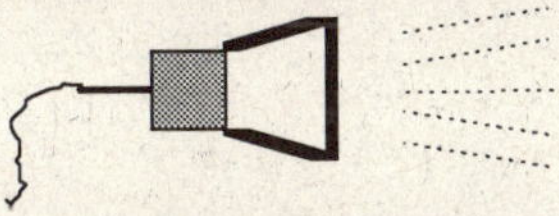

Sprachausgabe

Für eine akustische Sprachausgabe ist nach dem heutigen Stand der Technik ein Sprachwiedergabeverfahren einzusetzen. Dies liegt vor allem an der höheren Qualität gegenüber Sprachsyntheseverfahren und damit höheren Verständlichkeit der Ausgaben. Da der Umfang der akustischen Ausgabe gering gehalten werden sollte (vor allem wegen der dadurch verursachten Störungen), reicht eine festgelegte Zahl vorher bestimmter Wortfolgen aus.

4. Zusammenfassung

Eine größere Verbreitung von sprachgesteuerten Systemen ist erst dann zu erwarten, wenn es gelingt die Spracheingabe selbst in höchstem Maße komfortabel zu machen. Dies schließt eine Benutzerorientierung durch wissensbasierte Komponenten und Benutzermodellierung mit ein. Die Behindertenkommunikation bleibt ein entscheidender Einsatzbereich für die Sprachverarbeitung.

Quellen

[Eppinger93] Eppinger, Bernd; Herter, Eberhard: Sprachverarbeitung; Carl Hanser-Verlag, München Wien, 1993, S. 195-217.

[EUROSPEECH93] 3rd European Conference on Speech Communication and Technology; Procs.; Berlin, 1993.

[Fellbaum89a] Fellbaum, Klaus-Rüdiger (Hrsg.): Behinderten-Kommunikationssysteme. Forschungsbericht Nr. 190, Bundesminister für Arbeit und Sozialordnung, 1989.

[Fellbaum89b] Fellbaum, Klaus-Rüdiger: Anwendungsaspekte der sprachlichen Mensch-Maschine-Kommunikation; in: it 31, 6/89, S. 414-424 (Oldenbourg Verlag).

[Fellbaum91a] Fellbaum, Klaus-Rüdiger: Einführung in die elektronische Sprachverarbeitung, in: Fellbaum, Klaus-Rüdiger: Elektronische Sprachverarbeitung: Verfahren, Anwendungen, Wirtschaftlichkeit; Franzis Verlag GmbH; München 1991, S. 15-65.

[Fellbaum91b] Fellbaum, Klaus-Rüdiger: Sprachausgabesysteme für hohe Sprachgüte und begrenzten Wortschatz (Sprachwiedergabeverfahren) in: Fortschritte der Akustik-17. Gemeinschaftstagung der Deutschen Arbeitsgemeinschaft für Akustik (DAGA) '91, Teil B 11./12.4., Bochum 1991, S. 1093-1096.

[Fellbaum94] Fellbaum, Klaus-Rüdiger: Prinzipien, Stand der Technik, sprecherabhängige Einzelworterkennung; Entwicklung Technologie; Spektrum der Wissenschaft, März 1994, S. 86-90.

[Höge89] Höge, H.: SPICOS II - ein sprachverstehendes Dialogsystem; in: Archiv für elektronische Übertragung (AEÜ) 43, H5, S. 292-298, 1989.

[Kämmerer90] Kämmerer, Bernhard: Sprecherunabhängigkeit und Sprecheradaption; IFB 244, Springer, 1990.

[Sagerer90] Sagerer, Gerhard: Automatisches Verstehen gesprochener Sprache, Reihe Informatik Band 74 (Hrsg: Böhling, Kulisch, Maurer), BI Wissenschaftsverlag, Mann-heim Wien Zürich, 1990.

[Seto94] Seto, Shigenobu; Kanazawa, Hiroshi; Shinchi, Hideaki; Takebayashi, Yoichi: Spontaneous speech dialogue system TOSBURG II and ist evaluation; in: Speech Communications 15, 1994, S. 341-353.

[Steinbiß93] Steinbiß, V.; Ney, H.; Haeb-Umbach, R.; Tran, B.-H., Essen, U.; Kneser, R.; Oerder, M; Meier, H.-G.; Aubert, X.; Dugast, C.; Geller, D.; Höllerbauer, W.; Bartosik, H.: The Philips Research System for Large-Vocabulary Continuous-Speech Recognition; in: [EURO-SPEECH93], S. 2125-2128.

[Steinbiß94] Steinbiß, Volker: Applications of Automatic Speech Recognition in Dictation, Information Retrieval and Device Control; in: Procs. der 5. gemeinsamen Konferenz Elektronische Sprachsignalverarbeitung, 10.94, Berlin; S. 20-29.[Heissel93]

[Heissel93] Heissel, Thorsten; Müller-Wünsch, Michael: Kooperative, wissensbasierte DV-Systeme verbessern die Beratungsqualität einer Bank: Das Anwendungssystem MAGNIFICO. Gehalten als Vortrag auf der Tagung Geld, Finanzwirtschaft, Banken und Versicherungen im Dezember 1993 in Karlsruhe, eingereicht als Beitrag zum Tagungsband, 1993.

[Heissel94] Heissel, Ralf: Berücksichtigung der Portfoliotheorie im Allfinanzberatungssystem MAGNIFICO; unveröffentlichte Diplomarbeit am Fachbereich Wirtschaftswissenschaften der TU Berlin, Fachgebiet Betriebswirtschaftliche System- und Planungstheorie; Prüfungsexemplar, 1994.

[Marzi94] Marzi, Ruth; Pötter, Martin; Klaus, Harald: Akustische Steuerung beliebiger graphikorientierter Anwendungen mittels Verbundworterkennung; in: Procs. der 5. gemeinsamen Konferenz Elektronische Sprachsignalverarbeitung, 10.94, Berlin; S. 413-419.

[Marzi95] Marzi, Ruth: Eine verteilte Architektur für ein sprachgesteuertes wissensbasiertes Beratungssystem; Dissertation am Fachbereich Informatik der Technischen Universität Berlin, 1995

[SpeechMaster91] SpeechMaster Entwicklungssystem Benutzerhandbuch; Version 1.0, aspect Gesellschaft für Mensch-Maschine Kommunikation mbH, Norderstedt, Stand: November 1991.

[SpeechMaster92] SpeechMaster Entwicklungssystem Benutzerhandbuch; Stand: Juni 1992, Version 2.1, aspect Gesellschaft für Mensch-Maschine Kommunikation mbH, Norderstedt, 1992.

[SpeechMaster94] SpeechMaster Entwicklungssystem; Stand: Juni 1994, Version 2.1, aspect Gesellschaft für Mensch-Maschine Kommunikation mbH, Norderstedt, 1994.

Braunkohlekraftwerke

Margret Osterloh

Diese Veranstaltung stützte sich auf das Zeigen von Kohleproben, Fotos von Tagebauen und von Fotos und Bildern von und aus Braunkohlekraftwerken. Diese können im Rahmen dieser Dokumentation leider nicht wiedergegeben werden.

Der Anteil der Braunkohle an der Brutto-Stromerzeugung in Deutschland betrug 1995 27%, beinahe ebensoviel wie Kernkraft (29%) und Steinkohle (28%). In den neuen Bundesländern war der Anteil besonders hoch und betrug 89%. Auch in Zukunft wird Braunkohle voraussichtlich einen großen Anteil behalten, denn der Brennstoff ist langfristig verfügbar und kann subventionsfrei verstromt werden.

Die Teilnehmerinnen sollten zu Beginn der Veranstaltung aus 6 Proben eine Braunkohleprobe heraussuchen. Die Teilnehmerinnen waren durch Ihre Probenwahl in 3 Gruppen eingeteilt, jeder Gruppe war ein Abbaugebiet zugeordnet.

Große Abbaugebiete in Deutschland:
- Rheinisches Revier (Städtedreieck Köln, Aachen, Mönchengladbach)
- Lausitzer Revier (Lausitz)
- Mitteldeutsches Revier (südlich von Leipzig)

Braunkohle wird in Tagebauen abgebaut (großer Eingriff in die Landschaft: Erdoberfläche wird großflächig aufgebaggert, Umsiedlungen, Wasserhaushalt, Verfüllung der offenen Gruben, nach Ende der Nutzung werden völlig neue Landschaften gestaltet).

Die 3 Gruppen erhielten nun jeweils eine typische Analyse von Braunkohle aus "ihrem" Gebiet und sollten diese mit der Analyse einer Ruhr-Steinkohle vergleichen. Auffällig ist der große Wassergehalt (50-60%) der Braunkohle, der den Heizwert (Energiegehalt) auf ein Drittel vom Heizwert der Steinkohle herabsetzt (Prozentual weniger Verbrennliches, Wasser der Braunkohle benötigt Energie, um verdampft zu werden). Braunkohle ist also ein vergleichsweise schlechter Brennstoff.

Aufgrund des hohen Wassergehaltes ist ein weiter Transport von Braunkohle unwirtschaftlich und die Kraftwerke stehen deshalb nicht allzuweit vom Abbaugebiet entfernt. Nach dem Abbau wird die Braunkohle per Förderband aus der Grube heraus und dann entweder per Förderband oder per Zug ins Kraftwerk transportiert.

Braunkohlegebiete
rheinisches Revier:

Tagebaue:
Inden, Garzweiler, Fortuna/Bergheim, Hambach
Kraftwerke der öffentlichen Stromversorgung:
Frimmersdorf, Niederaußem, Neurath, Weisweiler, Goldenbergwerk
Die Kraftwerke im rheinischen Revier entstanden zwischen 1955 - 1976.

In Planung ist ein Kraftwerksblock mit 900 MW elektrischer Leistung voraussichtlich am Standort Niederaußem (Tagebau Hambach). Ursprünglich war der Standort Frimmersdorf vorgesehen im Zusammenhang mit dem Abbau des Tagebaues Garzweiler 2.

Betreiber ist das RWE, den Braunkohleabbau betreibt die 100%ige Tochterfirma Rheinbraun.

Lausitzer Revier, Mitteldeutsches Revier (neue Bundesländer):

Tagebaue:
Mitteldeutsches Revier: Schleenhain, Profen, Zwenkau
Lausitzer Revier: Cottbus-Nord, Jänschwalde, Welzow-Süd
Der Braunkohleabbau der ehemaligen DDR kam erst in Treuhandbesitz, wurde saniert und dann privatisiert:
LAUBAG (Braunkohleabbau in der Lausitz): Ist heute in Besitz von RWE (Rheinbraun), Preußen Elektra, Bayernwerk und anderen westdeutsche Stromversorgern.
MIBRAG (Braunkohleabbau im Mitteldeutschen Revier): Ist heute in Besitz von Power Gen (GB), NRG Energy (USA), Morrison Knudsen Corp. (USA).

Kraftwerke der öffentlichen Stromversorgung:
Nach der Wende mußte der Kraftwerkspark der neuen Länder modernisiert werden: Altanlagen mußten nachgerüstet werden durch die Umrüstung auf NOx-arme Feuerung und den Bau bzw. die Verbesserung von Entschwefelungs- und Entstaubungsanlagen und durch Wirkungsgradsteigerungen (z. B. Kraftwerke Boxberg, Jänschwalde).
Ebenfalls ist geplant, Altanlagen durch Neuanlagen zu ersetzen.

Neubaukraftwerke neue Bundesländer:
Schwarze Pumpe: *2 x 800 MW, Betreiber: VEAG (an Industriestandort). Inbetriebnahme 1997*
Boxberg: *1 x 800 MW, Betreiber: VEAG (an Kraftwerksstandort) Inbetriebnahme 1999*
Lippendorf: *2 x 865 MW, Betreiber: VEAG sowie westl. Stromversorger (EVS, Badenwerk, Bayernwerke) Inbetriebnahme 1999, 2000, Fernwärme Leipzig (20 km nördlich), verstromt jährlich 10 Mio t Braunkohle aus Tagebau Schleenhain (Planung nächste 40 Jahre)*
Schkopau: *2 x 450 MW, Betreiber: VKR, Strom für BUNA-Werke, Bahnstrom, öffentl. Netz, Inbetriebnahme 1995, verstromt jährlich 6 Mio t Braunkohle aus Tagebau Profen*
Investitionskostenzuschuß: 600 Mio DM vom Land Sachsen-Anhalt (offizieller Hintergrund: Sicherung Braunkohlearbeitsplätze)

Stromversorger der neuen Bundesländer ist heute die VEAG. Sie ist Nachfolgerin der ehemaligen Kombinate "Braunkohlekraftwerke" und "Verbundnetze Energie", die erst von der Treuhand verwaltet und nun in Besitz von RWE, Preußen Elektra und Bayernwerk sind.

Andererseits gibt es kommunale Energieversorger (z. B. Stadtwerke), die eigene Anlagen - meist auf Erdgasbasis und mit Kraft-Wärme-Kopplung bauen, wobei auch oftmals vorhandene Fernwärmenetze genutzt werden.

Laut dem Stromvertrag vom 22.8.1990 (zwischen RWE, Preußen Elektra, Bayernwerk einerseits und der DDR und der Treuhandanstalt andererseits) dürfen kommunale Versorger bis zu 30% des Stroms selber erzeugen, den Rest (70%) müssen sie von der VEAG kaufen, die ihren Strom zu 90% aus Braunkohle produziert. Streitpunkte sind der VEAG-Strompreis; außerdem die Frage, ob die Quote eingehalten wird (schwer feststellbar).

Äußerer Aufbau eines Kraftwerkes

Ein Kraftwerk besteht aus mehreren Blöcken. Neuere Blöcke sind größer (größere Leistung). Oft wächst ein Kraftwerk von der einen zur anderen Seite (durch nachträglichen Zubau neuer Blöcke).

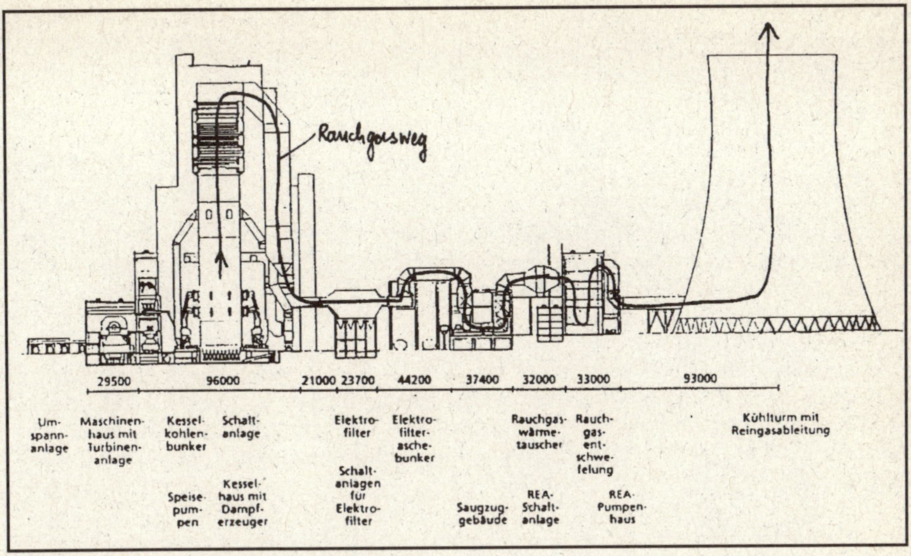

Schnitt durch einen Braunkohleblock

Kraftwerk von innen

Es ist schwierig, Fotos von innen zu zeigen. Wenn man im Kraftwerk steht, sieht man auf den ersten Blick nur ein unübersichtliches Durcheinander von Kanälen, Rohrleitungen, Aggregaten, Stahlträgern usw.

<u>Dampferzeuger:</u>

Kohleweg:

Förderbänder, Vorzerkleinerung (Brecher), Kohlebunker (Zwischenlagerung), Fördergeräte, Ventilatormühle (Zerkleinerung zu Braunkohlestaub) - Anordnung mehrerer Mühlen um Brennkammer herum, Staubleitungen, Kohlebrenner: hier werden Kohlenstaub Luft und rückgesaugte Rauchgase in die Brennkammer eingeblasen.

Rauchgasweg:

siehe Bild oben. Auf seinem Weg von der Brennkamer hin zum Kamin kühlt sich das Rauchgas an dem Arbeitsmedium Wasser/Dampf ab, das dabei erhitzt wird.

Rauchgastemperaturen z. B.:

Adiabatische Verbrennungstemperatur:	1650 °C
Brennkammerendtemperatur:	978 °C
Temperatur nach Luftvorwärmer:	ca. 400 °C
Temperatur nach Luftvorwärmer (Abgastemp.):	169 °C

Heute wird das Rauchgas oft in den Kühlturm eingeleitet (statt in einen Schornstein). Der Wasserdampf aus dem Kühlturm zieht Rauchgase dann mit in die Höhe.

Wasser-/Dampfkreislauf

Mit Dampf wird im Dampfkraftwerk Strom gewonnen, indem er in einer Turbine von hohem Druck bis annähernd Vakuum entspannt wird. Dieser Dampf (bzw. Wasser) durchläuft einen Kreislauf, denn es ist hochgereinigtes Wasser (entsalzt).

Im Dampferzeuger wird Speisewasser hohen Druckes erhitzt, verdampft und der Dampf überhitzt. Zustand vor der Turbine z. B.:

RWE-Kraftwerk 600 MW:	530 °C, 176 bar
Neubaukraftwerk Schwarze Pumpe:	547 °C, 268 bar
Dieser Dampf wird in der Turbine entspannt.	
Zustand nach Turbine z. B.:	48°C, 0,1 bar (dampfförmig)

In dem Kondensator wird der Dampf bei gleichbleibender Temperatur kondensiert. Zu diesem Zweck muß die Kondensationswärme abgeführt werden. Dies geschieht meist durch Kühlwasser, welches wiederum einen Fluß aufwärmt oder aber selber im Kreis läuft (Aufwärmung im Kondensator, Abkühlung im Kühlturm).

Ist das Wasser des Hauptkreislaufes kondensiert, kann es wieder durch Kondensatpumpe und Speisewasserpumpe auf der hohen Druck gepumpt werden. Mit diesem tritt es erneut in den Dampferzeuger ein, wo es erwärmt, verdampft und überhitzt wird. Oft wird es auch vor dem Eintritt in den Dampferzeuger in Vorwärmern auf Temperaturen von 150 - 250 °C vorgewärmt.

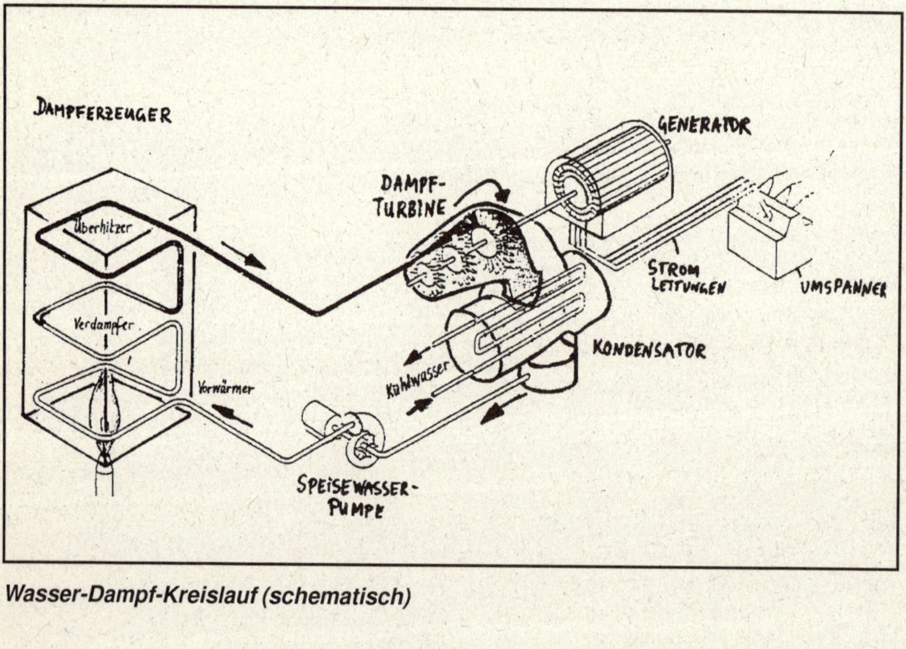

Wasser-Dampf-Kreislauf (schematisch)

Energieausnutzung im Braunkohlekraftwerk

Die im Brennstoff Braunkohle enthaltene Energie kann nur zu einem Teil genutzt werden. Diesen Anteil kann man als Wirkungsgrad definieren:

$$\textbf{Wirkungsgrad} = \frac{\textit{Nutzenergie (z. B.: elektr. Energie)}}{\textit{zugeführte Energie (überwiegend (chemische) Brennstoffenergie)}}$$

Beispiele für Wirkungsgrade von Braunkohleanlagen:

rheinisches Revier: (Angabe RWE)

16 x 150 MW	1955 - 1964	Wirkungsgrad:	31 %
11 x 300 MW	1965 - 1971	Wirkungsgrad:	34,5 %
6 x 600 MW	1974 - 1976	Wirkungsgrad:	35,5 %

VEAG:

mittlerer elektrischer Wirkungsgrad Braunkohlekraftwerke 1989:		29%
z. B.: Jänschwalde B 500 MW	vor Umbau	32,5 %
	nach Umbau	35 %

Verluste

Verluste sind der Rest der Energie, der nicht in Nutzenergie (bei Braunkohlekraftwerken fast ausschließlich elektrischer Strom, da Braunkohlekraftwerke meist direkt beim Tagebau und weit von möglichen Fernwärmeabnehmern stehen) umgewandelt werden kann.

Der Hauptverlust (ca. 40 - 50 % der Brennstoffenergie) ist die Kondensationswärme, die im Kondensator abgeführt werden muß. D. h. der größte Teil der im Brennstoff enthaltenen chemischen Energie wird im Fluß oder über den Kühlturm abgeführt. Dies ist bei dem Prozeß mit Wasserdampf als Arbeitsmedium jedoch nicht vermeidbar, denn in der Turbine muß der Dampf dampfförmig sein, da Wassertropfen die Turbine erodieren würden. Zum Pumpen auf den hohen Druck muß das Wasser jedoch wasserförmig vorliegen. Die energieintensive Phasenumwandlung ist bei diesem Prozeß also nötig.

Bei einem auf reine Stromerzeugung ausgerichteten Prozeß geschieht die Kondensation bei relativ tiefen Temperaturen: 30 - 60 °C. Eine Energiemenge, deren Temperaturniveau nicht deutlich über der Umgebungstemperatur liegt, kann technisch nicht mehr genutzt werden. Wird die Kondensation bei höheren Temperaturen vorgenommen (z. B. ca. 120°C als Vorlauftemperatur für Fernheizungen), wird die Kondensationswärme bei dieser höheren Temperatur frei und kann hier noch für die Fernheizung genutzt werden. In diesem Fall wird allerdings etwas weniger elektrischer Strom erzeugt. Die Braunkohleblöcke sind jedoch in der Regel so groß und stadtfern, daß Fernwärme nur zu einem geringen Prozentsatz ausgekoppelt werden kann. Neben Fernwärme könnte auch Dampf höheren Druckes für industrielle Prozesse ausgekoppelt werden.

Trotzdem sind bei den Neubaukraftwerken Wirkungsgradsteigerungen gegenüber den älteren Braunkohlekraftwerken möglich

Wirkungsgradverbesserungen bei Neubaukraftwerken:

- verringerter elektrischer Eigenbedarf (z. B. für Entschwefelungsanlage, Gebläse)
- Verringerung der Abgastemperatur (von ca. 170 °C auf annähernd 100 °C)
- Optimierung z. B. der Vorwärmerschaltung für das Speisewasser vor dem Dampferzeuger
- höhere Dampfparameter (d. h. höhere Temperaturen und Drücke vor der Turbine)
- **Verbesserung der Turbine**
- niedrigerer Kondensatordruck (0,066 - 0,034 bar)

Wirkungsgrad Neubaukraftwerke (Inbetriebnahme 1995 - 2000) : 40 - 42 %

„Entwicklungs"-Arbeit?

Sabine Piller, Technische Universität Berlin, Elektrotechnik und Mathematik.

1. **Einleitung**

Der Anlass, diese Veranstaltung anzubieten, war mein Wunsch nach einem Austausch über Projektarbeit, und zwar Projektarbeit zu dem Themengebiet *Entwicklung.*

Ich hatte von Juli bis September 1995 in Südafrika an einer *feasibility study on rural school electrification with photovoltaic systems* teilgenommen. Diese Studie und die darauffolgende Elektrifizierung einiger Schulen war nach Ansicht der InitiatorInnen ein Beitrag zur Entwicklung ländlicher Gebiete in Südafrika.

Von der Möglichkeit an dieser Studie teilzunehmen, hörte ich 2 Wochen bevor ich damit anfing. Es war also eine sehr kurzfristige Entscheidung, sowohl meinerseits, als auch auf der Seite des Energieversorgungsunternehmens (EVU), das mich einstellte. Ich glaubte eigentlich nicht die richtigen Voraussetzungen zu haben. Eine Soziologin wäre geeigneter gewesen, ich studiere Elektrotechnik und Mathematik. Da ich mich aber schon ein wenig mit Entwicklungshilfe auseinandergesetzt habe, und da sowohl meine KollegInnen in dem Institut, in welchem ich zu dieser Zeit tätig war (Energy for Development Research Center, University of Cape Town), als auch die Verantwortlichen des EVU in meinen Voraussetzungen kein Problem sahen, konnte ich der Versuchung nicht widerstehen und begann in dem für mich sehr interessanten Projekt.

Die dann folgenden 3 Monate waren für mich angefüllt mit dem Versuch, fehlende Vorbereitung nachzuholen, alle verfügbare Information über Schulen in ländlichen Gebieten zu finden, zu verschlingen und gleichzeitig an der Studie mitzuarbeiten. Letzteres bedeutete für mich oft ein Infrage-stellen der gerade gewählten Vorgehensweise. Insgesamt war diese Zeit sehr anstrengend und ich sah während der 3 Monate nur wenig Möglichkeiten der reflektierenden Auseinandersetzung mit meiner Arbeit. Ich war „viel zu beschäftigt".

Direkt nach dem Projekt kehrte ich nach Deutschland zurück und hier begann sofort ein so verschiedenes Leben, daß ich eine gewisse Zeit brauchte, um mit der Aufarbeitung anzufangen. Sie ist noch nicht abgeschlossen und die Veranstaltung war ein Teil dieses Prozesses der Aufarbeitung.

2. **Verlauf der Veranstaltung**

Zur Veranstaltung kamen acht Frauen mit unterschiedlicher Motivation. Dazu gehörten: - eigene Erfahrung in Projekten - in naher Zukunft angestrebte Projektarbeit - der Wunsch zur nochmaligen Auseinandersetzung mit Entwicklungspolitik wegen Freundinnen, die in diesem Bereich arbeiten - Beenden der bisherigen Nicht-Beschäftigung mit diesem Thema.

Da es meiner Meinung nach schwierig ist, die vielfältigen Konflikte, die ich in meiner Arbeit erlebte, in einem kurzen Vortrag darzustellen, wählte ich als Methode zur Auseinandersetzung ein Rollenspiel.

Das Rollenspiel

Folgende Vorgaben wurden von mir gemacht und schriftlich ausgegeben:
Es findet ein *Workshop* statt, in Tsomo (Transkei, Südafrika). STROM (das für die Elektrifizierung verantwortliche EVU) hat dazu eingeladen. Folgende Gruppen sind eingeladen und anwesend:

1. <u>Die „Frauen von Tsomo"</u>
Tsomo ist ein Dorf in einem bisher vom monopolistischen Elektrizitätsversorgungsunternehmen STROM vernachlässigten Gebiet.

Aufgrund veränderter politischer Verhältnisse soll auch in dieser Region die Versorgung mit Elektrizität verbessert werden. Es gibt daher ein Projekt zur Installation einer Photovoltaik-Anlage in der Schule von Tsomo.

Zur Information und Beteiligung der Bevölkerung veranstaltet STROM in Tsomo einen *workshop*.

Die "Frauen von Tsomo" haben *Castalia Makaba* zu ihrer Sprecherin bestimmt. Sie vertritt die Interessen und Wünsche der Frauen des Dorfes.

2. <u>Die technischen Beraterinnen mit helfender Motivation</u>
Mehrere in Übersee ausgebildete Technikerinnen haben die Gelegenheit, an einem Projekt zur photovoltaischen Elektrifizierung von Dorfschulen mitzuarbeiten. In den Dörfern gibt es bisher keine Elektrizität. Die Technikerinnen möchten mit ihrer Arbeit der Dorfbevölkerung, insbesondere den Frauen, ein besseres Leben ermöglichen.

Sie sind dabei auf eine gute Zusammenarbeit mit dem monopolistischen Elektizitätsversorgungsunternehmen STROM angewiesen, unter dessen Leitung das Projekt steht. In einem der Dörfer, Tsomo, dessen Schule elektrifiziert werden soll, findet ein *workshop* zur Information und Beteiligung der Bevölkerung statt.

Die technischen Beraterinnen bestimmen *Sabine Europa* zu ihrer Sprecherin.

3. <u>Die Leute von STROM</u>
STROM hat ein Monopol bei der Elektrizitätserzeugung. 98% der Elektrizität des Landes werden von STROM produziert, hauptsächlich mit Kohlekraftwerken. STROM hat daher eigentlich kein Interesse an der Verbreitung von Photovoltaik.

Aber: Die politischen Verhältnisse verlangen die Elektrifizierung bisher vernachlässigter Gebiete. Es gibt daher bei STROM eine *off-grid section.* Diese überprüft die Möglichkeit der Nutzung dezentraler regenerativer Energiequellen in ländlichen Gebieten.

Rodna Buttle ist Managerin bei STROM und Leiterin der off-grid section. Sie hat karierrebedingt ein starkes Interesse am Erfolg ihrer Abteilung und damit am Erfolg eines vor kurzem initiierten Projektes zur Versorgung von Dorfschulen mit photovoltaisch erzeugtem Strom.

In einem der Dörfer, Tsomo, findet ein workshop zur Information und Beteiligung der Bevölkerung statt.

Die Spielvorbereitung

Bemerkenswert ist, daß zunächst keine der anwesenden Frauen die Rolle der Technikerinnen aus Europa übernehmen wollte. Dies mag zum Teil an der Namensgebung liegen, aber vielleicht auch an dem Wissen um die Kritik an Entwicklungshilfe und die Angst, dieser Kritik nicht gerecht werden zu können. Die Gruppen sollten sich 15 Minuten Zeit nehmen, um ihre Positionen auf Papier zu formulieren.

Sofort kamen von allen Gruppen viele Nachfragen zur beschriebenen Situation. Mehr detailierte Angaben wurden gewünscht: liegt, zum Beispiel, das Dorf am Fluß?

Die „Frauen von Tsomo“ entschieden sich zum Beispiel, nichts aufzuschreiben, da sie davon ausgingen, nicht schreiben zu können. Aber sie waren unsicher und fanden es schwer, sich ihre Situation vorzustellen, ohne die in Europa gängigen Vorurteile zu reproduzieren.

Ich hatte den Eindruck, daß die Frauen von STROM sich am einfachsten in ihre Situation versetzen konnten.

Die Vorbereitungsphase dauerte (aufgrund der unzureichenden Vorgaben?) länger als geplant. Folgende Argumente/Positionen/Fragen wurden von den Gruppen gesammelt:

1. Die „Frauen von Tsomo“ (Gedächtnisprotokoll)
   - wozu ist die Anlage geeignet? Vielleicht auch für eine Wasserpumpe?
   - wird die Anlage Erwerbsmöglichkeiten schaffen?
   - Kosten, Reparatur?
   - gibt es solche Anlagen vielleicht auch für den Hausgebrauch?

2. Die technischen Beraterinnen mit helfender Motivation (Stichwortprotokoll der Gruppe)
   - Licht ist wichtig für: Erwachsenenbildung, Schüler können abends lernen, Lehrer können sich abends vorbereiten, Lehrer kommen lieber in elektrifizierte Schulen, in der Schule können sich Frauengruppen usw. abends treffen, Feste können gefeiert werden.
   - Später könnten auch evtl. Wasserpumpen mit Photovoltaik betrieben werden (Finanzierung?)
   - Funkgeräte

3. Die „Leute von STROM“ (Stichwortprotokoll der Gruppe)
   - Licht für schlechte Tage, Abendkurse, Community meetings, Lehrerarbeit abends
   - Fernsehapparate, Filmprojektor (Video)
   - Kopierer (Tafeln können ab, Kinder können was mit nach Hause nehmen)
   - jemand einflußreiches für Überwachung [wegen Diebstahl, S.P.]

Das Spiel
Die Gruppen einigten sich darauf, keine Sprecherinnen zu bestimmen.
Das Spiel begann mit der Begrüßung von seitens STROM.
Nach einer kurzen Darstellung von STROM, warum der workshop einberufen worden ist und

einer Erklärung des Projektes, folgten Fragen der „Frauen aus Tsomo“. Eine der Frauen stellte gleich zu Anfang klar, daß die Situation der Schule so schlimm gar nicht sei und die Schule auch so schon arbeitsfähig ist. Die „Leute von STROM“ waren nicht sehr beeindruckt und verfolgten weiter die Durchsetzung der Projektidee. Weitere Fragen der „Frauen aus Tsomo“ wurden von STROM nur beantwortet, wenn sie direkt mit der Schule und der Photovoltaik-Anlage zu tun hatten. Bei Fragen nach z. B. einer Wasserpumpe wurde darauf hingewiesen, daß dies zu einem anderen Projekt werden würde, vielleicht später mal und vermutlich von der Dorfbevölkerung bezahlt werden müßte.

Die Haltung der „Leute von Strom“ hatte ich in ähnlicher Weise tatsächlich in Südafrika erlebt. Das Verhalten der „Frauen von Tsomo“ war anders, als ich es kennengelernt hatte. Insbesondere die Klarstellung am Anfang hob sich ab. Ich nehme an, dies würde in der Transkei als Unhöflichkeit gelten und deshalb so nicht vorkommen. Nachfragen zum System hatte ich in Tsomo gehört, allerdings inhaltlich andere. Es ging damals mehr um das Auffüllen der Batterie oder vor allem darum, wann die Anlage kommen würde und warum nicht „richtiger Strom“ (Netzanschluß). Im Rollenspiel fragten die „Frauen von Tsomo“ danach, wer das System warten und reparieren würde und eher technische Details. Meiner Meinung nach ist das auf ihren wissenschaftlich/technischen Hintergrund zurückzuführen. Die Frage, ob solch ein System vielleicht auch für Haushalte genutzt werden könne, gab es interessanterweise im Spiel wie auch in der Realität.

Besonders spannend für mich war natürlich das Verhalten der „Technikerinnen“. Sie verhielten sich sehr zurückhaltend und mischten sich erst spät in das Gespräch ein. Ihre Beiträge spiegelten jenen Konflikt wieder, den auch ich sehr stark empfunden hatte: In Kenntnis der Projektstruktur und der von den InitiatorInnen (vorwiegend) verfolgten Kapital- und Karriereinteressen möglichst viel von dem verwirklichen wollen, was den Frauen von Tsomo zu Gute kommt, ohne dabei aber genau zu wissen, oder wissen zu können, was dies ist.

Nach Beendigung des Spiels bat ich die Frauen erstmal in ihren Rollen zu bleiben und zu erzählen, wie sie sich jetzt fühlen. Die Leute von STROM waren zufrieden. Sie hatten ein gutes Projekt vor. Etwas schade war, daß die Frauen aus dem Dorf lieber eine Wasserpumpe hatten, aber das könnte ja in einem späteren Projekt umgesetzt werden. Insgesamt sahen sie sich als erfolgreich und hatten das Gefühl einen Beitrag zur Entwicklung in diesem Dorf zu leisten.

Die „Frauen von Tsomo“ hatten eher gemischte Gefühle, waren sich nicht so sicher was sie erreicht hatten oder nicht und sahen dem Fortgang des Projektes eher skeptisch entgegen. Die Technikerinnen waren unzufrieden und sahen sich zwischen zwei Stühlen sitzen. Sie hatten das Gefühl, daß eine Wasserversorgung wichtiger wäre. Dies war aber im Rahmen des Projektes nicht vorgesehen und STROM machte nicht den Eindruck das ändern zu wollen, oder zu können.

Damit war das Rollenspiel beendet und ich bat um eine Bewertung dieser Methode. Alle Teilnehmerinnen fanden ein Rollenspiel für diese Art von Veranstaltung sehr gut. Obwohl es als schwer empfunden wurde, sich in die Situationen hineinzuversetzen, war gerade dies eine Hilfe im Verstehen der Problematik. In einem Vortrag wäre die Komplexität der Situation nicht so deutlich geworden und die Beteiligung der einzelnen Frauen nicht so intensiv. Eine Frau aus der Gruppe, die STROM darstellten, sagte, es sei interessant gewesen, mal zu sehen, wie gut sich die InitiatorInnen vermutlich bei solch einem Projekt fühlen, daß sie wirklich der Meinung sind, gut und richtig zu handeln.

Leider waren die eineinhalb Stunden so schnell um, daß wir am Ende der Veranstaltung nur sehr kurz Vorschläge sammeln konnten, wie derartige Situationen besser eingeschätzt und bewältigt werden könnten. Folgendes trugen wir in der Kürze der Zeit zusammen.

- Es sollen vorwiegend (oder ausschließlich?) Projekte unterstützt werden, die von den angeblichen NutznießerInnen selbst initiiert oder gefordert werden.

- Es muß viel mehr Zeit zu Auseinandersetzung und Diskussion zwischen den beteiligten Gruppen vorgesehen werden.

- Am Projekt beteiligte Menschen, die nicht in dem jeweiligen Dorf (oder der Region) leben, sollten sich eine Zeit lang dort aufhalten (Wochen, Monate?), um selbst erfahren zu können was nötig oder sinnvoll erscheint.

Ich möchte nochmals allen Teilnehmerinnen danken, für mich war die Veranstaltung sehr anregend und hat mich in meinem Aufarbeitungsprozess ein Stück weitergebracht.

Informatik - Eine Reise in die Zukunft

Ingrid Rügge

Die Studienrichtung Informatik ist in den letzten Jahren für Frauen und insbesondere für Schülerinnen immer uninteressanter geworden. Diese Tatsache läßt sich u. a. an der sinkenden Zahl der Studienanfängerinnen festmachen, aber auch am steigenden Anteil der Studienabbrecherinnen. Ein Grund für dieses Phänomen ist sicher in den derzeit praktizierten Lehrformen und -inhalten an den Informatikstudiengängen zu suchen, die offensichtlich nicht den Erwartungen und Ansprüchen von Frauen entsprechen. Eine weitere Ursache ist das Bild der Informatik in der Öffentlichkeit als "ein von Hackern und blutleeren Gestalten bevölkertes Ödland".

In diesem Workshop haben wir nun eine alternative Veranstaltungsform ausprobiert, um in einer entspannten und kreativen Atmosphäre ein Szenario entwickeln zu können, wie die Disziplin Informatik aus der Perspektive von Mädchen und Frauen aussehen sollte, könnte oder dürfte, um sie als Studienfach wieder akzeptabel zu machen. Die Ergebnisse des Workshops werden als Anregungen in die Ausgestaltung des vom Land Bremen beantragten BLK-Modellversuchs "INFORMATICA FEMINALE - Sommeruniversität für Frauen in der Informatik" eingehen. Außerdem finden die erzählten Erfahrungen und beschriebenen Bilder Berücksichtigung bei der Überarbeitung und Wiederauflage der sogenannten Schülerinnenbroschüre "Informatikerin? wieso nicht...". Diese Broschüre ist vor einigen Jahren von der Gesellschaft für Informatik herausgegeben worden und fand großen Anklang. Sie ist leider schon seit längerer Zeit vergriffen, wurde aber immer wieder nachgefragt. Diese Broschüre wird nun im Rahmen eines Pilotprojekts am Fachbereich Mathematik/Informatik der Universität Bremen aktualisiert, neu gestaltet und gedruckt. (Eine Kurzbeschreibung des Pilotprojektes findet sich am Ende dieses Beitrags.)

Der Workshop wurde in einer Form konzipiert und durchgeführt, die im Informatikstudium nicht üblich ist, sich aber z. B. in Zukunftswerkstätten als ein Bestandteil finden läßt:

Nach einer ausführlichen Vorstellungsrunde, in der jede Person genügend Zeit hatte, das anzusprechen, was ihr wichtig war, waren die Teilnehmerinnen zu einer Reise in die Zukunft eingeladen, bei der sie ihrer Phantasie freien Lauf lassen konnten, ohne Zwang und ohne Grenzen. Diese "Reise" wurde als geleitete Phantasiereise durchgeführt. Anschließend hatte jede Teilnehmerin wiederum ausreichend Zeit, ihre erlebten Bilder und Visionen vorzustellen. Als Ergebnis wurden die genannten Begriffe schriftlich festgehalten.

Das Experiment war ein Erfolg. So individuell wie die Teilnehmerinnen, so vielfältig waren auch ihre Visionen. Gemeinsam war den beschriebenen Bildern höchstens die Betonung des Einflusses architektonischer Gestaltung auf die Studienbedingungen und das Wohlbefinden im Studium. Andere genannte Begriffe und Faktoren waren z. B.:

- Vielfalt
- Zusammenarbeit
- angenehme Atmosphäre
- Lernen von Lernen
- Transparenz
- Gestaltbarkeit
- spielerische Elemente
- Interdisziplinarität
- keine Hierarchien

Die Rückmeldungen der Teilnehmerinnen bzgl. der verwendeten Veranstaltungsform waren durchweg positiv, z.T. sogar begeistert. Sie zeigen, daß ein Überdenken der bisher praktizierten Lehr- und Lernmethoden in der Informatik in einem breit angelegten Versuch, wie es der oben angesprochene Modellversuch wäre, ein vielversprechender Weg ist, das Interesse von Mädchen und Frauen an einem Informatikstudium aufrechtzuerhalten und vielleicht sogar neu zu entflammen.

Kurzinformation zum Pilotprojekt zur Information und Motivation von Mädchen und Frauen für ein Informatikstudium unter dem Motto:

"Das Informatikstudium ist anders!"

Gefördert vom Bundesministerium für Bildung, Wissenschaft, Forschung und Technologie sowie vom Land und von der Universität Bremen.

Laufzeit: 1.4.1996 bis 31.12.1996

Projektleitung: Prof. Dr. Hans-Jörg Kreowski

Mitarbeiterinnen: Dipl.-Inform. Veronika Oechtering,
Dipl.-Inform. Ingrid Rügge
Rosemarie Callies und weitere Informatikstudentinnen

Beschreibung: Im Pilotprojekt richten wir uns an
- Schülerinnen allgemeinbildender Schulen (Sek. I und II)
- Frauen in berufsorientierten Ausbildungen bzw. im Beruf
- Studienfachwechslerinnen
- Eltern und LehrerInnen sowie an
- Studien- und BerufsberaterInnen

im Einzugsbereich der Universität Bremen. Unser Ziel ist die Beseitigung von Informationslücken und bestehenden Vorurteilen bei Mädchen und Frauen gegenüber dem Informatikstudium. Durchgeführt werden Informationsveranstaltungen für die gesamte Schulöffentlichkeit, Unterrichtsbesuche, die Beteiligung an Projekttagen in Schulen, ein "Schnuppertag" am Studiengang Informatik, Fortbildungsveranstaltungen für Lehrkräfte, Workshops zum Thema "Berufsorientierung" für Mütter von Schülerinnen, Beratungsangebote für Zielgruppen im außerschulischen Bereich sowie für Berufstätige.Für alle genannten Bereiche wird Informationsmaterial erstellt.

Öffentlichkeitsarbeit: Stand auf der CeBIT HOME´96:
Chancen 2000 Forum, Frauen geben Technik neue Impulse - F06
Überarbeitung und Wiederauflage der sogenannten Schülerinnenbroschüre "Informatikerin? wieso nicht..."

Kontaktadresse: Veronika Oechtering oder Ingrid Rügge
Universität Bremen – Fachbereich Mathematik und Informatik
Postfach 330440, D-28334 Bremen,
Tel.: 0421-218-2701, Fax: 0421-218-4322
Email: oechteri@informatik.uni-bremen.de
ruegge@informatik.uni-bremen.de

Heuschrecken: biblischer Schrecken oder schützenswerte Arten? Angst vor Insekten

Andrea Sörens

Einleitung

Heuschrecken sind Insekten und als Tiergruppe schon sehr alt. Vor 400 Mill. Jahren gab es schon Formen mit Sprungbeinen, vor 220 Mill. Jahren waren die Insektenordnungen schon da, die es heute noch gibt.

Heuschrecken zeigen die typische Körpergliederung der Insekten in drei Teile (Kopf-Thorax-Abdomen), weiterhin haben sie "insektentypische " Merkmale wie sechs Beine am mittleren Teil, zwei Flügelpaare, beißende Mundwerkzeuge, Facettenaugen und Fühler (Antennen). Das alles läßt Heuschrecken oftmals unheimlich erscheinen. Die Furcht vor Insekten ist tief verwurzelt (siehe auch Phobienteil).

Die Angst vor Schädigungen wurde schon oft beschrieben. Heuschrecken sind in einigen Arten Nahrungskonkurrenten zum Menschen, wobei es sich nicht um heimische, sondern um eine Wanderheuschreckenart, vermutlich *Schistocerca gregaria*, handelte. In Deutschland war die letzte Plage durch *Locusta migratoria* 1932. Heuschrecken sind weltweit mit ca. 10.000 Arten vertreten. Es werden fast alle Lebensräume besiedelt. In der BRD gibt es ca. 80 Arten. Anhand der beiden Arten, über die ich im Schwerpunkt arbeite, möchte ich etwas über die Lebensweise, den Lebensraum sowie daraus resultierende Möglichkeiten für den Naturschutz aufzeigen.

Das Untersuchungsgebiet liegt im Südosten von Hamburg. Es sind die Vier- und Marschlande. Dieses Gebiet ist im 13. und 14 Jahrhundert eingedeicht und entwässert worden. Aus dieser Zeit resultiert eine besondere Grabenform, die Grüppen. Alle 20 Meter durchzieht so eine Grüppe das Gelände. Als Sammelgräben dienen Hauptgräben. Diese Grüppen und Gräben sind ein besonderer Lebensraum für eine Reihe von Tieren und Pflanzen, die z. T. sehr selten und/oder geschützt sind. Das alles stellt für Heuschrecken Lebensraum - Fressen - Feinde usw. dar.

Eine Reihe von Charakterarten und auch nicht ganz typischen Tieren und Pflanzen sind z. B. der Kleine Fuchs (*Aglais urtica*), der Kleine Heufalter (*Coenonympha pamphylis*), der Kohlweißling und verschiedene Bläulingsarten. Auch Libellen sind häufig, so z. B. Kleinlibellen wie Azurjungfern und Großlibellen wie der Vierfleck. Auch für den Vierbindigen Schmalbock, Schwebfliegen und die Skorpionsfliege sowie andere Heuschreckenarten wie *Metrioptera roeseli*, und das Grüne Heupferd sind die Flächen, eine Weide und eine Wiese, Lebensraum. Die Pflanzen, die in diesem Gebiet vorkommen, sind Zeiger für feuchte, z. T. anmoorige Böden oder Wasserpflanzen.

Kuckuckslichtnelke, Wasserfeder, Sumpfblutauge, Blutweiderich, Gelbe Schwertlilie, Wollgras, Hahnenfuß, Teichrose, Ästiger Igelkolben, Sumpfcallablätter und Krebsschere seien hier genannt.

Artenvorstellung

Heuschrecken können grob in zwei große Gruppen - Kurzfühler und Langfühlerschrecken - unterteilt werden. Die meisten Kurzfühlerschrecken (Caelifera) ernähren sich phytophag. Die meisten Langfühlerschrecken (Ensifera) sind phytophag und karnivor. Heuschrecken haben kein Puppenstadium. Sie gehören zu den hemimetabolen Insekten.

Die Sumpfschrecke
Die Sumpfschrecke (*Mecostethus grossus*) ist eine Caelifera. Sie lebt in Feuchtgebieten, an Gewässerufern, nicht zu moorig.

Ernährung: vegetarisch, lebensraumtypische Pflanzen; als Adulte (Erwachsene) fressen sie gerne Seggen (Sauergras). Die Weibchen wiegen max. 2 g und fressen ca. das 1,5-fache Eigengewicht / 24 Std. Die Männchen wiegen ca. 0,25 g und fressen ca. ihr 3-faches Eigengewicht / 24 Std. Das entspricht anderen Locustinae, z. B. Wanderheuschrecken, von denen ein Schwarm pro Tag dann ca. 4000 Tonnen Grünes verzehrt.

Die Bewegung ist vielfältig, sie bewegen sich mit Springen, Klettern, Hangeln, Fluggleiten, Fliegen (eingeschränkt) etc. fort. Sie sind tagaktiv und verbringen viel Zeit mit Fressen, Putzen und Sonnen, z. B. auf Sumpfcallablättern oder Gräsern. Die Ausrichtung ist zur Sonne.

Lauterzeugung
Das, was wir von Heuschrecken häufig wahrnehmen, ohne sie zu sehen, ist der Gesang. Bei Feldheuschrecken, zu denen die Sumpfschrecke gehört, werden einer oder beide Hinterschenkel über die Flügel, auf denen sog. Schrillleisten sind, gestrichen.

M. grossus hat eine etwas andere Lauterzeugung. Die Hinterschiene wird ruckartig weggeschleudert. Das heißt dann: Hinterschienen-Schleuderzick. **So ein Wort(e) können nur Deutsche erfinden. Geklickt wird z. B. zur Balz. Die Klickfolge ist unregelmäßig, die Singwarte befindet sich in 30 cm - 1 m Höhe. Es gibt auch noch das Feind / Rivale Abwehrklicken.**

Paarungsverhalten
Das Weibchen ist weitgehend passiv. Das Männchen erklettert den Rücken, der Hinterleib wird seitlich am Abdomen des Weibchens vorbeigeführt und eingehakt. Die Paarung dauert zwischen 20 Minuten und 3,5 Std. Das Weibchen frißt häufig während der Kopula. Die Eipakete werden meistens am Halmgrund oder dicht unter die Erdoberfläche abgelegt. Der Schlupf ist meistens im Mai, nach vier bis fünf Häutungen ist das Tier erwachsen. Heuschrecken leben nur eine Saison.

Feinde der Heuschrecken
Es gibt eine ganze Reihe von Feinden, u. a. den Storch, andere Vögel, Amphibien und Reptilien sowie eine Reihe von Spinnen. Dazu gehören *Araneus quadratus* und *Araneus marmoreus*. Bedrohung besteht durch Flächentrockenlegung (Eier brauchen Staunässe), Bebauung, Zersiedelung, keine oder zu schmale Insektenschneisen.

Kurzflüglige Schwertschrecke
Die Schwertschrecke *Conocephalus dorsalis* lebt gerne auf feuchten Flächen, toleriert aber auch trockenere Flächen. Diese ca 2,5 cm große Heuschrecke gehört zu den Ensifera. Alle Weibchen der Ensifera haben eine Legeröhre (Ovopositor).

Die Ernährung als Gemischtköstler sieht z. B. so aus: Läuse, Binsenblütenstand (hoher Eiweißgehalt) und kleine Raupen. Die meisten Ensifera sind gute Schädlingsbekämpfer. Das Große Heupferd nimmt sogar Kartoffelkäferlarven. Die Bewegung ist wie die der Sumpfschrecke, aber da sie nur mikropter ist, kann sie nicht fliegen oder fluggleiten.

Lauterzeugung
Durch das Aneinanderreiben der vorderen Flügel werden Geräusche erzeugt, die sehr leise sind.

Paarungsverhalten

Das Weibchen läßt eine Kopulation nur nach einer ausgiebigen Balz des Männchens (langes Singen, Befühlern) zu. Das Weibchen hat den aktiven Part auf dem Rücken des Männchens. Das Männchen ergreift mit seinen Hinterleibsanhängen den Hinterleib des Weibchens und preßt eine Spermatophore heraus. Die Kopula ist kurz, 5-20 Minuten. Während das Weibchen die Gallerte verzehrt, wandern die Spermien in das Receptaculum seminis (Behälter in dem die Spermien gespeichert werden).

Eiablage

Das Weibchen sucht einen Eiablageplatz, häufig Halme der Flatterbinse, aber auch Sumpfcallafruchtstände, morsches Erlen- oder Weidenholz. Es beißt ein Loch hinein und legt die Eier ab.

Heuschrecken und Naturschutz

Heuschrecken haben nach wie vor im Naturschutz die Rolle eines Bioindikators. Einige Autoren und auch ich sind der Meinung, daß Heuschrecken aufgrund ihrer inhomogenen Verteilung (Nord-Südgefälle, unklare Hauptverbreitungsgebiete, überwiegend grobe Bestandsschätzungen, Datenerhebung zu kleinräumig oder veraltet...) nur als Biodeskriptoren geeignet sind, also daß man sie keinesfalls allein zu einer Aussage über ein Gebiet nutzen kann. Sicherlich ist die Sumpfschrecke viel weniger in der Lage sich anzupassen als die Kurzflüglige Schwertschrecke, die in der Lage ist, eine Reihe von Ersatzsubstraten zur Eiablage zu akzeptieren, u. a. auch Styropor. Es ist das typische Evolutionssystem: Arten, die sich anpassen, überleben.

Wir müssen uns überlegen, ob wir die Arten, die dies nicht können, schützen wollen. Möglichkeiten dazu sind extensive Landwirtschaft, Grabenränder schützen (Fluchtbereiche bei der Mahd), Mähen mit Kleinmähern, Flächen- und zeitversetztes Mähen, das Bewußtsein, daß bestimmte Arten nur in der naturnahen Kulturlandschaft existieren und nicht in der natürlichen Sukzession. Als Stichwort sei hier noch Biotopmanagement genannt.

Die Einzelne kann im Nabu, BUND oder ähnlichen Institutionen mitarbeiten, als Aktivistin oder Spendenzahlerin und den eigenen Rasen oder die Wiese mit der Hand mähen, eine Sauarbeit, aber die insektenschonendste Mähmethode.

Wie komme ich nun dazu, hier auch noch psychologische Fragen zu stellen?

All die vielen, fleißigen HelferInnen, die ich jedes Jahr habe, oder besser gesagt, ein winziger Teil davon, hat mich dazu motiviert.

Fallbeispiel

Eine Helferin war das erste Mal auf der Fläche. Sie hatte beteuert, keine Angst vor Kühen zu haben. Als wir auf der Fläche waren, gab ich ihr eine Heuschrecke aus Anschauungsgründen in die Hand. Meine Bekannte wurde blaß, kaltschweißig und sagte immer nur: "Diese Beine, diese Beine...."
Nachdem ich die Heuschrecke ins Gebüsch gesetzt hatte, mußte sich die Helferin setzen. Es war ihr peinlich. Sie war nicht in der Lage, eine Heuschrecke anzufassen.

Allgemeines zu Ängsten und Phobien

Ängste hat jede!

Der Unterschied Angst-Phobie liegt in der Ausprägung, in der Reaktion auf ein Objekt/eine Situation. Die Reaktion steht in keinem Verhältnis zur Angst und ist überzogen.
Der Begriff Phobie kommt aus dem Griechischen. Phobos war die Vergöttlichung des Grauens, griechischer Göttersohn. Der Begriff Phobie existiert schon länger, für spezielle Ängste wird er

seit 1801 genutzt. Generell wird er für spezifische Ängste genutzt, die länger als 6 Monate andauern. In der BRD sind etwa 4-7% der Gesamtbevölkerung von Phobien betroffen.

Viele Phobien haben sich im Laufe der Jahrtausende oder Jahrhunderte gewandelt. Phobien vor Dämonen waren in der Neuzeit wesentlich häufiger als heute. Flugphobien gibt es erst seit der Mensch Flugmaschinen nutzen kann.

Evolution

Nach BUTOLLO ist es so, daß im Laufe unserer Entwicklung diejenigen Menschen eine hohe Lebenserwartung hatten, die sich u. a. nicht von Spinnen und Insekten beißen oder stechen ließen. Zur evolutionären Ausbildung gehört auch, daß wir beim Anblick solcher Tiere mit Erregung reagieren. Dadurch wird unser Abwehrsystem mobil und läßt uns über Gefühle wie Aversion, Ekel, aber auch Schrecken reagieren, d. h. Flucht oder Angriff im weitesten Sinne. Diese Reaktion macht Sinn! Eine Phobie wird daraus, wenn die Wahrnehmung, besonders die Erwartung von Insekten, zu einem zentralen Ablauf im Bewußtsein wird.

Phobien können auf ein einzelnes Objekt/Situation bestehen oder auf mehrere, z. B. Schlangen, Hunde, enge Räume. Es gibt verschiedene Klassifikationen. Hier nur das Beispiel, auf das sich die meisten geeinigt haben. Individuelle Ausprägungen werden nicht berücksichtigt.

Klassifikation von Phobien

ICD-9	DSM-3	DSM-3-R
300.2 Phobie	300.21 Agoraphobie mit Panikattacken	Panikstörung mit starker phobischer Vermeidung
	300.22 Agoraphobie ohne Panikattacken	Agoraphobie ohne Panikattacken
	300.23 Soziale Phobie	Soziale Phobie
	300.29 Einfache Phobie	Einfache Phobie
300.3 Zwangsneurose	300.30 Zwangsstörung	Zwangsstörung

Die oben genannten Zahlen und Abkürzungen sind auf eine internationale und nationale Absprache zurückzuführen. Es ging darum, psychische Erkrankungen zu klassifizieren und, ohne daß die Erkrankung genannt wird, zu erkennen. (Das gilt nur für das Fachpersonal. Die Erkrankte kann mit diesen Numerierungen häufig nichts anfangen.)

Bevor ich auf die Tierphobie zu sprechen komme, möchte ich noch kurz eine Abgrenzung zur Zwangsneurose geben. Das wird schon seit Freud diskutiert und deswegen sei es hier kurz genannt: Die Phobikerin meidet das Angstobjekt, die Zwangsneurotikerin will es beherrschen z. B. die Phobikerin fürchtet sich vor dem Dunkeln, die Zwangsneurotikerin eher vor eigenen Fehlern, Versäumnissen (habe ich den Herd abgeschaltet?).

Wie äußert sich eine Phobie?

Körperliche Reaktion	psychische Reaktion
Herzklopfen Pulsrasen Schweißausbruch Atemlosigkeit Schwindel Ohnmacht Schock	Gefühl der Angst Hilflosigkeit Versagensangst Todesangst

Alle Reaktionen können gemischt auftreten und stellen nur einen Auszug aus den möglichen Reaktionen dar.

Ablaufschema einer Phobie

1. Erregung erhöht durch Erwartung, Akuterregung durch Wahrnehmung eines Insekts, durch Versagen eines Vermeidungsrituals.

A. Information: Informationssuche im Stadium der Erwartung, kaum mehr nach Wahrnehmung des Angstauslösers > automatisierte, defensive Reaktion

B. Bewertung: Einseitige Bewertung auch kleinster Hinweise als alarmierend. Keine differenzierte Prüfung der Richtigkeit der Bewertung, vor allem unrealistische Einschätzung der tatsächlichen Gefahr: mögliche Ekelreaktion wird körperlichem Schmerz, Verletzung übergeordnet.

C. Gegenmaßnahmen: rein defensiv - aktive und passive Vermeidung (Flucht, Erstarren) - Kontrollen, Zwangsrituale. Stellvertretende Bewältigung (Bezugsperson). Permanente, angststeigernde, gedankliche Aktivität: Zweifel an der Effektivität der Maßnahmen, an eigener Kompetenz (>Zwangsneurose), an realer Ungefährlichkeit. Ergebnis: erhöhte Grunderregung. Dadurch ständiger Rückfall auf Stufe 1.

2. Beruhigung: Beendigung, bestenfalls durch Erschöpfung, ritualisiertes Vermeiden, Aufmerksamkeit.

Wie ersichtlich wird, sind die Phobien leicht in Zwänge übergehend.

Was löst eine Tierphobie aus?

- Reales Tier: Die Berührung des Tieres, Formen, Bewegungen usw.
- Bilder des Tieres, Denken an das Tier

Angst vor Tieren und Insekten

In Untersuchungen an Rhesusaffengruppen hat man das Verhalten der Rhesusaffen auf verschiedene Tiere geprüft. Die Reaktion von Männchen und Weibchen auf Schlangen und Vogelspinnen ist gleich, es reagieren genausoviele Weibchen wie Männchen mit Flucht.

Um so erstaunlicher ist es, daß bei den Menschen überwiegend Frauen (90-95%) Tierphobien haben. Hierbei handelt es sich nur um klinisch relevante Tierphobien. Wie die Zahlenverhältnisse im subklinischen Bereich sind, ist nicht bekannt. Daß überwiegend Frauen betroffen sind, hat eine ganze Reihe von zusätzlichen Komponenten, z. B. kulturelle Normen und Erwartungen, Familientradition usw. Ich möchte nur einige Punkte hier näher ausführen.

Angst als gelernte Reaktion

Tierphobien zwischen dem 2.-4. Lebensjahr gelten als normal in der kindlichen Entwicklung. Sie tauchen entweder durch Erfahrung oder Fantasie auf. Ein Kind muß nicht von einem Hund gebissen worden sein, um sich zu fürchten. Bis zur Pubertät verlieren sich bei den meisten diese Ängste.

Wichtig ist hier die Familienkomponente. Haben Familienmitglieder Angst vor dem Tier? Nehmen sie das Kind aus der vermeintlichen gefährlichen Situation heraus? Lassen sie damit das Kind nicht schrittweise lernen, mit der Angst umzugehen?

Bezugspersonen dramatisieren die Gefahr, dadurch erfährt das Kind kein reales Erleben der Angst. Es lernt, undifferenzierte Hilflosigkeit und Flucht sind am besten. Die Angst als Zwischenstufe ohne Lebensgefahr und dadurch das Erkennen und Vermeiden von wirklicher Gefahr wird ihnen genommen.
Weitere Ausführungen würden hier den Rahmen der Veranstaltung sprengen.

Welche Lösungsansätze gibt es?

1. Direkte Beeinflussung der Grunderregung: Autogenes Training, Tiefen-Muskel-Entspannung . . . ; Medikamente

2. Kognitive Lösungen: Die gedanklichen Vorgänge in Stadium A-B werden bewußt gemacht, ihre Kontrolle geübt (je nach Ausprägung mit /ohne Therapeut)

3. Desensibilisierung: durch Konfrontation mit dem Angstauslöser (stufenweise). Auftretende Gefühle ertragen und durchleben.

4. Biographische Aufarbeitung

5. Symbolische Analyse (jetzige Bedrohung - individuelle Geschichte)

6. Aufbau assertiver Angstbewältigung:
   Förderung, gegenüber Angstauslösern agressiver und bestimmter vorzugehen
   Hebung des Selbstbewußtseins

Auch diese Angaben reißen das Thema nur an. Eine Frau, die unter Phobien leidet, wird sich eine Therapeutin suchen und mit dieser einen Behandlungsplan ausarbeiten.

Zu tiefenpsychologischen Aspekten möchte ich nur sagen, daß sie von allen großen PsychologInnen, PsychiaterInnen etc. diskutiert worden sind. Es gibt viele Vorstellungen über Angst und deren Entstehung, und die Ansätze haben nur wenig gemeinsam: Angst beim Erwachsenen ist eine Wiederholung der frühkindlichen Form von Ängsten, und aktuelle Ängste sind von den frühkindlichen Angstinhalten entfernt, sind verdrängt und nur symbolisch enthalten.

Wer sich näher damit beschäftigen möchte, der sei die unten stehende Literatur empfohlen.

Literaturliste

- Insekten

BELLMANN,H. (1993): Heuschrecken: beobachten - bestimmen, 2. Aufl. Naturbuchverlag, Augsburg, 349 S.

MARTI, T. (1989): Heuschrecken und Landschaft, Haupt, Bern, Stuttgart, 206 S.

LÖBSACK,TH (1989): Das unheimliche Heer, Umschauverlag, Frankfurt am Main, 192 S.

- Psychologischer Teil

BECK, Aaron T. (1988): Anxiety Disorders and Phobias - A Cognitive Perspective, Basic Books Inc. Publishes, New York.

BENEDETTI, G. (1978): Psychodynamik der Zwangsneurose, Wissenschaftliche Buchgesellschaft, Darmstadt.

BUTOLLO, W. (1986): Die Angst ist eine Kraft, 3. Aufl., R. Piper GmbH & Co. KG, München.

CUNNERS, G. (1984): Own your own life, Basic Books Inc. Publishes, New York.

Fachgruppentreffen der Handwerkerinnen und Technikerinnen

Tanja Ecks, Heike Lehmann

Teilnehmerinnen:
Wir haben uns sehr gefreut, daß doch einige Nichtakademikerinnen unserer Einladung gefolgt sind. Die Frauen kamen aus folgenden Berufen:
- Maschinenbaumeisterin/ -technikerin
- Flugzeugbaumechanikerin
- Zweiradmechanikerin
- Maschinenschlosserin
- Gärtnerin
- Meß- und Regelmechanikerin/Energietechnikerin } als Veranstalterinnen
- Mathematikerin } als Veranstalterinnen

Motivation / Ziel:
Die Veranstalterinnen wollten als Teil der Vorbereitungsgruppe des Kongresses '97 in Hannover herausfinden
- warum so wenige „Nichtakademikerinnen" an den Kongressen teilnehmen
- ob der Kongreß für den Erfahrungsaustausch der Handwerkerinnen/Technikerinnen (H+T) das geeignete Forum ist, oder ob andere Strukturen (z. B. eigene H+T Netzwerke) sinnvoller sind
- wie frau mehr Handwerkerinnen und Technikerinnen ansprechen und motivieren kann, den Kongreß von Frauen in Naturwissenschaft und Technik zu besuchen und mitzugestalten.

Ergebnisse:
Es wurde Kritik an der Art der Diskussion während der Veranstaltungen geübt:
- häufig Diskussionen auf einem fachlich hohen Niveau, ohne Nichtwissende zu informieren
- die Inhalte sind interessant, jedoch unterscheidet sich die Herangehensweise der Akademikerinnen/Nichtakademikerinnen sehr
- es wurden mehr Handwerkerinnen/Technikerinnen-spezifische Inhalte gewünscht

Die Informationspolitik der Vorbereitungsgruppen wurden kritisiert, da die anwesenden Frauen eher zufällig von dem Kongreß erfahren hatten. Grundsätzlich wurde der Kongreß als ein geeignetes Forum für Handwerkerinnen/Technikerinnen genannt. Zumindest für die Frauen, für die es (noch?) keine eigenen, fachspezifischen Strukturen gibt (wie z. B. Tischlerinnentreffen), sollte der Kongreß genutzt werden. Außerdem stellt der Kongreß eine Schnittstelle des Informationsaustausches zwischen Akademikerinnen und Nichtakademikerinnen dar. Da die Inhalte und Art der Veranstaltungen wesentlich von den Frauen bestimmt werden, die diese Veranstaltungen anbieten, haben sich zwei Probleme / Aufgaben herauskristallisiert:

1. Information und Motivation möglicher Teilnehmerinnen aus Industrie und Handwerk
2. Motivation von Frauen aus Industrie und Handwerk, selbst Veranstaltungen anzubieten

Konkrete Maßnahmen:
- Teilnehmerinnen informieren Frauen aus ihrem Umfeld
- Verbesserung der Informationspolitik der Vorbereitungsgruppen z. B. über Betriebszeitungen, Gewerkschaften, Gleichstellungsbeauftragte, Berufsschulen, Tageszeitungen u. a.
- Bilden eigener Netzwerke/Stammtische im direkten Umfeld

Weitere interessante Beiträge

Blick ins Altbau-Foyer

Frauen mischen sich ein

Regine Deschle

1. Einstieg

Politik ist eine Männerdomäne und daher Männersache.
Die damit verbundene Sicht von Männern wird teilweise bewußt und offen zum Erhalt ihrer Macht über Frauen durchgesetzt, siehe § 218 und das dazu ergangene Urteil des Bundesverfassungsgerichts. In der Arbeits- und Sozialpolitik wird diese Sicht eher unterschwellig, anscheinend neutral praktiziert (indirekte Diskriminierung). Schließlich gibt es zahlreiche Politikfelder (Wirtschafts- und Strukturpolitik, Verkehr, Finanzen, usw.), in denen Frauen einfach nicht mitgedacht, vergessen werden, weil Männer unter sich sind.

Diese Sachverhalte werden deutlich, wenn frau sich mit den Entscheidungen - Gesetzgebung, Rechtsprechung, Sachentscheidungen - aus Frauensicht auseinandersetzt.

2. Einflußnahme auf Verfassung, Gesetzgebung auf Bundes- und Landesebene

In der Vergangenheit haben Frauen zahlreiche Initiativen durchgeführt, um ihre Interessen bereits bei der Gesetzgebung einzubringen, z. B. zur Änderung/Erweiterung des Grundgesetzes - „Frauen in die Verfassung", bei Landes- und Kommunalverfassungen, für Gleichberechtigungsgesetze, Hochschulgesetze, Personalvertretungsgesetze, Kitagesetze u. a.

Die Einflußmöglichkeiten sind vielfältig:
- Stellungnahmen,
- Forderungen/Aufforderungen an Politiker/innen,
- Proteste, Demos, Unterschriftensammlungen
- Infoblätter, Presseartikel, usw.

Ihre Wirksamkeit hängt davon ab, wieviele Frauen sich daran beteiligen, wie laut ihre Stimme im Land zu hören ist und welche Lobby sie dadurch erreichen.

So hat meiner Meinung nach der bundesweite Frauenstreik 1994 erheblich dazu beigetragen, daß 1994 endlich die Frauenförderung als Staatsziel im Grundgesetz (Artikel 3 Absatz 2) verankert wurde

> *„Der Staat fördert die tatsächliche Durchsetzung der Gleichberechtigung von Frauen und Männern und wirkt auf die Beseitigung bestehender Nachteile hin."*

und das 2. Gleichberechtigungsgesetz verabschiedet wurde, das nicht nur das Frauenfördergesetz für die Bundesbehörden des öffentlichen Dienstes enthält, sondern bis in die Privatwirtschaft hineinreicht (Beschäftigtenschutzgesetz, Änderung des Bürgerlichen Gesetzbuches, des Betriebsverfassungsgesetzes u. a.).

Dieser für uns Frauen erfreuliche Fortschritt wurde in der Öffentlichkeit kaum beachtet, er ging im Wahlrummel des Jahres 1994 unter. Wir haben dazu ein Info-Blatt herausgebracht, das ich auf Anfrage gern zuschicke.

3. Durchsetzung von Fraueninteressen in der Politik

3.1 Aufmerksamkeit, Öffentlichkeit erzeugen

In Mecklenburg-Vorpommern haben wir einen Frauenarbeitskreis „Frauen und Strukturpolitik" gegründet, der sich aus Gewerkschaftsfrauen, Frauen-/Gleichstellungsbeauftragten, Frauen aus Vereinen und Projekten des ganzen Landes zusammensetzt und für interessierte Frauen offen ist. Wir beschäftigen uns mit der Landesentwicklung - Strukturpolitik, z. B. mit dem Landesraumordnungsprogramm oder dem Entwicklungsprogramm „Arbeit für Mecklenburg-Vorpommern (AMV)", weil hier wichtige Weichen für die Entwicklung unseres Landes gestellt werden.

Unser Ziel ist, die darin unterschwellig vorhandene Frauendiskriminierung sichtbar zu machen. Dazu erarbeiten wir Analysen, um den Frauenanteil festzustellen, geben Stellungnahmen zu Entwürfen ab und wirken aufklärend in unseren jeweiligen Frauengruppen.
Wir wollen eine Strukturpolitik, die aus Frauensicht akzeptabel ist und nachhaltig Arbeit für Frauen schafft. Deshalb untersuchen wir die Förderprogramme, -richtlinien, Projekte für Frauen (Fördermittel) und besprechen Beteiligungsmöglichkeiten für Frauen in den Regionen und Kommunen.

3.2 Fit machen - Mitreden

Um in der Strukturpolitik, Landesentwicklung und Regionalplanung mitreden zu können, mußten wir uns zunächst mit den betreffenden Gesetzen und Planungsinstrumenten vertraut machen. In unserem Arbeitskreis „Frauen und Strukturpolitik" haben sich Frauen zusammengefunden, die bereits erste Voraussetzungen, allgemeine Gesetzeskenntnisse, eine allgemeine Qualifizierung auf Tagungen, z. B. Friedrich-Ebert-Stiftung oder in Frauenseminaren z. B. der Gewerkschaften oder „Frauen ins politische Ehrenamt" der Jakob-Kaiser-Stiftung hatten.

Zunächst begannen wir mit dem Einlesen in die spezifischen Gesetze und der Qualifizierung in der Raumplanung durch Expertinnen und Fachleute. Damit haben wir uns den Zugang zu diesem uns fremden Gebiet erschlossen. Wir mußten neue Begriffe und Zusammenhänge erst lernen und erarbeiteten dazu ein Mini-Wörterbuch. Auch die Zusammensetzung und Arbeitsweise der Entscheidungsgremien war von Bedeutung. Dabei konnten wir auch auf Erfahrungen von Frauen in anderen Bundesländern (Nordrhein-Westfalen, Hamburg, u. a.) zurückgreifen.

In einem nächsten Schritt haben wir versucht, unsere eigene Sicht darauf zu werfen. Das war ein schwieriger Prozeß, denn es bedeutete, das gerade Gelernte bereits kritisch zu hinterfragen. Wir fanden nach langen Diskussionen heraus, daß in den Gesetzen und Programmen die Zielvorstellungen im Hintergrund bleiben, weil sie mit allgemeinen Floskeln, sozusagen abgehoben auf eine höhere Ebene ausgedrückt werden (z. B. „ausgewogene Standortpolitik", „standortgerecht", „innerstädtisches Gemeinwesen", Mobilität und Kommunikation). Es war notwendig, dahinterzuschauen und zu erkennen, wie sich die Ämter und Gremien, d. h. die Männer die Zukunft von Leben, Kindern, Wachstum, Abrüstung, Angleichung (woran?), Bildung, Kultur, Gesundheit, etc. vorstellen.

Dann kam es darauf an, uns über unsere Vorstellungen und Interessen klar zu werden und Kriterien für eine frauenspezifische Datenanalyse und -prognose sowie Planungskriterien aus Frauensicht zu formulieren, um wirkungsvoll in die Entwürfe, das öffentliche Beteiligungsverfahren und später in die Umsetzung in den Kommunen eingreifen zu können.

3.3 Strategien entwickeln

Strategien der Einmischung werden sich nach Gegenstand und Ebene unterscheiden. Ich beschreibe hier nur einige Möglichkeiten, in der Kommunalpolitik Einfluß zu nehmen. Prinzipiell meine ich, daß alle Politikfelder aus Frauensicht betrachtet werden müssen. Allgemein sind das zunächst die Satzungen, Richtlinien und Ordnungen einer Kommune, aber auch die Wirtschafts-, Struktur- und Standortpolitik, das Bauwesen, der Wohnungsbau, Verkehr, Kultur, Bildung, Soziales, Jugend, Alter - d. h. die ganze Kommunalpolitik.

Für sehr wichtig halten wir, daß Frauen in die Entscheidungsgremien hineinkommen, zumindest aber in die beratenden Gremien, wie Träger öffentlicher Belange, Beiräte oder Kuratorien.

Einige parlamentarische Möglichkeiten sind:

- Kandidieren für das Parlament - die Bürgerschaft,
- eigene Frauenlisten, (das hatte bei uns die nicht zu unterschätzende Nebenwirkung, daß mehr Frauen auf die Listen der etablierten Parteien kamen und wir erhielten Mandate in den Ortsbeiräten in Rostock),
- große und kleine Anfragen (über die Fraktionen),
- Fragestunde, aktuelle Stunde,
- eine Frauenfraktion (parteiübergreifend) ins Leben rufen,
- Mitarbeit in Ausschüssen, z. B. als sachkundige Bürgerin.

Wir beschreiten in Mecklenburg-Vorpommern auch außerparlamentarische Wege:

- frauenpolitische Tische („Runde Tische"), das sind kommunale Frauenbündnisse in mehreren Städten und Landkreisen,
- politischer Druck durch Anwesenheit von Frauen in öffentlichen Sitzungen des Parlaments

und natürlich auch:

- Aktionen, Gesprächskreise, Veranstaltungen und Öffentlichkeitsarbeit.

Noch ein paar Worte zum frauenpolitischen Tisch. In Rostock besteht er seit 1990 und vereint Frauen aus Vereinen, Projekten, Gewerkschaften und andere interessierte Frauen. Er ist aus den „Runden Tischen" der Wendezeit entstanden, weshalb er auch in der Presse „Wendemöbel" genannt wurde.

Wir beschäftigen uns mit aktuellen Frauenproblemen in unserer Stadt, wozu jeweils Arbeitsgruppen gebildet werden, die sich intensiver mit dem Problem befassen. Am frauenpolitischen Tisch, der monatlich zusammenkommt, wird dann über die Vorgehensweise zur Lösung des Problems beraten. Die Frauen der Arbeitsgruppe sind dann für dieses Problem auch die Sprecherinnen des frauenpolitischen Tisches gegenüber Behörden, der Bürgerschaft oder dem Oberbürgermeister. So haben wir vor kurzem erreicht, daß alle Satzungen, Verordnungen u.ä. der Stadt künftig in neutraler Sprachform verfaßt werden.

Im April dieses Jahres fand auf unsere Initiative (ebenfalls von einer Arbeitsgruppe vorbereitet und durchgeführt) das erste Regionaltreffen der frauenpolitischen Tische aus Mecklenburg-Vorpommern statt, zu dem Vertreterinnen von 8 solcher kommunaler Frauenbündnisse (sie haben sich unterschiedliche Namen gegeben) angereist waren. Diese Möglichkeit des Erfahrungsaustausches und der Vernetzung wollen wir weiter praktizieren.

4. Zusammenfassung

Es gibt vielfältige Möglichkeiten, in der Politik Fraueninteressen einzubringen. Ein Rezept kann es nicht geben. Durch Erfahrungsaustausch kann der Katalog der Möglichkeiten erweitert werden und für das anstehende Problem eine aussichtsreiche Strategie aufgestellt werden. Sehr wichtig ist, daß wir unsere Erfolge - auch Teilerfolge - als solche auch feststellen und uns freuen. Das bringt Mut und Kraft für weitere Aktionen.

Protokoll der Veranstaltung
anwesend waren 4 Teilnehmerinnen

Inhalte der Diskussion:

- Die Erwartungen der Teilnehmerinnen waren unterschiedlich, einige wollten speziell Einmischungsmöglichkeiten an Hochschulen erfahren, was im Vortrag nicht ausreichend geleistet werden konnte.

- Eine Teilnehmerin suchte nach Möglichkeiten, eine Initiative zu einem bestimmten Problem ins Leben zu rufen. Dazu wurde in der Diskussion gesagt, daß der erste Schritt die Suche nach Verbündeten sein müßte.

- Über die Männersicht in der Politik wurde die Meinung vertreten, daß Männer nicht absichtlich Frauen diskriminieren und daß es auch zahlreiche Männer gibt, die auch Fraueninteressen vertreten und ob es nicht eine Möglichkeit wäre, wenn wir für unsere Forderungen Männer gewinnen können. Es wurden einige Beispiele genannt, wo damit Erfolge erreicht werden konnten.

- Ein interessanter Gedanke war, daß Aktionen und Initiativen in Wahljahren aussichtsreicher sind, siehe auch den Erfolg 1994 (Vortrag Pkt. 2).

- Mehrere Nachfragen kamen zu den frauenpolitischen Tischen. Deshalb habe ich den betreffenden Abschnitt in Pkt. 3.3 erweitert.

Trotz geringer Teilnahme war es eine anregende Veranstaltung.

Referentin:
Dr. Regine Deschle
A.-Makarenko-Straße 9
18106 Rostock
Tel. 03 81 / 7 69 81 12

„Jede Naturwissenschaftlerin landet irgendwann einmal bei der Spiritualität“ ???

Andrea Husnik, Petra Seibert

Die Veranstaltung begann mit einer persönlichen Vorstellung von uns als Referentinnen, unseren Erfahrungen auf unseren spirituellen Wegen und einigen inhaltlichen Fragen, die uns beschäftigen.

Andrea Husnik, ausgebildete Biologin und als Umweltberaterin tätig, seit ca 12 Jahren in der tibetisch-buddhistischen Tradition beheimatet: Im Zuge einer feministischen, frauenbewegten Entwicklung kam auch die feminstistische Spiritualität in mein Leben. Spiritualität genauso wie die Naturwissenschaft waren und sind eine Möglichkeit, Erfahrungen einzuordnen und daraus folgenden Handlungen eine Richtung zu geben. Die Erkenntnis, dass die materielle Welt nicht alles ist und die Naturwissenschaft nicht alles zu erklären vermag, vor allem nicht die „Magie“ der Natur, prägte meinen weiteren Berufs- und Lebensweg. Magie bedeutet für mich unter anderem eine Verwandlung, die auf Verbundenheit mit allem beruht. Die Antwort auf die Frage nach dem Sinn des Lebens führte mich während einiger Jahre über ausgedehnte Reisen und Aufenthalte bis in den Himalaya. Der Konflikt und die persönliche Herausforderung, ausgedrückt durch die Trennung/Dualität zwischen Subjekt/Objekt , Naturwissenschaft/ Spiritualität, tibetisch, patriachaler Tradition und femistischer Spiritualität ist noch immer Teil meines Weges.

Petra Seibert, Meteorologin und als wissenschaftliche Mitarbeiterin an einem Universitätsinstitut im Bereich der Umweltmeteorologie tätig: Ich traf Andrea vor einem Jahr in der von ihr mitorganisierten buddhistischen Frauengruppe. Mein Weg führte von einer naturwissenschaftlichen Sozialisation über den Feminismus zunächst zur feministischen Naturwissenschaftskritik. Mit feministischer Spiritualität kam ich dabei zwar in Berührung, aber diese Beziehung blieb eher ambivalent und wurde nicht sehr intensiv. Dagegen führte die Begegnung mit der buddhistischen Lehre vor 2-3 Jahren dazu, daß ich seit gut einem Jahr in einer tibetisch-buddhistischen Tradition praktiziere (übrigens einer anderen als der von Andrea). Als Naturwissenschaftlerin, Feministin und Lesbe war diese Entscheidung für mich allerdings von Nachdenken über einige Fragen begleitet, die ich noch immer spannend finde. Schließlich gibt es auch im Buddhismus Einiges an patriarchalen Formen. Andererseits fiel mir durch die Auseinandersetzung mit der Begrenztheit der etablierten Naturwissenschaft aus feministischer Perspektive der Zugang zur buddhistischen Sicht und den magischen Elementen der tibetischen Tradition nicht schwer.

Nachdem wir uns so selbst vorgestellt, und noch etwas mehr in die Thematik eingeführt hatten, baten wir die Teilnehmerinnen um eine kurze Vorstellung, und insbesondere eine Anwort auf die Frage, was sie in diesen Arbeitskreis geführt hat. Die Wortmeldungen waren sehr offen und persönlich. Wie uns später gesagt wurde, habe unser sozusagen vorbildhafter Sprung ins kalte Wasser es den Teilnehmerinnen erleichtert, selbst über dieses sehr persönliche Thema zu sprechen und sich einzubringen. Die Motivationen reichten von Neugier über den Wunsch nach Kennenlernen und Austausch bis zu „frau spricht nicht leicht über so etwas sehr Intimes, es wäre aber sehr wichtig“. Die Zusammensetzung war, sowohl was die Ausbildung bzw. den Beruf als auch den spirituellen Hintergrund betrifft, sehr vielfältig und facettenreich.

Hier eine unvollständige und stichwortartige Zusammenstellung von Statements:
Die Natur als Lehrerin / als Gottheit? – im Biologiestudium fehlt die Sicht der Natur als Ganzes – Bekannte von mir ist Schamanin, im Schamanismus gibt es keine patriarchalen Strukturen

– pure Naturwissenschaft ist nicht alles, bin jetzt auf der Suche – keltische Mythologie - wie paßt das mit meinem Informatikstudium zusammen? – Synthese zwischen Mutter-Göttin und Tao der Chemie finden – in der Naturwissenschaft kenne ich niemanden, der spirituell lebt - wie kann ich Wissenschaft und Spiritualität zusammenbringen? – Leben in zwei Welten - wo gehöre ich hin? - Tarot und Edelsteine begegnen mir immer wieder in der Frauenbewegung – Buddhismus ist auch nicht alles, suche neue Ideen – höre herum bei anderen Frauen – ich bin auf der Suche – Energiebegriff: was macht gesunde Räume aus? Feng Shui. Lebensenergie ist nicht physikalische Energie – Annehmen und Aufgeben ("surrender") – Frage nach dem Sinn des Lebens immer noch nicht beantwortet.

Die folgenden Fragen, basierend auf der Vorstellungsrunde und unserer Einführung, dienten als Anregung für die nachfolgenden beiden Kleingruppen:

- der eigene Zugang, das Verhältnis als Naturwissenschaftlerin / Technikerin zu sprirituellen Traditionen;
- wie vereinbare ich Naturwissenschaft und Spiritualität?
- gibt es eine Beziehung zwischen der Einstellung zur Spiritualität und dem Glauben an eine „wertfreie" Wissenschaft (Gibt es überhaupt Beziehungen zwischen Naturwissenschaft/Technik und der Spiritualität, und wenn ja, wie sehen diese aus?);
- gibt es strukturelle Ähnlichkeiten zwischen den Erfahrungen in einer gelebten Religion oder anderen spirituellen Traditionen und der Sozialisierung z. B. an der Universität, und wo steht in diesem Zusammenhang die feministische Naturwissenschaftskritik?

Intensive Diskussionen entstanden in den zwei Kleingruppen die, dem Thema angemessen, auf dem Gras im Garten sitzend stattfanden, unter einer von einem Halo[1] umgebenen Sonne.

In der einen Gruppe ging es um die Diskrepanz von Spüren und Glauben und der „Wissen"-schaft, die sich das Vorrecht des Wissens herausnimmt. Im Gegensatz dazu haben z. B. in Tibet die nicht messbaren Phänomene die gleiche Wertschätzung und Bedeutung wie die wissenschaftlich und technisch erklärbaren. Von den meisten wurde auch die Naturwissenschaft als eines von vielen Glaubenssystemen angesehen. Auf der metaphysischen Suche nach dem kleinsten Baustein einer Blume landete eine der Teilnehmerinnen bei der Erkenntnis, wie alles ins Nichts zerfällt. Mittendrin fand sie dann zur Spiritualität. Dem zustimmenden Nicken einiger anderer Teilnehmerinnen nach zu schliessen, war sie nicht allein mit ihrer Erfahrung. Andererseits machten viele die Erfahrung, dass sie mit ihren Erkenntnissen und Erlebnissen nicht in das „herr"schende naturwissenschaftlich / technische System passen. Die Folge ist Abgrenzung und Ausgrenzung. Es wurde sehr viel Persönliches erzählt, zu persönlich, um es hier zu veröffentlichen.

Die andere Gruppe sprach darüber, wie wir spirituellen Traditionen begegnet sind, wo und wie wir das finden, was wir brauchen. Dabei wurde auch die Frage nach der Rolle von LehrerInnen, und wie wir welche finden, berührt. Die möglichen Gefahren in Zusammenhang mit spirituellen Praktiken kamen ebenfalls zur Sprache. Ein anderes Thema war die Frage nach den Einstellungen und Reaktionen von Menschen unserer Umgebung zu unserer Spiritualität, wobei eine zunehmende Offenheit konstatiert wurde, wenn auch nicht bei allen. Natürlich sprachen wir über das Verhältnis Naturwissenschaft zu Religion / Spiritualität / Glaube, wobei auch in dieser Gruppe die Meinung vorherrschte, daß die Naturwissenschaft selbst eine gute

[1] Ein Halo ist eine farbige, ringförmige otische Erscheinung in einigem Abstand von der Sonne, die durch die wellenlängenabhängige Brechung der Sonnenstrahlung in den Eiskristallen hoher Wolken entsteht.

Portion an "Glauben" enthält und von daher kritisch betrachtet werden sollte. Andererseits darf nicht übersehen werden, daß die auf ihr basierende Technik in gewissen Bereichen "funktioniert". Mehr Möglichkeiten, Erfahrungswissen (auch solches, das üblicherweise als spirituell betrachtet wird) in die Wissenschaft einzubringen, wären wünschenswert.

Einige Wortmeldungen aus dem Feedback im Plenum:

Gutes, da offenes Gesprächsklima, das in den Kleingruppen entstand – interessant – bereichernd – anregend – tolle Erfahrung – mal was anderes – schön, dass wir auf der Wiese gesessen sind – schön, das Gefühl bekommen zu haben, dass frau nicht alleine mit diesen Gedanken und Erfahrungen ist – habe Denkanstösse erhalten – schön, dass ich dieses Thema einmal nicht in meiner eigenen Suppe kochend betrachten muss – Lust weiterzulesen.

Manche haben auch noch nie vor so einer grossen Runde über solche Themen geredet, andere wiederum nur mit Geisteswissenschaftlerinnen, aber noch nie mit Naturwissenschaflerinnen / Technikerinnen. Nicht nur der Austausch allgemein wurde als wichtig angesehen, sondern speziell auch der Austausch mit Naturwissenschaftlerinnen / Technikerinnen.

Mit einer kurzen Meditation wurde die Veranstaltung abgeschlossen.

Arbeitsräume, Lebensräume: Wir gestalten ein Lebens-Arbeits-Spiel Workshop

Eva Hartmann, Klaudia Lohmann, Monika Siegfanz

Was will ich eigentlich von meinem Leben? Wie bringe ich die scheinbar widersprüchlichen Erwartungen unter einen Hut? Solche oder ähnliche Fragen hat sich wohl jede schon einmal gestellt. In diesem Workshop wollten wir uns einmal auf unkonventionelle Weise diesen Fragen nähern. So kam uns die Idee ein Lebens-Arbeitsspiel zu entwerfen, mit deren Hilfe sich FrauenLesben spielerisch und phantasievoll mit ihrer eigenen Situation auseinandersetzen können.

Ausgehend von der gegenwärtigen Lebens- und Arbeitssituation der Teilnehmerinnen haben wir nach einem ersten Kennenlernen die Erfahrungen, Wünsche und Ziele der FrauenLesben zusammengetragen und hieraus das Lebens-Arbeits-Spiel entwickelt. Die Veranstaltung (und im weiteren, das Spielen des Lebens-Arbeits-Spiels) sollte bzw. soll es FrauenLesben ermöglichen, sich kritisch und kreativ mit ihrer Lage und den Möglichkeiten, sie zu verändern, auseinanderzusetzen.

Wir haben die Veranstaltung mit einer Vorstellungsrunde begonnen. Hier hat jede der elf anwesenden FrauenLesben erzählt, wie sie zur Zeit arbeitet - und wie sich das mit ihrem sonstigen Leben vereinbaren läßt, z. B. ob sich Beruf und Freizeit stark vermischen - oder streng voneinander getrennt sind.

Um dieses Nachdenken über die eigene Lebenssituation noch zu vertiefen, haben wir den Workshop mit einer Malmeditation fortgesetzt. Wir haben uns in zwei kleinere Gruppen geteilt, und jeweils 5 - 6 FrauenLesben haben zusammen auf einem großen Bogen Papier ein Bild gemalt.Im äußeren Blattbereich hat jede dargestellt, wie sie zur Zeit lebt und arbeitet - hierbei wurden u. a. Probleme (wie z. B. die strikte Trennung von Arbeits- und Wohnsituation) und Unsicherheiten (wie das "sich-neu-einleben-müssen" nach einem Umzug in eine neue Stadt) dargestellt. Im Anschluß hat die Gruppe im Zentrum des Bildes gemeinsam gemalt, wie sie sich eine ideale Arbeits- und Lebenssituation erträumt - z. B. als eine WG mit vielen FrauenLesben, mit einem großen Garten und einem gemeinsamen Arbeitsplatz in der Nähe.

Nach dieser gemeinsamen Darstellung der gegenwärtigen und gewünschten Situation haben wir das Lebens-Arbeits-Spiel zusammen entwickelt. Intention der Veranstalterinnen war hierbei, neue Wege auszuprobieren, sich mit einem so umfassenden, alles bestimmenden Thema auseinanderzusetzen und von anderen (sowohl bei der gemeinsamen Entwicklung des Spieles als auch hinterher, beim gemeinsamen Spielen) Anregungen zu bekommen, die eigene Lebenssituation kritisch zu überdenken und Alternativen aufzuzeigen.

Wir waren uns schnell einig, daß wir ein Brettspiel *mit dazugehörigen (Ereignis-)*Karten *entwickeln wollen (ähnlich z. B. Therapy oder dem Lesben-Identitätsspiel). Hierbei ist uns insbesondere eine große Freiheit der Spielerinnen wichtig, die nicht mit zu starren Regeln spielen sollen, sondern vielmehr bei jedem Spieldurchlauf selbst kreativ sein sollen. Auch ist uns wichtig, daß es ein Spiel sein soll, bei dem miteinander und nicht gegeneinander gespielt werden soll - ohne Gewinnerinnen und Verliererinnen.*

Das entwickelte Spiel gliedert sich in zwei Teile (siehe Spielregeln weiter unten). Im ersten Teil beschriftet jede Mitspielerin einige Karten mit Situationen aus ihrem Leben (tatsächlich Gelebtes, Träume, Ängste, ...). Danach werden diese Karten gemischt und verteilt und die Spielerinnen erfinden Geschichten, in denen die Lebenssituationen, die auf den Karten geschildert sind, verabeitet werden.

Das Spiel haben wir an einem Nachmittag entwickelt - und dann am Abend zusammen gespielt. Wir werden es auf dem Kongreß von Frauen in Naturwissenschaft und Technik *1997 in Hannover vorstellen, dessen Schwerpunktthema "Arbeits(t)räume - Lebens(t)räume" lauten wird.*

Das Lebens-Arbeits-Spiel

Spielregeln

Mitspielerinnen: **mindestens vier, besser sechs**
Dauer: **eine Stunde oder länger**
Ziel des Spiels: **Phantasie entwickeln, um aus verschiedenen Randbedingungen ein stimmiges Lebensbild zu schaffen**

Bestandteile:

- 1 Spielplan: ein Frauenzeichen, auf dem ein Weg aus verschiedenfarbigen Kästchen mit unterschiedlichen Symbolen (s.u.) verläuft.
- 1 Wuerfel
- für jede Mitspielerin 1 Spielfigur
- für jede Mitspielerin 1 Stift
- für jede Mitspielerin je 2 Karten in 5 verschiedenen Farben

1. Vorbereitungen:

Jede Spielerin beschriftet ihre Karten mit einem Satz oder einem Stichwort, der einen tatsächlichen oder angestrebten Aspekt aus ihrem Leben beschreibt. Diese Stichworte sollen aus fünf verschiedenen Rubriken kommen:

- Ich, Farbe: blau (persönliche Eigenschaften, Spiritualität, Gesundheit, Ernährung);
- Freizeit, Farbe: grün (Hobby, Erholung, Konsum, Kultur, Freizeitgestaltung, Urlaub);
- Arbeit, Farbe: braun (Arbeitsinhalte, Karriere, Arbeitsstrukturen, Ausbildung, Arbeitsunfall, Arbeitslosigkeit, soziale Absicherung);
- Wohnen und Leben, Farbe: gelb (wie will ich wohnen, mit wem, wo, Haustiere, Familienplanung, Beziehung, Stadtplanug, Landschaftsplanug, Verkehr/Wege);
- Gesellschaft, Farbe: rot (Politik, Utopien, soziales Engagement);

Alle Karten werden eingesammelt, nach Farben sortiert, gemischt und in fünf verdeckten Stapeln aufgebaut.

2. Spielablauf:

- Jede Mitspielerin sucht sich eine Spielfigur und ein Feld aus, von dem sie starten möchte. Außerdem erhält jede drei Karten aus drei verschiedenen Rubriken (die Rubriken darf sie sich aussuchen). Reihum wird gewürfelt und mit der Spielfigur entsprechend gezogen. Je nachdem, auf was für einem Feld sie landet, müssen verschiedene Dinge getan werden:
- ein farbiges Feld ohne weitere Symbole: eine Karte der entsprechenden Farbe ziehen; auf orangefarbenen Feldern darf die Spielerin die Farbe der zu ziehenden Karte aussuchen.
- ein farbiges Feld mit einem Sternchen: eine Karte der entsprechenden Farbe ablegen; auf orangefarbenen Feldern darf die Spielerin die Farbe der abzulegenden Karte aussuchen.
- ein farbiges Feld mit einem Dreieck: hat die Spielerin mehr als drei Karten, muß sie jetzt eine Geschichte erzählen bzw. eine Lebenssituation beschreiben, zu der mindestens die Hälfte ihrer Karten und alle „neuen" Karten (die nicht in ihrer letzten Geschichte vorkamen) passen. Finden die anderen Mitspielerinnen die Geschichte schlüssig - nachfragen ist erlaubt - so darf die Spielerin eine Karte ablegen.
- das Feld mit dem „V": Versteigerung; die Spielerin liest eine Karte, die sie nicht gebrauchen kann, laut vor; welche von den Mitspielerinnen sie haben möchte, gibt ihr verdeckt eine Karte als Tauschangebot. Die versteigernde Spielerin entscheidet, ob und wenn ja welches Tauschangebot sie annimmt.
- die Felder mit dem „Z": Zwiegespräch; die Spielerin sucht sich zwei nicht zusammenpassende Karten aus und zeigt sie einer Mitspielerin, die dann versucht, sie zu überzeugen, warum und wie sich diese Karten vereinbaren lassen.

Das Spiel endet, wenn die Spielerinnen das beschliessen.

Nachhaltige und gerechte Entwicklung: Lokale Agenda 21 und die Frauen

Ulrike Röhr, FrauenUmweltNetz

1992 fand in Rio de Janeiro die UN-Konferenz für Umwelt und Entwicklung statt. Auf dieser vielbeachteten Konferenz wurde als Aktionsprogramm für eine umweltverträgliche und nachhaltige Entwicklung die Agenda 21 verabschiedet. In ihr sind detaillierte Handlungsaufträge zur Verbesserung der Umweltsituation und zur nachhaltigen Nutzung der natürlichen Ressourcen enthalten. Eine große Rolle spielen dabei die soziale Gerechtigkeit - und hier besonders die Frauen, denen mit dem Kapitel 24 "Globaler Aktionsplan für Frauen zur Erzielung einer nachhaltigen und gerechten Entwicklung" besondere Wichtigkeit eingeräumt wird - sowie die gerechte Verteilung zwischen den Ländern des Südens und denen des Norden. Die Agenda wurde von 187 Staaten ratifiziert und ist damit rechtsgültig.

Die Kommunen werden in der Agenda 21 aufgefordert, bis 1996 **gemeinsam mit ihren Bürgern und Bürgerinnen** eine kommunale Agenda 21 zu erstellen und umzusetzen. Ein besonders Augenmerk ist dabei auf die Beteiligung von Frauen (und Jugendlichen) an Entscheidungs-, Planungs- und Umsetzungsprozessen zu legen.

In der Bundesrepublik Deutschland ist der Prozeß der Erstellung lokaler Agenden und deren Umsetzung erst Anfang 1996 ins Rollen gekommen. Einzelne Kommunen haben die Erarbeitung von Konzepten und Machbarkeitsstudien in Auftrag gegeben, in anderen haben sich Umweltverbände und -initiativen zusammengeschlossen, um die Umsetzung der Agenda 21 voranzutreiben. An dieser Entwicklung sind Frauen maßgeblich beteiligt.

Trotzdem ist den vorhandenen Ansätzen zur lokalen Agenda ein Defizit gemeinsam: Genderorientierte Ansätze kommen darin nicht vor. Ebenso ist der Begriff und das Programm der „Lokalen Agenda" außerhalb des Kreises der Umweltexpertinnen und Umweltbewegten kaum bekannt. Dies erstaunt nicht zuletzt auch deshalb, weil in den entsprechenden Kapiteln der Agenda 21 ausdrücklich die Durchführung und Überwachung von Programmen gefordert wird, deren Ziel zum einen die Beteiligung von Frauen an Entscheidungs-, Planungs- und Umsetzungsprozessen, zum anderen aber auch die Überprüfung der Auswirkungen der Planung auf Frauen ist.

Um diesen Prozeß voranzutreiben, stellen sich folgende Anforderungen:

1. Frauen müssen verstärkt über die Aktivitäten rund um die lokale Agenda informiert werden.
2. Die Hemmnisse, die bisher eine breite Beteiligung auch von Nicht-Fach-Frauen verhindert haben, müssen analysiert werden.
3. Es müssen Partizipationsmethoden eingesetzt werden, die die Beteiligung von Frauen auf breiter Basis und die Berücksichtigung von Fraueninteressen gewährleisten.
4. Inhaltliche Forderungen aus der Sicht von Frauen an die lokalen Agenden müssen entwickelt und diskutiert werden.

Vor diesem Hintergrund wurde vom FrauenUmweltNetz / Life e.V. Ende März 1996 eine Tagung[1] durchgeführt, die den Stand der Lokalen Agenda in verschiedenen Städten aus Frauen-

[1] Die Dokumentation der Fachtagung "Frauenblicke auf die Lokale Agenda 21" ist für 10 DM plus Versandkosten beim FrauenUmweltNetz zu beziehen

sicht beleuchten und Forderungen an eine Lokale Agenda erarbeiten sollte. Die Resonanz auf die Tagung zeigt, daß das Thema dringend weiterverfolgt und bearbeitet werden muß. Auf der Tagung wurde ein Faltblatt mit "Frauenforderungen an eine Lokale Agenda 21" erarbeitet und aufgrund des starken Interesses an Austausch und Verbreitung der Thematik beschlossen, eine Koordinationsstelle für Frauenaktivitäten im Rahmen der Lokalen Agenda 21 (LA 21) zu beantragen und aufzubauen. Im folgenden noch einige detailliertere Informationen zur Lokalen Agenda sowie unser Forderungskatalog.

Interessentinnen können sich wenden an
Life e.V. / FrauenUmweltNetz
Hohenstaufenstr. 8, 60327 Frankfurt, email: umweltnetz@fem-f.rhein-main.de

Das Faltblatt: Frauenforderungen an eine Lokale Agenda 21

Der Hintergrund

In der in Rio de Janeiro auf der UN-Konferenz für Umwelt und Entwicklung 1992 verabschiedeten "Agenda 21" werden die Städte und Kommunen im Kapitel 28 aufgefordert, die Forderungen der Agenda 21 in Lokale Agenden (LA 21) umzusetzen. Dabei wird ausdrücklich dazu aufgerufen, für eine angemessene Beteilung von Frauen zu sorgen. Im Kapitel 24 werden die Forderungen zur Erzielung einer nachhaltigen und gerechten Entwicklung für Frauen präzisiert. Frauen sind in großer Anzahl an der Entwicklung lokaler Agenden beteiligt, spezielle Forderungen für Frauen wurden allerdings bisher kaum entwickelt und eingebracht.

Das mag verschiedene Gründe haben:

1. sind die Frauen, die im umweltpolitischen Bereich engagiert sind, nicht automatisch auch frauenpolitisch engagiert,
2. werden Frauen, die sich für Frauenforderungen einsetzen, schnell von männlichen Kollegen lächerlich gemacht bzw. der Frauenaspekt für nebensächlich erklärt,
3. trifft die den Frauen auch in der Agenda 21 zugedachte Opfer- oder Randgruppenrolle (Arme, Alte, Frauen und Kinder/Jugendliche, Frauen und Indigene...) die reale Lebenssituation von Frauen oftmals nicht.

Um allen Frauen, die in dem Prozeß aktiv sind, Rückhalt zu geben und sie auch inhaltlich zu unterstützen, wurden auf der Fachtagung "Frauenblicke auf die Lokale Agenda 21" Forderungen zu Frauenaspekten erarbeitet. Wir hoffen sehr, daß diese Forderungen auch von Männern vehement vertreten werden.
Die Forderungen richten sich an Kommunen, Initiativen und Verbände, wie z. B. den Deutschen Städtetag, das Klima-Bündnis/Alianza del Clima oder ICLEI, die im Prozeß der Lokalen Agenda 21 aktiv sind/werden.

1. Schaffung einer gleichstellungs-orientierten Datenbasis

Ein großer Mangel genderorientierter Planung ist die fehlende Datenbasis. Argumentationen beruhen oftmals auf Vermutungen auf der Seite engagierter Frauen, auf Verallgemeinerungen (der Haushalt, der Konsument etc.) seitens der Planer und Politiker.

- Statistiken müssen grundsätzlich geschlechtsspezifisch disaggregiert werden. Dies betrifft sowohl alle demographischen als auch alle umweltrelevanten Erhebungen wie z. B. zu Einkommensverteilung, Arbeitsverteilung, Mobilität, Konsum/Kaufverhalten, Privathaushalt, Freizeit und Hobby etc..

- Sollte eine Disaggregation vorhandener Daten nicht möglich sein, müssen Ressourcen zur Erstellung der Datenbasis bereitgestellt werden. Dies trifft z. B. auf Fragen des Anteils von Frauen bei Kaufentscheidungen, Fragen des unterschiedlichen Energieverbrauchs etc. zu.
- Der „Umweltraum“[2] muß entsprechend den erhobenen Daten nach Frauen und Männern spezifiziert werden, wobei der für Versorgungsarbeiten geleistete Umweltverbrauch adäquat berücksichtigt werden muß.

Die Forderungen richten sich an die Statistischen Ämter des Bundes, der Länder und der Kommunen ebenso wie an die einschlägige Forschung.

2. Ermittlung der Fraueninteressen in den verschiedenen Bereichen der Lokalen Agenda
„Was bedeutet eine sozial gerechte und umweltverträgliche Stadtentwicklung für Frauen?“ ist eine Frage, die in aller Regel stellvertretend von Expertinnen beantwortet wird. Differenzen zwischen Frauen aufgrund unterschiedlicher Lebensalter, Lebensphasen, Bildung, ökonomischer Situation oder ethnischer Herkunft bleiben dabei oftmals unberücksichtigt.

- Es muß ein breit angelegter Dialog von Frauen über ihre Betroffenheit durchgeführt werden. Die Kompetenz von Frauen als Betroffene muß gleichrangig zur Expertenkompetenz bewertet werden.
- Die Interessen von Frauen müssen ermittelt werden z. B. durch Befragungen vor Ort, Umfragen bei den Volkshochschulen, bei Frauengruppen der verschiedenen Einrichtungen und bei Frauenprojekten.

3. Einbeziehung von Ergebnissen der Frauenforschung in alle Planungen
In verschiedenen Planungsbereichen gibt es bereits fundierte Forschungsergebnisse, so z. B. in der Verkehrs- und Stadtplanung oder in einigen Sektoren des ökologischen Haushaltens und Wirtschaftens. Diese in der Regel mit öffentlichen Mitteln geförderten Studien werden aber kaum publik gemacht, nur selten werden ihre Ergebnisse in der Planungspraxis angewendet.

- Ergebnisse der frauen- oder genderorientierten Forschung im Planungs- und Umweltbereich müssen bei der Erstellung Lokaler Agenden berücksichtigt werden.
- Feministisch orientierte Frauen sollen bei der Festlegung von Kriterien und Indikatoren für eine nachhaltige Entwicklung einbezogen werden.
- In jeder Kommune soll eine LA 21-Frauenbeauftragte ernannt werden, die in den Arbeitsgruppen, Foren etc. darauf achtet, daß Frauenaspekte berücksichtigt werden bzw. gegebenenfalls dafür sorgt, daß Expertinnen hinzugezogen werden.

4. Absicherung der Beteiligung von Frauen
Die „Durchführung und Überwachung von Programmen, deren Ziel die Beteiligung von Frauen an Entscheidungs-, Planungs- und Umsetzungsprozessen ist“[3], ist als Forderung nicht neu, aber immer noch aktuell und kann nicht oft genug wiederholt werden.

---

2 Mit “Umweltraum” wird der Raum bezeichnet, den die Menschen nutzen können, ohne die Natur nachhaltig zu beeinträchtigen. Maßgeblich bestimmend sind dabei die ökologische Tragfähigkeit von Systemen, die Regenerationsfähigkeit und Verfügbarkeit von Ressourcen.

3 Agenda 21, Kapitel 28

- Die angemessene Beteiligung von Frauen in allen Planungs- und Entscheidungsgremien muß sichergestellt werden, damit die Vorsorgeerfahrung von Frauen in die Entscheidungen einfließt.
- Es müssen frauengerechte Bedingungen für das politische Engagement geschaffen werden, d. h. die für die angesprochenen Frauen richtige Tageszeit wählen, für Kinderbetreuung sorgen etc..
- Es müssen frauengerechte Kommunikations- und Beteiligungsformen angewendet werden.
- Frauenaktionen im Umweltbereich müssen gefördert und öffentlich gemacht werden.

5. Bewertung / Evaluierung

Oftmals verlaufen Forderungen im Sande, weil sie, einmal aufgestellt und an die umsetzende Instanz gerichtet, in der Umsetzung selbst nicht mehr kontrolliert werden.

- Um den Stand der Umsetzung der Forderungen zu bewerten, müssen konkrete Umsetzungspläne mit Timing, Schritten zur Umsetzung, Berichterstattung und Evaluation erstellt werden.
- Es müssen Kontrollmaßstäbe für die einzelnen Entscheidungen aufgestellt werden.

Diese könnten sein:

⇨ Sind an der Erarbeitung des Projektes, des Plans, des Vorschlags etc. Frauen beteiligt gewesen? In welchem Umfang und in welchen Bereichen?

⇨ Wie wurde bezahlte und unbezahlte Arbeit verteilt?

⇨ Welche Auswirkungen auf die Verteilung von Ressourcen hat das Vorhaben, berücksichtigt es die Lebensrealität von Frauen?

⇨ Ist das Thema des Abbaus von Gewalt berücksichtigt worden?

⇨ Werden in dem Plan, Vorschlag, Gesetz etc. Festlegungen auf Rollenklischees und überkommene Geschlechtsbilder festgelegt?[4]

- Die Auswirkungen aller Planungen auf die Lebenssituation von Frauen müssen ermittelt und bewertet werden ("Frauenverträglichkeitsprüfung").

6. Koordination / Austausch

Aufgrund der immer noch sehr vereinzelt zu frauenspezifischen Fragestellungen im Umweltbereich engagierten Frauen kommt dem Erfahrungsaustausch ein großer Stellenwert zu. Positive wie negative Erfahrungen können so weitervermittelt und gegenseitige Unterstützung aufgebaut werden.

- Es muß eine Koordinationsstelle für die Frauenaktivitäten im Rahmen der Lokalen Agenda 21 eingerichtet werden.
- Es muß eine regelmäßige Berichterstattung über Frauenaktivitäten in den entsprechenden Medien, wie z. B. in „Stadtgespräche“, erfolgen.
- Jede Kommune bzw. Initiative soll eine Ansprechpartnerin benennen, die sich für die Frauenaspekte einsetzt.

---

[4] aus: „Frauengerechte und nachhaltige Stadtentwicklung“. Runder Tisch der Planerinnen zur Habitat II-Konferenz. Herausgegeben von FOPA Hamburg e.V./HIC Women and Shelter Network, SRL-Fachgruppe Frauen in der Planung

7. Finanzen

Auch in Zeiten leerer Kassen sind diese Aktivitäten von Frauen nicht umsonst zu haben. Wir fordern daher eine Umschichtung öffentlicher Ausgaben zugunsten von Frauen.

- Es müssen ausreichende Gelder bereitgestellt werden
  - ⇨ für Informations- und Bildungsveranstaltungen für Frauen und Mädchen,
  - ⇨ für die im Punkt 1: "Schaffung einer gleichstellungsorientierten Datenbasis" geforderte Datenerhebung und Forschung
  - ⇨ sowie für die Koordination und Vernetzung.

Informationen zur Lokalen Agenda 21

Die folgenden Texte sind Auszüge von Informationstafeln, die wir während des Kongresses aufgestellt hatten. Die Texte wurden zusammengesellt von Claudia Mayr, München, Ulrike Röhr, Frankfurt und Ariane Rüdiger, München.

Grundlagen für die Lokale Agenda 21

I. Agenda 21, Kapitel 24:

Globaler Aktionsplan für Frauen zur Erzielung einer nachhaltigen und gerechten Entwicklung

darin als Ziele u. a.:

- „Die Umsetzung der Zukunftsstrategien von Nairobi zur Förderung der Frau, insbesondere im Hinblick auf deren *Beteiligung an der Bewirtschaftung von Ökosystemen und am Umweltschutz im eigenen Land.*"
- „Die *Erhöhung des Frauenanteils* bei politischen Entscheidungsträgern, Planern, Fachberatern, Managern und Beratern in den Bereichen Umwelt und Entwicklung."
- „Die Einführung von Mechanismen auf nationaler, regionaler und internationaler Ebene bis zum Jahr 1995 (!) mit dem Ziel, den *Durchführungsstand der entwicklungs- und umweltpolitischen Maßnahmen und Programme und deren Auswirkungen auf die Frauen zu überprüfen sowie den von ihnen geleisteten Beitrag und den ihnen entstehenden Nutzen sicherzustellen.*"

<u>II. Agenda 21, Kapitel 28:</u>

Initiativen der Kommunen zur Unterstützung der Agenda 21

darin:

- „Alle Kommunen, in jedem einzelnen Land sollen dazu angehalten werden, Programme durchzuführen und zu überwachen, deren Ziel die *Beteiligung von Frauen und Jugendlichen an Entscheidungs-, Planungs- und Umsetzungsprozessen* ist."

<u>III. Aktionsplattform der 4. Weltfrauenkonferenz:</u>

Kapitel K: Frauen und Umwelt

darin:

- „Die Regierungen haben ihre Verpflichtung auf die *Schaffung eines neuen Entwicklungsparadigmas* bekundet, das ökologische Bestandsfähigkeit, die Gleichbehandlung der Geschlechter und Gerechtigkeit innerhalb von und zwischen den Generationen zu einem neuen Ganzen zusammenfügt..."
- „Im Zusammenhang mit der mangelnden Anerkennung und Unterstützung des Beitrags der Frauen zur Erhaltung und Bewirtschaftung der natürlichen Ressourcen und zum Umweltschutz sollten Regierungen und andere Akteure *eine aktive und sichtbare Politik der Einbeziehung einer geschlechtsbezogenen Perspektive in alle Politiken und Programme*

fördern, gegebenenfalls einschließlich einer Analyse der Auswirkungen auf Frauen bzw. Männer, bevor Entscheidungen getroffen werden."

Ziele der Agenda

Eine nachhaltige, zukunftsfähige Entwicklung

- Ökologische Tragfähigkeit
  - Verantwortungsvoller „Gebrauch" von Ressourcen
  - Die Natur nutzen und genießen, ohne sie zu verbrauchen
- Soziale Verträglichkeit
  Existenzsicherung - Verteilung - Lebensqualität
- Ökonomische Nachhaltigkeit
  Gestern: Wachstum um jeden Preis
  Heute: Umorientierung und Neustrukturierung
  Morgen: Geschlossene Produktionskreisläufe, Wiederverwertbarkeit, zeitgemäße Güter und Dienstleistungen

Vier Aspekte der Nachhaltigkeit

- In der Forstwirtschaft: Nur soviel Holz schlagen wie nachwächst.
- Nachhaltige Entwicklung befriedigt die Bedürfnisse von heute, ohne die Möglichkeit zukünftiger Generationen, ihre eigenen Bedürfnisse zu decken, in Frage zu stellen.
- Wir haben die Erde nicht von unseren Eltern geerbt, sondern sie von unseren Kindern geborgt.
- Im Hinblick auf begrenzte Rohstoffe und nicht erneuerbare Energien (Öl, Gas, Kohle), gibt es kein „kontinuierliches Wachstum".

Ansätze

- Fachtagung „Frauenblicke auf die Lokale Agenda 21" im März ´96
- 2. Treffen von Akteurinnen im LA 21-Prozeß im November ´96
- Erarbeitung eines Forderungskatalogs: „Frauenforderungen an die Lokale Agenda 21"
- Erste Schritte zur Einrichtung einer Koordinationsstelle für Frauenaktivitäten im Rahmen der LA 21
- Runder Tisch der Planerinnen zur HABITAT II
- Frauengerechte Partizipationsmodelle, z. B. Zukunftswerkstätten für Frauen in Heidelberg
- Erarbeitung von konkreten Forderungen von Frauen vor Ort, z. B. in München
- ausreichende finanzielle Mittel

Geschlechtsbezogene Überlegungen in die Nachhaltigkeitspolitik integrieren
durch:

- Frauen in Politikformulierung einbeziehen
- Politikbewertung hinsichtlich Genderperspektive
- Forschung über spezielle Beeinträchtigung von Frauen durch Umweltprobleme
- Bewahrung traditionellen Frauenwissens
- Forschung über traditionelle Rolle und Wissen von Frauen in umweltrelevanten Bereichen
- Strategien für gleichberechtigten Ressourcenzugang
- Einbezug professioneller Frauen ins Umweltmanagement
- Förderung der Ausbildung von Frauen in entsprechenden Berufsfeldern
- Förderung von nachhaltigem Konsum
- Förderung von KonsumentInnen-Initiativen

Ohne Reibung keine Wärme

Ute Sanner

Einführung zum Workshop „Streit zwischen Frauen"
Ich gehe davon aus, daß es kein Zufall ist, daß die meisten Frauen große Schwierigkeiten mit dem Thema Streit haben. In unserer Gesellschaft werden Frauen immer noch gerne in der Rolle der Friedensstifterin gesehen. Entsprechen Frauen diesem Klischee nicht, werden sie leicht als aggressiv wahrgenommen oder als hysterische Xanthippe abgewertet. Es stimmt nicht, daß Frauen nicht streiten, aber viele Frauen haben nicht gelernt, sich ihre Ziele bewußt zu machen, sich konkret für deren Verwirklichung einzusetzen. Es ist eher so, daß Frauen Veränderungen vermeiden. Oft äußert sich das in Harmoniebedürfnis, in dem Wunsch, Streit zu schlichten und zu relativieren.

Eine andere Form, Veränderungen zu vermeiden, ist es, vor Ärger zu platzen, Wut unkontrolliert nach außen zu bringen, sich hinterher dafür zu entschuldigen und alle berechtigten Wünsche und Forderungen wieder zurückzunehmen. Oft streiten Frauen nicht für etwas, sondern nur gegen etwas, d. h. sie stellen keine neue Situation her, für die sie Verantwortung übernehmen müssen.

Das Bild, das von Streit zwischen Frauen existiert, ist negativ: Frauen streiten nicht, sondern zanken. Sie führen keinen Meinungsstreit, Rechtsstreit oder Wettstreit wie Männer, sondern sie zerstreiten sich. Wenn Frauen sich streiten, ist es meist ein Akt der Mißgunst, des Neides und lästigen Anfeindens.

Tatsächlich wird Streit unter Frauen häufig auf der persönlichen Ebene geführt. Im Vordergrund steht dann nicht ein Thema, eine andere Meinung, sondern die Abwertung der anderen Frau. Selbst wenn es vordergründig erst einmal um eine Sache/ein Thema geht.

Da in unserer Gesellschaft immer noch Frauen in erster Linie für Beziehungsarbeit in Gruppen, Partnerschaft, Familie und am Arbeitsplatz zuständig sind, ist es kein Wunder, daß fast jeder Streit zwischen Frauen auf der persönlichen, der Beziehungsebene, ausgetragen wird. Solange Frauen auf der persönlichen Ebene streiten, sind sie gesellschaftlich ungefährlich. Solange Frauen sich zerstreiten, anstatt gemeinsam in Anerkennung der Differenzen für etwas zu streiten, stellen sie keine Bedrohung für bestehende Strukturen dar.

Die Mechanismen, die Frauen beim Streit anwenden, sind vielfältig. Vom „Nicht-ernstnehmen" der anderen über „Schuldgefühle machen" und Drohungen von Liebesentzug bis hin zu Intrigen gibt es eine breite Palette, wie Frauen sich „fertig machen". Ich gehe davon aus, daß es oftmals kein böser Wille ist, daß Frauen diese Mechanismen anwenden, sondern, daß sie es nicht gelernt haben, eine Streitkultur zu entwickeln, die unterscheidet zwischen einem Thema und einer Person, die Streit als Spiel mit Regeln betrachten kann, als Weg, die eigene Sicht zu schärfen und die Meinungsgegnerin als gleichwertige, aber andere Person zu sehen.

Ein guter Streit setzt Achtung für die Streitpartnerin und die Vorstellung voraus, daß die andere auch recht haben könnte. Um diesem Ideal etwas näher zu kommen, ist es wichtig, die eigenen individuellen Streitmechanismen anzuschauen und den Versuch zu starten, konstruktiv streiten zu lernen.

Als nächstes möchte ich jetzt das Thema „Abgrenzung“ etwas näher beleuchten.
Ich greife dies aus der Vielzahl der Themen heraus, die zum Gebiet des Streitverhaltens gehören, da ich finde, daß dies ein zentraler Punkt beim Streiten ist. Um konstruktiv streiten zu können, ist es wichtig, sich vom jeweiligen Gegenüber abgrenzen zu können.

Mit ‘Abgrenzen’ meine ich hier die Wünsche, Gefühle und Erwartungen der anderen Person wahrzunehmen, das eigene Handeln aber nicht automatisch danach auszurichten. Frauen haben häufig nicht gelernt, sich von ihrem Gegenüber abzugrenzen. Sie unterliegen häufig dem Eindruck, daß sie den Wünschen anderer entsprechen müßten. Erwartungen, Wünsche und Gefühle von anderen stellen deshalb häufig eine Bedrohung für sie dar.

Das hat zur Folge, daß Frauen sich häufig entweder dazu entscheiden, die Wünsche/Gefühle der anderen völlig zu negieren, nicht wahrzunehmen oder aber, ihr Handeln automatisch danach auszurichten. In beiden Fällen findet keine bewußte Auseinandersetzung mit sich selbst, den eigenen Grenzen und den Wünschen/Gefühlen der anderen statt. Frauen lernen in unserer Gesellschaft - zumindest im privaten Kreis - Gefühle zu äußern - und dies bei weitem differenzierter als Männer -, aber sie haben häufig Schwierigkeiten, Grenzen gegenüber den Ansprüchen anderer zu setzen, „nein“ zu sagen. Das führt oft zu schwierigen Situationen, in denen später unklar ist, was den Streit eigentlich ausgelöst hat.

Um die Gründe zu verstehen, warum Frauen häufig Schwierigkeiten haben sich abzugrenzen, möchte ich kurz auf die Identitätsbildung von Mädchen aus psychoanalytischer Sicht eingehen. Hierbei spielt die Mutter-Tochter-Beziehung eine besondere Rolle. In unserer Gesellschaft ist fast immer die Mutter die wichtigste Bezugsperson für ihre Kinder. Nach Freud ist die Mutter das erste Liebesobjekt für kleine Jungen. Sehr bald fangen Jungen an, die Unterschiede zwischen den Geschlechtern zu erkennen und identifizieren sich mit dem Vater oder einer anderen männlichen Bezugsperson. D. h. sie grenzen sich von der Mutter ab, indem sie sich über ihre Andersartigkeit definieren. Laut Freud läuft die Identitätsbildung bei Mädchen analog. Das stimmt so nicht.

Väter sind häufig in den Familien nicht präsent. So ist auch für Mädchen meist die Mutter die wichtigste Bezugsperson und das erste Liebesobjekt. Die Mädchen identifizieren sich aufgrund ihres gleichen Geschlechtes auch mit der Mutter, wodurch eine klare Grenzziehung, die Abgrenzung zur Mutter, erschwert wird.

Weiterhin werden Mädchen in unserer Gesellschaft dazu erzogen, „fürsorglich“ zu sein, sich für das Wohlergehen ihrer Umgebung verantwortlich zu fühlen. So war mir schon als 5-jährige an meinem Geburtstag vermittelt worden, daß es viel wichtiger sei, daß meine Gäste sich wohl fühlen, als daß es mir gut ging. Später nahm ich in solchen Situationen meine eigene Befindlichkeit nicht mehr wahr.

Außerdem wird Mädchen häufig sehr früh vermittelt, daß ein eigener Wille, eigene Wünsche, Liebesentzug zur Folge haben können. Die Erwachsenen benutzen die Abhängigkeit von der elterlichen Zuwendung oft, um das Mädchen gefügig zu machen. Wird hierbei mit „Schuldgefühlen“ operiert, ist es besonders wirksam, z. B. „Wenn Du Dich nicht umarmen lassen willst, machst Du mich sehr traurig“ oder: „Deiner Freundin geht es ganz schlecht, wenn Du ihr Deine Puppe nicht ausleihen willst.“
Oder: “Wenn Du so unartig bist, bekomme ich Kopfschmerzen“.
Die Erwachsenen vermischen hier die eigenen Bedürfnisse mit denen des Mädchens. Statt einer Auseinandersetzung mit den unterschiedlichen Bedürfnissen/statt eines Streits, wo un-

terschiedliche Wünsche Berechtigung haben, wird hier die Form des Drucks gewählt. D. h. „Wenn Du nicht meinen Bedürfnissen folgst, bis Du schlecht oder Deine Bedürfnisse sind schlecht.“ In dieser Form des Dialogs wird es dem Mädchen fast unmöglich gemacht, sich von den Bedürfnissen der Erwachsenen abzugrenzen.

Eine Folge davon ist, daß die eigenen Bedürfnisse als Erwachsene, wenn sie von denen des Gegenüber abweichen, häufig nicht wahrgenommen, geschweige denn ausgesprochen werden. Eine andere Folge ist, die Bedürfnisse der anderen völlig auszuklammern und nur die eigenen Vorstellungen durchsetzen zu wollen. Abgrenzen heißt nicht, hart oder gefühlskalt zu werden. Häufig wird das verwechselt. Ziel ist hierbei nicht, den eigenen Willen um jeden Preis durchzusetzen.

Ziel von gelungenem Abgrenzen ist es, die eigenen Gefühle wahrzunehmen, die Bedürfnisse der anderen wahrzunehmen und dann zu entscheiden, wie frau sich verhalten will oder wie ein Kompromiß aussehen könnte. Abgrenzen heißt, daß frau nicht automatisch versucht, den Bedürfnissen zu entsprechen. Es heißt aber auch, daß frau, falls sie sich gegen einen Kompromiß und gegen das Erfüllen fremder Bedürfnisse entscheidet, Mitgefühl für die andere und ihre Enttäuschung haben kann.

Im Anschluß an den theoretischen Vortrag und einer gestaltpädagogischen Übung, bei der das Wahrnehmen der eigenen Distanz-Grenzen im Vordergrund stand, diskutierten wir über die unterschiedlichen Erfahrungen, die wir mit dem Thema Abgrenzung gemacht haben. Die Aussagen der ca. 25 Teilnehmerinnen zur Frage, in welchen Situationen es ihnen schwer fällt sich abzugrenzen, waren sehr unterschiedlich. Einige finden es z. B. besonders dann schwierig, wenn sie ihre Streitpartnerinnen gerne mögen, andere können sich besonders schlecht von ihrer Mutter abgrenzen und wieder anderen fällt das Abgrenzen besonders schwer, wenn ihr Gegenüber scheinbar schwächer ist als sie selbst.

Die letzte Aussage beschäftigte uns längere Zeit, da diese Schwierigkeit von mehreren Frauen bestätigt wurde. Wir fragten uns, warum wir andere als so viel schwächer wahrnehmen und wie ernst wir diese Frauen und deren Aussagen nehmen. Als Möglichkeit wurde aufgezeigt sich vorzustellen, was schlimmstenfalls passieren würde, wenn ich mich von meinem „schwächeren“ Gegenüber abgrenze und deren Wünsche, Erwartungen nicht erfülle.

Erfahrungsgemäß sind die meisten Frauen nämlich gar nicht so schwach, wie wir befürchten. Es wurde auch angesprochen, daß es für die Gesprächsatmosphäre hilfreich ist, von sich zu reden anstatt Vorwürfe zu formulieren (z. B. Ich brauche immer viel Platz, würdest Du Dich bitte einen Platz weiter setzen; anstatt: Du bist so raumgreifend, Du engst mich ein etc.).

Eine Frau betonte, daß sie für sich selber wenig Schwierigkeiten hätte, die richtige Distanz einzufordern bzw. ihre Grenzen zu stecken, allerdings oft nicht wüßte, ob sie nicht die Grenzen anderer verletzen würde. Eine Möglichkeit ist hier, bei der anderen nachzufragen. Eine Frau äußerte, daß es ihr schwerfalle sich abzugrenzen, wenn ihr Gegenüber in einer Machtposition sei, z. B. Professor. Diese Situation kannten auch andere Frauen. Einigen fiel auf, daß Frauen eher zurücktreten, anstatt ihren Raum einzufordern.

Es ist auch gegenüber „mächtigeren“ Personen möglich, die Grenzen zu setzen. Wichtig ist, daß frau dabei höflich bleibt und von sich spricht, meist führt das sogar zu mehr Achtung und Respekt für die gesetzten Grenzen. Eine der Frauen stellte eine Situation zur Diskussion, in der sie sich gegen einen Professor und dessen sexistische Sprüche abgrenzte.

Nach ihrer und der Wahrnehmung anderer wurde sie dadurch für den Professor zum roten Tuch und fiel durch die Prüfung. Die Frage war nun, welches Verhalten weiterhin richtig sei.

Verschiedene Möglichkeiten wurden kurz diskutiert. Die „weibliche Strategie“, d. h. sich anzupassen, um durch die Prüfung zu kommen, wurde von einigen Frauen verurteilt. Dadurch würde ein Frauenbild verstärkt, das nicht erwünscht ist. Es fiel auf, daß ein hoher Anspruch an Frauen gestellt wird. Der Wunsch nach Solidarität und Unterstützung von Frauen in schwierigen Situationen wurde geäußert. Mit diesem Wunsch passiert es häufig, daß Frauen andere Frauen, die für sich selbst einen anderen Weg wählen, abwerten.

So wird die Frau, die vielleicht nicht so mutig ist, sich offen gegen den Professor zu stellen, schnell zum Feindbild. Es passiert leicht, daß Frauen sich in solchen Situationen zerstreiten, anstatt die Unterschiedlichkeiten, auch Schwächen der anderen, zu respektieren und sich gemeinsam gegen den eigentlichen Übeltäter zu werden. Es war interessant festzustellen, daß dies ansatzweise auch innerhalb unserer Diskussionsrunde passierte.

Es wurde auch bemerkt, daß es ein Unterschied ist, ob dies unter Feministinnen geschieht (bei denen frau davon ausgehen kann, daß diese die sexistischen Sprüche des Professors einhellig verurteilen) oder ob in der Gruppe Frauen sind, die den Feministinnen in den Rücken fallen. Zurück zum Thema Streit. Wir teilten uns in Gruppen auf, um selbst erlebte Streitsituationen genauer zu beleuchten und konstruktive Möglichkeiten zu überlegen, die wir dann in der großen Runde vorstellten.

Literatur

Harriet Goldhor Lerner:
Wohin mit meiner Wut? Neue Beziehungsmuster für Frauen. Frankfurt/M 1990, S. 7-41

bell books: Schwesterlichkeit: Politische Solidarität unter Frauen. In: beiträge zur feministischen theorie und praxis, Nr. 27, Köln 1990

Monika Jaeckel: Spaltung zwischen Frauen - Fußangeln der Unterdrückung oder Sauerteig einer weiblichen Zukunft. In: Birgit Cramon-Daiber et al: Schwesternstreit, von den heimlichen und unheimlichen Auseinandersetzungen zwischen Frauen, Reinbek b. Hamburg 1983, S. 17-31

Claudio Koppert (Hrsg.): Glück, Alltag und Desaster. Über die Zusammenarbeit von Frauen. Berlin 1993

Valerie Miner, Helen Congino (Hrsg.): Konkurrenz, München 1990

Christiane Olivier: Jokastes Kinder. Die Psyche der Frau im Schatten der Mutter, Düsseldorf 1988, S. 63-90

Frauen in Naturwissenschaft und Technik: Kreativitätstechniken und BrainGym

Katrin Gerke, Dagmar Ewert

Im Raum waren ca. 60 Frauen. Die Wandtafeln waren mit weißem Papier verhängt. Alle saßen im Kreis. Der Workshop begann mit einer Vorstellungsrunde, in der jede Teilnehmerin ihre Erwartung an diesen Workshop äußerte. Erwartungen waren zum Beispeil: Neugierde, Kreativität entdecken, beide Gehirnhälften aktivieren. . . .

Anschließend zeigte Dagmar einige BrainGymübungen (siehe Anhang), die alle im Raum nachmachten. Dann wurde die erste Kreativitätstechnik vorgestellt.

Kreativitätstechnik: Brainstorming

- Ist ein formaler Rahmen, der kreative Leistungen fördern soll
- Für Einzelarbeit geeignet, besser in Gruppen von 6-12 Teilnehmer
- Dauer etwa 45 Minuten

« <u>Vorgehen:</u>

0. Planen und vorbereiten
1. Problemstellung (einheitliche Problemauffassung)
2. Neuformulierung des Problems
3. Problemklärung
4. Die Regeln des Brainstorm noch einmal erläutern
5. Die Teilnehmer versuchen möglichst viele Ideen vorzubringen, diese werden sofort für alle sichtbar festgehalten
6. <u>Danach</u>: Bewertung der Ideen zur Lösungsfindung

Die Regeln für den Brainstorm

- Alle haben die Problemstellung genau verstanden
- Zeitrahmen für die Ideenfindung: 15-20 Minuten
- Möglichst viele (spontane) Lösungsvorschläge nennen
- Die Nennung sollte möglichst knapp und kurz sein
- Keine Kritik, keine Bewertung während der Ideenfindung
- Jeder Beitrag ist erwünscht
- Blödeln ist wichtig und erwünscht
- Ideenfluß nicht zu früh unterbrechen

Auf Grund der großen Teilnehmerinnenzahl wurden drei Gruppen eingeteilt: die Gelbe, die Blaue und die Grüne. Der erste Brainstorm wurde mit der gelben Gruppe durchgeführt.
Das Thema war: „Welches sind meine Probleme im Studium und im Beruf?" Im folgenden sind nun die Ergebnisse dargestellt.

Chefs

zu einseitige Beschäftigung zuviel Arbeit, zu wenig Zeit	1
ständig unter Druck Arbeitenkeine Zusamenarbeit	1
sexuelle Belästigungnicht abschalten können	4
zu komplizierte Texte und Bücher	
Vermischung von Persönlichen und privaten Konfikten	2
Kompetenzexhibitionismusvon Kollegen	1
fehlende feministische Aspekte	4
kein Platz für Kinder	2
Protektion von Leuten	3
Nasenfaktor	
unklare Zielvorstellung	6
wenig Eigeninitiative gefragt	
Prioritäten setzen zwischen den Aufgabengebieten	2
zu viele Vorschriften	1
wenig Zeit	1
Konkurenz unter Kollegen	
zu wenig Kekse	
schlechtes Mittagessen	
Unterernährung	
Zahnausfall	
Streß	
Muße nicht genießen können	1
fehlende Perspektive	8
zu viele Männer	4
Überstunden	
zu wenig Anerkennung	4
hierarchische Strukturen	3
einseitige Förderung	1
fehlender Austausch	3
zu wenig Courage eigene Wege zu gehen	3
Leistungsdruck	2
Arbeiten im rechtsfreiem Raum	1
zu wenig Vorbilder	
Zuckerbrot und Peitsche	

Anschließend durfte jede Teilnehmerin der gelben Gruppe durch Bepunkten ihre Lieblingsthemen auswählen. Ergebnis der Punktebewertung war, daß das Schaffen von Perspektiven in Studium und Beruf für die Anwesenden das interessanteste Thema war. Dieses Thema wurde mit der nächsten Technik weiter bearbeitet. Diese wird im folgendem vorgestellt

Kreativitätstechnik: Kopfstand-Technik

- Problemfrage wird in ihr Gegenteil verkehrt.
- Soll den Blick für Zielsetzung und Verhaltensweisen der anderen Beteiligten öffnen.
- Eingefahrene Sichten werden aufgelöst.

* Vorgehen:

0. Planen und vorbereiten
1. Problemstellung (einheitliche Problemauffassung)
2. Problemklärung
3. Neuformulierung des Problems

4. Umkehrung
5. Brainstorming zur umgekehrten Fragestellung
6. <u>Danach</u>: Zu jeder Idee wird eine Gegenlösung gesucht

Dieses Thema wurde mit der Kreativitätstechnik „Kopfstand" weiter ausgearbeitet.

Frage: Wie schaffen wir Perspektiven in Studium und Beruf?
Ungekehrte Frage: Wie zerstören wir Perspektiven in Studium und Beruf?

<u>Antworten auf die umgedrehte Frage</u>
ich beschränke die Auswahl meiner Arbeitsgebiete
Resignation
ich verweigere die geforderten Leistungen
ich fahre den Firmenwagwagen zu Schrott
ich fälsche Reisekostenrechnungen
ich verliebe mich in meinen Chef
ich übergehe Hierarchien
ich arbeite gerne im Team
ich kümmere mich nicht um die Präsentation meiner Arbeitsergebnisse

<u>Lösungsmöglichkeiten für die ursprüngliche Frage</u>
ich achte bei meiner Ausbildung auf Themenvielfalt
Optimismus
ich bringe nur die Leistungen, die ich für sinnvoll erachte.
nur während der Arbeitszeit
ich suche mir angemessene Möglichkeiten, zu Geld zu kommen
es ist kein Problem für mich, Distanz zu wahren
ich versuche Hierarchien aufzulösen
ich arbeite weiter gerne im Team
ich kümmere mich um die Präsentation meiner Arbeitsergebnisse

<u>Antworten auf dic umgedrehte Frage</u>
ich fange eine 2. Ausbildung an
ich nehme an jeder Demo teil
ich bin grundsätzlich destruktiv
ich schiebe Termine vor und gehe ins Freibad
ich werde schwanger
ich laß mich unterbuttern
ich kriege ein zweites Kind
ich unterstütze meinen Mann
ich zerstöre die Büroeinrichtung

<u>Lösungsmöglichkeiten für die ursprüngliche Frage</u>
nur wenn es sinnvoll ist
ich vertrete meine Standpunkte
auch im täglichen Leben
ich bewahre mir kritisches Denken
ich trenne Frei- und Arbeitszeit
ich werde schwanger,
wenn ich ein Kind haben will und kümmere mich um Kinderbetreuung

ich vertrete meinen Standpunkt
ich organisiere einen Betriebskindergarten
wir unterstützen uns gegenseitig
ich gestalte meinen Arbeitsplatz angenehm

Die blaue Gruppe sammelte dabei die destruktiven „Lösungen" und die grüne Gruppe übersetzt die Schlagworte in konstruktive Problemlösungen. Diese Vorgehen brachte bei den einzelnen Gruppen, die ihre Ergebnisse nicht weiterbearbeiten konnten, Enttäuschung über die von der anderen Gruppe erarbeiteten Ergebnisse.

Der kreative Prozeß
Im folgenden sind einige Prinzipien des kreativen Prozesses dargestellt, wie er in jeder Kreativitätstechnik aber auch in allen anderen kreativen Prozessen durchlaufen wird.

1. Phase: Problematisierung
   Problem erkennen, identifizieren und vorläufig formulieren
   Problemstellung
2. Phase: Exploration
   Problem wird unter verschiedenen Aspekten genauer analysiert.
   Neuformulierung, Sammlung spontaner Lösungsideen
3. Phase: Inkubation
   Entfernung oder Verneinung des Problems
   Bewußt nicht mit dem Problem beschäftigen. Problemstellung umkehren.
4. Phase: Illumination/Synthese
   Inkubationsphase produziert oft überraschende und zufällige Lösungsideen
   Spontane Lösungsideen sammeln.
5. Phase: Elaboration

Die Lösungsansätze werden auf Brauchbarkeit, Realisierbarkeit und ihre Konsequenzen hin überprüft. Mehrere Lösungsansätze können zu einer Gesamtlösung verbunden werden. Einteilung von Kreativitätstechniken. Die Kreativitätstechniken können in vier Kategorien eingeteilt werden.

Prinzip der Assoziation
Freie Assoziation zu einer Problemstellung
Ziel: **möglichst viele Aspekte finden durch Kombination und Zuordnung zu kreativen Lösungsideen kommen.**

Prinzip der Bildhaftigkeit und Analogie
Übertragung aus anderen Wirklichkeitsbereichen
Ziel: **den unbewußten Kreativitätsprozeß systematisch herbeiführen durch weite Entfernung vom Problem und Beschäftigung mit ganz anderen Themen und Bildern.**
Reizwortprinzip, Prinzip der Zufallsanregung
Zufällige Reizworte werden auf das Problem bezogen
Ziel: **planvolle Herbeiführung des Zufalls durch die begriffliche Verknüpfung von ganz unterschiedlichen Bereichen.**

Prinzip der systematischen Bedingungsvariation
grundlegender Faktor der bisherigen Lösungsuche wird verändert
Ziel: **neue Lösungansätze durch Veränderung der Ausgangsbedingungen**

Kreativitätstechniken mit dem Prinzip der Assoziation

Kreativitätstechnik	Beschreibung	Ziel	Bewertung
Brainstorming	ist ein formaler Rahmen, der Kreative Leistungen fördern soll. Spontane Lösungsvorschläge werden gesammelt und sichtbar notiert. Kritik ist untersagt. Blödeln ist wichtig und erwünscht.	gegenseitige Anregung führt zur Produktion neuer Ideen	generellste Möglichkeit der Suche nach Lösungen erfordert eine intensive Beschäftigung mit den gesammelten Ideen meistens eine Reihe verwertbarer Ansätze
Brainwriting	Einfälle werden schriftlich notiert zum nächsten weitergereicht. Diese/r entwickelt weiter, verändert oder notiert neue Lösungsvorschläge. Spielregeln (6 Teilnehmer/innen schreiben 3 Lösungen in 5 Minuten) erzeugen Streß, der die Kreativität fördern soll.	erzeugen Streß, der die Kreativität fördern soll	Jeder Teilnehmer/in setzt sich zu jedem Zeitpunkt intensiv mit der Problemfrage auseinander. einfach zu handhaben bringt eine Fülle von Ideen in relativ kurzer Zeit
Imaginäres Brainstorming	Ein Problem wird unter geänderten Bedingungen betrachtet (reichlich Geldmittel). Frage: Wie würde ich das Problem lösen, wenn ...?	Verneinung bzw. Aufhebung hemmender Bedingungen führt zur Lösung von festgefahrenen Denkrichtungen.	gut dazu geeignet Denkblokaden zu überwinden Zeitrahmen gering einfache Handhabung keine spektakulär neuen Lösungsideen
Destruktiv-konstruktives Brainstorming	In der ersten Phase werden alle Defizite und Schwächen des Problems gesammelt. In der zweiten Phase werden Verbesserungsmöglichkeiten gesucht.	Erste Phase: Analyse des Problems Zweite Phase: negative Statements in positive umformulieren	Gruppenzusammensetzung muß besonders auf Spannungen hin geprüft werden Vorteilhaft ist, daß die Teilnehmer/innen an der Analyse des Problems beteiligt sind.

Kreativitätstechniken mit dem Prinzip der Analogie

Kreativitäts-technik	**Beschreibung**	**Ziel**	**Bewertung**
Klassische Synektik	Es werden weit entfernte Analogien betrachtet, Sprachassoziationen gebildet und die Sachverhalte völlig neu zusammengeführt.	Versucht, den oft unbewußt verlaufenden Kreativitätsprozeß systematisch herbeizuführen, vor allem über sprachliche Mittel	Zeitaufwendig, erfordert hohe Disziplin, aber ist die Methode, die am gezieltesten zu völlig neuen, manchmal genialen Lösungen kommt; vor allem für komplexe und wichtige Probleme geeignet
Visuelle Synektik	(Variante der Klassischen Synektik) Nach Problemklärung werden 3-6 (willkürliche) Bilder gezeigt und von den Teil-nehmer/innen beschrieben (was beeindruckt, Gefühle, Phantasien). Aus den Beschreibungen werden Lösungsideen abgeleitet.	Versucht, den oft unbewußt verlaufenden Kreativitätsprozeß systematisch herbei-zuführen, vor allem über visuelle Mittel	Ähnlich wie die klassische Synektik
Bisoziation	Nach Problemklärung wird ein zufällig ausgewähltes Bild (ansprechend, anschaulich, Inhalt für die Teilnehme-r/innen bekannt) genommen, es wird sorgfältig beschrieben und analysiert und die gefundenen Gesetzmäßig-keiten werden auf das Problem übertragen.	Es werden bewußt neue Informationen und Denkmuster gesucht, um kreative Ideen anzuregen.	Bietet sich an, um neue, ungewöhnliche Ideen und Lösungen zu finden. Die Übertragung der einzelnen Bildstrukturen auf Lösungs-vorschläge ist vorher zu üben.
Analogie-technik	Es werden verschiedene Analogien aus unterschied-lichen Lebensbereichen gesucht und analysiert und übertragen (max.3).	Denkstrukturen lockern durch Übertragung auf andere Wirklichkeits-bereiche	Vielseitig verwendbare Technik, erfordert relativ wenig Zeit im Vergleich zur Synektik; ist davon abhängig, ob die Analogie paßt, fruchtbar ist

Kreativitätstechniken mit dem Prinzip der Zufallsanregung, Reizwortprinzip

Kreativitätstechnik	Beschreibung	Ziel	Bewertung
Superposition	Zuerst Problemklärung. Dann werden 7-12 zufällig ausgewählte Reizworte genommen und a) auf das Problem bezogen oder b) Assoziationen zu den Worten werden auf das Problem bezogen	Planvolle Herbeiführung von Zufällen, indem unterschiedliche Bereiche miteinander verknüpft werden	Hilft eingeschliffene Denkmuster zu verlassen und so überraschende Lösungen zu finden. Der Rückbezug der Worte auf das Problem erfordert Übung.
Lexikon-Methode	Aus einem zufällig ausgewählten Lexikonartikel werden a) die Worte oder b) Assoziationen zu den Worten auf das Problem bezogen.	(s.o. Superposition)	(s.o. Superposition)
Katalog-Methode	Aus einem Warenhauskatalog werden zufällig zwei Gegenstände ausgewählt. Es werden Gemeinsamkeiten gefunden. Diese werden dann auf das Problem übertragen	(s.o. Superposition)	(s.o. Superposition)
Force-Fit-Spiel	Zwei Teams im Wettbewerb, ein Team nennt einen gegenständlichen Begriff (weit weg vom Problem), das andere Team muß in 2 Minuten zu dem Begriff eine Lösungsidee in Bezug auf das Problem nennen, bekommt bei Erfolg einen Punkt (Schiedsrichter), dann Wechsel	Die Verknüpfung mit unterschiedlicher Bereiche wird hier noch ergänzt durch den Spiel-Charakter, der mehr Spaß und Energien freisetzt	Führt zu neuen Lösungen, macht Spaß; schwierig ist die Rolle des Schiedsrichters und um zu gewinnen besteht die Gefahr, möglichst naheliegende Lösungen vorzubringen
Semantische Intuition	Im Brainstorm Elemente sammeln, die mit dem Problem zu tun haben, daraus durch Kombination Wortneuschöpfungen, die in die Realität übertragen werden	Neue Ideen durch Gegenstandbildung zu Wortneuschöpfungen	Zu einem Begriff den Gegenstand erfinden führt zu recht eigensinnigen Lösungen, diese Erfindung erfordert Akzeptanz der Tn

Kreativitätstechniken mit dem Prinzip der systematischen Bedingungsvariation

Kreativitätstechnik	**Beschreibung**	**Ziel**	**Bewertung**
Osborne- oder Checklisten-Methode	Fragen der Osborn Checklisten werden auf das Problem angewandt (z.B. Was ist ähnlich? oder Was kann man hinzufügen). Dadurch wir ein ständiger Perspektivenwechsel erreicht.		
Stop-Technik	Der Ideensammlung wird ein Prinzip vorangestellt. Nach 5 Minuten wird das Brainstorming unterbrochen und nach einem neuen Prinzip gesucht.	Problemstellung unter möglichst vielen Blickwinkel sehen.	Ergebnisse recht vielfältig. Durchführung erfordert einige Erfahrung.
Kopfstand	Problemfrage wird in ihr Gegenteil verkehrt. Eingefahrene Sichten werden aufgelöst.	Soll den Blick für Zielsetzung und Verhaltensweisen der anderen Beteiligten öffnen.	Einfach handhabbar. Nimmt relativ wenig Zeit in Anspruch.
Nebenfeldintegration	Nebenfelder und ihre Elemente werden bestimmt und rückbezogen auf die Lösung	Lösungsideen detailliert ausarbeiten.	Nicht völlig neue Lösungen.
Methode der Identifikation	Aus der Sicht aller Betrofferner (Menschen und andere Lebewesen) wird nach Lösungen gesucht. Frage: "Wie fühlen sich die jeweils Betroffenen in ihren Rollen"		Verlangt viel Einfühlungsvermögen. Gut geeignet für Gruppen mit Erfahrung mit Kreativitätstechniken. Wirkt sonst schnell albern

Brain Gym®

Energieübungen:

Wasser

Gehirnknöpfe

Cook

Balance

Denkmütze

Mittellinien bewegungen:

Überkreuz

Liegende Acht

Elefant

Double Doodles

Dehnungs übungen:

Armaktivierung

Wadenpumpe

Eule

Workshop "Entspannung und Motivation durch Atmung"

Christine Zander

Einleitung

Es gehört sicherlich nicht zu den üblichen Veröffentlichungen einer Tagung, einen Workshop zu dokumentieren. Dennoch möchte ich versuchen, unsere Aktionen nachvollziehbar darzustellen, um auch den Frauen, die nicht an diesem Workshop teilnehmen konnten, die Möglichkeit zu geben, diese Veranstaltung in praktizierendem Sinne nachzuvollziehen.

Theorie

Die Atmung ist eine der wichtigsten Körperfunktionen des Menschen. Sie hat die Aufgabe, den Organismus mit Sauerstoff für den oxidativen Abbau von Nährstoffen zu versorgen. Zugleich soll sie das Stoffwechselprodukt Kohlendioxid abtransportieren und den pH-Wert des arteriellen Blutes regulieren.

Die Lungenatmung, die Thema des Workshops ist, läßt sich in zwei Gruppen unterscheiden. Nach Art der Erzeugung des Unterdrucks in den Lungenflügeln wird differenziert zwischen Rippen – und Zwerchfellatmung. Beide werden vom Körper zumeist instinktiv so eingesetzt, daß ihm eine möglichst ökonomische Anpassung an eine Lebenssituation möglich ist.

Für die Rippenatmung werden zur Vergrößerung des Brustraums bei der Inspiration die Rippenbögen durch die äußeren und inneren Zwischenrippenmuskeln bewegt. Dies verursacht im oberen Brustraum eine Hebung nach oben vorn, im unteren Brustraum zu den Seiten.

Bei erhöhten Anforderungen, z. B. körperlicher Anstrengung, reicht das so erhaltene Volumen jedoch nicht aus. Weitere Muskeln müssen den Vorgang unterstützen. Dies sind vor allem die großen und kleinen Brustmuskeln, Halsmuskeln und Bauchmuskeln, die am Schultergürtel oder an der Wirbelsäule ansetzen und die Rippen auf kurzen Wegen schnell bewegen können. Die Rippenatmung oder auch Brustatmung wird also vorwiegend bei zu erwartender oder bereits eingetretener körperlicher Belastung wie z. B. sportlicher Betätigung eingesetzt.

Bei der Zwerchfell– oder auch Bauchatmung wird der Unterdruck im Lungenraum durch eine Ausdehnung des großen Zwerchfellmuskels erzeugt, der die Begrenzung zum Bauchraum darstellt. Er ist der wirkungsvollste Inspirationsmuskel des Körpers und kann beim Einatmen den Lungenraum um bis zu drei Intercostalräume (Räume zwischen den Rippen) erweitern. Durch ihn werden besonders gut die kleinsten Alveolen in den unteren Teilen der Lungenflügel belüftet. Diese Lungenbläschen können bedingt durch ein besonders großes Verhältnis von Volumen zu Oberfläche am effektivsten am Gasaustausch teilhaben (SCHMIDT, THEWES 1993). Die Zwerchfellatmung wird vor allem in liegender Stellung des Körpers und beim Schlaf genutzt. Tagsüber sind sowohl das Zwerchfell wie auch die Rippenmuskeln am Atmungsprozeß beteiligt.

Kommen wir nun in unserem Alltag in eine Streßsituation, reagiert unser Körper darauf in einer Art, die ihm in der Evolution über lange Zeit Vorteile verschafft hat. Seit der Steinzeit ist die reflektorische Reaktion auf derartige Situationen Kampf oder Flucht. Beim Angriff eines Raubtieres überlebt nur, wer sich ohne lange nachzudenken möglichst schnell abwendet und in Sicherheit bringt.

Dieser Reflex ist bis heute in seinen Grundstrukturen erhalten geblieben, obwohl sich die auslösenden Situationen gänzlich gewandelt haben. Vor den heutigen Streßsituationen können und wollen wir nicht fliehen. Die körperlichen Reaktionen sind uns eher hinderlich, als daß sie unser Überleben sichern.

Im einzelnen sind es folgende Vorgänge, die ausgelöst werden: Durch die Erregung des Symphaticus – Nervs erfolgt eine Ausschüttung von Adrenalin und Noradrenalin. Die Herzfrequenz steigt, gleichzeitig werden die Durchblutung der Haut und des Hirns vermindert, die der Skelettmuskulatur erhöht. Durch den erhöhten Adrenalinspiegel erhöht sich auch die Ventilation der Lungen, und zwar zugunsten der schnellen Brustatmung. Für die vermeintlich bevorstehende körperliche Anstrengung werden die Muskeln in Schulter– und Kopfbereich angespannt, um schnell für genügend Sauerstoff zur Flucht sorgen zu können.

Eine gute Durchblutung des Hirns ist jedoch eine wichtige Voraussetzung für unsere Arbeitssituation, in der Denkblockaden unerwünscht sind. Ein auf Flucht eingerichteter Bewegungsapparat verspannt, wenn er nicht genutzt werden kann, und verursacht Beschwerden.

Um diesen Effekten entgegenzuwirken, ist es notwendig, den Mechanismus der Vorgänge zu erfassen und durch bewußtes Entgegenwirken zu durchbrechen. Eine Möglichkeit dazu haben wir, wenn wir die Kontrolle über unsere Atmung erlangen und sie bewußt auf die entspannend wirkende Bauchatmung umstellen können. In diesem Workshop sollten dazu verschiedene Übungen erlernt und durchgeführt werden.

Übungen
Für die folgenden Übungen werden ca. 15 min. Zeit benötigt. Wir hatten einen Rasenplatz zur Verfügung, sie können aber auch an jedem anderen Ort mit etwas Bewegungsfreiheit und möglichst frischer Luft durchgeführt werden.

Zuerst wird den auf Bewegung eingestellten Muskeln eine Entspannung durch die Ausführung der Bewegung ermöglicht. Langsames, gleichmäßiges Gehen z. B. auf einer Rasenfläche eignet sich dazu. Die Schritte sollten schwer sein, nackte Füße fördern das Gefühl für Gleichgewicht und Bodenkontakt.

Nachdem die erste Spannung abgebaut ist, schließen sich Übungen im Stehen an. Ein als angenehm empfundener Platz ist dafür der Ausgangspunkt. Der Blick sollte die Möglichkeit haben, sich auf etwas Ruhiges, als schön Empfundenes, fixieren zu können.

Nun zu den Übungen im einzelnen:
1. Wir suchen uns einen Platz mit etwas Bewegungsfreiheit für die Arme und stellen uns so auf, daß die Füße in ca. schulterbreitem Abstand stehen und die Knie nicht durchgedrückt, sondern leicht gebeugt sind.
2. Durch leicht kreisende oder pendelnde Rumpfbewegungen, evtl. mit geschlossenen Augen, läßt sich das Gleichgewicht finden und der Körperschwerpunkt erkunden.
3. Wir atmen tief und ruhig ein und aus. Dabei lassen wir die Luft möglichst sanft strömen ohne große aktive Anstrengung.
4. Wir atmen aktiv aus, stoßen auch die verbleibenden Luftreste aus der Lunge und warten.
5. Wenn wir das Bedürfnis verspüren einzuatmen, lassen wir die Luft durch Mund und Nase in den Körper strömen. Ausströmenlassen, Ausstoßen und Einströmenlassen (Punkte 3 bis 5) werden ca. 3-4 mal wiederholt.

6. Wir hecheln mit offenem Mund ähnlich wie ein Hund und aktivieren dadurch das Zwerchfell.
7. Wir atmen tief ein und stoßen die Luft möglichst auf einmal aus.
   Bei dieser Übung muß darauf geachtet werden, daß beim forcierten Einatmen nicht die Schultern hochgezogen werden und die Rippenmuskulatur beteiligt wird.
8. Wir beugen den Rumpf langsam nach unten und atmen dabei aus. Wir lassen uns locker nach unten hängen, atmen in der vorgebeugten Stellung mehrmals ruhig ein und aus und spüren dem Luftstrom nach. Die Lunge soll sich in den unteren Flügelteilen und im Rükken gefüllt anfühlen.
9. Bei einem erneuten Einatmen richten wir uns langsam auf und achten dabei auf ein "Abrollen" der Wirbelsäule. Wir nehmen die Arme über den Kopf und beschreiben mit ihnen beim langsamen kontrollierten Ausatmen in einer seitlich am Körper geführten Abwärtsbewegung den Füllungszustand unserer Lungen.
   Die Beugung des Rumpfes, das "Abrollen" der Wirbelsäule und das kontrollierte Ausatmen mit den Armen (Punkte 8 und 9) werden ca. 5-6 mal wiederholt.
   Zum Abschluß wird noch einmal mit gebeugtem Rumpf eingeatmet und nach dem Aufrichten mit einer Art "Urschrei" alle Luft aus der Lunge gestoßen.

Nach diesen Übungen sollte sich der Körper warm und gut durchblutet anfühlen. Vor allem die Extremitäten sollten warm und gelockert sein. Die Lunge sollte sich jetzt gut durchlüftet anfühlen. Die Atmung sollte ruhig und tief sein und ein Gefühl von Ruhe und Zuversicht herrschen.

Abschließende Worte

Diese Übungen entstammen ursprünglich der Gesangs– und Sprechlehre, haben sich jedoch auch bei der Bewältigung von Streßsituationen bewährt. Für Nachahmung und Erfahrungsaustausch wäre die Autorin sehr dankbar.

mail: Christine Zander, Sonderforschungsbereich 179, Langer Kamp 19c,
38106 Braunschweig
Email: c.zander @tu-bs.de

Literatur

R.F. Schmidt, G. Thewes (Hrsg.)
Physiologie des Menschen
Springer Verlag, Heidelberg, Berlin, 25. Aufl. 1993

Netzwerke und Vereine

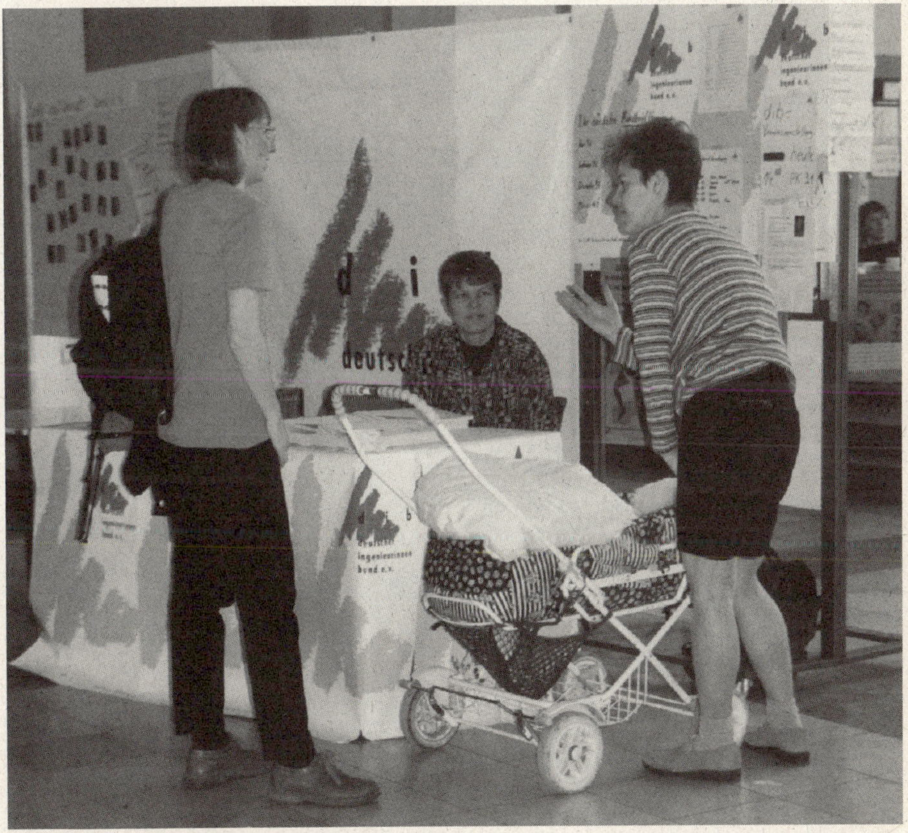

Infotisch während des Kongresses

Netzwerk feministischer/interdisziplinärer Arbeitskreise

Corinna Bath, Barbara Petersen

Vorstellung des Arbeitskreises Feministische Naturwissenschaftsforschung und Kritik

Unser Arbeitskreis gründete sich im Sommer 1993 im Anschluß an die Tagung "Geschlechterdifferenz und Naturkonzepte der Moderne". Seit dem 20. Kongreß von Frauen in Naturwissenschaft und Technik in Gießen stellen wir uns jährlich auf dem Kongreß vor, um einerseits interessierte Frauen über unsere Existenz und Arbeitsweise zu informieren und andererseits von der Existenz anderer, ähnlich arbeitender Arbeitskreise zu erfahren und ggf. Informationen auszutauschen.

Der Arbeitskreis besteht aus vorwiegend „naturwissenschaftlich sozialisierten" Fachfrauen, die sich aus einer feministischen Perspektive kritisch mit Naturwissenschaft auseinandersetzen und überwiegend in gesellschafts- und geisteswissenschaftlichen Disziplinen forschen/promovieren. Unsere Arbeiten können in den meisten Fällen nicht in schon vorhandene (Wissenschafts-) Strukturen eingebunden werden. Unser Hauptanliegen ist es daher, einen festen Arbeitszusammenhang zu schaffen, um unsere Forschungsprojekte zu diskutieren und uns gegenseitig zu unterstützen. Dazu gehören z. B. das Korrekturlesen von Texten und Diskussionen über Konzepte, verwendete Methoden und bearbeitete Inhalte. Darüberhinaus möchten wir ein informelles Forum bilden, um uns gegenseitig auf Literatur, Veranstaltungen, Finanzierungsmöglichkeiten und sonstige für unsere Projekte wichtige Informationen aufmerksam zu machen. Außerdem ist es wichtig, uns gegenseitig zu ermutigen, diesen neuen Weg „zwischen den Wissenschaften" zu gehen.

Wir sind zur Zeit dreizehn Frauen aus verschiedenen Fachdisziplinen und treffen uns in zeitlichen Abständen von etwa zwei bis drei Monaten. Bisherige Orte waren Kiel, Hamburg, Bremen und Berlin. Von diesen Treffen fertigen wir keine Protokolle an, da jede von uns selbst bestimmen soll, was sie in schriftlicher Form nach außen mitteilen möchte. Diese Beiträge werden in einem internen Rundbrief (bisher gibt es ihrer 8) zusammengefaßt, welcher auch die Aufrechterhaltung von Kontakten zu Frauen, die sich zeitweilig im Ausland aufhalten, ermöglicht.

Nach einer kurzen Vorstellung unseres Arbeitskreises, seiner Organisation und Arbeitsweise (s.o.) machten wir eine ausführliche Vorstellungsrunde. Jede der ca. 20 anwesenden Frauen erläuterte ihre fachliche Herkunft sowie ihre Erfahrungen mit und ihr Interesse an feministischer/interdisziplinärer Arbeit. Diejenigen, die bereits an einer naturwissenschaftskritischen Dissertation arbeiten oder eine solche planen, berichteten über ihre Vorhaben. Anschließend stellten wir, die Veranstalterinnen, anhand unserer eigenen Biographien und Forschungsgebiete die Bedeutung des Arbeitskreises für unsere jeweilige Arbeit heraus.

Es überraschte und erfreute uns, daß bereits viele Frauen in der Runde mit spannenden, interdisziplinären Forschungsvorhaben begonnen haben (bspw. „feministische Kritik an der Atomtheorie", „Kritik an der feministischen Technikkritik", „Physikerinnen im 20. Jahrhundert" u. a.). Daß viele der naturwissenschaftskritischen/feministischen/interdisziplinären Arbeiten durch Stipendien und/oder im Rahmen von Graduiertenkollegs gefördert werden, ist einerseits erfreulich. Andererseits wird hieran der Mangel an regulären Qualifikationsstellen zur

Naturwissenschaftskritik an den Universitäten und Forschungsinstitutionen deutlich, deren Einrichtung immer wieder auf hochschul- und forschungspolitischer Ebene eingefordert werden muß.

Das Spektrum der fachlichen Voraussetzungen und Interessen der Teilnehmerinnen war vielfältig. Es waren Frauen aus den Fächern Maschinenbau, Umwelttechnik, Geologie, Chemie, Physik, Biologie und Mathematik anwesend. Einige von ihnen suchten ein Diskussionsforum zu fachspezifischen Themen, andere einen Lesekreis zum Erarbeiten von Texten zur feministischen Naturwissenschaftskritik. Ein Großteil äußerte Interesse an der Mitarbeit in unserem Arbeitskreis. Da die Anzahl der an einer Mitarbeit interessierten Frauen so groß war, daß die für eine effektive Arbeit maximale Größe bei Integration aller Frauen in unseren Arbeitskreis überschritten worden wäre, wurden nur die Frauen aus dem norddeutschen Raum zum nächsten Treffen eingeladen. Den anderen schickten wir die Adressen der übrigen Frauen zwecks Vernetzung zu und regten sie dazu an, ein eigenes Treffen zu planen/durchzuführen.
Frauen aus anderen, zu ähnlichen Themen arbeitenden Arbeitskreisen waren nicht anwesend. Wir wissen nur vom Arbeitskreis zur feministischen Mathematikkritik (Kontakt kann über uns hergestellt werden). Jedoch fanden auf der Veranstaltung drei Chemikerinnen zusammen, die an der Erarbeitung einer feministischen Kritik an der Chemie interessiert sind. Wir hoffen, daß sie, ebenso wie eventuelle weitere neue Arbeitskreise, auf dem nächsten Kongreß darüber berichten.

Auch für unseren Arbeitskreis Feministische Naturwissenschaftsforschung und Kritik ergab sich auf der Veranstaltung eine neue Perspektive: Eva Sassen und Bärbel Epp von der Koryphäe schlugen uns vor, das Schwerpunktthema einer der nächsten Koryphäen zu gestalten. Die Planungen dazu sind bereits in vollem Gange und: welche weiß - vielleicht gibt es “unsere” Koryphäe schon im nächsten Jahr am Koryphäen Stand?!

Kontaktadresse für den AK feministische Naturwissenschaftsforschung und Kritik
Heike Wiesner
artec
Universität Bremen
Postfach 330440
28334 Bremen

dib – deutscher ingenieurinnen bund e.V.
Wir stellen uns vor

Michaela Claus-Lynker, Karen Mumm

1. Historie

Der **dib** ist eng mit dem jährlichen Kongreß von Frauen in Naturwissenschaft und Technik verbunden. Auf dem Treffen 1986 in Oldenburg beschäftigte sich eine Arbeitsgruppe speziell mit der wirksamen Interessenvertretung von Ingenieurinnen. Ihnen sind in den „alteingesessenen" Vereinen und Verbänden Grenzen gesetzt, entweder als Frauen im Verein Deutscher Ingenieure (VDI), Verband Deutscher Elektrotechniker (VDE), oder als Mitglieder aus dem technischen Bereich im Deutschen Akademikerinnenbund (DAB). Aus diesen Gründen formierte sich der Deutsche Ingenieurinnenbund e.V. im Juni 1986 in Darmstadt. Er wurde am 8.1.1987 ins Vereinsregister aufgenommen. Die erste ordentliche Mitgliederversammlung fand am 31.1.1987 in Darmstadt statt. Der Verein wurde vom Finanzamt Darmstadt als gemeinnützig anerkannt.

Der dib feiert in diesem Jahr sein 10 jähriges Bestehen. Er ist Mitglied im Deutschen Frauenrat und in einigen Bundesländern sind die dort bestehenden Ortsgruppen Mitglied in den Landesfrauenräten.

2. Ziele des Vereins

- Schaffung eines Forums für Kontakte und Erfahrungsaustausch zwischen Frauen in technischen Berufen und technischen Studiengängen
- Förderung von Ingenieurinnen und Ingenieurstudentinnen sowie die Vertretung ihrer Interessen in der Öffentlichkeit
- Motivierung von Mädchen und Frauen zum Ergreifen technischer Ausbildungen und technischer Studiengänge
- Steigerung des Anteils von Frauen in technischen Berufen und in leitenden Positionen
- Hinterfragung der bestehenden Normen im Berufs- und Privatleben (Arbeitszeit, Arbeitsinhalte, geschlechtsspezifische Rollenverteilung u. a.) und Durchsetzen notwendiger Veränderungen
- Überprüfung und Wertung der Verträglichkeit technischer Entwicklungen für Mensch und Umwelt
- Beobachtung der Wechselwirkungen zwischen technischen und gesellschaftlichen Entwicklungen und Untersuchung ihrer Auswirkungen, insbesondere im Hinblick auf Frauen
- Aufbau eines Netzwerkes zum Informationsaustausch und zur Koordinierung von Initiativen
- Förderung von Weiterbildungsmöglichkeiten für Ingenieurinnen, auch durch vereinseigene Angebote
- Zusammenarbeit mit technisch-wissenschaftlichen Verbänden und Frauenvereinigungen im In- und Ausland

3. Vereinsstruktur

3.1 Mitglieder

Wir haben zur Zeit 300 Mitglieder, von denen ca. drei Viertel voll erwerbstätig sind. Der Studentinnenanteil beträgt 15%.

<u>Ordentliches Mitglied kann werden:</u>

- jede weibliche, natürliche Person, die Ingenieurin ist oder ein Ingenieurfach studiert oder in einem ingenieurähnlichen Berufsfeld arbeitet, die Aufgaben des Vereins unterstützt und sich zur Zahlung des festgelegten Mitgliedsbeitrags verpflichtet, gleich welcher Nationalität.

- Personen, die nicht zu den oben aufgeführten gehören, aber deren Mitarbeit erwünscht ist und über deren Mitgliedschaft die MV entscheidet.

Fördernde Mitglieder können neben natürlichen Personen auch juristische Personen, Gesellschaften des BGB und Körperschaften sein, die bereit sind, den Zweck des dib ideell und materiell zu fördern. Fördernde Mitglieder haben kein Stimmrecht.

3.2 Orts- und Bezirksgruppen

Bezirks- oder Ortsgruppen (OG) sind laut Satzung des dib neben dem Vorstand und der Mitgliederversammlung Organe des Vereins, die selbständig und eigenverantwortlich handeln. Da sie sich im allgemeinen in kürzeren Abständen treffen (monatlich bis wöchentlich), sind sie handlungsfähiger als die anderen Organe.

Im Moment existieren Ortsgruppen in folgenden Städten: Aachen, Berlin, Bremen, Darmstadt, Frankfurt, Hagen, Hamburg, Hannover, Kassel, München, Nürnberg/Fürth, Stuttgart und Wiesbaden. Anderenorts existieren oftmals Kontaktadressen (z. B. im Raum Freiburg oder Thüringen) als Vorstufen zur Bildung von Ortsgruppen. Frauen, die neue Ortsgruppen ins Leben rufen wollen, werden vom Vorstand tatkräftig unterstützt. Die aktuellen Adressen können über die Geschäftsstelle erfragt werden.

3.3 Mitgliederversammlung

Die Mitgliederversammlung (MV) findet in der Regel einmal pro Jahr statt. Die MV berät und beschließt über die ihr vorgelegten Anträge und Unternehmungen des Vereins. Sie wählt den Vorstand und kann ihm Aufträge erteilen. Sie entlastet den Vorstand.

Im Rahmen der MV wird die Arbeit des Vorstandes und der Ortsgruppen diskutiert und reflektiert. Oftmals werden hier neue Initiativen ins Leben gerufen. Vereinsarbeiten, die nicht vom Vorstand allein durchgeführt werden, werden hier verteilt.

3.4 Vorstand

Der Vorstand (VS) besteht aus 5 bis 10 Frauen (in den letzten Jahren mindestens acht), die durch die MV gewählt werden. Im Vorstand sind 1 bis 2 Finanzreferentinnen sowie seit neuestem auch eine der Frauen, die die Geschäftsstellenarbeit erledigen. Der Vorstand führt die Geschäfte des Vereins und sorgt für die Durchführung der Beschlüsse der MV. Er ist an die Beschlüsse gebunden. Die Tätigkeit des Vorstandes ist ehrenamtlich.

Der Vorstand trifft sich derzeit fünfmal im Jahr für ein Wochenende bei den einzelnen Frauen zu Hause.

3.5 Geschäftsstelle

Der Verein hat eine Geschäftsstelle, deren Aufgaben z. B. das Bearbeiten der eingehenden Post, das Verschicken von Informationsmaterialien und das Beantworten von Fragen an den dib sind.

Der Verein ist derzeit nur im direkten Kontakt mit einzelnen Vorstandsfrauen oder aber über unsere Postfachadresse in Darmstadt zu erreichen.

3.6 Arbeitsgruppen

Die Arbeitsgruppen sind meistens überregional und beschäftigen sich auf theoretischer Basis mit relevanten Themen. Ergebnisse solcher Arbeitsgruppen sind z. B. die von der Mitgliederversammlung autorisierten Papiere zur Quotierung und Arbeitszeit. Zudem gibt es noch Arbeitsgruppen, die sich um die Organisation und Durchführung bestimmter Veranstaltungen kümmern.

4. Vereinsaktivitäten

- Erstellung einer Vereinszeitschrift (Der Rundbrief erscheint viermal pro Jahr, wird jeweils zu einem anderen Schwerpunktthema von deiner OG gestaltet und ist für die Mitglieder kostenlos. Die letzten Themen waren: EXPO 2000, China, Ökologisches Bauen, Sexuelle Belästigung am Arbeitsplatz)
- Veranstaltung einer Vereinstagung pro Jahr. (Sie findet dieses Jahr am 9. November in Hannover zum Thema „Wandel der Arbeitswelt" statt)
- Infoveranstaltungen mit den Arbeitsämtern und den Hochschulen
- Organisation von Seminaren, Vorträgen und Exkursionen (Hierzu erscheint jährlich ein bundesweites Veranstaltungsprogramm)
- Teilnahme an und Mitorganisation von Mädchen-Technik-Tagen (MTT)
- Stand auf Fach- und Frauenmessen, z. B. TOP 97
- Teilnahme an den Natwi-Kongressen
- Teilnahme an Hearings als Expertinnen

5. Beschlüsse

Bisher wurden von der Mitgliederversammlung Beschlüsse zu folgenden Themen erarbeitet:

- Quotenregelung (1988)
- Menschengerechte Arbeitszeitgestaltung (1990)
- Resolution zum §218 (1991)
- Resolution zu Studiengebühren (1995)
- Zum Umgang mit Energie (1995)

6. Vorteile der Mitgliedschaft

was der dib jedem einzelnen Mitglied bietet:

- Forum zum Austausch von Erfahrungen und zum Knüpfen von Kontakten
- Netzwerk
- Vereinszeitschrift
- Nutzung der Vereinsangebote, wie z. B. Seminare, Tagung, Exkursionen, Vorträge, etc.
- die Möglichkeit, aktiv (Frauen) Politik zu betreiben
- interdisziplinärer fachlicher Informationsaustausch, ohne die Scheu „dumme" Fragen zu stellen
- Interessenvertretung von Ingenieurinnen
- Spaß

Postanschrift des Vereins (für weitere Informationen):

deutscher ingenieurinnen bund e. V.
Postfach 110305
D-64218 Darmstadt

NUT - Frauen in Naturwissenschaft und Technik e.V.

Christiane Erlemann

Vereinsvorstellung

NUT wurde auf dem Göttinger Kongreß 1988 aus dem Bedürfnis heraus gegründet, eine kontinuierliche Interessenvertretung von Naturwissenschaftlerinnen und Ingenieurinnen auch zwischen den Kongressen zu ermöglichen. Etwa 300 Frauen gehören dem Verein mittlerweile an. Im Spektrum der inzwischen zahlreichen Interessenvertretungen von Frauen in Naturwissenschaft und Technik nimmt NUT eine dezidiert feministische Position ein, indem wir neben der Forderung nach Verbesserung unserer beruflichen Bedingungen auch unsere Fächer selbst als patriarchal kritisieren und damit potentiell „am Ast sägen, auf dem wir sitzen". Diese Dynamik hat jedoch bisher immer neuen Schwung gebracht.

Ihre Aktivität kann frau u. a. entfalten, indem sie mit anderen Frauen eine AG bildet. Hier kann sie ein selbstgewähltes Thema erarbeiten, um mit den Ergebnissen auf unterschiedliche Weise Vereinspolitik zu machen: Organisation einer Fachtagung, schriftliche Ausarbeitung für gezielte Verwendung, Vorträge und AG's auf Tagungen der Frauenbewegung bzw. der alternativen Naturwissenschafts- und Technikszene, Lobbyarbeit mit Vertreterinnen und Vertretern von Institutionen, etc..

Die Mitgliederversammlungen finden bundesweit an jeweils verschiedenen Orten statt, eine davon (mit Vorstandswahl) auf dem alljährlichen Kongreß. Die beiden anderen MV's kombinieren wir mit Fachtagungen; sie dienen der internen Weiterbildung und Meinungsbildung als Voraussetzung für qualifizierte, öffentliche Stellungnahmen.

Themen waren bisher: Gen- und Reproduktionstechnologie; Quotierung und Frauenförderung; Künstliche Intelligenz und Simulation; regenerative Energien; Forschungs- und Technologiepolitik; feministische Kritik der Naturwissenschaften; Frauenuniversität; internationale Konferenzen; Polyester statt Baumwolle: verantwortungsvolles Handeln mit Textilien. Mitgliederversammlungen mit Supervision dienen der internen Weiterentwicklung von Zielen, Standpunkten, Organisations- und Umgangsformen sowie der Klärung unausgesprochener Differenzen.

Der dreimal jährlich erscheinende Rundbrief sorgt für die Kommunikation untereinander und bietet umfassende Informationen wie Fachartikel, Kontaktadressen, Veranstaltungshinweise und Rezensionen. Kontinuierliche Außenaktivitäten sind das Projekt „Frauen fragen Fachfrauen in Naturwissenschaft und Technik" in Berlin, die Herausgabe einer Schriftenreihe mit mittlerweile zwei Bänden, die Referentinnenkartei, regelmäßige Jahresberichte. Als einzelne Höhepunkte unserer Produktivität sind beispielsweise das „Memorandum zum Bundesforschungsbericht 93" und die Tagung „Lebens- und Arbeitsbedingungen von Frauen in technischen Berufen in Osteuropa und in der BRD" zu nennen.

Willkommen ist bei NUT jede Frau, die eine naturwissenschaftliche oder technische Ausbildung hat bzw. in diesen Bereichen arbeitet, Studentinnen und Erwerbslose selbstverständlich eingeschlossen.

Geschäftsstelle:
NUT e.V., Haus der Demokratie, Friedrichstr. 165, 10117 Berlin
Neue Telefonnummer: 030-204 44 58
email: NUT@nut.woman.de
Bürozeiten: mittwochs von 18 - 20 Uhr

Frauen geben Technik neue Impulse – 3. Netzwerktreffen

Barbara Schulte

Ergebnisprotokoll

Tagungsort: 22. Kongress von Frauen in Naturwissenschaft und Technik, Braunschweig (16. - 19. Mai 1996)
Termin: 17. Mai 1996 in der Zeit von 14.00 - 16.00 Uhr

TOP 1:
Begrüßung der Teilnehmerinnen
Frau Ihringer (VDE) übernimmt die Moderation des 3. Netzwerktreffens und begrüßt die Teilnehmerinnen. Als Gäste werden 2 Studentinnen begrüßt, die sich über die Arbeiten der Verbände informieren möchten.

TOP 2:
Allgemeine Informationen über das Netzwerktreffen
Frau Ihringer stellt das Thema des 3. Netzwerktreffen vor: die Arbeiten in den jeweiligen Verbänden, Arbeitskreisen und Modellversuchen.

TOP 3:
Verbände, Arbeitskreise und Initiativen stellen ihre Arbeiten vor
Jeder Teilnehmerin wird die Möglichkeit gegeben, Inhalte und Schwerpunkte des jeweiligen Arbeitsbereiches vorzustellen.
Vereinbarungsgemäß sollen die einzelnen Ausführungen in diesem Protokoll nicht wiedergeben werden.

Als wichtige Termine und Veröffentlichungen/Datenbanken werden u. a. genannt:

* 28./29. September 1996 „10 Jahre Arbeitskreis des DAB"
* 9./10. November 1996 „10-jähriges Jubiläum des dib e.V."
* 29. November - 1. Dezember 1996 „Tagung VDI/FIB"
- Expertinnen-Handbuch, Ansprechpartnerin: Frau Kanneberg, WITEC
- TechNa-Handbuch, Ansprechpartnerin: Frau Diegelmann, FIT
- Datenbank „FH-Professorinnen", Ansprechpartnerin: Frau Eppmann, FH Osnabrück

TOP 4:
Diskussion
Von den Teilnehmerinnen wurden an die Vertreterinnen der Koordinierungsstelle (KST) „Frauen und Technik" Fragen nach der Situation und dem Fortbestand der Koordinierungsstelle gestellt. Von seiten der KST wurde mitgeteilt, daß geplant sei, die KST in der derzeitigen Konstellation aufzulösen. Es wird auch darüber nachgedacht, die KST gegebenenfalls bei einem anderen Träger anzusiedeln.
Die Teilnehmerinnen bringen ihr Interesse am Fortbestand der KST zum Ausdruck, und daß eine solche Einrichtung im Interesse des Themas „Frauen und Technik" für unbedingt erforderlich gehalten wird. Die Teilnehmerinnen sind der Meinung, daß auf ehrenamtlicher Basis die Arbeiten einer KST nicht geleistet werden können und daher eine solche Zentrale als Schnittstelle auch zu den Verbänden erhalten bleiben müßte.

Es wird darüber diskutiert, ein gleichlautendes Schreiben an den BMBF zu versenden.

Als Arbeiten der KST werden u. a. vorgestellt:

* Adressendatenbank
* Literaturdatenbank
* Info-Dienst/Faltblätter: z. B. Veranstaltungskalender
* Durchführung von Expertengesprächen
* Betriebsbefragung
* Teilnahme/Präsentation auf externen Veranstaltungen

Folgende Anregungen werden genannt:

* Vorlage einer langfristigen Planung der Arbeiten der KST
* Intensivierung des Informationsaustauschs untereinander
* den Informationsaustausch auch nach außen verstärken
* Aktivitäten nicht nur auf Bundes-, sondern auch auf Landesebene zeigen
* den Interessensaustausch von Referentinnen und Expertinnen fördern
* die Mitarbeiterinnen der Modellversuche zusammenführen
* bessere Darstellung der Initiative
* mehr eigene Veröffentlichungen (z. B. von Expertengesprächen) vorlegen
* mehr Transparenz über die Arbeiten der KST herstellen
* im regelmäßigen Rhythmus eine Präsentationsmöglichkeit (z. B. TOP, „Frauen-Technik-Tag") ermöglichen.

Vorschlag: 4. Netzwerktreffen am 29. 9. 1996 Ilmenau

- Barbara Schulte -
KST „Frauen geben Technik neue Impulse"

Filmdokumentation während des Kongresses

Abschlußplenum

Nach dem Abschlußplenum – die Kongreßhexe in Hannoveranerinnen-Hand (von links: Klaudia Lohmann, Kongreßhexe und Meike Busemann)

Protokoll des Abschlußplenums[*] am 19. Mai 1996

Begrüßung

Vorstellung der Tagesordnung

1) Vorstellung und Genehmigung der Tagesordnung
2) Finanzen und Organisatorisches
3) Resolutionen
   a) Umbenennung der Pockelstraße
   b) Atompolitik
4) Statements und Ergebnisse aus den Arbeitsgruppen
5) Kritik
6) Lob
7) Wo findet der Kongreß von Frauen in Naturwissenschaft und Technik 1998 statt ?
8) Übergabe an die Hannoveranerinnen !

Zu 1) Tagesordnung

Der Punkt „Positionsbestimmung des Kongresses als „männerfreie Zone“ und Stimmungsbild“ wird auf Antrag eingefügt zwischen Punkt 4 und 5.

Zu 2) Finanzen und Organisatorisches:

- Danksagung an:
  Frauenbeauftragte Claudia Batisweiler, Frauenbüro der TU BS
  Vizepräsidentin Frau Dr. Adelheid Ehmke, TU BS
  Gleichstellungsbeauftragte Maybritt Hugo, Stadt Braunschweig
  Helferinnen
  BraunschweigerInnen/ Schlafplätze
  Karlsruherinnen wg. Unterstützung
  Teilnehmerinnen (481 waren da!)
- **besondere finanzielle Unterstützung:**
  Bundesministerium für Bildung, Wissenschaft, Forschung und Technologie: ca. 29.000 DM
  Niedersächsisches Ministerium für Wissenschaft und Kultur: ca. 18.000 DM
  Fachschaft Maschinenbau Braunschweig: 2.900 DM
  AStA der TU BS
  Spenderinnen
- **Organisatorisches:**
  Pressegespräch um 11.00 Uhr: Wir möchten dort die Resolutionen vorstellen, deswegen legen wir folgendes Vorgehen fest:

Die Frauen, die die Resolution erarbeitet haben, können diese vorstellen und Verständnisfragen klären. Anschließend klären wir, ob Diskussionsbedarf besteht.

Zur Diskussion:

- Wir setzen die Diskussion auf 15 min pro Resolution fest.
- Redebeiträge werden auf 1 min Maximaldauer begrenzt.

Zur Beschlußfassung:

- Die Beschlußfassung erfolgt nach Gießener Vorschlägen:

- Auf dem Abschlußplenum können keine Beschlüsse gefaßt werden, die beim Eröffnungsplenum oder in AG's noch nicht angesprochen worden waren. Dadurch soll allen Frauen/Lesben die Möglichkeit gegeben werden, an der Entscheidungsfindung mitzuwirken.
- Kann beim Abschlußplenum auch nach ausreichender Diskussion keine Entscheidung getroffen werden, so wird das Thema auf den kommenden Kongreß vertagt.
- Vertagte Themen sollen von den Frauen/Lesben, die daran interessiert sind bzw. die das Thema einbrachten, für das nächste Eröffnungsplenum vorbereitet werden.
- Resolutionen können beim Abschlußplenum spontan verabschiedet werden.
- Beim Abschlußplenum können Ergebnisse einzelner Arbeitsgruppen vorgestellt werden. Jedoch sollten die einzelnen Beiträge eine zuvor festgelegte Zeitdauer nicht überschreiten.
- Das Abschlußplenum ist mit den anwesenden Frauen/Lesben beschlußfähig.
- Geschäftsordnungsanträge werden nicht mehr zugelassen. Eine gerechtere Vorgehensweise ist die zeitliche Begrenzung der Diskussion.

Abstimmungsmodalitäten

- Ein Beschluß wird angenommen bei einer 2/3 Mehrheit der Ja-Stimmen. Dabei werden die Enthaltungen nicht mitgezählt.
- Bei mindestens 1/3 Enthaltungen wird das Thema um ein Jahr vertagt.

– Die Beschlußfassung soll insgesamt 30 min nicht überschreiten
– Die erste Abstimmung erfolgt über den weitestgehenden Antrag; wir (Moderatorinnen) können keine Anträge stellen!
– Wir leiten die Resolutionen, die beschlossen worden sind, weiter. Die Frauen, die sie vorgestellt haben, können Vorschläge im Anschluß an das Plenum machen, wohin die Resolutionen gehen sollen.

<u>Abstimmung über Tagesordnung</u>: sie wird einstimmig angenommen

Zu 3) Resolutionen:

a) Agnes Pockels

<u>Resolution:</u>

Die Teilnehmerinnen des „ 22. Kongreß von Frauen in Naturwissenschaft und Technik" sind enttäuscht und befremdet darüber, daß die Straße, an der das Hauptgebäude der TU Braunschweig liegt, nicht nach der bedeutenden Naturwissenschaftlerin und Ehrendoktorin der TU, Agnes Pockels, benannt ist.

Sie fordern den Rat der Stadt Braunschweig auf, die „Pockelsstraße" in „Agnes-Pockels-Straße" umzubenennen und mit Unterstützung des Frauenbüros der TU eine Broschüre über Leben und Werk von Agnes Pockels zu veröffentlichen.

Es wird der Antrag gestellt, folgenden Zusatz aufzunehmen:
Die Unileitung soll den Platz vor dem Forum umbenennen in „Agnes Pockels Platz".

<u>Abstimmung</u>:
7 Jastimmen für Zusatz > Zusatz wird abgelehnt ,

<u>endgültige Abstimmung</u>:
105 Ja-Stimmen, 1 Nein-Stimme, 2 Enhaltungen > Reso wird angenommen

b) Atompolitik

Resolution: Für den sofortigen Ausstieg aus der Atomenergie!

„Wer will, daß die Welt so bleibt, wie sie ist, der will nicht, daß sie bleibt." Dieser Aphorismus von Erich Fried soll nicht zu unserem Leitspruch werden. Er soll uns auffordern, hier und anderswo aufzustehen gegen eine menschenverachtende Technologie und Politik.

10 Jahre nach Tschernobyl müssen wir feststellen, daß Politik und Wirtschaft nach wie vor an ihrer Atompolitik festhalten. Nachdem das sogenannte Entsorgungsproblem vorübergehend in die Wiederaufbereitungsanlagen Sellafield und La Hague abgeschoben wurde, kehrt mit dem Rücktransport der Abfälle auch das ungelöste Problem der Beseitigung zurück.

Wie Gorleben zeigt, wird gleichzeitig der Druck auf die einzelnen Standorte für Endloslager (Ahaus, Gorleben, Greifswald, Morsleben, Asse, Schacht Konrad) erhöht. Obwohl nachweislich die große Mehrheit der Bevölkerung für den sofortigen Ausstieg aus der Atomenergie ist, wird im Wendland Staatsmacht demonstriert und die AktivistInnen der Anti-AKW-Bewegung kriminalisiert.

Die jüngste Studie des Öko-Instituts Freiburg belegt, daß selbst nach Abschalten aller AKW's noch eine Überkapazität der Stromversorgung von ca. 15% besteht.

Wir stellen fest:

Atomenergie ist politisch nicht haltbar, da sie undemokratisch ist. Einmal getroffene Entscheidungen sind nicht mehr rückholbar. Atomenergie ist ökologisch nicht vertretbar, weil auch im störungsfreien Betrieb und bei den Atommülltransporten permanent Strahlung freigesetzt wird, ganz zu schweigen von den Langzeitfolgen und dem Risiko eines Unfalls.

Atomenergie ist nicht notwendig (siehe oben).

Daher fordern wir als Technikerinnen und Naturwissenschaftlerinnen:

- den sofortigen Ausstieg aus der Atomenergie und der Plutoniumwirtschaft
- keine weitere Förderung der Nuklearenergie-Forschung außer für die Durchführung des Ausstiegs
- Förderung von regenerativen Energien
- Stop der Atomtransporte
- kein weiterer Ausbau der Endloslager
- keine Kriminalisierung des Widerstandes gegen die Atomenergie

Schicken an: Presse, Bundesumweltministerin Merkel, Bundes-und Landtag(e)

Änderungsvorschläge:

- Einleitung nicht mit verabschieden (Abstimmung: 8 nein, 12 enthalten > angenommen)
- Energiesparmaßnahmen aufnehmen (Abstimmung: 10 nein, 15 enthalten > angenommen)
- Verweis auf letzte Resolution aufnehmen (Abstimmung: 65 nein, 34 enthalten, 26 ja > nicht angenommen)
- Atomenergie ist politisch nicht haltbar; „Die Nutzung der" einfügen, da sie undemokratisch ist

Endabstimmung: 2 nein, 4 enthalten > angenommen

Zu 4) Statements/Ergebnisse der Arbeitsgruppen:

- Kein Beitrag zur Informations-und Kommunikationsgesellschaft, es besteht noch Diskussionsbedarf in der Zukunft
- Workshop: Lesben am Arbeitsplatz, Coming out
  Gegenüberstellung von Argumenten als Ergebnis

Politischer Aspekt: normales Leben
pro coming out: Diskussion mit anderen
Vergrößerung des Lebensraumes
weniger angreifbar
Verhältnisse zu Kollegen verbessern
keine Schuldgefühle gegenüber Partnerin
contra: Arbeitsplatzverlust
Kollegenverhältnis
Diskriminierung/Anfeindung auf verschiedenen Ebenen
Karriere + Macht/ Erpressbarkeit

Positive und negative Erfahrung/ unterschiedl. Bedingungen
- Verhältnis zu Kollegen
- Branchen

Wie gehe ich mit den Ängsten der Anderen um?
Lesbisch-feministisch: - andere Qualität und einfacher am Arbeitsplatz
- Ängste
- das Problem der Anderen
- Prozeß

- Statement „Vorbereitungsgruppe"
  Der Informationsfluß zwischen den Organisationsgruppen neu/alt soll besser gestaltet werden

Zu Position des Kongresses als „männerfreie Zone" und Stimmungsbild:
(lose Sammlung der abgegebenen Statements)
– Wie sieht unsere Position aus ? Kann sie sein oder soll sie sein ? Was ist notwendig, um sie zu halten?
– Forderung u. a. Cafe's nicht für Männer zu öffnen
– Forderung an Hannoveranerinnen, an nächsten Kongress
– Inwieweit sollen Hannoveranerinnen für „männerfreie Zone" sorgen?
– Zwei Positionen: Öffentlichen (Plenum) oder geschlossenen Raum (in Schule abgeschieden)
– viele Frauen kommen nur bei „männerfreiem Raum"
– Männer können wir auch rausschicken, wir müssen entscheiden, wo Massenwirkung, wo wollen wir unter uns sein
– Erziehungseffekt > Männer müssen das respektieren lernen
– Helferinnen sollen angewiesen werden, nicht an Männer Kaffee auszuschenken
– Frauen sollen dann mit ihrem Partner woanders hingehen
– Romy Camerun: Frauen fehlten als Schutz im Vorraum
– 30 Frauen haben nicht reagiert auf Mann in Cafeteria vom Kongress
– Zivilcourage gefordert
– Frauen werden von Männern abgeholt, gebracht, Männer sollen nicht kommen, sondern erst ganz wegbleiben
– wünscht Kongress, wo Männer völlig ausgeschlossen
– Organisatorinnen sollen für „männerfreien Raum" sorgen. Vorschlag, Freitag und Samstag in geschlossenen Bereich zu legen
– Eintrag ins Programmheft, Männer zuhause zu lassen/ nicht begleiten lassen, Verhaltensmaßnahmen
– Männer müssten sehen, daß es auch viele Fachfrauen gibt
– es ist schwierig, Männer völlig rauszuhalten, Frauen sollten kontrollieren

- Hausmeister sind immer Männer, wieviel Öffentlichkeit wollen wir, welche Dienstleistungen wollen wir
- möchte keine Öffentlichkeit dieser Art, kein exotisches Ausstellungsexemplar
- jede Teilnehmerin soll Kongress mitgestalten und auch für „männerfreie Zone" sorgen
- viel Mühe für Organisationsgruppe

Zu 5) Kritik :

- Buffet-Probleme (130 Personen, für 300 bestellt)
- raucherfreie Zonen bei Fete sollen auch solche bleiben
- Kultur: bis 22.00 Uhr beenden, dann Tanz
- mehr bzw. nur Musik auswählen, die von Frauen ist

Zu 6) Lob:

- Hamburg „Video" bedankt sich für Mitarbeit
- Blumen
- Kultur Extralob
- Teamarbeit

Zu 7) Kongress 1998:

- Die neue Vorbereitungsgruppe kommt aus Mainz/Wiesbaden ! ! !
  und hat sich sofort gemeldet!
  Vielen Dank und viel Glück bei den Vorbereitungen!

Kontaktadresse Kongreß 1998 in Mainz:
FiNut 98
c/o Autonomes Frauen-Lesben-Referat
AStA Uni Mainz
Staudinger Weg 21
55128 Mainz
e-mail: finut98@goofy.zdv.uni-mainz.de

Zu 8) Übergabe an die HANNOVERANERINNEN:
Wir freuen uns auf den Kongress 1997 bei Euch!
Möge Euch die Hexe als gute Göttin begleiten!

Regionaltreffen Hannover und Umgebung, Vorstellung des 23. Kongresses von Frauen in Naturwissenschaft und Technik

Die Hannoversche Vorbereitungsgruppe
Unsere Intention für diese Veranstaltung war, die Hannoversche Vorbereitungsgruppe, vorzustellen und mit Teilnehmerinnen Ideen, Anregungen und Wünsche zu diskutieren. Leider, leider waren auf unserer Veranstaltung nur 3 Frauen/Lesben, die nicht zur Vorbereitungsgruppe gehörten. So haben wir für uns das vergangene Jahr - Vorbereitung des 23. Kongresses von Frauen in Naturwissenschaft und Technik - zusammengefaßt. Davon wollen wir einen kurzen Bericht geben:

Wir haben uns seit Juli 95 einmal monatlich im Plenum getroffen. Die Vorbereitungsgruppe besteht aus 10 - 15 FrauenLesben. Zu den Arbeitsgemeinschaften, die sich im Laufe der Zeit gebildet haben, gehören neben der AG „Inhalte" die Arbeitsgruppen „Finanzen", „Technikerinnen" (Wir wollen versuchen, mit unserem Kongreß wieder mehr Technikerinnen und Hand-

Frauen aus der Hannoveraner Vorbereitungsgruppe (von links):
Angnes Oltrogge, Monika Stegfanz, Heidrun Knorr, Heike Sommer, Meike Busemann, Tanja Ecks, Dagmar Ludewig, Klaudia Lohmann, Heike Lehmann, Eva Hartmann

werkerinnen anzusprechen, die in den letzten Jahren nur spärlich vertreten waren.), „Presse und Öffentlichkeitsarbeit", „Raumfragen", „Üstra", „Kultur", „ABM". Bedingt durch unseren hohen Anteil an berufstätigen FrauenLesben bemühten wir uns ganz frühzeitig um eine ABM-Stelle. Der Antrag ist gestellt. Nun hoffen wir auf einen positiven Bescheid.
Schon im Februar war die Vorbereitungsgruppe zu einem gemeinsamen Wochenende aufgebrochen, um insbesondere die Fragestellungen und Probleme zu diskutieren, die auf den monatlichen Plenatreffen immer wieder liegengeblieben waren. Im Mittelpunkt standen dabei das gegenseitige Kennenlernen, die Erarbeitung unserer eigenen Vorstellungen von Inhalten, Zielen und Organisation des Kongresses und insbesondere die Suche nach einem Schwerpunktthema. Es tat gut, nach all den rein organisatorischen Überlegungen einmal inhaltlich zu arbeiten.

„Arbeits(t)räume - Lebens(t)räume" ist das Thema, welches uns seitdem begleitet. Wir halten Augen und Ohren offen, sprechen und schreiben FrauenLesben an, die sich damit beschäftigen, sammeln Texte und Informationen. Es geht um Arbeitszeit, die planerische Gestaltung von Arbeitsräumen und Wohnräumen, das Zusammenspiel von beruflichem und privatem Leben und zukünftige Veränderungen im Arbeitsleben, welche Vorstellungen und Utopien wir Frauen davon haben und wie wir unsere Zukunft mitgestalten können.

Die Arbeit konzentriert sich im Augenblick mehr auf die organisatorische Seite, in erster Linie auf die Finanzen, sowie Verhandlungen wegen der Räumlichkeiten. Wir knüpfen Kontakte, stellen uns vor, schreiben Anträge und telefonieren und telefonieren und telefonieren. Immer wieder freuen wir uns über die Begeisterung, mit der unser Vorhaben aufgenommen wird. Noch bleibt allerdings abzuwarten, inwieweit die allgemeinen Sparmaßnahmen uns betreffen. Eventuell müssen wir über neue Wege der Finanzierung nachdenken - eine neue Prüfung unserer Kreativität. Weitestgehend gleichbleibend gestaltet sich die Arbeit der AG Presse und Öffentlichkeitsarbeit. Sie hat sich zwar personell umgestaltet, weil einige FrauenLesben Ihren Arbeits- bzw Studienort gewechselt haben, aber Texte und Diskussionen gibt es weiter. Für das Rahmenprogramm ist die Kulturgruppe unterwegs, sich Kabarettgruppen und Frauenbands anzusehen und anzusprechen. Mittlerweile rückt der Kongreß immer näher, wir haben die Frequenz unserer Plenatreffen erhöht, treffen uns nunmehr zweimal im Monat, und planen für November ein weiteres gemeinsames Wochenende, um wieder einmal Zeit füreinander zu haben.

Einladung zum 23. Kongreß von Frauen in Naturwissenschaft und Technik vom 8. bis 11. 5. 1997 nach Hannover

23. KONGRESS von Frauen in Naturwissenschaft und Technik

Liebe Frauen und Lesben,
Hannover erwartet Euch im sonnigen Mai 1997.

Wenn alles klappt, werden wir den Kongreß in männerfreien Räumen ausrichten! Dieser „Rückzug" wird uns aber nicht daran hindern, feministische Inhalte und Standpunkte des Kongresses nach „draußen" zu transportieren.

„Arbeits(t)räume - Lebens(t)räume", so lautet das Schwerpunktthema des Kongresses. Wir wollen uns mit dem Wandel der Arbeitswelt auseinandersetzen, über neue Technologien und die damit verbundene Umstrukturierung der Arbeitswelt informieren und diskutieren. Arbeitszeitmodelle werden vorgestellt, die das zukünftige Arbeitsleben stark prägen werden - die WIR „Frauen in Naturwissenschaft und Technik" mitgestalten können und müssen.

Es soll aber auch die Chance genutzt werden, sich über die eigenen Vorstellungen vom Berufs- und Privatleben klar zu werden. Vielleicht gibt es sogar Wege, Utopien zu realisieren ? Ein Mittel dazu ist die kreative Gestaltung von Arbeits- und Wohnräumen, die die Vielfalt an Lebens- und Arbeitsstrukturen unterstützt.

Zusätzlich haben wir den Ehrgeiz, mit unserem Kongreß wieder mehr Technikerinnen und Handwerkerinnen anzusprechen, die in den letzten Jahren nur spärlich vertreten waren.

Um auch unseren Körper und nicht nur den Geist auf dem Kongreß zufriedenzustellen, sorgen wir für das körperliche Wohl durch Sport, Entspannung und natürlich köstliches Essen. Wir freuen uns auf Euch, auf Eure Vorträge und einen erfolgreichen Kongreß.

Bitte vergeßt nicht, daß IHR der Kongreß seid. Durch die Vielfalt und Fülle Eurer Beiträge lebt der Kongreß und entwickelt sich weiter.

Mit feministischen Grüßen

Eure FrauenLesben der Vorbereitungsgruppe Hannover

Kontaktadresse:
23. Kongreß von Frauen in Naturwissenschaft und Technik
c/o AStA der Universität Hannover, Welfengarten 1c, 30167 Hannover
FAX: 0511/717441, eMail: finut97@stud.uni-hannover.de
Tel.: 0511/762-5805 - Di, Do 10 - 12 Uhr, Mo 18 - 20 Uhr

Bankverbindung :
Verein GRANAT e.V.,
Vereinskonto 647339-305, Spendenkonto 607832-303,
BLZ: 25010030, Postbank Hannover

Adressen von Projekten, Initiativen, Verbänden und Vereinen

Arbeitskreis feministische Naturwissenschaftsforschung und -kritik
c/o Heike Wiesner,
artec, Universität Bremen,
Postfach 330440,
D-28334 Bremen

deutscher ingenieurinnen bund e.V.
Postfach 110305,
D-64218 Darmstadt

Frauenbrücke Ost-West
Heinestr. 18,
D-74889 Sinsheim

Frauen in der Technik - FiT -
c/o Karin Diegelmann
Schloßgartenstr. 45,
D-64289 Darmstadt

Koryphäe – Medium für feministische Naturwissenschaft und Technik
Cloppenburgerstr. 35,
D-26135 Oldenburg

NUT Frauen in Naturwissenschaft und Technik e.V.
Haus der Demokratie,
Friedrichstr. 165,
D-10117 Berlin

Übersicht der Kongreßveranstaltungen ohne Dokumentationsbeitrag

Nützt die Interdisziplinarität den Frauen?
Gabriele Schade

Kann Erfolg denn Sünde sein? Erfolgsambivalenz und Arbeitshemmungen bei Frauen
Elisabeth Jürgens

Praktischer Einsatz von Informationssystemen in Dienstleistungseinrichtungen
Irene Krebs

Exotinnen fordern Antworten von 0815ern
Martina Griegoschewski, Claudia Schulz

Schaffung innovativer Berufsfelder für Frauen im ländlichen Raum in Verbindung mit der Stärkung des Mobilitätsangebotes im Vogelsbergkreis - Projektvorstellung
Sabine Berger

Die Gorlebenfrauen - eine offene Frauenwiderstandsgruppe
Regina Ulwer

Risiken und Nebenwirkungen der Verdatung im Gesundheitswesen
Ute Bertrand

AG „Frauen im Regenerativen Energiebereich" (Energiefrauen)
Friederike Schadt

Arbeitslos - wle weiter?
Maren Landschulze

Raus aus den ewig gleichen Kreisen! (Zur Studie über den Kongreß)
Renate Michels

Batterie - Praktikum
Melanie Schlemper, Zoreh Almadani, Sibylle Nägle

Kommunikationsmedien und Vernetzung (Diskussionsrunde, Erfahrungsaustausch)
Ingrid Lehmann (NUT e.V.)

Strategische Erhöhung des Frauenanteils an der Technik
Margret Osterloh

„Technik hat mich schon immer interessiert" - Frauen auf dem Weg zum Ingenieurberuf
Cosima Schmauch, Martha Samsel-Lerch

Pressespiegel

Tagungs-Essentials

22. Kongreß "Frauen in Naturwissenschaft und Technik"

"Wir müssen den männerorientierten Wissenschaftsbetrieb aufrütteln"

zwd Braunschweig (cn) - Frauen müssen sich in die Entwicklung neuer Technologien einmischen, um diese nicht wie den Wissenschaftsbetrieb zu Beginn dieses Jahrhunderts den Männern zu überlassen. Das war eine der Kernforderungen auf dem 22. Kongreß von Frauen in Naturwissenschaft und Technik, der vom 16. bis 19. Mai 1996 in Braunschweig stattgefunden hat.

Mehr als 500 Teilnehmerinnen sollten die "Männerdomäne TU Braunschweig in ihrem Selbstverständnis erschüttern", hatte die TU-Frauenbeauftragte Claudia Batisweiler vor der Tagung verkündet; denn dort arbeiten zur Zeit 247 Professoren und nur 13 Professorinnen. In den Ingenieurwissenschaften gibt es überhaupt keine weibliche Kollegin, in den Naturwissenschaften gerade mal sechs.

Da die momentan etwa 40 Mio. BenutzerInnen des Internet weltweit hauptsächlich euroamerikanische, weiße, akademisch gebildete Männer sind, stellten die Frauen die Frage nach den demokratischen Strukturen dieser neuen Medien und den Auswirkungen der Kommunikationsformen auf die Gesellschaften: *Einmischen* lautete die Devise der Kongreß-Teilnehmerinnen.

Mehr Frauen als Männer in der Naurwissenschaft arbeitslos

Großen Anklang fanden auch Seminare und Vorträge zu den Themen Karriereplanung, Bewerbungstraining und Berufsperspektiven. Nicht nur, daß Natur- oder Ingenieurwissenschaftlerinnen noch immer als "Exotinnen", "Farbtupfer" oder "Ausnahmefrauen" tituliert werden; die verschärfte Situation auf dem Arbeitsmarkt hat auch die Bereiche Naturwissenschaft und Technik erfaßt, und hier sind Frauen stärker als Männer von Arbeitslosigkeit betroffen. Die Veranstaltung der Braunschweiger Psychologin Elisabeth Jürgens mit dem Titel "Kann Erfolg denn Sünde sein?" zeigte, daß sich viele Frauen unter Wert verkaufen. Weitere Angebote gab es zu den Themen Mädchen- und Frauenförderung, Arbeits- und Studiensituation, Wissenschaftskritik sowie feministische Ansätze in Technik und Naturwissenschaft.

Mit absoluter Mehrheit verabschiedeten die Wissenschaftlerinnen eine Resolution, in der sie den sofortigen Ausstieg aus der Atomenergie und Plutoniumwirtschaft sowie den Stop beim Ausbau weiterer Atommüllendlager fordern. Selbst nach Abschalten aller AKW's gäbe es noch eine Überkapazität der Stromversorgung von 15 Prozent, heißt es in der Resolution. Gleichzeitig sollen regenerative Energien und Energiesparmaßnahmen stärker in den Vordergrund gerückt werden. Dorothea Dikty, Mitfrau in der Vorbereitungsgruppe zum 22. Kongreß von Frauen in Naturwissenschaft und Technik, räumte dem zwd gegenüber ein, daß dieser Beschluß auch von einer Männer- oder gemischten Gruppe hätte verabschiedet werden können. Die Wissenschaftlerinnen wollten sich jedoch nicht in die "Frauenecke" drängen lassen, sondern sich als qualifizierte Frauen auch fachlich zu verschiedenen Themen äußern: "Frauen in Naturwissenschaft und Technik haben nicht per se einen anderen Blick als Männer. Sie haben jedoch meistens andere Erfahrungen gemacht, weil sie spätestens im Studium ebenso wie Männer in einer bestimmten Art und Weise in diesen Fächern sozialisiert wurden", so Dorothea Dikty.

Der Kongreß entstand aus dem ersten Treffen von Frauen in Naturwissenschaft und Technik, das 1977 von Studentinnen an der TU Aachen ausgerichtet wurde. Dieser fand zunächst halbjährlich, später jährlich statt. Organisiert wird der Kongreß von einem ehrenamtlich arbeitenden Vorbereitungsteam. Der Veranstaltungsort wird jeweils auf dem vorletzten Kongreß festgelegt. Der 23. Kongreß von Frauen in Naturwissenschaft und Technik findet 1997 in Hannover statt. Teilnehmen können alle Frauen, die in diesem Bereich arbeiten oder sich dafür interessieren. ■

Zweiwochendienst
Frauen u. Politik
Nr. 113/1996
9. Jahrgang
S. 16

Frauenkongreß an der TU Braunschweig ging zu Ende

Braunschweiger Zeitung vom Montag, den 20. 5. 1996

„Bei der technischen Entwicklung mitreden“

Die technische Entwicklung darf an den Frauen nicht vorbeilaufen; das ist ein Resümee des 22. Kongresses von Frauen in Naturwissenschaft und Technik, der in der vergangegen Woche erstmals an der Technischen Universität stattfand.

„Wir Frauen müssen uns in einer immer stärker von der Technik bestimmten Welt behaupten“, so Sabine Höhler, eine der Organisatorinnen. Frauen hätten in den Ingenieurwissenschaften nur einen Anteil von vier Prozent. Von 246 Professoren an der TU Braunschweig seien zum Beispiel nur 13 Frauen.

Rund 500 Teilnehmerinnen aus Deutschland, Österreich und Frankreich waren zum Kongreß in die Löwenstadt gekommen. „Das sind etwas weniger, als wir gehofft hatten“, räumte Höhler ein. „Doch halten wir damit den Schnitt der vergangenen Jahre.“

In verschiedenen Workshops und Diskussionsgruppen wurden die Themen diskutiert, die den Wissenschaftlerinnen auf den Nägeln brennen. Informationsgesellschaft, Computer-Kommunikation, Datentransfer – Schlagworte, die die gegenwärtigen Veränderungen in den Sozialstrukturen und der Arbeitswelt beschreiben. „Der Trend geht zu Heimarbeit, zu Flexibilisierung von Arbeitszeiten“, so Prof. Gabriele Winker, Arbeitswissenschaftlerin der FH Furtwangen. „Wir Frauen laufen Gefahr, erneut an den Rand gedrängt zu werden, wenn wir hier nicht mitreden.“

Aber auch politisch wollen die Frauen ihre Stimme erheben, so geschehen etwa mit einem Aktionsfrühstück am Schacht Konrad. Mit überwältigender Mehrheit verabschiedete das Abschlußplenum des Kongresses eine Resolution für den sofortigen Ausstieg aus der Kernkraft. Ursula Schönberger, die atompolitische Sprecherin der Bündnisgrünen im Bundestag: „Frauen haben einen anderen Zugang zu solchen Themen als Männer. Wir diskutieren nicht nur über Zahlen, wir denken auch an die Zukunft, an unsere Kinder.“ Nicht zuletzt deshalb würde der Protest gegen die Kernenergie zum Großteil von Frauen getragen, so die Sprecherin der Grünen.

In einer weiteren Resolution fordert das Frauenplenum die Umbenennung der Pockelsstraße in Agnes-Pockels-Straße, nach der ersten und einzigen Ehrendoktorin der Technischen Universität. Gegenwärtig ist die Straße, an der sich das TU-Altgebäude befindet, nach einem früheren und nicht verwandten Braunschweiger Bürgermeister benannt.

Die Ergebnisse und Erkenntnisse ihrer Versammlung wollen die Frauen wie jedes Jahr in Buchform veröffentlichen – damit der Kongreß nicht zu einer Veranstaltung im Elfenbeinturm gerät. Daß ihre Stimmen Gehör finden, daran zweifeln die Wissenschaftlerinnen nicht: „Der Kongreß findet jetzt schon zum 22. Mal statt“, so Prof. Winker. „Wo sonst gibt es in der Frauenbewegung solch eine Kontinuität?“ *jts*

Frauen in Naturwissenschaft und Technik

Etwa 500 Teilnehmerinnen besuchten den 22. Kongreß von Frauen in Naturwissenschaft und Technik, der vom 16. bis 19. Mai in der Braunschweiger Technischen Universität stattfand.

Von verschiedenen Seiten näherten sich die Teilnehmerinnen – Männer waren nicht zugelassen – den beiden Schwerpunktthemen 'Kommunikation in der Informationsgesellschaft' und der Atomenergie an. In etwa 80 Vorträgen und Workshops ging es um die Situation von Frauen und Mädchen in naturwissenschaftlichen und technischen Disziplinen, um Frauen- und Mädchenförderung, Arbeits- und Studiensituation von Frauen und um feministische Ansätze zu diesem Themenbereich.

Aktionen wie ein Frühstück am Schacht Konrad machten deutlich, daß es nicht nur um den Austausch innerhalb der einzelnen Disziplinen, sondern auch um gesellschaftliche Auswirkungen von technischen Entwicklungen ging. In einer Abschlußresolution forderten die Teilnehmerinnen den sofortigen Ausstieg aus der Atomenergie.

In Sachen Internet standen Fragen der demokratischen Strukturen, des Datenschutzes und der Gestaltungsmöglichkeiten von Computernetzen durch Frauen im Vordergrund. Hier waren sich die Teilnehmerinnen einig: Frauen, seit Anfang dieses Jahrhunderts überhaupt erst zum Studium zugelassen, sind immer noch unterrepräsentiert in naturwissenschaftlichen und technischen Studien- und Ausbildungsgängen. Sie müssen sich einmischen in die Entwicklung und Nutzung der neuen Technologien, um die zukünftige Gesellschaft mitzugestalten.

Wichtig war auch der Dialog zwischen Frauen aus den alten und den neuen Bundesländern, zumal letztere seit der Wende wieder herausgedrängt werden aus technischen Berufen. Der 23. Kongreß wird im nächsten Jahr in Hannover stattfinden.

iX-Multiuser Multitasking Magazin, 7/1996, S. 22
(Rubrik Markt u. Trends Vermischtes)

Liebe Grüße aus Moskau

СОЮЗ ЖЕНЩИН РОССИИ

L'UNION DES FEMMES DE LA RUSSIE
6, Glinichevsky per.,
103832 Moscou, Russie

THE WOMEN'S UNION OF RUSSIA
6, Glinishevskiy per.,
103832 Moscow, Russia

103832 Москва, Глинищевский пер., дом 6

Телефон: 229-32-23
Факс: (095) 200-02-74

10. April 1996

" FRAUEN IN WISSENSCHAFT UND TECHNIK"

c/o AStA der TU Braunschweig
fax 0531 / 3918171

Liebe Freundinnen!

Vielen Dank fuer Ihre Information bezueglich 22. Kongress, gewidmet Problemen der Frauen in Wissenschaft und Technik. Dieses Thema ist heutzutage sehr aktuell, denn immer mehr Frauen wollen in diesen Bereichen arbeiten. Fuer die Laender der Uebergangsperiode, zu denen auch unser Land gehoert, ist dieses Problem noch interessanter, denn immer mehr Frauen verlassen zur Zeit die technischen Berufe, obwohl in der Vergangenheit sehr viele Frauen in Wissenschaft und Technik unseres Landes beschaeftigt waren. Zur Zeit, wo der Umfang der Produktion staendig sinkt und die Finanzierung sogar der praktischen, angewandten Wissenschaftsbereiche immer geringer wird, ganz geschwiegen von der Finanzierung der fundamentalen Forschungen, wird viel Arbeitskraft freigesetzt, vor allem natuerlich der weiblichen Arbeitskraft. Deswegen freuten wir uns sehr, als wir von ihrem Kongress gelesen haben.

Fuer unsere Frauen waere es sehr interessant an ihrem Kongress teilzunehmen, die Meinungen der "westlichen" Frauen zu hoeren und unsere Erfahrungen auszutauschen.

Wir sind ihnen fuer die Information sehr dankbar. In diesem Briefumschlag finden sie unsere Information ueber die Frauenunion Russlands (wir schickten diesen Brief zuerst per Fax und dann mit der Post). Mit uns arbeiten viele Frauenorganisationen zusammen, darunter auch der Verein "Frauen und die Kernenergie". Es scheint uns, dass diese Organisation fuer sie eine gute Partnerorganisation sein koennte, denn sie haben viele gemeinsame Interessen.Wenn sie einverstanden sind, schicken sie moeglichst schnell eine Namenseinladung fuer die Vorsitzende dieser Organisation(ich habe mit ihnen gesprochen und sie sind sehr interessiert an der Teilnahme an diesem Kongress). Ihr Fax ist: 007-095-975-20-19 Dvorina Galina oder der Fax der Frauenunion Russlands: 007-095-200-02-74 fuer Frau Dvorina Galina. Solch eine Einladung ist notwendig fuer ihre Botschaft, denn es ist sehr schwer,das Visa zu bekommen.

Vielen Dank fuer die Information. Wir hoffen auch weiterhin in Kontakt zu bleiben.

Mit freundschaftlichen Gruessen,
Elena Baschun
Koordinatorin der internationalen Projekte
der Frauenunion Russlands

Die Vorbereitungsgruppe (gänzlich) am Ende . . .

FiT - Bestellübersicht

FiT - Schriften

_____ **Eine Bibliographie.** Literatur über Frauen in Naturwissenschaft und Technik. K. Diegelmann, A. Sandner. Heft 3, 1992, 92 S. 6,–

_____ **Projekte u. Modellversuche** zur Förderung von Frauen in ingenieur- u. naturwissenschaftlichen Studiengängen an dt. Hochschulen – Eine Zusammenstellg. K. Diegelmann, A. Moser, A. Baur. Heft 4, 1994, 110 S. 10,–

_____ **Ingenieur- und Naturwissenschaften für Mädchen.** Ein Schulversuch mit Orientierungsmöglichkeiten für Mädchen, LehrerInnen und Eltern. K. Diegelmann, E. Ratzel, H. Wirthwein. Heft 5, 1995, 84 S. 8,–

_____ **Lehrveranstaltungskonzeption**. Zur Situation von Frauen in Technik und Naturwissenschaft in Geschichte und Gegenwart. Sammelordner mit Materialien für 18 Unterrichtseinheiten. K. Diegelmann, D. Heymann, A. Moser, U. Röhr. 1996, ca. 330 S. 36,–

_____ **TechNa Handbuch** Frauen in **Tech**nik, **Na**tur- und Ingenieurwissenschaften. Einblicke-Lichtblicke-Ausblicke. K. Diegelmann, A. Moser, M. Trost, O. Zitzelsberger. 1996, 272 S. *neu* 18,–

FiT - Verlag

_____ **21. Kongreß** von Frauen in Naturwissenschaft und Technik. 1995 in Karlsruhe. Dokumentation. R. Michel (Hg.) 1995, 654 S. 19,80

_____ **22. Kongreß** von Frauen in Naturwissenschaft und Technik. 1996 in Braunschweig. Dokumentation. 1997, 440 S. 24,80

_____ **Forum Frauenforschung**. Vorträge aus fünf Jahren. Schriftenreihe der Frauenbeauftragten der RWTH Aachen. D. Münch, E. Thelen (Hg.) 1996, 342 S. 19,80

_____ ***Postkartenmappe*** - **Hart & Zart**. Frauenskulpturen in Darmstadt. K. Diegelmann, B. Schneider. 12 Karten, farb. glanz 12,–

Frauen in der Geschichte der Naturwissenschaften

_____ ***Katalog zur Wanderausstellung*** Von der Antike bis zur Neuzeit – der verleugnete Anteil der Frauen an der Physik. Projektgruppe an der THD. C. Denz (Hg.), 3. Aufl. 1996, 112 S. 10,–

_____ ***Wandkalender 1997*** - **Sie waren die ersten . . .** Pionierinnen an deutschen Hochschulen in Naturwissenschaft und Technik. A. Moser, K. Diegelmann. 48 x 22 cm, 14 Blatt, s/w 18,–

_____ ***Postkartenserie*** **Bedeutende Frauen in den Naturwissenschaften.** 12 Karten, s/w, matt 6,–

_____ ***Postkartenserie*** – **Nobel - Frauen** 15 Karten, s/w, glanz deutsch oder englisch 12,–

NUT - Schriftenreihe

_____ **Naturwissenschaftlerinnen und Ingenieurinnen.** Von der Forderg. nach Gleichstellg. zur feminist. Forschg. S. Jansen. Bd. 1, 1991, 93 S. 12,–

_____ **Elfenbisse**. Feministische Naturwissenschaft. D. Heymann (Hg.). Bd. 2, 1995, 162 S. 32,–

_____ **Ingenieurinnen**. Daniela Düsentrieb oder Florence Nightingale der Technik. M. Greif, K. Stein (Hg.). Bd. 3, 1996, 173 S. *neu* 34,–

Frauen und Planung *FOPA (Hg.)*	*Sonderpreise*

_____ **Sicherheit im öffentlichen Raum.** Städtebauliche und planerische Maßnahmen zur Verminderung von Gewalt. 1991, 92 S. *statt DM 28,–* 10,–

_____ **Frauen verändern ihre Stadt.** Selbstorganisierte Projekte d. sozialen und ökologischen Stadterneuerung. 1993, 288 S. *statt DM 38,–* 10,–

_____ **Raum greifen und Platz nehmen.** Dokumentation der 1. Europäischen Planerinnentagung. FreiRäume 5. 1992/3, 240 S. *statt DM 22,–* 10,–

_____ **Regionalentwicklung - feministische Perspektiven.** FreiRäume 6. 1993, 208 S. *statt DM 22,–* 10,–

_____ **Alltag in der Stadt - aus der Sicht von Frauen.** Begleitbuch zur Foto-Plakat-Ausstellung und Texte des Symposiums. Stiftung Mitarbeit (Hg.) 1991, 83 S. *statt DM 10,–* 5,–

Darüber hinaus

_____ **Hat die Technik ein Geschlecht?** Denkschrift für eine andere technische Zivilisation. D. Janshen (Hg.) 1990, 98 S. ***Sonderpreis*** 8,–

_____ **Im Widerstreit mit der Objektivität.** Verein Feministische Wissenschaft (Hg.) 1991, 159 S. 26,–

_____ **Ingenieurin - warum nicht?** Berufsbild und Berufsmotivation von zukünftigen Ingenieurinnen und Ingenieuren. Ein interkultureller Vergleich. J. Molvaer, K. Stein. 1994, 214 S. 49,–

_____ **European Handbook** of Women Experts in Science, Engineering and Technology. WITEC Women in Technology (Hg.) 1996, 487 S. 25,–

_____ **Frauennetze 97.** Die frauenpolitische Datenbank. CD ROM. die media (Hg.) 95,–

Unentbehrlich

Lesezeichen ❐ Schrauben ❐ Elektronik 2,50

Die Preise gelten zuzgl. Porto und Versandkosten. Mengenrabatte sind nach Absprache möglich. Bestellungen per **Fax: 06151 - 71 33 00**

AbsenderIn:

FiT

Frauen in der Technik
Schloßgartenstr. 45
64289 Darmstadt

Ort Datum Unterschrift

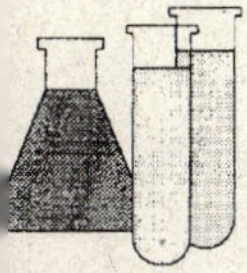

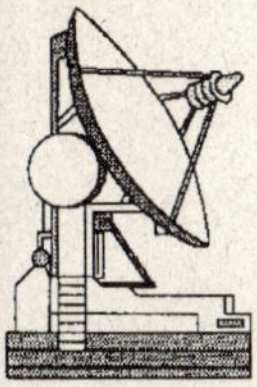

21. Kongreß

von Frauen
in Naturwissenschaft
und Technik

25.-28.5.1995
in Karlsruhe

Dokumentation

Renate Michel (Hg.)
656 Seiten, DM 19,80

<u>Aus dem Inhalt</u>:

Schwerpunktthemen:

- Anwendungen von Naturwissenschaften und Technik
- Frauen im Nationalsozialismus

darüber hinaus:

- Feministische Ansätze in Naturwissenschaften und Mathematik
- Geschichte von Frauen in Naturwissenschaften und Technik
- Mädchen und Frauenförderung, Weiterbildung

und vieles mehr ! ! !

22. Kongreß

von Frauen
in Naturwissenschaft
und Technik

16.-19.5.1995
in Braunschweig

Dokumentation

440 S., DM 24,80

<u>Aus dem Inhalt</u>:

Schwerpunktthemen:

- Kommunikations- und Informationsgesellschaft
- Auseinandersetzung mit der Atompolitik

darüber hinaus:

- Situation von Frauen/Lesben an der Hochschule, im Beruf, in der Arbeitslosigkeit
- Frauenforschung und feministische Wissenschaftskritik
- Fachwissenschaftliche Beiträge, Fachgruppentreffen

und vieles mehr ! ! !

AbsenderIn:

FiT

Frauen in der Technik
Schloßgartenstr. 45
64289 Darmstadt